MATLAB® & Simulink® 开发实例系列丛书

最优化方法及其 MATLAB 实现

（第 2 版）

许国根　贾　瑛　沈可可　编著

U0167772

北京航空航天大学出版社

内 容 简 介

优化技术是一种以数学为基础，用于求解各种工程问题优化解的应用技术。本书较为系统地介绍了最优化技术的基本理论和方法以及现有绝大多数优化算法的 MATLAB 程序。

本书内容包括无约束和约束优化方法、规划算法等经典优化技术以及遗传算法、粒子群等现代优化算法，而对于其他优化算法及群智能优化算法的基本理论、实现技术以及算法融合，读者可到北京航空航天大学出版社相关网站下载学习。本书既注重计算方法的实用性，又有一定的理论分析，对于每种算法都配有丰富的例题及 MATLAB 程序，可供读者使用。

本书既可作为高等院校数学与应用数学、信息与计算科学、统计学、计算数学、运筹学、控制论等与优化技术相关专业的本科生或研究生的教材，以及地质、水利、化学和环境等专业优化技术教学的参考用书，也可作为对最优化理论与算法感兴趣的教师与工程技术人员的参考用书。

图书在版编目(CIP)数据

最优化方法及其 MATLAB 实现 / 许国根，贾瑛，沈可可编著. -- 2 版. -- 北京 ：北京航空航天大学出版社，2023.3

ISBN 978-7-5124-3992-4

Ⅰ. ①最… Ⅱ. ①许… ②贾… ③沈… Ⅲ. ①Matlab 软件—程序设计 Ⅳ. ①TP317

中国国家版本馆 CIP 数据核字(2023)第 016139 号

最优化方法及其 MATLAB 实现(第 2 版)

许国根　贾　瑛　沈可可　编著

策划编辑　陈守平　　责任编辑　杨　昕

*

北京航空航天大学出版社出版发行

北京市海淀区学院路 37 号(邮编 100191)　http://www.buaapress.com.cn

发行部电话：(010)82317024　传真：(010)82328026

读者信箱：goodtextbook@126.com　邮购电话：(010)82316936

北京九州迅驰传媒文化有限公司印装　各地书店经销

*

开本：787×1 092　1/16　印张：20　字数：538 千字

2023 年 3 月第 2 版　2025 年 2 月第 2 次印刷　印数：2 001～2 500 册

ISBN 978-7-5124-3992-4　定价：79.00 元

前　　言

最优化技术是一种以数学为基础，用于求解各种工程问题优化解的应用技术，其作为一个重要的数学科学分支一直受到人们的广泛重视，并在诸多领域得到推广和应用，如系统控制、人工智能、模式识别、生产调度、金融、计算机工程等。

本书理论联系实际，较为全面地介绍了最优化技术的基本理论和方法，并通过大量的实例和现有绝大多数优化算法的 MATLAB 程序帮助读者提高学习效果，读者只需具有微积分、线性代数和 MATLAB 程序设计基础等知识即可。通过对本书的学习和 MATLAB 编程实践，读者能了解各种最优化理论和方法，并可应用于科学研究和工程实践中。

国内外论述最优化理论的参考书为数众多，但由于最优化方法较多，所以一般书籍大多只有满篇的数学公式，即使给出算法，也只是伪代码，没有提供具体的优化算法程序，这无助于大多数科学工作者学习优化理论。没有具体的算法程序，求解优化问题是非常困难甚至是不可能的。虽然借助 MATLAB 中的优化工具箱能解决一些优化问题，但对于较为复杂的优化问题，有时 MATLAB 提供的优化函数也无能为力，而且 MATLAB 中的优化工具箱也不可能包罗万象。对大多数读者而言，目前还缺少一本内容较全面、囊括绝大多数优化算法并且能提供具体算法程序的实用参考书。鉴于此，作者撰写了本书，想通过对最优化方法的理论、实例及算法程序的介绍，帮助广大读者借助书中提供的 MATLAB 程序，了解乃至掌握最优化理论，并在科学研究和实际工程中应用。

本书从理论基础、算法流程、实例三个方面对最优化理论进行阐述，避免空洞的理论说教，着重介绍算法程序和实例，具有较强的指导性和实用性；力求内容全面、广泛，真正做到“一书在手，优化算法不愁”。本书内容包括无约束优化方法中的线搜索方法、梯度法、牛顿法、拟牛顿法、共轭梯度法等，约束优化方法中的罚函数法、可行方向法等，线性规划、整数规划、动态规划、多目标规划及遗传算法、模拟退火算法和粒子群算法等现代优化算法与算法融合。另外读者可扫描二维码（北航科技图书）了解其他优化算法，如进化算法（包括进化规划、进化策略、差分进化、量子遗传等）、混沌优化、禁忌、蚁群、混合蛙跳、人工蜂群、神经网络、猫群、猴群、狼群、群居蜘蛛、布谷鸟、果蝇、人工鱼群、细菌人工免疫、蝙蝠、人工萤火虫、化学反应、文化算法、生物地理、入侵野草、引力搜索、和声搜索、竞选、人工植物、人工烟花等多种优化算法的基本原理和实现技术。本书内容既注重实用性，又有一定的理论分析，并且每种算法都配有一定的例题及 MATLAB 程序，供读者使用。希望通过这样的编写安排，使读者能全面了解和掌握各种优化方法，根据实际需求，“择己所需”，解决各自研究领域中遇到的实际问题。

由于至今还没有一种有效的能够应用于所有问题的最优化理论和方法，也就是说，存在着所谓的无免费午餐定理，即算法 A 在某些函数中的表现超过算法 B，但在其他函数中算法 B 的表现又比算法 A 好，所以在实际应用时读者应根据具体情况选择合适的优化算法或组成混合优化算法。

本书中的各种优化算法程序都借助于 MATLAB 实现。之所以选择 MATLAB,是因为它对使用者的数学基础和计算机语言知识的要求不高,但其编程效率和计算效率极高,还可以在计算机上直接输出结果和精美的图形。

MATLAB 的功能非常强大,且版本不断更新,要想掌握它的全部功能还是非常困难的,而且也没有必要。无论 MATLAB 怎样发展(版本不断更新),归根结底它只是一个工具。其实 MATLAB 也没有大家想象的那么难掌握,经过短时间的学习即可编程进行计算,但要精通它却需要有较好的学习方法。在学习 MATLAB 时,应重点关注和掌握 MATLAB 的基本知识(程序结构、函数结构、数据结构等)、编程技巧及函数编写方法,并不断进行编程实践,学会用 MATLAB 中的简单内部函数构成常用算法或过程的函数,再由它们构成一个个复杂的程序或函数。作者就是按照这种方法学习 MATLAB 的,编写各种程序时使用的也都是一些基本函数及基本语句,这样即使使用低版本的 MATLAB 也能编写出效果较好的程序。

不仅 MATLAB 的学习如此,本书优化算法的学习也应如此。MATLAB 虽然有优化算法工具箱(主要是各种经典优化算法)、遗传算法、粒子群、模拟退火等算法函数,但这并不意味着不必再自己编写这些算法程序了。对于任何一个优化算法,只有通过自己编程实践才能进一步加深对其代码编写方法及对 MATLAB 功能的理解,进而掌握和应用,在此基础上才能在程序中对算法的不足之处加以改进,否则永远都是纸上谈兵。如果通过本书的学习,既能掌握优化算法,又能加深对 MATLAB 的理解,并能借助于 MATLAB 的基本功能实现任何算法和方法,最终达到"没有计算机做不到的,只有你想不到的"的计算机编程境界,那么作者将会感到非常欣慰。

考虑到 MATLAB 不同版本中有些函数应用的差异,本书汇集了基于 2014 版本、2016 版本与 2019 版本使用的优化方法程序,读者可以根据自己的 MATLAB 版本利用书中提供的相应程序解决各种优化问题。虽然作者在编程时,秉承"使用简单,输入简单,其他一切都让计算机完成"的原则,且考虑了多种情况,但受数学水平的制约,再加上精力和时间有限,不可能考虑得非常全面,难免会在程序中出现一些"bug";或者由于没有对输入参数程序结构等内容进行优化,导致程序的性能并不是最优(主要是没有考虑计算速度、耗时、内存等指标),在解决其他问题时,程序有可能会出错或得不到最优的结果。希望读者能根据算法的原理、各种函数的功能及出错时 MATLAB 的提示"debug",着重查找数据、参数、函数的输入格式及使用方法有没有错误,对函数、输入参数进行优化改进,以提高函数的性能。事实上,这才是学习和掌握 MATLAB 以及本书中介绍的各种最优化算法的最好方法。本书的目的也在于此,书中提供的程序只是起到一个"抛砖引玉"的作用。通过这样的训练,读者无论是在掌握 MATLAB 技巧上还是在学习最优化理论上,都会有极大的提高。

本书的出版得到了火箭军工程大学 207 教研室多位同仁和研究生的帮助,他们在本书的选题、内容及编程等方面给予了很多的帮助;同时也得到了北京航空航天大学出版社的大力支持,策划编辑陈守平对本书的内容、编排等提出了宝贵的意见,在此表示衷心的感谢!另外,书中参考了许多学者的研究成果,在此一并表示感谢!

北京航空航天大学出版社联合 MATLAB 中文论坛为本书设立了在线交流版块,网址:https://www.ilovematlab.cn/forum-268-1.html(读者也可以在该版块下载程序源代码)。我

们希望借助这个版块实现与广大读者面对面的交流，解决大家在阅读本书过程中遇到的问题，分享彼此的学习经验，共同进步。

由于作者水平有限，书中存在的错误和疏漏之处，恳请广大读者和同行批评指正。本书勘误网址：https://www.ilovematlab.cn/thread-550348-1-1.html，作者邮箱：xuggsx@sina.com。

作　者

2022年12月于西安

北航科技图书

本书为读者免费提供书中示例的程序源代码、习题答案及第1版图书中的部分优化算法，请扫描本页二维码→关注“北航科技图书”微信公众号→回复“3992”获得百度网盘的下载链接。

如使用中遇到任何问题，请发送电子邮件至 goodtextbook@126.com，或致电 010-82317738 咨询处理。

目　　录

第 1 章

概　论

在现实生活中，经常会遇到某类实际问题，要求在众多的方案中选择一个最优方案。例如，在工程设计中，怎样选择参数使设计方案在满足要求的前提下达到成本最低；在产品加工过程中，如何搭配各种原料的比例才能既降低成本，又提高产品质量；在资源配置时，如何分配现有资源，使分配方案得到最好的经济效益。在各个领域，诸如此类问题不胜枚举。这一类问题的特点，就是要在所有可能的方案中，选出最合理的，以达到事先规定的最优目标的方案，即最优化方案。寻找最优方案的方法称为最优化方法，为解决这类问题所需的数学计算方法及处理手段即为优化算法。

最优化问题是个古老的问题，早在 17 世纪欧洲就有人提出了求解最大值、最小值的问题，并给出了一些求解法则。随着科学的发展，人们逐渐提出了许多优化算法并由此形成了系统的优化理论，如线性规划、非线性规划、整数规划和动态规则等。但由于这些传统的优化算法，一般只适用于求解小规模问题，不适合在实际工程中应用，所以自 20 世纪 80 年代以来，一些新颖的优化算法，如人工神经网络、混沌、遗传算法、进化规划、模拟退火、禁忌搜索及其混合策略等，通过模拟或揭示某些自然现象或过程而得到发展，其思想和内容涉及数学、物理学、生物进化、人工智能和统计力学等学科，为解决复杂问题提供了新的思路和手段，这些算法独特的优点和机制，引起了国内外学者的广泛重视并掀起了该领域的研究热潮，且在诸多领域得到了成功应用。

随着生产和科学研究突飞猛进的发展，特别是计算机科学技术的发展及广泛应用，以及人类生存空间和认识与改造世界范围的拓宽，人们对科学技术提出了新的和更高的要求，其中高效的优化技术不仅成为一种迫切需要，而且有了求解的有力工具，最优化理论和算法也就迅速发展起来，形成一个新的学科，并在工农业、交通运输、系统工程、人工智能、模式识别、生产调度、工艺优化和计算机工程等诸多领域中发挥着越来越重要的作用。因此，有关最优化方法的基本知识已成为新的工程技术、管理等人员所必备的基本知识之一。

1.1　最优化问题及其分类

所谓最优化问题，用数学语言来说，就是求一个一元或多元函数在某个给定集合上的极值。当量化地求解一个实际的最优化问题时，首先要把这个问题转化为一个数学问题，即建立数学模型。这是非常重要的一环。要建立一个合适的数学模型，就必须对实际问题有很好的了解，经过分析、研究抓住其主要因素，理清它们之间的相互关系，然后综合利用有关学科的知识和数学的知识来完成。

1.1.1　最优化问题举例

【例 1.1】　著名的 Michaelis－Menten 酶催化动力学方程为

$$r=\frac{r_{\max}S}{k_m+S}$$

式中:$r_{\max}$ 是最大反应速率;k_m 是 Michaelis 常数;S 是底物的浓度。

为了确定参数 $r_{\max}$ 和 k_m,通常在不同底物下测定初始速率。问应怎样根据 m 个实验数据来确定参数 $r_{\max}$ 和 k_m。

如果将参数 $r_{\max}$ 和 k_m 确定,那就确定了 r 对 S 的一个函数关系,这个函数在几何上对应一条 S 形曲线。但是这条曲线未必刚好通过实验点,一般都要产生偏差,而这种偏差当然越小越好。一般用所有测量点沿铅直方向到曲线距离的平方和来描述这种偏差,则此问题的数学模型为

$$\min\sum_{i=1}^{m}\left(r_i-\frac{r_{\max}S}{k_m+S}\right)^2$$

即最小二乘模型。

【例 1.2】 已知某物流公司到 m 个产量分别为 $a_1,a_2,\cdots,a_m$ 的产地 $A_1,A_2,\cdots,A_m$ 运输某物品到 n 个销量分别为 $b_1,b_2,\cdots,b_n$ 的销地 $B_1,B_2,\cdots,B_n$。假定产销平衡,即

$$\sum_{i=1}^{m}a_i=\sum_{j=1}^{n}b_j$$

由 A_i 到 B_j 的运费为 $c_{ij}(i=1,2,\cdots,m;j=1,2,\cdots,n)$。问在保障供给的条件下,由每个产地到每个销地的运输量为多少总运费最小?

设由 A_i 到 B_j 的运输量为 x_{ij},则总运费为

$$\sum_{i=1}^{m}\sum_{j=1}^{n}c_{ij}x_{ij}$$

其中,应满足

$$\sum_{j=1}^{n}x_{ij}=a_i,\quad i=1,2,\cdots,m$$

$$\sum_{i=1}^{m}x_{ij}=b_j,\quad j=1,2,\cdots,n$$

用数学式子描述,可写出以上问题的数学模型为

$$\min\sum_{i=1}^{m}\sum_{j=1}^{n}x_{ij}c_{ij}$$

$$\text{s. t.}\begin{cases}\displaystyle\sum_{j=1}^{n}x_{ij}=a_i, & i=1,2,\cdots,m\\ \displaystyle\sum_{i=1}^{m}x_{ij}=b_j, & j=1,2,\cdots,n\\ x_{ij}\geqslant 0\end{cases}$$

【例 1.3】 设自来水公司要为 4 个新居民区供水。自来水公司和 4 个居民区的位置、可供铺设管线的地方及距离如图 1-1 所示。图 1-1 中,V_0 点表示自来水公司,$V_1\sim V_4$ 点分别表示 4 个居民区,各条边表示可供铺设管线的位置;数字(称为权数)表示相应的距离。请选择一个管线总长度最短的铺设方案。

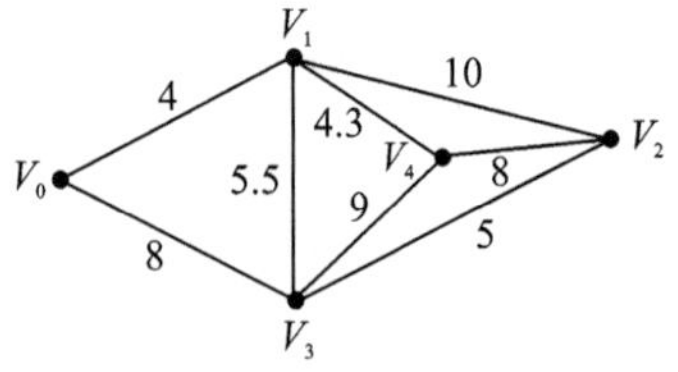

图 1-1 管线铺设示意图

这个管路铺设问题如果用图论理论描述,就是在图 1-1 中找出一个树,而且要使权数总和尽量小,也即最小生成树。

在实际工程技术、现代化管理和自然科学中，还有许多类似的问题都可以归结为最优化问题。

以上最优化问题乃至几乎所有类型的最优化问题都可以用下面的数学模型来描述

$$\begin{cases}\min f(\boldsymbol{x}) \\ \text{s.t.} \quad g_i(\boldsymbol{x}) \geqslant 0, \quad i=1,2,\cdots,m \\ \qquad h_i(\boldsymbol{x})=0, \quad i=m+1,\cdots,p\end{cases} \tag{1-1}$$

式中：$f(\boldsymbol{x})$、$g_i(\boldsymbol{x})$、$h_i(\boldsymbol{x})$为给定的 n 元函数，其中 $f(\boldsymbol{x})$称为目标函数，$g_i(\boldsymbol{x})$称为不等式约束函数，$h_i(\boldsymbol{x})$称为等式约束函数，$\boldsymbol{x}=(x_1,x_2,\cdots,x_n)^{\mathrm{T}}$ 为 n 维实欧氏空间 $\mathbf{R}^n$ 内的一点，称为决策变量，s. t. 为 subject to(受限于)的缩写。对于极大化目标函数以及约束条件 $g_i(\boldsymbol{x})\leqslant 0$ 的情况，均可通过在目标函数或约束函数前添加负号等价地转化为极小化目标函数或 $g_i(\boldsymbol{x})\geqslant 0$。

令 $R=\{\boldsymbol{x} \mid g_i(\boldsymbol{x})\geqslant 0, i=1,2,\cdots,m; h_i(\boldsymbol{x})=0, i=m+1,\cdots,p\}$，称 R 为式(1-1)的可行集或容许集，称 $\boldsymbol{x}\in R$ 为式(1-1)的可行解或容许解。相应地视有无约束条件可将优化问题分为有约束优化问题和无约束优化问题，特别地把约束函数为等式的优化问题称为等式约束优化问题，约束函数为不等式的优化问题称为不等式约束优化问题。此外，通常把目标函数为二次函数而约束函数都是线性函数的优化问题称为二次规划，而把目标函数和约束函数都是线性函数的优化问题称为线性规划。

优化问题涉及的工程领域众多，问题种类与性质繁多。归纳而言，其可分为函数优化问题和组合优化问题两大类，其中函数优化问题的对象是一定区间内的连续变量，而组合优化的对象则是解空间中的离散状态。

优化问题还可以根据不同的方法进行分类。例如根据问题的特征，优化问题可主要分为以下5类：

(1) 无约束方法：用于优化无约束问题。

(2) 约束方法：用于在约束搜索空间中寻找解。

(3) 多目标优化方法：用于有多个目标需要优化的问题中。

(4) 多解(小生境)方法：能够找到多个解。

(5) 动态方法：能够找到并跟踪变化的最优解。

1.1.2 函数优化问题

函数优化问题通常可描述为：令 S 为 $\mathbf{R}^n$ 上的有界子集(即变量的定义域)，$f: S\to\mathbf{R}$ 为 n 维实值函数，所谓函数 f 在 S 域上全局最小化就是寻找点 $\boldsymbol{X}_{\min}\in S$ 使得 $f(\boldsymbol{X}_{\min})$在 S 域上全局最小，即 $\forall \boldsymbol{X}\in S: f(\boldsymbol{X}_{\min})\leqslant f(\boldsymbol{X})$。

函数优化问题常用于算法性能的比较，一般是基于 Benchmark 的典型问题展开，其中一些 Benchmark 问题见表1-1。

表1-1 一些 Benchmark 问题

Benchmark 问题	最优状态
$f_1(\boldsymbol{X})=\sum_{i=1}^{30} x_i^2, \quad \lvert x_i\rvert\leqslant 100$	$\min f_1(\boldsymbol{X})=f_1(0,0,\cdots,0)=0$
$f_2(\boldsymbol{X})=\sum_{i=1}^{30}\lvert x_i\rvert+\prod_{i=1}^{30}\lvert x_i\rvert, \quad x_i\leqslant 100$	$\min f_2(\boldsymbol{X})=f_2(0,0,\cdots,0)=0$

续表 1-1

Benchmark 问题	最优状态
$f_3(\boldsymbol{X})=\sum_{i=1}^{30}\left(\sum_{j=1}^{i}x_j\right)^2,\quad \lvert x_i\rvert\leqslant 100$	$\min f_3(\boldsymbol{X})=f_3(0,0,\cdots,0)=0$
$f_4(\boldsymbol{X})=\sum_{i=1}^{29}[100(x_{i+1}-x_i^2)^2+(1-x_i)^2],\quad \lvert x_i\rvert\leqslant 30$	$\min f_4(\boldsymbol{X})=f_4(1,1,\cdots,1)=0$
$f_5(\boldsymbol{X})=\sum_{i=1}^{30}\left[x_i^2-10\cos(2\pi x_i)+10\right],\quad \lvert x_i\rvert\leqslant 5.12$	$\min f_5(\boldsymbol{X})=f_5(0,0,\cdots,0)=0$
$f_6(\boldsymbol{X})=\frac{1}{4\,000}\sum_{i=1}^{30}x_i^2-\prod_{i=1}^{30}\cos\left(\frac{x_i}{\sqrt{i}}\right)+1,\quad \lvert x_i\rvert\leqslant 600$	$\min f_6(\boldsymbol{X})=f_6(0,0,\cdots,0)=0$
$f_7(\boldsymbol{X})=\sum_{i=1}^{30}(\lvert x_i+0.5\rvert)^2,\quad \lvert x_i\rvert\leqslant 100$	$\min f_7(\boldsymbol{X})=f_7(0,0,\cdots,0)=0$
$f_8(\boldsymbol{X})=4x_1^2-2.1x_1^4+x_1^6/3+x_1x_2-4x_2^2+4x_2^4,\quad \lvert x_i\rvert\leqslant 5$	$\min f_8(\boldsymbol{X})=f_8(0.089\,83,-0.712\,6)$ $=f_8(-0.089\,83,0.712\,6)$ $=-1.031\,628\,5$
$f_9(\boldsymbol{X})=\cos(2\pi x_1)\cos(2\pi x_2)\mathrm{e}^{-(x_1^2+x_2^2)/10},\quad \lvert x_i\rvert\leqslant 1$	$\max f_9(\boldsymbol{X})=f_9(0,0)=1$
$f_{10}(\boldsymbol{X})=100(x_1^2-x_2)+(1-x_1)^2,\quad \lvert x_i\rvert\leqslant 2.048$	$\min f_{10}(\boldsymbol{X})=f_{10}(1,1)=0$ $\max f_{10}(\boldsymbol{X})=f_{10}(-2.048,-2.048)=3\,905$
$f_{11}(\boldsymbol{X})=\frac{\sin x_1}{x_1}\cdot\frac{\sin x_2}{x_2},\quad \lvert x_i\rvert\leqslant 10$	$\max f_{11}(\boldsymbol{X})=f_{11}(0,0)=1$
$f_{12}(\boldsymbol{X})=(x_1^2+x_2-11)^2+(x_1+x_2^2-7)^2$ $\text{s.t.}\begin{cases}g_1(\boldsymbol{X})=4.84-(x_1-0.05)^2-(x_2-2.5)^2\geqslant 0\\ g_2(\boldsymbol{X})=x_1^2+(x_2-2.5)^2-4.84\geqslant 0\\ 0\leqslant x_i\leqslant 6\end{cases}$	$\min f_{12}(\boldsymbol{X})=13.590\,8$
$f_{13}(\boldsymbol{X})=(x_1-1)^2+(x_2-1)^2$ $\text{s.t.}\begin{cases}h(\boldsymbol{X})=x_1-2x_2+1=0\\ g(\boldsymbol{X})=-x_1^2/4-x_2^2+1>0\\ 0\leqslant x_i\leqslant 10\end{cases}$	$\min f_{13}(\boldsymbol{X})=1.393\,3$

1.1.3 数学规划

在一些等式或不等式约束条件下,求一个目标函数的极大(或极小)的优化模型称为数学规划。视有无约束条件而分别称为约束数学规划和无约束数学规划。

约束数学规划的一般形式为

$$\begin{cases}\max f(\boldsymbol{x}) \quad \text{或} \quad \min f(\boldsymbol{x})\\ \text{s.t.}\quad h_i(\boldsymbol{x})=0,\quad i=1,2,\cdots,l\\ \qquad\quad g_j(\boldsymbol{x})\geqslant 0,\quad j=1,2,\cdots,m\end{cases}$$

若目标函数 $f(\boldsymbol{x})$ 和约束条件中的函数 $h(\boldsymbol{x})$、$g(\boldsymbol{x})$ 均为线性函数,则称数学规划为线性规划,否则称非线性规划。若数学规划中的变量 $\boldsymbol{x}$ 限取整数值则称为整数规划,特别地,若 $\boldsymbol{x}$ 均限取值 0 或 1,则称为 0-1 规划;若变量 $\boldsymbol{x}$ 中部分变量限取整数值,则称为混合整数规划。

在数学规划中,把满足所有约束条件的点 $\boldsymbol{x}$ 称为可行点(或可行解),所有可行点组成的

点集称为可行域，若把可行域记为 S，即

$$S=\{\boldsymbol{x}\mid h_i(\boldsymbol{x})=0,i=1,2,\cdots,l;g_j(\boldsymbol{x})\geqslant 0,j=1,2,\cdots,m\}$$

于是数学规划即求 $\boldsymbol{x}^*\in S$，且使 $f(\boldsymbol{x}^*)$ 在 S 上达到最大（或最小），把 $\boldsymbol{x}^*$ 称为最优点（最优解），$f(\boldsymbol{x}^*)$ 称为最优值。

在线性规划和非线性规划中，如所研究的问题都只含有一个目标函数，则这类问题常称为单目标规划；如果含有多个目标函数，则称为多目标规划。

1.1.4 组合优化问题

组合优化问题通常可描述为：令 $\Omega=\{s_1,s_2,\cdots,s_n\}$ 为所有状态构成的解空间，$C(s_i)$ 为状态 s_i 对应的目标函数值，要求寻找最优解 s^*，使得 $\forall s_i\in\Omega,C(s^*)=\min C(s_i)$。组合优化问题往往涉及排序、分割、筛选等问题，是运筹学的一个重要分支。

1. 旅行商(Traveling Salesman Problem, TSP)问题

给定 n 个城市和两两城市间的距离，要求确定一条经过各城市一次并回到起始城市的最短路径。

2. 加工调度(Scheduling Problem, 如 Flow－shop, Job－shop)问题

Job－shop 问题是一类较 TSP 问题更为复杂的典型加工调度问题，是许多实际问题的简化模型。一个 Job－shop 问题可描述为：n 个工件在 m 台机器上加工，O_{ij} 表示第 i 个工件在第 j 台机器上的操作，相应的操作时间 T_{ij} 为已知，事先给定各工件在各机器上的加工次序（称为技术约束条件），要求确定与技术约束条件相容的各机器上所有工件的加工次序，使加工性能指标达到最优。在 Job－shop 问题中，通常还假定每一时刻每台机器只能加工一个工件，且每个工件只能被一台机器所加工，同时加工过程不间断。

3. 0－1 背包问题

0－1 背包问题是指对于 n 个体积分别为 a_i、价值分别为 c_i 的物品，如何将它们装入总体积为 b 的背包中，使得所选物品的总价值最大。

4. 装箱问题

装箱问题即如何以个数最小的、尺寸为 1 的箱子，装入 n 个尺寸不超过 1 的物品。

5. 聚类问题

m 维空间上的 n 个模式 $\{\boldsymbol{X}_i\mid i=1,2,\cdots,n\}$ 要求聚成 k 类，使得各类本身内的点相距最近，例如要求

$$\min D^2=\sum_{i=1}^{n}\|\boldsymbol{X}_i^{(p)}-R_p\|$$

式中：R_p 为第 p 类的中心，即

$$R_p=\sum_{i=1}^{n_p}\boldsymbol{X}_i^{(p)}/n_p$$

式中：$p=1,2,\cdots,k$；n_p 为第 p 类中的点数。

虽然组合问题的描述非常简单，但最优化求解非常困难，其主要原因是所谓的“组合爆炸”。例如，聚类问题的可能划分有 $k^n/k!$ 个，Job－shop 问题的可能排列方式有 $(n!)^m$ 个，置于置换排列描述的 n 座城市 TSP 问题有 $n!$ 种可行排列。显然状态数量随问题规模呈指数增长，即使计算机处理速率很快（如 1 亿次/s），要穷举规模较大（如 $n=20$）的情况也是需要很长时间的，更不用说更大规模问题的求解。因此，解决这些问题的关键在于寻求有效的优化算

法,也正是这些问题的代表性和复杂性引发了人们对组合优化理论与算法的研究。

针对组合优化,人们也构造了大量用作测试算法的 Benchmark 问题,其具体数据可以参考相关文献。

1.2 最优化问题的数学基础

实际的最优化问题一般是非线性规划问题,实质上是多元非线性函数的极小化问题。因此,最优化问题的数学基础主要是函数的极值问题。

1.2.1 函数的方向导数和梯度

1. 偏导数

如同一元函数的导数是描述函数相对于自变量的变化率,偏导数是描述多元函数相对于其中一个自变量(其余自变量保持不变)的变化率。

设多元函数 $f(\boldsymbol{X})=f(x_1,x_2,\cdots,x_n)$,在点 $P(x_1^{(0)},x_2^{(0)},\cdots,x_n^{(0)})$处沿 x_1 轴方向有增量 Δx_1,则函数的相应增量为

$$f(x_1^{(0)}+\Delta x_1,x_2^{(0)},\cdots,x_n^{(0)})-f(x_1^{(0)},x_2^{(0)},\cdots,x_n^{(0)})$$

当 $\Delta x_1\to 0$ 时,若极限

$$\lim_{\Delta x_1\to 0}\frac{f(x_1^{(0)}+\Delta x_1,x_2^{(0)},\cdots,x_n^{(0)})-f(x_1^{(0)},x_2^{(0)},\cdots,x_n^{(0)})}{\Delta x_1}$$

存在,则这个极限称为函数 $f(\boldsymbol{X})$在点 P 处对 x_1 的偏导数,记作$\left.\frac{\partial f}{\partial x_1}\right|_P$ 或 $f'_{x_1}(x_1^{(0)},x_2^{(0)},\cdots,x_n^{(0)})$。

同理,函数 $f(\boldsymbol{X})$在点 P 处对其余自变量的偏导数就定义为下列极限

$$\lim_{\Delta x_i\to 0}\frac{f(x_1^{(0)},x_2^{(0)},\cdots,x_i^{(0)}+\Delta x_i,\cdots,x_n^{(0)})-f(x_1^{(0)},x_2^{(0)},\cdots,x_i,\cdots,x_n^{(0)})}{\Delta x_i}$$

记作$\left.\frac{\partial f}{\partial x_i}\right|_P$ 或 $f'_{x_i}(x_1^{(0)},x_2^{(0)},\cdots,x_i,\cdots,x_n^{(0)})$。

2. 方向导数

方向导数是函数在某点沿给定方向的变化率。

设多元函数 $f(\boldsymbol{X})=f(x_1,x_2,\cdots,x_n)$,由点 $P(x_1^{(0)},x_2^{(0)},\cdots,x_n^{(0)})$处沿方向 $\boldsymbol{S}$(它与各个坐标轴 x_i 的夹角分别为 $\alpha_i,i=1,2,\cdots,n$)变化到 $P'(x_1^{(0)}+\Delta x_1,x_2^{(0)}+\Delta x_2,\cdots,x_n^{(0)}+\Delta x_n)$,于是函数相应的增量为

$$f(x_1^{(0)}+\Delta x_1,x_2^{(0)}+\Delta x_2,\cdots,x_n^{(0)}+\Delta x_n)-f(x_1^{(0)},x_2^{(0)},\cdots,x_n^{(0)})$$

点 P 到点 P'的距离为$\rho=\sqrt{\Delta x_1^2+\Delta x_2^2+\cdots+\Delta x_n^2}$,当 $\rho\to 0$ 时,若极限

$$\lim_{\rho\to 0}\frac{f(x_1^{(0)}+\Delta x_1,x_2^{(0)}+\Delta x_2,\cdots,x_n^{(0)}+\Delta x_n)-f(x_1^{(0)},x_2^{(0)},\cdots,x_n^{(0)})}{\rho}$$

存在,则称这个极限为函数 $f(\boldsymbol{X})$ 在点 P 沿方向 $\boldsymbol{S}$ 的方向导数,记作$\frac{\partial f}{\partial S}=\sum_{i=1}^{n}\frac{\partial f}{\partial x_i}\cos\alpha_i$。

3. 梯　度

设多元函数 $f(\boldsymbol{X})=f(x_1,x_2,\cdots,x_n)$在定义域有连续偏导数$\frac{\partial f}{\partial x_i}(i=1,2,\cdots,n)$,则函

数 $f(\boldsymbol{X})$ 在某点的梯度是以其偏导数为分量的向量，即

$$\text{grad}\ f=\nabla f=\left(\frac{\partial f}{\partial x_1},\frac{\partial f}{\partial x_2},\cdots,\frac{\partial f}{\partial x_n}\right)^{\mathrm{T}}$$

梯度的模为

$$\|\nabla f\|=\sqrt{\left(\frac{\partial f}{\partial x_1}\right)^2+\left(\frac{\partial f}{\partial x_2}\right)^2+\cdots+\left(\frac{\partial f}{\partial x_n}\right)^2}$$

梯度具有以下几个基本性质：

(1) 梯度是一个向量，函数 $f(\boldsymbol{X})$ 的梯度方向是函数变化率最大的方向。∇f 正梯度方向是函数值最快上升的方向；$-\nabla f$ 负梯度方向是函数值最快下降的方向。梯度的模就是函数的最大变化率。

(2) 函数 $f(\boldsymbol{X})$ 在某点的梯度方向是指在该点的最快上升方向。函数在其定义域各点都对应着一个确定的梯度，所以某点的梯度仅仅是对函数在该附近而言的，也即梯度是一种局部性质，不同点有不同的梯度。

(3) 函数 $f(\boldsymbol{X})$ 某点的梯度与过该点的函数等值线（面）是正交的，也即梯度方向是等值线（面）的法线方向。

【例 1.4】 求 $f(\boldsymbol{X})=x_1^2+x_2^2-4x_1+4$ 在点 $\boldsymbol{X}^{(1)}=(3,2)^{\mathrm{T}}$ 的梯度。

解：由梯度公式可得

$$\nabla f=\begin{pmatrix}\dfrac{\partial f}{\partial x_1}\\[2mm]\dfrac{\partial f}{\partial x_1}\end{pmatrix}=\begin{pmatrix}2x_1-4\\2x_2\end{pmatrix}$$

$\boldsymbol{X}^{(1)}=(3,2)^{\mathrm{T}}$ 的梯度为

$$\nabla f(X^{(1)})=\begin{pmatrix}2x_1-4\\2x_2\end{pmatrix}=\begin{pmatrix}2\\4\end{pmatrix}$$

该点的梯度如图 1-2 所示，图中同心圆是函数 $f(\boldsymbol{X})$ 的等值线，在点 $\boldsymbol{X}^{(1)}=(3,2)^{\mathrm{T}}$ 作出与 x_1 轴交角成 $\alpha=\arctan\left(\dfrac{4}{2}\right)$ 的向量就是该点的梯度。从图上可看出，梯度方向是等值线上该点切线的法线方向。

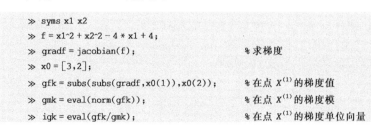

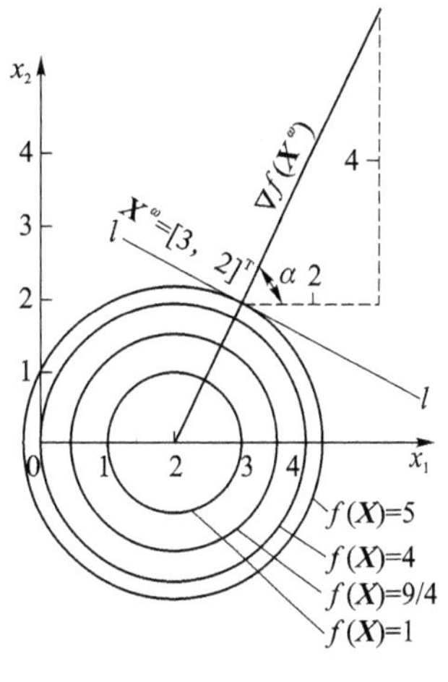

图 1-2 例 1.4 图

如用 MATLAB 计算，则

```
>> syms x1 x2
>> f = x1^2 + x2^2 - 4 * x1 + 4;
>> gradf = jacobian(f);                          % 求梯度
>> x0 = [3,2];
>> gfk = subs(subs(gradf,x0(1)),x0(2));          % 在点 X(1) 的梯度值
>> gmk = eval(norm(gfk));                        % 在点 X(1) 的梯度模
>> igk = eval(gfk/gmk);                          % 在点 X(1) 的梯度单位向量
```

1.2.2 多元函数的泰勒展开

由高等数学知识可知，二元函数 $f(\boldsymbol{X})=f(x_1,x_2)$ 在点 $\boldsymbol{X}^{(k)}=(x_1^{(k)},x_2^{(k)})$ 附近的泰勒展开，若只取到二次项则可写为

$$f(\boldsymbol{X}) \approx f(\boldsymbol{X}^{(k)}) + \frac{\partial f}{\partial x_1}\bigg|_{\boldsymbol{X}=\boldsymbol{X}^{(k)}}(x_1 - x_1^{(k)}) + \frac{\partial f}{\partial x_2}\bigg|_{\boldsymbol{X}=\boldsymbol{X}^{(k)}}(x_2 - x_2^{(k)}) +$$
$$\frac{1}{2!}\left[\frac{\partial^2 f}{\partial x_1^2}\bigg|_{\boldsymbol{X}=\boldsymbol{X}^{(k)}}(x_1 - x_1^{(k)})^2 + \frac{\partial f}{\partial x_1 \partial x_2}\bigg|_{\boldsymbol{X}=\boldsymbol{X}^{(k)}}(x_1 - x_1^{(k)})(x_2 - x_2^{(k)}) + \frac{\partial^2 f}{\partial x_2^2}\bigg|_{\boldsymbol{X}=\boldsymbol{X}^{(k)}}(x_2 - x_2^{(k)})^2\right]$$

上式可写成矩阵形式,即

$$f(\boldsymbol{X}) \approx f(\boldsymbol{X}^{(k)}) + \left(\frac{\partial f}{\partial x_1}, \frac{\partial f}{\partial x_2}\right)\begin{pmatrix} x_1 - x_1^{(k)} \\ x_2 - x_2^{(k)} \end{pmatrix} + \frac{1}{2}(x_1 - x_1^{(k)}, x_2 - x_2^{(k)})\begin{pmatrix} \frac{\partial^2 f}{\partial x_1^2} & \frac{\partial^2 f}{\partial x_1 \partial x_2} \\ \frac{\partial^2 f}{\partial x_1 \partial x_2} & \frac{\partial^2 f}{\partial x_2^2} \end{pmatrix}\begin{pmatrix} x_1 - x_1^{(k)} \\ x_1 - x_2^{(k)} \end{pmatrix}$$

式中,$\left(\frac{\partial f}{\partial x_1}, \frac{\partial f}{\partial x_2}\right) = \nabla f^{\mathrm{T}}$,$\begin{pmatrix} x_1 - x_1^{(k)} \\ x_2 - x_2^{(k)} \end{pmatrix} = \begin{pmatrix} x_1 \\ x_2 \end{pmatrix} - \begin{pmatrix} x_1^{(k)} \\ x_2^{(k)} \end{pmatrix} = \boldsymbol{X} - \boldsymbol{X}^{(k)}$,$\nabla^2 f = \begin{pmatrix} \frac{\partial^2 f}{\partial x_1^2} & \frac{\partial^2 f}{\partial x_1 \partial x_2} \\ \frac{\partial^2 f}{\partial x_1 \partial x_2} & \frac{\partial^2 f}{\partial x_2^2} \end{pmatrix}$。

$\nabla^2 f$ 是函数在点 $\boldsymbol{X}^{(k)}$ 处的二阶偏导数矩阵,称为海色(Hesse)矩阵,也可以用 $H(\boldsymbol{X})$ 表示,它是对称矩阵。

引进上述符号后,二元函数泰勒展开式可简写为

$$f(\boldsymbol{X}) \approx f(\boldsymbol{X}^{(k)}) + \nabla f^{\mathrm{T}}(\boldsymbol{X} - \boldsymbol{X}^{(k)}) + \frac{1}{2}(\boldsymbol{X} - \boldsymbol{X}^{(k)})\,\nabla^2 f(\boldsymbol{X} - \boldsymbol{X}^{(k)})$$

将海色矩阵推广到 n 元函数后,可写成

$$H(\boldsymbol{X}) = \nabla^2 f = \begin{pmatrix} \frac{\partial^2 f}{\partial x_1^2} & \frac{\partial^2 f}{\partial x_1 \partial x_2} & \cdots & \frac{\partial^2 f}{\partial x_1 \partial x_n} \\ \frac{\partial^2 f}{\partial x_2 \partial x_1} & \frac{\partial^2 f}{\partial x_2^2} & \cdots & \frac{\partial^2 f}{\partial x_2 \partial x_n} \\ \vdots & \vdots & & \vdots \\ \frac{\partial^2 f}{\partial x_n \partial x_1} & \frac{\partial^2 f}{\partial x_n^2} & \cdots & \frac{\partial^2 f}{\partial x_n^2} \end{pmatrix}$$

因为函数有 n 个变量,所以海色矩阵是 $n \times n$ 阶的二阶偏导数对称矩阵,于是 n 元函数的泰勒展开式与二元函数的泰勒展开式完全相同,但各符号的含义不同,其中

$$\boldsymbol{X} = (x_1, x_2, \cdots, x_n), \quad \boldsymbol{X} - \boldsymbol{X}^{(k)} = \begin{pmatrix} x_1 - x_1^{(k)} \\ x_2 - x_2^{(k)} \\ \vdots \\ x_n - x_n^{(k)} \end{pmatrix}, \quad \nabla f = \left(\frac{\partial f}{\partial x_1}, \frac{\partial f}{\partial x_2}, \cdots, \frac{\partial f}{\partial x_n}\right)^{\mathrm{T}}$$

而海色矩阵相同。

上述的函数泰勒展开只取到二次项为止,这种展开式称为函数的平方近似表达式,即用二次函数逼近所讨论的函数。

【例 1.5】 将函数 $f(\boldsymbol{X}) = 4 + 4.5x_1 - 4x_2 + x_1^2 + 2x_2^2 - 2x_1x_2 + x_1^4 - 2x_1^2x_2$ 在点 $\boldsymbol{X}^{(k)} =$

$(2.0,2.5)^{T}$ 展开泰勒二次近似式。

解:根据泰勒二次近似式的公式,可得

$$f(x_1,x_2)=\frac{11}{2}+\left(\frac{31}{2},-6\right)\begin{pmatrix}x_1-2.0\\x_2-2.5\end{pmatrix}+$$
$$\frac{1}{2}(x_1-2.0,x_2-2.5)\begin{pmatrix}40&-10\\-10&4\end{pmatrix}\begin{pmatrix}x_1-2.0\\x_2-2.5\end{pmatrix}$$

利用 MATLAB 求解如下:

```
>> syms x1 x2
>> f = 4 + 4.5 * x1 - 4 * x2 + x1^2 + 2 * x2^2 - 2 * x1 * x2 + x1^4 - 2 * x1^2 * x2;
>> y = simplify(taylor(f,[x1 x2],[2 2.5],'Order',3))             % 泰勒二次展开式
   y = 20 * x1^2 - 10 * x1 * x2 - (79 * x1)/2 + 2 * x2^2 + 4 * x2 + 32
>> y2 = jacobian(f)                                                % jacobian 矩阵
   y2 = [ 2 * x1 - 2 * x2 - 4 * x1 * x2 + 4 * x1^3 + 9/2, - 2 * x1^2 - 2 * x1 + 4 * x2 - 4]
>> h = hessian(f,[x1 x2])                                          % 海色矩阵
   h = [ 12 * x1^2 - 4 * x2 + 2, - 4 * x1 - 2]
       [          - 4 * x1 - 2,            4]
```

1.2.3 二次型函数

二次型函数的形式及性质

二次型是指含有 n 个变量的二次函数,即

$$\begin{aligned}f(\boldsymbol{X})&=a_{11}x_1^2+a_{12}x_1x_2+\cdots+a_{1n}x_1x_n+a_{21}x_2x_1+a_{22}x_2^2+\cdots+\\&\quad a_{2n}x_2x_n+\cdots+a_{n1}x_nx_1+a_{n2}x_nx_2+\cdots+a_{nn}x_n^2\\&=\sum_{i,j=1}^{n}a_{ij}x_ix_j\end{aligned}$$

写成矩阵形式有

$$f(\boldsymbol{X})=\boldsymbol{X}^{T}\boldsymbol{A}\boldsymbol{X}$$

其中,

$$\boldsymbol{X}=\begin{bmatrix}x_1\\x_2\\\vdots\\x_n\end{bmatrix},\quad \boldsymbol{A}=\begin{bmatrix}a_{11}&a_{12}&\cdots&a_{1n}\\a_{21}&a_{22}&\cdots&a_{2n}\\\vdots&\vdots&&\vdots\\a_{n1}&a_{n2}&\cdots&a_{nn}\end{bmatrix}$$

令系数矩阵 $\boldsymbol{A}$ 为对称矩阵,即 $a_{ij}=a_{ji}(i,j=1,2,\cdots,n)$,则称上述函数为实二次型函数。

在优化问题中,如果某点附近采用泰勒展开近似式表达时研究该点邻域的极值问题,则需要分析二次型函数是否正定或负定。二次型函数正定和负定的定义如下:

设 n 个变量的二次型函数 $f(\boldsymbol{X})=\boldsymbol{X}^{T}\boldsymbol{A}\boldsymbol{X}$,若对于任意的 $\boldsymbol{X}=(x_1,x_2,\cdots,x_n)$ 为非零向量,即对于不全为零的任何实数 $x_1,x_2,\cdots,x_n$,$f(\boldsymbol{X})$都为正数,则称此二次型函数为正定二次型,其对应的矩阵 $\boldsymbol{A}$ 称为正定矩阵。

对不全为零的任何实数 $x_1,x_2,\cdots,x_n$,若 $f(\boldsymbol{X})\geqslant 0$,则称为二次型半正定;若 $f(\boldsymbol{X})<0$,则称二次型负定;若 $f(\boldsymbol{X})\leqslant 0$,则称二次型半负定;若 $f(\boldsymbol{X})=0$,则称二次型不定。

相应的矩阵 $\boldsymbol{A}$ 也分别称为半正定、负定、半负定或不定矩阵。

矩阵 $\boldsymbol{A}$ 是正定还是负定,常用矩阵各阶主子式的正负来判别。若矩阵 $\boldsymbol{A}$ 的各阶主子式(即对应的各阶行列式)均大于零,则该矩阵为正定,即矩阵 $\boldsymbol{A}$ 为正定的条件是

$$a_{11}>0,\quad \begin{vmatrix} a_{11} & a_{12} \\ a_{21} & a_{22} \end{vmatrix}>0,\quad \cdots,\quad \begin{vmatrix} a_{11} & a_{12} & \cdots & a_{1k} \\ a_{21} & a_{22} & \cdots & a_{2k} \\ \vdots & \vdots & & \vdots \\ a_{k1} & a_{k2} & \cdots & a_{kk} \end{vmatrix}>0,\quad \cdots,\quad \begin{vmatrix} a_{11} & a_{12} & \cdots & a_{1n} \\ a_{21} & a_{22} & \cdots & a_{2n} \\ \vdots & \vdots & & \vdots \\ a_{n1} & a_{n2} & \cdots & a_{nn} \end{vmatrix}>0$$

若所有奇数阶顺序主子式均小于零,而所有偶数阶顺序主子式均大于零,则该矩阵为负定。

1.2.4 函数的凸性

函数的极值点(最优点)有局部和全局之分。一般来说,局部最优点不一定是全局最优点,而全局最优点必定是局部最优点。

若函数具有凸性,即函数是凸函数,则其驻点不仅是局部极值点,而且还是全局极值点。

1. 凸函数的定义

设一元函数 $f(x)=0$,若函数曲线上任意两点的连线永远不在曲线的下面,如图 1-3 所示,则函数 $f(x)$ 称为凸函数,其表达式为

$$f(\lambda x^{(1)}+(1-\lambda)x^{(2)})\leqslant \lambda f(x^{(1)})+(1-\lambda)f(x^{(2)})$$

相反,若这种连线永远不在曲线的下面,如图 1-4 所示,则称为凹函数,其表达式为

$$f(\lambda x^{(1)}+(1-\lambda)x^{(2)})\geqslant \lambda f(x^{(1)})+(1-\lambda)f(x^{(2)})$$

式中:$\lambda=\dfrac{x^{(2)}-x^{(3)}}{x^{(2)}-x^{(1)}}$ $(0<\lambda<1)$,$x^{(1)}$,$x^{(2)}$,$x^{(3)}$ 为图 1-3 和图 1-4 曲线上的 3 个点。

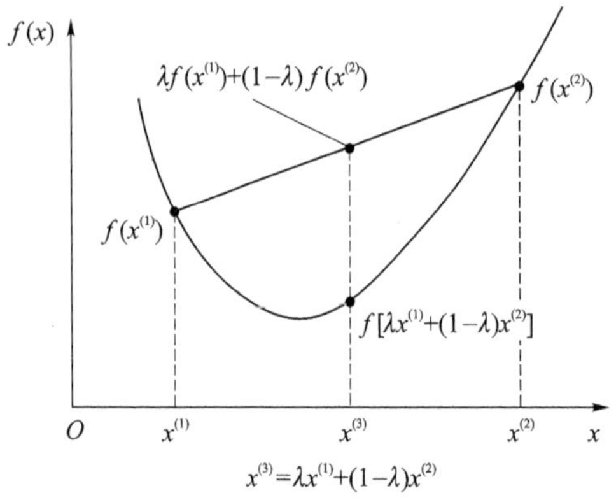

图 1-3 凸函数

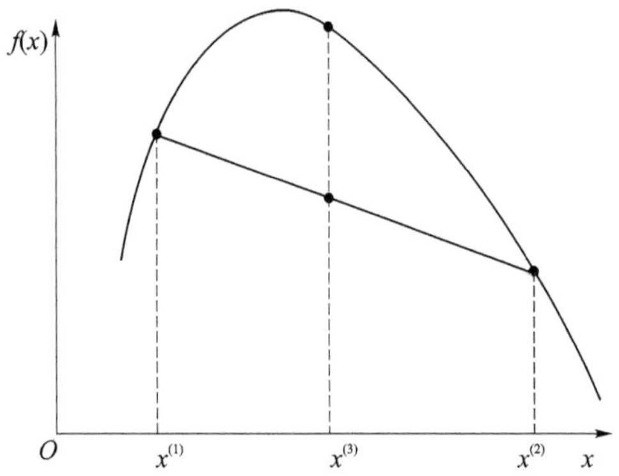

图 1-4 凹函数

若函数为多元函数,则须先说明函数定义域的性质。设 D 为空间 $\mathbf{R}^n$ 的一个集合,若其中任意两点 $\boldsymbol{X}^{(1)}$ 和 $\boldsymbol{X}^{(2)}$ 的连线上所有的点都在这个集合内,则称这种集合 D 是 n 维空间的一个凸集。二维情况如图 1-5 所示,其中图 1-5(a)所示为凸集,图 1-5(b)和图 1-5(c)所示为非凸集。

在三维空间中,实心球体、四面体、六面体等都是凸集。

设 n 维函数 $f(\boldsymbol{X})$ 为 n 维欧式空间 $\mathbf{R}^n$ 中一个凸集 D 上的函数,若对任何实数 $\lambda(0<\lambda<0)$ 和该凸集中任意两个点 $\boldsymbol{X}^{(1)}$ 和 $\boldsymbol{X}^{(2)}$,总有

$$f(\lambda\boldsymbol{X}^{(1)}+(1-\lambda)\boldsymbol{X}^{(2)})\leqslant \lambda f(\boldsymbol{X}^{(1)})+(1-\lambda)f(\boldsymbol{X}^{(2)})$$

则称 $f(\boldsymbol{X})$ 为定义在凸集上的一个凸函数。若上式中的"$\leqslant$"换成"$<$"则称为严格凸函数;若改用符号"$\geqslant$"或"$>$",则称 $f(\boldsymbol{X})$ 为凹函数或严格凹函数。

2. 凸函数的判别

一个函数是否为凸函数,可以利用凸函数的下述两种性质进行判别。

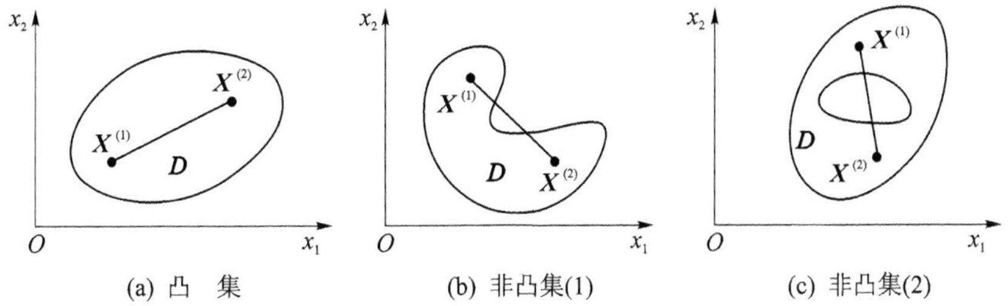

图1-5 凸集与非凸集

(1) 若函数 $f(\boldsymbol{X})$ 在 D_1 上具有连续一阶导数，D 为 D_1 内部的一个凸集，则 $f(\boldsymbol{X})$ 为 D 上凸函数的充分必要条件是：对于任意 $\boldsymbol{X}^{(1)}$、$\boldsymbol{X}^{(2)}\in D$，不等式

$$f(\boldsymbol{X}^{(2)}) \leqslant f(\boldsymbol{X}^{(1)}) + (\boldsymbol{X}^{(2)} - \boldsymbol{X}^{(1)})\,\nabla f(\boldsymbol{X}^{(1)})$$

恒成立，即满足此条件的函数为凸函数。

(2) 若函数 $f(\boldsymbol{X})$ 在 D_1 上具有连续二阶导数，D 为 D_1 内部的一个凸集，则 $f(\boldsymbol{X})$ 为 D 上凸函数的充分必要条件是：$f(\boldsymbol{X})$ 的海色矩阵为半正定，即

$$(\boldsymbol{X}^{(2)} - \boldsymbol{X}^{(1)})^{\mathrm{T}}\,\nabla^2 f(\boldsymbol{X}^{(1)})(\boldsymbol{X}^{(2)} - \boldsymbol{X}^{(1)}) \geqslant 0$$

若海色矩阵是正定的，即上式中的"$\geqslant$"换成"$>$"，则称为严格凸函数。

综上所述，如果能够判别目标函数在可行域内为凸函数，则只要求得目标函数的最优点，就得到了全局的最优点。但在实际应用中，目标函数常常是高阶多元函数，很难判断它是否为凸函数，另外，目标函数也常常是多极值函数，也很难判断所求得的最优点是全局的还是局部的，较为实用的方法是求出多个极值点，比较其函数值的大小来确定最优点。

【例1.6】 判别函数 $f(\boldsymbol{X})=60-10x_1-4x_2+x_1^2+x_2^2-x_1x_2$ 是否为凸函数。

解：利用MATLAB计算如下：

```
>> syms x1 x2
>> f = 60 - 10 * x1 - 4 * x2 + x1^2 + x2^2 - x1 * x2;
>> H = hessian(f,[x1 x2])              % 海色矩阵
   H =[  2, -1]
      [ -1,  2]
>>[D,p] = chol(subs(H))                % 计算海色矩阵的正定性
D = [ 2^(1/2),            -2^(1/2)/2]
    [       0, (2^(1/2) * 3^(1/2))/2]
p = 0                                  % p = 0 时为正定
```

所以，该函数为凸函数。

1.3 邻域函数与局部搜索

邻域函数是优化中的一个重要的概念，其作用是指导如何由一个(组)解来产生一个(组)新解。邻域函数的设计往往依赖于问题的特性和解的表达方式(编码)，由于优化状态表征方式的不同，函数优化与组合优化中的邻域函数的具体方式存在明显的差异。

函数优化中邻域函数的概念比较直观。利用距离的概念通过附加扰动来构造邻域函数是最常用的方式，如 $\boldsymbol{x}_{\text{new}}=\boldsymbol{x}_{\text{old}}+\eta\zeta$，其中 η 为尺度参数，ζ 为满足某种概率分布的随机数或白噪声或混沌序列或梯度信息等。

在组合优化中，传统的距离概念显然不再适用，但其基本思想仍然是通过一个解产生另一

个解。令(S,F,f)为一个组合优化问题,其中 S 为所有解构成的状态空间,F 为 S 上的可行域,f 为目标函数,则一个邻域函数可定义为一种映射,即 $N:S\rightarrow 2^s$。其含义是对于每个解 $i\in S$,一些"邻近"i 的解构成的邻域 $S_i\subset S$,而任意 $j\in S_i$ 称为 i 的邻域解。

例如,某 TSP 问题的一个解为(1,2,3,4),即旅行顺序为 1,2,3,4,则 k 个点上的交换就可认为是一种邻域函数,从而可得到(2,1,3,4)、(1,2,4,3)、(1,4,3,2)、(3,2,1,4)等新解。

基于邻域函数的概念,可以定义局部极小值和全局最小值概念。若 $\forall j\in S_i\cap F$,满足 $f(j)\geqslant f(i)$,则称 i 为 f 在 F 上的局部极小值;若 $\forall j\in F$,满足 $f(j)\geqslant f(i)$,则称 i 为在 F 上的全局最小值。

局部搜索算法是基于贪婪思想,利用邻域函数进行搜索的。其过程为:从一个初始解出发,利用邻域函数持续地在当前解的邻域中搜索比它好的解,若能够找到如此的解,就以此解为新的当前解,然后重复上述过程,否则结束搜索过程,并以当前解作为最终解。很明显,局部搜索算法的性能完全依赖于邻域函数和初始解。因此,要使局部搜索算法具有全局最优的搜索能力,除了需要设计较好的邻域函数和适当的初始值外,还需要在搜索策略上进行,否则无法避免陷入局部极小或者解的完全枚举。

鉴于局部搜索算法的上述缺点,智能优化算法如模拟退火算法、遗传算法等,从不同的角度利用不同的搜索机制和策略完全实现对局部搜索算法的改进,以获取较好的全局优化性能。

1.4 优化问题的复杂性

传统的优化算法都是基于严格的数学模型的,当模型(如变量的维数多、约束方程多、非线性强等)不能用显式的方程来表达时,这些方法往往不能进行有效的求解,或者求解的时间过长或者求解的效果差。

算法的时间和空间复杂性对计算机的求解能力有很大影响。算法对时间和空间的需要量称为算法的时间复杂性和空间复杂性。问题的时间与空间复杂性是指求解该问题的所有算法中复杂性最小的算法的时间复杂性与空间复杂性。

算法或问题的复杂性一般可表示为问题规模 n(如 TSP 问题中的城市数)的函数。时间复杂性记为 $T(n)$,空间复杂性记为 $S(n)$。在算法分析和设计中,把求解问题的关键操作如加、减、乘、比较等运算指定为基本操作。算法执行基本操作的次数就定义为算法的时间复杂性,算法执行期间占用的存储单元定义为算法的空间复杂性。

按照计算复杂性理论研究问题求解的难易程度,可把问题分为:(1) P 类问题,它是指一类能够用确定性算法在多项式时间内求解的判定问题。(2) NP 问题,它是指一类可以用不确定性多项式算法求解的判定问题。(3) NP 完全问题,判定一个问题 D 是 NP 完全问题的条件是:① D 属于 NP 类;② NP 中的任何问题都能够在多项式时间内转化为 D。一个满足条件②但不满足条件①的问题称为 NP 难问题。NP 难问题不一定是 NP 类问题,一个 NP 难问题至少与 NP 完全问题一样难,也许更难。

一般而言,最优化问题都是一些难解问题。TSP、0-1 背包问题、图着色问题等都是 NP 完全问题,至今还没有有效的多项式时间解法。用确定性的优化算法求 NP 完全问题的最优解,需要的计算时间与问题规模之间呈指数关系。此时对于大规模问题,由于计算时间的限制,往往难以得到问题的最优解,用近似算法求解得到的近似解质量较差,而且最坏情况下的时间复杂性是未知的。因此,从数学的角度来讲,现有的近似算法不可能求出大规模组合优化问题的高质量的近似解。

1.5 优化算法发展状况

随着应用和需求的不断发展，优化算法理论和研究也得到了较大的发展。就优化算法的原理而言，目前工程常用的优化算法主要有经典算法、构造型算法、改进型优化算法、基于系统动态演化的算法、混合型算法和群智能算法等现代优化算法。

1. 经典算法

经典算法包括线性规划、动态规划、整数规划和分支定界等运筹学中的传统算法。这些算法在求解小规模问题中已得到很大成功，但在现代工程中往往不实用。

2. 构造型算法

构造型算法是用构造的方法快速建立问题的解，例如调度问题中的 Johnson 法、Palmer 法、Gupta 法等。这种算法的优化质量通常较差，难以满足工程需要。

3. 改进型优化算法

改进型优化算法或称为邻域搜索算法。从任一解出发，通过对其邻域的不断搜索和对当前解的判断替换来实现优化。根据搜索行为，又可分为局部搜索法和指导性搜索法。前者有爬山法、最陡下降法等；后者有模拟退火、遗传算法、禁忌算法、进化算法、群智能算法等。

4. 基于系统动态演化的方法

基于系统动态演化的方法是将优化过程转化为系统动态的演化过程，然后基于系统动态的演化来实现优化，如神经网络法和混沌搜索法等。

5. 混合型算法

混合型算法是将上述各算法从结构或操作上进行混合而产生的各类算法，如遗传-神经网络算法等。

现代实际工程问题往往具有大规模、强约束、非线性、多极值、多目标、建模困难等特点，寻求一种适合于现代工程问题的具有智能特征的优化算法已成为引人注目的研究方向。一个优化算法要取得优异的优化质量、快速的优化效率、鲁棒和可靠的优化性能，必须具有以下能力：① 全局搜索能力，以适应问题的非线性和多极值性；② 一定优化质量意义下的高效搜索能力，以适应问题的大规模性以及 NP 类等问题的复杂性；③ 对各目标的合理平衡能力，以适应问题的多目标性和强约束性；④ 良好的鲁棒性，以适应问题的不确定性和算法本身的参数；⑤ 搜索操作的灵活性和有效性，以适应问题中连续与离散变量共存的特点。

近 20 年来，一些新颖的优化算法，如人工神经网络、混沌、遗传算法、进化规划、模拟退火、禁忌搜索及其混合优化策略等，通过模拟或揭示某些自然现象或过程而得到发展，其思想和内容涉及数学、物理学、生物进化、人工智能、神经科学和统计学等方面，为解决复杂问题提供了新的思路和手段。这些算法的独特优点和机制，引起了国内外学者的广泛重视，并掀起了该领域的研究热潮，且在诸多领域得到了成功应用。近些年来，随着人工智能和人工生命的兴起，出现了一些新型的仿生算法，其中较具代表性的有蚁群算法、粒子群算法和人工鱼群算法等，这些算法加快推动了群智能优化算法的发展。

值得指出的是，对于所有函数集合，并不存在万能的最佳优化算法。所有算法在整个函数类上的平均表现度量是相同的。为此关于优化算法的研究应从寻找所有可能函数上的通用优化算法转变为以下两个方面：

① 以算法为导向，确定其适用的问题类。对于每一个算法，都有其适用的和不适用的问题，对于给定的算法，要尽可能通过理论分析和实际应用，找出其适用的范围，归纳特定的问题

类,使其成为一个指示性算法。

② 以问题为导向,确定其适用的算法。对于较小的特定问题类或特定的实际应用问题,设计出具有针对性的适用算法。实际上,大多数在优化算法方面的研究都属于这一范畴,因为它们主要是根据进化的原理设计新的算法,或者将现有算法进一步优化改造,以期对若干特定的函数类取得较好的优化效果。

习题 1

1.1 求半径为 R 的圆中,所有的内接三角形面积的最大值。

1.2 在无芽酶试验中,发现吸氧量 y 与底水 x_1 及吸氧时间 x_2 都有关系,今在水温 17 ℃±1 ℃条件下得到一批数据,如表 1-2 所列。

表 1-2 习题 1.2 的数据

序号	x_1(底水)	x_2(吸氧时间)	y(吸氧量)	序号	x_1(底水)	x_2(吸氧时间)	y(吸氧量)
1	136.500	215	6.200 0	7	138.500	215	
2	136.500	250	7.500 0	8	138.500	215	
3	136.500	180	4.800 0	9	140.500	180	
4	138.500	250	5.100 0	10	140.500	215	
5	138.500	180	4.600 0	11	140.500	250	
6	138.500	215	4.600 0				

由经验知 y 与 x_1、x_2 之间可用以下线性相关关系描述,即

$$y=b_0+b_1x_1+b_2x_2+\varepsilon$$

其中,b_0、b_1、b_2 为待定参数。应该如何利用给出的数据求出这三个参数。

1.3 某种作物在全部生产过程中至少需要氮 32 kg,磷以 24 kg 为宜,钾不得超过 42 kg。现有甲、乙、丙、丁四种肥料,各种肥料的单价及含氮、磷和钾的数量如表 1-3 所列。请问如何配合使用这些肥料,才能既满足作物对氮、磷、钾的需要,又能使施肥成本最低?试写出数学模型。

表 1-3 有关肥料的数据

元素 \ 名称	甲	乙	丙	丁
氮	0.030	0.030	0.000	0.150
磷	0.050	0.000	0.200	0.100
钾	0.140	0.000	0.000	0.070
单价/元	0.040	0.150	0.100	0.125

1.4 已知某企业有两个工厂(F_1 和 F_2),生产某种产品,这些产品需要运送两个仓库(W_1 和 W_2)中,其中配送网络如图 1-6 所示。各工厂的生产量和各仓库的需求量如图中相应位置的数字表示;图中箭头线表示交通路线,箭头线上括号内的数值为(运输能力限制,单位运价),运输能力的单位为件,单位运价的单位为元。请为该企业设计一个配送方案的数学模型,使得

通过网络的运输成本最低。

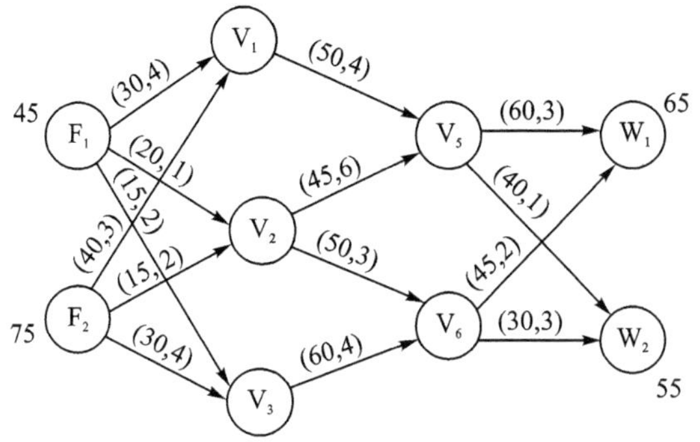

图 1 - 6　习题 1.4 用图

1.5　某企业生产两种产品 A 和 B，已知生产 A 产品每吨需要 10 个工时，生产 B 产品每吨需要 6 个工时。假定每日可用的工时数为 100。已知 A 产品每吨可获利 200 元，B 产品每吨可获利 150 元。请问：应如何安排生产才能使企业在耗费工时尽可能少的情况下获利尽可能多？试写出数学模型。

1.6　在曲面 $f_1(x_1,x_2,x_3)=0$ 上找一点 P，在 $f_2(x_1,x_2,x_3)=0$ 曲面上找一点 Q，使 P，Q 两点的距离尽量小。试建立其数学模型。

1.7　某市消防中心同时接到了三处火警报告。根据当前的火势，三处火警地点分别需要 2 辆、2 辆和 3 辆消防车前往灭火。三处火警地点的损失将依赖于消防车到过的及时程度：记 t_{ij} 为第 j 辆消防车到达火警地点 i 的时间，则三处火警地点的损失分别为 $6t_{11}+4t_{12}$，$7t_{21}+3t_{22}$，$9t_{31}+8t_{32}+5t_{33}$。目前可供消防中心调度的消防车正好有 7 辆，分别属于三个消防站（可用消防车数量分别为 3 辆、2 辆、2 辆）。消防车从三个消防站到三个火警地点所需要的时间如表 1 - 4 所列。该中心应如何调度消防车，才能使总损失最小。写出数学模型。

表 1 - 4　消防站到三个火警地点所需的时间

单位：min

时间	火警地点 1	火警地点 2	火警地点 3
消防站 1	6	7	9
消防站 2	5	8	11
消防站 3	6	9	10

1.8　某收藏家在距离墙为 x 米的地方，墙上挂着一幅长度为 a 米的绘画，该作品下缘距离该收藏家眼睛的垂直距离为 b 米，如图 1 - 7 所示。试确定合适的距离，使得收藏家的视角 θ 达到最大。

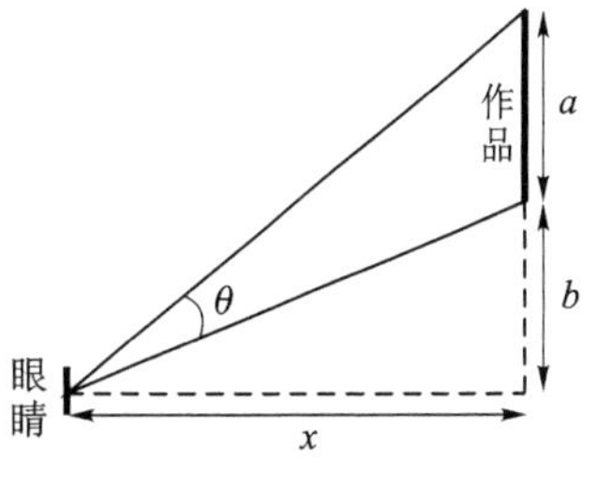

图 1 - 7　习题 1.8 用图

1.9　设有某物资从 m 个发点 $A_1,A_2,\cdots,A_m$ 输送到 n 个收点 $B_1,B_2,\cdots,B_n$，其中每个发点发出量分别为 a_1，$a_2,\cdots,a_m$，每个收点输入量分别为 $b_1,b_2,\cdots,b_n$，并且满足：$\sum_{i=1}^{m}a_i=\sum_{j=1}^{n}b_j$。从发点 A 到收点 B 的距离及单位运费是 c_{ij}。请设计一个调运方案，使总运输费用最小。写出数学模型。

1.10 设有 400 万元资金,要求 4 年内使用完,若在一年内使用资金 x 万元,则可得到效益$\sqrt{x}$万元,当年不用的资金可存入银行,年利率为 10%。试制订出资金的使用计划,以使4 年效益的总和为最大。

1.11 如果有一块土地准备卖给两个买主,卖给一个买主 x_1 个单位,收益 $U_1(x_1)$元,卖给 x_2 个单位的土地卖给另一个买主,收益为 $U_2(x_2)$元,那么希望能够合理地调整 x_1 和 x_2 的大小,使得卖地的总收益在达到最大(在土地总面积一定的前提下,x_1 和 x_2 的分配比例没有限制)。试针对该问题的一个优化模型:

$$\begin{cases}\min f(x) \\ \text{s.t.} \quad x \in \Omega\end{cases}$$

写出目标函数 f,确定可行集 Ω。

1.12 某钢管零售商从钢管厂进货,将钢管按照顾客的要求切割后售出。从钢管厂进货时得到的原料钢管都是 19 m 长。现在一个客户需要 50 根 4 m 长、20 根 60 m 长和 15 根 8 m 的钢管,应如何下料最节省?

1.13 有 4 名同学到一家公司参加三个阶段的面试:公司要求每个同学都必须首先找公司秘书初试,然后到部门主管处复试,最后到经理处参加面试,并且不允许插队(即在任何一个阶段 4 名同学的顺序是一样的)。由于 4 名同学的专业背景不同,所以每人在三个阶段的面试时间(min)也不同,如表 1-5 所列。这 4 名同学约定他们全部面试完以后一起离开公司。假定现在是上午 8:00,请问他们最早何时能离开公司?

表 1-5 有关面试的数据

学生 \ 面试类型	秘书初试/min	主管复试/min	经理面试/min
同学甲	13	15	20
同学乙	10	20	18
同学丙	20	16	10
同学丁	8	10	15

1.14 某人有 M 元资金准备经营 A、B、C 三种商品,其中 A 有两种型号 A_1、A_2,B 也有两种型号 B_1、B_2,每种商品的利率 A_1 为 7.3%、A_2 为 10.3%,B_1 为 6.4%、B_2 为 7.5%,C 为 4.5%。设在经营中有如下限制:

(1) A 或 B 的资金各自都不能超过总资金的 50%;

(2) C 的资金不能少于 B 的资金的 25%;

(3) A_2 的资金不能超过 A 的资金的 60%。

试建立使总利润最大经营方案的数学模型。

1.15 在一条 20 m 宽的道路两侧,分别安装了一只 2 kW 和一只 3 kW 的路灯,它们离地面的高度分别为 5 m 和 6 m。在漆黑的夜晚,当两只路灯开启时,两只路灯连线的路面上最暗的点和最亮的点在哪里?如果 3 kW 的路灯的高度可以在 3~9 m 之间变化,如何使路面上最暗点的亮度最大?如果两只路灯的高度均可以在 3~9 m 之间变化,结果又如何?

第 2 章

无约束优化方法

本章将讨论如下的优化模型：

$$\min_{x \in \mathbf{R}^n} f(\boldsymbol{x}) \tag{2-1}$$

式中：f 是 $\boldsymbol{x}$ 的实值连续函数，通常假定具有二阶连续偏导数。

无约束优化方法有很多种，根据在确定搜索方向时所使用的信息不同，无约束优化方法一般可分为两大类。

第一类算法是利用目标函数的一阶导数甚至二阶导数构造的搜索方法，如梯度法、共轭梯度法、牛顿法、变尺度法等，这类方向通常称为间接法或解析法。第二类算法是只利用目标函数构成的搜索方向，如坐标轮换法、单纯形法、Powell 法等，此类方法称为直接法。

第一类算法需要计算函数的一阶导数甚至二阶偏导数，计算量大，但一般收敛较快。第二类算法不需要计算导数，只需直接比较目标函数来确定优化的方向和步长，一般收敛较慢。由于有些优化问题的目标函数无法求得一阶或二阶偏导数，或计算困难，工作量太大，因此，在实际应用中，第二类算法是比较受欢迎的。

2.1 最优性条件

无约束优化问题的最优性条件包含一阶条件和二阶条件。

一阶必要条件：设 f 在点 $\boldsymbol{x}^{(0)}$ 处连续可微，且 $\boldsymbol{x}^{(0)}$ 为局部极小点，则必有梯度 $\nabla f(\boldsymbol{x}^{(0)})=0$。其中，梯度 $\nabla f(\boldsymbol{x})$ 为以下向量：

$$\nabla f(\boldsymbol{x}) = \left[\frac{\partial f(\boldsymbol{x})}{\partial x_1}, \frac{\partial f(\boldsymbol{x})}{\partial x_2}, \cdots, \frac{\partial f(\boldsymbol{x})}{\partial x_n}\right]^{\mathrm{T}} \tag{2-2}$$

二阶必要条件：设 f 在开集 D 上二阶连续可微，若 $\boldsymbol{x}^*$ 是式(2-1)的一个局部极小值，则必有 $\nabla f(\boldsymbol{x}^*)=0$ 且 $\nabla^2 f(\boldsymbol{x}^*)$ 是半正定矩阵。

二阶充分条件：设 f 在开集 D 上二阶连续可微，若 $\boldsymbol{x}^* \in D$ 满足条件 $\nabla f(\boldsymbol{x}^*)=0$ 及 $\nabla^2 f(\boldsymbol{x}^*)$ 是正定矩阵，则 $\boldsymbol{x}^*$ 是式(2-1)的一个局部极小点。

一般来说，目标函数的驻点不一定是极小点，但对于目标函数是凸函数的无约束优化问题，其驻点、局部极小点和全局极小点三者是等价的。

【例 2.1】 求函数 $f(\boldsymbol{X})=2x_1^2+5x_2^2+x_3^2+2x_2x_3+2x_1x_3-6x_2+3$ 的极值点和极值。

解：先求函数的一阶偏导并令其等于零，解联立方程可得驻点：

$$\begin{cases} \dfrac{\partial f}{\partial x_1} = 4x_1 + 2x_3 = 0 \\ \dfrac{\partial f}{\partial x_2} = 10x_2 + 2x_3 - 6 = 0 \\ \dfrac{\partial f}{\partial x_3} = 2x_1 + 2x_2 + 2x_3 = 0 \end{cases}$$

求得驻点 $\boldsymbol{X}^* = (1, 1, -2)$。再利用海色矩阵的性质来判别该点是否为极值点。

海色矩阵为

$$H(\boldsymbol{X}^*)=\nabla^2 f(\boldsymbol{X}^*)=\begin{pmatrix}4 & 0 & 2\\0 & 10 & 2\\2 & 2 & 2\end{pmatrix}$$

各阶主子式的值为

$$a_{11}=4>0,\quad \begin{vmatrix}a_{11} & a_{12}\\a_{21} & a_{22}\end{vmatrix}=\begin{vmatrix}4 & 0\\0 & 10\end{vmatrix}=40>0$$

$$\begin{vmatrix}a_{11} & a_{12} & a_{13}\\a_{21} & a_{22} & a_{23}\\a_{31} & a_{32} & a_{33}\end{vmatrix}=\begin{vmatrix}4 & 0 & 2\\0 & 10 & 2\\2 & 2 & 2\end{vmatrix}=24>0$$

可见海色矩阵为正定,故驻点 $\boldsymbol{X}^*=(1,1,-2)$ 是极小点,其函数的极小值为 $f(\boldsymbol{X}^*)=0$。

利用 MATLAB 计算如下:

```
>> syms x1 x2 x3;f = 2 * x1^2 + 5 * x2^2 + x3^2 + 2 * x2 * x3 + 2 * x1 * x3 - 6 * x2 + 3;
>> dsx1 = diff(f,x1);dsx2 = diff(f,x2);dsx3 = diff(f,x3);
>> [x11,x21,x31] = solve(dsx1,dsx2,dsx3,x1,x2,x3)          % 驻点
>> H = hessian(f,[x1,x2,x3])                               % 海色矩阵
>> [D,p] = chol(subs(H))                                   % 判别海色矩阵的正定性
>> fmb = subs(f,[x1,x2,x3],[1, 1, -2]);
```

因 $p=0$,故海色矩阵正定,所以驻点为极小点,其值为 0。

【例 2.2】 函数的极值可以通过求函数的导数精确求得。试用此方法求解下列函数的极值情况。

① $f(x)=\mathrm{e}^{-x}\sin x^2$,区间[0,5];

② $f(x,y)=3(1-x)^2\mathrm{e}^{-x^2-(y+1)^2}-10\left(\dfrac{x}{5}-x^3-y^5\right)\mathrm{e}^{-x^2-y^2}-\dfrac{1}{3}\mathrm{e}^{-(x+1)^2-y^2}$,区间[−3,3];

③ $f(x,y,z)=3(x^3+y^3-z^3)+(z-x-y)$;

④ 在 $G=w^2+2u^2+3v^2-1=0$,$K=5w+5u-3v-6=0$ 的约束条件下,确定 $z=7w-6u+4v$ 的最优值。

解:函数求极值的方法是先计算一阶导数,再计算一阶导数的零点,这些导数就是极值的位置点。当零点的二阶导数是负数时对应极大值,反之是极小值。

① 据此,可自编函数 myfzeros 进行计算,函数格式如下:

```
out = myfzeros(phi,x0)
```

其中,phi 为原函数(符号变量格式),x0 为极值区间,输出为极值。

```
>> phi = sym('exp(-x) * sin(x^2)');x0 = [0,5];
>> out = myfzeros(phi,x0);
        out = max: [1.0637 2.7705 3.7422 4.5066]          % 极大值位置
               min:[0 2.1167 3.2932 4.1423 4.8435]         % 极小值位置
      value: [0 0.3124 -0.1172 0.0616 -0.0367 0.0235 -0.0158 0.0110 -0.0078]
```

对于多元函数的极值,用自编函数 mymultifun1 进行计算,函数格式如下:

```
out = mymultifun1(phi,x_range,x0,x_syms, xsyms, type)
```

其中,phi 为原函数,x_range 为变量取值范围,x0 为极值的估计值,x_syms 为符号变量,xsyms 为字符变量,type 为求极值方法的选择,“u_L”时为根据特征值求极值,“u_c”时为根据

拉格朗日方法求条件极值,“u_u”时为根据初值求极值。下面分别求解。

②

```
>> clear;syms x y
>> phi = (3 * (1 - x)^2 * exp( - x^2 - (y + 1)^2) - 10 * (x/5 - x^3 - y^5) * exp( - x^2 - y^2) - exp( - (x + 1)^2 - y^2)/3);
>> x_syms = [sym(x) sym(y)];xsyms = {'x','y'};x_range = [ - 3 3];
>> x0 = [ - 1.3479 0.1491; - 0.0069 1.5702;0.2972 0.3421;        % 根据函数的图像,用 ginput 选择
       - 0.4631 - 0.6228;0.2281 - 1.6579;1.3479 - 0.0439];
>> out = mymultifun1(phi,x_range,x0, x_syms,xsyms,'u_u');      % 其中输入等分数 20
     out.x: [6x2 double]          % 驻点
         pb: {'min'  'max'  'min'  'max'  'min'  'max'}
     value: {[ - 3.0498]  [8.1062]  [ - 0.0649]  [3.7766]  [ - 6.5511]  [3.5925]}      % 极值
     out.x =  - 1.3474 0.2045; - 0.0093 1.5814;0.2964 0.3202
             - 0.4600 - 0.6292;0.2283 - 1.6255;1.2857 - 0.0048
```

③

```
>> clear;syms x y z;
>> xsyms = {'x','y','z'};phi = 3 * (x^3 + y^3 - z^3) + (z - x - y);
>> out = mymultifun1(phi,[],[],[],xsyms,'u_L');
  out = x: [2x3 double]
     pb: {'min'  'max'}                                % 极大或极小的标志
    value: [ - 0.6667 0.6667]                          % 极值
>> out.x = 0.3333     0.3333    - 0.3333               % 驻点
        - 0.3333   - 0.3333     0.3333
```

④

```
>> clear;syms x y z a b;
>> phi = 7 * x - 6 * y + 4 * z + a * (x^2 + 2 * y^2 + 3 * z^2 - 1) + b * (5 * x + 5 * y - 3 * z - 6);
>> x_syms = {{'x','y','z'},{'a','b'}};
>> out = mymultifun1(phi,[],[],x_syms,'u_c');
      out  =  x: [2x5 double]
            pb: {'max'  'min'}
        value: [5.0786  - 0.3379]
     out.x =  - 12.1872   3.2160   0.9469   0.2068   - 0.0772    % 分别对应 λ1、λ2、w、u、v 值
             12.1872   - 4.0061   0.5346   0.5340   - 0.2191
```

2.2 迭代法

利用局部极小点的一阶必要条件,求函数极值的问题往往可化成求解

$$\nabla f(\boldsymbol{x})=0$$

即求 $\boldsymbol{x}$,使其满足

$$\begin{cases}\dfrac{\partial f(\boldsymbol{x})}{\partial x_1}=0\\ \quad\vdots\\ \dfrac{\partial f(\boldsymbol{x})}{\partial x_n}=0\end{cases}\tag{2-3}$$

的问题。这是含有 n 个变量、n 个方程的方程组,并且一般是非线性的。只有在比较特殊的情况下,方程组(2-3)才可以求出准确解;在一般情况下都不能用解析的方法求解准确解,只能用数值方法逐步求其近似解,即求解无约束最优化问题的各种迭代方法。

迭代法的基本思想是:在给出 $f(\boldsymbol{x})$ 的极小点位置的一个初始估计点 $\boldsymbol{x}^{(0)}$ 后,计算一系列的点列 $\boldsymbol{x}^{(k)}(k=1,2,\cdots)$,希望点列 $\{\boldsymbol{x}^{(k)}\}$ 的极限 $\boldsymbol{x}^*$ 就是 $f(\boldsymbol{x})$ 的一个极小点。点列由下式给出:

$$\boldsymbol{x}^{(k+1)}=\boldsymbol{x}^{(k)}+\lambda_k\boldsymbol{d}^{(k)} \tag{2-4}$$

式中:$\boldsymbol{d}^{(k)}$ 为一个向量;λ_k 为一个实数(称为步长)。当 $\boldsymbol{d}^{(k)}$ 与 λ_k 确定之后,由 $\boldsymbol{x}^{(k)}$ 就可以唯一地确定 $\boldsymbol{x}^{(k+1)}$,依次下去就可以求出点列 $\{\boldsymbol{x}^{(k)}\}$。如果这个点列逼近要求的极小点 $\boldsymbol{x}^*$,则称这个点列为极小化序列。所以对于每一个迭代点 $\boldsymbol{x}^{(k)}$,如能设法给出 $\boldsymbol{d}^{(k)}$、λ_k,则算法也就确定了。各种迭代法的区别就在于得出方向 $\boldsymbol{d}^{(k)}$ 与步长 λ_k 的方式不同,特别是方向 $\boldsymbol{d}^{(k)}$(搜索方向)的产生在方法中起着关键的作用。

虽然选取 $\boldsymbol{d}^{(k)}$ 与 λ_k 的方法多种多样,但一般都遵循以下原则:

(1) 极小化序列对应的函数值是逐次减少的,至少是不增的,即

$$f(\boldsymbol{x}^{(0)})\geqslant f(\boldsymbol{x}^{(1)})\geqslant\cdots\geqslant f(\boldsymbol{x}^{(k)})\geqslant\cdots$$

具有这样性质的算法,称为下降递推算法或下降算法。一般迭代法都具有这样的性质。

(2) 极小化序列 $\{\boldsymbol{x}^{(k)}\}$ 中的某一点 $\boldsymbol{x}^{(N)}$ 本身是 $f(\boldsymbol{x})$ 的极小点,或者 $\{\boldsymbol{x}^{(k)}\}$ 有一个极限 $\boldsymbol{x}^*$,它是函数 $f(\boldsymbol{x})$ 的一个极小点。具有这样性质的算法称为收敛的。对于任何一个算法,这个要求是基本的。

因此,当提出一种算法时,往往要对其收敛性进行研究,但这个工作是困难的。事实上有许多方法在经过长时间的实际应用之后,其收敛性才得到证明。有的算法虽然收敛性尚未得到证明,但在某些实际问题的应用中却显示出是很有效的,因而仍可以使用它。另外,任何一种算法,也只能对于满足一定条件的目标函数收敛。此外,当目标函数具有不止一个极小点时,求得的往往是一个局部极小点,这时可以改变初始点的取值,重新计算,如果求得的仍是同一个极小点,就可以认为它是总体极小点了。

综上,最优化算法中的迭代法一般由以下四步组成。

(1) 选择初始点 $\boldsymbol{x}^{(0)}$。虽然各种方法各类函数对初始点的要求不尽相同,但总体来说越靠近最优点越好。

(2) 如果已求得 $\boldsymbol{x}^{(k)}$,且 $\boldsymbol{x}^{(k)}$ 不是极小点,则设法选取一个方向 $\boldsymbol{d}^{(k)}$,使目标函数 $f(\boldsymbol{x})$ 沿 $\boldsymbol{d}^{(k)}$ 是下降的,至少是不增的。

(3) 当方向 $\boldsymbol{d}^{(k)}$ 确定后,在射线 $\boldsymbol{x}^{(k)}+\lambda_k\boldsymbol{d}^{(k)}(\lambda_k\geqslant 0)$ 上选取适当的步长 λ_k,使 $f(\boldsymbol{x}^{(k)}+\lambda_k\boldsymbol{d}^{(k)})\leqslant f(\boldsymbol{x}^{(k)})$,如此就确定了下一点 $\boldsymbol{x}^{(k+1)}=\boldsymbol{x}^{(k)}+\lambda_k\boldsymbol{d}^{(k)}$。

(4) 检验所得的新点 $\boldsymbol{x}^{(k+1)}$ 是否为极小点,或满足精度要求的近似点。检验方法因算法的不同而不同。

2.3 收敛速度

定义 1: 设序列 $\{\boldsymbol{x}^{(k)}\}$ 收敛于解 $\boldsymbol{x}^*$,若存在常数 $P\geqslant 0$ 及 L,使当 k 从某个 k_0 开始时,

$$\|\boldsymbol{x}^{(k+1)}-\boldsymbol{x}^*\|\leqslant L\|\boldsymbol{x}^{(k)}-\boldsymbol{x}^*\|^P$$

成立,则称 $\{\boldsymbol{x}^{(k)}\}$ 为 P 阶收敛。

定义 2: 设序列 $\{\boldsymbol{x}^{(k)}\}$ 收敛于解 $\boldsymbol{x}^*$,若存在常数 k_0、L 及 $\theta\in(0,1)$,使当 $k\geqslant k_0$ 时,

$$\|\boldsymbol{x}^{(k+1)}-\boldsymbol{x}^*\|\leqslant L\theta^k$$

成立,则称 $\{\boldsymbol{x}^{(k)}\}$ 为线性收敛。

定义 3：设序列$\{x^{(k)}\}$收敛于解x^*，若任意给定$\beta>0$，都存在$k_0>0$，使当$k\geqslant k_0$时，

$$\|x^{(k+1)}-x^*\|\leqslant\beta\|x^{(k)}-x^*\|$$

成立，则称$\{x^{(k)}\}$为超线性收敛。

一般来说，二阶收敛最快，但不易达到，超线性收敛比线性收敛快，如果一个算法具有超线性以上的收敛，则是一个很好的算法。

注意：一阶收敛不一定是线性收敛。

2.4 终止准则

数值迭代过程是逐步向最优点逼近的过程。最理想的情况是很快地迭代到最优点，但是实际迭代计算时要达到最优点，常常需要经过很多次迭代，计算量很大，因此不得不采用迭代到相当靠近理论最优点，并满足计算精度要求的点为最优。为此，需要有评定最优解近似程度的准则，这个准则称为终止准则。在实际计算中一般常用的终止准则有下列三种形式：

(1) 目标函数梯度的模已达到充分的小，即

$$\|\nabla f(x^{(k)})\|\leqslant\varepsilon,\quad\varepsilon>0$$

式中：ε为给定足够小的正数，通常称为计算精度。

(2) 前后两次迭代所得最优点距离达到充分小，即

$$\|x^{(k+1)}-x^{(k)}\|\leqslant\varepsilon,\quad\varepsilon>0$$

式中：ε也是给定的一个足够小量，满足上式时，表示两次迭代点很接近，目标函数值下降很小，可以停止迭代。上式也可以写为

$$\sqrt{\sum_{i=1}^{n}(x_i^{(k+1)}-x_i^{(k)})^2}\leqslant\varepsilon,\quad\varepsilon>0$$

或者用向量长度各坐标轴上的分量来表示，即

$$|x_i^{(k+1)}-x_i^{(k)}|\leqslant\varepsilon_i,\quad i=1,2,\cdots,n$$

式中：n为变量的维数。

(3) 前后两次迭代目标函数下降量达到充分小，即

$$|f(x_i^{(k+1)})-f(x_i^{(k)})|\leqslant\varepsilon,\quad\varepsilon>0$$

或用相对值表示，即

$$\left|\frac{f(x_i^{(k+1)})-f(x_i^{(k)})}{f(x_i^{(k)})}\right|\leqslant\varepsilon',\quad\varepsilon'>0$$

式中：ε、ε'都是给定的一个足够小量。

上述三个判别准则在一定程度反映了到达极值点的特点，但不能保证所得的最优点就是全局最优点，它可能仅是一个局部最优点，因此还需要进一步判别所得的最优点是否为全局最优点。判别全局最优点通常取若干个相距较远的最优点作为初始点，考察它们最后迭代所得的最优解。

2.5 一维搜索

在最优化的迭代算法中，如果步长λ_k是由求$\varphi(\lambda)=f(x^{(k)}+\lambda_k d^{(k)})$的极小值确定的，即$f(x^{(k)}+\lambda_k d^{(k)})=\min\limits_{\lambda\geqslant 0}f(x^{(k)}+\lambda_k d^{(k)})$，则这种确定步长的方法称为一维搜索或简称线搜索。

线搜索有精确线搜索和非精确线搜索之分，其中，精确线搜索是指选取步长 λ_k 使目标函数沿方向 $\boldsymbol{d}^{(k)}$ 达到最小，而非精确线搜索是指选取步长 λ_k 使目标函数得到可接受的下降量。

精确线搜索的基本思想是：首先确定包含问题最优解的搜索区间，而且在这个区间内部，函数 $f(x)$ 具有单峰性（即函数 $f(x)$ 在该区间有唯一的极小值 x^*），这种区间称为单峰区间。单峰区间是函数在该区间内只有一个峰值，其函数按“大—小—大”或“高—低—高”规律变化。在确定了搜索区间为单峰区间后，就可在该区间做一维搜索，求得极小点。

精确线搜索一般分为两类：一类是使用函数导数的搜索，如插值法、牛顿法及抛物线法等；另一类是不使用导数的搜索，如黄金分割法、分数法及成功-失败法等。

由于精确线搜索方法要计算很多的函数值和梯度值，从而耗费较多的计算资源，特别是当迭代点远离最优点时，精确线搜索方法通常不是十分有效和合理的。因此，非精确线搜索方法受到了广泛的重视。非精确线搜索遵循 Wolfe - Powell 准则和 Armijo 准则。

2.5.1 平分法

根据最优性条件可知，在 $f(x)$ 极小值 x^* 处 $f'(x^*)=0$，并且当 $x<x^*$ 时，函数是递减的，即 $f'(x)<0$；而当 $x>x^*$ 时，函数是递增的，即 $f'(x)>0$，如果能找到某一个区间 $[a,b]$，具有性质 $f'(a)<0, f'(b)>0$，则在 a,b 之间必有 $f(x)$ 的极小点 x^*，并且 $f'(x^*)=0$。为了找到 x^*，取 $x_0=\dfrac{a+b}{2}$，若 $f'(x_0)>0$，则在 $[a,x_0]$ 区间上有极小点，这时以 $[a,x_0]$ 作为新的区间；若 $f'(x_0)<0$，则在 $[x_0,b]$ 上有极小点，因此以 $[x_0,b]$ 作为新的区间。继续这个过程，逐步将区间缩小，当区间 $[a,b]$ 充分小时，或者当 $f'(x_0)$ 充分小时，即可将 $[a,b]$ 的中点取做极小点的近似，这时有明显的估计：

$$\left|x^*-\frac{a+b}{2}\right|<\frac{b-a}{2}$$

至于初始区间 $[a,b]$，一般可采用下述进退法确定：首先取一初始点 x_0，若 $f'(x_0)<0$，则在 x_0 右方取点 $x_1=x_0+\Delta x$（Δx 为事先给定的一个步长）；若 $f'(x_1)>0$，则令 $a=x_0, b=x_1$；若仍有 $f'(x_1)<0$，则取点 $x_2=x_1+\Delta x$（或者先将 Δx 扩大一倍，再令 $x_2=x_1+\Delta x$）；若 $f'(x_2)>0$，则以 $[x_1,x_2]$ 作为区间 $[a,b]$，否则继续下去。对于 $f'(x_0)>0$ 的情况，则采用类似于 $f'(x_0)<0$ 的方法进行。

初始区间 $[a,b]$ 也可以通过判定函数值是否呈现“高—低—高”的三点而确定。例如，当找出 x_k, x_{k+1}, x_{k+2} 三点并满足 $f(x_k)>f(x_{k+1})$ 且 $f(x_{k+2})>f(x_{k+1})$ 时，便可得到含有极小点的区间 $[a,b]=[x_k,x_{k+2}]$。这时只需要函数值的比较，而不需要计算导数值。

进退法确定搜索区间 $[a,b]$ 的框图如图 2-1 所示。

【例 2.3】 对于优化问题，如果给出的是初始点而不是优化区间，则需要利用进退法求出其优化区间。试用进退法求解下列函数的优化区间，其中初始点为 0，步长为 0.2。

$$f(x)=2x^2-x-1$$

解：根据进退法的原理，可自编函数 interval1 进行计算。函数格式如下：

```
y= interval1(phi,x0,lamda,type)
```

其中，phi 为原函数（符号格式），x0 为初值，lamda（lamda>0）为步长，type 为控制变量，当为“f”时利用函数进行计算，当为“d”时利用导数进行计算。如果初始点为最值，则输出为函数的最优值。输入 phi 格式可以是函数形式或符号变量形式。

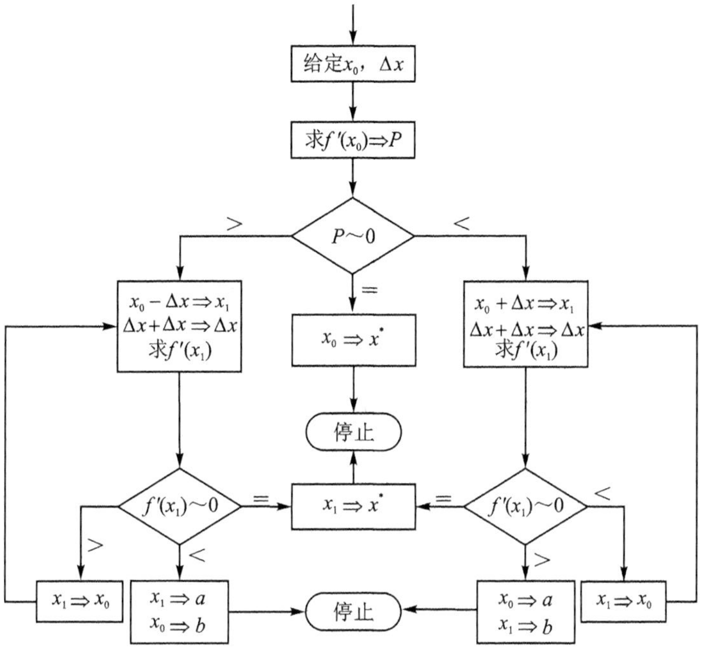

图 2-1　确定搜索区间[a,b]

```
clear
x0 = 0;lamda = 0.2;
syms x
phi = 2 * x^2 - x - 1;
[a,b] = interval1(phi,0,0.2,'f');
[a,b] = interval1(@opfun1,0,0.2,'f');    % 这是另一种输入格式
```

可得到 a =0,b=0.600 0。本书中的另一个函数 myJT1 具有同样的功能。应注意,此函数只适应求极小值的范围,求极大值的范围需要将其转换成求极小值范围。

2.5.2　牛顿法

牛顿法(Newton)的基本思想是:用 $f(x)$在已知点 x_0 处的二阶 Taylor 展开式来近似代替 $f(x)$,即取 $f(x)\approx g(x)$,其中 $g(x)=f(x_0)+f'(x_0)(x-x_0)+\frac{1}{2}f''(x_0)(x-x_0)^2$,用 $g(x)$的极小点 x_1 作为 $f(x)$的近似极小点,如图 2-2 所示,实质就是用切线法求解方程 $f'(x)=0$。

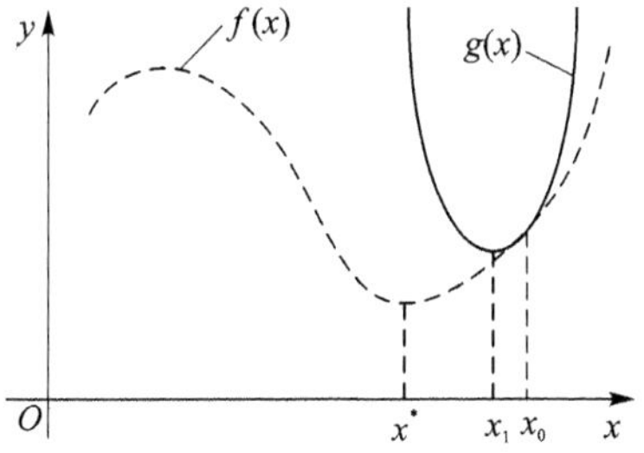

图 2-2　牛顿法

$g(x)$的极小点可以根据其一阶导数值求得

$$x_1 = x_0 - \frac{f'(x_0)}{f''(x_0)} \tag{2-5}$$

类似的,若已知点 $x^{(k)}$,则有

$$x^{(k+1)} = x^{(k)} - \frac{f'(x^{(k)})}{f''(x^{(k)})}, \quad k=0,1,2,\cdots \tag{2-6}$$

按式(2-6)进行迭代计算,便可求得一个序列$\{x^{(k)}\}$。这种求一元函数极小值的一维搜索方法称为牛顿法。当$|f'(x^{(k)})| \leqslant \varepsilon(\varepsilon>0)$时,迭代结束,$x^{(k)}$为$f(x)$的近似极小点,即$x^* \approx x^{(k)}$。

牛顿法的优点是收敛速度快,可以证明,它至少是二阶收敛的,但它需要计算二阶导数,初始点要选好,即要求 $x_0 \in N(x^*, \delta)$,$\delta>0$,否则可能不收敛。

要注意的是,牛顿法产生的序列即使收敛,极限也不一定是$f(x)$的极小点,而只能保证它是$f(x)$的驻点。驻点可能是极小点,也可能是极大点,也可能既不是极小点,也不是极大点。因此,为了保证牛顿法收敛到极小点,应要求$f''(x^{(n)})>0$,至少对足够大的n如此。

2.5.3 0.618 法

0.618 法也称黄金分割法,其基本思想是:通过试探点函数值的比较,使包含极小点的搜索区间不断缩小。该方法仅需要计算函数值,适用范围广,使用方便。

0.618 法取试探点的规则为

$$\lambda_k = a_k + 0.382(b_k - a_k)$$
$$\mu_k = a_k + 0.618(b_k - a_k)$$

其计算步骤如下:

步骤 0: 置初始区间$[a_0, b_0]$及精度要求$(0 \leqslant \varepsilon \ll 1)$,计算试探点

$$p_0 = a_0 + 0.382(b_0 - a_0)$$
$$q_0 = a_0 + 0.618(b_0 - a_0)$$

和函数值$f(p_0)$、$f(q_0)$,令$i=0$。

步骤 1: 若$f(p_i) \leqslant f(q_i)$,则转步骤 2;否则,转步骤 3。

步骤 2: 计算左试探点。若$|q_i - a_i| \leqslant \varepsilon$,则停止计算,输出$p_i$;否则,令

$$a_{i+1} = a_i, \quad b_{i+1} = q_i, \quad f(q_{i+1}) = f(p_i), \quad q_{i+1} = p_i$$
$$p_{i+1} = a_{i+1} + 0.382(b_{i+1} - a_{i+1})$$

计算$f(p_{i+1})$,令$i=i+1$,转步骤 1。

步骤 3: 计算右试探点。若$|b_i - p_i| \leqslant \varepsilon$,则停止计算,输出$q_i$;否则,令

$$a_{i+1} = p_i, \quad b_{i+1} = b_i, \quad f(p_{i+1}) = f(q_i), \quad p_{i+1} = q_i$$
$$q_{i+1} = a_{i+1} + 0.618(b_{i+1} - a_{i+1})$$

计算$f(q_{i+1})$,令$i=i+1$,转步骤 1。

0.618 法框图如图 2-3 所示。

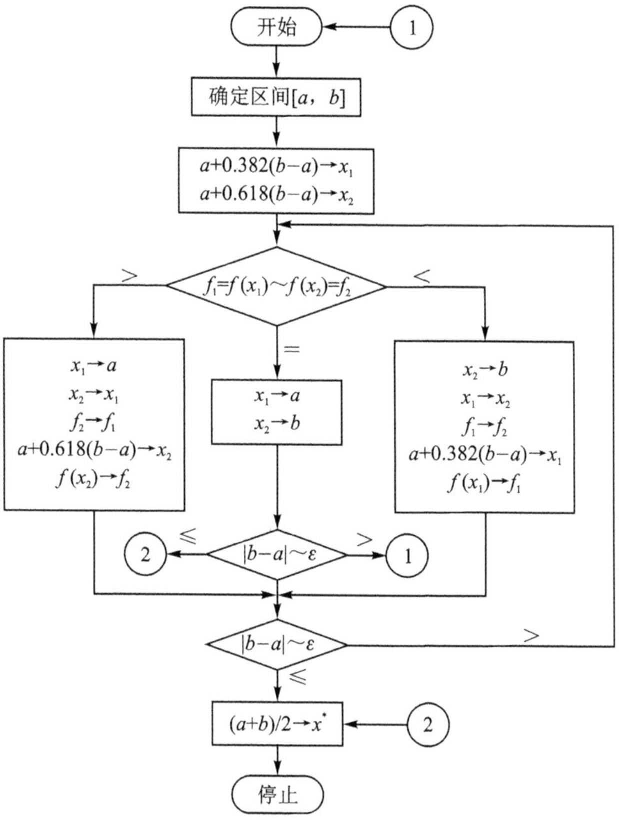

图 2-3　0.618 法框图

2.5.4　抛物线法

抛物线法也称二次插值法，其基本思想是：在搜索区间中不断使用二次多项式去近似目标函数，并逐步用插值多项式的极小点去逼近线搜索问题。

设已知函数 $f(x)$ 在三点 x_1、x_2、x_3 且 $x_1<x_2<x_3$ 处的函数值为 f_1、f_2 和 f_3，为了保证在搜索区间 $[x_1,x_3]$ 上存在着函数 $f(x)$ 的一个极小点 x^*，在选取初始点 x_1、x_2、x_3 时，要求它们满足条件

$$f(x_1)>f(x_2),\quad f(x_3)>f(x_2)$$

即从“两头高中间低”的搜索区间开始。可以通过 (x_1,f_1)、(x_2,f_2)、(x_3,f_3) 三点作一条二次插值多项式曲线（抛物线），并且认为这条抛物线在区间 $[x_1,x_3]$ 上近似于曲线 $f(x)$，于是可以用这条抛物线 $P(x)$ 的极小点 μ 作为 $f(x)$ 极小点的近似，如图 2-4 所示。

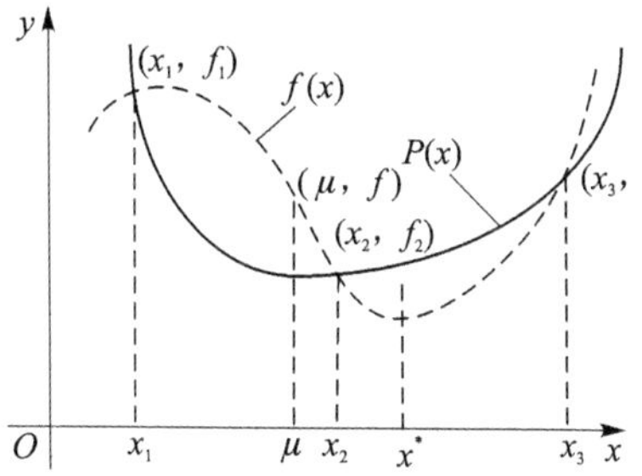

图 2-4　抛物线法

设过三点 (x_1,f_1)、(x_2,f_2)、(x_3,f_3) 的抛物线为

$$P(x)=a_0+a_1x+a_2x^2,\quad a_2\neq 0$$

其满足

$$P(x_1)=a_0+a_1x_1+a_2x_1^2=f(x_1)$$
$$P(x_2)=a_0+a_1x_2+a_2x_2^2=f(x_2)$$
$$P(x_3)=a_0+a_1x_3+a_2x_3^2=f(x_3)$$

则 $P(x)$的导数值为

$$P'(x)=a_1+2a_1x$$

令其为零,则可得计算近似极小点的公式为

$$\mu=-\frac{a_1}{2a_2} \tag{2-7}$$

式(2-7)也可以写成

$$\mu=\frac{f_1(x_2^2-x_3^2)+f_2(x_3^2-x_1^2)+f_3(x_1^2-x_2^2)}{2[(x_2-x_3)f_1+(x_3-x_1)f_2+(x_1-x_2)f_3]}$$

此点即为 $f(x)$的极小点的一次近似。

然后算出在点 μ 处的函数值 f_μ,就可以得到四个点(x_1,f_1)、(x_2,f_2)、(x_3,f_3)和(μ, f_μ),从中找出相邻的且满足"两头高中间低"的三点,如图 2-4 中的 μ、x_2、x_3,然后再以这三点作二次抛物线,如此重复进行,就能得到极小点的新估计值,直至满足一定的迭代准则为止。

常用的迭代准则有:如果$\begin{cases}|f(\mu)-f(x_2)|<\varepsilon\\ 或|x_2-\mu|<\varepsilon\\ 或|f(\mu)-P(x_2)|<\varepsilon\end{cases}$,则迭代结束,$x^*\approx\mu$;否则迭代继续。

其中,$\varepsilon>0$ 为已知的计算精度。

根据以上原理,可以得出抛物线法的计算步骤如下:

步骤 0: 根据进退法确定三点 x_0,$x_1=x_0+h$,$x_2=x_0+2h\,(h>0)$,且对应的函数值满足 $f_1<f_0$,$f_1<f_2$,设定容许误差 $0\leqslant\varepsilon\ll1$。

步骤 1: 若$|x_2-x_0|\leqslant\varepsilon$,则停止,输出 $x^*=x_1$。

步骤 2: 根据下式计算插值点

$$\bar{x}=x_0+\frac{(3f_0-4f_1+f_2)h}{2(f_0-2f_1+f_2)}$$

以及相应的函数值 $\bar{f}=f(\bar{x})$。若 $f_1\leqslant\bar{f}$,则转步骤 4;否则,转步骤 3。

步骤 3: 若 $x_1>\bar{x}$,则 $x_2=x_1$,$x_1=\bar{x}$,$f_2=f_1$,$f_1=\bar{f}$,转步骤 1;否则,$x_0=x_1$,$x_1=\bar{x}$,$f_0=f_1$,$f_1=\bar{f}$,转步骤 1。

步骤 4: 若 $x_1<\bar{x}$,则 $x_2=\bar{x}$,$f_2=\bar{f}$,转步骤 1;否则,$x_0=\bar{x}$,$f_0=\bar{f}$,转步骤 1。

如果已知一点的函数值和导数值及另一点的函数值,那么也可以用二次插值法,此时计算近似极小点的公式为

$$\mu=x_1-\frac{f_1'(x_2-x_1)^2}{2[f_2-f_1-f_1'(x_2-x_1)]}$$

2.5.5 二点三次插值法

二点三次插值法是用 a、b 两点处的函数值 $f(a)$、$f(b)$和导数值 $f'(a)$、$f'(b)$来构造三次插值多项式 $P(x)$,然后用三次多项式 $P(x)$的极小点作为极小点 $f(x)$的近似值,如图 2-5 所示。一般来说,二点三次插值法比抛物线法的收敛速度要快一些。

二点三次插值法的计算步骤如下：

步骤 0：输入初始点 x_0、初始步长 α 及精度要求 ε。

步骤 1：置 $x_1=x_0$，计算 $f_1=f(x_1)$，$f'_1=f'(x_1)$。若 $|f'_1|\leqslant\varepsilon$，则停止计算。

步骤 2：若 $f'_1>0$，则置 $\alpha=-|\alpha|$；否则，置 $\alpha=|\alpha|$。

步骤 3：置 $x_2=x_1+\alpha$，计算 $f_2=f(x_2)$，$f'_2=f'(x_2)$。若 $|f'_2|\leqslant\varepsilon$，则停止计算。

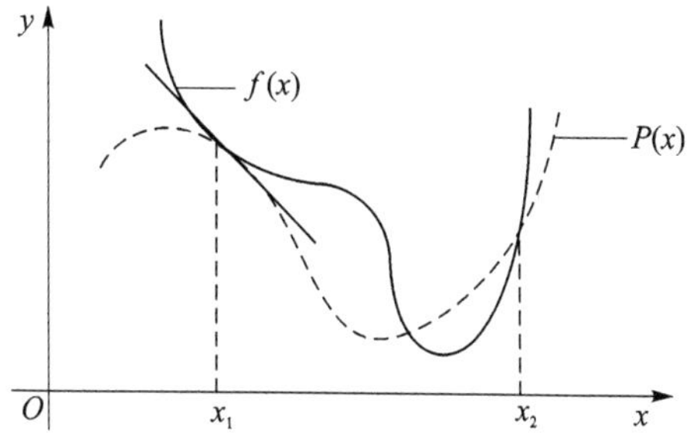

图 2-5 二点三次插值法

步骤 4：若 $f'_1f'_2>0$，则置 $\alpha=2\alpha$，$x_1=x_2$，$f_1=f_2$，$f'_1=f'_2$，转步骤 3。

步骤 5：计算

$$z=\frac{3(f_2-f_1)}{x_2-x_1}-f'_1-f'_2$$

$$\omega=\mathrm{sign}(x_2-x_1)\sqrt{z^2-f'_1f'_2}$$

$$\mu=x_1+(x_2-x_1)\left(1-\frac{f'_2+\omega+z}{f'_2-f'_1+2\omega}\right)$$

并计算 $f=f(\mu)$，$f'=f'(\mu)$。

步骤 6：若 $|f'|\leqslant\varepsilon$，则停止计算，输出 $x^*=\mu$；否则，置 $\alpha=\dfrac{\alpha}{10}$，$x_1=\mu$，$f_1=f$，$f'_1=f'$，转步骤 2。

2.5.6 "成功-失败"法

"成功-失败"法的计算步骤如下：

(1) 给定初始点 $x_0\in\mathbf{R}$，搜索步长 $h>0$ 及精度 $\varepsilon>0$。

(2) 计算 $x_1=x_0+h$，$f(x_1)$。

(3) 若 $f(x_1)<f(x_0)$，则搜索成功，下一次搜索就大步前进，用 x_1 代替 x_0，$2h$ 代替 h，继续进行搜索；若 $f(x_1)\geqslant f(x_0)$，则搜索失败，下一次搜索就小步后退。首先看是否有 $|h|\leqslant\varepsilon$，若是，则取 $x^*\approx x_0$，计算结束；否则，用 $-h/4$ 代替 h，返回第(2)步，继续进行搜索。

"成功-失败"法的计算框图如图 2-6 所示。

【例 2.4】 分别用平分法、0.618 法、牛顿法求函数 $f(x)=3x^2-2\tan(x)$ 在区间 $[0,1]$ 上的极小值，其中容许误差 $\varepsilon=10^{-4}$。

解：根据平分法、0.618 法、牛顿法的原理，自编函数 myDF1、goldcut1、mynewton11 进行计算。

首先编写求极值的函数 optifun2(见习题文档)，然后再进行计算。

```
>> clear
a = 0;b = 1;esp = 0.0001;
syms x
phi = 3 * x^2 - 2 * tan(x);
>> [x01,minf] = myDF1(@opfun2,a,b,esp);                %二分法
>> [x02,minf] = goldcut1(@opfun2,a,b,esp);             %0.618 法
>> [x02,minf] = goldcut1(phi,a,b,esp);
>> [xmin,minf] = mynewton11(@opfun2,phi,0,esp);        %牛顿法,初始值为一个点
```

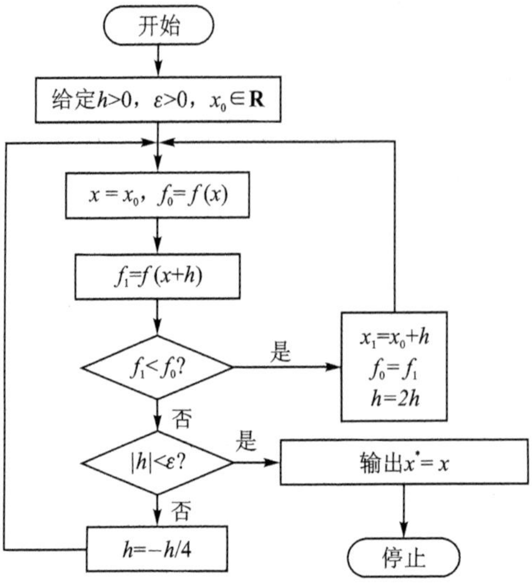

图 2-6 "成功-失败"法的计算框图

可以看出，牛顿法的效率要高些，但收敛情况与初值有关。

【例 2.5】 用抛物线法、二点三次插值、"成功-失败法"求函数 $f(x)=x^3-2x+1$ 在区间 $[-2,4]$ 上的极小值，其中容许误差为默认值。

解：根据抛物线法、二点三次插值法、"成功-失败法"的原理，利用 myparabola1、interpolation1、mysucfail1 函数求解。

```
>> f = @(x)x.^3 - 2.*x + 1;syms x;phi = x^3 - 2*x + 1;
>> [x03,minf,n] = myparabola1(f,[-2,4]);                %抛物线法
   x03 = 0.8165, minf = -0.0887,n = 11,
>> [x04,minf] = interpolation1(f,phi,[0,2],0.1);        %二点三次插值法，与初值有关
>> [x,minf,n] = mysucfail1(f,0,0.1);                    %成功-失败法，0.1 为搜索步长，此值不宜太小
```

MATLAB 求解无约束一元函数极值(极小值)问题的函数为

① fminbnd 函数。

```
[x,y] = fminbnd(fun,x1,x2)        %区间[x1,x2]
```

此函数只能求出一个极小值。

② fminsearch 函数。

```
[x,y] = fminsearch (fun,x0)       %初始点 x0
```

2.5.7 非精确一维搜索

由于该方法的优点，非精确一维搜索方法越来越流行。

1. Wolfe 准则

Wolfe 准则是指给定 $\rho\in(0,0.5)$，$\sigma\in(\rho,1)$，要求 λ_k 使得下面两个不等式同时成立应满足如下条件：

1° $f(\boldsymbol{x}^{(k)}+\alpha_k\boldsymbol{d}^{(k)})\leqslant f(\boldsymbol{x}^{(k)})+\rho\lambda_k\boldsymbol{g}_k^{\mathrm{T}}\boldsymbol{d}^{(k)}$ (2-8)

2° $\nabla f(\boldsymbol{x}^{(k)}+\lambda_k\boldsymbol{d}^{(k)})^{\mathrm{T}}\boldsymbol{d}^{(k)}\geqslant\sigma\boldsymbol{g}_k^{\mathrm{T}}\boldsymbol{d}^{(k)}$ (2-9)

式中：$\boldsymbol{g}_k=g(\boldsymbol{x}^{(k)})=\nabla f(\boldsymbol{x}^{(k)})$。

式(2-9)有时也用更强的条件来代替,即

$$|\nabla f(\boldsymbol{x}^{(k)}+\lambda_k\boldsymbol{d}^{(k)})^{\mathrm{T}}\boldsymbol{d}^{(k)}|\leqslant-\sigma\boldsymbol{g}_k^{\mathrm{T}}\boldsymbol{d}^{(k)} \tag{2-10}$$

这样当 σ 充分小时,可保证式(2-10)变成近似精确一维搜索。式(2-8)和式(2-9)也称为强 Wolfe 准则。

强 Wolfe 准则表明,由该准则得到新的迭代点 $\boldsymbol{x}^{(k+1)}=\boldsymbol{x}^{(k)}+\lambda_k\boldsymbol{d}^{(k)}$ 在 $\boldsymbol{x}^{(k)}$ 的某一邻域内并使目标函数有一定的下降量。

2. Armijo 准则

Armijo 准则是指给定 $\beta\in(0,1)$,$\sigma\in(0,0.5)$,令步长因子 $\alpha_k=\beta^{m_k}$,其中,m_k 为满足下列不等式的最小非负整数

$$f(\boldsymbol{x}^{(k)}+\beta^m\boldsymbol{d}^{(k)})\leqslant f(\boldsymbol{x}^{(k)})+\sigma\beta^m\boldsymbol{g}_k^{\mathrm{T}}\boldsymbol{d}^{(k)}$$

【例 2.6】 设 $f(x)=100(x_2-x_1^2)^2+(1-x_1)^2$,已求得 $\boldsymbol{x}^{(k)}=(0,0)^{\mathrm{T}}$,$\boldsymbol{d}^{(k)}=(1,0)^{\mathrm{T}}$,试确定在 $\boldsymbol{x}^{(k)}$ 点,沿方向 $\boldsymbol{d}^{(k)}$ 的步长 λ_k,使 Wolfe 准则成立。

解:根据 Wolfe 准则、Armijo 准则,自编函数 mysearch1 进行计算。

```
clear;
syms x y;fun = 100 * (y - x^2)^2 + (1 - x)^2; phi = 100 * (y + x^2) + (1 - x)^2;
x_syms = [sym(x) sym(y)];d0 = [1 0];x0 = [0 0];
[y1,x1] = mysearch1(@opfun3,fun,x0,x_syms,d0,'d');        % 根据 Wolfe 准则直接搜索求
[y1,x1] = mysearch1([],fun,x0,x_syms,d0,'d');
[y2,x2] = mysearch1(@opfun3,fun,x0,x_syms,d0,'a');        % 根据 Armijo 准则求
[y2,x2] = mysearch1([],fun,x0,x_syms,d0,'a');
[y3,x3] = mysearch1(@opfun3,fun,x0,x_syms,d0,'s');
[y3,x3] = mysearch1([],fun,x0,x_syms,d0,'s');
[y4,x4] = mysearch1([],phi,x0,x_syms,d0,'equ');
>> y1 = 0.1250            % 步长
>> x1 = (0.1250 0)        % x^(k+1)
```

注:此函数中有 Wolfe 准则直接搜索法、Armijo 准则法、解方程法和一维搜索法等四种方法求解步长。

3. 非精确一维搜索算法一

非精确一维搜索算法一即为直接法,其计算步骤如下:

设点 $\boldsymbol{x}^{(k)}$、搜索方向 $\boldsymbol{d}^{(k)}$ 已求得,求出 $f_k=f(\boldsymbol{x}^{(k)})$,$\boldsymbol{g}_k=\nabla f(\boldsymbol{x}^{(k)})$。

(1) 给定 $\rho\in(0,1)$,$\sigma\in(\rho,1)$,令 $a=0$,$b=-\infty$,$\lambda=1$,$j=0$。

(2) 令 $\boldsymbol{x}^{(k+1)}=\boldsymbol{x}^{(k)}+\lambda_k\boldsymbol{d}^{(k)}$,计算 $f_{k+1}=f(\boldsymbol{x}^{(k+1)})$,$\boldsymbol{g}_{k+1}=\nabla f(\boldsymbol{x}^{(k+1)})$。若 λ 满足 Wolfe 准则,则令 $\lambda_{k+1}=\lambda$,计算结束;否则,令 $j=j+1$。若 λ 不满足条件 1°,则转步骤(3);若 λ 满足条件 1°,不满足条件 2°,则转步骤(4)。

(3) 令 $b=\lambda$,$\lambda=(\lambda+a)/2$,返回步骤(2)。

(4) 令 $a=\lambda$,$\lambda=\min(2\lambda,(\lambda+a)/2)$,返回步骤(2)。

上述算法中的步骤(3)和步骤(4)的放大与缩小系数 2 与 1/2 也可改取为 $1/\beta$、$\beta(0<\beta<1)$或者 $\beta_2>1$、$0<\beta_1<1$。另外,根据经验,常取 $\rho=0.1$,$\sigma=0.5$。

4. 非精确一维搜索算法二

非精确一维搜索算法二即为二次插值法,其计算步骤如下:

(1) 给定 $c_1\in(0,1)$,$c_2\in(c_1,1)$,$T>0$,令 $\lambda_1=0$,$\lambda_2=1$,$\lambda_3=+\infty$,$j=0$。

(2) 若 λ_2 满足条件 1°、2°,则令 $\lambda_k=\lambda_2$,计算结束;否则,转步骤(3)。

(3) 计算 $\varphi_1=f(\boldsymbol{x}^{(k)}+\lambda_1\boldsymbol{d}^{(k)})$,$\varphi_2=f(\boldsymbol{x}^{(k)}+\lambda_2\boldsymbol{d}^{(k)})$,$\varphi'_1=\nabla f(\boldsymbol{x}^{(k)}+\lambda_1\boldsymbol{d}^{(k)})^{\mathrm{T}}\boldsymbol{d}^{(k)}$ 及 $\hat{\lambda}=\lambda_1+\frac{1}{2}(\lambda_2-\lambda_1)\Big/\left[1+\frac{\varphi_1-\varphi_2}{(\lambda_2-\lambda_1)\varphi'_1}\right]$。

(4) 若 $\lambda_1<\hat{\lambda}<\lambda_2$,则令 $\lambda_3=\lambda_2$,$\lambda_2=\hat{\lambda}$,返回步骤(2);若 $\lambda_2\leqslant\hat{\lambda}<\lambda_3$,则令 $\lambda_1=\lambda_2$,$\lambda_2=\hat{\lambda}$,返回步骤(2);否则,转步骤(5)。

(5) 若 $\hat{\lambda}\leqslant\lambda_1$,则令 $\hat{\lambda}=\lambda_1+T\Delta\lambda$;若 $\hat{\lambda}\geqslant\lambda_3$,则令 $\hat{\lambda}=\lambda_3-T\Delta\lambda$(其中 $\Delta\lambda=\lambda_3-\lambda_1$),令 $\lambda_2=\hat{\lambda}$,返回步骤(2)。

2.6 基本下降法

2.6.1 最速下降法

最速下降法,也称梯度法,是一种用于求多个变量函数极值问题的最早的方法,后来提出的不少方法都是对这个方法改进的结果。

1. 基本思想

考虑到函数 $f(\boldsymbol{x})$ 在点 $\boldsymbol{x}^{(k)}$ 处沿着方向 $\boldsymbol{d}$ 的方向导数 $f_{\boldsymbol{d}}(\boldsymbol{x}^{(k)})=\nabla f(\boldsymbol{x}^{(k)})^{\mathrm{T}}\boldsymbol{d}$ 是表示 $f(\boldsymbol{x})$ 在点 $\boldsymbol{x}^{(k)}$ 处沿方向 $\boldsymbol{d}$ 的变化率,因此当 f 连续可微时,方向导数为负,说明函数值沿着该方向下降;方向导数越小,表明下降得越快。因此,确定搜索方向 $\boldsymbol{d}^{(k)}$ 的一个思想,就是以 $f(\boldsymbol{x})$ 在点 $\boldsymbol{x}^{(k)}$ 方向导数最小的方向作为搜索方向,即令

$$\boldsymbol{d}^{(k)}=-\nabla f(\boldsymbol{x}^{(k)}) \tag{2-11}$$

2. 迭代步骤

迭代步骤如下:

(1) 给定初始点 $\boldsymbol{x}^{(0)}$,精度 $0\leqslant\varepsilon\ll1$,令 $k=0$。

(2) 计算 $\nabla f(\boldsymbol{x}^{(0)})$。

(3) 若 $\|\nabla f(\boldsymbol{x}^{(k)})\|\leqslant\varepsilon$,则迭代结束,取 $\boldsymbol{x}^*=\boldsymbol{x}^{(k)}$;否则,转步骤(4)。

(4) 这时 $\|\nabla f(\boldsymbol{x}^{(k)})\|\geqslant\varepsilon$,用精确一维搜索求

$$\varphi(\lambda)=f(\boldsymbol{x}^{(k)}-\lambda\nabla f(\boldsymbol{x}^{(k)}))$$

的一个极小点 λ_k,使 $f(\boldsymbol{x}^{(k)}-\lambda_k\nabla f(\boldsymbol{x}^{(k)}))<f(\boldsymbol{x}^{(k)})$。

(5) 令 $\boldsymbol{x}^{(k+1)}=\boldsymbol{x}^{(k)}-\lambda_k\nabla f(\boldsymbol{x}^{(k)})$,$k=k+1$,返回步骤(2)。

最速下降法的计算框图如图 2-7 所示。

最速下降法的计算量不大且是收敛的,但收敛速度慢,特别是当迭代点接近最优点时,每次迭代行进的距离越来越短。

2.6.2 牛顿法

牛顿法是一维搜索中的牛顿法在多维情况中的推广。其基本思想与一维问题类似,在局部,用一个二次函数 $g(\boldsymbol{x})$ 近似地代替目标函数 $f(\boldsymbol{x})$,然后用 $g(\boldsymbol{x})$ 的极小点作为 $f(\boldsymbol{x})$ 的近似极小点。

设 $\boldsymbol{x}^{(k)}$ 为 $f(\boldsymbol{x})$ 的一个近似极小点,根据最优性条件,可得其极小点为

$$\hat{\boldsymbol{x}}=\boldsymbol{x}^{(k)}-[(\nabla^2 f(\boldsymbol{x}^{(k)})]^{-1}\nabla f(\boldsymbol{x}^{(k)})$$

取 $\hat{\boldsymbol{x}}$ 作为 $f(\boldsymbol{x})$ 的近似极小点,这样就得到牛顿法的迭代公式,即

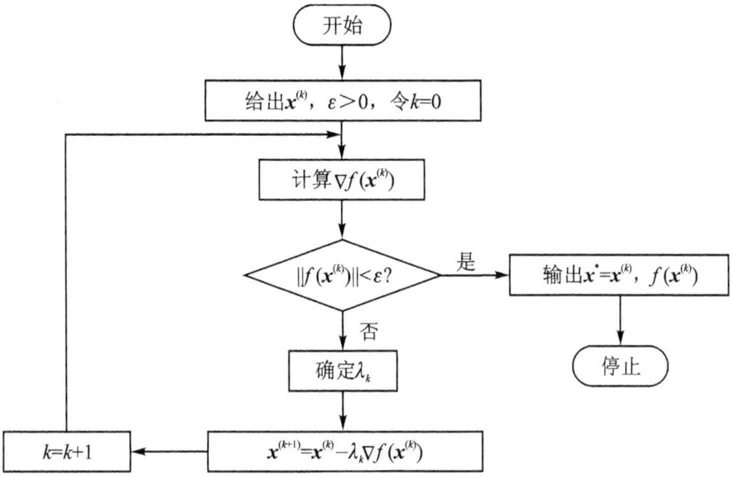

图 2-7 最速下降法的计算框图

$$\boldsymbol{x}^{(k+1)}=\boldsymbol{x}^{(k)}-[\nabla^2 f(\boldsymbol{x}^{(k)})]^{-1}\nabla f(\boldsymbol{x}^{(k)}) \tag{2-12}$$

牛顿法至少是二阶收敛的，因此它的收敛速度快，但它要求 $f(\boldsymbol{x})$ 二阶可微，并且计算 $[\nabla^2 f(\boldsymbol{x})]^{-1}$ 较为困难，初始点 $\boldsymbol{x}^{(0)}$ 不能离极小点 $\boldsymbol{x}^*$ 太远，否则迭代可能不收敛。

如果要避免初始点对迭代收敛性影响过大的情况，则可以采用阻尼牛顿法，或称修正牛顿法。

2.6.3 阻尼牛顿法

在牛顿法中，步长 λ_k 总是取 1。在阻尼牛顿法中，每步迭代沿方向

$$\boldsymbol{d}^{(k)}=-[\nabla^2 f(\boldsymbol{x}^{(k)})]^{-1}\nabla f(\boldsymbol{x}^{(k)})$$

进行一维搜索来决定 λ_k，即取 λ_k，使

$$f(\boldsymbol{x}^{(k)}+\lambda_k\boldsymbol{d}^{(k)})=\min_{\lambda\geqslant 0} f(\boldsymbol{x}^{(k)}+\lambda\boldsymbol{d}^{(k)})$$

而用迭代公式

$$\boldsymbol{x}^{(k+1)}=\boldsymbol{x}^{(k)}-\lambda_k[\nabla^2 f(\boldsymbol{x}^{(k)})]^{-1}\nabla f(\boldsymbol{x}^{(k)}) \tag{2-13}$$

来代替式(2-12)。

阻尼牛顿法保持了牛顿法收敛速度快的优点，且又不要求初始点选得很好，因而在实际应用中取得了较好的结果。

阻尼牛顿法的计算步骤如下：

(1) 给定初始点 $\boldsymbol{x}^{(0)}$，精度 $0\leqslant\varepsilon\ll 1$，令 $k=0$。

(2) 计算$\nabla f(\boldsymbol{x}^{(k)})$，若$\|\nabla f(\boldsymbol{x}^{(k)})\|\leqslant\varepsilon$ 成立，则算法结束，$\boldsymbol{x}^{(k)}$ 即为近似极小点；否则，转步骤(3)。

(3) 计算$[\nabla^2 f(\boldsymbol{x}^{(k)})]^{-1}$ 及 $\boldsymbol{d}^{(k)}=-[\nabla^2 f(\boldsymbol{x}^{(k)})]^{-1}\nabla f(\boldsymbol{x}^{(k)})$。

(4) 沿 $\boldsymbol{d}^{(k)}$ 进行一维搜索，决定步长 λ_k。

(5) 令 $\boldsymbol{x}^{(k+1)}=\boldsymbol{x}^{(k)}+\lambda_k\boldsymbol{d}^{(k)}$，$k=k+1$，返回步骤(2)。

阻尼牛顿法的计算框图如图 2-8 所示。

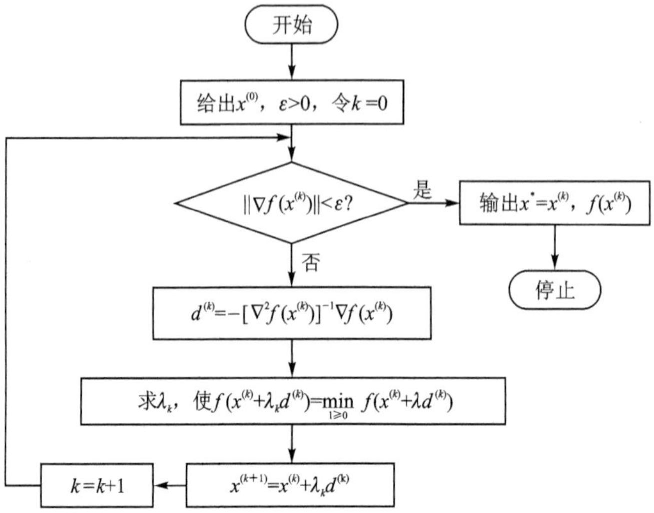

图 2-8 阻尼牛顿法的计算框图

2.6.4 修正牛顿法

牛顿法虽具有不低于二阶的收敛速度,但要求目标函数的 Hesse 阵(海色阵 $G(\boldsymbol{x})=\nabla^2 f(\boldsymbol{x})$)在每个迭代点处都是正定的,否则难以保证牛顿方向 $\boldsymbol{d}^{(k)}=-\boldsymbol{G}_k^{-1}\boldsymbol{g}_k$ 是下降方向。为弥补这一缺陷,可对牛顿法进行修正。

1. 牛顿-梯度法

对牛顿法修正的途径之一是将牛顿法与梯度法结合起来,构造“牛顿-梯度法”,其基本思想是:若 Hesse 阵正定,则采用牛顿方向作为搜索方向;否则,若 Hesse 阵奇异,或者虽然非奇异但牛顿方向不是下降方向,则采用负梯度方向作为搜索方向。

牛顿-梯度法的计算步骤如下:

(1) 选取初始点 $\boldsymbol{x}^{(0)}$,容许误差 $0\leqslant\varepsilon\ll 1$,令 $k=0$。

(2) 计算 $\boldsymbol{g}_k=\nabla f(x^{(k)})$,若 $\|g_k\|\leqslant\varepsilon$ 成立,则算法结束,$\boldsymbol{x}^{(k)}$ 即为近似极小点;否则,转步骤(3)。

(3) 计算 $\boldsymbol{G}_k=\nabla^2 f(\boldsymbol{x}^{(k)})$,并求解线性方程组

$$\boldsymbol{G}_k\boldsymbol{d}_k=-\boldsymbol{g}_k$$

若方程组有解 $\boldsymbol{d}_k$,且满足 $\boldsymbol{g}_k^{\mathrm{T}}\boldsymbol{d}_k<0$,则转步骤(4);否则,令 $\boldsymbol{d}_k=-\boldsymbol{g}_k$,转步骤(4)。

(4) 由线搜索方法确定步长因子 λ_k。

(5) 令 $\boldsymbol{x}^{(k+1)}=\boldsymbol{x}^{(k)}+\lambda_k\boldsymbol{d}^{(k)}$,$k=k+1$,返回步骤(2)。

2. 修正牛顿法

克服 Hesse 阵正定缺陷的另一途径是在每一迭代步中适当地选取参数 μ_k 使得矩阵正定,具体计算步骤如下:

(1) 选取参数 $\beta\in(0,1)$,$\sigma\in(0,0.5)$,初始点 $\boldsymbol{x}^{(0)}$,容许误差 $0\leqslant\varepsilon\ll 1$,参数 $\tau\in[0,1]$,令 $k=0$。

(2) 计算 $\boldsymbol{g}_k=\nabla f(\boldsymbol{x}^{(k)})$,$\mu_k=\|\boldsymbol{g}_k\|^{1+\tau}$。若 $\|g_k\|\leqslant\varepsilon$ 成立,则算法结束,$\boldsymbol{x}^{(k)}$ 即为近似极小点;否则,转步骤(3)。

(3) 计算 $\boldsymbol{G}_k=\nabla^2 f(\boldsymbol{x}^{(k)})$,并求解线性方程组

$$(\boldsymbol{G}_k+\mu_k\boldsymbol{I})\boldsymbol{d}=-\boldsymbol{g}_k$$

得方程组有解 $\boldsymbol{d}_k$。

(4) 由线搜索方法确定步长因子 λ_k。

(5) 令 $\boldsymbol{x}^{(k+1)}=\boldsymbol{x}^{(k)}+\lambda_k\boldsymbol{d}^{(k)}$，$k=k+1$，返回步骤(2)。

【例 2.7】 用最速下降法、牛顿法、阻尼牛顿法、修正牛顿法求下列函数的最优值

$$f(x_1,x_2)=x_1^2+2x_2^2-4x_1-2x_1x_2,\quad 初始点(1,1)^{\mathrm{T}}$$

解：根据最速下降法、各类牛顿法的原理，自编相应的函数进行计算。

首先编写优化函数 opfun5(见习题文档)。

```
>> clear;syms x y
>> fun = x^2 + 2 * y^2 - 4 * x - 2 * x * y;
>> x_syms = [sym(x) sym(y)];x0 = [1 1];
[xmin1,minf1] = mygrad1(@opfun5,fun,x0,x_syms,0.0001);                % 最速下降法
[xmin1,minf1] = mygrad1([],fun,x0,x_syms,0.0001);
[xmin2,minf2] = mynewton21(@opfun5,fun,x0,x_syms,'nt',0.0001);       % 基本牛顿法
[xmin2,minf2] = mynewton21([],fun,x0,x_syms,'nt',0.0001);
[xmin3,minf3] = mynewton21(@opfun5,fun,x0,x_syms,'zn',0.0001);       % 阻尼牛顿法
[xmin3,minf3] = mynewton21([],fun,x0,x_syms,'zn',0.0001);
[xmin4,minf4] = mynewton21(@opfun5,fun,x0,x_syms,'nt',0.0001);       % 牛顿-梯度法
[xmin4,minf4] = mynewton21([],fun,x0,x_syms,'nt',0.0001);
[xmin5,minf5] = mynewton21(@opfun5,fun,x0,x_syms,'xz',0.0001);       % 修正牛顿法
[xmin5,minf5] = mynewton21([],fun,x0,x_syms,'xz',0.0001);
```

均可得到最小值

```
>> xmin = 4.0000    2.0000
```

注：① 在应用修正牛顿法时，可以采用默认值(直接回车)。

② 对于无约束的多元函数极值(极小值)问题，MATLAB 中的函数为 fminunc，如下：

```
[x, fval] = fminunc(fun,x0)    % x0 初始点，fun 为匿名函数或函数
```

对于有约束的函数极值(极小值)问题，可以用 MATLAB 中的 linprog、fminbnd、fmincon、quadprog、fseminf、fminmax、fgoalattain、lsqlin 等函数求解。

2.7　共轭方向法和共轭梯度法

最速下降法计算步骤简单，但收敛速度太慢，而牛顿法和阻尼牛顿法收敛速度快，但要计算二阶偏导数矩阵(Hesse 矩阵)及其逆阵，计算量太大。人们希望找到一种方法，能兼顾这两种方法的优点，又能克服它们的缺点。共轭方向法就是这样的一类方法，它比最速下降法的收敛速度要快得多，同时又避免了牛顿法所要求的 Hesse 矩阵的计算、存储和求逆。

共轭方向法，主要是其中的共轭梯度法，对一般目标函数的无约束优化问题的求解具有较高的效率，因此在无约束优化算法中占有重要的地位，是目前最常用的方法之一。由于它的计算公式简单，存储量小，可以用来求解比较大的问题，特别是用于最优控制问题时，效果很好，因此，引起了人们的重视和兴趣。

2.7.1　共轭方向和共轭方向法

设 $\boldsymbol{A}$ 为 n 阶对称矩阵，$\boldsymbol{p}$、$\boldsymbol{q}$ 为 n 维列向量，若

$$p^{\mathrm{T}}Aq=0 \tag{2-14}$$

则称向量 p 与 q 为 A -正交,或关于 A -共轭。

如果 $A=I_n$,则式(2-14)变为 $p^{\mathrm{T}}q=0$,这就是通常意义下的正交性,故 A -共轭或 A -正交是正交概念的推广。

如果对于有限个向量 $p_1,p_2,\cdots,p_m$,有 $p_i^{\mathrm{T}}Ap_j=0(i\neq j,j=1,2,\cdots,m)$成立,则称这个向量组为 A -正交(或共轭)向量组,也称它们为一组 A 共轭方向。

对于 n 元二次函数的无约束优化问题

$$\min f(x)=c+b^{\mathrm{T}}x+\frac{1}{2}x^{\mathrm{T}}Hx \tag{2-15}$$

式中:c 为常数;x、b 为 n 维列向量;H 为 n 阶对称正定矩阵。这时,$\nabla f(x)=b+Hx$,$\nabla^2 f(x)=H$,$f(x)$有唯一的极小点,在极小点 x^* 处有

$$\nabla f(x^*)=b+Hx^*=0$$

则

$$x^*=-H^{-1}b$$

因此,对 n 元二次函数 $f(x)$,有下述结论:

设 H 为 n 阶对称正定矩阵,$d^{(0)},d^{(1)},\cdots,d^{(n-1)}$是一组 H 共轭方向,对式(2-15),若从任一初始点 $x^{(0)}\in\mathbf{R}^n$ 出发,依次沿方向 $d^{(0)},d^{(1)},\cdots,d^{(n-1)}$进行精确一维搜索,则至多经过 n 次迭代,即可求得 $f(x)$的极小点。

由此可见,只要能选取一组 H 共轭的方向 $d^{(0)},d^{(1)},\cdots,d^{(n-1)}$,就可以用上述方法在 n 步之内求得 n 元二次函数 $f(x)$的极小点,这种算法称为共轭方向法。这种算法对于形如式(2-15)的二次函数,具有有限步收敛的性质。

共轭方向法的计算步骤如下:

设给定正定二次函数 $f(x)=\frac{1}{2}x^{\mathrm{T}}Qx+b^{\mathrm{T}}x+c$,精度 $0\leqslant\varepsilon\ll1$。

(1) 给定初始点 $x^{(0)}\in\mathbf{R}^n$,计算 $g_0=\nabla f(x^{(0)})=Qx^{(0)}-b$,$d_k=-g_0$。令 $k=0$。

(2) 若$\|g_k\|\leqslant\varepsilon$,则停止计算,输出 $x^*\approx x_k$;否则,转步骤(3)。

(3) 利用精确一维搜索方法确定步长因子 α_k,即

$$f(x_0+\alpha_k d_k)=\min f(x_0+\alpha d_k)$$

(4) 计算 $x^{(k+1)}=x_0+\alpha_k d_k$,$g_{k+1}=\Delta f(x^{(k+1)})=Qx^{(k+1)}-b$,$\alpha_k=\dfrac{g_{k+1}^{\mathrm{T}}Qd_k}{d_k^{\mathrm{T}}Qd_k}$,$d_{k+1}=-\nabla f(x^{(k+1)})+\alpha_k d_k$。

(5) 令 $k=k+1$,转步骤(2)。

2.7.2 共轭梯度法

共轭方向的选取具有很大的任意性,而对应于不同的一组共轭方向就有不同的共轭方向法。作为一种算法,自然是希望共轭方向能在迭代过程中逐次生成。共轭梯度法是这样的一种算法,它利用每次一维最优化所得到的点 $x^{(i)}$ 处的梯度来生成共轭方向,其具体步骤如下:

(1) 给定初始点 $x^{(0)}$ 及精度 $0\leqslant\varepsilon\ll1$。

(2) 计算 $g_0=\nabla f(x^{(0)})$,令 $d^{(0)}=-g_0$,$k=0$。

(3) 求$\min\limits_{\lambda\geqslant0} f(x^{(k)}+\lambda d^{(k)})$决定 λ_k,计算

$$x^{(k+1)} = x^{(k)} + \lambda_k d^{(k)}, \quad g_{k+1} = \nabla f(x^{(k+1)})$$

(4) 若 $\|g_{k+1}\| \leqslant \varepsilon$，则迭代结束；否则，转步骤(5)。

(5) 若 $k < n-1$，则计算

$$\mu_{k+1} \triangleq \mu_{k+1,k} = \frac{\|g_{k+1}\|^2}{\|g_k\|^2}$$

$$d_{k+1} = -g_{k+1} + \mu_{k+1} d^{(k)}$$

令 $k = k+1$，转回步骤(3)。

若 $k = n-1$，则令 $x^{(0)} = x^{(n)}$，转回步骤(2)。

共轭梯度法的计算框图如图 2-9 所示。

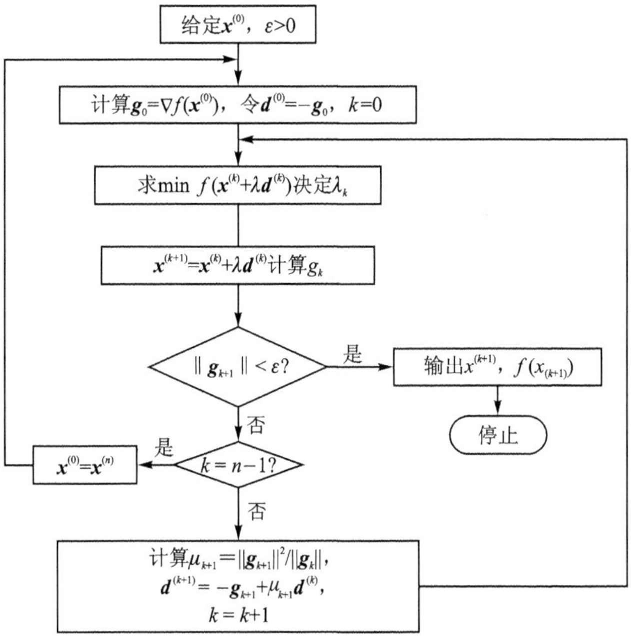

图 2-9　共轭梯度法的计算框图

应当注意，由于 n 维问题的共轭方向只有 n 个，在 n 步之后，连续进行计算已无意义，而且舍入误差的积累也越来越大。因此，在实际应用时，多采用计算 n 步后，就以所得的近似极小点 $x^{(n)}$ 为初始点，重新开始迭代。这样可以取得较好的效果。

【例 2.8】 用共轭方向法和共轭梯度法求解下列函数的极小值

$$f(x_1, x_2) = x_1^3 + x_2^3 - 3x_1x_2, \quad 初始点(2,2)^T$$

解：根据共轭梯度法的原理，自编相应的函数进行计算。

编写优化函数 opfun6。

```
>> clear;syms x y
>> fun = x^3 + y^3 - 3 * x * y;
x0 = [2 2];x_syms = [sym(x) sym(y)];xsyms = {'x','y'};esp = 0.0001;
[xmin,minf] = myconju1(@opfun6,fun,x0,x_syms,xsyms,esp);
[xmin,minf] = myconju1([],fun,x0,x_syms,xsyms,esp);
>> xmin = 1   1   % 极小点
```

2.8 变尺度法(拟牛顿法)

变尺度法(又称拟牛顿法)是求解无约束优化问题最有效的算法之一,得到了广泛的研究和应用。它综合了最速下降法和牛顿法的优点,使算法既具有快速收敛的优点,又可以不计算二阶偏导数矩阵和逆矩阵,就可以构造出每次迭代的搜索方向 $\boldsymbol{d}^{(k)}$。

分析最速下降法和阻尼牛顿法的计算公式,发现它们可以用

$$\boldsymbol{x}_{(k+1)}=\boldsymbol{x}^{(k)}-\lambda_k\boldsymbol{H}_k\nabla f(\boldsymbol{x}^{(k)})$$

来统一描述。若 $\boldsymbol{H}_k$ 为单位矩阵 $\boldsymbol{I}$,则为最速下降法的计算公式;若 $\boldsymbol{H}_k=[\nabla^2 f(\boldsymbol{x}^{(k)})]^{-1}$,则为阻尼牛顿法的计算公式。特别地,若步长 $\lambda_k=1$,则得到牛顿法的迭代公式。

为了保证牛顿法的优点,希望 $\boldsymbol{H}_k$ 能近似地等于$[\nabla^2 f(\boldsymbol{x}^{(k)})]^{-1}$,并且能在迭代计算中逐次生成,即

$$\boldsymbol{H}_{k+1}=\boldsymbol{H}_k+\boldsymbol{C}_k \tag{2-16}$$

式中:$\boldsymbol{C}_k$ 称为修正矩阵,$\boldsymbol{C}_k$ 不同,就可以得到不同的算法。

为了研究 $\boldsymbol{H}_k\approx[\nabla^2 f(\boldsymbol{x}^{(k)})]^{-1}$ 的条件,对于一般的 n 元二次函数,可以将 $f(\boldsymbol{x})$在点 $\boldsymbol{x}^{(k+1)}$处进行 Taylor 展开,取其前三项,可以得到

$$\nabla f(\boldsymbol{x})\approx\nabla f(\boldsymbol{x}^{(k+1)})+\boldsymbol{G}_{k+1}(\boldsymbol{x}-\boldsymbol{x}^{(k+1)})$$

或写成

$$\boldsymbol{g}_{k+1}-\boldsymbol{g}_k\approx\boldsymbol{G}_{k+1}\Delta\boldsymbol{x}_k$$

即

$$\boldsymbol{G}_{k+1}\Delta\boldsymbol{x}_k\approx\Delta\boldsymbol{g}_k \tag{2-17}$$

或

$$\Delta\boldsymbol{x}_k\approx\boldsymbol{G}_{k+1}^{-1}\Delta\boldsymbol{g}_k \tag{2-18}$$

称式(2-17)和式(2-18)为拟牛顿方程。

为了使 $\boldsymbol{H}_k\approx\boldsymbol{G}_k^{-1}$,应要求 $\boldsymbol{H}_{k+1}$ 满足拟牛顿方程,即

$$\boldsymbol{H}_{k+1}\Delta\boldsymbol{g}_k=\Delta\boldsymbol{x}_k \tag{2-19}$$

或

$$\boldsymbol{B}_{k+1}\Delta\boldsymbol{x}_k=\Delta\boldsymbol{g}_k \tag{2-20}$$

式中:$\boldsymbol{B}_{k+1}=\boldsymbol{H}_{k+1}^{-1}$。

2.8.1 对称秩 1 算法

为了使迭代计算简单易行,修正矩阵 $\boldsymbol{C}_k$ 应尽可能选取简单的形式,通常要求 $\boldsymbol{C}_k$ 的秩越小越好。

若要求 $\boldsymbol{C}_k$ 是秩为 1 的对称矩阵,则可设

$$\boldsymbol{C}_k=\alpha_k\boldsymbol{u}\boldsymbol{u}^{\mathrm{T}} \tag{2-21}$$

式中:$\alpha_k\neq 0$,为待定常数;$\boldsymbol{u}=(u_1,u_2,\cdots,u_n)^{\mathrm{T}}\neq 0$。

将式(2-21)代入式(2-16)得

$$\boldsymbol{H}_{k+1}=\boldsymbol{H}_k+\alpha_k\boldsymbol{u}\boldsymbol{u}^{\mathrm{T}}$$

将上式代入式(2-19)得

$$\boldsymbol{H}_k\Delta\boldsymbol{g}_k+\alpha_k\boldsymbol{u}(\boldsymbol{u}^{\mathrm{T}}\Delta\boldsymbol{g}_k)=\Delta\boldsymbol{x}_k$$

由于 α_k、$\boldsymbol{u}^{\mathrm{T}}\Delta\boldsymbol{g}_k$ 为数值量,所以 $\boldsymbol{u}$ 与 $\Delta\boldsymbol{x}_k-\boldsymbol{H}_k\Delta\boldsymbol{g}_k$ 成正比,可以取

$$\boldsymbol{u}=\Delta\boldsymbol{x}_k-\boldsymbol{H}_k\Delta\boldsymbol{g}_k$$

故

$$\alpha_k=\frac{1}{\boldsymbol{u}^{\mathrm{T}}\Delta\boldsymbol{g}_k}=\frac{1}{\Delta\boldsymbol{g}_k^{\mathrm{T}}(\Delta\boldsymbol{x}_k-\boldsymbol{H}_k\Delta\boldsymbol{g}_k)}$$

式中：$\Delta \boldsymbol{g}_k^{\mathrm{T}}(\Delta \boldsymbol{x}_k - \boldsymbol{H}_k \Delta \boldsymbol{g}_k) \neq 0$。

$$\boldsymbol{H}_{k+1} = \boldsymbol{H}_k + \frac{(\Delta \boldsymbol{x}_k - \boldsymbol{H}_k \Delta \boldsymbol{g}_k)(\Delta \boldsymbol{x}_k - \boldsymbol{H}_k \Delta \boldsymbol{g}_k)^{\mathrm{T}}}{\Delta \boldsymbol{g}_k^{\mathrm{T}}(\Delta \boldsymbol{x}_k - \boldsymbol{H}_k \Delta \boldsymbol{g}_k)} \tag{2-22}$$

式(2-22)称为对称秩 1 公式。由对称秩 1 公式确定的变尺度算法称为对称秩 1 变尺度算法。此算法简单，但也存在明显的缺点：一是当 $\boldsymbol{H}_k$ 正定时，由式(2-22)确定的 $\boldsymbol{H}_{k+1}$ 不一定是正定的，因此不能保证 $\boldsymbol{d}^{(k)} = -\boldsymbol{H}_k \boldsymbol{g}_k$ 是下降方向；二是式(2-22)的分母可能为零或近似为零，前者将使算法失效，后者将引起计算不稳定。

2.8.2　DFP 算法

DFP 算法是最先提出的变尺度算法，目前仍在广泛的使用。它是一种秩 2 对称算法，此时修正矩阵 $\boldsymbol{C}_k$ 可以写成

$$\boldsymbol{C}_k = \alpha_k \boldsymbol{u}\boldsymbol{u}^{\mathrm{T}} + \beta_k \boldsymbol{v}\boldsymbol{v}^{\mathrm{T}}$$

式中：$\boldsymbol{u}$、$\boldsymbol{v}$ 为待定的 n 维向量；α_k、β_k 为待定常数。

与对称秩 1 算法同样处理，可以得到

$$\alpha_k \boldsymbol{u}(\boldsymbol{u}^{\mathrm{T}} \Delta \boldsymbol{g}_k) + \beta_k \boldsymbol{v}(\boldsymbol{v}^{\mathrm{T}} \Delta \boldsymbol{g}_k) = \Delta \boldsymbol{x}_k - \boldsymbol{H}_k \Delta \boldsymbol{g}_k$$

满足上式的 α_k、β_k、$\boldsymbol{u}$、$\boldsymbol{v}$ 有无数种取法，比较简单的一种取法是：

$$\boldsymbol{u} = \boldsymbol{H}_k \Delta \boldsymbol{g}_k, \quad \boldsymbol{v} = \Delta \boldsymbol{x}_k$$

$$\alpha_k = -\frac{1}{\boldsymbol{u}^{\mathrm{T}} \Delta \boldsymbol{g}_k} = -\frac{1}{\Delta \boldsymbol{g}_k^{\mathrm{T}} \boldsymbol{H}_k \Delta \boldsymbol{g}_k}, \quad \beta_k = \frac{1}{\boldsymbol{v}^{\mathrm{T}} \Delta \boldsymbol{g}_k} = \frac{1}{\Delta \boldsymbol{x}_k^{\mathrm{T}} \Delta \boldsymbol{g}_k}$$

可以得到

$$\boldsymbol{H}_{k+1} = \boldsymbol{H}_k + \frac{\Delta \boldsymbol{x}_k \Delta \boldsymbol{x}_k^{\mathrm{T}}}{\Delta \boldsymbol{x}_k^{\mathrm{T}} \Delta \boldsymbol{g}_k} - \frac{\boldsymbol{H}_k \Delta \boldsymbol{g}_k (\boldsymbol{H}_k \Delta \boldsymbol{g}_k)^{\mathrm{T}}}{\Delta \boldsymbol{g}_k^{\mathrm{T}} \boldsymbol{H}_k \Delta \boldsymbol{g}_k} \tag{2-23}$$

式(2-23)就是 DFP 变尺度算法的计算公式。

DFP 算法的计算步骤如下：

(1) 给定初始 $\boldsymbol{x}^{(0)}$、计算精度 $0 \leqslant \varepsilon \ll 1$ 和初始矩阵 $\boldsymbol{H}_0 = \boldsymbol{I}$(单位矩阵)，令 $k=0$。

(2) 计算 $\boldsymbol{d}^{(k)} = -\boldsymbol{H}_k \boldsymbol{g}_k$，沿 $\boldsymbol{d}^{(k)}$ 进行精确一维搜索，求出步长 λ^k，使

$$f(\boldsymbol{x}^{(k)} + \lambda_k \boldsymbol{d}^{(k)}) = \min_{\lambda \geqslant 0} f(\boldsymbol{x}^{(k)} + \lambda \boldsymbol{d}^{(k)})$$

令

$$\boldsymbol{x}^{(k+1)} = \boldsymbol{x}^{(k)} + \lambda_k \boldsymbol{d}^{(k)}$$

(3) 若 $\|\boldsymbol{g}_k\| \leqslant \varepsilon$，则取 $\boldsymbol{x}^* = \boldsymbol{x}^{(k+1)}$，计算结束；否则，由式(2-23)计算 $\boldsymbol{H}_{k+1}$。若 $k \neq n-1$，则令 $k=k+1$，返回步骤(2)；若 $k=n-1$，则令 $\boldsymbol{x}^0 = \boldsymbol{x}^{(k+1)}$，$k=0$，返回步骤(2)。

DFP 算法的优点是：(1) 若目标函数 $f(\boldsymbol{x})$ 是 n 元二次严格凸函数，则当初始矩阵取 $\boldsymbol{H}_0 = \boldsymbol{I}$(单位矩阵)时，算法具有二次收敛性；(2) 如果 $f(\boldsymbol{x}) \in C^1$ 为严格凸函数，则算法是全局收敛的；(3) 若 $\boldsymbol{H}_k$ 为对称正定矩阵，且 $\boldsymbol{g}_k \neq 0$，则由式(2-23)确定的 $\boldsymbol{H}_{k+1}$ 也是对称正定的。

DFP 算法的缺点是：(1) 需要的存储量较大，大约需要 $O(n^2)$ 个存储单元；(2) 数值计算的稳定性比 BFGS 算法稍差；(3) 在使用不精确一维搜索时，它的计算效果不如 BFGS 算法。

2.8.3　BFGS 算法

BFGS 算法是由 Broyden、Fletcher、Goldfarb 和 Shanno 等人给出的，它是目前最流行也是最有效的拟牛顿算法，其计算公式如下：

$$\boldsymbol{H}_{k+1}=\boldsymbol{H}_k-\frac{\boldsymbol{H}_k\Delta\boldsymbol{g}_k\Delta\boldsymbol{g}_k^{\mathrm{T}}\boldsymbol{H}_k}{\Delta\boldsymbol{g}_k^{\mathrm{T}}\boldsymbol{H}_k\Delta\boldsymbol{g}_k}+\frac{\Delta\boldsymbol{x}_k\Delta\boldsymbol{x}_k^{\mathrm{T}}}{\Delta\boldsymbol{x}_k^{\mathrm{T}}\Delta\boldsymbol{g}_k}+(\Delta\boldsymbol{g}_k^{\mathrm{T}}\boldsymbol{H}_k\Delta\boldsymbol{g}_k)\boldsymbol{v}_k\boldsymbol{v}_k^{\mathrm{T}}$$

或写成

$$\boldsymbol{H}_{k+1}=\boldsymbol{H}_k+\frac{\mu_k\Delta\boldsymbol{x}_k\Delta\boldsymbol{x}_k^{\mathrm{T}}-\boldsymbol{H}_k\Delta\boldsymbol{g}_k\Delta\boldsymbol{x}_k^{\mathrm{T}}-\Delta\boldsymbol{x}_k\Delta\boldsymbol{g}_k^{\mathrm{T}}\boldsymbol{H}_k}{\Delta\boldsymbol{x}_k^{\mathrm{T}}\Delta\boldsymbol{g}_k}$$

式中：$\mu_k=1+\dfrac{\Delta\boldsymbol{g}_k^{\mathrm{T}}\boldsymbol{H}_k\Delta\boldsymbol{g}_k}{\Delta\boldsymbol{x}_k^{\mathrm{T}}\Delta\boldsymbol{g}_k}$。

BFGS 算法不仅具有二次收敛性，而且只要初始矩阵对称正定，则用 BFGS 修正公式所产生的 $\boldsymbol{H}_k$ 也是对称正定的，且不易变为奇异，因此具有较好的数值稳定性。

为了减少内存，提出了有限内存 BFGS 方法，其基本原理如下：

对于无约束优化问题

$$\min f(\boldsymbol{x}),\quad \boldsymbol{x}\in\mathbf{R}^n$$

式中：$f:\mathbf{R}^n\to\mathbf{R}$，$f\in C^1$。

拟牛顿方程可写成

$$\boldsymbol{x}^{(k+1)}=\boldsymbol{x}^{(k)}+\boldsymbol{H}_{k+1}\boldsymbol{y}_k,\quad k=1,2,\cdots$$

式中：$\boldsymbol{y}_k=\boldsymbol{g}_{k+1}-\boldsymbol{g}_k=\nabla f(\boldsymbol{x}^{(k+1)})-\nabla f(\boldsymbol{x}^{(k)})$；$\boldsymbol{x}^{(k+1)}=\boldsymbol{x}^{(k)}+\alpha_k\boldsymbol{d}_k$，其中，$\boldsymbol{d}_k$ 为搜索方向，$\boldsymbol{d}_k=-\boldsymbol{H}_k\boldsymbol{g}_k$，$\alpha_k$ 为搜索步长，BFGS 修正公式可写成

$$\boldsymbol{H}_{k+1}=\left(\boldsymbol{I}-\frac{\boldsymbol{s}_k\boldsymbol{y}_k^{\mathrm{T}}}{\boldsymbol{s}_k^{\mathrm{T}}\boldsymbol{y}_k}\right)\boldsymbol{H}_k\left(\boldsymbol{I}-\frac{\boldsymbol{y}_k\boldsymbol{s}_k^{\mathrm{T}}}{\boldsymbol{s}_k^{\mathrm{T}}\boldsymbol{y}_k}\right)+\frac{\boldsymbol{s}_k\boldsymbol{s}_k^{\mathrm{T}}}{\boldsymbol{s}_k^{\mathrm{T}}\boldsymbol{y}_k}\tag{2-24}$$

式中：$\boldsymbol{s}_k=\boldsymbol{x}^{(k+1)}-\boldsymbol{x}^{(k)}$。

记 $\boldsymbol{\rho}_k=1/\boldsymbol{s}_k^{\mathrm{T}}\boldsymbol{y}_k$ · $\boldsymbol{V}_k=(\boldsymbol{I}-\boldsymbol{\rho}_k\boldsymbol{y}_k\boldsymbol{s}_k^{\mathrm{T}})$，则式(2-24)可改写成

$$\boldsymbol{H}_{k+1}=(\boldsymbol{V}_k^{\mathrm{T}}\cdots\boldsymbol{V}_{k-i}^{\mathrm{T}})\boldsymbol{H}_{k-i}(\boldsymbol{V}_k\cdots\boldsymbol{V}_{k-i})+\sum_{j=0}^{i-1}\boldsymbol{\rho}_{k-i+j}\left(\prod_{l=0}^{i-j-1}\boldsymbol{V}_{k-l}^{\mathrm{T}}\right)\boldsymbol{s}_{k-i+j}\boldsymbol{s}_{k-i+j}^{\mathrm{T}}\left(\prod_{l=0}^{i-j-1}\boldsymbol{V}_{k-l}^{\mathrm{T}}\right)^{\mathrm{T}}+\boldsymbol{\rho}_k\boldsymbol{s}_k\boldsymbol{s}_k^{\mathrm{T}}$$

令 $i=m$，$\boldsymbol{H}_{k-m}=\boldsymbol{H}_k^{(0)}$，则得到有限内存 BFGS 方法的矩阵修正公式如下：

$$\boldsymbol{H}_{k+1}=(\boldsymbol{V}_k^{\mathrm{T}}\cdots\boldsymbol{V}_{k-m}^{\mathrm{T}})\boldsymbol{H}_k^{(0)}(\boldsymbol{V}_{k-m}\cdots\boldsymbol{V}_k)+\sum_{j=0}^{m-1}\boldsymbol{\rho}_{k-m+j}\left(\prod_{l=0}^{m-j-1}\boldsymbol{V}_{k-l}^{\mathrm{T}}\right)\boldsymbol{s}_{k-i+j}\boldsymbol{s}_{k-i+j}^{\mathrm{T}}\left(\prod_{l=0}^{m-j-1}\boldsymbol{V}_{k-l}^{\mathrm{T}}\right)^{\mathrm{T}}+\boldsymbol{\rho}_k\boldsymbol{s}_k\boldsymbol{s}_k^{\mathrm{T}}\tag{2-25}$$

其中，$\boldsymbol{H}_k^{(0)}$ 可取为

$$\boldsymbol{H}_k^{(0)}=\frac{\boldsymbol{s}_k^{\mathrm{T}}\boldsymbol{y}_k}{\|\boldsymbol{y}_k\|_2^2}\boldsymbol{I}\tag{2-26}$$

有限内存 BFGS 法的具体计算步骤如下：

(1) 给定 $\boldsymbol{x}_1\in\mathbf{R}^n$，$\boldsymbol{H}_1\in\mathbf{R}^{n\times n}$，对称正定，取非负整数 $\hat{m}$（一般取 $3\leqslant\hat{m}\leqslant 8$），$0<b_1\leqslant b_2<1$，精度 $0\leqslant\varepsilon\ll 1$，令 $k=1$。

(2) 若 $\|\boldsymbol{g}_k\|\leqslant\varepsilon$，则计算结束，取最优解为 $\boldsymbol{x}^*\approx\boldsymbol{x}^{(k)}$；否则，计算 $\boldsymbol{d}_k=-\boldsymbol{H}_k\boldsymbol{g}_k$。

(3) 利用非精确一维搜索确定步长 α_k，令 $\boldsymbol{x}^{(k+1)}=\boldsymbol{x}^{(k)}+\alpha_k\boldsymbol{d}_k$。

(4) 令 $m=\min\{k,\hat{m}\}$，按式(2-25)计算 $\boldsymbol{H}_{k+1}$，若 $k=1$，则 $\boldsymbol{H}_1^{(0)}=\boldsymbol{H}_1$；否则，$\boldsymbol{H}_k^{(0)}$ 由式(2-26)确定。

(5) 令 $k=k+1$，转步骤(2)。

上述算法中的非精确一维搜索算法的计算步骤如下：

(1) 给定 $0<b_1\leqslant b_2<1$，令 $\alpha=1$，$\alpha_1=1$，$f_1=f(\boldsymbol{x})$，$f_1'=\boldsymbol{d}^{\mathrm{T}}\nabla f(\boldsymbol{x})$，$\alpha_2=+\infty$，$f_2'=-1$。

(2) 计算 $f=f(\boldsymbol{x}+\alpha\boldsymbol{d})$，若 $f_1-f\geqslant -\alpha b_1 f'_1$，则转步骤(4)；否则，令 $\alpha_2=\alpha$，$f_2=f$。

(3) 利用 f_1、f'_1、f_2 进行二次插值求 α，即

$$\alpha=\alpha_1+\frac{1}{2}\cdot\frac{\alpha_2-\alpha_1}{1+\dfrac{f_1-f_2}{(\alpha_2-\alpha_1)f'_1}}$$

转步骤(2)。

(4) 计算 $f'_1=\boldsymbol{d}^{\mathrm{T}}\nabla f(\boldsymbol{x}+\alpha\boldsymbol{d})$，若 $\|f'_1\|\leqslant -b_2 f'_1$，则结束；否则，若 $f'_1<0$，则转步骤(6)，否则，令 $\alpha_2=\alpha$，$f_2=f$，$f'_2=f$。

(5) 利用 f_1、f'_1、f_2、f'_2 进行三次插值求 α，即

$$\alpha=\alpha_1-\frac{f'_1(\alpha_2-\alpha_1)}{\sqrt{(\beta-f'_1)^2-f'_1f'_2}-\beta}$$

其中，$\beta=2f'_1+f'_2-\dfrac{3(f_2-f_1)}{\alpha_2-\alpha_1}$，转步骤(2)。

(6) 若 $\alpha_2=+\infty$，则转步骤(7)；否则，令 $\alpha_1=\alpha$，$f_1=f$，$f_2=f$，$f'_1=f'$，若 $f'_2>0$，则转步骤(5)，否则，转步骤(3)。

(7) 利用 f_1、f'_1、f、f' 进行三次插值求 α，即

$$\hat{\alpha}=\alpha-\frac{f(\alpha-\alpha_1)}{\sqrt{(\hat{\beta}-f')^2-f'f'_1}-\hat{\beta}}$$

其中，$\hat{\beta}=2f'+f'_1-\dfrac{3(f_1-f)}{\alpha_1-\alpha}$，$\alpha_1=\alpha$，$f_1=f$，$f'_1=f'$，$\alpha=\hat{\alpha}$，转步骤(2)。

在上述算法中的步骤(3)和步骤(5)要求 $\alpha\in[\alpha_1+\lambda(\alpha_2-\alpha_1),\alpha_2-\tau(\alpha_2-\alpha_1)]$，其中 $\tau>0$（通常令 $\tau=0.1$），若不满足这个条件，则可令

$$\alpha=\min\{\max\{\alpha,\alpha_1+\tau(\alpha_2-\alpha_1)\},\alpha_2-\tau(\alpha_2-\alpha_1)\}$$

在步骤(7)中要求 $\hat{\alpha}=[\alpha+(\alpha-\alpha_1),\alpha_2+9(\alpha-\alpha_1)]$，若不满足这个条件，则可令

$$\hat{\alpha}=\min\{\max\{\hat{\alpha},\alpha+(\alpha-\alpha_1)\},\alpha+9(\alpha-\alpha_1)\}$$

【例 2.9】 利用变尺度法求解下列函数的极小值

$$f(x_1,x_2)=x_1+2x_2^2+\exp(x_1^2+x_2^2),\quad 初始点(1,0)^{\mathrm{T}}$$

解：根据变尺度法的原理，自编相应的函数进行计算。

首先编写优化函数 opfun8。

```
>> clear;syms x y
   fun = x + 2 * y^2 + exp(x^2 + y^2);
   x_syms = [sym(x) sym(y)];x0 = [1 0];esp = 0.0001;
>> [xmin1,minf1] = mynnewtown1(@opfun8,fun,x0,x_syms,esp);       % 对称秩 1 算法
>> [xmin1,minf1] = mynnewtown1([],fun,x0,x_syms,esp);
>> [xmin2,minf2] = DFP1(@opfun8,fun,x0,x_syms,esp);              % DEP 算法
>> [xmin2,minf2] = DFP1([],fun,x0,x_syms,esp);
>> [xmin3,minf3] = mybroyden1(@opfun8,fun,x0,x_syms,esp);        % broyden 算法
>> [xmin3,minf3] = mybroyden1([],fun,x0,x_syms,esp)
>> [xmin4,minf4] = BFGS1(@opfun8,fun,x0,x_syms,esp);             %  BFGS 算法
>> xmin = - 0.4194     0                                         % 极小点
```

2.9 信赖域法

信赖域法是求解非线性优化问题的一类十分重要的方法。

在求解无约束优化问题 $\min f(x)$ 的过程中,设 $\boldsymbol{x}^{(k)}$ 为某个迭代点,线搜索的迭代方法是根据已有信息产生一个方向 $\boldsymbol{d}_k$,然后沿着此方向产生一个步长 α_k,下一个迭代点记为

$$\boldsymbol{x}^{(k+1)}=\boldsymbol{x}^{(k)}+\alpha_k\boldsymbol{d}_k$$

信赖域方法采用的是与线性搜索不同的另外一个策略,它并不是马上确定一个方向,然后求一个步长,而是把线性搜索迭代法中的步长乘以方向作为一个待定的量,记 $x=\boldsymbol{x}^{(k)}+\boldsymbol{s}$,通常利用某个模型函数 $q^{(k)}(s)$ 在 $\boldsymbol{x}^{(k)}$ 的某个邻域内近似目标函数 $f(\boldsymbol{x}^{(k)}+s)$。如果可以判定在该邻域内 $q^{(k)}(s)$ 与 $f(\boldsymbol{x}^{(k)}+\boldsymbol{s})$ 比较接近,就把该邻域称为 $\boldsymbol{x}^{(k)}$ 处的一个信赖域,在该邻域内求得的 $q^{(k)}(\boldsymbol{s})$ 最优解记为 $\boldsymbol{s}_k$,于是下一个迭代点记为 $\boldsymbol{x}^{(k+1)}=\boldsymbol{x}^{(k)}+\boldsymbol{s}_k$。对新的迭代点 $\boldsymbol{x}^{(k+)}$ 采用和 $\boldsymbol{x}^{(k)}$ 处类似的方法。如此反复,直到求出满足一定要求的优化问题的近似解。这就是信赖域方法的基本思想。

在信赖域内寻找改进点需要借助于某个模型函数。一般把函数取为二次函数,信赖区域取为球形区域。于是信赖域方法在迭代过程涉及的核心问题可以写为

$$\begin{cases}\min q^{(k)}(\boldsymbol{s})=f(\boldsymbol{x}^{(k)})+\nabla f(x^{(k)})^{\mathrm{T}}\boldsymbol{s}+\dfrac{1}{2}\boldsymbol{s}^{\mathrm{T}}B_k\boldsymbol{s}\\ \text{s.t.}\quad \|s\|\leqslant\Delta_k\end{cases}\tag{2-27}$$

式中:$\boldsymbol{s}=\boldsymbol{x}-\boldsymbol{x}_{(k)}$;$\boldsymbol{B}$ 为 Hesse 矩阵或其某个近似;Δ_k 为信赖域半径;$\|\cdot\|$ 为某一范数,通常采用 l_2 范数。

在实现信赖域搜索策略时,一般可以通过比较模型函数和目标函数的下降量来确定下一代迭代过程的信赖域半径。记 $\Delta f=f(\boldsymbol{x}^{(k)})-f(\boldsymbol{x}^{(k+1)})$ 为目标函数的实际下降数值,$\Delta q=f(\boldsymbol{x}^{(k)})-q(\boldsymbol{s}^{(k)})=q(\boldsymbol{0})-q(\boldsymbol{s}^{(k)})$ (>0) 为目标函数的预测下降数值,根据这两者的比值,可以修正 Δ_k 得到 Δ_{k+1}。具体来说,如果 $\Delta f>\dfrac{3}{4}\Delta q$,则说明在信赖域内,相当好地近似于 $f(\boldsymbol{x}^{(k)}+\boldsymbol{s})$,因此建议扩大信赖区域,而命 $\Delta_{k+1}=2\Delta_k$;如果 $\Delta f<\dfrac{1}{10}\Delta q$ 成立,则相反,建议缩小信赖区域,而取 $\Delta_{k+1}=\dfrac{1}{2}\Delta_k$;如果 $\dfrac{1}{10}\Delta q\leqslant\Delta f\leqslant\dfrac{3}{4}\Delta q$,则命 $\Delta_{k+1}=\Delta_k$。

关于矩阵 $\boldsymbol{B}_k$,可以仿变尺度法推导 $\nabla^2 f(x^{(k)})^{-1}$ 的近似 $\boldsymbol{H}_k$ 的方法,得到一种修正公式(BFGS 公式):

$$\boldsymbol{B}_{k+1}=\boldsymbol{B}_k+\frac{\boldsymbol{\gamma}_k\boldsymbol{\gamma}_k^{\mathrm{T}}}{\boldsymbol{\gamma}_k^{\mathrm{T}}\boldsymbol{\delta}_k}-\frac{\boldsymbol{B}_k\boldsymbol{\delta}_k\boldsymbol{\delta}_k^{\mathrm{T}}\boldsymbol{B}_k}{\boldsymbol{\delta}_k^{\mathrm{T}}\boldsymbol{B}_k\boldsymbol{\delta}_k}\tag{2-28}$$

式中:$\boldsymbol{\gamma}_k=\nabla f(\boldsymbol{x}^{(k)})-\nabla f(\boldsymbol{x}^{(k-1)})$,$\boldsymbol{\delta}_k=\boldsymbol{x}^{(k)}-\boldsymbol{x}^{(k-1)}$,从而可以开始下一步迭代,具体步骤如下:

(1) 选取初始点 $\boldsymbol{x}^{(1)}$ 和初始矩阵 $\boldsymbol{B}_1$(例如,取 $\boldsymbol{B}_1$ 为单位矩阵),信赖域半径的上界 $\bar{\Delta}$,$\Delta_0\in(0,\bar{\Delta})$,$\varepsilon\geqslant0$,$0<\eta_1\leqslant\eta_2<1$,$0<\gamma_1<1<\gamma_2$,$k=1$。

(2) 如果 $\|g_k\|\leqslant\varepsilon$,则停止($g_k=\nabla f(\boldsymbol{x}^{(k)})$)。

(3) 求解式(2-27),得解 $\boldsymbol{s}_k$。

(4) 计算 $f(\boldsymbol{x}^{(k)}+\boldsymbol{s}_k)$,$\Delta f=f(\boldsymbol{x}^{(k)})-f(\boldsymbol{x}_{(k)}+\boldsymbol{s}_k)$,$\Delta q=f(\boldsymbol{x}^{(k)})-q(\boldsymbol{s}^{(k)})$,$r_k=\dfrac{\Delta f}{\Delta q}$,而命

$$\boldsymbol{x}^{(k+1)}=\begin{cases}x^{(k)}+\boldsymbol{s}^k, & r_k\geqslant\eta_1\\ x^{(k)}, & \text{其他}\end{cases}$$

(5) 按式(2-28)修正 $\boldsymbol{B}_k$ 得 $\boldsymbol{B}_{k+1}$。

(6) 校正信赖域半径,令

$$\begin{cases}\Delta_{k+1} \in (0,\gamma_1\Delta_{k+1}], & r_k < \eta_1 \\ \Delta_{k+1} \in [\gamma_1\Delta_k,\Delta_k], & r_k \in [\eta_1,\eta_2] \\ \Delta_{k+1} \in [\Delta_k,\min\{\gamma_2\Delta_k,\bar{\Delta}], & r_k \geqslant \eta_2\end{cases}$$

(7) $k=k+1$,转步骤(2)。

可以看出,信赖域方法的主要计算步骤在于求解式(2-17)的优化问题。该问题是一个只有一个不等式约束的二次约束的二次优化问题。可以用折线法等多种方法求解,其计算公式如下:

$$\boldsymbol{x}^{(k+1)}=\begin{cases}\boldsymbol{x}^{(k)}-\dfrac{\Delta_k}{\|\boldsymbol{g}_k\|_2}\boldsymbol{g}_k, & \|\boldsymbol{s}_k^c\| \geqslant \Delta_k \\ \boldsymbol{x}^{(k)}+\boldsymbol{s}_k^c+\lambda(\boldsymbol{s}_k^{\hat{N}}-\boldsymbol{s}_k^c), & \|\boldsymbol{s}_k^c\| < \Delta_k \text{ 且 } \|\boldsymbol{s}_k^{\hat{N}}\| > \Delta_k \\ \boldsymbol{x}^{(k)}-\boldsymbol{G}_k^{-1}\boldsymbol{g}_k, & \|\boldsymbol{s}_k^c\| < \Delta_k \text{ 且 } \|\boldsymbol{s}_k^{\hat{N}}\| \leqslant \Delta_k\end{cases}$$

式中:$\boldsymbol{g}_k=\nabla f(\boldsymbol{x}^{(k)})$,$\boldsymbol{G}_k=\nabla^2 f(\boldsymbol{x}^{(k)})$,$\boldsymbol{s}_k^c=-\dfrac{\boldsymbol{g}_k^{\mathrm{T}}\boldsymbol{g}_k}{\boldsymbol{g}_k^{\mathrm{T}}\boldsymbol{G}_k\boldsymbol{g}_k}\boldsymbol{g}_k$,$\boldsymbol{s}_k^{\hat{N}}=\eta\boldsymbol{s}_k^N$,$\boldsymbol{s}_k^N=-\boldsymbol{G}_k^{-1}\boldsymbol{g}_k$,$\eta\in(\gamma,1)$$\gamma=\dfrac{\|\boldsymbol{g}_k\|_2^4}{(\boldsymbol{g}_k^{\mathrm{T}}\boldsymbol{G}_k\boldsymbol{g}_k)(\boldsymbol{g}_k^{\mathrm{T}}\boldsymbol{G}_k^{-1}\boldsymbol{g}_k)}$,一般地,取 $\eta=0.8\gamma+0.2$。

信赖域法不仅能用于无约束优化问题,也可以用于约束优化问题。

【例 2.10】 利用牛顿型信赖域方法求解无约束优化问题:

$$\min_{x\in\mathbf{R}^2} f(\boldsymbol{x})=100(x_1^2-x_2)^2+(x_1-1)^2$$

该问题有精确解 $\boldsymbol{x}^*=(1,1)^{\mathrm{T}}$,$f(\boldsymbol{x}^*)=0$。

解:牛顿型信赖域方法是指信赖域中子问题中的矩阵 $\boldsymbol{B}_k$ 取为目标函数的 Hesse 矩阵 $\boldsymbol{G}_k=\nabla^2 f(\boldsymbol{x}_k)$。

根据信赖域方法的原理,编程进行计算如下:

```
>> clear
>> epsilon = 1e-6;x0 = [1 1];
>> syms x1 x2
>> fun = 2 * (x1 - x2^2)^2 + (x2 - 2)^2;
>> var = symvar(fun);
>> gfun = jacobian(fun,var);
>> Hess = hessian(fun,var);
>> [k,x,val] = trustm1([0,0],fun,1e-6);
```

从结果可看出,迭代 8 次便可得到最优值。

注:此函数输入格式也可为"[k,x,val]=trustm1([0,0],@fun,@gfun,@Hess,1e-6);",其中,fun、gfun、Hess 分别为 m 格式的目标函数、目标函数的梯度及 Hesse 矩阵。

2.10　直接搜索法

上面所讲的几种方法,都要利用目标函数的一阶或二阶偏导数,但在实际问题中,所遇到的目标函数往往比较复杂,有的甚至难以写出其明确的解析表达式,因此,它们的导数很难求得,甚至根本无法求得。这时就不能采用导数的方法,而是采用求多变量函数极值的直接搜索

法。这类方法的特点是方法简单,适用范围较广,但由于没有利用函数的分析性质,故其收敛速度一般较慢。

2.10.1 Hook - Jeeves 方法

这是一种简单而且容易实现的算法,它由两类"移动"构成,一类称为探测搜索,其目的是探求下降的有利方向;另一类称为模式搜索,其目的是沿着有利方向进行加速。所以,此方法也称为步长加速法或模式搜索法。

Hook - Jeeves 方法的计算步骤如下:

设初始点和初始步长分别为 $\boldsymbol{x}^{(1)}$ 和 d,坐标向量为 $\boldsymbol{e}_1,\boldsymbol{e}_2,\cdots,\boldsymbol{e}_n$,加速因子和计算精度分别为 $\alpha>0$ 和 $\varepsilon>0$。

(1) 令 $\boldsymbol{y}^{(1)}=\boldsymbol{x}^{(1)}$,$k=j=1$。

(2) 若 $f(\boldsymbol{y}^{(j)}+d\boldsymbol{e}_j)<f(\boldsymbol{y}^{(j)})$,则称为试验成功,令 $\boldsymbol{y}^{(j+1)}=\boldsymbol{y}^{(j)}+d\boldsymbol{e}_j$,转步骤(3);否则,若 $f(\boldsymbol{y}^{(j)}+d\boldsymbol{e}_j)\geqslant f(\boldsymbol{y}^{(j)})$,则称为试验失败。此时,若 $f(\boldsymbol{y}^{(j)}-d\boldsymbol{e}_j)<f(\boldsymbol{y}^{(j)})$,则令 $\boldsymbol{y}^{(j+1)}=\boldsymbol{y}^{(j)}-d\boldsymbol{e}_j$,转步骤(3);若 $f(\boldsymbol{y}^{(j)}-d\boldsymbol{e}_j)\geqslant f(\boldsymbol{y}^{(j)})$,则令 $\boldsymbol{y}^{(j+1)}=\boldsymbol{y}^{(j)}$,转步骤(3)。

(3) 若 $j<n$,则令 $j=j+1$,返回步骤(2);否则 $j=n$。若 $f(\boldsymbol{y}^{(n+1)})\geqslant f(\boldsymbol{x}^{(k)})$,则转步骤(5);若 $f(\boldsymbol{y}^{(n+1)})<f(\boldsymbol{x}^{(k)})$,则转步骤(4)。

(4) 令 $\boldsymbol{x}^{(k+1)}=\boldsymbol{y}^{(n+)}$,$\boldsymbol{y}^{(1)}=\boldsymbol{x}^{(k+1)}+\alpha(\boldsymbol{x}^{(k+1)}-\boldsymbol{x}^{(k)})$,$k=k+1$,再令 $j=1$,返回步骤(2)。

(5) 若 $d\leqslant\varepsilon$,则计算结束,取 $\boldsymbol{x}^*\approx\boldsymbol{x}^{(k)}$;否则,令 $d=d/2$,$\boldsymbol{y}^{(1)}=\boldsymbol{x}^{(k)}$,$\boldsymbol{x}^{(k+1)}=\boldsymbol{x}^{(k)}$,$k=k+1$,再令 $j=1$,返回步骤(2)。

在上述步骤中,步骤(2)和步骤(3)是一种探测搜索,探求下降的有利方向;步骤(4)是沿着找到的有利方向加速前进;步骤(5)判断是否可以结束。

Hook - Jeeves 方法的计算框图如图 2-10 所示。

2.10.2 单纯形法

无约束极小化的单纯形法与线性规划的单纯形法不同,其迭代步骤如下:

对问题 $\min f(\boldsymbol{x})$,$\boldsymbol{x}\in\mathbf{R}^n$,在 n 维空间中适当选取 $n+1$ 个点 $\boldsymbol{x}^{(0)},\boldsymbol{x}^{(1)},\cdots,\boldsymbol{x}^{(n)}$,构成一个单纯形。通常选取正规单纯形(即边长相等的单纯形),一般可以要求这 $n+1$ 个点使向量组 $\boldsymbol{x}^{(1)}-\boldsymbol{x}^{(0)}$, $\boldsymbol{x}^{(2)}-\boldsymbol{x}^{(0)}$,$\cdots$,$\boldsymbol{x}^{(n)}-\boldsymbol{x}^{(0)}$ 线性无关。

(1) 计算函数值 $f(\boldsymbol{x}^{(i)})$,$i=0,1,\cdots,n$,决定坏点 $\boldsymbol{x}^{(h)}$ 和好点 $\boldsymbol{x}^{(l)}$,于是

$$f_h=f(\boldsymbol{x}^{(h)})=\max\{f(\boldsymbol{x}^{(0)},\cdots,f(\boldsymbol{x}^{(n)})\}$$

$$f_l=f(\boldsymbol{x}^{(l)})=\min\{f(\boldsymbol{x}^{(0)},\cdots,f(\boldsymbol{x}^{(n)})\}$$

(2) 算出除点 $\boldsymbol{x}^{(h)}$ 外的 n 个点的中心点,即

$$\boldsymbol{x}^c=\frac{1}{n}\left(\sum_{i=0}^{n}\boldsymbol{x}^{(i)}-\boldsymbol{x}^{(h)}\right)$$

并求出反射点:

$$\boldsymbol{x}^{(r)}=2\boldsymbol{x}^{(c)}-\boldsymbol{x}^{(h)}$$

(3) 若 $f_r=f(\boldsymbol{x}^{(r)})\geqslant f_h$,则进行压缩,即令 $\boldsymbol{x}^{(s)}=\boldsymbol{x}^{(h)}+\lambda(\boldsymbol{x}^{(r)}-\boldsymbol{x}^{(h)})=(1-\lambda)\boldsymbol{x}^{(h)}+\lambda\boldsymbol{x}^{(r)}$,并求出 $f_s=f(\boldsymbol{x}^{(s)})$,然后转步骤(5),其中,$\lambda$ 为给定的压缩系数,可取 $\lambda=1/4$ 或 $\lambda=3/4$,一般要求 $\lambda\neq0$;若 $f_r<f_h$,则转步骤(4)。

(4) 进行扩张,即令

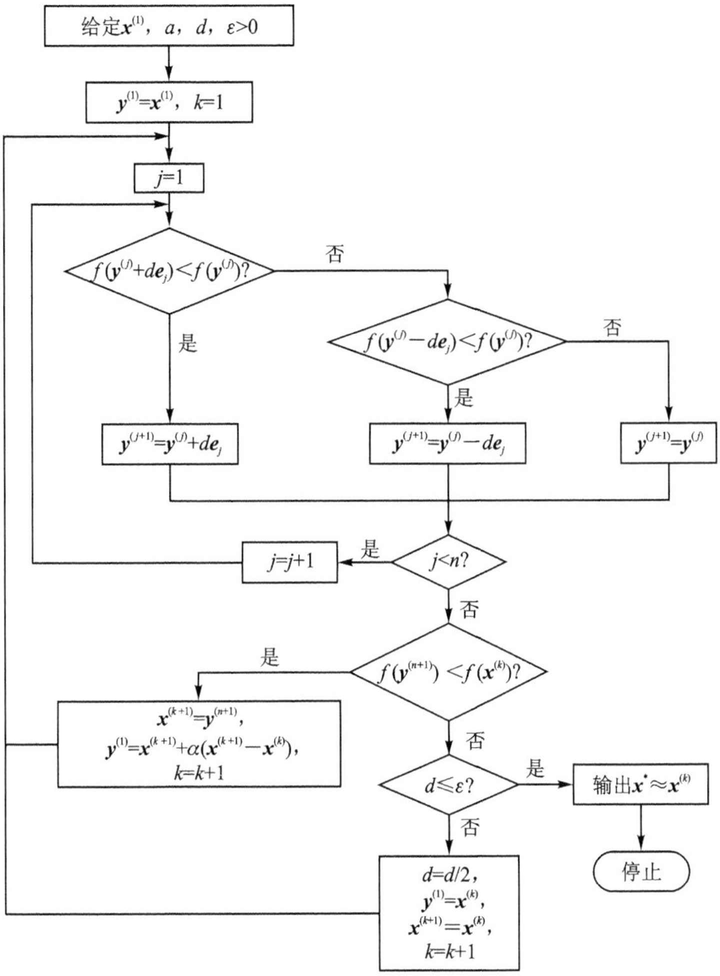

图 2 - 10 Hook - Jeeves 方法的计算框图

$$x^{(e)}=x^{(h)}+\mu(x^{(r)}-x^{(h)})=(1-\mu)x^{(h)}+\mu x^{(r)}$$

式中：$\mu>1$ 为给定的扩张系数，可取 $\mu\in[1.2,2]$（扩张条件 $f_r<f_h$ 也可换为 $f_r\leqslant f_l$）。

计算 $f_e=f(x^{(e)})$，若 $f_e\leqslant f_r$，则令 $x^{(s)}=x^{(e)}$；否则，令 $x^{(s)}=x^{(r)}$，$f_s=f_r$。

（5）若 $f_s<f_h$，则用 $x^{(s)}$ 替换 $x^{(h)}$，f_s 替换 f_h，把这样得到的新点 $x^{(s)}$ 和其他 n 个点构成一个新的单纯形，重新确定 $x^{(l)}$ 和 $x^{(h)}$，然后返回步骤(2)；若 $f_s\geqslant f_h$，则转步骤(6)。

（6）若 $\dfrac{f_h-f_l}{|f_l|}<\varepsilon$，其中 $\varepsilon>0$ 或

$$\sum_{i=1}^{n}[f(x^{(i)})-f(x^{(l)})]^2<\varepsilon$$

成立，则计算结束，取 $x^{*}\approx x^{(l)}$，$f^{*}\approx f_l$；否则，缩短边长，令

$$x^{(i)}=(x^{(i)}+x^{(l)})/2,\quad i=0,1,\cdots,n$$

返回步骤(1)，继续进行计算。

单纯形法的计算框图如图 2 - 11 所示。算法中初始单纯形的顶点可以直接给定，也可以自动生成。例如，给定初始点 $x^{(0)}$ 及步长 d 后，令

$$x^{(i)}=x^{(0)}+de_i,\quad i=0,1,\cdots,n$$

式中：$\boldsymbol{e}_i$ 为第 i 个坐标的单位向量。

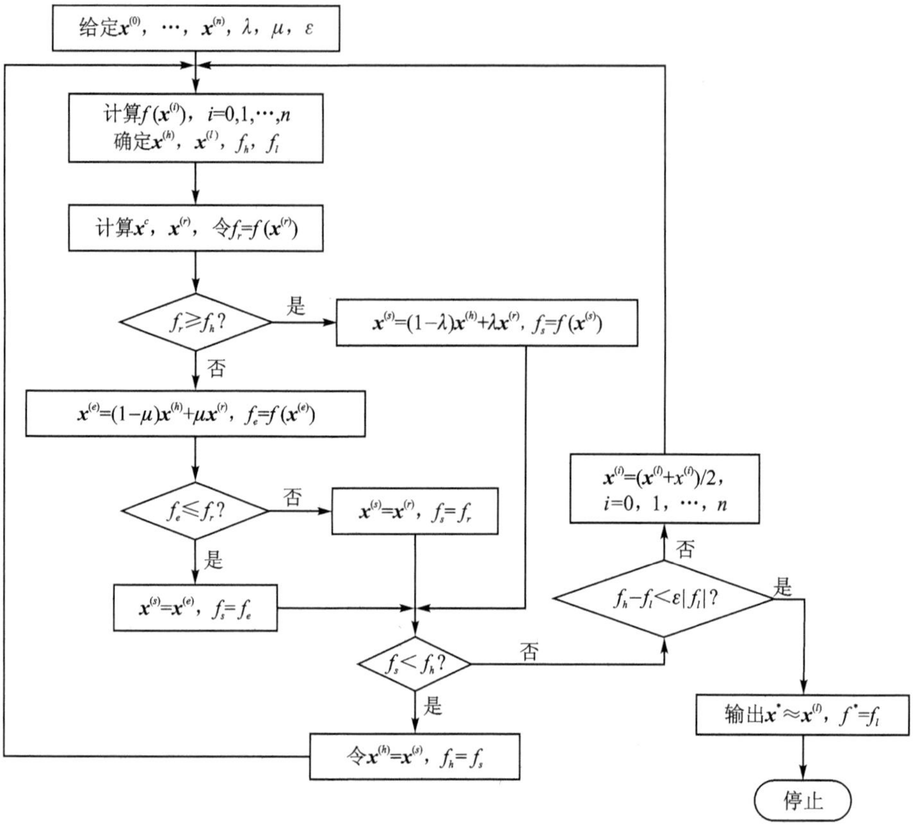

图 2-11　单纯形法的计算框图

2.10.3　Powell 方法

Powell 方法(方向加速法)在一定条件下是一种共轭方向法，它是直接搜索法中比较有效的一种方法。

Powell 方法的计算步骤如下：

(1) 给定初始点 $\boldsymbol{x}^{(0)}$，计算精度 $0 \leqslant \varepsilon \ll 1$，$n$ 个初始的线性无关的搜索方向(一般取为 n 个坐标轴方向)为 $\boldsymbol{e}_1, \boldsymbol{e}_2, \cdots, \boldsymbol{e}_n$。令

$$\boldsymbol{s}_j = \boldsymbol{e}_{j+1}, \quad j=0,1,\cdots,n-1, \quad k=0$$

(2) 进行一维搜索，决定 λ_k，使得

$$f(\boldsymbol{x}^{(k)} + \lambda_k \boldsymbol{s}_k) = \min f(\boldsymbol{x}^{(k)} + \lambda \boldsymbol{s}_k)$$

令 $\boldsymbol{x}^{(k+1)} = \boldsymbol{x}^{(k)} + \lambda_k \boldsymbol{s}_k$，若 $k<n$，则令 $k=k+1$，转向步骤(2)；否则，转向步骤(3)。

(3) 若 $\|\boldsymbol{x}^{(n)} - \boldsymbol{x}^{(0)}\| \leqslant \varepsilon$，则计算结束，取 $\boldsymbol{x}^* \approx \boldsymbol{x}^{(n)}$；否则，求整数 $j\,(0 \leqslant j \leqslant n-1)$，使

$$\Delta = f(\boldsymbol{x}^{(j)}) - f(\boldsymbol{x}^{(j+1)}) = \max_{1 \leqslant i \leqslant n-1} [f(\boldsymbol{x}^{(i)}) - f(\boldsymbol{x}^{(i+1)})]$$

(4) 令 $f_1 = f(\boldsymbol{x}^{(0)})$，$f_2 = f(\boldsymbol{x}^{(n)})$，$f_3 = f(2\boldsymbol{x}^{(n)} - \boldsymbol{x}^{(0)})$，若 $2\Delta < f_1 - 2f_2 + f_3$，则方向 $\boldsymbol{s}_0, \boldsymbol{s}_1, \cdots, \boldsymbol{s}_{n-1}$ 不变，令 $\boldsymbol{x}^{(0)} = \boldsymbol{x}^{(n)}$，$k=0$，返回步骤(2)；否则，令

$$\boldsymbol{s}_n = \frac{\boldsymbol{x}^{(n)} - \boldsymbol{x}^{(0)}}{\|\boldsymbol{x}^{(n)} - \boldsymbol{x}^{(0)}\|} \quad 或 \quad \boldsymbol{s}_n = \boldsymbol{x}^{(n)} - \boldsymbol{x}^{(0)}$$

$$\boldsymbol{s}_i = \boldsymbol{s}_{i+1}, \quad i = j, j+1, \cdots, n-1$$

转向步骤(5)。

(5) 求 λ_n,使得

$$f(\boldsymbol{x}^{(n)} + \lambda_n \boldsymbol{s}_n) = \min f(\boldsymbol{x}^{(n)} + \lambda \boldsymbol{s}_n)$$

令 $\boldsymbol{x}^{(0)} = \boldsymbol{x}^{(n)} + \lambda_n \boldsymbol{s}_n, k=0$,返回步骤(2)。

2.10.4 坐标轮换法

坐标轮换法是无约束优化第二类方法中最简单的一种方法。它是每次搜索只允许一个变量变化,其余变量保持不变,即沿坐标轴方向轮流进行搜索的寻求法。它把多变量的优化问题轮流转化成单变量(其余变量视为常量)的优化问题。这个方法虽然计算简单,但收敛速度较慢,尤其在极值附近步长很小,收敛得更慢。随着计算机硬件的发展,现在一般对收敛速度快慢已不太计较了。

以二元函数 $f(\boldsymbol{x})=f(x_1,x_2)$ 为例说明坐标轮换法的求解迭代过程。从初始点 $x_0^{(0)}$ 出发沿第一个坐标 x_1 方向搜索,保持 x_2 不变,改变 x_1,按一维搜索的方法,在 x_1 方向上求得最小点 $x_1^{(0)}$,其迭代公式为 $x_1^{(0)}=x_0^{(0)}+\alpha_1^{(0)}d_1^{(0)}$,$d_1$ 方向即为 x_1 轴方向。然后保持 $x_1=x_1^{(0)}$ 不变而改变 x_2,从点 $x_1^{(0)}$ 出发按一维搜索的方法,沿方向求得最小点,$\boldsymbol{x}^{(0)}=(x_1^{(0)},x_2^{(0)})$,其迭代公式为 $x_2^{(0)}=x_1^{(0)}+\alpha_2^{(0)}d_2^{(0)}$,$d_2$ 方向即为轴 x_2 方向,至此完成第一轮搜索。然后再从 $x_2^{(0)}=x_0^{(1)}$ 出发开始第二轮搜索,找到 $x_1^{(1)}$,$x_2^{(1)}$,如此重复,直到找到最优点 $\boldsymbol{x}^*=(x_1^*,x_2^*)$ 为止。

对于多元函数实际上同二元函数是一样的,只是在每一轮增加相应的维数。如三元函数,在沿 x_1 轴、x_2 轴进行一维搜索的基础上,再增加一个沿 x_3 轴的一维搜索。

对于 n 维函数,第 k 轮沿第 i 个坐标进行搜索,其迭代公式为

$$x_i^{(k)} = x_{i-1}^{(k)} + \alpha_i^{(k)} d_i^{(k)}, \quad k=0,1,\cdots; i=1,2,\cdots,n$$

由上式可知,每一轮沿第 1 个坐标搜索的起始点为 $x_0^{(k)}$。

坐标轮换法的效率较低,一般在维数不是太多时比较适用,而且其收敛速度还受到目标函数等值线(面)的性态影响。

当目标函数的等值线是圆形或椭圆形(多维为圆球或椭球)并且其椭圆长短都与坐标轴平行时,这种方法收敛速度快,并且很有效。如图 2-12(a)所示,两次就可以达到最优点。当目标函数的等值线类似于椭圆,且其长短轴与坐标轴斜交时,用坐标轮换法寻优过程的迭代次数大大增加,搜索速度慢,如图 2-12(b)所示。

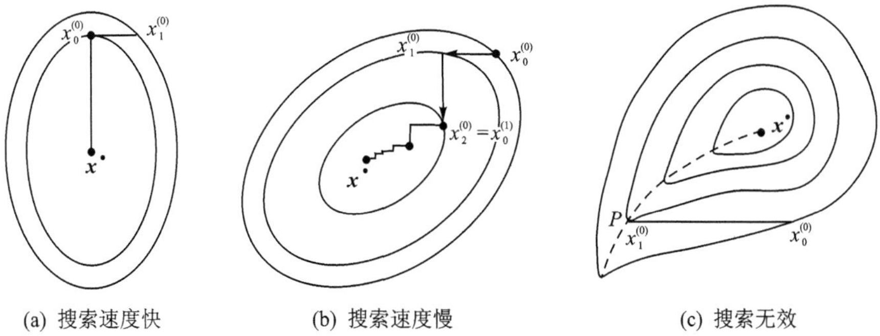

(a) 搜索速度快 (b) 搜索速度慢 (c) 搜索无效

图 2-12 坐标轮换法搜索过程的几种情况

当目标函数的等值线出现与坐标轴斜交“脊线”的情况时，坐标轮换法就完全失去求优的效能，如图 2-12(c)所示。因为坐标轮换法始终沿着坐标轴平行方向搜索，因此一旦达到图中 P 点时沿任何坐标轴移动都无法使目标函数值下降，这时这种方法求解就无效了，应该改用其他方法。

【例 2.11】 利用直接搜索法求解下列函数的最优值

$$f(x_1,x_2)=4x_1^2+x_2^2-40x_1-12x_2+136,\quad 初始点(4,8)^T$$

解：根据直接搜索法的原理，自编相应的函数进行计算。

首先编写函数 opfun9。

```
>> clear;syms x y
>> fun = 4 * x^2 + y^2 - 40 * x - 12 * y + 136;
>> d = 1;alpha = 1;esp = 0.0001; x0 = [4 8];x_syms = [sym(x) sym(y)];
>> minx1,minf] = hooke1(@opfun9,x0',x_syms,d,alpha,esp);       % hooke - Jeeves 方法
>> [minx1,minf] = hooke1(fun,x0',x_syms,d,alpha,esp);
>> minx2,minf] = powell1(@opfun9,fun,x0,x_syms,esp);           % Powell 方法
>> [minx2,minf] = powell1([],fun,x0,x_syms,esp)
>> x0 = {[8 9],[10 9],[8 11]};
>> [minx3,minf] = mycomplex1(@opfun9,[],x0,2,0.000001);        % 单纯形法
>> minx = 5   6                                                 % 极小值
```

从计算结果可以看出，单纯形法的精度较差。

【例 2.12】 利用坐标轮换法求函数

$$f(\boldsymbol{x})=3x_1^2+x_2^2-2x_1x_2+4x_1+3x_2$$

的最小值。

解：根据坐标轮换法的原理，编程计算可得最优解。

```
>> syms s t
>> f = s^2 + 3 * t^2 - 2 * t * s + 4 * t + 3 * s;
>> [x,minf] = minZBLH(f,[-2 6],[0.2 0.2],1.5,[t s],0.0001,0.0001)
x = -1.7501    -3.2500
minf =  -8.3750
```

注：此函数的格式为

```
[x,minf] = minZBLH(f,x0,delta,u,var,eps1,eps2)
```

其中，f 为目标函数，x0 为初始点，u 为收缩系数，delta 为扩张系数，var 为自变量向量，eps1 为步长精度，eps2 为自变量精度。

【例 2.13】 利用 MATLAB 中的相关函数求解下列函数的极小值

$$f(x_1,x_2)=3x_1^2+x_2^2+2x_1x_2$$

解：首先编写目标函数 optifun5。

```
Function [f,g] = optifun5(x)
  f = 3 * x(1)^2 + 2 * x(1) * x(2) + x(2)^2;
  if nargout > 1
      g(1) = 6 * x(1) + 2 * x(2);    % 梯度，可以提高运行的速度和精度
      g(2) = 2 * x(1) + 2 * x(2);
  end
```

然后就可以利用 fminunc 函数进行计算。

```
>> options = optimset('GradObj','on');x0 = [1,1];
>> [x,fval] = fminunc(@optifun5,x0,options);
>> x = 1.0e - 015 * (0.3331  - 0.4441)        % 极小值
```

用本章介绍的各种算法的自编函数也可以得到同样的结果。

习题 2

2.1 设 $f:\mathbf{R}^3\to\mathbf{R}$ 定义为 $f(\boldsymbol{x})=(x_1+3x_2)^2+2(x_1-x_3)^4+(x_2-2x_3)^4$。证明：$\boldsymbol{x}^*=(0,0,0)^{\mathrm{T}}$ 是 $f(\boldsymbol{x})$ 的稳定点，且 $\boldsymbol{x}^*$ 是 $f(\boldsymbol{x})$ 在 $\mathbf{R}^3$ 上的严格全局极小点。

2.2 判别下列函数是否为凸函数？

(1) $f(\boldsymbol{X})=2x_1^2+x_2^2-2x_1x_2+x_1+1$。

(2) $f(\boldsymbol{X})=x_1^2-4x_1x_2+x_2^2+x_1+x_2$。

(3) 设 $f(\boldsymbol{X})=10-2(x_2-x_1^2)^2,S=\{(x_1,x_2)\mid -11\leqslant x_1\leqslant 1,-1\leqslant x_2\leqslant 1\}$。

2.3 试求下列各函数的驻点，并判定它们是极大点、极小点还是鞍点。

(1) $f(\boldsymbol{X})=5x_1^2+12x_1x_2-16x_1x_3+10x_2^2-26x_2x_3+17x_3^2-2x_1-4x_2-6x_3$。

(2) $f(\boldsymbol{X})=x_1^2-4x_1x_2+6x_1x_3+5x_2^2-10x_2x_3+8x_3^2$。

2.4 考虑下列非线性规划

$$\begin{cases}\min\ z=4x_1-3x_2\\ \text{s.t.}\quad 4-x_1-x_2\geqslant 0\\ \qquad\ \ x_2+7\geqslant 0\\ \qquad\ \ -(x_1-3)^2+x_2+1\geqslant 10\end{cases}$$

求满足 KKT 必要条件的点。

2.5 用 0.618 法求解

$$\min f(x)=\mathrm{e}^{-x}+x^2$$

要求最终区间长度 $l\leqslant 0.2$，取最初探索区间为[0,1]。

2.6 分别用牛顿法和阻尼牛顿法求函数 $f(\boldsymbol{x})=x_1^2+4x_2^2+9x_3^2-2x_1+18x_3$ 的极小点。

2.7 利用抛物线法求函数 $f(\boldsymbol{x})=3x^2-2\tan x$ 在[0,1]上的极小点，取容许误差 $\varepsilon=10^{-4},\delta=10^{-5}$。

2.8 利用最速下降法求解问题 $\min f(x)=\dfrac{1}{3}x_1^2+\dfrac{1}{2}x_2^2$，初始点取 $(1,1)^{\mathrm{T}}$。

2.9 (1) 证明向量 $(1,0)^{\mathrm{T}}$ 和 $(3,-2)^{\mathrm{T}}$ 关于矩阵 $\boldsymbol{A}=\begin{bmatrix}2&3\\3&5\end{bmatrix}$ 共轭。

(2) 给定矩阵 $\boldsymbol{A}=\begin{bmatrix}1&2\\2&5\end{bmatrix}$，$\boldsymbol{B}=\begin{bmatrix}1&-1&0\\-1&2&0\\0&0&3\end{bmatrix}$。试关于 $\boldsymbol{A}$ 和 $\boldsymbol{B}$ 各求出一组共轭方向。

2.10 试用共轭梯度法求函数 $f(\boldsymbol{x})=2x_1^2+2x_1x_2+x_2^2+3x_1-4x_2$ 的极小点，初始点取 $(3,4)^{\mathrm{T}}$。

2.11 分别用对称秩 1 方法和 DFP 方法求解函数 $f(\boldsymbol{x})=x_1^2-x_1x_2+x_2^2+2x_1-4x_2$ 的极小点。初始点 $(2,2)^{\mathrm{T}}$，初始矩阵取单位矩阵，并验证每个算法所生成的两个搜索方向关于矩阵 $\boldsymbol{Q}=\begin{bmatrix}2&-1\\-1&2\end{bmatrix}$ 共轭。

2.12 用 BFGS 算法求解函数 $f(\boldsymbol{x})=2x_1^2-2x_1x_2+x_2^2+2x_1-2x_2$ 的极小点。初始点 $(0,0)^{\mathrm{T}}$，$\varepsilon=10^{-3}$。

2.13 用直接搜索法求解函数 $f(\boldsymbol{x})=x_1^2-2x_1x_2+2x_2^2-4x_1$ 的极小点。初始点 $(1,1)^{\mathrm{T}}$，初始步长 $\delta=1,\alpha=1,\beta=1/2$。

2.14 用单纯形搜索法求解函数 $f(\boldsymbol{x})=(x_1-3)^2+(x_2-2)^2+(x_1+x_2-4)^2$ 的极小点，初始单纯形的顶点 $\boldsymbol{x}^{(1)}=\begin{bmatrix}0\\8\end{bmatrix},\boldsymbol{x}^{(2)}=\begin{bmatrix}0\\9\end{bmatrix},\boldsymbol{x}^{(3)}=\begin{bmatrix}1\\9\end{bmatrix}$，因子 $\alpha=1,\gamma=2,\beta=1/2$。

2.15 用 Powell 法求解函数 $f(\boldsymbol{x})=\frac{3}{2}x_1^2+\frac{1}{2}x_2^2-x_1x_2-2x_1$ 的极小点，初始点 $(-2,4)^{\mathrm{T}}$，初始搜索方向 $\boldsymbol{d}^{(1,1)}=\begin{bmatrix}1\\0\end{bmatrix},\boldsymbol{d}^{(1,2)}=\begin{bmatrix}0\\1\end{bmatrix}$。

思考题

1. 设函数 $f(\boldsymbol{x})=\frac{1}{2}\boldsymbol{x}^{\mathrm{T}}\boldsymbol{A}\boldsymbol{x}-\boldsymbol{b}^{\mathrm{T}}\boldsymbol{x}$，其中 $\boldsymbol{A}$ 对称正定，又设 $\boldsymbol{x}_0(\neq\boldsymbol{x}^*)$ 可表示为 $\boldsymbol{x}_0=\boldsymbol{x}^*+\mu\boldsymbol{d}$，其中 $\boldsymbol{x}^*$ 是 $f(\boldsymbol{x})$ 的极小点，$\boldsymbol{d}$ 是 $\boldsymbol{A}$ 的属于特征值 λ 的特征向量。证明：

(1) $\nabla f(\boldsymbol{x})=\mu\lambda\boldsymbol{d}$；

(2) 如果从 $\boldsymbol{x}_0$ 出发，沿最速下降方向作精确的一维搜索，则一步迭代达到极小值 $\boldsymbol{x}^*$。

2. 设函数 $f(x)$ 在 $x^{(1)}$ 与 $x^{(2)}$ 之间存在极小点，又知

$$f_1=f(x^{(1)}),\quad f_2=f(x^{(2)}),\quad f_1'=f'(x^{(1)})$$

作二次插值多项式 $\varphi(x)$，使 $\varphi(x^{(1)})=f_1,\varphi(x^{(2)})=f_2,\varphi'(x^{(1)})=f_1'$，求 $\varphi(x)$ 的极小点。

3. 设目标函数 $f:\mathbf{R}\to\boldsymbol{R}$，一阶导数为 f'，导数下降法(Derivative Descent Search, DDS)是一种比较简单的一维搜索方法，可用于求函数 f 的极小点。其具体步骤为在点 $x^{(k)}$ 处，沿着导数的负方向进行搜索，步长为 $\alpha>0$，即迭代公式为

$$x^{(k+1)}=x^{(k)}-\alpha f'(x^{(k)})$$

假设某目标为一元二次函数 $f(x)=\frac{1}{2}ax^2-bx+cf'(x^{(k)})$，其中 a、b 和 c 为常数，$a>0$。

(1) 写出目标函数 f 极小点 x^* 的表达式。

(2) 针对该目标函数 f，写出 DDS 方法的迭代公式。

(3) 假定 DDS 方法收敛，证明其能收敛到 x^*。

(4) 假定方法收敛，求出其收敛阶数。

(5) 确定步长的取值范围，使得对于任何初始点 $x^{(0)}$，针对该目标函数该方法都收敛。

4. 考虑函数 $f(\boldsymbol{x})=x_1^2+4x_2^2-4x_1-8x_2$，

(1) 画出函数 $f(\boldsymbol{x})$ 的等值线，并求出极小点。

(2) 证明若从 $\boldsymbol{x}^{(1)}=(0,0)^{\mathrm{T}}$ 出发，用最速下降法求极小点 $\boldsymbol{x}^*$，则不能经过有限步迭代达到 $\boldsymbol{x}^*$。

(3) 是否存在 $\boldsymbol{x}^{(1)}$，使得从 $\boldsymbol{x}^{(1)}$ 出发，用最速下降法求 $f(\boldsymbol{x})$ 的极小点，经有限步迭代即收敛？

第 3 章 约束优化方法

在实际优化问题中，其自变量的取值大都要受到一定的限制，这种限制在最优化方法中称为约束条件，相应的优化问题便称为约束优化问题。

约束优化问题的一般形式为

$$\begin{cases} \min f(\boldsymbol{x}), & \boldsymbol{x} \in \mathbf{R}^n \\ \text{s. t.} \quad h_i(\boldsymbol{x})=0, & i=1,2,\cdots,l \\ \qquad g_i(\boldsymbol{x}) \geqslant 0, & i=1,2,\cdots,m \end{cases}$$

式中：f、g_i、h_i 均为实值连续函数，且一般假定具有二阶连续偏导数。

由于约束优化问题的最优解受到约束条件的限制，它不仅与目标函数的性质有关，而且与约束函数的性质也有密切关系。所以，一般来说，目标函数的无约束最优解不一定是它的约束最优解。如图 3－1 所示的目标函数(带阴影线)是凸函数，无阴影线是目标函数的等值线。

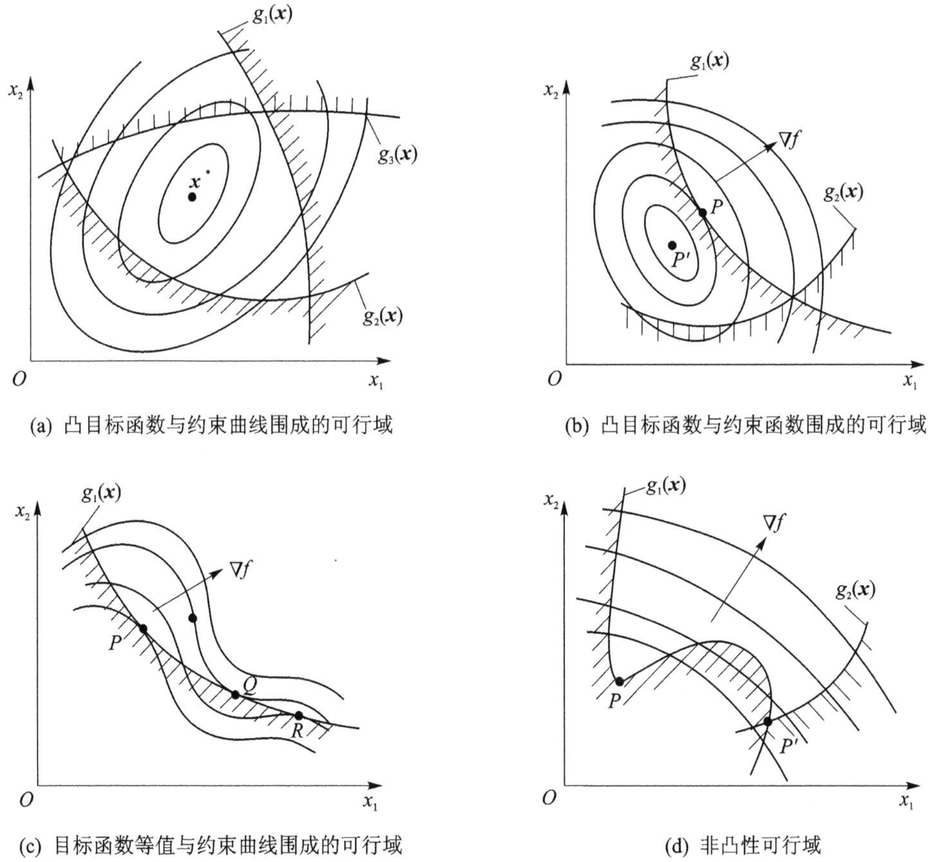

(a) 凸目标函数与约束曲线围成的可行域

(b) 凸目标函数与约束函数围成的可行域

(c) 目标函数等值与约束曲线围成的可行域

(d) 非凸性可行域

图 3－1　约束优化目标函数与约束条件间的关系

图 3－1(a)所示的目标函数是凸函数，三个约束曲线围成的可行域是一个凸集。从图中

可看出，椭圆形等值线族的中点 x^* 是目标函数的极值点，即无约束最优点。因为这个点落在可行域之内，所以它也是约束的最优点。当所有的约束条件对最优点都不起作用时，这些约束条件存在或不存在，其最优点都是 x^* 点，因此可以不考虑约束。

图 3-1(b)所示的目标函数是凸函数，约束函数也是凸函数。目标函数的无约束极值 P' 点落在可行域之外。该点不能满足约束函数，显然它不是约束最优点。目标函数等值线与约束曲线 $g_1(\boldsymbol{x})$ 相切的点 P 才是约束最优点。因为它是满足约束下的目标函数值最小点。这里约束曲线 $g_2(\boldsymbol{x})$ 不起限制作用，只有约束曲线 $g_1(\boldsymbol{x})=0$ 是起作用的约束。

图 3-1(c)所示的目标函数等值线在约束边界处呈弯曲形，有三条不同的等值线与约束曲线分别相切于 P、Q、R 三点，比较这三点，可以确定目标函数值最小的一点 P 是最优点。由此可见，利用等值线与约束曲线相切点来判断是否为最优点，只是一个必要条件，而不是充分条件，也即等值线与约束相切点不一定是最优点。

图 3-1(d)表示由于约束条件形状的原因，使可行域为非凸性集，因而产生了多个局部极值点，对于这种情况，通常通过比较，从中选出一个全局极值点。

综上，由于目标函数和约束函数的非凸性，使约束极值点的数目增多，从而使优化过程复杂化。

约束优化问题的解法较多，但目前尚没有一种对一切问题都普遍有效的算法，而且求得的解多是局部最优解。

在约束优化方法中，根据对约束问题的处理方法不同，也可以分为直接法和间接法。

直接法通常适用于仅含不等式约束问题。它的基本思路是在 m 个不等式约束条件所形成的可行域 D 内，选择一个初始点 $\boldsymbol{x}^{(0)}$，然后决定一个可行搜索方向 $\boldsymbol{d}^{(0)}$，且以适当的步长 α_0，沿 $\boldsymbol{d}^{(0)}$ 方向进行搜索，得到一个使目标函数值下降的可行的新点 $\boldsymbol{x}^{(1)}$，这时即完成了一次迭代计算。再以新点为起点，重复上述搜索过程，满足收敛条件后，迭代终止。

每次迭代计算的公式为

$$\boldsymbol{x}^{(k+1)}=\boldsymbol{x}^{(k)}+\alpha_k\boldsymbol{d}^{(k)}$$

这里的可行搜索方向是指：当最优点沿该方向作微量移动时，目标函数值将下降且不会超出可行域。至于可行搜索方向的确定，不同的算法有不同的确定方法。

直接法常用的有：随机方向法、复合形法、可行方向法、网格法、随机试验法、梯度投影法等。

间接法一般可以用于求解同时存在等式约束和等式约束条件的优化问题。它的基本思路是将一个约束优化问题转换成无约束优化问题。在这类方法中以惩罚法应用最为广泛。

3.1 最优性条件

3.1.1 等式约束问题的最优性条件

对于下面的等式约束问题

$$\begin{cases}\min f(\boldsymbol{x}) \\ \text{s.t.}\quad h_i(\boldsymbol{x})=0,\quad i=1,2,\cdots,l\end{cases} \tag{3-1}$$

为了研究方便，作拉格朗日函数

$$L(\boldsymbol{x},\boldsymbol{\lambda})=f(\boldsymbol{x})-\sum_{i=1}^{l}\lambda_i h_i(\boldsymbol{x})$$

解:由如下的目标函数与约束条件的曲线图(见图 3-2)可知,在 $\boldsymbol{x}^*$ 点起作用的约束有 $g_1(\boldsymbol{x})$和 $g_2(\boldsymbol{x})$。

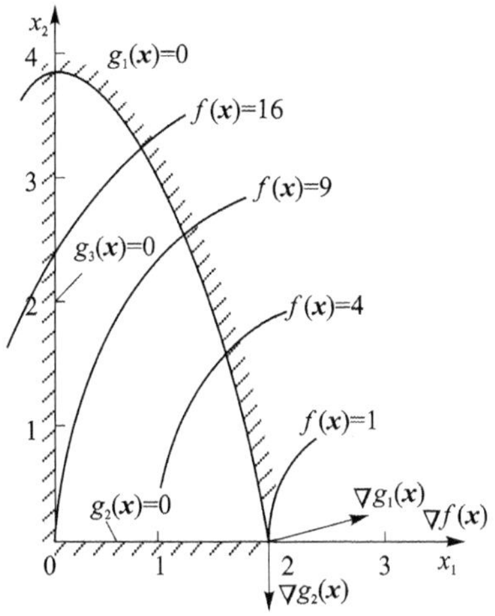

图 3-2　目标函数与约束条件的曲线图

求目标函数和约束函数在 $\boldsymbol{x}^*$ 点的梯度为

$$\nabla f(\boldsymbol{x}^*)=\begin{bmatrix}2(x_1-3)\\2x_1\end{bmatrix}=\begin{bmatrix}-2\\0\end{bmatrix},\quad \nabla g_1(\boldsymbol{x}^*)=\begin{bmatrix}2x_1\\1\end{bmatrix}=\begin{bmatrix}4\\1\end{bmatrix},\quad \nabla g_2(\boldsymbol{x}^*)=\begin{bmatrix}0\\-1\end{bmatrix},$$

利用 KKT 条件,可得

$$\nabla f(\boldsymbol{x}^*)+\lambda_1\nabla g_1(\boldsymbol{x}^*)+\lambda_2\nabla g_2(\boldsymbol{x}^*)=\boldsymbol{0}$$

$$\begin{bmatrix}-2\\0\end{bmatrix}+\lambda_1\begin{bmatrix}4\\1\end{bmatrix}+\lambda_2\begin{bmatrix}0\\-1\end{bmatrix}=\begin{bmatrix}0\\0\end{bmatrix}$$

由上式可以看出,当 $\lambda_1=\lambda_2=0.5$ 时,式子成立,故满足 KKT 条件,即点 $\boldsymbol{x}^*=[2,0]^{\mathrm{T}}$ 确为约束极值点,而且由于本例为凸规划,因此其也为全局极值点。

通过例子的求解过程可以看出应用 KKT 条件来求解约束最优化问题,方法本身是比较简单的,但是求解过程却有很多困难。例如,求解有约束的非线性方程,要确定哪些约束是起作用的,哪些约束是不起作用的。

凸优化问题由下式定义:

对于约束优化问题

$$\begin{cases}\min f(\boldsymbol{x}), & \boldsymbol{x}\in\mathbf{R}^n\\ \text{s.t.}\quad h_i(\boldsymbol{x})=0, & i=1,2,\cdots,l\\ \qquad\ g_i(\boldsymbol{x})\geqslant 0, & i=1,2,\cdots,m\end{cases}$$

若 $f(\boldsymbol{x})$是凸函数,$h_i(\boldsymbol{x})(i=1,2,\cdots,l)$是线性函数,$g_i(\boldsymbol{x})(i=1,2,\cdots,m)$是凹函数(即 $-g_i(\boldsymbol{x})$是凸函数),则上述优化问题称为凸优化问题。

3.2　随机方向法

随机方向法是约束优化问题的一种较为流行的求解方法。它具有的优点如下:① 对目标函数的性质无特殊要求,程序简单,使用方便;② 由于可行搜索方向是从许多随机方向中选择的,是目标函数下降最快的方向,加之步长还可以灵活变动,所以这种算法收敛速度比较快。

若能取得一个较好的初始点，迭代次数可以大大减少。它对求解中小型优化问题十分有效。

1. 随机方向法的基本原理

随机方向法的基本原理如图 3－3 所示。

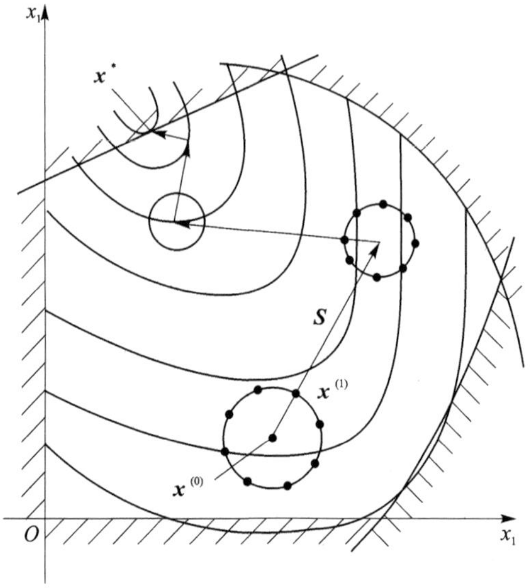

图 3－3 随机方向法的基本原理图

在约束可行域内选取一个初始点 $\boldsymbol{x}^{(0)}$，利用随机数均匀分布的概率特性，产生若干个随机方向，并从中选择一个能使目标函数值下降最快的随机方向作为可行搜索方向，记为 $\boldsymbol{d}$。从初始点 $\boldsymbol{x}^{(0)}$ 出发沿 $\boldsymbol{d}$ 方向以一定的步长进行一维搜索得到新点 $\boldsymbol{x}^{(1)}$，这一新点 $\boldsymbol{x}^{(1)}$ 应满足约束条件 $g_u(\boldsymbol{x}) \leqslant 0(u=1,2,\cdots,m)$，并且满足 $f(\boldsymbol{x}^{(1)})<f(\boldsymbol{x}^{(0)})$。至此完成一次迭代，然后将起始点移到 $\boldsymbol{x}^{(1)}$，重复以上迭代计算过程，最终取得最优解。

方法中的初始点 $\boldsymbol{x}^{(0)}$ 必须是一个可行点，即满足全部不等式约束条件的点。当人工不易选择可行初始点时，可用随机选择的方法来产生。

在随机方向法中，产生可行搜索的方向是从 $k(k>n)$ 个随机方向中选取一个较好的方向。其步骤如下：

(1) 在$[-1,1]$区间上产生伪随机数 $r_i^j(i=1,2,\cdots,n;j=1,2,\cdots,k)$，$i$ 是优化问题的维数，j 是随机数的个数或随机方向的个数，按下式计算随机单位向量 $\boldsymbol{e}^j$，即

$$\boldsymbol{e}^j=\frac{1}{\left[\sum\limits_{i=1}^{n}(r_i^j)^2\right]^{\frac{1}{2}}}\begin{bmatrix} r_1^j \\ r_2^j \\ \vdots \\ r_n^j \end{bmatrix}, \quad j=1,2,\cdots,k$$

这个单位向量 $\boldsymbol{e}^j$ 的任意一个分量为

$$e_i^j=\frac{r_i^j}{\left[\sum\limits_{i=1}^{n}(r_i^j)^2\right]^{\frac{1}{2}}}, \quad j=1,2,\cdots,k$$

(2) 取一试验步长 α_0，按下式计算 k 个随机点，即

$$\boldsymbol{x}^{(j)}=\boldsymbol{x}^{(0)}+\alpha_0\boldsymbol{e}^j, \quad j=1,2,\cdots,k$$

显然，k 个随机点分布在以初始点 $\boldsymbol{x}^{(0)}$ 为中心、试验步长 α_0 为半径的球面上。

(3) 检验 k 个随机点 $\boldsymbol{x}^j(j=1,2,\cdots,k)$ 是否为可行点，并计算可行随机点的目标函数，比较其大小，选取目标函数值最小点 $\boldsymbol{x}^{(L)}$。

(4) 比较 $\boldsymbol{x}^{(L)}$ 和 $\boldsymbol{x}^{(0)}$ 两点的目标函数值，若 $f(\boldsymbol{x}^{(L)})<f(\boldsymbol{x}^{(0)})$，则取 $\boldsymbol{x}^{(L)}$ 和 $\boldsymbol{x}^{(0)}$ 连线方向作为可行搜索方向；若 $f(\boldsymbol{x}^{(L)})>f(\boldsymbol{x}^{(0)})$，则将步长 α_0 缩小转到步骤(1)，重新计算，直到 $f(\boldsymbol{x}^{(L)})<f(\boldsymbol{x}^{(0)})$。如果 α_0 缩到很小(例 $\alpha_0\leqslant10^{-6}$ 或 10^{-5}，根据需求而定)，仍然找不到一个 $\boldsymbol{x}^{(L)}$，使 $f(\boldsymbol{x}^{(L)})<f(\boldsymbol{x}^{(0)})$，则说明 $\boldsymbol{x}^{(0)}$ 是一个局部最小点。此时就可更换初始点，转到步骤(1)。

总之，产生可行搜索方向的条件可概括为，$\boldsymbol{x}^{(0)}$ 应满足

$$\begin{cases} \boldsymbol{g}_u(\boldsymbol{x}^{(L)})\leqslant 0, & u=1,2,\cdots,m \\ f(\boldsymbol{x}^{(L)})=\min\{f(\boldsymbol{x}^{(j)})\}, & j=1,2,\cdots,k \\ f(\boldsymbol{x}^{(L)})<f(\boldsymbol{x}^{(0)}) \end{cases}$$

则可行搜索方向为 $\boldsymbol{d}=\boldsymbol{x}^{(L)}-\boldsymbol{x}^{(0)}$。

当初始点 $\boldsymbol{x}^{(0)}$ 及可行搜索方向 $\boldsymbol{d}$ 确定后，从 $\boldsymbol{x}^{(0)}$ 点出发沿方向 $\boldsymbol{d}$ 进行搜索的所用的步长 α 一般按加速步长法确定，即依次迭代的步长(按一定比例递增的方法)，各次迭代的步长为

$$\alpha_{k+1}=\tau\alpha_k$$

式中：$\tau(\tau>1)$ 为步长的加速系数，可取 1.3；α 为步长，初始步长取 α_0。

随机方向法的计算步骤如下：

(1) 选择一个可行的初始点 $\boldsymbol{x}^{(0)}$。

(2) 产生 k 个 n 维随机单位向量 $\boldsymbol{e}^j(j=1,2,\cdots,k)$。

(3) 取试验步长 α_0，计算 k 个随机点

$$\boldsymbol{x}^{(j)}=\boldsymbol{x}^{(0)}+\alpha_0\boldsymbol{e}^j,\quad j=1,2,\cdots,k$$

(4) 在 k 个随机点中，找出满足需求的随机点 $\boldsymbol{x}^{(L)}$，产生可行搜索方向

$$\boldsymbol{d}=\boldsymbol{x}^{(L)}-\boldsymbol{x}^{(0)}$$

(5) 从初始点出发 $\boldsymbol{x}^{(0)}$，沿可行搜索方向 $\boldsymbol{d}$ 以步长 α 进行迭代计算，直到搜索到一个满足全部约束条件，且目标函数值不再下降的新点 $\boldsymbol{x}$。

(6) 若收敛条件 $|f(\boldsymbol{x})-f(\boldsymbol{x}^{(0)})|\leqslant\varepsilon_1$ 或 $|\boldsymbol{x}-\boldsymbol{x}^{(0)}|\leqslant\varepsilon_2$ 得到满足，则迭代终止。约束最优解为 $\boldsymbol{x}^*=\boldsymbol{x}$，$f(\boldsymbol{x}^*)=f(\boldsymbol{x})$，否则令 $\boldsymbol{x}^{(0)}\leftarrow\boldsymbol{x}$ 转到步骤(2)。

3.3 罚函数法

罚函数法的基本思想是：根据约束条件的特点，将其转化为某种惩罚函数并增加到目标函数中去，从而将约束优化问题转化为一系列的无约束优化问题来求解。通过求解一系列无约束最优化问题来得到约束优化问题的最优解，这类方法称为序列无约束极小化方法(Sequential Unconstrained Minimization Technique，SUMT)，简称 SUMT 法，它包括外罚函数法、内点法和乘子法。

3.3.1 外罚函数法

考虑

$$\begin{cases} \min f(\boldsymbol{x}), & \boldsymbol{x}\in\mathbf{R}^n \\ \text{s.t.}\quad h_i(\boldsymbol{x})=0, & i\in\varepsilon=1,2,\cdots,l \\ \qquad g_i(\boldsymbol{x})\geqslant 0, & i\in I=1,2,\cdots,m \end{cases}$$

记可行域 $D=\{x\in\mathbf{R}^n \mid h_i(x)=0(i\in\varepsilon),g_i(x)\geqslant 0(i\in I)\}$，构造罚函数

$$\overline{P}(x)=\sum_{i=1}^{l}h_i^2(x)+\sum_{i=1}^{m}[\min\{0,g_i(x)\}]^2$$

罚函数 $\overline{P}(x)$ 应满足：

(1) $\overline{P}(x)$ 是连续的；

(2) 对任意 $x\in\mathbf{R}^n$，有 $\overline{P}(x)\geqslant 0$；

(3) 当且仅当 $x\in D$ 时，$\overline{P}(x)=0$，

和增广目标函数

$$P(x,\sigma)=f(x)+\sigma\overline{P}(x)$$

式中：$\sigma>0$ 为罚参数或罚因子。

很明显，当 $x\in D$ 时，即 x 为可行点时，$P(x,\sigma)=f(x)$，此时目标函数没有受到额外的惩罚；而当 $x\notin D$ 时，即 x 为不可行点时，$P(x,\sigma)>f(x)$，此时目标函数受到了额外的惩罚，σ 越大，受到的惩罚越重。当 σ 充分大时，要使 $P(x,\sigma)$ 达到极小，罚函数 $\overline{P}(x)$ 应充分小，从而 $P(x,\sigma)$ 的极小点充分逼近可行域 D，而其极小值自然充分逼近 $f(x)$ 在 D 上的极小值，这样求解一般约束优化问题(3-3)就可以转化为求解一系列无约束的优化问题，即

$$\min P(x,\sigma_k)=f(x)+\sigma_k\overline{P}(x) \tag{3-6}$$

式中：σ_k 为正数序列且 $\sigma_k\to+\infty$。

外罚函数法的计算步骤如下：

(1) 给定初始点 $x^{(0)}\in\mathbf{R}^n$，终止误差 $0\leqslant\varepsilon\ll 1$，$\sigma_1>0$，$\gamma>1$，令 $k=1$。

(2) 以 $x^{(k-1)}$ 为初始点求解问题(3-6)，得极小点 $x^{(k)}$。

(3) 若 $\sigma_k\overline{P}(x^{(k)})\leqslant\varepsilon$，则停止计算，输出 $x\approx x^{(k)}$ 作为原问题的近似极小点；否则，转步骤(4)。

(4) 令 $\sigma_{k+1}=\gamma\sigma_k$，$k=k+1$，转步骤(2)。

算法中 $\gamma\in[2,50]$，常取 $\gamma\in[4,10]$。

设算法产生序列 $\{x^{(k)}\}$ 和 $\{\sigma_k\}$，x^* 是约束优化问题(3-3)的全局极小点。若 $x^{(k)}$ 为无约束问题(3-6)的全局极小点，并且罚参数 $\sigma_k\to+\infty$，则 $\{x^{(k)}\}$ 的任一聚点 x^{∞} 都是问题(3-3)的全局极小点，即算法是收敛的。

外罚函数法应注意以下关键问题：

(1) 初始点 $x^{(0)}$ 的选择。外罚函数法的初始点 $x^{(0)}$ 可以任意选择，无论初始点是选在可行域内还是可行域外，其函数 $\varphi(x,M^{(k)})$ 的极值点均在约束可行域外。这样，当惩罚因子增大倍数不是太大时，可用前一次求得的无约束极值点 $x^*(M^{(k-1)})$ 作为下一次求 $\min\varphi(x,M^{(k)})$ 的初始点 $x^{(0)}$，这对于加快搜索速度是有益的。

(2) 初始惩罚因子 $M^{(0)}$ 的选择。惩罚因子选择是否适当，对于顺利使用外罚函数法求解约束优化问题是有一定影响的。如果一开始就选择相当大的 $M^{(0)}$ 值，则会使函数 $\varphi(x,M^{(0)})$ 的等值线形状变形或偏心，造成求函数 $\varphi(x,M^{(0)})$ 的极值很困难。因此在这种情况下，任何微小步长误差和搜索方向的移动，都会使计算过程很不稳定，甚至找不到最优点。若初值 $M^{(0)}$ 取得过小，虽然可以使求极值点变得容易一些，但由于只有当 $M^{(0)}$ 趋于相当大值时才能达到约束边界，因此会增加计算时间。许多经验表明，取 $M^{(0)}=1$ 常常可以取得满意结果，有时也可按下面的经验公式来计算 $M^{(0)}$ 值，即

$$\begin{cases}M^{(0)}=\max\{M_u^{(0)}\}\\ M_u^{(0)}=\dfrac{0.02}{mg_u(x^{(0)})f(x^{(0)})}\end{cases},\quad u=1,2,\cdots$$

(3) 惩罚因子的递增系数 C 的选取。在外罚函数中，惩罚因子 $M^{(k)}$ 是一个逐次递增数列，相邻两次迭代的惩罚因子的关系为

$$M^{(k+1)}=CM^{(k)},\quad k=0,1,2,\cdots$$

式中：C 称为惩罚因子的递增系数，$C>1$，一般对算法的成败和速度影响不太显著。通常可根据目标函数的性质，在试算过程中适当调整，并且可取 $C=5\sim10$。

(4) 终止条件。在外罚函数法中判断无约束极值点 $\boldsymbol{x}^*(M^{(k)})$ 是否为最优点 $\boldsymbol{x}^*$，主要看 $\boldsymbol{x}^*(M^{(k)})$ 点离约束面的距离。

若 $\boldsymbol{x}^*(M^{(k)})$ 点处于约束边界上，则 $\boldsymbol{g}_u(\boldsymbol{x}^*(M^{(k)}))=0(u=1,2,\cdots,m)$，但这时要求迭代次数 $k\to\infty$，需要花费大量的计算时间。因此，通常规定一精度值 $\varepsilon_1=10^{-3}\sim10^{-4}$，只要 $\boldsymbol{x}^*(M^{(k)})$ 满足

$$Q=\max\{\boldsymbol{g}_u(\boldsymbol{x}^*(M^{(k)}))\}\leqslant\varepsilon_1,\quad u=1,2,\cdots,m$$

条件就认为已经达到了约束边界；另外，再用靠近约束面附近条件极值点移动距离 $\|\boldsymbol{x}^*(M^{(k-1)})-\boldsymbol{x}^*(M^{(k)})\|\leqslant\varepsilon_2$ 来判断。

(5) 约束容差。当用外罚函数法求解约束优化问题的最优解时，由于惩罚函数的无约束最优点列 $\boldsymbol{x}^*(M^{(0)}),\boldsymbol{x}^*(M^{(1)}),\cdots,\boldsymbol{x}^*(M^{(k)})$ 是从可行域外部向约束最优点逼近的，即 $\lim\limits_{k\to\infty}\boldsymbol{x}^*(M^{(k)})=\boldsymbol{x}^*$。所以按(4)的两个终止准则来结束计算过程，只能取得一个很接近于可行域的非可行方案。当要求严格满足不等式约束条件（如强度、刚度等性能约束）时，为了最终能得一个可行的最优方案，必须在约束边界的可行域一侧加一条容差带，即新定义的约束为

$$g_u(\boldsymbol{x})=g(\boldsymbol{x})+\delta\leqslant0,\quad u=1,2,\cdots,m$$

如图 3-4 所示，这样可以用新的约束函数构成的惩罚函数，求原约束问题的极小化，取得最优方案 $\boldsymbol{x}^*$，可以使原不等式约束条件能严格满足 $g_u(\boldsymbol{x}^*)<0$。当然 δ 值不宜选取过大，以免所得结果与最优点相差过远。一般取 $\delta=10^{-3}\sim10^{-4}$。

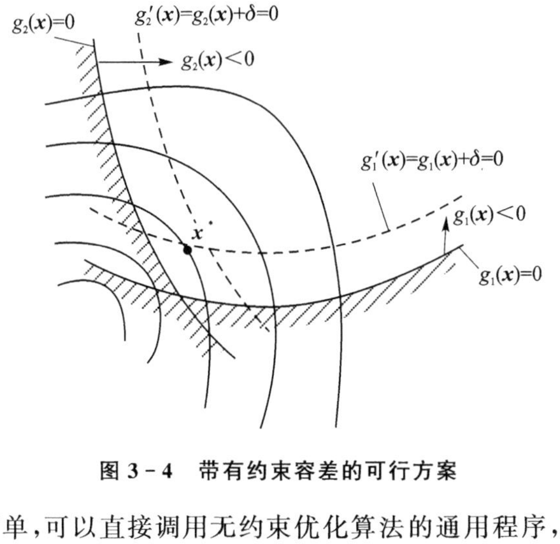

图 3-4　带有约束容差的可行方案

外罚函数法算法简单，可以直接调用无约束优化算法的通用程序，因而容易编程实现，但也存在缺点：① $\boldsymbol{x}^{(k)}$ 往往不是可行点，这对于某些实际问题是难以接受的；② 罚参数 σ_k 的选取比较困难；③ $\overline{P}(\boldsymbol{x})$ 一般是不可微的，因而难以直接使用导数的优化算法，从而收敛速度缓慢。

3.3.2 内点法

1. 不等式约束优化问题的内点法

内点法一般只适用于不等式约束优化问题，如下：

$$\begin{cases}\min\ f(\boldsymbol{x}), & \boldsymbol{x}\in\mathbf{R}^n\\ \text{s.t.}\quad g_i(\boldsymbol{x})\geqslant 0, & i=1,2,\cdots,m\end{cases}\tag{3-7}$$

记可行域 $D=\{\boldsymbol{x}\in\mathbf{R}^n\mid g_i(\boldsymbol{x})\geqslant 0,i=1,2,\cdots,m\}$。

内点法的迭代过程始终在可行域内进行，为此把初始点取在可行域内，并在可行域的边界上设置一道“障碍”，使迭代点靠近边界点时，给出的新的目标函数值迅速增大，这样使迭代点始终留在可行域内。因此，内点法也称内罚函数法或障碍函数法，它只用于可行域的内点集非空的情况，即

$$D_0=\{\boldsymbol{x}\in\mathbf{R}^n\mid g_i(\boldsymbol{x})>0,i=1,2,\cdots,m\}\neq\varnothing$$

与外罚函数法类似，需要构造如下的增广目标函数

$$H(\boldsymbol{x},\tau)=f(\boldsymbol{x})+\tau\overline{H}(\boldsymbol{x})$$

式中：$\tau>0$ 为罚参数或罚因子；$\overline{H}(\boldsymbol{x})$为障碍函数。

$H(\boldsymbol{x},\tau)$应具有如下的特征：在可行域的内部与边界较远的地方，与目标函数尽可能相近，而在接近边界时可以取任意大的值。或者说 $\overline{H}(\boldsymbol{x})$需要满足这样的性质：当 $\boldsymbol{x}$ 在 D_0 趋向于边界时，至少有一个 $g_i(\boldsymbol{x})$趋向于 0，而 $\overline{H}(\boldsymbol{x})$要趋向于无穷大。

通常有两种方法选取 $\overline{H}(\boldsymbol{x})$，一种是倒数障碍函数，即

$$\overline{H}(\boldsymbol{x})=\sum_{i=1}^{m}\frac{1}{g_i(\boldsymbol{x})}$$

另一种是对数障碍函数，即

$$\overline{H}(\boldsymbol{x})=-\sum_{i=1}^{m}\ln[g_i(\boldsymbol{x})]$$

与外罚函数法类似，将求解不等式约束优化问题(3-7)转化为求解序列无约束优化问题

$$\min\ H(\boldsymbol{x},\tau_k)=f(\boldsymbol{x})+\tau_k\overline{H}(\boldsymbol{x})\tag{3-8}$$

式中：$\tau_k\to 0$。

一般来说，采用对数形式的障碍函数的收敛速度比采用倒数形式的快，因此，实际中通常采用对数形式的障碍函数。

内点法的计算步骤如下：

(1) 给定初始点 $\boldsymbol{x}^{(0)}\in D_0$，终止误差 $0\leqslant\varepsilon\ll 1$，$\tau_1>0$，$\rho\in(0,1)$，令 $k=1$。

(2) 以 $\boldsymbol{x}^{(k-1)}$为初始点求解问题(3-8)，得极小点 $\boldsymbol{x}^{(k)}$。

(3) 若 $\tau_k\overline{H}(\boldsymbol{x}^{(k)})\leqslant\varepsilon$，则停止计算，输出 $\boldsymbol{x}\approx\boldsymbol{x}^{(k)}$ 作为原问题的近似极小点；否则，转步骤(4)。

(4) 令 $\tau_{k+1}=\rho\tau_k$，$k=k+1$，转步骤(2)。

内点惩罚函数法应注意以下关键问题：

(1) 初始点 $\boldsymbol{x}^{(0)}$ 的选择。使用内点法时，初始点 $\boldsymbol{x}^{(0)}$ 应选择一个离约束边界较远的可行点。若 $\boldsymbol{x}^{(0)}$ 太靠近某一约束边界，则构造的罚函数可能由于障碍项的数值很大而使求解无约束优化问题发生困难。一般在编程时应同时具有人工输入和自动生成初始点的两种功能，由使用者自己选择。

(2) 惩罚因子初值 $r^{(0)}$。惩罚因子的初值 $r^{(0)}$ 应适当，否则会影响迭代计算的正常进行。

一般来说，$r^{(0)}$太大，会增加迭代次数；$r^{(0)}$太小，会使惩罚函数的性态变坏，甚至难以收敛到极值点。由于所研究问题的函数多样性，使得$r^{(0)}$的取值无一定有效的方法。对于不同的问题，都要经过多次计算，才能决定一个适当的$r^{(0)}$值。下面的方法可作为试算的参考。

① 取1，取$r^{(0)}=1$，根据试算的结果，再决定增加或减少$r^{(0)}$的值。

② 按下面的经验公式计算$r^{(0)}$的值

$$r^{(0)}=\left|\frac{f(\boldsymbol{x}^{(0)})}{\sum_{u=1}^{m}g_u(\boldsymbol{x}^{(0)})}\right|$$

式中：g_u为不等式约束函数。这样选取的$r^{(0)}$，可以使惩罚函数的障碍项和原目标函数的值大致相等，不会因障碍项的太大而起支配作用，也不会因障碍项的值太小而被忽略。

(3) 惩罚因子的缩减系数c的选取。在构造序列惩罚函数，惩罚因子r是一个逐渐到0数列，相邻两次迭代的惩罚因子的关系为

$$r^{(k)}=cr^{(k-1)},\quad k=1,2,\cdots$$

式中：c称为惩罚因子的缩减系数，是小于1的正数，一般认为，c值的大小在迭代过程中不起决定性的作用，通常的取值范围在0.1～0.7之间。

(4) 终止条件。内点法终止条件为

$$\begin{cases}\|x^*(r^{(k)})-x^*(r^{(k-1)})\|\leqslant\varepsilon_1\\ \left\|\dfrac{\varphi(\boldsymbol{x}^*(r^{(k)}),r^{(k)})-\varphi(\boldsymbol{x}^*(r^{(k-1)}),r^{(k-1)})}{\varphi(\boldsymbol{x}^*,r^{(k-1)})}\right\|\leqslant\varepsilon_2\end{cases}$$

第一式说明两次迭代无约束极小点已充分接近；第二式说明相邻两次迭代的惩罚函数的值相对变化量充分小，满足上述两迭代终止条件说明无约束极小点$\boldsymbol{x}^*(r^{(k)})$已逼近原问题的约束最优点，迭代即可终止。原问题的最优解为

$$\boldsymbol{x}^*=\boldsymbol{x}^*(r^{(k)}),\quad f(\boldsymbol{x}^*)=f(\boldsymbol{x}^*(r^{(k)}))$$

内点法算法简单，适应性强，但随着迭代过程的进行，罚参数将变得越来越小，趋向于0，使得增广目标函数的病态性越来越严重，这给无约束子问题的求解带来了数值实现上的困难，以致迭代的失败。此外，要求初始点$\boldsymbol{x}_0$是一个严格的可行点也是比较麻烦的，甚至是困难的。

内点法也是收敛的，即设算法产生序列$\{\boldsymbol{x}^{(k)}\}$和$\{\tau_k\}$，$\boldsymbol{x}^*$是约束优化问题(3-7)的全局极小点。若$\boldsymbol{x}^{(k)}$为$H(\boldsymbol{x},\tau_k)$的全局极小点，并且$\tau_k\to0$，则$\{\boldsymbol{x}^{(k)}\}$的任一聚点$\bar{\boldsymbol{x}}$都是问题(3-7)的全局极小点。

2. 一般约束问题的内点法

对于一般约束优化问题(3-3)，考虑到外罚函数法和内点法的优点和缺点，采用混合罚函数法，即对于等式约束利用"外罚函数"的思想，而对于不等式约束则利用"障碍函数"的思想，构造出混合增广目标函数

$$H(\boldsymbol{x},\mu)=f(\boldsymbol{x})+\frac{1}{2\mu}\sum_{i=1}^{l}h_i^2(\boldsymbol{x})+\mu\sum_{i=1}^{m}\frac{1}{g_i(\boldsymbol{x})}$$

或

$$H(\boldsymbol{x},\mu)=f(\boldsymbol{x})+\frac{1}{2\mu}\sum_{i=1}^{l}h_i^2(\boldsymbol{x})-\mu\sum_{i=1}^{m}\ln[g_i(\boldsymbol{x})]$$

于是可以类似于内点法或外罚函数法的算法框架建立相应的算法，但选取初始点仍是一个困难的问题。

另一种途径是引入松弛变量y_i，$i=1,2,\cdots,m$，将问题等价地转化为

$$\begin{cases}\min f(\boldsymbol{x}), & \boldsymbol{x}\in\mathbf{R}^n\\ \text{s.t.}\quad h_i(\boldsymbol{x})=0, & i=1,2,\cdots,l\\ \qquad g_i(\boldsymbol{x})-y_i=0, & i=1,2,\cdots,m\\ \qquad y_i\geqslant 0, & i=1,2,\cdots,m\end{cases}\tag{3-9}$$

然后构造等价问题(3-9)的混合增广目标函数

$$\psi(\boldsymbol{x},\boldsymbol{y},\mu)=f(\boldsymbol{x})+\frac{1}{2\mu}\sum_{i=1}^{l}h_i^2(\boldsymbol{x})+\frac{1}{2\mu}\sum_{i=1}^{m}[g_i(\boldsymbol{x})-y_i]^2+\mu\sum_{i=1}^{m}\frac{1}{y_i}$$

或

$$\psi(\boldsymbol{x},\boldsymbol{y},\mu)=f(\boldsymbol{x})+\frac{1}{2\mu}\sum_{i=1}^{l}h_i^2(\boldsymbol{x})+\frac{1}{2\mu}\sum_{i=1}^{m}[g_i(\boldsymbol{x})-y_i]^2-\mu\sum_{i=1}^{m}\ln y_i$$

在此基础上,就可以建立相应的求解算法。此时,任意的 $\boldsymbol{x},\boldsymbol{y}(\boldsymbol{y}>\boldsymbol{0})$ 均可以作为一个合适的初始点来启动相应的迭代算法。

【例 3.2】 用罚函数法求下列各函数的极小值:

(1) $\begin{cases}\min f(x)=(x_1-3)^2+(x_2-2)^2\\ \text{s.t.}\quad g(x)=x_1+x_2-4\leqslant 0\end{cases}$

(2) $\begin{cases}\min f(x)=\frac{1}{3}(x_1+1)^3+x_2\\ \text{s.t.}\quad g_1(x)=x_1-1\geqslant 0\\ \qquad g_2(x)=x_2\geqslant 0\end{cases}$

(3) $\begin{cases}\min f(x)=x_1^2+x_2^2\\ \text{s.t.}\quad g_1(x)=2x_1+x_2-2\leqslant 0\\ \qquad g_2(x)=-x_1+1\leqslant 0\end{cases}$

解:根据罚函数的原理,自编 sumt1 函数进行计算。此函数有两种求解形式。

(1)

```
>> clear
>> syms x y m
phi = (x-3)^2 + (y-2)^2 + m*(x+y-4)^2; fun = (x-3)^2 + (y-2)^2;
Pphi = m*(x+y-4)^2;                                  %约束函数
x_syms = [sym(x) sym(y)];
esp = 0.0001;x0 = [1 1];
[xmin,minf] = sumt1(fun,phi,Pphi,x0,x_syms,esp,'Of');
[xmin,minf] = sumt1(fun,phi,Pphi,x0,x_syms,esp,'Oj');
>> xmin = 2.5000   1.5000                            %极小值
```

(2)

```
>> clear
>> syms x y m
esp = 0.0001;x0 = [2 2]; type = 'Ij';
phi = (x+1)^3/3 + y + m*(1/(x-1) + 1/y); fun = (x+1)^3/3 + y;
Pphi = m*(1/(x-1) + 1/y);x_syms = [sym(x) sym(y)];
[xmin2,minf2] = sumt1(fun,phi,Pphi,x0,x_syms,esp,type);
>> xmin = 1   0                                      %极小值
```

(3)

```
>> clear
>> syms x y m
esp = 0.0001;x0 = [1 1];x_syms = [sym(x) sym(y)];
fun = x^2 + y^2;phi = x^2 + y^2 + m*((2*x+y-2)^2 + (-x+1)^2);
```

```
Pphi = m * ((2 * x + y - 2)^2 + ( - x + 1)^2);
[xmin3,minf3] = sumt1(fun,phi,Pphi,x0,x_syms,esp,'Oj');
[xmin3,minf3] = sumt1(fun,phi,Pphi,x0,x_syms,esp,'Of');
>> xmin = 1.0000    0           % 极小值
```

【例 3.3】 用外点法与内点法的混合惩罚法求下列优化问题：

$$\begin{cases}\min\ f(x)=x_1^2-x_1x_2+1\\ \text{s.t.}\quad x_1^2+x_2^2\geqslant 15\\ \qquad 2x_1+3x_2-20=0\\ \qquad x_1,x_2\geqslant 0\end{cases}$$

解：编写混合法函数 minMixfun 进行求解。

```
>> syms t s
>> f = s^2 - s * t + 1;
>> g = [s^2 + t^2 - 15;s;t];h = [2 * s + 3 * t - 20];
>> [x,minf] = minMixfun(f,g,h,[3 3],2,0.5,[s t]);
x = [ 2.0000 5.3333]  minf = - 5.6667
```

此函数的格式如下：

```
[x,minf] = minMixfun(f,g,h,x0,r0,c,var,eps)
```

其中，f 为目标函数，g 为不等式约束，h 为等式约束，x0 为初始点，r0 为罚因子，c 为缩小系数，var 为自变量向量，eps 为精度。

3.3.3 乘子法

乘子法是 Powell 和 Hestenes 于 1969 年针对等式约束优化问题同时独立提出的一种优化算法，后推广到求解不等式约束优化问题，其基本思想是从原问题的拉格朗日函数出发，再加上适当的罚函数，从而将原问题转化为求解一系列的无约束优化子问题。它主要是为了克服罚函数法中随着算法的进行，增广目标函数的病态会越来越严重，使无约束优化方法的计算难以进行下去的缺点。

1. 等式约束问题的乘子法

对于等式约束优化问题

$$\begin{cases}\min\ f(\boldsymbol{x})\\ \text{s.t.}\quad h_i(\boldsymbol{x})=0,\quad i=1,2,\cdots,l\end{cases}\tag{3-10}$$

其拉格朗日函数为

$$L(\boldsymbol{x},\boldsymbol{\lambda})=f(\boldsymbol{x})-\boldsymbol{\lambda}^{\mathrm{T}}\boldsymbol{h}(\boldsymbol{x})$$

式中：$\boldsymbol{h}(\boldsymbol{x})=(h_1(\boldsymbol{x}),h_2(\boldsymbol{x}),\cdots,h_l(\boldsymbol{x}))^{\mathrm{T}}$；$\boldsymbol{\lambda}=(\lambda_1,\lambda_2,\cdots,\lambda_l)^{\mathrm{T}}$ 为乘子向量。

设$(\boldsymbol{x}^*,\boldsymbol{\lambda}^*)$是问题(3-10)的 KKT 对，则由最优性条件有

$$\nabla_x L(\boldsymbol{x}^*,\boldsymbol{\lambda}^*)=0,\quad \nabla_\lambda L(\boldsymbol{x}^*,\boldsymbol{\lambda}^*)=-h(\boldsymbol{x}^*)=0$$

此外，不难发现，对于任意的 $\boldsymbol{x}\in D$，有

$$L(\boldsymbol{x}^*,\boldsymbol{\lambda}^*)=f(\boldsymbol{x}^*)\leqslant f(\boldsymbol{x})=f(\boldsymbol{x})-(\boldsymbol{\lambda}^*)^{\mathrm{T}}\boldsymbol{h}(\boldsymbol{x})=L(\boldsymbol{x},\boldsymbol{\lambda}^*)$$

上式表明，若乘子向量已知，则问题(3-10)可等价转化为

$$\begin{cases}\min\ L(\boldsymbol{x},\boldsymbol{\lambda}^*),\quad \boldsymbol{x}\in\mathbf{R}^n\\ \text{s.t.}\quad \boldsymbol{h}(\boldsymbol{x})=0\end{cases}\tag{3-11}$$

用外罚函数法求解问题(3-11),便可写出增广目标函数

$$\psi(\boldsymbol{x},\boldsymbol{\lambda}^*,\sigma)=L(\boldsymbol{x},\boldsymbol{\lambda}^*)+\frac{\sigma}{2}\|\boldsymbol{h}(\boldsymbol{x})\|^2$$

上式中乘子向量 $\boldsymbol{\lambda}^*$ 事先并不知道,故可考虑下面的增广目标函数

$$\psi(\boldsymbol{x},\boldsymbol{\lambda}^*,\sigma)=L(\boldsymbol{x},\boldsymbol{\lambda}^*)+\frac{\sigma}{2}\|\boldsymbol{h}(\boldsymbol{x})\|^2$$

$$=f(\boldsymbol{x})-\boldsymbol{\lambda}^{\mathrm{T}}\boldsymbol{h}(\boldsymbol{x})+\frac{\sigma}{2}\|\boldsymbol{h}(\boldsymbol{x})\|^2$$

首先固定一个 $\boldsymbol{\lambda}=\overline{\boldsymbol{\lambda}}$,求 $\psi(\boldsymbol{x},\boldsymbol{\lambda}^*,\sigma)$ 的极小点 $\overline{\boldsymbol{x}}$,然后再适当改变 $\boldsymbol{\lambda}$ 的值,求新的 $\overline{\boldsymbol{x}}$,直至达到满足要求的 $\boldsymbol{x}^*$ 和 $\boldsymbol{\lambda}^*$ 为止。具体来说,在第 k 次迭代求无约束子问题 $\min\psi(\boldsymbol{x},\boldsymbol{\lambda}_k,\sigma)$ 的极小点 $\boldsymbol{x}^{(k)}$ 时,由取极值的必要条件可知

$$\nabla_x\psi(\boldsymbol{x}^{(k)},\boldsymbol{\lambda}_k,\sigma)=\nabla f(\boldsymbol{x}^{(k)})-\nabla h(\boldsymbol{x}^{(k)})[\boldsymbol{\lambda}_k-\sigma\boldsymbol{h}(\boldsymbol{x}^{(k)})]=0$$

而在原问题的 KKT 对$(\boldsymbol{x}^*,\boldsymbol{\lambda}^*)$处,有

$$\nabla f(\boldsymbol{x}^*)-\nabla h(\boldsymbol{x}^*)\lambda^*=0,\quad \boldsymbol{h}(\boldsymbol{x}^*)=\boldsymbol{0}$$

因为希望$\{\boldsymbol{x}^{(k)}\}\to\boldsymbol{x}^*$,$\{\boldsymbol{\lambda}_k\}\to\boldsymbol{\lambda}^*$,所以比较上面两式,可取乘子序列$\{\boldsymbol{\lambda}_k\}$的更新公式为

$$\boldsymbol{\lambda}_{k+1}=\boldsymbol{\lambda}_k-\sigma\boldsymbol{h}(\boldsymbol{x}^{(k)})\tag{3-12}$$

由式(3-12)可以看出$\{\boldsymbol{\lambda}_k\}$收敛的充分必要条件为$\{\boldsymbol{h}(\boldsymbol{x}^{(k)})\}\to\boldsymbol{0}$。

根据以上讨论,可得出乘子算法的步骤,如下:

(1) 给定初始点 $\boldsymbol{x}^{(0)}\in\mathbf{R}^n$,$\boldsymbol{\lambda}_1\in\mathbf{R}^l$,终止误差 $0\leqslant\varepsilon\ll1$,$\sigma_1>0$,$\theta\in(0,1)$,$\eta>1$,令 $k=1$。

(2) 以 $\boldsymbol{x}^{(k-1)}$ 为初始点求解下面无约束子问题,得极小点 $\boldsymbol{x}^{(k)}$,即

$$\min\psi(\boldsymbol{x},\boldsymbol{\lambda}_k,\sigma_k)=f(\boldsymbol{x})-\boldsymbol{\lambda}_k^{\mathrm{T}}\boldsymbol{h}(\boldsymbol{x})+\frac{\sigma_k}{2}\|\boldsymbol{h}(\boldsymbol{x})\|^2$$

(3) 若$\|\boldsymbol{h}(\boldsymbol{x}^{(k)})\|\leqslant\varepsilon$,则停止计算,输出 $\boldsymbol{x}^*\approx\boldsymbol{x}^{(k)}$ 作为原问题的近似极小点;否则,转步骤(4)。

(4) 令 $\boldsymbol{\lambda}_{k+1}=\boldsymbol{\lambda}_k-\sigma\boldsymbol{h}(x^{(k)})$。

(5) 若$\|\boldsymbol{h}(\boldsymbol{x}^{(k)})\|\geqslant\theta\|\boldsymbol{h}(\boldsymbol{x}^{(k-1)})\|$,则令 $\sigma_{k+1}=\eta\sigma_k$;否则,$\sigma_{k+1}=\sigma_k$。

(6) 令 $k=k+1$,转步骤(2)。

2. 一般约束问题的乘子法

对于一般约束优化问题(3-3),乘子法的基本思想是先引进辅助变量把不等式约束转化为等式约束,然后再利用最优性条件消去辅助变量。

此时,增广拉格朗日函数为

$$\psi(\boldsymbol{x},\boldsymbol{\mu},\boldsymbol{\lambda},\sigma)=f(\boldsymbol{x})-\sum_{i=1}^{l}\mu_ih_i(\boldsymbol{x})+\frac{\sigma}{2}\sum_{i=1}^{l}h_i^2(\boldsymbol{x})+\frac{1}{2\sigma}\sum_{i=1}^{m}\{[\min\{0,\sigma g_i(\boldsymbol{x})-\lambda_i\}]^2-\lambda_i^2\}$$

乘子迭代公式为

$$(\boldsymbol{\mu}_{k+1})_i=(\boldsymbol{\mu}_k)_i-\sigma h_i(\boldsymbol{x}^{(k)}),\quad i=1,2,\cdots,l$$

$$(\boldsymbol{\lambda}_{k+1})_i=\max\{0,(\boldsymbol{\lambda}_k)_i-\sigma g_i(\boldsymbol{x}^{(k)})\},\quad i=1,2,\cdots,m$$

令

$$\beta_k=\left\{\sum_{i=1}^{l}h_i^2(\boldsymbol{x}^{(k)})+\sum_{i=1}^{m}\left[\min\left\{g_i(\boldsymbol{x}^{(k)}),\frac{(\boldsymbol{\lambda}_k)_i}{\sigma}\right\}\right]^2\right\}^{1/2}$$

则终止准则为 $\beta_k\leqslant\varepsilon$。

从而可写出一般约束优化问题乘子法的计算步骤,如下:

(1) 给定初始点 $\boldsymbol{x}^{(0)}\in\mathbf{R}^n$,$\boldsymbol{\lambda}_1\in\mathbf{R}^m$,$\boldsymbol{\mu}_1\in\mathbf{R}^l$,终止误差 $0\leqslant\varepsilon\ll1$,$\sigma_1>0$,$\theta\in(0,1)$,$\eta>1$,令

$k=1$。

(2) 以 $\boldsymbol{x}^{(k-1)}$ 为初始点求解下面无约束子问题，得极小点 $\boldsymbol{x}^{(k)}$，即

$$\min \psi(\boldsymbol{x},\boldsymbol{\mu}_k,\boldsymbol{\lambda}_k,\sigma_k)=f(\boldsymbol{x})-\sum_{i=1}^{l}(\mu_k)_i h_i(\boldsymbol{x})+\frac{\sigma_k}{2}\sum_{i=1}^{l}h_i^2(\boldsymbol{x})+$$
$$\frac{1}{2\sigma_k}\sum_{i=1}^{m}\left\{[\min\{0,\sigma_k g_i(\boldsymbol{x})-(\lambda_k)_i\}]^2-(\lambda_k)_i^2\right\}$$

(3) 若 $\beta_k\leqslant\varepsilon$，则停止计算，输出 $\boldsymbol{x}^*\approx\boldsymbol{x}^{(k)}$ 作为原问题的近似极小点；否则，转步骤(4)。

(4) 更新乘子算子

$$(\boldsymbol{\mu}_{k+1})_i=(\boldsymbol{\mu}_k)_i-\sigma_k h_i(\boldsymbol{x}^{(k)}),\quad i=1,2,\cdots,l$$
$$(\boldsymbol{\lambda}_{k+1})_i=\max\{0,(\boldsymbol{\lambda}_k)_i-\sigma_k g_i(\boldsymbol{x}^{(k)})\},\quad i=1,2,\cdots,m$$

(5) 若 $\beta_k\geqslant\theta\beta_{k-1}$，则令 $\sigma_{k+1}=\eta\sigma_k$；否则，$\sigma_{k+1}=\sigma_k$。

(6) 令 $k=k+1$，转步骤(2)。

【例 3.4】 利用乘子法求解下列约束优化问题：

$$\begin{cases}\min f(x)=-3x_1^2-x_2^2-2x_3^2\\ \text{s. t.}\quad x_1^2+x_2^2+x_3^2=3\\ \qquad\quad x_2\geqslant x_1\\ \qquad\quad x_1\geqslant 0\end{cases}$$

解：根据乘子法 PHR 算法的原理，自编 PHR1 函数进行计算。

首先编写优化函数 opfun11、线性约束函数 ophfun1 及非线性约束函数 opgfun1(见习题中的相应文档)。

```
>> clear
>> syms x y z
phi = - 3 * x^2 - y^2 - 2 * z^2;hphi = x^2 + y^2 + z^2 - 3;gphi = [y - x;x];
x_syms = [sym(x) sym(y) sym(z)];x0 = [0 0 0];esp = 0.0001;
>> [xmin,minf] = PHR1(@opfun11,@ophfun1,@opgfun1,phi,hphi,gphi,x0,x_syms,esp);
>> xmin = 1.2247   1.2247   0                              %极小值
```

3.4 可行方向法

可行方向法是一类直接处理约束优化问题的方法，其基本思想是：要求每一步迭代产生的搜索方向不仅对目标函数而言是下降的，而且对约束函数来说是可行方向，即在给定一可行点 $\boldsymbol{x}^{(k)}$ 后，用某种方法确定一个改进的可行方向 $\boldsymbol{d}_k$，然后沿方向 $\boldsymbol{d}_k$ 求解一个有约束的线搜索问题，得极小点 $\boldsymbol{\lambda}_k$，令 $\boldsymbol{x}^{(k+1)}=\boldsymbol{x}^{(k)}+\boldsymbol{\lambda}_k\boldsymbol{d}_k$，如果 $\boldsymbol{x}^{(k+1)}$ 还不是最优解，则重复上述步骤。

可行方向法大体上有三类，它们的主要区别是选择可行方向的策略不同，如下：

(1) 用求解一个线性规划问题来确定 $\boldsymbol{d}_k$，如 Zoutendijk 方法和 Frank - Wolfe 方法等。

(2) 利用投影矩阵来直接构造一个改进的可行方向 $\boldsymbol{d}_k$，如 Rosen 的梯度投影法和 Rosen - Polak 方法等。

(3) 利用既约梯度，直接构造一个改进的可行方向 $\boldsymbol{d}_k$，如 Wolfe 的既约梯度法及其各种改进凸单纯形法等。

3.4.1 Zoutendijk 可行方向法

1. 线性约束下的可行方向法

考虑下面的线性优化问题

$$\begin{cases}\min f(\boldsymbol{x}), & x \in \mathbf{R}^n \\ \text{s. t.} & \boldsymbol{A x} \geqslant \boldsymbol{b} \\ & \boldsymbol{E x}=\boldsymbol{e}\end{cases} \tag{3-13}$$

式中:$f(\boldsymbol{x})$连续可微;$\boldsymbol{A}$ 为 $m \times n$ 矩阵;$\boldsymbol{E}$ 为 $l \times n$ 矩阵;$\boldsymbol{b} \in \mathbf{R}^m$;$\boldsymbol{e} \in \mathbf{R}^l$,即问题(3-13)有 m 个线性不等式约束和 l 个线性等式约束。

设 $\overline{\boldsymbol{x}}$ 是问题(3-13)的一个可行点,且在 $\overline{\boldsymbol{x}}$ 处有 $\boldsymbol{A}_1 \overline{\boldsymbol{x}}=\boldsymbol{b}_1, \boldsymbol{A}_2 \overline{\boldsymbol{x}}>\boldsymbol{b}_2$,其中,

$$\boldsymbol{A}=\begin{pmatrix}\boldsymbol{A}_1 \\ \boldsymbol{A}_2\end{pmatrix}, \quad \boldsymbol{b}=\begin{pmatrix}\boldsymbol{b}_1 \\ \boldsymbol{b}_2\end{pmatrix}$$

则 $\boldsymbol{d} \in \mathbf{R}^n$ 是点 $\overline{\boldsymbol{x}}$ 处的下降可行方向的充分必要条件是

$$\boldsymbol{A}_1 \boldsymbol{d} \geqslant 0, \quad \boldsymbol{E d}=0, \quad \nabla f(\overline{\boldsymbol{x}})^{\mathrm{T}} \boldsymbol{d}<0$$

据此可知,要寻找问题(3-13)的可行点 $\overline{\boldsymbol{x}}$ 处的一个下降可行方向 $\boldsymbol{d}$ 或者 KKT 点,可以通过求解下述线性规划问题得到:

$$\begin{cases}\min \nabla f(\overline{\boldsymbol{x}})^{\mathrm{T}} \boldsymbol{d} \\ \text{s. t.} \quad \boldsymbol{A}_1 \boldsymbol{d} \geqslant \mathbf{0} \\ \qquad \boldsymbol{E d}=\mathbf{0} \\ \qquad -1 \leqslant d_i \leqslant 1, \quad i=1,2, \cdots, n\end{cases}$$

式中:$\boldsymbol{d}=(d_1, d_2, \cdots, d_n)^{\mathrm{T}}$。

从而可写出求解问题(3-13)的可行方向法的计算步骤如下:

(1) 给定初始可行点 $\boldsymbol{x}^{(0)} \in \mathbf{R}^n$,终止误差 $0<\varepsilon_1, \varepsilon_2 \ll 1$,令 $k=1$。

(2) 在 $\boldsymbol{x}^{(k)}$ 处,将不等式约束分为有效约束和非有效约束,即

$$\boldsymbol{A}_1 \boldsymbol{x}^{(k)}=\boldsymbol{b}_1, \quad \boldsymbol{A}_2 \boldsymbol{x}^{(k)}>\boldsymbol{b}_2$$

式中:$\boldsymbol{A}=\begin{pmatrix}\boldsymbol{A}_1 \\ \boldsymbol{A}_2\end{pmatrix}$;$\boldsymbol{b}=\begin{pmatrix}\boldsymbol{b}_1 \\ \boldsymbol{b}_2\end{pmatrix}$。

(3) 若 $\boldsymbol{x}^{(k)}$ 是可行域的一个内点(此时问题(3-13)中没有等式约束,即 $\boldsymbol{E}=\mathbf{0}$ 且 $\boldsymbol{A}_1=\mathbf{0}$)且 $\|\nabla f(\boldsymbol{x}^{(k)})\|<\varepsilon_1$,则停止计算,输出 $\boldsymbol{x}^{(k)}$ 作为原问题的近似极小点;否则,若 $\boldsymbol{x}^{(k)}$ 是可行域的一个内点但 $\|\nabla f(\boldsymbol{x}^{(k)})\| \geqslant \varepsilon_1$,则取搜索方向 $\boldsymbol{d}_k=-\nabla f(\boldsymbol{x}^{(k)})$,转步骤(6)(即用目标函数的负梯度方向作为搜索方向再求步长,此时类似于无约束优化问题)。若 $\boldsymbol{x}^{(k)}$ 不是可行域的一个内点,则转步骤(4)。

(4) 求解线性规划问题:

$$\begin{cases}\min z=\nabla f(\boldsymbol{x}^{(k)})^{\mathrm{T}} \boldsymbol{d} \\ \text{s. t.} \quad \boldsymbol{A}_1 \boldsymbol{d} \geqslant \mathbf{0} \\ \qquad \boldsymbol{E d}=\mathbf{0} \\ \qquad -1 \leqslant d_i \leqslant 1, \quad i=1,2, \cdots, n\end{cases}$$

式中:$\boldsymbol{d}=(d_1, d_2, \cdots, d_n)^{\mathrm{T}}$,得最优解和最优值分别为 $\boldsymbol{d}_k$ 和 z_k。

(5) 若 $|z_k|<\varepsilon_2$,则停止计算,输出 $\boldsymbol{x}^{(k)}$ 作为原问题的极小点;否则,以 $\boldsymbol{d}_k$ 作为搜索方向,转步骤(6)。

(6) 首先由下式计算 $\bar{\alpha}$，即

$$\bar{\alpha}=\begin{cases}\min\left\{\dfrac{\bar{\boldsymbol{b}}_i}{\bar{\boldsymbol{d}}_i}=\dfrac{(\boldsymbol{b}_2-\boldsymbol{A}_2\boldsymbol{x}^{(k)})_i}{(\boldsymbol{A}_2\boldsymbol{d}_k)_i}\ \middle|\ \bar{\boldsymbol{d}}_i<0\right\}, & \bar{\boldsymbol{d}}\ngeq 0\\ \infty, & \boldsymbol{d}\geqslant 0\end{cases}$$

式中：$\bar{\boldsymbol{b}}_i$、$\bar{\boldsymbol{d}}_i$ 分别为向量 $\bar{\boldsymbol{b}}$、$\bar{\boldsymbol{d}}$ 的第 i 个分量。

然后求解一维搜索问题得最优解 α_k。

$$\begin{cases}\min\ f(\boldsymbol{x}^{(k)}+\alpha\boldsymbol{d}_k)\\ \text{s.t.}\quad 0\leqslant\alpha\leqslant\bar{\alpha}\end{cases}$$

(7) 令 $\boldsymbol{x}^{(k+1)}=\boldsymbol{x}^{(k)}+\alpha_k\boldsymbol{d}_k$，$k=k+1$，转步骤(2)。

2. 非线性约束下的可行方向法

考虑下面的非线性约束优化问题：

$$\begin{cases}\min\ f(\boldsymbol{x}),\quad \boldsymbol{x}\in\mathbf{R}^n\\ \text{s.t.}\quad g_i(\boldsymbol{x})\geqslant 0,\quad i=1,2,\cdots,m\end{cases}\tag{3-14}$$

式中：$f(\boldsymbol{x})$和 $g_i(\boldsymbol{x})(i=1,2,\cdots,m)$都是连续可微的函数。

设 $\bar{\boldsymbol{x}}$ 是问题(3-14)的一个可行点，指标集 $I(\bar{\boldsymbol{x}})=\{i\mid g_i(\bar{\boldsymbol{x}})=0\}$，$f(\boldsymbol{x})$和 $g_i(\boldsymbol{x})(i\in I(\bar{\boldsymbol{x}}))$在 $\bar{\boldsymbol{x}}$ 处可微，$g_i(\boldsymbol{x})(i\notin I(\bar{\boldsymbol{x}}))$在 $\bar{\boldsymbol{x}}$ 处连续，若

$$\nabla f(\bar{\boldsymbol{x}})^{\mathrm{T}}\boldsymbol{d}<0,\quad \nabla g_i(\bar{\boldsymbol{x}})^{\mathrm{T}}\boldsymbol{d}\geqslant 0,\quad i\in I(\bar{\boldsymbol{x}})$$

则 $\boldsymbol{d}$ 是问题(3-14)在 $\bar{\boldsymbol{x}}$ 处的下降可行方向。

据此可知在问题(3-14)中引入辅助变量后，等价于下面的线性不等式组求 $\boldsymbol{d}$ 和 z。

$$\begin{cases}\nabla f(\bar{\boldsymbol{x}})^{\mathrm{T}}\boldsymbol{d}\leqslant z\\ -\nabla g_i(\bar{\boldsymbol{x}})^{\mathrm{T}}\boldsymbol{d}\leqslant z,\quad i\in I(\bar{\boldsymbol{x}})\\ z\leqslant 0\end{cases}\tag{3-15}$$

满足式(3-15)的下降方向 $\boldsymbol{d}$ 和数 z 一般有很多个，所以一般将式(3-15)转化为以 z 为目标函数的线性规划问题：

$$\begin{cases}\min\ z\\ \text{s.t.}\quad \nabla f(\bar{\boldsymbol{x}})^{\mathrm{T}}\boldsymbol{d}\leqslant z\\ \qquad -\nabla g_i(\bar{\boldsymbol{x}})^{\mathrm{T}}\boldsymbol{d}\leqslant z,\quad i\in I(\bar{\boldsymbol{x}})\\ \qquad -1\leqslant d_i\leqslant 1,\quad i=1,2,\cdots,n\end{cases}\tag{3-16}$$

式中：$\boldsymbol{d}=(d_1,d_2,\cdots,d_n)^{\mathrm{T}}$。

设问题(3-16)的最优解为 $\bar{\boldsymbol{d}}$，最优值为 $\bar{z}$，那么，若 $\bar{z}<0$，则 $\bar{\boldsymbol{d}}$ 是问题(3-14)在 $\bar{\boldsymbol{x}}$ 处的下降可行方向；否则，若 $\bar{z}=0$，$\bar{\boldsymbol{x}}$ 是问题(3-14)的可行点，指标集 $I(\bar{\boldsymbol{x}})=\{i\mid g_i(\bar{\boldsymbol{x}})=0\}$，则 $\bar{\boldsymbol{x}}$ 是问题(3-14)的 Fritz-John 点。

据此，可写出求解问题(3-14)的可行方向法的计算步骤，如下：

(1) 给定初始可行点 $\boldsymbol{x}^{(0)}\in\mathbf{R}^n$，终止误差 $0<\varepsilon_1,\varepsilon_2\ll 1$，令 $k=1$。

(2) 确定 $\boldsymbol{x}^{(k)}$ 处的有效约束指标集 $I(\boldsymbol{x}^{(k)})$，即

$$I(\boldsymbol{x}^{(k)})=\{i\mid g_i(\boldsymbol{x}^{(k)})=0\}$$

若 $I(\boldsymbol{x}^{(k)})=\varnothing$，且 $\|\nabla f(\boldsymbol{x}^{(k)})\|<\varepsilon_1$，则停止计算，输出 $\boldsymbol{x}^{(k)}$ 作为原问题的近似极小点；否则，若 $I(\boldsymbol{x}^{(k)})=\varnothing$，但 $\|\nabla f(\boldsymbol{x}^{(k)})\|\geqslant\varepsilon_1$，则取搜索方向 $\boldsymbol{d}_k=-\nabla f(\boldsymbol{x}^{(k)})$，转步骤(5)；反之，若 $I(\boldsymbol{x}^{(k)})\neq\varnothing$，则转步骤(3)。

(3) 求解线性规划问题：

$$\begin{cases}\min z \\ \text{s. t.} \quad \nabla f(\boldsymbol{x}^{(k)})^{\mathrm{T}} d \leqslant z \\ \qquad -\nabla g_i(\boldsymbol{x}^{(k)})^{\mathrm{T}} \boldsymbol{d} \leqslant z, \quad i \in I(\boldsymbol{x}^{(k)}) \\ \qquad -1 \leqslant d_i \leqslant 1, \qquad i = 1,2,\cdots,n\end{cases}$$

式中：$\boldsymbol{d}=(d_1,d_2,\cdots,d_n)^{\mathrm{T}}$，得最优解和最优值分别为 $\boldsymbol{d}_k$ 和 z_k。

(4) 若 $|z_k|<\varepsilon_2$，则停止计算，输出 $\boldsymbol{x}^{(k)}$ 作为原问题的极小点；否则，以 $\boldsymbol{d}_k$ 作为搜索方向，转步骤(5)。

(5) 首先由下式计算 $\bar{\alpha}$，即

$$\bar{\alpha} = \sup\{\alpha \mid g_i(\boldsymbol{x}^{(k)} + \alpha \boldsymbol{d}_k) \geqslant 0, \quad i = 1,2,\cdots,m\}$$

然后求解一维线搜索问题得最优解 α_k，即

$$\begin{cases}\min f(\boldsymbol{x}^{(k)} + \alpha \boldsymbol{d}_k) \\ \text{s. t.} \quad 0 \leqslant \alpha \leqslant \bar{\alpha}\end{cases}$$

(6) 令 $\boldsymbol{x}^{(k+1)} = \boldsymbol{x}^{(k)} + \alpha_k \boldsymbol{d}_k$，$k=k+1$，转步骤(2)。

上述的可行方向法可能会出现“锯齿现象”，使得收敛速度很慢，甚至不收敛于 K－T 点，此时就需要进行修正。

【例 3.5】 利用 Zoutendijk 方法求解下列函数的极值：

$$(1)\begin{cases}\min f(x) = 2x_1^2 + 2x_2^2 - 2x_1x_2 - 4x_1 - 6x_2 \\ \text{s. t.} \quad x_1 + x_2 \leqslant 2 \\ \qquad x_1 + 5x_2 \leqslant 5 \\ \qquad x_1, x_2 \geqslant 0\end{cases}$$

$$(2)\begin{cases}\min f(x) = x_1^2 + 2x_2^2 - 2x_1^2x_2^2 \\ \text{s. t.} \quad -x_1x_2 - x_1^2 - x_2^2 + 2 \geqslant 0 \\ \qquad x_1, x_2 \geqslant 0\end{cases}$$

解：根据 Zoutendijk 方法的原理，自编 zoutendijk1 函数进行计算。

此函数分别求解线性约束及非线性约束情况。下面分别举例说明。

(1) 线性约束

```
>> clear
>> syms x y
fun = 2 * x^2 + 2 * y^2 - 2 * x * y - 4 * x - 6 * y;x_syms = [sym(x) sym(y)];
A = [-1 -1;-1 -5;1 0;0 1];b = [-2;-5;0;0];x0 = [0 0];esp1 = 0.0001;esp2 = 0.0001;
[xmin,minf] = zoutendijk1(fun,A,b,[],x0,x_syms,esp1,esp2,1);
>> xmin = 1.1290   0.7742          %极小值
```

(2) 非线性约束

```
>> clear
syms x y
fun = x^2 + 2 * y^2 - 2 * x^2 * y^2;gfun = [-x * y - x^2 - y^2 + 2;x;y];
x0 = [0 0];esp1 = 0.0001;esp2 = 0.0001;x_syms = [sym(x) sym(y)];
[xmin,minf] = zoutendijk1(fun,[],[],gfun,x0,x_syms,esp1,esp2,2);
>> xmin = 0     0
```

3.4.2 梯度投影法

对于无约束优化问题，任取一点，若其梯度不为 0，则沿负梯度方向前进，总可以找到一个新的使目标函数值下降的点，这就是梯度法。对于约束优化问题，如果再沿负梯度方向前进，可能是不可行的，因此需要将负梯度方向投影到可行方向上去，也即当迭代点 $\boldsymbol{x}^{(k)}$ 是可行域 D 的内点时，取 $\boldsymbol{d}_k=-\nabla f(\boldsymbol{x}^{(k)})$ 作为搜索方向；否则，当 $\boldsymbol{x}^{(k)}$ 是可行域 D 的边界点时，取 $-\nabla f(\boldsymbol{x}^{(k)})$ 在这些边界面交集上的投影作为搜索方向，这就是梯度投影法的基本思想，它是由 Roesn 于 1962 年针对线性约束优化问题提出的一种优化算法。

梯度投影法的理论基础

投影矩阵 $\boldsymbol{P}\in\mathbf{R}^{n\times n}$ 应满足

$$\boldsymbol{P}=\boldsymbol{P}^{\mathrm{T}},\quad \boldsymbol{P}^2=\boldsymbol{P}$$

且具有以下的基本性质：

(1) $\boldsymbol{P}$ 是半正定的；

(2) $\boldsymbol{I}-\boldsymbol{P}$ 也是投影矩阵，其中 $\boldsymbol{I}$ 为单位矩阵；

(3) 设 $\boldsymbol{Q}=\boldsymbol{I}-\boldsymbol{P}$，则

$$\boldsymbol{L}=\{\boldsymbol{y}\mid \boldsymbol{P}\boldsymbol{x}\mid \boldsymbol{x}\in\mathbf{R}^n\},\quad \boldsymbol{L}^{\perp}=\{\boldsymbol{z}\mid \boldsymbol{Q}\boldsymbol{x}\mid \boldsymbol{x}\in\mathbf{R}^n\}$$

是互相正交的线性子空间，并且对于任意的 $\boldsymbol{x}\in\mathbf{R}^n$ 可唯一地表示为

$$\boldsymbol{x}=\boldsymbol{y}+\boldsymbol{z},\quad \boldsymbol{y}\in\boldsymbol{L},\quad \boldsymbol{z}\in\boldsymbol{L}^{\perp}$$

对于线性约束的优化问题

$$\begin{cases}\min f(\boldsymbol{x}), & \boldsymbol{x}\in\mathbf{R}^n\\ \text{s.t.} & \boldsymbol{A}\boldsymbol{x}\geqslant\boldsymbol{b}\\ & \boldsymbol{E}\boldsymbol{x}=\boldsymbol{e}\end{cases}\tag{3-17}$$

式中：$f(\boldsymbol{x})$连续可微；$\boldsymbol{A}$ 为 $m\times n$ 矩阵；$\boldsymbol{E}$ 为 $l\times n$ 矩阵；$\boldsymbol{b}\in\mathbf{R}^m$；$\boldsymbol{e}\in\mathbf{R}^l$；其可行域为 $D=\{\boldsymbol{x}\in\mathbf{R}^n\mid\boldsymbol{A}\boldsymbol{x}\geqslant\boldsymbol{b},\boldsymbol{E}\boldsymbol{x}=\boldsymbol{e}\}$。

设 $\bar{\boldsymbol{x}}$ 是问题(3-17)的一个可行点，且满足 $\boldsymbol{A}_1\bar{\boldsymbol{x}}=\boldsymbol{b}_1$，$\boldsymbol{A}_2\bar{\boldsymbol{x}}>\boldsymbol{b}_2$，其中，

$$\boldsymbol{A}=\begin{pmatrix}\boldsymbol{A}_1\\ \boldsymbol{A}_2\end{pmatrix},\quad \boldsymbol{b}=\begin{pmatrix}\boldsymbol{b}_1\\ \boldsymbol{b}_2\end{pmatrix}$$

又设

$$\boldsymbol{M}=\begin{pmatrix}\boldsymbol{A}_1\\ \boldsymbol{E}\end{pmatrix}$$

是行满秩矩阵，$\boldsymbol{P}=\boldsymbol{I}-\boldsymbol{M}^{\mathrm{T}}(\boldsymbol{M}\boldsymbol{M}^{\mathrm{T}})^{-1}\boldsymbol{M}$，$\boldsymbol{P}\nabla f(\bar{\boldsymbol{x}})\neq 0$，若取 $\boldsymbol{d}=-\boldsymbol{P}\nabla f(\bar{\boldsymbol{x}})$，则 $\boldsymbol{d}$ 是点 $\bar{\boldsymbol{x}}$ 处的一个下降可行方向。

如果 $\boldsymbol{P}\nabla f(\bar{\boldsymbol{x}})=0$，令 $\boldsymbol{\omega}=(\boldsymbol{M}\boldsymbol{M}^{\mathrm{T}})^{-1}M\nabla f(\bar{\boldsymbol{x}})=\begin{pmatrix}\boldsymbol{\lambda}\\ \boldsymbol{\mu}\end{pmatrix}$，其中 $\boldsymbol{\lambda}$ 和 $\boldsymbol{\mu}$ 分别对应于 $\boldsymbol{A}_1$ 和 $\boldsymbol{E}$，则

(1) 如果 $\boldsymbol{\lambda}\geqslant\boldsymbol{0}$，那么 $\bar{\boldsymbol{x}}$ 是问题(3-16)的 KKT 点；

(2) 如果 $\boldsymbol{\lambda}\ngeqslant\boldsymbol{0}$，不妨设 $\lambda_j<0$，那么先从 $\boldsymbol{A}_1$ 中去掉 λ_j 所对应的行，得到新矩阵$\tilde{\boldsymbol{A}}_1$，然后令

$$\tilde{\boldsymbol{M}}=\begin{pmatrix}\tilde{\boldsymbol{A}}_1\\ \boldsymbol{E}\end{pmatrix},\quad \tilde{\boldsymbol{P}}=\boldsymbol{I}-\tilde{\boldsymbol{M}}^{\mathrm{T}}(\tilde{\boldsymbol{M}}\tilde{\boldsymbol{M}}^{\mathrm{T}})^{-1}\tilde{\boldsymbol{M}},\quad \boldsymbol{d}=-\tilde{\boldsymbol{P}}\nabla f(\bar{\boldsymbol{x}})$$

则 $\boldsymbol{d}$ 是点 $\bar{\boldsymbol{x}}$ 处的一个下降可行方向。

根据以上分析，可以给出 Rosen 梯度投影法的计算步骤，如下：

(1) 给定初始可行点 $\boldsymbol{x}^{(0)} \in \mathbf{R}^n$，令 $k=0$。

(2) 在 $\boldsymbol{x}^{(k)}$ 处确定有效约束和非有效约束

$$\boldsymbol{A}_1\boldsymbol{x}^{(k)} = \boldsymbol{b}_1, \quad \boldsymbol{A}_2\boldsymbol{x}^{(k)} > \boldsymbol{b}_2$$

其中，$\boldsymbol{A}=\begin{pmatrix}\boldsymbol{A}_1\\ \boldsymbol{A}_2\end{pmatrix}$，$\boldsymbol{b}=\begin{pmatrix}\boldsymbol{b}_1\\ \boldsymbol{b}_2\end{pmatrix}$。

(3) 令

$$\boldsymbol{M}=\begin{pmatrix}\boldsymbol{A}_1\\ \boldsymbol{E}\end{pmatrix}$$

若 $\boldsymbol{M}$ 是空的，则令 $\boldsymbol{P}=\boldsymbol{I}$；否则，令 $\boldsymbol{P}=\boldsymbol{I}-\boldsymbol{M}^{\mathrm{T}}(\boldsymbol{M}\boldsymbol{M}^{\mathrm{T}})^{-1}\boldsymbol{M}$。

(4) 计算 $\boldsymbol{d}_k=-\widetilde{\boldsymbol{P}}\nabla f(\boldsymbol{x}^{(k)})$。若 $\|\boldsymbol{d}_k\|\neq 0$，则转步骤(6)；否则，转步骤(5)。

(5) 计算

$$\boldsymbol{\omega}=(\boldsymbol{M}\boldsymbol{M}^{\mathrm{T}})^{-1}\boldsymbol{M}\nabla f(\boldsymbol{x}^{(k)})=\begin{pmatrix}\boldsymbol{\lambda}\\ \boldsymbol{\mu}\end{pmatrix}$$

若 $\boldsymbol{\lambda}\geqslant\mathbf{0}$，则停止计算，输出 $\boldsymbol{x}^{(k)}$ 为 KKT 点；否则，选取 $\boldsymbol{\lambda}$ 的某个负分量，如 $\lambda_j<0$，修正矩阵 $\boldsymbol{A}_1$，即去掉 $\boldsymbol{A}_1$ 中对应于 λ_j 的行，转步骤(3)。

(6) 求解下面一维搜索问题，确定步长因子

$$\begin{cases}\min f(\boldsymbol{x}^{(k)}+\alpha\boldsymbol{d}_k)\\ \text{s.t.}\quad 0\leqslant\alpha\leqslant\bar{\alpha}\end{cases}$$

其中，$\bar{\alpha}$ 由下式确定

$$\bar{\alpha}=\begin{cases}\min\left\{\dfrac{(\boldsymbol{b}_2-\boldsymbol{A}_2\boldsymbol{x}^{(k)})_i}{(\boldsymbol{A}_2\boldsymbol{d}_k)_i}\,\middle|\,(A_2\boldsymbol{d}_k)_i<0\right\}, & \boldsymbol{A}_2\boldsymbol{d}_k\ngeqslant 0\\ +\infty, & \boldsymbol{A}_2\boldsymbol{d}_k\geqslant 0\end{cases}$$

(7) 令 $\boldsymbol{x}^{(k+1)}=\boldsymbol{x}^{(k)}+\alpha_k\boldsymbol{d}_k$，$k=k+1$，转步骤(2)。

【例 3.6】 用 Rosen 梯度投影法求解下列的优化问题：

$$\begin{cases}\min f(x)=x_1^2+4x_2^2\\ \text{s.t.}\quad x_1+x_2\geqslant 1\\ \qquad 15x_1+10x_2\geqslant 12\\ \qquad x_1,x_2\geqslant 0\end{cases}$$

解：根据 Rosen 梯度投影法的原理，自编 rosen1 函数进行计算。

```
>> clear
>> syms x y
fun = x^2 + 4 * y^2;
A = [1 1;15 10;1 0;0 1];b = [1;12;0;0];E = [];x0 = [0 2];x_syms = [sym(x) sym(y)];
[xmin,minf] = rosen1(fun,A,b,E,x0,x_syms);
>> xmin = 0.8000     0.2000              %极小值
```

3.4.3 简约梯度法

简约梯度法是由 Wolfe 于 1963 年针对线性等式约束的非线性优化问题而提出的一种新的可行方向法。

考虑具有线性约束的非线性优化问题

$$\begin{cases} \min f(\boldsymbol{x}), & \boldsymbol{x} \in \mathbf{R}^n \\ \text{s.t.} & \boldsymbol{A}\boldsymbol{x} = \boldsymbol{b} \\ & \boldsymbol{x} \geqslant \boldsymbol{0} \end{cases} \tag{3-18}$$

式中：$\boldsymbol{A} \in \mathbf{R}^{m \times n}(m > n)$；秩为 m；$\boldsymbol{b} \in \mathbf{R}^m$；$f: \mathbf{R}^n \to \mathbf{R}$。

设矩阵 $\boldsymbol{A}$ 的任意 m 个列都线性无关，并且约束条件的每个基本可行点都有 m 个正分量，在此假设下，每个可行解至少有 m 个正分量，至多有 $n-m$ 个零分量。简约梯度法的基本思想是把求解线性规划的单纯形法推广到解线性约束的非线性优化问题(3-18)。先利用等式约束条件消去一些变量，然后利用降维所形成的简约梯度来构造下降方向，接着作线搜索求步长，重复此过程逐步逼近极小点。

1. 确立简约梯度

令
$$\boldsymbol{A} = (\boldsymbol{B} \quad \boldsymbol{N}), \quad \boldsymbol{x} = \begin{pmatrix} \boldsymbol{x}_B \\ \boldsymbol{x}_N \end{pmatrix}$$

式中：$\boldsymbol{B}$ 为 $m \times m$ 可逆矩阵；$\boldsymbol{x}_B$、$\boldsymbol{x}_N$ 分别为由基变量和非基变量构成的向量，那么问题(3-18)的线性约束就可以表示成

$$\boldsymbol{B}\boldsymbol{x}_B + \boldsymbol{N}\boldsymbol{x}_N = \boldsymbol{b}$$

而 $\boldsymbol{x} \geqslant \boldsymbol{0}$ 可以变成

$$\boldsymbol{x}_B = \boldsymbol{B}^{-1}\boldsymbol{b} - \boldsymbol{B}^{-1}\boldsymbol{N}\boldsymbol{x}_N \geqslant \boldsymbol{0}, \quad \boldsymbol{x}_N \geqslant \boldsymbol{0}$$

现假设 $\boldsymbol{x}$ 是非退化的解，即 $\boldsymbol{x}_B > \boldsymbol{0}$，则 $f(\boldsymbol{x})$ 可以化成关于 $\boldsymbol{x}_N$ 的函数，即

$$f(\boldsymbol{x}) = f(\boldsymbol{x}_B, \boldsymbol{x}_N) = f(\boldsymbol{B}^{-1}\boldsymbol{b} - \boldsymbol{B}^{-1}\boldsymbol{N}\boldsymbol{x}_N, \boldsymbol{x}_N) := F(\boldsymbol{x}_N)$$

称 $n-m$ 维向量 $\boldsymbol{x}_N$ 的函数 $F(\boldsymbol{x}_N)$ 的梯度为 $f(\boldsymbol{x})$ 的简约梯度，记为 $\boldsymbol{r}(\boldsymbol{x}_N)$，即

$$\begin{aligned} \boldsymbol{r}(\boldsymbol{x}_N) &= \nabla_{\boldsymbol{x}_N} F(\boldsymbol{x}_N) = \nabla_{\boldsymbol{x}_N} f(\boldsymbol{B}^{-1}\boldsymbol{b} - \boldsymbol{B}^{-1}\boldsymbol{N}\boldsymbol{x}_N, \boldsymbol{x}_N) \\ &= \nabla_N f(\boldsymbol{x}_B, \boldsymbol{x}_N) - (\boldsymbol{B}^{-1}\boldsymbol{N})^{\mathrm{T}} \nabla_B f(\boldsymbol{x}_B, \boldsymbol{x}_N) \end{aligned}$$

式中：$\nabla_N = \nabla_{\boldsymbol{x}_N}$；$\nabla_B = \nabla_{\boldsymbol{x}_B}$。

2. 确定搜索方向

令
$$\boldsymbol{d}_k = \begin{pmatrix} \boldsymbol{d}_k^B \\ \boldsymbol{d}_k^N \end{pmatrix}$$

欲使 $\boldsymbol{d}_k$ 为下降可行方向，需满足

$$\begin{cases} \nabla f(\boldsymbol{x}^{(k)})^{\mathrm{T}} \boldsymbol{d}_k < 0 \\ \boldsymbol{A}\boldsymbol{d}_k = 0 \\ (\boldsymbol{d}_k)_j \geqslant 0, \quad 若 (\boldsymbol{x}^{(k)})_j = 0 \end{cases} \tag{3-19}$$

满足式(3-19)的 $\boldsymbol{d}_k$ 可以有多种选取方法，其中一种简单的取法为

$$(\boldsymbol{d}_k^N)_j = \begin{cases} -(\boldsymbol{x}^{(k)})_j^N r_j((\boldsymbol{x}^{(k)})^N), & r_j((\boldsymbol{x}^{(k)})^N) \geqslant 0 \\ -r_j((\boldsymbol{x}^{(k)})^N), & 其他 \end{cases}$$

$$\boldsymbol{d}_k = \begin{pmatrix} -\boldsymbol{B}^{-1} N \boldsymbol{d}_k^N \\ \boldsymbol{d}_k^N \end{pmatrix} = \begin{pmatrix} -\boldsymbol{B}^{-1} N \\ \boldsymbol{I}_{n-m} \end{pmatrix} \boldsymbol{d}_k^N$$

3. 确定步长

为保持 $\boldsymbol{x}^{(k+1)} \geqslant 0$，即

$$(\boldsymbol{x}^{(k+1)})_j = (\boldsymbol{x}^{(k)})_j + \alpha(\boldsymbol{d}_k)_j \geqslant 0, \quad j = 1, 2, \cdots, n$$

需确定 α 的取值范围。可以令

$$\bar{\alpha}=\begin{cases}\min\left\{-\dfrac{(\boldsymbol{x}^{(k)})_j}{(\boldsymbol{d}_k)_j}\,\middle|\,(\boldsymbol{d}_k)_j<0\right\}, & \boldsymbol{d}_k \ngeq 0\\ +\infty, & \boldsymbol{d}_k\geqslant 0\end{cases}$$

根据上述方法构造的搜索方法 $\boldsymbol{d}_k$,若 $\boldsymbol{d}_k\neq\boldsymbol{0}$,则其必为下降可行方向,否则相应的 $\boldsymbol{x}_k$ 必为 KKT 点。

下面是 Wolfe 简约梯度法的计算步骤:

(1) 给定初始可行点 $\boldsymbol{x}^{(0)}\in\mathbf{R}^n$,令 $k=0$。

(2) 确定搜索方向,将 $\boldsymbol{x}^{(k)}$ 分解成

$$\boldsymbol{x}^{(k)}=\begin{pmatrix}\boldsymbol{x}_B^{(k)}\\ \boldsymbol{x}_N^{(k)}\end{pmatrix}$$

式中:$\boldsymbol{x}_B^{(k)}$ 为基变量,由 $\boldsymbol{x}^{(k)}$ 的 m 个最大分量组成,这些分量的下标集记为 J_k。

相应地,将 $\boldsymbol{A}$ 分解成 $\boldsymbol{A}=(\boldsymbol{B}\quad \boldsymbol{N})$,按下式计算 $\boldsymbol{d}_k$。

$$\boldsymbol{r}(\boldsymbol{x}_N^{(k)})=\nabla_N f(\boldsymbol{x}_B^{(k)},\boldsymbol{x}_N^{(k)})-(\boldsymbol{B}^{-1}\boldsymbol{N})^{\mathrm{T}}\nabla_B f(\boldsymbol{x}_B^{(k)},\boldsymbol{x}_N^{(k)})$$

$$(\boldsymbol{d}_k^N)_j=\begin{cases}-(\boldsymbol{x}^{(k)})_j^N r_j((\boldsymbol{x}^{(k)})^N), & r_j((\boldsymbol{x}^{(k)})^N)\geqslant 0\\ -r_j((\boldsymbol{x}^{(k)})^N), & \text{其他}\end{cases}$$

$$\boldsymbol{d}_k=\begin{pmatrix}\boldsymbol{d}_k^B\\ \boldsymbol{d}_k^N\end{pmatrix}=\begin{pmatrix}-\boldsymbol{B}^{-1}N\\ \boldsymbol{I}_{n-m}\end{pmatrix}\boldsymbol{d}_k^N$$

(3) 检验终止准则,若 $\boldsymbol{d}_k=\boldsymbol{0}$,则为 KKT 点,停止计算;否则,转步骤(4)。

(4) 求解下面一维搜索问题,确定步长 α_k。

$$\begin{cases}\min\ f(\boldsymbol{x}^{(k)}+\alpha\boldsymbol{d}_k)\\ \text{s. t.}\quad 0\leqslant\alpha\leqslant\bar{\alpha}\end{cases}$$

其中,$\bar{\alpha}$ 由下式确定

$$\bar{\alpha}=\begin{cases}\min\left\{-\dfrac{(\boldsymbol{x}^{(k)})_j}{(\boldsymbol{d}_k)_j}\,\middle|\,(\boldsymbol{d}_k)_j<0\right\}, & \boldsymbol{d}_k \ngeq 0\\ +\infty, & \boldsymbol{d}_k\geqslant 0\end{cases}$$

令 $\boldsymbol{x}^{(k+1)}=\boldsymbol{x}^{(k)}+\alpha_k\boldsymbol{d}_k$。

(5) 修正基变量,若 $\boldsymbol{x}_B^{(k+1)}>0$,则基变量不变;否则,若有 j 使得 $(\boldsymbol{x}_B^{(k+1)})_j=0$,则将 $(\boldsymbol{x}_B^{(k+1)})_j$ 换出基,而以 $(\boldsymbol{x}_B^{(k+1)})_j$ 中最大分量换入基,构成新的基向量 $\boldsymbol{x}_B^{(k+1)}$ 和 $\boldsymbol{x}_N^{(k+1)}$。

(6) 令 $k=k+1$,转步骤(2)。

【例 3.7】 用简约梯度法求解下列的优化问题:

$$\begin{cases}\min\ f(x)=2x_1^2+2x_2^2-2x_1x_2-4x_1-6x_2\\ \text{s. t.}\quad x_1+x_2+x_3=2\\ \qquad\ \ x_1+5x_2+x_4=5\\ \qquad\ \ x_1,x_2,x_3,x_4\geqslant 0\end{cases}$$

解:根据简约梯度法的原理,自编 wolfe1 函数进行计算。此函数只适合等式约束的优化问题,所以如果有不等式约束,则可以通过增加虚拟变量,将之变成等式约束。

```
>> clear
syms x y t u
fun = 2 * x^2 + 2 * y^2 - 2 * x * y - 4 * x - 6 * y;
A = [1 1 1 0 ;1 5 0 1];b = [2 5];x0 = [0 0 2 5];esp = 0.0001;
x_syms = [sym(x) sym(y) sym(t) sym(u)];
```

```
[xmin,minf] = wolfe1(fun,A,x0,x_syms,esp);
>> xmin = 1.1290    0.7742    0.0968    0.0000    %极小值
```

3.4.4 广义简约梯度法

设一般非线性约束优化问题

$$\begin{cases}\min f(\boldsymbol{x}), & \boldsymbol{x} \in \mathbf{R}^n \\ \text{s.t.} \quad h_i(\boldsymbol{x})=0, & i \in \varepsilon=\{1,2,\cdots,l\} \\ \quad\quad g_i(\boldsymbol{x}) \geqslant 0, & i \in I=\{1,2,\cdots,m\}\end{cases} \tag{3-20}$$

式中：f、$h_i(i\in\varepsilon)$、$g_i(i\in I)$为连续可微的函数。

假设 $\boldsymbol{x}^{(k)}$是第 k 次可行迭代点，记 $I_k=\varepsilon\cup\{i\mid g_i(\boldsymbol{x}^{(k)})=0\}$，$\boldsymbol{x}^{(k)}$的前 s 个变量组成的子向量为基向量$\boldsymbol{x}_B^{(k)}$，其余 $n-s$ 个变量组成的子向量为非基向量 $\boldsymbol{x}_N^{(k)}$，$c(\boldsymbol{x}^{(k)})=(h_1(\boldsymbol{x}^{(k)}),\cdots,h_l(\boldsymbol{x}^{(k)}),g_i(\boldsymbol{x}^{(k)})(i\in I_k\backslash\varepsilon))^{\mathrm{T}}$，下式 $s\times s$ 矩阵（为方便起见，去掉 k 的标记）为

$$\nabla_B c(\boldsymbol{x})=(\nabla_B h_1(\boldsymbol{x}),\cdots,\nabla_B h_l(\boldsymbol{x}),\nabla_B g_1(\boldsymbol{x}),\cdots,\nabla_B g_{s-l}(\boldsymbol{x}))^{\mathrm{T}}$$

式中：

$$c(\boldsymbol{x})=(h_1(\boldsymbol{x}),\cdots,h_l(\boldsymbol{x}),g_1(\boldsymbol{x}),\cdots,g_{s-l}(\boldsymbol{x}))^{\mathrm{T}}=(c_1(\boldsymbol{x}),\cdots,c_s(\boldsymbol{x}))$$

$$\nabla_B c_i(\boldsymbol{x})=\begin{pmatrix}\dfrac{\partial c_i(\boldsymbol{x})}{\partial x_1}\\ \vdots \\ \dfrac{\partial c_i(\boldsymbol{x})}{\partial x_s}\end{pmatrix},\quad i=1,2,\cdots,s$$

再记矩阵$\nabla_N c(\boldsymbol{x})$

$$\nabla_N c(\boldsymbol{x})=(\nabla_N c_1(\boldsymbol{x}),\nabla_N c_2(\boldsymbol{x}),\cdots,\nabla_N c_s(\boldsymbol{x}))^{\mathrm{T}} \in \mathbf{R}^{s\times(n-s)}$$

式中：

$$\nabla_N c_i(\boldsymbol{x})=\begin{pmatrix}\dfrac{\partial c_i(\boldsymbol{x})}{\partial x_{s+1}}\\ \vdots \\ \dfrac{\partial c_i(\boldsymbol{x})}{\partial x_n}\end{pmatrix},\quad i=1,2,\cdots,s$$

设

$$c(\boldsymbol{x}^{(k)})=(h_1(\boldsymbol{x}^{(k)}),\cdots,h_l(\boldsymbol{x}^{(k)}),g_i(\boldsymbol{x}^{(k)})(i\in I_k\backslash\varepsilon))^{\mathrm{T}}$$

则关于 $\boldsymbol{x}_N$ 的梯度（简约梯度）为

$$r(\boldsymbol{x}_N)=\nabla_N f(\boldsymbol{x})-\nabla_N c(\boldsymbol{x})[\nabla_B c(\boldsymbol{x})]^{-1}\nabla_B f(\boldsymbol{x}) \tag{3-21}$$

下降可行方向 $\boldsymbol{d}_k$ 为

$$\boldsymbol{d}_k=\begin{pmatrix}\boldsymbol{d}_k^B\\ \boldsymbol{d}_k^N\end{pmatrix}=\begin{pmatrix}-J_{BN}(\boldsymbol{x}_N^{(k)})^{\mathrm{T}}\boldsymbol{r}(\boldsymbol{x}_N^{(k)})\\ -\boldsymbol{r}(\boldsymbol{x}_N^{(k)})\end{pmatrix}=\begin{pmatrix}-J_{BN}(\boldsymbol{x}_N^{(k)})^{\mathrm{T}}\\ -\boldsymbol{I}_{n-s}\end{pmatrix}\boldsymbol{r}(\boldsymbol{x}_k^N) \tag{3-22}$$

式中：

$$J_{BN}(\boldsymbol{x}_N)=\left[\frac{\partial(x_1,\cdots,x_s)}{\partial(x_{s+1},\cdots,x_n)}\right]^{\mathrm{T}}=\begin{pmatrix}\dfrac{\partial x_1}{\partial x_{s+1}} & \dfrac{\partial x_2}{\partial x_{s+1}} & \cdots & \dfrac{\partial x_s}{\partial x_{s+1}}\\ \vdots & \vdots & & \vdots\\ \dfrac{\partial x_1}{\partial x_n} & \dfrac{\partial x_2}{\partial x_n} & \cdots & \dfrac{\partial x_s}{\partial x_n}\end{pmatrix}$$

而搜索步长 α_k 同样可以通过求解下列一维极小问题而得,即

$$\begin{cases}\min f(\boldsymbol{x}^{(k)}+\alpha\boldsymbol{d}_k) \\ \text{s.t.} \quad c_i(\boldsymbol{x}^{(k)}+\alpha\boldsymbol{d}_k)=0, \quad i\in\varepsilon \\ \qquad c_i(\boldsymbol{x}^{(k)}+\alpha\boldsymbol{d}_k)\geqslant 0, \quad i\in I\end{cases} \tag{3-23}$$

乘子估算为

$$\boldsymbol{v}_k=(\boldsymbol{\mu}_k^{\mathrm{T}},\boldsymbol{\lambda}_k^{\mathrm{T}})^{\mathrm{T}}=[\nabla c(\boldsymbol{x}^{(k)})]^{+}\nabla f(\boldsymbol{x}^{(k)}) \tag{3-24}$$

式中:$[\nabla c(\boldsymbol{x}^{(k)})]^{+}$ 为矩阵 $\nabla c(\boldsymbol{x}^{(k)})$ 的广义逆。

广义简约梯度法的计算步骤如下:

(1) 给定初始可行点 $\boldsymbol{x}^{(0)}\in\mathbf{R}^n$,终止误差 $0\leqslant\varepsilon\ll 1$,令 $k=0$。

(2) 检验终止条件,确定基变量 $\boldsymbol{x}_B^{(k)}$ 和非基变量 $\boldsymbol{x}_N^{(k)}$,由式(3-21)计算简约梯度 $r(\boldsymbol{x}_N^{(k)})$。若 $\|r(\boldsymbol{x}_N^{(k)})\|\leqslant\varepsilon$,则停止计算,输出 $\boldsymbol{x}^{(k)}$ 作为原问题的近似极小点。

(3) 确定搜索方向,由式(3-22)计算下降可行方向。

(4) 进行线搜索,解子问题(3-23)得搜索步长 α_k,令 $\boldsymbol{x}^{(k+1)}=\boldsymbol{x}^{(k)}+\alpha_k\boldsymbol{d}_k$。

(5) 修正基变量。先求 $\boldsymbol{x}^{(k+1)}$ 处的有效集,设为 $\bar{I}_{k+1}$,由式(3-24)计算 $\boldsymbol{\lambda}_{k+1}$。若 $\boldsymbol{\lambda}_{k+1}\geqslant\boldsymbol{0}$,则 $I_{k+1}=\bar{I}_{k+1}$;否则,I_{k+1} 是 $\bar{I}_{k+1}$ 中删除 $\boldsymbol{\lambda}_{k+1}$ 最小分量所对应的约束指标集。

(6) 令 $k=k+1$,转步骤(2)。

注意:算法中终止的检验,实际还需差别对应于不等式约束的拉格朗日的非负性,若不满足还需进行改进。

广义简约梯度法通过消去某些变量在降维空间中运算,能够较快确定最优解,可用来求解大型问题,是目前求解非线性优化问题的最有效的方法之一。

3.5 复合形法

复合形法是求解约束优化问题的一种重要的方法,它是对求解无约束优化问题的单纯形法的修正。

与单纯形法一样,复合形法的基本思想是在 n 维空间的可行域中选取 $n+1$ 个顶点,组成复合形(多面体),然后比较复合形各顶点目标函数的大小,不断去掉最坏点,然后按一定的法则求出目标函数值有所下降的可行新点,并用此点代替最坏点,组成新的复合形,如此反复迭代计算,使复合形不断向最优点移动和收缩,直到满足收敛精度为止,如图 3-5 所示。

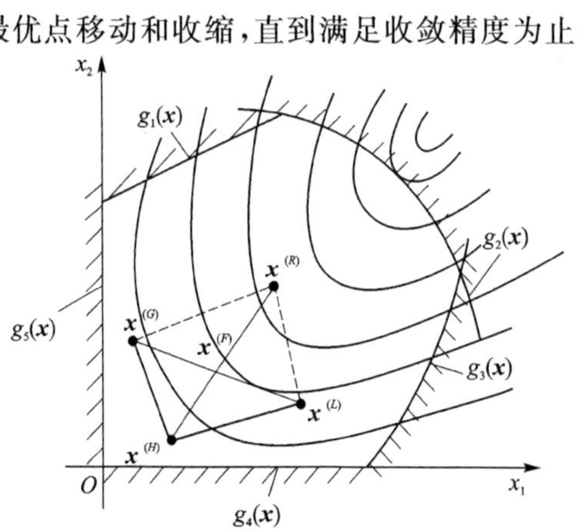

图 3-5 复合形法的基本原理示意图

3.5.1　初始复合形的形成

生成初始复合形的方法有以下几种：

(1) 试选 k 个可行点，构成初始复合形。但当优化问题的变量较多或约束函数较复杂时，此方法较为困难。

(2) 先选一个可行点，其余的 $k-1$ 可行点用随机法产生。各顶点按下式计算，即

$$x_i^j = a_i + r^j(b_i - a_i),\quad j=2,3,\cdots,k;i=1,2,\cdots,n$$

式中：x_i^j 为复合形中的第 j 个顶点；a_i、b_i 为优化变量的上、下限；r^j 为在[0,1]区间上的随机数。

此方法所产生的顶点虽满足变量的边界约束，但不一定全部在可行域内，所以要对每一个随机的顶点检查是否满足所有的隐式约束条件。若满足，则作为初始复合形的顶点；否则就要设法将不可行点移到可行域内。通常采用的方法是求出已经在可行域内的 q 个顶点的中心 $\boldsymbol{x}_c$，即

$$\boldsymbol{x}_c = \frac{1}{q}\sum_{j=1}^{q}\boldsymbol{x}^j$$

如果可行域是一个凸区域，如图 3-6(a)所示，而第 $q+1$ 点不满足约束条件，则可以把 $\boldsymbol{x}^{q+1}$ 点向 $\boldsymbol{x}_c$ 方向靠拢，即

$$\boldsymbol{x}^{q+1} = \boldsymbol{x}_c + \alpha(\boldsymbol{x}^{q+1} - \boldsymbol{x}_c)$$

通常取 $\alpha=0.5$。当 α 充分小时，$\boldsymbol{x}^{q+1}$ 将充分靠近 $\boldsymbol{x}_c$，可能使 $\boldsymbol{x}^{q+1}$ 在可行域内。若 $\boldsymbol{x}^{q+1}$ 仍为不可行点，则再利用上式，使其继续向中心移动，只要 $\boldsymbol{x}_c$ 中心点可行，$\boldsymbol{x}^{q+1}$ 点就一定可以移动到可行域。随机产生的 $k-1$ 个点经过这样的处理后，全部成为可行点，并构成初始的复合形。

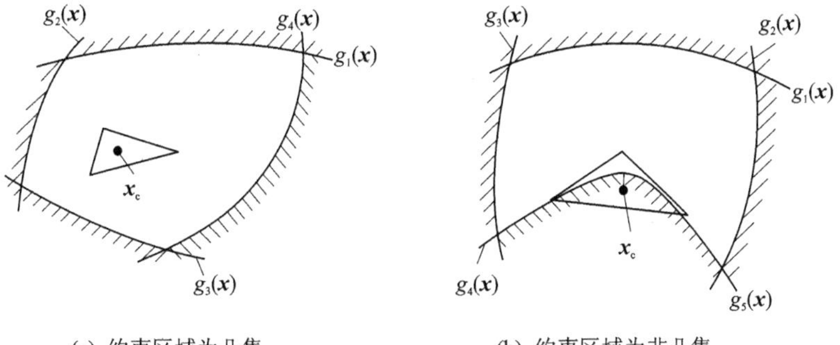

(a) 约束区域为凸集　　(b) 约束区域为非凸集

图 3-6　中心点与约束区域间的关系

如果可行域为非凸集，中心点不一定在可行域内，则上述方法可能失败，如图 3-6(b)所示。这时可通过改变变量的上、下限，重新产生各顶点，经过多次试算，就有可能在可行域内生成初始复合形。

(3) 自动生成初始复合形的全部顶点。首先随机产生一个可行点，然后按上面(2)的方法产生其余 $k-1$ 各可行点。

3.5.2　复合形的搜索方向

在可行域内生成初始复合形后，将采用不同的搜索方法来改变其形状，使复合形逐步向约束最优点趋近。改变复合形形状的搜索方法主要有以下几种：

1. 反　射

反射是改变复合形形状的一种主要策略,其步骤如下:

(1) 计算复合形各顶点的目标函数值,并比较大小,求出最好点、最坏点及次坏点。

最好点:

$$x^{(L)}: f(x^{(L)}) = \min\{f(x^j) \mid j = 1,2,\cdots,k\}$$

最坏点:

$$x^{(H)}: f(x^{(H)}) = \max\{f(x^j) \mid j = 1,2,\cdots,k\}$$

次坏点:

$$x^{(G)}: f(x^{(G)}) = \max\{f(x^j) \mid j = 1,2,\cdots,k, j \neq H\}$$

(2) 计算除掉最坏点 $x^{(H)}$ 外的 $k-1$ 个顶点的中心 $x^{(F)}$,即

$$x^{(F)} = \frac{1}{k-1}\left(\sum_{j=1}^{k} x^j - x^{(H)}\right)$$

(3) 从大多数情况看,一般最坏点 $x^{(H)}$ 和中心点 $x^{(F)}$ 的连线方向为目标函数下降方向。为此,以 $x^{(F)}$ 为中心,将最坏点 $x^{(H)}$ 按一定比例进行反射,有希望找到一个比最坏点 $x^{(H)}$ 的目标函数小的新点 $x^{(R)}$,$x^{(R)}$ 称为反射点。反射点 $x^{(R)}$ 与最坏点 $x^{(H)}$、中心点 $x^{(F)}$ 的相对位置如图 3-7 所示。

$$x^{(R)} = x^{(F)} + \gamma(x^{(F)} - x^{(H)})$$

式中:γ 为反射系数,一般为 1.3。

(4) 判别反射点 $x^{(R)}$ 的位置:若 $x^{(R)}$ 为可行点,则比较 $x^{(R)}$ 和 $x^{(H)}$ 两点的目标函数值,如果 $f(x^{(R)}) < f(x^{(H)})$,则用 $x^{(R)}$ 取代 $x^{(H)}$ 构成新的复合形,完成一次迭代;如果 $f(x^{(R)}) > f(x^{(H)})$,则将 γ 缩至 0.7γ,重新计算新的反射点,若仍不可行,则继续缩小 γ,直至 $f(x^{(R)}) < f(x^{(H)})$ 为止。

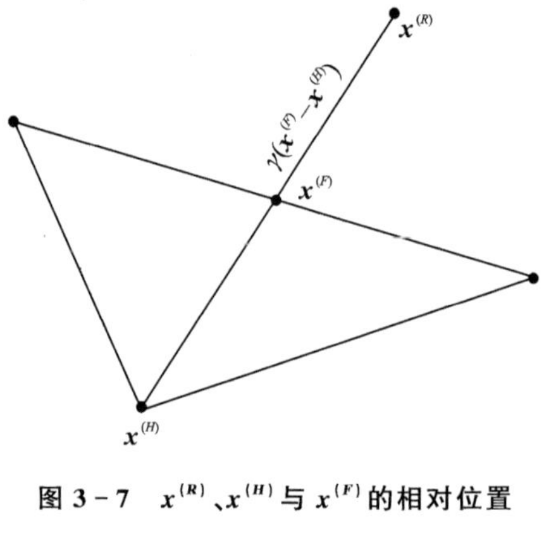

图 3-7　$x^{(R)}$、$x^{(H)}$ 与 $x^{(F)}$ 的相对位置

若 $x^{(R)}$ 为非可行点,则将 γ 缩至 0.7γ,计算反射点,直至可行为止。然后重复以上步骤,判别 $x^{(R)}$ 和 $x^{(H)}$ 两点的目标函数值的大小,一旦 $f(x^{(R)}) < f(x^{(H)})$,就用 $x^{(R)}$ 取代 $x^{(H)}$,完成一次迭代,综合以上所有情况,反射成功的条件为

$$\begin{cases} g_u(x^{(R)}) \leqslant 0, & u = 1,2,\cdots,m \\ f(x^{(R)}) < f(x^{(H)}) \end{cases}$$

即 $x^{(R)}$ 为可行域内的点,并且 $x^{(R)}$ 的目标函数值要比最坏点的目标函数值小。

2. 扩　张

若求得的反射点 $x^{(R)}$ 为可行点,且目标函数下降较多(如 $f(x^{(R)}) < f(x^{(F)})$),则沿反射方向继续移动,即采用扩张的方法,可能找到更好的新点 $x^{(E)}$,$x^{(E)}$ 称为扩张点。它与中心点 $x^{(F)}$、反射点 $x^{(R)}$ 的相对位置如图 3-8 所示。

$$x^{(E)} = x^{(R)} + \alpha(x^{(R)} - x^{(F)})$$

式中:α 为扩张系数,一般取 1。

若扩张点 $x^{(E)}$ 为可行点,且 $f(x^{(E)}) < f(x^{(R)})$,则意味着扩张成功,用 $x^{(E)}$ 取代 $x^{(R)}$,构成

新的复合形；否则扩张失败，放弃扩张，仍用原反射点 $\boldsymbol{x}^{(R)}$ 取代 $\boldsymbol{x}^{(H)}$，构成新的复合形。

3. 收　缩

若在中心点 $\boldsymbol{x}^{(F)}$ 以外找不到好的反射点，则还可以在 $\boldsymbol{x}^{(F)}$ 以内，即采用收缩的方法寻找较好的新点 $\boldsymbol{x}^{(S)}$，$\boldsymbol{x}^{(S)}$ 称为收缩点。它与最坏点 $\boldsymbol{x}^{(H)}$、中心点 $\boldsymbol{x}^{(F)}$ 的相对位置如图 3-9 所示。

$$\boldsymbol{x}^{(S)}=\boldsymbol{x}^{(H)}+\beta(\boldsymbol{x}^{(F)}-\boldsymbol{x}^{(H)})$$

式中：β 为收缩系数，一般取 0.7。

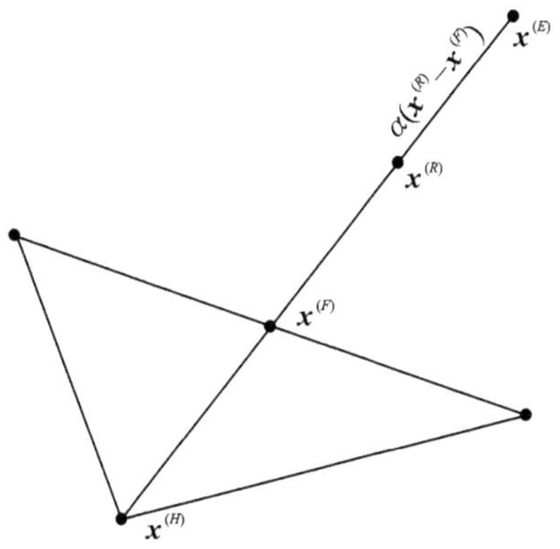

图 3-8　$\boldsymbol{x}^{(E)}$ 与 $\boldsymbol{x}^{(F)}$、$\boldsymbol{x}^{(R)}$ 的相对位置

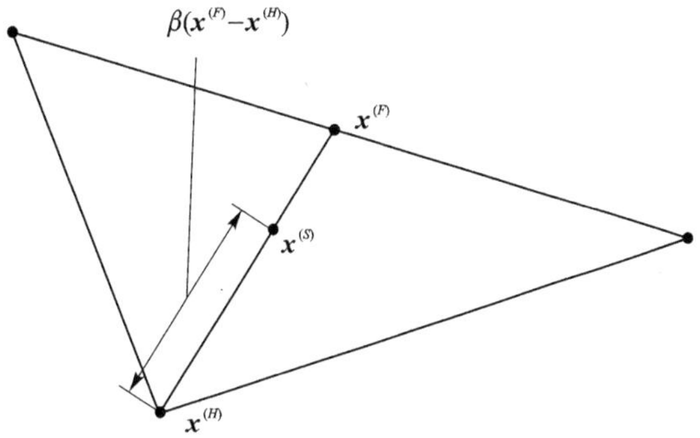

图 3-9　$\boldsymbol{x}^{(S)}$ 与 $\boldsymbol{x}^{(H)}$、$\boldsymbol{x}^{(F)}$ 的相对位置

若 $f(\boldsymbol{x}^{(S)})<f(\boldsymbol{x}^{(H)})$，则收缩成功，用 $\boldsymbol{x}^{(S)}$ 取代 $\boldsymbol{x}^{(H)}$，构成新的复合形。

4. 压　缩

若采用上述各种方法均无效，则还可以采取将复合形各顶点向最好点 $\boldsymbol{x}^{(L)}$ 靠拢，即采用压缩的方法来改变复合形的形状。压缩后的复合形各顶点的相对位置，即新的复合形图形如图 3-10 所示。

$$\boldsymbol{x}^{j}=\boldsymbol{x}^{(L)}-0.5(\boldsymbol{x}^{(L)}-\boldsymbol{x}^{j}),\quad j=1,2,\cdots,k;j\neq L$$

然后，再对压缩后的复合形采用反射、扩张或收缩的方法，继续改变复合形的形状。

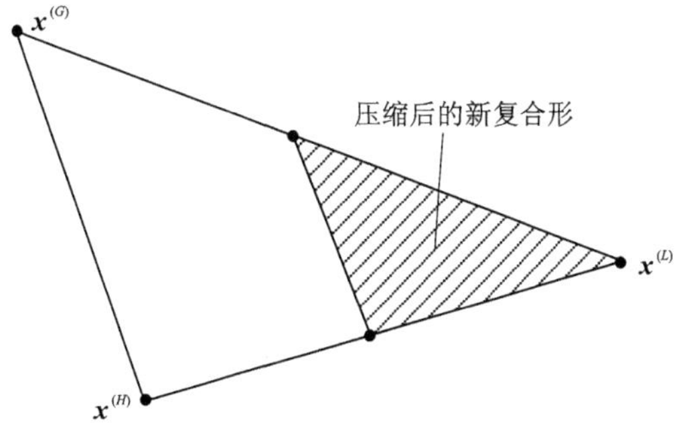

图 3-10　压缩后的复合形

除此之外，改变复合形形状的方法还有旋转的方法。应当强调指出的是，采用改变复合形形状的方法越多，程序设计就越复杂，越有可能降低计算效率及可靠性，还有可能导致计算失败。

3.5.3 复合形法的计算步骤

复合形法的计算步骤如下：

(1) 计算各复合形顶点的目标函数值，比较其大小，找出最好点 $\boldsymbol{x}^{(L)}$、最坏点 $\boldsymbol{x}^{(H)}$ 和次坏点 $\boldsymbol{x}^{(G)}$。

(2) 计算除掉最坏点 $\boldsymbol{x}^{(H)}$ 以外的 $k-1$ 个顶点的中心 $\boldsymbol{x}^{(F)}$。

(3) 若 $\boldsymbol{x}^{(F)}$ 点不在可行域 D 内，则 D 可能是一个非凸集。这时为了将 $\boldsymbol{x}^{(F)}$ 移进 D 内，可在 $\boldsymbol{x}^{(L)}$ 和 $\boldsymbol{x}^{(F)}$ 点为界的超立方体中，重新利用随机数产生 k 个新顶点，构成新的复合形。此时变量的上、下限改为

若 $\boldsymbol{x}_i^{(L)}<\boldsymbol{x}_i^{(F)}(i=1,2,\cdots,n)$，则取

$$\begin{cases} a_i=\boldsymbol{x}_i^{(L)} \\ b_i=\boldsymbol{x}_i^{(F)} \end{cases},\quad i=1,2,\cdots,n$$

否则相反。重复步骤直至点 $\boldsymbol{x}^{(F)}$ 进入可行域为止。

(4) 若 $\boldsymbol{x}^{(F)}$ 为可行域 D 内可行点，则沿 $\boldsymbol{x}^{(F)}$ 和 $\boldsymbol{x}^{(H)}$ 方向按下式求反射点 $\boldsymbol{x}^{(R)}$，即

$$\boldsymbol{x}^{(R)}=\boldsymbol{x}^{(F)}+\gamma(\boldsymbol{x}^{(F)}-\boldsymbol{x}^{(H)})$$

若 $\boldsymbol{x}^{(R)}$ 为非可行点，则应将反射系数减半，继续计算，直至满足全部约束条件。

(5) 计算反射点 $\boldsymbol{x}^{(R)}$ 的目标函数值，如果

$$f(\boldsymbol{x}^{(R)})<f(\boldsymbol{x}^{(H)})$$

则用反射点 $\boldsymbol{x}^{(R)}$ 替换最差点 $\boldsymbol{x}^{(H)}$ 组成新的复合形，完成一次迭代并转入步骤(1)；否则，进行下一步。

(6) 如果 $f(\boldsymbol{x}^{(R)})>f(\boldsymbol{x}^{(H)})$，则应将反射系数 γ 减半，重新计算反射点 $\boldsymbol{x}^{(R)}$，这时若 $f(\boldsymbol{x}^{(R)})<f(\boldsymbol{x}^{(H)})$，且 $\boldsymbol{x}^{(R)}$ 为可行点，则转入步骤(5)；否则，应再将 γ 减半，如此反复。经过若干次减半 γ 值的计算并使其值已缩小到给定的一个很小的正数 ζ(如 10^{-5})以下时仍无效，可将最差点 $\boldsymbol{x}^{(H)}$ 换成次坏点 $\boldsymbol{x}^{(G)}$，并转入步骤(2)，重新进行迭代计算，直到满足计算精度为止，即当复合形已收缩到很小时

$$\max_{1\leqslant j\leqslant k}\|\boldsymbol{x}^j-\boldsymbol{x}^{(c')}\|\leqslant\varepsilon_2$$

或各顶点目标函数应满足

$$\left\{\frac{1}{k}\sum_{j=1}^{k}[f(\boldsymbol{x}^j)-f(\boldsymbol{x}^{(c')})]\right\}\leqslant\varepsilon_1$$

计算停止，约束最优解为 $\boldsymbol{x}^*=\boldsymbol{x}^{(L)}$，$f(\boldsymbol{x}^*)=f(\boldsymbol{x}^{(L)})$；否则，转入步骤(2)。

复合形的形心，可由下式计算

$$\boldsymbol{x}_i^{(c')}=\frac{1}{k}\sum_{j=1}^{k}\boldsymbol{x}_i^j,\quad i=1,2,\cdots,n$$

【例 3.8】 用复合形法求下列约束优化问题的最优解：

$$\begin{cases} \min\ f(\boldsymbol{x})=(x_1-5)^2+4(x_2-6)^2 \\ \text{s.t.}\quad g_1(\boldsymbol{x})=64-x_1^2-x_2^2\leqslant 0 \\ \qquad g_2(\boldsymbol{x})=x_2-x_1-10\leqslant 0 \\ \qquad g_3(\boldsymbol{x})=x_1-10\leqslant 0 \end{cases}$$

解:根据复合形法的原理，编函数 minsimpsearch2 进行计算。

```
>> syms s t
>> f = (s - 5)^2 + 4 * (t - 6)^2;
>> g = [s^2 + t^2 - 64;s - t + 10;10 - s];
>> X = [6.2 7.8 8.2;11 12 9.8];
>> [x,minf] = minsimpsearch2(f,g,X,1.3,0.7,1,0.7,[s t])
x = [5.2186  6.0635]  minf = 0.0639
```

此函数的格式为

```
[x,minf] = minsimpsearch2(f,g,X,alpha,sita,gama,beta,var,eps)
```

其中,f为目标函数,g为约束函数,X为初始复合形顶点,alpha为反射系数,sita为紧缩系数,gama为扩展系数,beta为收缩系数,var为自变量向量,eps为精度。

3.6 二次逼近法

由于线性规划和二次规划都比较容易求解,所以自然而然地可以把一般的非线性约束优化问题线性化,然后用线性规划方法来逐步求其近似解,这种方法称为线性逼近法或序列线性规划法,简写为SLP法。但是,线性逼近法的精度较差,收敛速度慢,而二次规划法有比较有效的算法,因此现在多用二次规划法来逐步逼近非线性规划方法(称为二次逼近法或序列二次规划法,简写为SQP法)。此方法已成为目前最为流行的重要约束优化算法之一。

3.6.1 二次规划的概念

所谓二次规划(QP),是指在变量 $\boldsymbol{x}$ 的线性等式和线性不等式约束下,求二次函数 $Q(\boldsymbol{x})$ 的极小值问题,即

$$\begin{cases}\min Q(\boldsymbol{x})=\dfrac{1}{2}\boldsymbol{x}^{\mathrm{T}}\boldsymbol{G}\boldsymbol{x}+\boldsymbol{g}^{\mathrm{T}}\boldsymbol{x}\\ \text{s.t.}\quad \boldsymbol{a}_i^{\mathrm{T}}\boldsymbol{x}=b_i,\quad i=1,2,\cdots,m\\ \qquad\ \ \boldsymbol{a}_i^{\mathrm{T}}\boldsymbol{x}\leqslant b_i,\quad i=m+1,\cdots,p\end{cases} \tag{3-25}$$

其中,$\boldsymbol{G}$ 为 n 阶对称矩阵,$\boldsymbol{g},\boldsymbol{a}_1,\boldsymbol{a}_2,\cdots,\boldsymbol{a}_p$ 均为 n 维列向量,假设 $\boldsymbol{a}_1,\boldsymbol{a}_2,\cdots,\boldsymbol{a}_m$ 线性无关,$\boldsymbol{x}=(x_1,x_2,\cdots,x_n)^{\mathrm{T}}$,$b_1,b_2,\cdots,b_p$ 为已知常数,$m\leqslant n$,$p\geqslant m$,用 S 表示问题(3-25)的可行集。

问题(3-25)的约束可能不相容,也可能没有有限的最小值,这时称QP问题无解。若 $\boldsymbol{G}\geqslant\boldsymbol{0}$,则问题(3-25)就是一个凸QP问题,它的任何局部最优解,也是全局最优解,简称整体解;若 $\boldsymbol{G}>\boldsymbol{0}$,则问题(3-25)是一个正定QP问题,只要存在整体解,则它是唯一的,若 $\boldsymbol{G}$ 不定,则问题(3-25)是一个一般的QP问题。

设 $\bar{\boldsymbol{x}}$ 是问题(3-25)的可行解,若某个 $i\in\{1,2\cdots,p\}$ 使得 $\boldsymbol{a}_i^{\mathrm{T}}\bar{\boldsymbol{x}}=b_i$ 成立,则称它为 $\bar{\boldsymbol{x}}$ 点处的有效约束,称在 $\bar{\boldsymbol{x}}$ 点处所有有效约束的指标组成的集合 $J=J(\bar{\boldsymbol{x}})=\{i\,|\,\boldsymbol{a}_i^{\mathrm{T}}=b_i\}$ 为 $\bar{\boldsymbol{x}}$ 点处的有效约束指标集,简称为 $\bar{\boldsymbol{x}}$ 点处的有效集。

显然,对于任何可行点 $\bar{\boldsymbol{x}}$,所有等式约束都是有效约束,只有不等式约束才可能是非有效约束。

3.6.2 牛顿-拉格朗日法

考虑纯等式约束的优化问题

$$\begin{cases}\min f(\boldsymbol{x}), & \boldsymbol{x} \in \mathbf{R}^n \\ \text{s.t.} \quad h_i(\boldsymbol{x})=0, & i \in \varepsilon=\{1,2,\cdots,l\}\end{cases} \tag{3-26}$$

式中：$f:\mathbf{R}^n \rightarrow \mathbf{R}, h_i:\mathbf{R}^n \rightarrow \mathbf{R}(i \in \varepsilon)$都为二阶连续可微的实函数。

记 $\boldsymbol{h}(\boldsymbol{x})=(h_1(\boldsymbol{x}),h_2(\boldsymbol{x}),\cdots,h_l(\boldsymbol{x}))^{\mathrm{T}}$，则问题(3-26)的拉格朗日函数为

$$L(\boldsymbol{x},\boldsymbol{\mu})=f(\boldsymbol{x})-\sum_{i=1}^{l}\mu_i\boldsymbol{h}(\boldsymbol{x})=f(\boldsymbol{x})-\boldsymbol{\mu}^{\mathrm{T}}\boldsymbol{h}(\boldsymbol{x})$$

式中：$\boldsymbol{\mu}=(\mu_1,\mu_2,\cdots,\mu_l)^{\mathrm{T}}$，为拉格朗日乘子向量。

约束函数 $\boldsymbol{h}(\boldsymbol{x})$的梯度矩阵为

$$\nabla\boldsymbol{h}(\boldsymbol{x})=(\nabla h_1(\boldsymbol{x}),\nabla h_2(\boldsymbol{x}),\cdots,\nabla h_l(\boldsymbol{x}))$$

则 $\boldsymbol{h}(\boldsymbol{x})$的 Jacobi 矩阵为 $\boldsymbol{A}(\boldsymbol{x})=\nabla\boldsymbol{h}(\boldsymbol{x}^{\mathrm{T}})$。根据问题(3-26)的 KKT 条件，可以得到如下方程组

$$\nabla L(\boldsymbol{x},\boldsymbol{\mu})=\begin{pmatrix}\nabla_x L(\boldsymbol{x}^{\mathrm{T}},\boldsymbol{\mu}) \\ \nabla_{\mu} L(\boldsymbol{x}^{\mathrm{T}},\boldsymbol{\mu})\end{pmatrix}=\begin{pmatrix}\nabla f(\boldsymbol{x})-\boldsymbol{A}(\boldsymbol{x})^{\mathrm{T}}\boldsymbol{\mu} \\ -\boldsymbol{h}(\boldsymbol{x})\end{pmatrix} \tag{3-27}$$

可以用多种方法解方程组(3-27)。如果用牛顿法，则记函数$\nabla\boldsymbol{L}(\boldsymbol{x},\boldsymbol{\mu})$的 Jacobi 矩阵(或为 KKT 矩阵)为

$$\boldsymbol{N}(\boldsymbol{x},\boldsymbol{\mu})=\begin{pmatrix}\boldsymbol{W}(\boldsymbol{x},\boldsymbol{\mu}) & -\boldsymbol{A}(\boldsymbol{x})^{\mathrm{T}} \\ -\boldsymbol{A}(\boldsymbol{x}) & \boldsymbol{0}\end{pmatrix}$$

式中：

$$\boldsymbol{W}(\boldsymbol{x},\boldsymbol{\mu})=\nabla_{xx}^2 L(\boldsymbol{x},\boldsymbol{\mu})=\nabla^2 f(\boldsymbol{x})-\sum_{i=1}^{l}\mu_i\nabla^2 h_i(\boldsymbol{x})$$

为拉格朗日函数 $L(\boldsymbol{x},\boldsymbol{\mu})$关于 $\boldsymbol{x}$ 的 Hesse 阵。

对于给定的点 $\boldsymbol{z}_k=(\boldsymbol{x}_k,\boldsymbol{\mu}_k)$，牛顿法的迭代格式为

$$\boldsymbol{z}_{k+1}=\boldsymbol{z}_k+\boldsymbol{p}_k$$

式中：$\boldsymbol{p}_k$ 满足下面的线性方程组

$$\boldsymbol{N}(\boldsymbol{x}^{(k)},\boldsymbol{\mu}_k)\boldsymbol{p}_k=-\nabla L(\boldsymbol{x}^{(k)},\boldsymbol{\mu}_k)$$

即

$$\begin{pmatrix}\boldsymbol{W}(\boldsymbol{x}^{(k)},\boldsymbol{\mu}_k) & -\boldsymbol{A}(\boldsymbol{x}^{(k)})^{\mathrm{T}} \\ -\boldsymbol{A}(\boldsymbol{x}^{(k)}) & \boldsymbol{0}\end{pmatrix}\begin{pmatrix}\boldsymbol{d}_k \\ \boldsymbol{v}_k\end{pmatrix}=\begin{pmatrix}-\nabla f(\boldsymbol{x}^{(k)})+\boldsymbol{A}(\boldsymbol{x}^{(k)})^{\mathrm{T}}\boldsymbol{\mu}_k \\ \boldsymbol{h}(\boldsymbol{x}^{(k)})\end{pmatrix} \tag{3-28}$$

对于上述方程(3-28)，只要 $\boldsymbol{A}(\boldsymbol{x}^{(k)})$行满秩且 $\boldsymbol{W}(\boldsymbol{x}^{(k)},\boldsymbol{\mu}_k)$是正定的，那么其系数矩阵就是非奇异的，且方程有唯一解。通常把这种基于求解方程组(3-28)的优化方法称为拉格朗日方法，特别地，如果用牛顿法求解该方程组，则称为牛顿-拉格朗日方法。因此，根据牛顿法的性质，该方法具有局部二次收敛性质。

根据以上分析，牛顿-拉格朗日方法的计算步骤如下：

(1) 给定初始可行点 $\boldsymbol{x}^{(0)} \in \mathbf{R}^n, \boldsymbol{\mu}_0 \in \mathbf{R}^l, \beta, \sigma \in (0,1), 0 \leqslant \varepsilon \ll 1$，令 $k=0$。

(2) 计算$\|\nabla L(\boldsymbol{x}^{(k)},\boldsymbol{\mu}_k)\|$，若$\|\nabla L(\boldsymbol{x}^{(k)},\boldsymbol{\mu}_k)\| \leqslant \varepsilon$，则停止计算；否则，转步骤(3)。

(3) 解方程组(3-28)得 $\boldsymbol{p}_k=(\boldsymbol{d}_k^{\mathrm{T}},\boldsymbol{v}_k^{\mathrm{T}})^{\mathrm{T}}$。

(4) 设 m_k 是满足下列不等式的最小非负数 m，即

$$\|\nabla L(\boldsymbol{x}^{(k)}+\beta^m\boldsymbol{d}_k,\boldsymbol{\mu}_k+\beta^m\boldsymbol{v}_k)\|^2 \leqslant (1-\sigma\beta^m)\|\nabla L(\boldsymbol{x}^{(k)},\boldsymbol{\mu}_k)\|^2$$

令 $\alpha_k=\beta^{m_k}$。

(5) 令 $\boldsymbol{x}^{(k+1)}=\boldsymbol{x}^{(k)}+\alpha_k\boldsymbol{d}_k, \boldsymbol{\mu}_{k+1}=\boldsymbol{\mu}_k+\alpha_k\boldsymbol{v}_k, k=k+1$，转步骤(2)。

【例 3.9】 用牛顿-拉格朗日方法求解下列优化问题

$$\begin{cases}\min f(x)=1-x_1^2+e^{-x_1-x_2}+x_2^2-2x_1x_2+e^{x_1}-3x_2\\ \text{s.t.}\quad x_1^2+x_2^2-5=0\end{cases}$$

解:根据牛顿-拉格朗日方法的原理,自编 newlag1 函数进行计算。

```
>> clear
>> syms x y
>> fun = 1 - x^2 + exp( - x - y) + y^2 - 2 * x * y + exp(x) - 3 * y;
>> hfun = [x^2 + y^2 - 5];
>> x0 = [1 1];x_syms = [sym(x) sym(y)];esp = 0.0001;
>> [xmin,minf] = newlag1(fun,hfun,x0,x_syms,esp);
>> xmin = 1.4419    1.7091        %极小值
```

3.6.3 SQP 算法

1. 基于拉格朗日函数 Hesse 阵的 SQP 方法

在上一小节介绍的牛顿-拉格朗日法中,鉴于迭代求解方程组(3-28)在数值上不是很稳定,故可以考虑将它转化为一个严格的凸二次规划问题,转化的条件是问题(3-26)解 $\boldsymbol{x}^*$ 点处最优性二阶充分条件成立,即对满足 $\boldsymbol{A}(\boldsymbol{x}^*)^{\mathrm{T}}\boldsymbol{d}=\boldsymbol{0}$ 的任一向量 $\boldsymbol{d}\neq\boldsymbol{0}$,成立

$$\boldsymbol{d}^{\mathrm{T}}\boldsymbol{W}(\boldsymbol{x}^*,\boldsymbol{\mu}^*)\boldsymbol{d}>0$$

这时,当 $\tau>0$ 充分小时,有

$$\boldsymbol{W}(\boldsymbol{x}^*,\boldsymbol{\mu}^*)+\frac{1}{2\tau}\boldsymbol{A}(\boldsymbol{x}^*)^{\mathrm{T}}\boldsymbol{A}(\boldsymbol{x}^*)$$

正定。考虑方程组(3-28)中的 $\boldsymbol{W}(\boldsymbol{x}^{(k)},\boldsymbol{\mu}_k)$ 用一个正定矩阵来代替,记

$$\boldsymbol{B}(\boldsymbol{x}^{(k)},\boldsymbol{\mu}_k)=\boldsymbol{W}(\boldsymbol{x}^{(k)},\boldsymbol{\mu}_k)+\frac{1}{2\tau}\boldsymbol{A}(\boldsymbol{x}^{(k)})^{\mathrm{T}}\boldsymbol{A}(\boldsymbol{x}^{(k)})$$

则线性方程组(3-28)等价于

$$\begin{pmatrix}\boldsymbol{B}(\boldsymbol{x}^{(k)},\boldsymbol{\mu}_k) & -\boldsymbol{A}(\boldsymbol{x}^{(k)})^{\mathrm{T}}\\ \boldsymbol{A}(\boldsymbol{x}^{(k)}) & \boldsymbol{0}\end{pmatrix}\begin{pmatrix}\boldsymbol{d}_k\\ \bar{\boldsymbol{\mu}}_k\end{pmatrix}=-\begin{pmatrix}\nabla f(\boldsymbol{x}^{(k)})\\ \boldsymbol{h}(\boldsymbol{x}^{(k)})\end{pmatrix}\tag{3-29}$$

进一步,可以把方程组(3-29)转化为严格凸二次规划,设 $\boldsymbol{B}(\boldsymbol{x}^{(k)},\boldsymbol{\mu}_k)$ 是 $n\times n$ 正定矩阵,$\boldsymbol{A}(\boldsymbol{x}^{(k)})$ 是 $l\times n$ 行满秩矩阵,则 $\boldsymbol{d}_k$ 满足式(3-29)的充分条件是 $\boldsymbol{d}_k$ 为严格凸二次规划

$$\begin{cases}\min q_k(\boldsymbol{d})=\frac{1}{2}\boldsymbol{d}^{\mathrm{T}}\boldsymbol{B}(\boldsymbol{x}^{(k)},\boldsymbol{\mu}_k)\boldsymbol{d}+\nabla f(\boldsymbol{x}^{(k)})^{\mathrm{T}}\boldsymbol{d}\\ \text{s.t.}\quad \boldsymbol{h}(\boldsymbol{x}^{(k)})+\boldsymbol{A}(\boldsymbol{x}^{(k)})\boldsymbol{d}=\boldsymbol{0}\end{cases}\tag{3-30}$$

的全局极小点。

定义罚函数

$$P(\boldsymbol{x},\boldsymbol{\mu})=\|\nabla L(\boldsymbol{x},\boldsymbol{\mu})\|^2=\|\nabla f(\boldsymbol{x})-A(\boldsymbol{x})^{\mathrm{T}}\boldsymbol{\mu}\|^2+\|\boldsymbol{h}(\boldsymbol{x})\|^2$$

于是有下列纯等式约束优化问题的 SQP 算法:

(1) 给定初始可行点 $\boldsymbol{x}^{(0)}\in\mathbf{R}^n$,$\boldsymbol{\mu}_0\in\mathbf{R}^l$,$\beta,\sigma\in(0,1)$,$0\leqslant\varepsilon\ll1$,令 $k=0$。

(2) 计算 $P(\boldsymbol{x}^{(k)},\boldsymbol{\mu}_k)$,若 $P(\boldsymbol{x}^{(k)},\boldsymbol{\mu}_k)\leqslant\varepsilon$,则停止计算;否则,转步骤(3)。

(3) 求解二次规划子问题(3-30)得 $\boldsymbol{d}_k$ 和 $\bar{\boldsymbol{\mu}}_k$,并令

$$\boldsymbol{v}_k=\bar{\boldsymbol{\mu}}_k-\boldsymbol{\mu}_k-\frac{1}{2\tau}\boldsymbol{A}(\boldsymbol{x}^{(k)})\boldsymbol{d}_k$$

(4) 设 m_k 是满足下列不等式的最小非负数 m,即

$$P(\boldsymbol{x}^{(k)}+\beta^m\boldsymbol{d}_k,\boldsymbol{\mu}_k+\beta^m\boldsymbol{v}_k)\leqslant(1-\sigma\beta^m)P(\boldsymbol{x}^{(k)},\boldsymbol{\mu}_k)$$

令 $\alpha_k=\beta^{m_k}$。

(5) 令 $\boldsymbol{x}^{(k+1)}=\boldsymbol{x}^{(k)}+\alpha_k\boldsymbol{d}_k,\boldsymbol{\mu}_{k+1}=\boldsymbol{\mu}_k+\alpha_k\boldsymbol{v}_k,k=k+1$,转步骤(2)。

2. 基于修正 Hesse 阵的 SQP 方法

考虑一般形式的约束优化问题

$$\begin{cases}\min f(\boldsymbol{x}), & \boldsymbol{x}\in\mathbf{R}^n\\ \text{s.t.}\quad h_i(\boldsymbol{x})=0, & i\in\varepsilon=\{1,2,\cdots,l\}\\ \qquad g_i(\boldsymbol{x})\geqslant 0, & i\in I=\{1,2,\cdots,m\}\end{cases}$$

在给定点$(\boldsymbol{x}^{(k)},\boldsymbol{\mu}_k,\boldsymbol{\lambda}_k)$之后,将约束函数线性化,并且对拉格朗日函数进行二次多项式近似,得到下列形式的二次规划子问题

$$\begin{cases}\min \dfrac{1}{2}\boldsymbol{d}^{\mathrm{T}}\boldsymbol{W}_k\boldsymbol{d}+\nabla f(\boldsymbol{x}^{(k)})^{\mathrm{T}}\boldsymbol{d}\\ \text{s.t.}\quad h_i(\boldsymbol{x}^{(k)})+\nabla h_i(\boldsymbol{x}^{(k)})^{\mathrm{T}}\boldsymbol{d}=0, & i\in\varepsilon\\ \qquad g_i(\boldsymbol{x}^{(k)})+\nabla g_i(\boldsymbol{x}^{(k)})^{\mathrm{T}}\boldsymbol{d}\geqslant 0, & i\in I\end{cases}\tag{3-31}$$

式中:$\varepsilon=\{1,2,\cdots,l\}$;$I=\{1,2,\cdots,m\}$;$\boldsymbol{W}_k=\boldsymbol{W}(\boldsymbol{x}^{(k)},\boldsymbol{\mu}_k,\boldsymbol{\lambda}_k)=\nabla_{xx}^2L(\boldsymbol{x}^{(k)},\boldsymbol{\mu}_k,\boldsymbol{\lambda}_k)$。

拉格朗日函数为

$$L(\boldsymbol{x},\boldsymbol{\mu},\boldsymbol{\lambda})=f(\boldsymbol{x})-\sum_{i\in\varepsilon}\mu_ih_i(\boldsymbol{x})-\sum_{i\in I}\lambda_ig_i(\boldsymbol{x})$$

于是迭代点 $\boldsymbol{x}^{(k)}$ 的校正步 $\boldsymbol{d}_k$ 以及新的拉格朗日乘子估计量 $\boldsymbol{\mu}_{k+1}$、$\boldsymbol{\lambda}_{k+1}$ 可以分别定义为问题(3-31)的最优解 $\boldsymbol{d}^*$ 和相应的拉格朗日乘子 $\boldsymbol{\mu}^*$、$\boldsymbol{\lambda}^*$。

问题(3-31)可能不存在可行点,为了克服这一困难,可以引进辅助变量 ξ,然后求解下面的线性规划

$$\begin{cases}\min(-\xi)\\ \text{s.t.}\quad -\xi h_i(\boldsymbol{x}^{(k)})+\nabla h_i(\boldsymbol{x}^{(k)})^{\mathrm{T}}\boldsymbol{d}=0, & i\in\varepsilon\\ \qquad -\xi g_i(\boldsymbol{x}^{(k)})+\nabla g_i(\boldsymbol{x}^{(k)})^{\mathrm{T}}\boldsymbol{d}\geqslant 0, & i\in U_k\\ \qquad g_i(\boldsymbol{x}^{(k)})+\nabla g_i(\boldsymbol{x}^{(k)})^{\mathrm{T}}\boldsymbol{d}\geqslant 0, & i\in V_k\\ \qquad -1\leqslant\xi\leqslant 0\end{cases}\tag{3-32}$$

式中:$\boldsymbol{U}_k=\{i\,|\,g_i(\boldsymbol{x}^{(k)})<0,i\in I\}$;$\boldsymbol{V}_k=\{i\,|\,g_i(\boldsymbol{x}^{(k)})\geqslant 0,i\in I\}$。

显然 $\xi=0,\boldsymbol{d}=\boldsymbol{0}$ 是线性规划(3-32)的一个可行点,并且该线性规划的极小点 $\bar{\xi}=-1$ 当且仅当二次规划子问题(3-31)是相容的,即子问题的可行域非空。

当 $\bar{\xi}=-1$ 时,可以用线性规划问题的最优解 $\bar{\boldsymbol{d}}$ 作为初始点,求出二次规划子问题的最优解 $\boldsymbol{d}_k$,而当 $\bar{\xi}=0$ 或接近于 0 时,二次规划子问题无可行点,此时需要重新选择迭代初始点 $\boldsymbol{x}^{(k)}$,然后再进行 SQP 计算。当 $\bar{\xi}\neq-1$ 但比较接近 -1 时,可以用对应 $\bar{\xi}$ 的约束条件来代替原来的约束条件,再求解修正后的二次规划子问题。

在构造二次规划子问题(3-31)时,需计算拉格朗日函数在迭代点 $\boldsymbol{x}^{(k)}$ 处的 Hesse 阵 $\boldsymbol{W}_k=\boldsymbol{W}(\boldsymbol{x}^{(k)},\boldsymbol{\mu}_k,\boldsymbol{\lambda}_k)$,其计算量巨大。为了克服这一缺陷,可以用对称正定矩阵 $\boldsymbol{B}_k$ 代替拉格朗日矩阵的序列二次规划法,即 Wilson-Han-Powell 方法(WHP 方法)。

WHP 方法需要构造一个下列形式的二次规划子问题

$$\begin{cases}\min \dfrac{1}{2}\boldsymbol{d}^{\mathrm{T}}\boldsymbol{B}_k\boldsymbol{d}+\nabla f(\boldsymbol{x}^{(k)})^{\mathrm{T}}\boldsymbol{d} \\ \text{s. t.} \quad h_i(\boldsymbol{x}^{(k)})+\nabla h_i(\boldsymbol{x}^{(k)})^{\mathrm{T}}\boldsymbol{d}=0, \quad i\in\varepsilon \\ \qquad\ \ g_i(\boldsymbol{x}^{(k)})+\nabla g_i(\boldsymbol{x}^{(k)})^{\mathrm{T}}\boldsymbol{d}\geqslant 0, \quad i\in I\end{cases} \tag{3-33}$$

并用此问题的解 $\boldsymbol{d}_k$ 作为原问题的变量 $\boldsymbol{x}$ 在第 k 次迭代过程中的搜索方向。

WHP 方法的计算步骤如下：

(1) 给定初始可行点 $\boldsymbol{x}^{(0)}\in\mathbf{R}^n$，初始对称矩阵 $\boldsymbol{B}_0\in\mathbf{R}^{n\times n}$，容许误差 $0\leqslant\varepsilon\ll 1$ 和满足 $\sum_{k=0}^{\infty}\eta_k<+\infty$ 的非负数列$\{\eta_k\}$。取参数 $\sigma>0$ 和 $\delta>0$，令 $k=0$。

(2) 求解二次规划子问题(3-33)，得最优解 $\boldsymbol{d}_k$。

(3) 若$\|\boldsymbol{d}_k\|\leqslant\varepsilon$，则停止计算，输出 $\boldsymbol{x}^{(k)}$ 作为原问题的近似极小点。

(4) 利用下列 l_1 罚函数 $P_\sigma(\boldsymbol{x})$，即

$$P_\sigma(\boldsymbol{x})=f(\boldsymbol{x})+\frac{1}{\sigma}\left\{\sum_{i\in\varepsilon}|h_i(\boldsymbol{x})|+\sum_{i\in I}|[g_i(\boldsymbol{x})]_-|\right\}$$

式中：$\sigma>0$，$[g_i(\boldsymbol{x})]_-=\max\{0,-g_i(\boldsymbol{x})\}$。

按照某种线搜索规划确定步长 $\alpha_k\in(0,\delta]$，使得

$$P_\sigma(\boldsymbol{x}^{(k)}+\alpha\boldsymbol{d}_k)\leqslant\min_{\alpha\in(0,\delta]}P_\sigma(\boldsymbol{x}^{(k)}+\alpha\boldsymbol{d}_k)+\eta_k$$

(5) 令 $\boldsymbol{x}^{(k+1)}=\boldsymbol{x}^{(k)}+\alpha_k\boldsymbol{d}_k$，更新 $\boldsymbol{B}_k$ 为 $\boldsymbol{B}_{k+1}$。

(6) 令 $k=k+1$，转步骤(2)。

在 WHP 算法中，有两个问题需要注意：一是二次规划子问题的 Hesse 阵的选择；二是算法的收敛性。

对于第一个问题，即 Hesse 阵的选择可以有以下两种方法：

① 基于拟牛顿校正公式的选择方法。

令 $\boldsymbol{s}_k=\boldsymbol{x}^{(k+1)}-\boldsymbol{x}^{(k)}$，$\boldsymbol{y}_k=\nabla_x L(\boldsymbol{x}^{(k+1)},\boldsymbol{\mu}_{k+1})-\nabla_x L(\boldsymbol{x}^{(k)},\boldsymbol{\mu}_{k+1})$，则矩阵 $\boldsymbol{B}_k$ 的校正公式为

$$\boldsymbol{B}_{k+1}=\boldsymbol{B}_k-\frac{\boldsymbol{B}_k\boldsymbol{s}_k\boldsymbol{s}_k^{\mathrm{T}}\boldsymbol{B}_k}{\boldsymbol{s}_k^{\mathrm{T}}\boldsymbol{B}_k\boldsymbol{s}_k}+\frac{\boldsymbol{z}_k\boldsymbol{z}_k^{\mathrm{T}}}{\boldsymbol{s}_k^{\mathrm{T}}\boldsymbol{z}_k}$$

式中：

$$\boldsymbol{z}_k=\omega_k\boldsymbol{y}_k+(1-\omega_k)\boldsymbol{B}_k\boldsymbol{s}_k$$

$$\omega_k=\begin{cases}1, & \boldsymbol{s}_k^{\mathrm{T}}\boldsymbol{y}_k\geqslant 0.2\boldsymbol{s}_k^{\mathrm{T}}\boldsymbol{B}_k\boldsymbol{s}_k \\ \dfrac{0.8\boldsymbol{s}_k^{\mathrm{T}}\boldsymbol{B}_k\boldsymbol{s}_k}{\boldsymbol{s}_k^{\mathrm{T}}\boldsymbol{B}_k\boldsymbol{s}_k-\boldsymbol{s}_k^{\mathrm{T}}\boldsymbol{y}_k}, & \boldsymbol{s}_k^{\mathrm{T}}\boldsymbol{y}_k\geqslant 0.2\boldsymbol{s}_k^{\mathrm{T}}\boldsymbol{B}_k\boldsymbol{s}_k\end{cases}$$

② 基于增广拉格朗日函数的选择方法。

增广拉格朗日函数的 Hesse 阵为

$$\nabla_{xx}^2 L_A(\boldsymbol{x}^*,\boldsymbol{\mu}^*,\sigma)=\nabla_{xx}^2 L_A(\boldsymbol{x}^*,\boldsymbol{\mu}^*)+\frac{1}{\sigma}\boldsymbol{A}(\boldsymbol{x}^*)^{\mathrm{T}}\boldsymbol{A}(\boldsymbol{x}^*)$$

式中：$(\boldsymbol{x}^*,\boldsymbol{\mu}^*)$为 KKT 点；$\boldsymbol{A}(\boldsymbol{x}^*)$为 $\boldsymbol{x}^*$ 处约束函数的 Jacobi 矩阵。

对于第二个问题，即为了保证算法全局收敛性，通常借助于以下的价值函数来确定搜索步长：

① l_1 价值函数。

对于纯等式约束的优化问题，价值函数为

$$\phi_1(\boldsymbol{x})=f(\boldsymbol{x})+\frac{1}{\sigma}\|\boldsymbol{h}(\boldsymbol{x})\|_1$$

对于一般的约束优化问题，价值函数为

$$\begin{aligned}P_\sigma(\boldsymbol{x})&=f(\boldsymbol{x})+\frac{1}{\sigma}[\|\boldsymbol{h}(\boldsymbol{x})\|_1+\|\boldsymbol{g}(\boldsymbol{x})_{-1}\|_1]\\&=f(\boldsymbol{x})+\frac{1}{\sigma}\left\{\sum_{i\in\varepsilon}|h_i(\boldsymbol{x})|+\sum_{i\in I}|[g_i(\boldsymbol{x})]_{-1}|\right\}\end{aligned}$$

② Fletcher 价值函数。

Fletcher 价值函数也称增广拉格朗日价值函数，其表达式如下：

$$\phi_F(\boldsymbol{x},\sigma)=f(\boldsymbol{x})-\boldsymbol{\mu}(\boldsymbol{x})^{\mathrm{T}}\boldsymbol{h}(\boldsymbol{x})+\frac{1}{2\sigma}\|\boldsymbol{h}(\boldsymbol{x})\|^2$$

式中：$\boldsymbol{\mu}(\boldsymbol{x})$为乘子向量，$\sigma>0$为罚参数。

若函数 $\boldsymbol{h}(\boldsymbol{x})$的 Jacobi 矩阵 $\boldsymbol{A}(\boldsymbol{x})=\nabla\boldsymbol{h}(\boldsymbol{x})^{\mathrm{T}}$ 是行满秩的，则乘子向量可取为

$$\boldsymbol{\mu}(\boldsymbol{x})=[\boldsymbol{A}(\boldsymbol{x})\boldsymbol{A}(\boldsymbol{x})^{\mathrm{T}}]^{-1}\boldsymbol{A}(\boldsymbol{x})\nabla f(\boldsymbol{x})$$

即是下面的最小二乘问题的解

$$\min_{\mu\in\mathbf{R}^l}\|\nabla f(\boldsymbol{x})-\boldsymbol{A}(\boldsymbol{x})^{\mathrm{T}}\boldsymbol{\mu}\|$$

3. 一般形式优化问题的 SQP 方法

根据以上讨论，可给出一般形式优化问题的 SQP 方法的计算步骤：

(1) 给定初始点$(\boldsymbol{x}^{(0)},\boldsymbol{\mu}_0,\boldsymbol{\lambda}_0)\in\mathbf{R}^n\times\mathbf{R}^l\times\mathbf{R}^m$，对称矩阵 $\boldsymbol{B}_0\in\mathbf{R}^{n\times n}$，计算

$$\boldsymbol{A}_0^\varepsilon=\nabla\boldsymbol{h}(\boldsymbol{x}^{(0)})^{\mathrm{T}},\quad\boldsymbol{A}_0^I=\nabla\boldsymbol{g}(\boldsymbol{x}^{(0)})^{\mathrm{T}},\quad\boldsymbol{A}_0=\begin{pmatrix}\boldsymbol{A}_0^\varepsilon\\\boldsymbol{A}_0^I\end{pmatrix}$$

选择参数 $\eta\in(0,1/2)$，$\rho\in(0,1)$，容许误差 $0\leqslant\varepsilon_1,\varepsilon_2\ll1$，令 $k=0$。

(2) 求解子问题

$$\begin{cases}\min\ \dfrac{1}{2}\boldsymbol{d}^{\mathrm{T}}\boldsymbol{B}_k\boldsymbol{d}+\nabla f(\boldsymbol{x}^{(k)})^{\mathrm{T}}\boldsymbol{d}\\\text{s. t.}\quad\boldsymbol{h}(\boldsymbol{x}^{(k)})+\boldsymbol{A}_k^\varepsilon\boldsymbol{d}=0\\\qquad\ \ \boldsymbol{g}(\boldsymbol{x}^{(k)})+\boldsymbol{A}_k^I\boldsymbol{d}\geqslant0\end{cases}$$

得最优解 $\boldsymbol{d}_k$。

(3) 若$\|\boldsymbol{d}_k\|_1\leqslant\varepsilon_1$ 且$\|\boldsymbol{h}_k\|_1+\|(\boldsymbol{g}_k)_-\|_1\leqslant\varepsilon_2$，则停止计算，得到原问题的一个近似 KKT 点$(\boldsymbol{x}^{(k)},\boldsymbol{\mu}_k,\boldsymbol{\lambda}_k)$。

(4) 选择 l_1 价值函数 $\phi(\boldsymbol{x},\sigma)$，即

$$\phi(\boldsymbol{x},\sigma)=f(\boldsymbol{x})+\frac{1}{\sigma}[\|\boldsymbol{h}(\boldsymbol{x})\|_1+\|\boldsymbol{g}(\boldsymbol{x})_{-1}\|_1]$$

令 $\tau=\max\{\|\boldsymbol{\mu}_k\|,\|\boldsymbol{\lambda}_k\|\}$，任意选择一个 $\delta>0$，定义罚参数的修正规则为

$$\sigma_k=\begin{cases}\sigma_{k-1}, & \sigma_{k-1}^{-1}\geqslant\tau+\delta\\(\tau+2\delta)^{-1}, & \sigma_{k-1}^{-1}<\tau+\delta\end{cases}$$

使得 $\boldsymbol{d}_k$ 是该函数在 $\boldsymbol{x}_k$ 处的下降方向。

(5) 设 m_k 是满足下列不等式的最小非负数 m，即

$$\phi(\boldsymbol{x}^{(k)}+\rho^m\boldsymbol{d}_k,\sigma_k)-\phi(\boldsymbol{x}^{(k)},\sigma_k)\leqslant\eta\rho^m\phi'(\boldsymbol{x}^{(k)},\sigma_k;\boldsymbol{d}_k)$$

令 $\alpha_k=\rho^{m_k}$，$\boldsymbol{x}^{(k+1)}=\boldsymbol{x}^{(k)}+\alpha_k\boldsymbol{d}_k$。

(6) 计算

$$\boldsymbol{A}_{k+1}^{\varepsilon}=\nabla \boldsymbol{h}(\boldsymbol{x}^{(k+1)})^{\mathrm{T}},\quad \boldsymbol{A}_{k+1}^{I}=\nabla \boldsymbol{g}(\boldsymbol{x}^{(k+1)})^{\mathrm{T}},\quad \boldsymbol{A}_{k+1}=\begin{pmatrix}\boldsymbol{A}_{k+1}^{\varepsilon}\\ \boldsymbol{A}_{k+1}^{I}\end{pmatrix}$$

以及最小二乘乘子

$$\begin{pmatrix}\boldsymbol{\mu}_{k+1}\\ \boldsymbol{\lambda}_{k+1}\end{pmatrix}=[\boldsymbol{A}_{k+1}\boldsymbol{A}_{k+1}^{\mathrm{T}}]^{-1}\boldsymbol{A}_{k+1}\nabla f(\boldsymbol{x}^{(k+1)})$$

(7) 校正矩阵 $\boldsymbol{B}_k$ 为 $\boldsymbol{B}_{k+1}$,令

$$\boldsymbol{s}_k=\alpha_k\boldsymbol{d}_k,\quad \boldsymbol{y}_k=\nabla_x L(\boldsymbol{x}^{(k+1)},\boldsymbol{\mu}_{k+1},\boldsymbol{\lambda}_{k+1})-\nabla_x L(\boldsymbol{x}^{(k)},\boldsymbol{\mu}_{k+1},\boldsymbol{\lambda}_{k+1})$$

$$\boldsymbol{B}_{k+1}=\boldsymbol{B}_k-\frac{\boldsymbol{B}_k\boldsymbol{s}_k\boldsymbol{s}_k^{\mathrm{T}}\boldsymbol{B}_k}{\boldsymbol{s}_k^{\mathrm{T}}\boldsymbol{B}_k\boldsymbol{s}_k}+\frac{\boldsymbol{z}_k\boldsymbol{z}_k^{\mathrm{T}}}{\boldsymbol{s}_k^{\mathrm{T}}\boldsymbol{z}_k}$$

式中:

$$\boldsymbol{z}_k=\omega_k\boldsymbol{y}_k+(1-\omega_k)\boldsymbol{B}_k\boldsymbol{s}_k$$

参数 ω_k 定义为

$$\omega_k=\begin{cases}1, & \boldsymbol{s}_k^{\mathrm{T}}\boldsymbol{y}_k\geqslant 0.2\boldsymbol{s}_k^{\mathrm{T}}\boldsymbol{B}_k\boldsymbol{s}_k\\ \dfrac{0.8\boldsymbol{s}_k^{\mathrm{T}}\boldsymbol{B}_k\boldsymbol{s}_k}{\boldsymbol{s}_k^{\mathrm{T}}\boldsymbol{B}_k\boldsymbol{s}_k-\boldsymbol{s}_k^{\mathrm{T}}\boldsymbol{y}_k}, & \boldsymbol{s}_k^{\mathrm{T}}\boldsymbol{y}_k\geqslant 0.2\boldsymbol{s}_k^{\mathrm{T}}\boldsymbol{B}_k\boldsymbol{s}_k\end{cases}$$

(8) 令 $k=k+1$,转步骤(2)。

【例 3.10】 用 SQP 求解下列优化问题:

$$\begin{cases}\min f(x)=\dfrac{1}{2}(x_1^2+x_2^2+x_3^2)\\ \text{s. t.}\quad x_1+2x_2-x_3=4\\ \qquad\quad x_1-x_2+x_3=-2\end{cases}$$

解:根据 SQP 方法的原理,编写 sqp1 函数进行计算。

```
>> clear
>> syms x y z
>> fun = (x^2 + y^2 + z^2)/2;hfun = [x + 2 * y - z - 4;x - y + z + 2];
>> x0 = [0 0 0];esp = 0.0001;x_syms = [sym(x) sym(y) sym(z)];
>> [xmin,minf] = sqp1(fun,hfun,x0,x_syms,esp);
>> xmin = 0.2857     1.4286    - 0.8571          % 极值
```

计算中可以发现,经过一次迭代就可以得到最优值,并符合 SQP 算法的终止规则。

【例 3.11】 用 SQP 方法求解下列的优化问题:

$$(1)\begin{cases}\min f(x)=\mathrm{e}^{x_1x_2x_3x_4x_5}-\dfrac{1}{2}(x_1^3+x_2^3+1)^2\\ \text{s. t.}\quad x_1^2+x_2^2+x_3^2+x_4^2+x_5^2=10\\ \qquad\quad x_2x_3-5x_4x_5=0\\ \qquad\quad x_1^3+x_2^3=-1\end{cases}$$

$$(2)\begin{cases}\min f(x)=\mathrm{e}^{-x_1-x_2}+x_1^2+2x_1x_2+x_2^2+2x_1+6x_2\\ \text{s. t.}\quad 2-x_2-x_2\geqslant 0\\ \qquad\quad x_1,x_2\geqslant 0\end{cases}$$

解:根据基于光滑牛顿法求解二次规划子问题的 SQP 方法,编写函数 newsqp1 进行计算。

(1)

```
>> clear
>> syms x1 x2 x3 x4 x5
>> fun = exp(x1 * x2 * x3 * x4 * x5) - (x1^3 + x2^3 + 1)^2/2;
>> hfun = [x1^2 + x2^2 + x3^2 + x4^2 + x5^2 - 10;x2 * x3 - 5 * x4 * x5;x1^3 + x2^3 + 1];
>> gfun = [];
>> x_syms = [sym(x1) sym(x2) sym(x3) sym(x4) sym(x5)];
>> x0 = [-1.7 1.5 1.8 -.6 -0.6];
>> [xmin1,minf,mu,lam] = newsqp1(fun,hfun,gfun,x0,x_syms);
>> xmin =  -1.7171   1.5957   1.8272   -0.7636   -0.7636     %极值
```

(2)

```
>> clear
>> syms x1 x2
>> fun = exp(-x1 - x2) + x1^2 + 2 * x1 * x2 + x2^2 + 2 * x1 + 6 * x2;
>> gfun = [2 - x1 - x2;x1;x2];hfun = [];x_syms = [sym(x1) sym(x2)];
>> x0 = [1 1];
>> [xmin2,minf,mu,lam] = newsqp1(fun,hfun,gfun,x0,x_syms);
>> xmin = 1.0e-010 * ( -0.2239   -0.0002)      %极值
```

【例 3.12】 用 MATLAB 中 fmincon 函数求解侧面积为 150 m^2 的体积最大的长方体体积。

解:根据题意,可写出此题的数学模型

$$\begin{cases} \min\ f(x) = -x_1x_2x_3 \\ \text{s.t.}\quad 2(x_1x_3 + x_2x_3 + x_1x_2) = 150 \end{cases}$$

因为约束条件为非线性等式约束,所以需编写一个约束文件,然后再调用 fmincon 函数进行求解。

优化函数:

```
function y = optifun7(x)
  y = -x(1) * x(2) * x(3);
```

约束函数:

```
function [c,ceq] = mycon1(x)
ceq = x(2) * x(3) + x(1) * x(2) + x(1) * x(3) - 75;
c = [];
```

再调用 fmincon 函数进行计算:

```
>> options  = optimset('Algorithm','sqp');     %改变计算方法
>> [x,val] = fmincon(@optifun7,[1 2 3],[],[],[],[],zeros(3,1),[inf;inf;inf],@mycon1);
```

得到如下结果:

```
x = 5.0000  5.00005.0000      %长方体尺寸
val = -125.0000               %即体积为 125 m^3
```

注:利用 fmincon 函数并不能对每一个优化问题都能得到正确答案,如后面的优化问题。此问题的近似最优解为驻点[78.001 9　33.001 4　29.993 7　44.997 4　36.774 1],最优值为−30 665.997 9。

$$
\begin{cases}
\min f(x)=5.3578547x_3^2+0.835689x_1x_5+37.293239x_1-40792.141 \\
\text{s.t.} \quad 0 \leqslant g_1(x) \leqslant 92 \\
\qquad 90 \leqslant g_2(x) \leqslant 110 \\
\qquad 20 \leqslant g_3(x) \leqslant 25 \\
\qquad 78 \leqslant x_1 \leqslant 102 \\
\qquad 33 \leqslant x_2 \leqslant 45 \\
\qquad 27 \leqslant x_3 \leqslant 45 \\
\qquad 27 \leqslant x_4 \leqslant 45 \\
\qquad 27 \leqslant x_5 \leqslant 45
\end{cases}
$$

其中：

$$g_1(x)=0.0056858\,x_2x_5-0.0022053x_3x_5+0.0006262x_1x_4+85.33440$$

$$g_2(x)=0.0021813x_3^2+0.0071317x_2x_5+0.0029955x_1x_2-80.51249$$

$$g_3(x)=0.0047026x_3x_5+0.0019085x_3x_4+0.0012547x_1x_3-9.300961$$

3.7 极大熵方法

极大熵方法是近年来出现的一种新的优化方法，它的基本思想是利用最大熵原理推导出一个可微函数 $G_p(\boldsymbol{x})$（通常称为极大熵函数），用函数 $G_p(\boldsymbol{x})$ 来逼近最大值函数 $G(x)=\max\limits_{1\leqslant i\leqslant m}\{g_i(\boldsymbol{x})\}$，就可把求解约束优化问题转化为单约束优化问题，把某些不可微优化问题转化为可微优化问题，使问题简化。

考虑一般的约束优化问题

$$
\begin{cases}
\min F(\boldsymbol{x})=\max\limits_{1\leqslant k\leqslant s} f_k(\boldsymbol{x}), \quad \boldsymbol{x}\in\mathbf{R}^n \\
\text{s.t.} \quad h_j(\boldsymbol{x})=0, \quad j=1,2,\cdots,l \\
\qquad g_i(\boldsymbol{x})\leqslant 0, \quad i=1,2,\cdots,m
\end{cases}
\tag{3-34}
$$

其中，$f_k(\boldsymbol{x}),g_i(\boldsymbol{x}),h_j(\boldsymbol{x}):\mathbf{R}^n\to\mathbf{R}$，$f_k(\boldsymbol{x}),g_i(\boldsymbol{x}),h_j(\boldsymbol{x})\in C^1$。

令 $G(\boldsymbol{x})=\max\limits_{1\leqslant i\leqslant m}\{g_i(\boldsymbol{x})\}$，$H(\boldsymbol{x})=\max\limits_{1\leqslant j\leqslant l}\{h_j^2(\boldsymbol{x})\}$，则问题(3-34)与下列问题(3-35)等价

$$
\begin{cases}
\min F(\boldsymbol{x}), \quad \boldsymbol{x}\in\mathbf{R}^n \\
\text{s.t.} \quad H(\boldsymbol{x})=0 \\
\qquad G(\boldsymbol{x})\leqslant 0
\end{cases}
\tag{3-35}
$$

令

$$F_p(\boldsymbol{x})=\frac{1}{p}\ln\sum_{i=1}^{s}\exp[pf_i(\boldsymbol{x})], \quad p>0$$

$$G_q(\boldsymbol{x})=\frac{1}{q}\ln\sum_{i=1}^{m}\exp[qg_i(\boldsymbol{x})], \quad q>0$$

$$H_t(\boldsymbol{x})=\frac{1}{t}\ln\sum_{j=1}^{l}\exp[th_i^2(\boldsymbol{x})], \quad t>0$$

则求问题(3-34)的近似最优解，可转化为求解当为正且充分大时如下优化问题

$$
\begin{cases}
\min F_p(\boldsymbol{x}), \quad \boldsymbol{x}\in\mathbf{R}^n \\
\text{s.t.} \quad H_t(\boldsymbol{x})\leqslant (r\ln l)/t \\
\qquad G_q(\boldsymbol{x})\leqslant 0
\end{cases}
\tag{3-36}
$$

式中：$r\in(1,+\infty)$为常数。

问题(3-36)仅含有两个不等式约束，且目标函数和约束函数$f_k(\boldsymbol{x}),g_i(\boldsymbol{x}),h_j(\boldsymbol{x})\in C^1$时，均是连续可微的，因此比问题(3-34)容易求解。利用增广拉格朗日乘子法可进一步将其转化为无约束优化问题求解，而无约束优化问题可用有限内存的BFGS方法求解，这样就为求解大规模的约束优化问题和某些不可微问题提供了一种比较简单而有效的近似方法。

下面给出具体的计算步骤：

(1) 给定初始点$\boldsymbol{x}^{(0)}$，初始拉格朗日乘子$\mu_1^{(1)}=0,\mu_2^{(1)}=0,C>0,p,q,t\in[10^3,10^6],r\geqslant 1$，计算精度$\varepsilon>0$，令$k=1$。

(2) 以$\boldsymbol{x}^{(k-1)}$为初始点，用有限内存BFGS方法求解$\min\ \varphi(\boldsymbol{x},\mu)$，设其解为$\boldsymbol{x}^{(k)}$，其中$\varphi(\boldsymbol{x},\boldsymbol{\mu})$由下式确定

$$\varphi(\boldsymbol{x},\boldsymbol{\mu})=f(\boldsymbol{x})+\frac{1}{2c}\{[\max(0,\mu_1+cG_q(\boldsymbol{x}))]^2-\mu_1^2+$$
$$[\max(0,\mu_2+c(H_t(\boldsymbol{x})-(r\ln l)/t))]^2-\mu_2^2\}$$

(3) 计算

$$\tau=\left\{[\max(G_q(\boldsymbol{x}^{(k)}),\mu_1^{(k)}/c)]^2+\left[\max\left(H_t(\boldsymbol{x}^{(k)})-\frac{r\ln l}{t},\mu_2^{(k)}/c\right)\right]^2\right\}$$

若$\tau\leqslant\varepsilon$，则计算结束，取$\boldsymbol{x}^{(k)}$为问题(3-34)的近似最优解；否则计算

$$\beta=\frac{\left\{G_q^2(\boldsymbol{x}^{(k)})+\left[H_t(\boldsymbol{x}^{(k)})-\dfrac{r\ln l}{t}\right]^2\right\}^{\frac{1}{2}}}{\left\{G_q^2(\boldsymbol{x}^{(k-1)})+\left[H_t(\boldsymbol{x}^{(k-1)})-\dfrac{r\ln l}{t}\right]^2\right\}^{\frac{1}{2}}}$$

若$\beta<1/4$，则转步骤(4)；否则，令$c=2c$，转步骤(4)。

(4) 计算

$$\mu_1^{(k+1)}=\max[0,\mu_1^{(k)}+cG_q(\boldsymbol{x}^{(k)})]$$
$$\mu_2^{(k+1)}=\max\{0,\mu_2^{(k)}+c[H_t(\boldsymbol{x}^{(k)})-(r\ln l)/t]\}$$

令$k=k+1$，返回步骤(2)。

习题3

3.1 以下数学规划是否为凸规划：

$$\begin{cases}\min\ z=2x_1^2+x_2^2-2x_1x_2\\ \text{s.t.}\quad x_1+x_2\leqslant 1\\ \qquad\quad x_1,x_2\geqslant 0\end{cases}$$

3.2 给定以下数学规划：

$$\begin{cases}\min\ z=\left(x_1-\dfrac{9}{4}\right)^2+(x_2-2)^2\\ \text{s.t.}\quad -x_1^2+x_2\geqslant 0\\ \qquad\quad x_1+x_2\leqslant 6\\ \qquad\quad x_1,x_2\geqslant 0\end{cases}$$

判别各点 $\boldsymbol{x}^{(1)}=\begin{bmatrix}\frac{3}{2}\\\frac{9}{4}\end{bmatrix}$，$\boldsymbol{x}^{(2)}=\begin{bmatrix}\frac{9}{4}\\2\end{bmatrix}$，$\boldsymbol{x}^{(3)}=\begin{bmatrix}0\\2\end{bmatrix}$是否为最优解。

3.3 用 KKT 条件求解下列问题：

$$\begin{cases}\min z=x_1^2-x_2-x_3\\ \text{s.t.}\quad -x_1-x_2-x_3\geqslant 0\\ \qquad x_1^2+2x_2-x_3=0\end{cases}$$

3.4 考虑以下线性规划问题：

$$\begin{cases}\min z=4x_1-3x_2\\ \text{s.t.}\quad 4-x_1-x_2\geqslant 0\\ \qquad x_2+7\geqslant 0\\ \qquad -(x_1-3)^2+x_2+1\geqslant 0\end{cases}$$

求满足 KKT 条件的点。

3.5 考虑下列问题：

$$\begin{cases}\min z=x_1^2+x_1x_2+2x_2^2-6x_1-2x_2-12x_3\\ \text{s.t.}\quad x_1+x_2+x_3=2\\ \qquad -x_1+2x_2\leqslant 3\\ \qquad x_1,x_2,x_3\geqslant 0\end{cases}$$

求出在点 $\hat{\boldsymbol{x}}=(1,1,0)^{\mathrm{T}}$处的一个下降可行方向。

3.6 用 Zoutendijk 方法求解下列优化问题：

$$\begin{cases}\min f(x)=x_1^2+4x_2^2-34x_1-32x_2\\ \text{s.t.}\quad -2x_1-x_2+6\geqslant 0,\\ \qquad -x_2+2\geqslant 0\\ \qquad x_1,x_2\geqslant 0\end{cases}$$

初始点$[1,2]^{\mathrm{T}}$。

3.7 用 Rosen 梯度投影法求解下列优化问题：

$$\begin{cases}\min f(x)=x_1^2+2x_2^2+x_1x_2-6x_1-2x_2-12x_3\\ \text{s.t.}\quad x_1+x_2+x_3-2=0\\ \qquad x_1-2x_2+3\geqslant 0\\ \qquad x_1,x_2,x_3\geqslant 0\end{cases}$$

初始点$[1,0,1]^{\mathrm{T}}$。

3.8 用 Wolfe 简约梯度法求解下列优化问题：

$$\begin{cases}\min f(x)=(x_1-2)^2+(x_2-2)^2\\ \text{s.t.}\quad -x_1-x_2+2\geqslant 0\\ \qquad x_1,x_2\geqslant 0\end{cases}$$

初始点$(1,0)^{\mathrm{T}}$。

3.9 用外罚函数法求解下列约束优化问题：

(1) $\begin{cases}\min f(x)=-x_1-x_2\\ \text{s. t.}\quad x_1^2+x_2^2=1\end{cases}$ (2) $\begin{cases}\min f(x)=-x_1x_2\\ \text{s. t.}\quad -x_1-x_2^2+1\leqslant 0\\ \qquad x_1+x_2\geqslant 0\end{cases}$

3.10 用内点法求解下列约束优化问题：

(1) $\begin{cases}\min f(x)=(x_1+1)^2\\ \text{s. t.}\quad x_1\geqslant 0\end{cases}$ (2) $\begin{cases}\min f(x)=5x_1+4x_2^2\\ \text{s. t.}\quad x_1,x_2\geqslant 0\end{cases}$

3.11 用乘子法求解下列约束优化问题：

(1) $\begin{cases}\min f(x)=\dfrac{1}{2}x_1^2+\dfrac{1}{6}x_2^2\\ \text{s. t.}\quad x_1+x_2=1\end{cases}$ (2) $\begin{cases}\min f(x)=x_1^2+x_2^2-16x_1-10x_2\\ \text{s. t.}\quad 11-x_1^2+6x_1-4x_2\geqslant 0\\ \qquad x_1x_2-3x_2-e^{x_1-3}+1\geqslant 0\\ \qquad x_1,x_2\geqslant 0\end{cases}$

3.12 用 SQP 方法求解下列问题：

$$\begin{cases}\min f(x)=x_1^2-x_1x_2+x_2^2-3x_1\\ \text{s. t.}\quad -x_1-x_2\geqslant -2\\ \qquad x_1,x_2\geqslant 0\end{cases}$$

取初始可行点$(0,0)^{\mathrm{T}}$。

思考题

1. 考虑下列数学规划：

$$\begin{cases}\min f(\boldsymbol{x})=\dfrac{1}{2}[(x_1-1)^2+x_2^2]\\ \text{s. t.}\quad -x_1+\beta x_2^2=0\end{cases}$$

讨论 β 取何值时，点$(0,0)^{\mathrm{T}}$ 是局部最优解？

2. 对于不等式约束优化问题

$$\begin{cases}\min f(\boldsymbol{x})\\ \text{s. t.}\quad g_i(\boldsymbol{x})\geqslant 0,\quad i=1,2,\cdots,m\end{cases}$$

试分析下述函数在通过外罚函数法求上述优化问题的极小点时的优劣势。

$$P_\mu=f(\boldsymbol{x})+\mu\sum_{i=1}^{m}\max\{0,g_i(\boldsymbol{x})\}$$

$$P_\mu=f(\boldsymbol{x})+\mu\sum_{i=1}^{m}[\max\{0,g_i(\boldsymbol{x})\}]^2$$

$$P_\mu=f(\boldsymbol{x})+\mu\max\{0,g_1(\boldsymbol{x}),g_2(\boldsymbol{x}),\cdots,g_m(\boldsymbol{x})\}$$

$$P_\mu=f(\boldsymbol{x})+\mu[\max\{0,g_1(\boldsymbol{x}),g_2(\boldsymbol{x}),\cdots,g_m(\boldsymbol{x})\}]^2$$

3. 考虑下列约束优化问题：

$$\begin{cases}\min f(\boldsymbol{x})=x_1^3+x_2^3\\ \text{s. t.}\quad x_1+x_2=1\end{cases}$$

(1) 求问题的最优解。

(2) 定义罚函数 $P(x,\sigma)=f(\boldsymbol{x})+\sigma(x_1+x_2-1)^2$，然后试讨论能否通过求解无约束问题

min $P(\boldsymbol{x},\sigma)$来获得原问题的最优解并说明理由。

4. 考虑优化问题：

$$\begin{cases}\min f(\boldsymbol{x})=2x_1+3x_2-4, & x_1,x_2\in\mathbf{R}\\ \text{s.t.}\quad x_1x_2=6\end{cases}$$

(1) 利用拉格朗日定理找出所有可能的局部极小点和局部极大点。

(2) 使用二阶充分条件找出严格局部极小点和严格局部极大点。

(3) 问题(2)中得到的点是全局极小点或全局极大点吗？给出理由。

第 4 章

线性规划

线性规划(Linear Programming,LP)是运筹学的一个重要分支,在工业、农业、商业、交通运输、军事、政治、经济、社会和管理等领域的最优设计和决策问题中,有很多问题都可以归结为线性规划问题。

4.1 线性规划的标准形式

线性规划问题的数学模型有不同的形式,目标函数有的要求极大化,有的要求极小化,约束条件可以是线性等式,也可以是线性不等式。约束变量通常是非负约束,也可以在$(-\infty, +\infty)$区间内取值。但是无论是哪种形式,线性规划的数学模型都可以统一为下面的标准形

$$\begin{cases}\min\ \boldsymbol{c}^{\mathrm{T}}\boldsymbol{x} \\ \text{s.t.}\quad \boldsymbol{A}\boldsymbol{x}=\boldsymbol{b} \\ \qquad\ \ \boldsymbol{x}\geqslant \boldsymbol{0}\end{cases} \tag{4-1}$$

式中:$\boldsymbol{x}=(x_1,x_2,\cdots,x_n)^{\mathrm{T}}\in\mathbf{R}^n$;$\boldsymbol{c}=(c_1,c_2,\cdots,c_n)^{\mathrm{T}}\in\mathbf{R}^n$;$\boldsymbol{A}=(a_1,a_2,\cdots,a_m)^{\mathrm{T}}\in\mathbf{R}^{m\times n}$;$\boldsymbol{b}=(b_1,b_2,\cdots,b_m)^{\mathrm{T}}\in\mathbf{R}^m$。

各种形式的线性规划均可化为标准形:

(1) 若问题的目标是求目标函数 z 的最大值,则可令 $f=-z$,把原问题转化为在相同约束条件下求 $\min f$。

(2) 如果约束条件中具有不等式约束 $\sum_{j=1}^{n}a_{ij}x_j\leqslant b_i$,则可以引进新变量 x'_i,并用下面两个约束条件取代这个不等式

$$\sum_{j=1}^{n}a_{ij}x_j+x'_i=b_i,\quad x'_i\geqslant 0$$

称变量 x'_i为松弛变量。

(3) 如果约束条件中具有不等式约束 $\sum_{j=1}^{n}a_{ij}x_j\geqslant b_i$,则可引进新变量 x''_i,并用下面两个约束条件取代这个不等式

$$\sum_{j=1}^{n}a_{ij}x_j-x''_i=b_i,\quad x''_i\geqslant 0$$

这个新变量 x''_i称为剩余变量。

(4) 如果约束条件中出现 $x_j\geqslant h_j\ (h_j\neq 0)$,则可引进新变量 $y_j=x_j-h_j$ 替代原问题中的变量 x_j,于是问题中原有的约束条件 $x_j\geqslant h_j$,就化成 $y_j\geqslant 0$。

(5) 如果变量 x_j 的符号不受限制(自由变量),则可引进两个新变量 y'_j和 y''_j,并以 $x_j=y'_j-y''_j$代入问题的目标函数和约束条件消去 x_j,同时在约束条件中增加 $y'_j\geqslant 0$ 和 $y''_j\geqslant 0$ 两个约束条件。

【例 4.1】 把下列线性规划化为标准形:

$$\begin{cases}\max z = x_1 + x_2 \\ \text{s.t.}\quad 2x_1 + 3x_2 \leqslant 6 \\ \qquad x_1 + 7x_2 \geqslant 4 \\ \qquad 2x_1 - x_2 = 3 \\ \qquad x_1 \geqslant 0\end{cases}$$

解:根据标准形的定义,可知上述线性规划有 4 处不符合,即对目标函数求极大,对 x_2 的符号没有要求,第 1 个与第 2 个约束条件为不等式。因此,可进行相应的修改,得到如下的标准形线性规划:

$$\begin{cases}\min f = -x_1 - x_3 + x_4 \\ \text{s.t.}\quad 2x_1 + 3x_3 - 3x_4 + x_5 = 6 \\ \qquad x_1 + 7x_3 - 7x_4 - x_6 = 4 \\ \qquad 2x_1 - x_3 + x_4 = 3 \\ \qquad x_j \geqslant 0,\quad j = 1,3,4,5,6\end{cases}$$

4.2　线性规划的基本定理

对于一般线性规划的标准形(4-1),变量的个数 n 称为线性规划的维数,等式约束方程的数目 m 称为线性规划的阶数。满足约束条件的点 $\boldsymbol{x}=(x_1,x_2,\cdots,x_n)^{\mathrm{T}}$ 称可行点或可行解,也称容许解。

设矩阵 $\boldsymbol{A}$ 的秩 $r(\boldsymbol{A})$ 为 m,则可以从 $\boldsymbol{A}$ 的 n 列中选出列,使它们线性无关。不失一般性,设 $\boldsymbol{A}$ 的前 m 列是线性无关的,即设 $a_j=(a_{1j},a_{2j},\cdots,a_{mj})^{\mathrm{T}}(j=1,2,\cdots,m)$是线性无关的,令

$$\boldsymbol{B}=(a_1,a_2,\cdots,a_m)=\begin{bmatrix} a_{11} & a_{12} & \cdots & a_{1m} \\ a_{21} & a_{22} & \cdots & a_{2m} \\ \vdots & \vdots & & \vdots \\ a_{m1} & a_{m2} & \cdots & a_{mm} \end{bmatrix}$$

$\boldsymbol{B}$ 是非奇异的,因此方程组 $\boldsymbol{B}\boldsymbol{x}_B=\boldsymbol{b}$ 有唯一解 $\boldsymbol{x}_B=\boldsymbol{B}^{-1}\boldsymbol{b}$,其中 $\boldsymbol{x}_B$ 是一个 m 维列向量。

令 $\boldsymbol{x}^{\mathrm{T}}=(\boldsymbol{x}_B^{\mathrm{T}},\boldsymbol{0}^{\mathrm{T}})$,就可得到线性方程组 $\boldsymbol{A}\boldsymbol{x}=\boldsymbol{b}$ 的一个解 $\boldsymbol{x}$,其前 m 个分量等于 $\boldsymbol{x}_B$ 的相应分量,后面的 $n-m$ 个分量均为零,称 $\boldsymbol{B}$ 为基或基底,解矢量 $\boldsymbol{x}$ 为约束方程组 $\boldsymbol{A}\boldsymbol{x}=\boldsymbol{b}$ 关于基底 $\boldsymbol{B}$ 的基本解,而与 $\boldsymbol{B}$ 的列相应的 $\boldsymbol{x}$ 的分量 x_i 称为基本变量,当基本解中有一个或一个以上的基本变量 x_i 为零时,这个解称为退化的基本解。

当一个可行解 $\boldsymbol{x}$ 又是基本解时,称它为基本可行解(或基可行解),若它是退化的,则称它为退化的基本可行解。很显然,一个基本可行解 $\boldsymbol{x}$ 是一个不超过 m 个正 x_i(即非负)的可行解,而一个非退化的基本可行解 $\boldsymbol{x}$ 是恰有 m 个正 x_i 的可行解。

由于 $\boldsymbol{A}$ 是 $m\times n$ 矩阵,故线性规划标准形(4-1)的不同的基最多有 C_n 个,而一个基最多对应一个基可行解,故线性规划(4-1)最多有 C_n 个基可行解。

设 $\boldsymbol{x}$ 是线性规划(4-1)的一个可行解,当它使目标函数 $f(\boldsymbol{x})$ 达到最小(大)值时,称其为最优可行解,简称最优解或解,而目标函数所达到的最小(大)值称为线性规划问题的值或最优值。

例如,对下列约束函数

$$\begin{cases} x_1 + x_2 + x_3 = 2 \\ x_1 + 2x_2 + 4x_3 = 4 \\ x_1 \geqslant 0, \quad x_2 \geqslant 0, \quad x_3 \geqslant 0 \end{cases}$$

其中,$\boldsymbol{A} = \begin{bmatrix} 1 & 1 & 1 \\ 1 & 2 & 4 \end{bmatrix}$,$\boldsymbol{b} = \begin{bmatrix} 2 \\ 4 \end{bmatrix}$,则 $\boldsymbol{P}_1 = \begin{bmatrix} 1 \\ 1 \end{bmatrix}$,$\boldsymbol{P}_2 = \begin{bmatrix} 1 \\ 2 \end{bmatrix}$,$\boldsymbol{P}_3 = \begin{bmatrix} 1 \\ 4 \end{bmatrix}$。

因此,$\boldsymbol{B}_1 = (\boldsymbol{P}_1, \boldsymbol{P}_2)$,$\boldsymbol{B}_2 = (\boldsymbol{P}_2, \boldsymbol{P}_3)$,$\boldsymbol{B}_3 = (\boldsymbol{P}_1, \boldsymbol{P}_3)$都是线性规划的基。

取 $\boldsymbol{B}_1$ 为基时,x_1、x_2 为基变量,x_3 为非基变量,基可行解为

$$\boldsymbol{X}_{B_1} = \boldsymbol{B}_1^{-1}\boldsymbol{b} = \begin{bmatrix} 1 & 1 \\ 1 & 2 \end{bmatrix}^{-1} \begin{bmatrix} 2 \\ 4 \end{bmatrix} = \begin{bmatrix} 0 \\ 2 \end{bmatrix}, \quad \boldsymbol{X}^1 = \begin{bmatrix} \boldsymbol{X}_{B_1} \\ 0 \end{bmatrix} = [0 \quad 2 \quad 0]^{\mathrm{T}}$$

这是一个退化的基可行解。

取 $\boldsymbol{B}_2$ 为基时,x_2、x_3 为基变量,x_1 为非基变量,基可行解为

$$\boldsymbol{X}_{B_2} = \boldsymbol{B}_2^{-1}\boldsymbol{b} = (2,0)^{\mathrm{T}}, \quad \boldsymbol{X}^2 = (0,2,0)^{\mathrm{T}}$$

这也是一个退化的基可行解。

取 $\boldsymbol{B}_3$ 为基时,x_1、x_3 为基变量,x_2 为非基变量,基可行解为

$$\boldsymbol{X}_{B_3} = \boldsymbol{B}_3^{-1}\boldsymbol{b} = \left(\frac{4}{3}, \frac{2}{3}\right)^{\mathrm{T}}, \quad \boldsymbol{X}^3 = \left(\frac{4}{3}, 0, \frac{2}{3}\right)^{\mathrm{T}}$$

这是一个非退化的基可行解。

线性规划的基本定理表述如下:

(1) 若线性规划问题有可行解,则必有基可行解。

(2) 若线性规划问题有最优解,则必有最优基可行解。

(3) 若线性规划问题的可行域有界,则必有最优解。

从基本定理可知,在寻找线性规划问题(4-1)的最优解时,只需要研究基可行解就可以,也即从基可行解中去寻找就行了,而基可行解的个数是有限的,因此可以在有限步内求得线性规划问题的最优解,而且最优解必可在其可行解的顶点处取得。

4.3 图解法

线性规划问题的求解有许多种方法,但对于仅有两个变量的线性规划问题,可采用图解法来求解。

图解法的基本思想:在坐标 x_1Ox_2 平面内,作出线性规划问题的可行域 K 及目标函数直线簇 $x_2 = -\dfrac{a}{b}x_1 + \dfrac{z}{b}$ $\left(\text{由直线 } x_2 = -\dfrac{a}{b}x_1 \text{ 平移得到}\right)$,从图上直接找出最优解和最优值。

【例 4.2】 利用图解法求解下列线性规划问题:

$$\begin{cases} \max z = 2x_1 + 3x_2 \\ \text{s.t.} \quad x_1 + 2x_2 \leqslant 8 \\ \qquad 4x_1 \leqslant 16 \\ \qquad 4x_2 \leqslant 12 \\ \qquad x_1, x_2 \geqslant 0 \end{cases}$$

解:在坐标平面 x_1Ox_2 内,作出可行域 K 和目标函数直线簇

$$z = 2x_1 + 3x_2 \Rightarrow x_2 = -\frac{2}{3}x_1 + \frac{z}{3}$$

如图 4-1 所示。易见，当目标函数直线簇平移到点(4,2)时，截距$\frac{z}{3}$最大，当然 z 也最大。因此原线性规划问题的最优解为$(4,2)^{\mathrm{T}}$，最优值为 14。

【例 4.3】 利用图解法求解下列线性规划问题：

$$\begin{cases} \max\ z = x_1 + 2x_2 \\ \text{s. t.}\quad x_1 + 2x_2 \leqslant 6 \\ \qquad 3x_1 + 2x_2 \leqslant 12 \\ \qquad x_2 \leqslant 2 \\ \qquad x_1, x_2 \geqslant 0 \end{cases}$$

解：在坐标平面 x_1Ox_2 内，作出可行域 K 和目标函数直线簇

$$z = x_1 + 2x_2 \Rightarrow x_2 = -\frac{1}{2}x_1 + \frac{z}{2}$$

如图 4-2 所示。易见，当目标函数直线簇平移到与直线 $x_1 + 2x_2 = 6$ 重合的位置时，截距$\frac{z}{2}$最大，即 z 最大。因此原线性规划问题有无穷多最优解：$\left\{ \begin{pmatrix} x_1 \\ x_2 \end{pmatrix} \middle| x_1 + 2x_2 = 6,\quad 2 \leqslant x_1 \leqslant 3 \right\}$，最优值为 6。

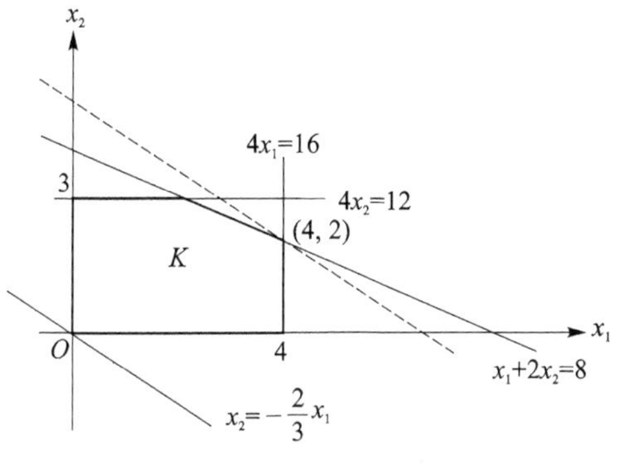

图 4-1　线性规划问题示意图(1)

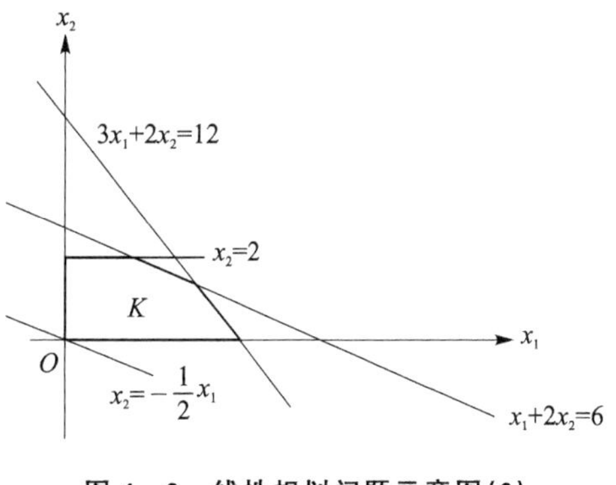

图 4-2　线性规划问题示意图(2)

4.4　单纯形法

根据线性规划的基本定理，一个求解线性规划问题的方法是求出所有的基本可行解及其对应的目标函数值，并相互比较，即可求得其中相应目标函数值最小(大)的最优解。很明显这种方法属于枚举法，只适用于线性规划问题的阶数 $m \leqslant 6$ 与维数 $n \leqslant 5$ 的情况，当这两个数值较大时，这个方法的计算量迅速增长，以至成为不可能。因此，需要寻找其他的计算量小的方法，如单纯形法和其他算法。

4.4.1　基本单纯形法

单纯形法的基本想法是从线性规划可行集的某一个顶点出发，沿着使目标函数值下降的方向寻求下一个顶点，而顶点个数是有限的，所以，只要这个线性规划有最优解，那么通过有限步迭代后，必可求出最优解。

为了用迭代法求出线性规划的最优解,需要解决以下三个问题:

(1) 最优解判别准则,即迭代终止的判别标准。

(2) 换基运算,即从一个基可行解迭代出另一个基可行解的方法。

(3) 进基列的选择,即选择合适的列以进行换基运算,可以使目标函数值有较大下降。

1. 最优解判别准则

考虑标准形的线性规划问题(4-1),如果已知一个可行基 $\boldsymbol{B}$ 是一个 m 阶单位矩阵,不妨设 $\boldsymbol{B}$ 刚好位于矩阵 $\boldsymbol{A}$ 的前 m 列,这时,约束方程的形式为

$$\begin{cases} x_1 + a_{1,m+1}x_{m+1} + \cdots + a_{1n}x_n = b_1 \\ x_2 + a_{2,m+1}x_{m+1} + \cdots + a_{2n}x_n = b_2 \\ \quad\vdots \\ x_m + a_{m,m+1}x_{m+1} + \cdots + a_{mn}x_n = b_m \\ x_i \geqslant 0, \quad i = 1,2,\cdots,m \end{cases} \tag{4-2}$$

此时,与 $\boldsymbol{B}$ 对应的基可行解是 $\boldsymbol{X}^0 = (b_1,\cdots,b_m,0,\cdots,0)^{\mathrm{T}}$。

设 $\boldsymbol{A} = (\boldsymbol{I},\boldsymbol{N})$,$\boldsymbol{I} = (\boldsymbol{P}_1, \boldsymbol{P}_2,\cdots, \boldsymbol{P}_m)$为单位矩阵,$\boldsymbol{N} = (\boldsymbol{P}_{m+1}, \boldsymbol{P}_{m+2},\cdots, \boldsymbol{P}_n)$,

$$\boldsymbol{X}_I = (x_1,x_2,\cdots,x_m)^{\mathrm{T}}, \quad \boldsymbol{X}_N = (x_{m+1},x_{m+2},\cdots,x_n)^{\mathrm{T}}$$

$$\boldsymbol{C}_I = (c_1,c_2,\cdots,c_m)^{\mathrm{T}}, \quad \boldsymbol{C}_N = (c_{m+1},c_{m+2},\cdots,c_n)^{\mathrm{T}}$$

则有

$$\boldsymbol{X} = \begin{bmatrix} \boldsymbol{X}_I \\ \boldsymbol{X}_N \end{bmatrix}, \quad \boldsymbol{C} = \begin{bmatrix} \boldsymbol{C}_I \\ \boldsymbol{C}_N \end{bmatrix}$$

于是,线性规划问题(4-1)可记为

$$\begin{cases} \min f(\boldsymbol{X}) = \boldsymbol{c}_I^{\mathrm{T}}\boldsymbol{x}_I + \boldsymbol{c}_N^{\mathrm{T}}\boldsymbol{x}_N \\ \text{s. t.} \quad \boldsymbol{I}\boldsymbol{X}_I + \boldsymbol{N}\boldsymbol{X}_N = \boldsymbol{b} \\ \qquad\quad \boldsymbol{X}_I \geqslant \boldsymbol{0}, \quad \boldsymbol{X}_N \geqslant \boldsymbol{0} \end{cases}$$

显然,$\boldsymbol{X}^0 = \begin{bmatrix} \boldsymbol{b} \\ \boldsymbol{0} \end{bmatrix}$是此线性规划的一个基可行解。如果 $\boldsymbol{C}_I^{\mathrm{T}}N - \boldsymbol{C}_N^{\mathrm{T}} \leqslant 0$,则它是此线性规划的最优解,用分量的形式表示,令 $\sigma_j = \boldsymbol{C}_I^{\mathrm{T}}\boldsymbol{P}_j - c_j\,(j = m+1,\cdots,n)$,则当 $\sigma_j \leqslant 0$ 时,$\boldsymbol{X}^0 = \begin{bmatrix} \boldsymbol{b} \\ \boldsymbol{0} \end{bmatrix}$是最优解,称 σ_j 为 $\boldsymbol{P}_j$ 或 x_j 的判别数。很明显,基向量或基变量的判别数必定为零。如果某个判别数 $\sigma_j > 0$,而相应的列向量 $\boldsymbol{P}_j \leqslant 0$,则这个线性规划无最优解。

如果 $\boldsymbol{A}$ 中没有单位矩阵,或基 $\boldsymbol{B}$ 并不是一个单位矩阵,则判别系数的计算公式为

$$\sigma_j = \boldsymbol{C}_B^{\mathrm{T}}\boldsymbol{B}^{-1}\boldsymbol{P}_j - c_j, \quad j = 1,\cdots,n$$

2. 换基运算

对于式(4-2)特殊的约束,很明显 $\boldsymbol{X} = (b_1,\cdots,b_m,0,\cdots,0)^{\mathrm{T}}$ 是一个基可行解,现在从 $\boldsymbol{X}$ 出发,寻找新的基可行解。

对于矩阵

$$(\boldsymbol{A}\boldsymbol{b}) = \begin{bmatrix} 1 & & & & & a_{1,m+1} \cdots a_{1l} \cdots a_{1n} & b_1 \\ & \ddots & & & & \vdots \quad\ \vdots \quad\ \vdots & \vdots \\ & & 1 & & & a_{k,m+1} \cdots a_{kl} \cdots a_{kn} & b_k \\ & & & \ddots & & \vdots \quad\ \vdots \quad\ \vdots & \vdots \\ & & & & 1 & a_{m,m+1} \cdots a_{ml} \cdots a_{mn} & b_m \end{bmatrix}$$

用 $\boldsymbol{P}_j$ 表示矩阵 $\boldsymbol{A}$ 的第 j 列，则有

$$(\boldsymbol{Ab})=(\boldsymbol{P}_1,\boldsymbol{P}_2,\cdots,\boldsymbol{P}_n,\boldsymbol{b})$$

其中，$\boldsymbol{I}=(\boldsymbol{P}_1,\boldsymbol{P}_2,\cdots,\boldsymbol{P}_m)$ 是一个基。

若 $a_{kl}\neq 0$，则可用矩阵的初等变换（不换行）将第 l 列变为初始单位向量 $(0,\cdots,0,1,0,\cdots,0)^{\mathrm{T}}$，此时 $\boldsymbol{P}_k$ 变为非初始单位向量，与此同时，矩阵 $(\boldsymbol{Ab})$ 变为

$$(\boldsymbol{Ab})=\begin{bmatrix}1 & & a'_{1k} & & a'_{1,m+1} & \cdots & 0 & \cdots & a'_{1n} & b'_1\\ & \ddots & \vdots & & \vdots & & \vdots & & \vdots & \vdots\\ & & a'_{kk} & & a'_{k,m+1} & \cdots & 1 & \cdots & a'_{kn} & b'_k\\ & & \vdots & \ddots & \vdots & & \vdots & & \vdots & \vdots\\ & & a'_{mk} & 1 & a'_{m,m+1} & \cdots & 0 & \cdots & a'_{mn} & b'_m\end{bmatrix}$$

其中，

$$a'_{kj}=\frac{a_{kj}}{a_{kl}},\quad j=1,\cdots,n$$

$$a'_{ij}=a_{ij}-\frac{a_{kj}}{a_{kl}}a_{il},\quad i=1,\cdots,m;i\neq k;j=1,2,\cdots,n$$

$$b'_k=\frac{b_k}{a_{kl}}$$

$$b'_i=b_i-\frac{b_k}{a_{kl}}a_{il},\quad i=1,\cdots,m;i\neq k$$

于是，得新基

$$\boldsymbol{I}=(\boldsymbol{P}_1,\boldsymbol{P}_2,\cdots,\boldsymbol{P}_{k-1},\boldsymbol{P}_l,\boldsymbol{P}_{k+1},\cdots,\boldsymbol{P}_m)$$

以上的运算即为换基运算，a_{kl} 称为主元，$\boldsymbol{P}_l$ 称为进基列，$\boldsymbol{P}_k$ 称为出基列，x_l 称为进基变量，x_k 称为出基变量，其中主元应符合条件 $\dfrac{b_k}{a_{kl}}=\min\limits_{1\leqslant i\leqslant m}\left\{\dfrac{b_i}{a_{il}}\middle|a_{il}>0\right\}$。

注意：并不是 $\boldsymbol{A}$ 的任何一列都可以引入基中。在确定进基列时，应保证该列至少有一个正分量。

3. 进基列的选择

在换基运算中，选择至少有一个正分量，同时判别数最大的那一列作为进基列，这时目标函数值将获得较大下降。

【例 4.4】 求解以下线性规划问题：

$$\begin{cases}\min f(\boldsymbol{x})=x_1-2x_2+3x_3-4x_4+x_6\\ \text{s.t.}\quad x_1+3x_4-x_5+3x_6=2\\ \qquad x_2+2x_4-2x_5+x_6=1\\ \qquad x_3-2x_4-x_5+2x_6=3\\ \qquad x_j\geqslant 0,\quad j=1,2,\cdots,6\end{cases}$$

解：显然，$\boldsymbol{X}^0=(2,1,3,0,0,0)^{\mathrm{T}}$ 是一个初始基可行解，基变量为 x_1,x_2,x_3。

$$(\boldsymbol{Ab})=\begin{bmatrix}1&0&0&3&-1&3&2\\0&1&0&2&-2&1&1\\0&0&1&-2&-1&2&3\end{bmatrix}=(\boldsymbol{P}_1\boldsymbol{P}_2\boldsymbol{P}_3\boldsymbol{P}_4\boldsymbol{P}_5\boldsymbol{P}_6\boldsymbol{b})\qquad(4-3)$$

先确定进基列，因 $\boldsymbol{P}_5=(-1,-2,-1)^{\mathrm{T}}<0$，故不能选作进基列。

$$\sigma_4 = \boldsymbol{C}_I^{\mathrm{T}}\boldsymbol{P}_4 - c_4 = (1,-2,3)\begin{bmatrix}3\\2\\-2\end{bmatrix} - (-4) = -1 < 0$$

$$\sigma_6 = \boldsymbol{C}_I^{\mathrm{T}}\boldsymbol{P}_6 - c_6 = (1,-2,3)\begin{bmatrix}3\\1\\2\end{bmatrix} - 1 = 6 > 0$$

所以根据 $\sigma_l = \max\limits_{1\leqslant j\leqslant n}\{\sigma_j\}$,选 $\boldsymbol{P}_6$ 作为进基列。

再确定主元。因要将 $\boldsymbol{P}_6$ 引入基中,所以主元 a_{k6} 应满足

$$\frac{b_k}{a_{k6}} = \min_{1\leqslant i\leqslant m}\left\{\frac{b_i}{a_{i6}}\,\middle|\, a_{i6} > 0\right\} = \min\left\{\frac{2}{3},\frac{1}{1},\frac{3}{2}\right\} = \frac{2}{3} = \frac{b_1}{a_{16}}$$

a_{16} 即为式(4-3)中第 1 行第 6 列的 3。

以 $a_{16}=3$ 为主元对式(4-3)进行换基运算,即使 a_{16} 变为 1,这一列(第 6 列)的其他元素变为 0,因此,式(4-3)中的第 1 行除以 3(主元),第 2 行变为第 2 行减去第 1 行×(1/3),第 3 行变为第 3 行减去第 1 行×(2/3),便可以得到以下矩阵

$$(\boldsymbol{Ab}) = \begin{bmatrix} \frac{1}{3} & 0 & 0 & 1 & -\frac{1}{3} & 1 & \frac{2}{3} \\ -\frac{1}{3} & 1 & 0 & 1 & -\frac{5}{3} & 0 & \frac{1}{3} \\ -\frac{2}{3} & 0 & 1 & -4 & -\frac{1}{3} & 0 & \frac{5}{3} \end{bmatrix}$$

新基的可行解为 $\boldsymbol{X}^1 = \left(0,\frac{1}{3},\frac{5}{3},0,0,\frac{2}{3}\right)^{\mathrm{T}}$。

根据以上讨论,就可以给出以下的单纯形算法。

对于线性规划标准形(4-1),设 $\boldsymbol{A}$ 中有 m 个列 $\boldsymbol{P}_{j1},\boldsymbol{P}_{j2},\cdots,\boldsymbol{P}_{jm}$ 构成单位矩阵。

已知 $\boldsymbol{A}=(\boldsymbol{P}_1,\boldsymbol{P}_2,\cdots,\boldsymbol{P}_n)$,$\boldsymbol{I}=(\boldsymbol{P}_{j1},\boldsymbol{P}_{j2},\cdots,\boldsymbol{P}_{jm})$,$\boldsymbol{b}=(b_1,b_2,\cdots,b_m)$,$\boldsymbol{C}^{\mathrm{T}}=(c_1,c_2,\cdots,c_n)$,$\boldsymbol{C}_I^{\mathrm{T}}=(c_{j1},c_{j2},\cdots,c_{jm})^{\mathrm{T}}$。

计算步骤如下:

(1) 构造初始单纯形表

$$\begin{bmatrix}\boldsymbol{P}_1\boldsymbol{P}_2\cdots\boldsymbol{P}_n\boldsymbol{b}\\ \sigma_1\sigma_2\cdots\sigma_n f_0\end{bmatrix}$$

其中,$\sigma_j=\boldsymbol{C}_I^{\mathrm{T}}\boldsymbol{P}_j-c_j\,(j=1,\cdots,n)$,$f_0=\boldsymbol{C}_I^{\mathrm{T}}\boldsymbol{b}$。

(2) 求 $\sigma_l=\max\limits_{1\leqslant j\leqslant n}\{\sigma_j\}$。

(3) 若 $\sigma_l\leqslant 0$,则 $\boldsymbol{X}^0=\{x_1^0,x_2^0,\cdots,x_n^0\}$,其中 $x_{ji}^0=b_i\,(i=1,2,\cdots,m)$,$x_{jl}^0=0\,(l\neq 1,\cdots,m)$ 就是最优解;否则,转步骤(4)。

(4) 若 $\boldsymbol{P}_l\leqslant 0$,则无最优解;否则,转步骤(4)。

(5) 求 $\dfrac{b_k}{a_{kl}}=\min\limits_{1\leqslant i\leqslant n}\left\{\dfrac{b_l}{a_{il}}\,\middle|\,a_{il}>0\right\}$。

(6) 以 a_{kl} 为主元对初始单纯形表作换基运算得新单纯形表,其中判别数及目标函数值的计算公式如下:

$$\sigma_j' = \sigma_j - \frac{a_{kj}}{a_{kl}}a_l$$

$$f' = f_0 - \frac{b_k}{a_{kl}}\sigma_l$$

转步骤(2)。

在以上算法中，总是假定矩阵 $\boldsymbol{A}$ 中有一个现成的单位矩阵，于是就可以得到一个初始基可行解。但事实上，对于一般的线性规划，$\boldsymbol{A}$ 中未必刚好有一个 m 阶单位矩阵，也就是说，这个线性规划没有现成的初始基可行解。这个问题，可以通过引入人工变量的方法解决。

对于线性规划

$$\begin{cases} \min f(\boldsymbol{x}) = c_1x_1 + c_2x_2 + \cdots + c_nx_n \\ a_{11}x_1 + a_{12}x_2 + \cdots + a_{1n}x_n = b_1 \\ a_{21}x_1 + a_{22}x_2 + \cdots + a_{2n}x_n = b_2 \\ \quad\vdots \\ a_{m1}x_1 + a_{m2}x_2 + \cdots + a_{mn}x_n = b_m \\ x_j \geqslant 0, \quad j = 1,2,\cdots,n \end{cases} \tag{4-4}$$

引入 $y_1, y_2, \cdots, y_m$ 人工变量，构造线性规划

$$\begin{cases} \min \boldsymbol{Y} = y_1 + y_2 + \cdots + y_nx_n \\ \text{s.t.} \quad y_1 + a_{11}x_1 + a_{12}x_2 + \cdots + a_{1n}x_n = b_1 \\ \qquad\ \ y_2 + a_{21}x_1 + a_{22}x_2 + \cdots + a_{2n}x_n = b_2 \\ \qquad\ \ \vdots \\ \qquad\ \ y_m + a_{m1}x_1 + a_{m2}x_2 + \cdots + a_{mn}x_n = b_m \\ \qquad\ \ y_i \geqslant 0, \quad x_j \geqslant 0, \quad i = 1,2,\cdots,m, \quad j = 1,2,\cdots,n \end{cases} \tag{4-5}$$

$y_1, y_2, \cdots, y_m$ 所对应的列 $\boldsymbol{d}_1 = (1,0,\cdots,0)^{\mathrm{T}}, \cdots, \boldsymbol{d}_m = (0,0,\cdots,1)^{\mathrm{T}}$ 称为人工向量，$\boldsymbol{I} = [d_1, d_2, \cdots, d_m]$是单位矩阵。$\boldsymbol{Y}^0 = (b_1, b_2, \cdots, b_m, 0, \cdots, 0)^{\mathrm{T}}$ 是问题(4-4)的初始基可行解。

从 $\boldsymbol{Y}^0$ 出发，对问题(4-5)作换基运算，当求得其最优解后，删除人工变量所在列，就得到原线性规划(4-4)的初始单纯形表，其中的基可行解就是问题(4-4)的初始基可行解，再继续利用单纯形表求解便可得到原线性规划(4-4)的最优解。所以以上方法一般要做两次单纯形法才能求得最优解，因此这种方法有时又称为两阶段单纯形法。

4.4.2　单纯形法的改进

1. 避免循环

在单纯形法迭代过程中，为了保证每一次换基运算后，目标函数值都有所下降，其基可行解应是非退化的，即 $\boldsymbol{b} > 0$。但在实际中，不一定能完全保证这一点，此时经过若干次换基运算，单纯形表又恢复为初始单纯形表，这样将构成无穷的循环，正判别数永远不会消除，最优解也永远求不出来。

为了避免循环的出现，可以采取以下的措施，主要是针对主元的选取作一些改变。

(1) 进基列 $\boldsymbol{P}_s$ 的选取

$$s = \min\{j \mid \sigma_j > 0\}$$

即在所有判别数为正的那些列中，以列标最小，也就是最左边的那一列作为进基列。

(2) 主元 a_{rs} 的选取

求
$$\theta = \min\left\{\frac{b_i}{a_{is}} \middle| a_{is} > 0\right\}$$

$$j_r=\min_i\left\{j_i\left|\theta=\frac{b_i}{a_{is}},a_{is}>0\right.\right\}$$

则以 a_{rs} 为主元，即若在进基列 $\boldsymbol{P}_s$ 中有多个分量符合主元条件，则取基变量下标最小的那一个作为主元。

2. 修正单纯形法

在单纯形法的换基运算中，并非所有的列都要进基或出基，尤其是当 n 比 m 大得多时，实际上只有少量列向量进基或出基。但在进基或出基的运算中，所有列的元素都要进行同样的运算，显然其中不参与进基或出基的那些列的运算是没有用处的。

为此，提出以下的修正单纯形法。

对于线性规划(4-1)：

(1) 计算 $\boldsymbol{B}^{-1},\pi=\boldsymbol{C}_B^{\mathrm{T}}\boldsymbol{B}^{-1}$，其中 $\boldsymbol{B}$ 为基，为 m 阶可逆矩阵。

(2) 计算 $\sigma_j=\pi\boldsymbol{P}_j-c_j(j=1,2,\cdots,n)$。若所有 σ_j 非正，则当前基可行解 $\boldsymbol{X}^0=(x_1^0,x_2^0,\cdots,x_n^0)$ 为最优解，其中 $x_{ji}^0=b_{i0}(i=1,2,\cdots,m),x_{jl}^0=0(l\neq1,2,\cdots,m),\boldsymbol{X}_B=\boldsymbol{B}^{-1}b=(b_{10},\cdots,b_{m0})^{\mathrm{T}}$；否则，转步骤(3)。

(3) $s=\min\{j\,|\,\sigma_j>0\}$，计算向量 $\boldsymbol{B}^{-1}\boldsymbol{P}_s=(b_{1s},b_{2s}\cdots,b_{ms})^{\mathrm{T}}$，其中 $\boldsymbol{P}_s$ 是下一次换基运算中的进基列。

若所有 $b_{is}\leqslant0(i=1,2,\cdots,m)$，则原线性规划无最优解；否则，转步骤(4)。

(4) 求 $\theta=\min\left\{\frac{b_i}{b_{is}}\left|b_{is}>0\right.\right\}$ 和 $j_r=\min\limits_i\left\{j_i\left|\theta=\frac{b_i}{b_{is}},b_{is}>0\right.\right\}$。

(5) 形成矩阵 $\boldsymbol{E}_{rs}$：

$$\boldsymbol{E}_{rs}=\begin{bmatrix}1 & & & -\dfrac{b_{1s}}{b_{rs}} & & & \\ & \ddots & & \vdots & & & \\ & & 1 & -\dfrac{b_{r-1,s}}{b_{rs}} & & & \\ & & & \dfrac{1}{b_n} & & & \\ & & & -\dfrac{b_{r-1,s}}{b_{rs}} & 1 & & \\ & & & \vdots & & \ddots & \\ & & & -\dfrac{b_{ms}}{b_{rs}} & & & 1\end{bmatrix}$$

(6) 计算 $\overline{\boldsymbol{B}}^{-1}=\boldsymbol{E}_{rs}\boldsymbol{B}^{-1},\boldsymbol{X}_{\overline{B}}=\overline{\boldsymbol{B}}^{-1}\boldsymbol{b}$，以 $\overline{\boldsymbol{B}}^{-1}$ 代替 $\boldsymbol{B}^{-1}$，转步骤(1)。

【例 4.5】 利用单纯形法求解线性规划问题：

$$\begin{cases}\min\ z=-2x_1-3x_2\\ \text{s.t.}\quad 2x_1+2x_2\leqslant12\\ \qquad\ x_1+2x_2\leqslant8\\ \qquad\ 4x_1\leqslant16\\ \qquad\ x_1,x_2\geqslant0\end{cases}$$

解：将所给线性规划问题化为标准形：

$$\begin{cases}\min z=-2x_1-3x_2\\ \text{s.t.}\quad 2x_1+2x_2+x_3=12\\ \qquad x_1+2x_2+x_4=8\\ \qquad 4x_1+x_5=16\\ \qquad x_1,x_2,x_3,x_4,x_5\geqslant 0\end{cases}$$

很明显,初始基本基为 $\boldsymbol{B}=(P_3,P_4,P_5)=\boldsymbol{I}_3$,作 LP 关于基 $\boldsymbol{B}$ 的初始单纯形表,如表 4-1 所列。

表 4-1 初始单纯形表(1)

x_1	x_2	x_3	x_4	x_5	$\boldsymbol{\alpha}$
2	2	1	0	0	12
1	(2)	0	1	0	8
4	0	0	0	1	16
2	3	0	0	0	0

以 $b_{22}=2$ 为枢轴元转轴,得单纯形表,如表 4-2 所列。

表 4-2 单纯形表(1)

x_1	x_2	x_3	x_4	x_5	$\boldsymbol{\alpha}$
(1)	0	1	−1	0	4
1/2	1	0	1	0	4
4	0	0	0	1	16
1/2	0	0	−3/2	0	−12

以 $b_{11}=1$ 为枢轴元转轴,得单纯形表,如表 4-3 所列。

表 4-3 单纯形表(2)

x_1	x_2	x_3	x_4	x_5	$\boldsymbol{\alpha}$
1	0	1	−1	0	4
0	1	−1/2	1	0	2
0	0	−4	4	1	0
0	0	0	−1/2	0	−14

因此,LP 的最优解为 $(4,2,0,0,0)^{\mathrm{T}}$,最优值为 -14。从而原线性规划问题的最优解为 $(4,2)^{\mathrm{T}}$,最优值为 -14。

以上求解过程可编程进行计算。

【例 4.6】 利用单纯形法求解线性规划问题:

(1) $$\begin{cases}\min z=-2x_1-3x_2\\ \text{s.t.}\quad 2x_1+2x_2\leqslant 12\\ \qquad x_1+2x_2\leqslant 8\\ \qquad 4x_1\leqslant 16\\ \qquad x_1,x_2\geqslant 0\end{cases}$$

(2) $$\begin{cases}\min z=-x_1-2x_2\\ \text{s.t.}\quad x_1\leqslant 4\\ \qquad x_2\leqslant 3\\ \qquad x_1+2x_2\leqslant 8\\ \qquad x_1,x_2\geqslant 0\end{cases}$$

(3) $\begin{cases} \min\ z=-\frac{3}{4}x_4+20x_5-\frac{1}{2}x_6+6x_7 \\ \text{s.t.}\quad x_1+\frac{1}{4}x_4-8x_5-x_6+9x_7=0 \\ x_2+\frac{1}{2}x_4-12x_5-\frac{1}{2}x_6+3x_7=0 \\ x_3+x_6=1 \\ x_1,x_2,x_3,x_4,x_5,x_6,x_7\geqslant 0 \end{cases}$

(4) $\begin{cases} \min\ z=-3x_1+x_2+x_3 \\ \text{s.t.}\quad x_1-2x_2+x_3\leqslant 11 \\ -4x_1+x_2+2x_3\geqslant 3 \\ -2x_1+x_3=1 \\ x_1,x_2,x_3\geqslant 0 \end{cases}$

解:(1) 将所给线性规划问题化成标准形:

$$\begin{cases} \min\ z=-2x_1-3x_2 \\ \text{s.t.}\quad 2x_1+2x_2+x_3=12 \\ x_1+2x_2+x_4=8 \\ 4x_1+x_5=16 \\ x_1,x_2,x_3,x_4,x_5\geqslant 0 \end{cases}$$

然后根据单纯形法的原理,编写函数 mysimplex 进行计算。

```
>> clear
>> A=[2 2 1 0 0;1 2 0 1 0;4 00 0 1];b=[12;8;16];c=[-2 -3 0 0 0];
>> [minx,minf,A2,s]= mysimplex(A,b,c);                %单纯形法函数
>> minx=4  2                                          %最优解
>> minf=-14                                           %最优值
```

此函数中 **A** 为约束函数阵,**b** 是系数阵,**c** 是目标函数系数阵(如有虚拟变量,则要加上虚拟变量)。输出中 s 表示是否为无穷解。

(2) 首先化成标准形:

$$\begin{cases} \min\ z=-x_1-2x_2 \\ \text{s.t.}\quad x_1+x_3=4 \\ x_2+x_4=3 \\ x_1+2x_2+x_5=8 \\ x_1,x_2,x_3,x_4,x_5\geqslant 0 \end{cases}$$

然后调用 mysimplex 函数进行计算。

```
>> A=[1 0 1 0 0;0 1 0 1 0;1 2 00 1];b=[4;3;8];c=[-1 -2 0 0 0];
>> [minx,minf,A2,s]= mysimplex(A,b,c);
>> minx= [2 3 2 0 0];x1:[2 3]
>> s='有无穷个解'              %说明此题有无穷多个解,给出的只是其中的一个
```

(3) 此题是 1955 年 E. M. Beale 提出的著名例子,如果主元选择不好,则会出现死循环。

```
>> clear
>> A=[1 00 1/4 -8 -1 9;0 1 0 1/2 -12 -1/2 3;0 0 1 0 0 1 0];b=[0;0;1];c=[0 0 0 -3/4 20 -1/2 6];
>> [minx,minf,A2,s]= mysimplex(A,b,c);
>> minx= [0.7500 00 1 0 1 0],x1:[1 0 1 0]
```

(4) 此题没有初始基可行解,所以需要添加人工变量。在此采用两阶段单纯形法求解。首先要化成标准形,然后再计算。

```
>> clear
>> A=[1 -2 1 1 0;4 -1 -2 0 1;-2 0 1 0 0];b=[11;-3;1];c=[-3 1 1 0 0];
>> [minx,minf,A2,s]= mysimplex (A,b,c);
>> minx=x:[3.3333 0 7.6667 0 -1]
   x1:[3.3333 0 7.6667]
```

在 mysimplex 函数中，会自动判别是否有初始可行解，如果没有则进行两阶段单纯形法。

【例 4.7】 用修正单纯形法求解下列线性规划问题：

$$\begin{cases}\min z=-(3x_1+x_2+3x_3)\\ \text{s. t.}\quad 2x_1+x_2+x_3\leqslant 2\\ \qquad x_1+2x_2+3x_3\leqslant 5\\ \qquad 2x_1+2x_2+x_3\leqslant 6\\ \qquad x_1,x_2,x_3\geqslant 0\end{cases}$$

解：根据修正单纯形法的原理，编写函数 simplex1 进行计算。首先将原问题化成标准形，然后再进行计算。

```
>> clear
>> A=[2 1 1 1 0 0;1 2 3 0 1 0;2 2 1 0 0 1];b=[2;5;6];c=[-3 -1 -3 0 0 0];
>> minx = simplex1(A,b,c);                    % 修正单纯形法函数
>> minx=x:[0.2000 0 1.6000 0 0 4]             % 计算结果
      x1:[0.2000 0 1.6000]
       f:-5.4000
```

此函数只适用于求解有初始可行解的线性规划问题。

4.5　两阶段法

考虑标准线性规划问题：

$$\begin{cases}\min \boldsymbol{c}^{\mathrm{T}}\boldsymbol{x}\\ \text{s. t.}\quad \boldsymbol{Ax}=\boldsymbol{b}\\ \qquad \boldsymbol{x}\geqslant 0\end{cases}\tag{4-6}$$

$\boldsymbol{A}$ 是 $m\times n$ 阶行满秩矩阵，$\boldsymbol{b}\geqslant 0$ 定义下列辅助问题：

$$\begin{cases}\min \sum\limits_{i=n+1}^{n+m}x_i\\ \text{s. t.}\quad \boldsymbol{Ax}+\boldsymbol{x}_a=\boldsymbol{b}\\ \qquad \boldsymbol{x},\boldsymbol{x}_a\geqslant 0\end{cases}\tag{4-7}$$

式中：$\boldsymbol{x}_a=(x_{n+1},\cdots,x_{n+m})^{\mathrm{T}}$ 称为人工或辅助变量。显然，$\boldsymbol{x}$ 是问题(4-6)的可行解的充分必要条件是 $\begin{pmatrix}\boldsymbol{x}\\0\end{pmatrix}$ 问题(4-7)的可行解，而 $\begin{pmatrix}\boldsymbol{x}\\0\end{pmatrix}$ 是问题(4-7)的可行解的充分必要条件是问题(4-7)的最优目标值为 0。

显然 $\begin{pmatrix}0\\\boldsymbol{b}\end{pmatrix}$ 是问题(4-7)的基本可行解，于是可由(修正)单纯形法解问题(4-7)。

如果由单纯形法求得问题(4-7)的解使得最优目标值大于 0，则说明原问题(4-6)无可行解，否则目标值为 0，这时便得问题(4-7)的一个最优解；如果 $\boldsymbol{x}_a$ 变成了非基变量，则可得原问题(4-6)的一个初始基本可行解。可以证明，经过有限次运算，$\boldsymbol{x}_a$ 会变成非基量，这样在有

限次运算后可得原问题的一个顶点。这种通过辅助问题(4-7)求得原问题的一个顶点,然后通过单纯形法求得线性规划问题最优解的方法称为两阶段法。

【例 4.8】 用两阶段法解下列规划问题:

$$\begin{cases} \min\ z = 5x_1 + 21x_3 \\ \text{s.t.}\quad x_1 - x_2 + 6x_3 - x_4 = 2 \\ \qquad x_1 + x_2 + 2x_3 - x_5 = 1 \\ \qquad x_i \geqslant 0, \quad i = 1, \cdots, 5 \end{cases}$$

解:构造辅助问题:

$$\begin{cases} \min\ z = x_6 + x_7 \\ \text{s.t.}\quad x_1 - x_2 + 6x_3 - x_4 + x_6 = 2 \\ \qquad x_1 + x_2 + 2x_3 - x_5 + x_7 = 1 \\ \qquad x_i \geqslant 0, \quad i = 1, \cdots, 7 \end{cases}$$

显然可取 $\boldsymbol{B} = [a_6\ a_7] = \boldsymbol{I}$ 为基矩阵,基指标 $I_B = \{6, 7\}$,$\bar{\boldsymbol{x}} = [0\quad 0\quad 0\quad 0\quad 0\quad 2\quad 1]^{\mathrm{T}}$ 是一基本可行解,$\Delta = \boldsymbol{c}_N^{\mathrm{T}} - \boldsymbol{c}_B^{\mathrm{T}} \boldsymbol{B}^{-1} N = [-2\quad 0\quad -8\quad 1\quad 1]$。于是可写出表 4-4 所列的初始单纯形表。

表 4-4 初始单纯形表($k=3, i_r=6$)

x_1	x_2	x_3	x_4	x_5	x_6	x_7	$\boldsymbol{\alpha}$
1	-1	(6)	-1	0	1	0	2
1	1	2	0	-1	0	1	1

由修正单纯形法得表 4-5 和表 4-6。

表 4-5 单纯形表($k=2, i_r=7$)

x_1	x_2	x_3	x_4	x_5	x_6	x_7	$\boldsymbol{\alpha}$
$\frac{1}{6}$	$-\frac{1}{6}$	1	$-\frac{1}{6}$	0	$\frac{1}{6}$	0	$\frac{1}{3}$
$\frac{2}{3}$	($\frac{2}{3}$)	0	$\frac{1}{3}$	-1	$-\frac{1}{3}$	1	$\frac{1}{3}$

表 4-6 最终单纯形表(1)

x_1	x_2	x_3	x_4	x_5	x_6	x_7	$\boldsymbol{\alpha}$
$\frac{1}{4}$	0	1	$-\frac{1}{8}$	$-\frac{1}{8}$	$\frac{1}{8}$	$\frac{1}{8}$	$\frac{3}{8}$
$\frac{1}{2}$	1	0	$\frac{1}{4}$	$-\frac{3}{4}$	$-\frac{1}{4}$	$\frac{3}{4}$	$\frac{1}{4}$

这时判别式 $\Delta \geqslant 0$,于是求得辅助问题的解为 $\boldsymbol{x} = \left[0\quad \frac{1}{4}\quad \frac{3}{8}\quad 0\quad 0\quad 0\quad 0\right]^{\mathrm{T}}$。从单纯形表可以看出 $\boldsymbol{x}_a = [x_6\quad x_7]^{\mathrm{T}} = [0\quad 0]^{\mathrm{T}}$ 是非基变量,于是 $\bar{\boldsymbol{x}} = \left[0\quad \frac{1}{4}\quad \frac{3}{8}\quad 0\quad 0\right]^{\mathrm{T}}$ 是原问题的一个基本可行解,可以以它为初始解并由单纯形法解原问题。

这时 $\boldsymbol{B} = [a_2, a_3] = \begin{bmatrix} -1 & 6 \\ 1 & 2 \end{bmatrix}^{\mathrm{T}}$,易知

$$B^{-1}=-\begin{bmatrix}\frac{1}{4} & -\frac{3}{4}\\ -\frac{1}{8} & -\frac{1}{8}\end{bmatrix}^{\mathrm{T}},\quad c_N=[5\quad 0\quad 0]^{\mathrm{T}},\quad c_B=[0\quad 21]^{\mathrm{T}}$$

于是

$$c_N^{\mathrm{T}}-c_B^{\mathrm{T}}B^{-1}N=[5\quad 0\quad 0]-\begin{bmatrix}\frac{21}{4} & -\frac{21}{8} & -\frac{21}{8}\end{bmatrix}=\begin{bmatrix}-\frac{1}{4} & \frac{21}{8} & \frac{21}{8}\end{bmatrix}$$

列出第二阶段初始单纯形表如表 4-7 所列。

表 4-7 初始单纯形表($k=1,i_r=2$)

x_1	x_2	x_3	x_4	x_5	α
$\frac{1}{2}$(圈)	1	0	$\frac{1}{4}$	$-\frac{3}{4}$	$\frac{1}{4}$
$\frac{2}{3}$	0	1	$-\frac{1}{8}$	$-\frac{1}{8}$	$\frac{3}{8}$

以$\frac{1}{2}$为主元素进行 Gauss-Jordan 消元得表 4-8。

表 4-8 最终单纯形表(2)

x_1	x_2	x_3	x_4	x_5	α
1	2	0	$\frac{1}{2}$	$-\frac{3}{2}$	$\frac{1}{2}$
0	$-\frac{1}{2}$	1	$-\frac{1}{4}$	$\frac{1}{4}$	$\frac{1}{4}$

由此得解 $x=\begin{bmatrix}\frac{1}{2} & 0 & \frac{1}{4} & 0 & 0\end{bmatrix}^{\mathrm{T}}$。

4.6 大 M 法

大 M 法是一种通过带有人工变量的辅助问题的求解,得到标准形线性规划问题解的方法。它通过一个充分大的参数 M,将两阶段法中的两个阶段的问题合二为一,利用单纯形法来求得问题的解。具体做法如下,对标准线性规划问题(4-6)作如下辅助问题:

$$\begin{cases}\min\ z=c^{\mathrm{T}}x+Me^{\mathrm{T}}x_a\\ \text{s.t.}\quad Ax+x_a=b\\ \qquad\quad x\geqslant 0,\quad x_a\geqslant 0\end{cases}\tag{4-8}$$

这里,M 是一充分大的正数,e 为分量全为 1 的 m 维向量,$x_a=(x_{n+1},\cdots,x_{n+m})^{\mathrm{T}}$ 称为人工变量,可见 $\begin{bmatrix}0\\ b\end{bmatrix}$ 是问题(4-8)的基本可行解,于是可以由单纯形法求解辅助问题。在求解过程中,M 作为一个代数符号参与运算,若其系数为正数,则认为该项是正无穷大的数;否则就认为是负无穷大的数。类似地,若有两个含有 M 的数,则 M 的系数为正且大于另一个 M 的系数的数被认为比另一个数大,M 的系数为负且小于另一个 M 系数的数被认为比另一个数小。

可以证明,$\bar{x}$ 是线性规划(LP)标准形的解的充分必要条件为 $\begin{bmatrix}\bar{x}\\ 0\end{bmatrix}$ 是辅助问题(4-8)的解。

【例 4.9】 用大 M 法求解下列线性规划问题:

$$\begin{cases}\min z = -3x_1 + x_2 + x_3 \\ \text{s.t.} \quad x_1 - 2x_2 + x_3 \leqslant 11 \\ \qquad -4x_1 + x_2 + 2x_3 \geqslant 3 \\ \qquad -2x_1 + x_3 = 1 \\ \qquad x_i \geqslant 0, \quad i = 1,2,3\end{cases}$$

解:先将问题写成标准形式:

$$\begin{cases}\min z = -3x_1 + x_2 + x_3 \\ \text{s.t.} \quad x_1 - 2x_2 + x_3 + x_4 = 11 \\ \qquad -4x_1 + x_2 + 2x_3 - x_5 = 3 \\ \qquad -2x_1 + x_3 = 1 \\ \qquad x_i \geqslant 0, \quad i = 1,\cdots,5\end{cases}$$

构造辅助问题:

$$\begin{cases}\min z = -3x_1 + x_2 + x_3 + Mx_6 + Mx_7 + Mx_8 \\ \text{s.t.} \quad x_1 - 2x_2 + x_3 + x_4 + x_6 = 11 \\ \qquad -4x_1 + x_2 + 2x_3 - x_5 + x_7 = 3 \\ \qquad -2x_1 + x_3 + x_8 = 1 \\ \qquad x_i \geqslant 0, \quad i = 1,\cdots,8\end{cases}$$

取基矩阵 $\boldsymbol{B} = [a_6 \quad a_7 \quad a_8] = \boldsymbol{I}$,则 $[0 \quad 0 \quad 0 \quad 0 \quad 0 \quad 11 \quad 3 \quad 1]^{\mathrm{T}}$ 是辅助问题的一个基本可行解,取其为初始顶点,初始单纯形表及中间的各单纯形表如表 4-9～表 4-12 所列。

表 4-9 初始单纯形表($k=3, i_r=8$)

x_1	x_2	x_3	x_4	x_5	x_6	x_7	x_8	α
1	−2	1	1	0	1	0	0	11
−4	1	2	0	−1	0	1	0	3
−2	0	(1)	0	0	0	0	1	1

表 4-10 单纯形表($k=1, i_r=6$)

x_1	x_2	x_3	x_4	x_5	x_6	x_7	x_8	α
(3)	−2	0	1	0	1	0	−1	10
0	1	0	0	−1	0	1	−2	1
−2	0	1	0	0	0	0	1	1

表 4-11 单纯形表($k=2, i_r=7$)

x_1	x_2	x_3	x_4	x_5	x_6	x_7	x_8	α
1	−2/3	0	1/3	0	1/3	0	−1/3	10/3
0	(1)	0	0	−1	0	1	−2	1
0	−4/3	(1)	2/3	0	2/3	0	1/3	23/3

表 4-12 最终单纯形表(3)

x_1	x_2	x_3	x_4	x_5	x_6	x_7	x_8	$\boldsymbol{\alpha}$
1	0	0	1/3	−2/3	1/3	2/3	−5/3	4
0	1	0	0	−1	0	1	−2	1
0	0	1	2/3	−4/3	2/3	4/3	−7/3	9

于是得辅助问题的解为$[4\quad 1\quad 9\quad 0\quad 0\quad 0\quad 0\quad 0]^{\mathrm{T}}$,从而标准形问题的解为$[4\quad 1\quad 9\quad 0\quad 0]^{\mathrm{T}}$,原问题的解为$[4\quad 1\quad 9]^{\mathrm{T}}$。

【例 4.10】 用大 M 法求解下列线性规划:

$$\begin{cases} \min z = -x_1 - 2x_2 - 3x_3 + x_4 \\ \text{s.t.} \quad x_1 + 2x_2 + 3x_3 = 15 \\ \qquad x_1 + x_2 + 5x_3 = 20 \\ \qquad x_1 + 2x_2 + x_3 + x_4 = 10 \\ \qquad x_1, x_2, x_3 \geqslant 0 \end{cases}$$

解:根据大 M 法的原理,只要设定一定的 M 值,就可以利用单纯形法求解。

此例利用修正单纯形法求解,首先将其转化成标准形后再求解。

```
>> clear
>> A = [1 2 1 1;1 2 3 0 ;2 1 5 0];b = [10;15;20];c = [-1 -2 -3 1];
>> minx = simplex1(A,b,c);
>> minx   x: [2.5000 2.5000 2.5000 0 0 0]
         x1: [2.5000 2.50002.5000 0]
          f: -15
```

4.7 线性规划问题的对偶问题

对于任何一个线性规划问题,存在与之密切相关的另一个线性规划问题,称为该问题的对偶问题。

给定线性规划问题

$$\begin{cases} \min \boldsymbol{c}^{\mathrm{T}}\boldsymbol{x} \\ \text{s.t.} \quad \boldsymbol{A}\boldsymbol{x} \geqslant \boldsymbol{b} \\ \qquad \boldsymbol{x} \geqslant \boldsymbol{0} \end{cases} \tag{4-9}$$

式中:$\boldsymbol{c}=(c_1,c_2,\cdots,c_n)^{\mathrm{T}} \in \mathbf{R}^n$,$\boldsymbol{A}=(a_1,a_2,\cdots,a_m)^{\mathrm{T}} \in \mathbf{R}^{m\times n}$,$\boldsymbol{b}=(b_1,b_2,\cdots,b_m)^{\mathrm{T}} \in \mathbf{R}^m$。

称线性规划问题

$$\begin{cases} \max g(\boldsymbol{y}) = \boldsymbol{b}^{\mathrm{T}}\boldsymbol{y} \\ \text{s.t.} \quad \boldsymbol{A}^{\mathrm{T}}\boldsymbol{y} \leqslant \boldsymbol{c} \\ \qquad \boldsymbol{y} \geqslant \boldsymbol{0} \end{cases} \tag{4-10}$$

为问题(4-9)的对称对偶问题,称问题(4-9)为原问题。

而对于线性规划问题

$$\begin{cases} \min \boldsymbol{c}^{\mathrm{T}}\boldsymbol{x} \\ \text{s.t.} \quad \boldsymbol{A}\boldsymbol{x} = \boldsymbol{b} \\ \qquad \boldsymbol{x} \geqslant \boldsymbol{0} \end{cases} \tag{4-11}$$

下列线性规划

$$\begin{cases} \max\ g(\boldsymbol{y}) = \boldsymbol{b}^{\mathrm{T}}\boldsymbol{y} \\ \text{s.t.}\quad \boldsymbol{A}^{\mathrm{T}}\boldsymbol{y} \leqslant \boldsymbol{c} \end{cases} \tag{4-12}$$

称为原问题(4-11)的非对称形式的对偶线性规划。

原问题与对偶问题之间存在着表 4-13 所列的对应关系。

表 4-13 原问题与对偶问题的对应关系

原问题	对偶问题
min	max
n 个变量	n 个约束条件
m 个约束条件	m 个变量
不等式约束(≤)	非负变量
非负变量	不等式约束(≥)
等式约束	自由变量
自由变量	等式约束

分别记 D_p 和 D_D 为原问题(4-9)和对偶问题(4-10)的可行域,则两者之间存在如下一种密切关系。

设原问题(4-9)和对偶问题(4-10)都有可行点,则

(1) 对任何 $\boldsymbol{x}\in D_p$,任何 $\boldsymbol{y}\in D_D$ 均有

$$\boldsymbol{c}^{\mathrm{T}}\boldsymbol{x} \geqslant \boldsymbol{b}^{\mathrm{T}}\boldsymbol{y}$$

(2) 若点 $\boldsymbol{x}^*\in D_p$,$\boldsymbol{y}^*\in D_D$ 满足 $\boldsymbol{c}^{\mathrm{T}}\boldsymbol{x}^*=\boldsymbol{b}^{\mathrm{T}}\boldsymbol{y}^*$,则 $\boldsymbol{x}^*$ 和 $\boldsymbol{y}^*$ 分别是原问题(4-9)和对偶问题(4-10)的最优解。

下面的定理称为线性规划问题的对偶定理:

(1) 若线性规划问题(4-9)或其对偶问题(4-10)之一有最优解,则两个问题都有最优解,而且两个问题的最优目标函数值相等。

(2) 若线性规划问题(4-9)或其对偶问题(4-10)之一的目标函数值无界,则另一问题无可行解。

从以上定理可以看出,原问题(4-9)的最优解对应的拉格朗日乘子是其对偶问题的最优解,反之亦然;另一方面,也可以从单纯形法的角度将原问题和对偶问题联系起来,若 $\boldsymbol{x}^*$ 是原问题的最优解,$\boldsymbol{B}$ 是相应的基,则 $(\boldsymbol{C}_B^{\mathrm{T}}\boldsymbol{B}^{-1})^{\mathrm{T}}$ 是其对偶问题(4-10)的最优解,而这是可以直接从原问题的最终单纯形表中求得。

在原问题中引入剩余变量 $x_{n+1},\cdots,x_{n+m}$ 使其变为标准形式的线性规划,然后再用单纯形法求解,当全部判别数 σ_j 非正时,所得单纯形表是最终单纯形表,设相应的最优基是 $\boldsymbol{B}$,则相应于剩余变量 $x_{n+l}(l=1,2\cdots,m)$ 的判别数的相反数即为对偶问题(4-10)的最优解。

4.7.1 对偶单纯形法

对于线性规划原问题(4-11)及其对偶问题(4-12),设 $\boldsymbol{X}$ 是原问题(4-11)的一个基本解,且 $\boldsymbol{X}$ 的所有判别数非正,则称 $\boldsymbol{X}$ 为问题(4-12)的一个正则解,其所对应的基 $\boldsymbol{B}$ 称为正则基。

与单纯形法一样,对偶单纯形法也需要解决三个问题:

（1）初始正则解的确定；

（2）换基运算；

（3）终止准则。

其中换基运算的基本过程如下：

设有初始正则解 $\boldsymbol{X}^0=(a_1,a_2,\cdots,a_n)^{\mathrm{T}}$ 与初始正则基 $\boldsymbol{B}=\boldsymbol{I}=[\boldsymbol{P}_1\boldsymbol{P}_2\cdots\boldsymbol{P}_m]$。

（1）建立初始对偶单纯形表

$$\begin{bmatrix} 1 & & & & & b_{1,m+1}\cdots b_{1l}\cdots b_{1n} & a_1 \\ & \ddots & & & & \vdots \quad \vdots \quad \vdots & \vdots \\ & & 1 & & & b_{k,m+1}\cdots b_{kl}\cdots b_{kn} & a_k \\ & & & \ddots & & \vdots \quad \vdots \quad \vdots & \vdots \\ & & & & 1 & b_{m,m+1}\cdots b_{ml}\cdots b_{mn} & a_m \\ 0 & \cdots & 0 & \cdots & 0 & \sigma_{m+1}\ \cdots \sigma_l\ \cdots \sigma_n & f_0 \end{bmatrix}$$

（2）确定主元 b_{kl}。

设 $a_k<0$，以 b_{kl} 为主元作换基运算，则有

$$a'_k=\frac{a_k}{b_{kl}}$$

$$\sigma'_j=\sigma_j-\frac{b_{kj}}{b_{kl}}\sigma_l$$

$$\sigma'_l=\sigma_l-\frac{b_{kj}}{b_{kl}}\sigma_l=0$$

为使 $a'_k\geqslant 0$，且 $\sigma'_j\leqslant 0$，b_{kl} 应满足

$$b_{kl}<0$$

$$\frac{\sigma_l}{b_{kl}}=\min\left\{\frac{\sigma_j}{b_{kj}}\middle|\, b_{kj}<0\right\}$$

即先由 $a_k<0$ 确定 b_{kl} 所在的行坐标 k，再在第 k 行中确定主元 b_{kl}。

（3）作换基运算

$$a'_k=\frac{a_k}{b_{kl}}$$

$$a'_i=a_i-\frac{a_k}{b_{kl}}b_{il},\quad i=1,2,\cdots,m;i\neq k$$

$$b'_{kj}=\frac{b_{kj}}{b_{kl}},\quad j=1,2,\cdots,n$$

$$b'_{ij}=b_{ij}-\frac{b_{kj}}{b_{kl}}b_{il},\quad i=1,\cdots,m;j=1,2,\cdots,n;i\neq k$$

据此，可给出对偶单纯形法算法的步骤：

（1）构造初始对偶单纯形表

$$\begin{bmatrix} \boldsymbol{P}_1\boldsymbol{P}_2\cdots\boldsymbol{P}_n\boldsymbol{\alpha} \\ \sigma_1\sigma_2\cdots\sigma_n f_0 \end{bmatrix}$$

其中，$\boldsymbol{\alpha}=(a_1,a_2,\cdots,a_m)^{\mathrm{T}}$。

（2）若 $\boldsymbol{\alpha}\geqslant 0$，则当前正则解就是最优解；否则，取

$$j_k=\min\{j_i \mid x_{ji}=a_i<0\}$$

(3) 若 $b_{kj} \geqslant 0 (j=1,2,\cdots,n)$，则原问题(4-8)无可行解；否则确定主元 b_{kl}，使

$$\frac{\sigma_l}{b_{kl}} = \min\left\{\frac{\sigma_j}{b_{kj}} \middle| b_{kj} < 0, 0 \leqslant j \leqslant n\right\}$$

(4) 以 b_{kl} 为主元，作换基运算后转步骤(2)。

【例 4.11】 利用对偶单纯形法求解线性规划问题

$$\begin{cases} \min\ z = x_1 + 2x_2 \\ \text{s.t.}\quad x_1 + 2x_2 \geqslant 4 \\ \qquad x_1 \leqslant 5 \\ \qquad 3x_1 + 2x_2 \geqslant 6 \\ \qquad x_1, x_2 \geqslant 0 \end{cases}$$

解：将原题的线性规划问题化为标准形

$$\begin{cases} \min\ z = x_1 + 2x_2 \\ \text{s.t.}\quad x_1 + 2x_2 - x_3 = 4 \\ \qquad x_1 + x_4 = 5 \\ \qquad 3x_1 + 2x_2 - x_5 = 6 \\ \qquad x_1, x_2, x_3, x_4, x_5 \geqslant 0 \end{cases}$$

即

$$\begin{cases} \min\ z = x_1 + 2x_2 \\ \text{s.t.}\quad -x_1 - 2x_2 + x_3 = -4 \\ \qquad x_1 + x_4 = 5 \\ \qquad -3x_1 - 2x_2 + x_5 = -6 \\ \qquad x_1, x_2, x_3, x_4, x_5 \geqslant 0 \end{cases}$$

取初始正则基为 $\boldsymbol{B} = (\boldsymbol{P}_3, \boldsymbol{P}_4, \boldsymbol{P}_5) = \boldsymbol{I}_3$，初始单纯形表及中间各单纯形表如表 4-14～表 4-16 所列。

表 4-14　初始单纯形表(2)

x_1	x_2	x_3	x_4	x_5	$\boldsymbol{\alpha}$
−1	−2	1	0	0	−4
1	0	0	1	0	5
−3	−1	0	0	1	−6
−1	−2	0	0	0	0

表 4-15　单纯形表(3)

x_1	x_2	x_3	x_4	x_5	$\boldsymbol{\alpha}$
0	−5/3	1	0	$-\frac{1}{3}$	−2
0	−1/3	0	1	1/3	3
1	1/3	0	0	−1/3	2
0	−5/3	0	0	−1/3	2

表 4-16 单纯形表(4)

x_1	x_2	x_3	x_4	x_5	α
0	5	−3	0	1	6
0	−2	1	1	0	1
1	1	−1	0	0	4
0	0	−1	0	0	4

因此,LP 的最优解为$(4,0,0,1,6)^{\mathrm{T}}$,最优值为 4,则原线性规划问题的最优解为$(4,0)^{\mathrm{T}}$,最优值为 4。

以上求解过程,可编程进行计算。

【例 4.12】 利用对偶单纯形法求解线性规划

$$\begin{cases}\min z = 2x_1 + 3x_2 + 4x_4 \\ \text{s.t.} \quad x_1 + 2x_2 + x_3 \geqslant 3 \\ \qquad 2x_1 - x_2 + 3x_3 \geqslant 4 \\ \qquad x_1, x_2, x_3 \geqslant 0\end{cases}$$

解:很明显,此线性规划因为初始的判别数为负,所以不能用单纯形法求得,或求得的结果不正确,需要利用对偶单纯形法求解。

根据对偶单纯形法的原理,编写函数 dualsimplex 进行计算。

首先化成标准形,再进行计算。

```
>> clear
>> A=[-1 -2 -1 1 0;-2 1 -3 0 1]; b=[-3;-4];c=[2 3 4 0 0];
>> minx=dualsimplex(A,b,c);              %对偶单纯形法函数
>> minx= x:[2.2000 0.4000 00 0]          %计算结果
        x1:[2.2000 0.4000 0]
        f:5.6000
      A:[3x6 double]
```

即原线性规划问题的最优解为$(2.2,0.4,0)^{\mathrm{T}}$,最优值为 5.6。

4.7.2 对偶线性规划的应用

在一般情况下,求解线性规划多用原始单纯形法,但对下面几种情况,则用对偶单纯形法比较方便。

1. 线性规划具有以下的形式

$$\begin{cases}\min \boldsymbol{c}^{\mathrm{T}}\boldsymbol{x} \\ \text{s.t.} \quad \boldsymbol{Ax} \geqslant \boldsymbol{b} \\ \qquad \boldsymbol{x} \geqslant \boldsymbol{0}\end{cases}$$

为解此线性规划,可以添加剩余变量,使原规划变为

$$\begin{cases}\min \boldsymbol{c}^{\mathrm{T}}\boldsymbol{x} \\ \text{s.t.} \quad \boldsymbol{Ax} - \boldsymbol{Y} = \boldsymbol{b} \\ \qquad \boldsymbol{x} \geqslant \boldsymbol{0}, \quad \boldsymbol{Y} \geqslant \boldsymbol{0}\end{cases}$$

取 $\boldsymbol{Y}$ 所在列为基,则基 $\boldsymbol{B}=\boldsymbol{I}$ 是一个单位矩阵,因此有一个明显的正则解

$$\boldsymbol{Y} = -\boldsymbol{b}$$

然后再作对偶单纯形法计算,便可求得最优解。

【例 4.13】 求解下列线性规划

$$\begin{cases} \min f(\boldsymbol{x})=x_1+2x_2 \\ \text{s.t.} \quad x_1+x_2\leqslant -6 \\ \qquad x_2-x_2\geqslant -4 \\ \qquad x_1\geqslant 2 \\ \qquad x_2\leqslant 6 \\ \qquad x_1\geqslant 0,\quad x_2\geqslant 0 \end{cases}$$

解:添加剩余变量 x_3,x_4,x_5,x_6,并变为标准形

$$\begin{cases} \min f(\boldsymbol{x})=x_1+2x_2 \\ \text{s.t.} \quad x_1+x_2+x_3=6 \\ \qquad -x_1+x_2+x_4=4 \\ \qquad -x_1+x_5=-2 \\ \qquad x_2+x_6=6 \\ \qquad x_j\geqslant 0,\quad j=1,\cdots,6 \end{cases}$$

很明显,$(6,4,-2,6)^{\mathrm{T}}$ 是初始正则解。

列单纯形表如表 4-17 所列。

表 4-17 单纯形表(5)

$\boldsymbol{P}_1$	$\boldsymbol{P}_2$	$\boldsymbol{P}_3$	$\boldsymbol{P}_4$	$\boldsymbol{P}_5$	$\boldsymbol{P}_6$	$\boldsymbol{\alpha}$
1	1	1	0	0	0	6
−1	1	0	1	0	0	4
−1	0	0	0	1	0	−2
0	1	0	0	0	1	6
−1	−2	0	0	0	0	0

因为 $\boldsymbol{\alpha}$ 中有负数,所以要进行换基运算。

首先选主元。因 $\boldsymbol{\alpha}=(6,4,-2,6)^{\mathrm{T}}$ 中只有 $-2<0$,所以对应的 $k=3$(如有多个负 α_i 值,取最小的行标),然后计算第 3 行对应的 $\dfrac{\sigma_j}{b_{kj}}$,确定 l 使得 $\dfrac{\sigma_l}{b_{kl}}=\min\left\{\dfrac{\sigma_j}{b_{kj}}\middle| b_{kj}<0,0\leqslant j\leqslant n\right\}$。在此 $l=1\left(\text{如有相等}\dfrac{\sigma_j}{b_{kj}}\text{值,取最小的列标}\right)$。据此可确定主元为 $b_{kl}=-1$。

作换基运算可得表 4-18。

因为 $\boldsymbol{\alpha}$ 均为非负值,所以迭代结束,其最优解为 $(2,0)^{\mathrm{T}}$,目标函数值为 2。

表 4-18 单纯形表(6)

$\boldsymbol{P}_1$	$\boldsymbol{P}_2$	$\boldsymbol{P}_3$	$\boldsymbol{P}_4$	$\boldsymbol{P}_5$	$\boldsymbol{P}_6$	$\boldsymbol{\alpha}$
0	1	1	0	1	0	4
0	1	0	1	−1	0	6
1	0	0	0	−1	0	2
0	1	0	0	0	1	6
0	−2	0	0	−1	0	2

2. 求解下面的两个线性规划

$$\begin{cases}\min\ \boldsymbol{c}^{\mathrm{T}}\boldsymbol{x} \\ \text{s. t.}\quad \boldsymbol{Ax} \geqslant \boldsymbol{b}^1 \\ \qquad\quad \boldsymbol{x} \geqslant \boldsymbol{0}\end{cases} \tag{4-13}$$

$$\begin{cases}\min\ \boldsymbol{c}^{\mathrm{T}}\boldsymbol{x} \\ \text{s. t.}\quad \boldsymbol{Ax} \geqslant \boldsymbol{b}^2 \\ \qquad\quad \boldsymbol{x} \geqslant \boldsymbol{0}\end{cases} \tag{4-14}$$

这两个线性规划，除了 $\boldsymbol{b}^1$ 和 $\boldsymbol{b}^2$ 不同外，其余条件完全相同。

这时可用原始单纯形法求问题(4－13)，得其最优基 $\boldsymbol{B}$，它也是问题(4－14)的正则基，其相应的基本解 $\boldsymbol{X}^0$ 是问题(4－13)的正则解，于是可从 $\boldsymbol{X}^0$ 出发用对偶单纯形法问题(4－14)的最优解。

例如，求解下列线性规划：

$$(\text{P1})\begin{cases}\min f(\boldsymbol{x}) = 5x_1 + 21x_3 \\ \text{s. t.}\quad x_1 - x_2 + 6x_3 - x_4 = 2 \\ \qquad\quad x_2 + x_2 + 2x_3 + x_5 = 1 \\ \qquad\quad x_j \geqslant 0,\quad j = 1,\cdots,5\end{cases} \quad 与 \quad (\text{P2})\begin{cases}\min f(\boldsymbol{x}) = 5x_1 + 21x_3 \\ \text{s. t.}\quad x_1 - x_2 + 6x_3 - x_4 = 3 \\ \qquad\quad x_2 + x_2 + 2x_3 + x_5 = 6 \\ \qquad\quad x_j \geqslant 0,\quad j = 1,\cdots,5\end{cases}$$

利用原始单纯形法，可以求得线性规划(P1)的最后一张单纯形表，如表 4－19 所列。

表 4－19　单纯形表(7)

$\boldsymbol{P}_1$	$\boldsymbol{P}_2$	$\boldsymbol{P}_3$	$\boldsymbol{P}_4$	$\boldsymbol{P}_5$	$\boldsymbol{\alpha}$
0	−1/2	1	−1/4	1/4	1/4
1	2	0	1/2	−3/2	1/2
0	−1/2	0	−11/4	−9/4	31/4

由此可得(P1)的最优基为 $\boldsymbol{B}=(\boldsymbol{P}_3\boldsymbol{P}_1)$，它也是(P2)的正则基。据此可求得(P2)的初始正则解及目标函数值，即

$$\boldsymbol{B}^{-1}\boldsymbol{b}^2 = \begin{bmatrix}6 & 1\\ 2 & 1\end{bmatrix}^{-1}\begin{bmatrix}3\\ 6\end{bmatrix} = \begin{bmatrix}-\dfrac{3}{4}\\ \dfrac{15}{2}\end{bmatrix}$$

$$\boldsymbol{C}_B^{\mathrm{T}}\boldsymbol{B}^{-1}\boldsymbol{b}^2 = (21,5)\begin{bmatrix}-\dfrac{3}{4}\\ \dfrac{15}{2}\end{bmatrix} = \frac{87}{4}$$

即初始正则解为 $\boldsymbol{X}^0=(15/2,0,-3/4,0,0)^{\mathrm{T}}$，此时的目标函数值为 87/4。

于是，可以得到(P2)的一个单纯形表，如表 4－20 所列。

表 4－20　单纯形表(8)

$\boldsymbol{P}_1$	$\boldsymbol{P}_2$	$\boldsymbol{P}_3$	$\boldsymbol{P}_4$	$\boldsymbol{P}_5$	$\boldsymbol{\alpha}$
0	−1/2	1	−1/4	1/4	−3/4
1	2	0	1/2	−3/2	12/5
0	−1/2	0	−11/4	−9/4	87/4

根据对偶单纯形法,主元为 b_{12} 即 $-1/2$,进行换基运算,得单纯形表,如表 4-21 所列。

表 4-21 单纯形表(9)

$\boldsymbol{P}_1$	$\boldsymbol{P}_2$	$\boldsymbol{P}_3$	$\boldsymbol{P}_4$	$\boldsymbol{P}_5$	$\boldsymbol{\alpha}$
0	1	-2	$1/2$	$-1/2$	$3/2$
1	0	4	$-1/2$	$-1/2$	$9/2$
0	0	-1	$-5/2$	$-5/2$	$45/2$

得(P2)的最优解为$(9/2,3/2,0,0,0)^{\mathrm{T}}$。

3. 如果已求得线性规划

$$\begin{cases}\min\ \boldsymbol{c}^{\mathrm{T}}\boldsymbol{x}\\ \text{s. t.}\quad \boldsymbol{A}\boldsymbol{x}=\boldsymbol{b}\\ \qquad\quad \boldsymbol{x}\geqslant \boldsymbol{0}\end{cases}$$

的最优基为 $\boldsymbol{B}$,但是由于情况变化,又需要加入新的约束条件 $\boldsymbol{\alpha}^{\mathrm{T}}\boldsymbol{x}\leqslant d$,其中 $\boldsymbol{\alpha}=(a_1,a_2,\cdots,a_n)^{\mathrm{T}}$,$d$ 是常数,即要求解下列的线性规划

$$\begin{cases}\min\ \boldsymbol{c}^{\mathrm{T}}\boldsymbol{x}\\ \text{s. t.}\quad \boldsymbol{A}\boldsymbol{x}=\boldsymbol{b}\\ \qquad\quad \boldsymbol{\alpha}^{\mathrm{T}}\boldsymbol{x}\leqslant d\\ \qquad\quad \boldsymbol{x}\geqslant \boldsymbol{0}\end{cases}\tag{4-15}$$

这时可以利用对偶单纯形法求解。其基本思想是:若 $\boldsymbol{B}=(\boldsymbol{P}_{j1},\ \boldsymbol{P}_{j2},\cdots,\ \boldsymbol{P}_{jm})$,则

$$\overline{\boldsymbol{B}}=\begin{bmatrix}\boldsymbol{P}_{j1} & \boldsymbol{P}_{j2} & \cdots & \boldsymbol{P}_{jm} & 0\\ a_{j1} & a_{j2} & \cdots & a_{jm} & 1\end{bmatrix}$$

是问题(4-14)的正则基,其相应的基本解 $\boldsymbol{X}^0$ 是正则解,于是,可以从 $\boldsymbol{X}^0$ 出发,用对偶单纯形法求出问题(4-15)的最优解。

【例 4.14】 某厂利用 A、B、C 三种原料生产两种产品Ⅰ、Ⅱ,有关数据如表 4-22 所列。(1) 该厂应如何安排生产计划,才能获利最大?(2) 求 3 种原料的影子价格,并解释其经济意义。(3) 若该厂计划购买原料以增加供应量,3 种原料中的哪一种最值得购买?(4) 若某公司欲从该厂购进这 3 种原料,则该厂应如何确定 3 种原料的价格,才能使得双方都能接受?(5) 若该厂计划新投产产品Ⅲ,生产单位产品Ⅲ所需原料的数量分别为 1、1、1,则该厂应如何确定产品Ⅲ的单价?

表 4-22 产品数据

生产单位产品所需原料的数量 \ 产品 / 原料	Ⅰ	Ⅱ	原料的供应量
A	1	1	150
B	2	3	240
C	3	2	300
产品的单位	2.4	1.8	

解:(1) 根据题意,可建立如下的线性规划问题:

$$\begin{cases} \max z = 2.4x_1 + 1.8x_2 \\ \text{s.t.} \quad x_1 + x_2 \leqslant 150 \\ \qquad 2x_1 + 3x_2 \leqslant 240 \\ \qquad 3x_1 + 2x_2 \leqslant 300 \\ \qquad x_1, x_2 \geqslant 0 \end{cases}$$

解此线性规划。

```
>> clear
>> A=[1 11 0 0;2 3 0 1 0;3 2 0 0 1];b=[150;240;300];c=[-2.4 -1.8 0 0 0];
>> [minx,minf,A2,s]=simplex(A,b,c);
>> minx=x: [84 24 42 0 0]
       x1: [84 24]
>> minf=-244.8000
>> A2=0       -0.0000    1.0000    -0.2000    -0.2000    42.0000   %最后一张单纯形表
      0        1.0000    0          0.6000    -0.4000    24.0000
   1.0000      0         0         -0.4000     0.6000    84.0000
      0        0         0         -0.1200    -0.7200  -244.8000
```

即该厂只需将产品Ⅰ、Ⅱ的生产数量分别定为 84、24，即可获利最大，且最大利润为 244.8。

（2）根据求解线性规划所得的最后一张单纯形表中自由变量 x_3、x_4、x_5 的判别数（由(1)计算所得的 A2 中最后一行）知，关于最优基 $(\boldsymbol{P}_1,\boldsymbol{P}_2,\boldsymbol{P}_3)$ 的对偶最优解为 $y=(y_1,y_2,y_3)^{\mathrm{T}}=(0,0.12,0.72)^{\mathrm{T}}$，即关于 3 种原料 A、B、C 的供应量 $b_1=150$、$b_2=240$、$b_3=300$ 的影子价格分别为 $y_1=0$、$y_2=0.12$、$y_3=0.72$。

影子价格 $y_1=0$ 的经济意义：原料 A 的供应量的单位改变量对最大利润没有影响。

影子价格 $y_2=0.12$ 的经济意义：原料 B 的供应量 b_2 增加一个单位时，最大利润将增加 0.12 个单位。

影子价格 $y_3=0.72$ 的经济意义：原料 C 的供应量 b_3 增加一个单位时，最大利润将增加 0.72 个单位。

（3）因原料 C 的影子价格最大，故 C 最值得购买。

（4）设该厂将 A、B、C 三种原料的价格分别确定为 y_1、y_2、y_3，则可建立线性规划

$$\begin{cases} \max f = 150y_1 + 240y_2 + 300y_3 \\ \text{s.t.} \quad y_1 + 2y_2 + 3y_3 \geqslant 2.4 \\ \qquad y_1 + 3y_2 + 3y_3 \geqslant 1.8 \\ \qquad y_1, y_2, y_3 \geqslant 0 \end{cases}$$

很明显，此线性规划即为第(1)问中线性规划的对偶问题，所以其解为 $y=(y_1,y_2,y_3)^{\mathrm{T}}=(0,0.12,0.72)^{\mathrm{T}}$。故该厂只需将 3 种原料的价格分别定为 0、0.12、0.72，双方都能接受。

（4）产品Ⅲ的单价应不低于 $0\times1+0.12\times1+0.72\times1=0.84$。

【例 4.15】 设线性规划

$$\begin{cases} \min z = -2x_1 - 3x_2 - x_3 \\ \text{s.t.} \quad x_1 + x_2 + x_3 \leqslant 150 \\ \qquad x_1 + 4x_2 + 7x_3 \leqslant 9 \\ \qquad x_1, x_2, x_3 \geqslant 0 \end{cases}$$

（1）对目标函数中非基决策变量的系数作敏感性分析；

（2）对目标函数中基决策变量的系数作敏感性分析；

(3) 对约束方程组的右端的常数作敏感性分析。

解:所谓敏感性分析,就是分析当条件发生改变时,线性规划的最优解如何变化。

首先对线性规划求解,得到最后一张单纯形表。

```
>> clear
>> A=[1 1 1 1 0;1 4 7 0 1];b=[3;9];c=[-2 -3 -1 0 0];
>> [minx,minf,A2,s]=simplex(A,b,c);
>> minx:[1 2 0 0 0]     minf=-8          %最优解
>> A2= 1.0000       0     -1.0000     1.3333    -0.3333     1.0000
          0     1.0000     2.0000    -0.3333     0.3333     2.0000
          0        0      -3.0000    -1.6667    -0.3333    -8.0000
```

从中可看出,基变量为 x_1、x_2,非基变量为 x_3,最后一行为各变量对应的判别数。

(1) 对于非基变量,要使最优解不变,应使变量对应的系数的变化值不超过其判别数。

对于本例 x_3 非基变量,只有 $\Delta c_3 \geqslant r_3 = -3$ 才能保证最优解不变。

例如,当目标函数变为 $z=-2x_1-3x_2-2x_3$ 时,$\Delta c_3=-1$,所以最优解不变;而当目标函数变为 $z=-2x_1-3x_2-6x_3$ 时,$\Delta c_3=-5$,故最优解将发生变化。因为此时 $r=r_3-\Delta c_3=2$,所以将 A2 中 x_3 对应的判别数改为 2,将得到一张新的单纯形表,然后确定主元,并进行换基运算,便可得到新的最优解。

```
>> A=[1 0 -1 4/3 -1/3;0 1 2 -1/3 1/3];b=[1;2];sigma=[0 0 2 -5/3 -1/3];f0=-8; %根据 A2 得到
>> y=progturn(A,b,sigma,f0,2,3);       %换基函数,以 A 中第 2 行,第 3 列的元素为主元
>> y=1.0000     0.5000        0      1.1667    -0.1667     2.0000
        0       0.5000     1.0000   -0.1667     0.1667     1.0000
        0      -1.0000        0     -1.3333    -0.6667   -10.0000
```

从单纯形表中可看出,新的最优值为 -10,最优解为 $[2\quad 0\quad 1]$。

(2) 对于基变量,要使最优解不变,则要求对应的系数变化满足下列条件

$$\begin{cases}\Delta c_k \leqslant -\dfrac{r_j}{a_{kj}}, & a_{kj}>0 \\ \Delta c_k \geqslant -\dfrac{r_j}{a_{kj}}, & a_{kj}<0\end{cases},\quad j=m+1,m+2,\cdots,n$$

对于本例 x_1,要使最优解不变,应有

$$-1=\max\left\{-\frac{-3}{-1},\quad -\frac{-\dfrac{1}{3}}{-\dfrac{1}{3}}\right\}\leqslant \Delta c_1 \leqslant \min\left\{-\frac{-\dfrac{5}{3}}{\dfrac{4}{3}}\right\}=\frac{5}{4}$$

因此当目标函数变为 $z=-3x_1-3x_2-x_3$ 时,因 $\Delta c_1=-1$,故最优解不变;而当目标函数变为 $z=-3x_2-x_3$ 时,因 $\Delta c_1=2$,故最优解将发生变化,再按下列方法计算判别数及目标值的变化。

$$\begin{cases}z'_0=z_0+\Delta c_1 b_{10}=-8+2\times 1=-6 \\ r'_3=r_3+\Delta c_1 a_{13}=-3+2\times(-1)=-5 \\ r'_4=r_4+\Delta c_1 a_{14}=-\dfrac{5}{3}+2\times\dfrac{4}{3}=1 \\ r'_5=r_5+\Delta c_1 a_{15}=-\dfrac{1}{3}+2\times\left(-\dfrac{1}{3}\right)=-1\end{cases}$$

根据计算的新的判别数和函数值,进行换基运算(主元为 A2 中第 1 行,第 4 列的元素),

可以得到单纯形表，如下：

```
y=  0.7500        0     -0.7500    1.0000    -0.2500     0.7500
    0.2500   1.0000      1.7500         0     0.2500     2.2500
   -0.7500        0     -4.2500         0    -0.7500    -6.7500
```

最优解为[0　2.25　0]，最优值为−6.75。

(3) 对于约束方程组系数，要使最优值不变，则要求

$$\begin{cases}\Delta b_k \leqslant -\dfrac{b_{i0}}{w_{ik}}, & w_{ik}>0 \\ \Delta b_k \geqslant -\dfrac{b_{i0}}{w_{ik}}, & w_{ik}<0\end{cases}, \quad i=1,2,\cdots,m$$

其中，$\boldsymbol{w}$ 为最后一张单纯形表中非基变量对应的系数阵。

对于本例如果变化值为 b_2，则有 $\boldsymbol{b}=\begin{pmatrix}3\\9\end{pmatrix}$，$\boldsymbol{b}_2=9$，$\boldsymbol{B}^{-1}=\begin{bmatrix}\dfrac{4}{3} & -\dfrac{1}{3}\\ -\dfrac{1}{3} & \dfrac{1}{3}\end{bmatrix}$，要使最优基不变，则应有

$$-6=\max\left\{-\frac{2}{\frac{1}{3}}\right\}\leqslant \Delta b_2 \leqslant \min\left\{-\frac{1}{-\frac{1}{3}}\right\}=3$$

因此如果右端的常数变成 $\boldsymbol{b}=\begin{pmatrix}3\\6\end{pmatrix}$，则 $\Delta b_2=-3$，故最优基不变，此时

$$\overline{\boldsymbol{b}'}=\boldsymbol{B}^{-1}\boldsymbol{b}'=\begin{bmatrix}\dfrac{4}{3} & -\dfrac{1}{3}\\ -\dfrac{1}{3} & \dfrac{1}{3}\end{bmatrix}\begin{bmatrix}3\\6\end{bmatrix}=\begin{bmatrix}2\\1\end{bmatrix}$$

故新的最优解为[2　1　0]，根据目标函数可求得最优值为−7；如果变成 $\boldsymbol{b}=\begin{pmatrix}3\\13\end{pmatrix}$，则 $\Delta b_2=4$，故最优基将发生变化。

$$\begin{cases}z'_0=z_0+\Delta b_2\sum\limits_{i=1}^{2}c_i w_{i2}=-8+4\times\left[(-2)\times\left(-\dfrac{1}{3}\right)+(-3)\times\dfrac{1}{3}\right]=-\dfrac{28}{3}\\ b'_{10}=b_{10}+\Delta b_2 w_{12}=1+4\times\left(-\dfrac{1}{3}\right)=-\dfrac{1}{3}\\ b'_{20}=b_{20}+\Delta b_2 w_{22}=2+4\times\dfrac{1}{3}=\dfrac{10}{3}\end{cases}$$

式中：c 为目标函数中对应变量的系数值，w_{ij} 为 $\boldsymbol{B}^{-1}$ 中相应的系数。

此时判别数为[0　0　−3　−5/3　−1/3]，再进行换基运算，此时的主元根据对偶单纯形法规则得到(此例为 A2 中第 1 行，第 5 列的元素)，则得到新的单纯形表

```
>> y= -3.0000        0     3.0000   -4.0000    1.0000     1.0000
       1.0000   1.0000     1.0000    1.0000         0     3.0000
      -1.0000        0    -2.0000   -3.0000         0    -9.0000
```

从而可得最优解为[0　3　0]，最优值为−9。

【例 4.16】 某车间有两台机床甲和乙，可用于加工 3 种工件。假定这两台机床的可用台

时数分别为 700 和 800,3 种工件的数量分别为 300、500 和 400,且已知用 3 种机床加工单位数量的工件所需的台时数和加工费用如表 4-23 所列,问怎样分配机床的加工任务,才能既满足加工工件的要求,又能使总加工费用最低?

表 4-23 机床加工情况表

机床类型	单位工作所需加工台时数			单位工件的加工费用			可用台时数
	工件 1	工件 2	工件 3	工件 1	工件 2	工件 3	
甲	0.4	1.1	1.0	13	9	10	700
乙	0.5	1.2	1.3	11	12	8	800

解:MATLAB 中求解线性规划的函数为 linprog。

```
>> f=[13;9;10;11;12;8]; A=[0.4 1.1 1 00 0;0 0 0 0.5 1.2 1.3];b=[700;800];
>> Aeq=[1 0 0 1 0 0;0 1 0 0 1 0;0 0 1 0 0 1];beq=[300;500;400];
>> lb=zeros(6,1);
>> [x,val]=linprog(f,A,b,Aeq,beq,lb,[]);
>> x=[0.0000 500.0000  0.0000 300.0000 0.0000  400.0000]  %最优解
>> val  =1.1000e+004                                       %最优值
```

用自编的 simplex1 计算可得到相同的结果。

习题 4

4.1 将如下线性规划问题转换为标准型。

(1) $\begin{cases}\min z=-5x_1-3x_2\\ \text{s.t.}\quad x_1+2x_2\leqslant 3\\ \qquad 2x_1+x_2\leqslant 3\\ \qquad 0\leqslant x_1\leqslant 1.5,\quad x_2\geqslant 0\end{cases}$

(2) $\begin{cases}\min z=-x_1+x_2\\ \text{s.t.}\quad x_1-x_2\geqslant -2\\ \qquad x_1-2x_2\leqslant 2\\ \qquad x_1+x_2\leqslant 5\\ \qquad x_1\geqslant 0\end{cases}$

4.2 画出下列线性规划的可行域,画出目标函数的等值线,并找出最优解。

(1) $\begin{cases}\max z=x_1+2x_2\\ \text{s.t.}\quad x_1+x_2\leqslant 2\\ \qquad x_2\leqslant 1\\ \qquad x_1,x_2\geqslant 0\end{cases}$

(2) $\begin{cases}\min z=-2x_1-3x_2\\ \text{s.t.}\quad -x_1+x_2\leqslant 1\\ \qquad x_1+4x_2\leqslant 9\\ \qquad x_1,x_2\geqslant 0\end{cases}$

4.3 以下各问题存在最优解,试通过基本可行解来确定各问题的最优解。

(1) $\begin{cases}\max z=2x_1+5x_2\\ \text{s.t.}\quad x_1+x_2+x_3=16\\ \qquad 2x_1+x_2+x_4=12\\ \qquad x_1,x_2,x_3,x_4\geqslant 0\end{cases}$

(2) $\begin{cases}\min z=-2x_1+x_2+x_3+10x_4\\ \text{s.t.}\quad -x_1+x_2+x_3+x_4=20\\ \qquad 2x_1-x_2+2x_4=10\\ \qquad x_1,x_2,x_3,x_4\geqslant 0\end{cases}$

4.4 对于线性规划问题

$$\begin{cases}\max f(\boldsymbol{x})=\boldsymbol{c}^{\mathrm{T}}\boldsymbol{x}\\ \text{s.t.}\quad \boldsymbol{Ax}=\boldsymbol{b}\\ \qquad \boldsymbol{x}\geqslant 0\end{cases}$$

设 $\boldsymbol{x}^*$ 是该线性规划问题的最优解，又 λ 为一常数，分别讨论下列情况时最优解的变化。

(1) 目标函数为 $\max f(\boldsymbol{x})=\lambda\boldsymbol{c}^{\mathrm{T}}\boldsymbol{x}$；

(2) 目标函数为 $\max f(\boldsymbol{x})=\boldsymbol{c}^{\mathrm{T}}\boldsymbol{x}+\boldsymbol{\Lambda x}$，$\boldsymbol{\Lambda}=(\lambda,\lambda,\cdots,\lambda)^{\mathrm{T}}$；

(3) 目标函数为 $\max f(\boldsymbol{x})=\dfrac{\boldsymbol{c}}{\lambda}\boldsymbol{x}$，约束条件变为 $\boldsymbol{Ax}=\lambda\boldsymbol{b}$。

4.5 用单纯形法求解下列线性规划问题：

(1) $\begin{cases}\min z=-9x_1-16x_2\\ \text{s.t.}\quad x_1+4x_2+x_3=80\\ \qquad x_1+3x_2+x_4=90\\ \qquad x_1,x_2,x_3,x_4\geqslant 0\end{cases}$　　(2) $\begin{cases}\max z=x_1+3x_2\\ \text{s.t.}\quad x_1+3x_2+x_3=6\\ \qquad -x_1+x_2+x_4=1\\ \qquad x_1,x_2,x_3,x_4\geqslant 0\end{cases}$

(3) $\begin{cases}\max z=-x_1+3x_2+x_3\\ \text{s.t.}\quad 3x_1-x_2+2x_3\leqslant 7\\ \qquad -2x_1+4x_2\leqslant 12\\ \qquad -4x_1+3x_2+8x_3\leqslant 10\\ \qquad x_1,x_2,x_3\geqslant 0\end{cases}$

4.6 用两阶段法求解下列线性规划：

$$\begin{cases}\max z=2x_1+x_2\\ \text{s.t.}\quad x_1+x_2\leqslant 5\\ \qquad x_1-x_2\geqslant 0\\ \qquad 6x_1+2x_2\leqslant 21\\ \qquad x_1,x_2\geqslant 0\end{cases}$$

4.7 用大 M 法求解下列线性规划：

$$\begin{cases}\min z=2x_1-3x_2+4x_3\\ \text{s.t.}\quad x_1+x_2+x_3\leqslant 9\\ \qquad -x_1+2x_2-x_3\geqslant 5\\ \qquad 2x_1-x_2\leqslant 7\\ \qquad x_1,x_2,x_3\geqslant 0\end{cases}$$

4.8 某一求目标函数极小值的线性规划问题，用单纯形法求解时某一步的单纯形表如表 4-24 所列。

表 4-24　单纯形表

$\boldsymbol{P}_1$	$\boldsymbol{P}_2$	$\boldsymbol{P}_3$	$\boldsymbol{P}_4$	$\boldsymbol{P}_5$	$\boldsymbol{b}$
-1	3	1	0	0	4
a_1	-4	0	1	0	1
a_2	a_3	0	0	1	d
c	-2	0	0	0	

问 a_1,a_2,a_3,c,d 各为何值时，

(1) 当前基可行解为唯一最优解；

(2) 当前基可行解为最优，但最优解有无穷多个；

(3) 有可行解,但目标函数无界;

(4) 没有可行解(x_5 为人工变量)。

4.9 用修正单纯形法求解线性规划问题:

$$\begin{cases} \min\ z = -4x_1 - 3x_2 - 6x_3 \\ \text{s.t.}\quad 3x_1 + 2x_2 + 3x_3 \leqslant 30 \\ \qquad\ 2x_1 + 2x_2 + 3x_3 \leqslant 40 \\ \qquad\ x_j \geqslant 0, \quad j = 1,2,3 \end{cases}$$

4.10 写出下列原问题的对偶问题:

(1) $$\begin{cases} \max\ z = 4x_1 - 3x_2 + 5x_3 \\ \text{s.t.}\quad 3x_1 + x_2 + 2x_3 \leqslant 15 \\ \qquad -x_1 + 2x_2 - 7x_3 \geqslant 3 \\ \qquad x_1 + x_3 = 1 \\ \qquad x_j \geqslant 0, \quad j = 1,2,3 \end{cases}$$

(2) $$\begin{cases} \min\ z = -4x_1 - 5x_2 - 7x_3 + x_4 \\ \text{s.t.}\quad x_1 + x_2 + 2x_3 - x_4 \geqslant 1 \\ \qquad 2x_1 - 6x_2 + 3x_3 + x_4 \leqslant -3 \\ \qquad x_1 + 4x_2 + 3x_3 + 2x_4 = -5 \\ \qquad x_j \geqslant 0, \quad j = 1,2,4 \end{cases}$$

4.11 给定原问题:

$$\begin{cases} \min\ z = 4x_1 + 3x_2 + x_3 \\ \text{s.t.}\quad x_1 - x_2 + x_3 \geqslant 1 \\ \qquad x_1 + 2x_2 - 3x_3 \geqslant 2 \\ \qquad x_j \geqslant 0, \quad j = 1,2,3 \end{cases}$$

已知对偶问题的最优解$(w_1, w_2) = (5/3, 7/3)$,利用对偶性质求原问题的最优解。

4.12 给定线性规划问题:

$$\begin{cases} \min\ z = 5x_1 + 21x_3 \\ \text{s.t.}\quad x_1 - x_2 + 6x_3 \geqslant b_1 \\ \qquad x_1 + x_2 + 2x_3 \geqslant 1 \\ \qquad x_j \geqslant 0, \quad j = 1,2,3 \end{cases}$$

其中,b_1 是某一正数,已知这个问题的一个最优解为(1/2,0,1/4)。求对偶问题的最优解。

4.13 利用对偶单纯形法求解下列线性规划:

(1) $$\begin{cases} \min\ z = -2x_1 - x_2 \\ \text{s.t.}\quad x_1 + x_2 + x_3 = 5 \\ \qquad 2x_2 + x_2 + x_4 = 5 \\ \qquad -4x_2 - 6x_3 + x_5 = -9 \\ \qquad x_j \geqslant 0, \quad j = 1,2,3,4,5 \end{cases}$$

(2) $$\begin{cases} \min\ z = x_1 + 2x_2 \\ \text{s.t.}\quad -x_1 - x_2 \geqslant -6 \\ \qquad x_1 - x_2 + 2x_3 \geqslant -4 \\ \qquad x_1 \geqslant 2 \\ \qquad -x_2 \geqslant -6 \\ \qquad x_j \geqslant 0, \quad j = 1,2 \end{cases}$$

思考题

1. 每个线性规划问题的标准形都有非空的可行集吗?如果是,给出证明;如果不是,举例说明。每个线性规划问题的标准形(假设有一个非空可行集)都有最优解吗?如果是,给出证明;如果不是,举例说明。

2. 考虑线性规划问题

$$\begin{cases}\min\ z = \boldsymbol{c}\boldsymbol{x} \\ \text{s. t.}\quad \boldsymbol{A}\boldsymbol{x} = \boldsymbol{b} \\ \qquad\quad \boldsymbol{x} \geqslant 0\end{cases}$$

其中,$\boldsymbol{A}$ 是 m 阶对称矩阵,$\boldsymbol{c}^{\mathrm{T}} = \boldsymbol{b}$。证明:若 $\boldsymbol{x}^{(0)}$ 是上述问题的可行解,则它也是最优解。

3. 给定线性规划问题 P_1:$\begin{cases}\min\ z = \boldsymbol{c}^{\mathrm{T}}\boldsymbol{x} \\ \text{s. t.}\quad \boldsymbol{A}\boldsymbol{x} = \boldsymbol{b} \\ \qquad\quad \boldsymbol{x} \geqslant 0\end{cases}$ 和 P_2:$\begin{cases}\min\ z = \mu\boldsymbol{c}^{\mathrm{T}}\boldsymbol{x} \\ \text{s. t.}\quad \boldsymbol{A}\boldsymbol{x} = \lambda\boldsymbol{b} \\ \qquad\quad \boldsymbol{x} \geqslant 0\end{cases}$,其中 μ、$\lambda \geqslant 0$,试问 P_1 和 P_2 的最优解和最优值之间的关系如何?

4. 编写 MATLAB 程序实现两阶段单纯形法。

第 5 章

整数规划

整数规划(Integer Programming,IP)是一类要求决策变量取整数值的数学规划。要求变量仅取 0 或 1 值的数学规划称为 0－1 规划,只要求部分变量取整数值的数学规划称为混合型整数规划,要求全部变量取整数值的数学规划称为纯整数规划。

在实际研究中,有许多变量具有不可分割的性质,如人数、机器数、方案数、项目数等;而开与关、取与舍、有与无等逻辑现象都需要用 0－1 变量来描述。因此,整数规划在许多领域中有着重要的应用,如分配问题、工厂选址、线路设计等。1963 年,R. E. Gomory 提出了解整数规划的割平面算法,使整数规划逐渐成为一个独立的分支。

5.1 理论基础

在线性规划问题中,有些最优解可能是分数或小数,但对于生产运作实践中的某些具体问题,常常要求变量必须是整数。如当求解变量是机器设备的台数、工作人员的数量、物品的件数或装货的车辆数时,这些变量都要求取整。为了满足整数的要求,初看起来似乎只要把用线性规划求得的非整数按照一定的法则取舍化成整数就可以了,但实际上化整后的数不见得是可行解和最优解,所以应该有特殊的方法来求解最优整数解的问题,称这样的问题为整数线性规划问题(Integer Linear Programming,ILP)。

由整数线性规划与线性规划的定义可知,整数线性规划的模型与线性规划的模型只是在变量的非负性约束上存在差异。因此,在一般的线性规划中,增加规定决策变量为整数,即为整数线性规划。

5.1.1 整数线性规划的标准形式

根据整数线性规划的定义,其数学模型的标准形式可由线性规划模型的标准形式改变而得,即

$$\begin{cases}\min(\text{或}\ \max) z = \boldsymbol{c}^{\mathrm{T}}\boldsymbol{x} \\ \text{s. t.}\quad \boldsymbol{A}\boldsymbol{x} \leqslant \boldsymbol{b} \\ \qquad \boldsymbol{x} \geqslant \boldsymbol{0},\quad x_i \in I,\quad i \in J \subset \{1,2,\cdots,n\}\end{cases} \tag{5－1}$$

式中:$\boldsymbol{x}=(x_1,x_2,\cdots,x_n)^{\mathrm{T}} \in \mathbf{R}^n$,$\boldsymbol{c}=(c_1,c_2,\cdots,c_n)^{\mathrm{T}} \in \mathbf{R}^n$,$\boldsymbol{A}=(a_1,a_2,\cdots,a_m)^{\mathrm{T}} \in \mathbf{R}^{m\times n}$,$\boldsymbol{b}=(b_1,b_2,\cdots,b_m)^{\mathrm{T}} \in \mathbf{R}^m$,$I=\{0,1,2,\cdots,n\}$。

若 $J=\{1,2,\cdots,n\}$,则式(5－1)为纯整数规划问题;若 $J\neq\{1,2,\cdots,n\}$,则式(5－1)为混合型整数规划问题;若 $I=\{0,1\}$,则式(5－1)为 0－1 规划问题。

【例 5.1】 设今后 5 年内可用于投资的资金金额为 B 万元,有 n 个可供选择的项目,假定每个项目至多只能投资一次,第 i 个项目所需的投资金额为 b_i 万元,将会获得的利润为 c_i 万元,问应如何选择项目,才能使获得的投资总利润最大。

解:令 $x_i=\begin{cases}1, & \text{若对第 } i \text{ 个项目投资} \\ 0, & \text{若不对第 } i \text{ 个项目投资}\end{cases}$,$i=1,2,\cdots,n$,设获得的总利润为 y,则上述问题

的数学模型为

$$\begin{cases}\max\ y=\sum\limits_{i=1}^{n}c_ix_i\\ \text{s.t.}\quad \sum\limits_{i=1}^{n}b_ix_i\\ \qquad x_j=0\ 或\ 1,\quad j=1,2,\cdots,n\end{cases}$$

在问题中,决策变量只能取 0 或 1 值,故称它为 0－1 规划。

【例 5.2】 某工厂有 m 种设备 $A_1,A_2,\cdots,A_m$,已知这些设备的数量分别为 $a_1,a_2,\cdots,a_m$ 台。为扩大再生产,该厂决定再购买部分设备,已知 A_i 的单价为 p_i 元,今该厂有资金 M 元,可用于购买这些各类的设备,该厂有 n 处可安装这些设备,B_j 处最多能安装 b_j 台,将一台设备 A_i 安装在 B_j 处,其经济效益为 c_{ij} 元,问应如何购置和安装这些设备,才能使总的经济效益最大。

解:用 x_{ij} 表示设备 A_i 安装在 B_j 处的台数,y_i 表示购置设备 A_i 的台数,z 表示总的经济效益,则上述问题的数学模型为

$$\begin{cases}\max\ z=\sum\limits_{i=1}^{m}\sum\limits_{j=1}^{n}c_{ij}x_{ij}\\ \text{s.t.}\quad \sum\limits_{j=1}^{n}x_{ij}\leqslant y_i+a_i,\quad i=1,2,\cdots,m\\ \qquad \sum\limits_{i=1}^{m}x_{ij}\leqslant b_j,\quad j=1,2,\cdots,n\\ \qquad \sum\limits_{i=1}^{m}p_iy_i\leqslant M\\ \qquad \sum\limits_{i=1}^{m}(y_i+a_i)\leqslant\sum\limits_{j=1}^{n}b_j\\ \qquad x_{ij},y_i\geqslant 0,且\ x_{ij},y_i\in I,i=1,2,\cdots,m;j=1,2,\cdots,n\end{cases}$$

其中,$I=\{0,1,2,\cdots\}$。

易见上述问题是一个纯整数规划。

【例 5.3】 设某商品有 n 个需求点,有 m 个地点可供选择建厂生产这种商品,每个地点最多只能建一个工厂,在 i 处建厂,生产能力为 $D_i(t)$,单位时间的固定成本为 a_i 元,需求点 j 的需求量为 $b_j(t)$,从地点 i 到需求点 j 的单位运费为 c_{ij}(元/t),问应如何选择厂址和安排运输计划,才能获得总花费最少的方案。

解:设在单位时间内,从厂址 i 运往需求点 j 的产品数量为 $x_{ij}(t)$,引入布尔变量

$$y_i=\begin{cases}1, & 若在\ i\ 处建厂\\ 0, & 若不在\ i\ 处建厂\end{cases},\quad i=1,2,\cdots,m$$

设在单位时间内总的花费为 s 元,则上述问题的数学模型为

$$\begin{cases}\max s=\sum_{i=1}^{m}\sum_{j=1}^{n}c_{ij}x_{ij}+\sum_{i=1}^{m}a_iy_i\\ \text{s.t.}\quad \sum_{j=1}^{n}x_{ij}\leqslant D_iy_i,\quad i=1,2,\cdots,m\\ \qquad \sum_{i=1}^{m}x_{ij}\geqslant b_j,\quad j=1,2,\cdots,n\\ \qquad x_{ij}\geqslant 0,y_i\in I,i=1,2,\cdots,m;j=1,2,\cdots,n\end{cases}$$

其中,$I=\{0,1,2,\cdots\}$,x_{ij} 为非负的连续变量。

易见上述问题是一个混合型整数规划。

5.1.2 整数线性规划的求解

由整数规划问题的定义可知,放松整数约束后的整数线性规划问题就变成线性规划问题,称为整数线性规划的线性规划松弛问题。由此可见,整数线性规划问题的解集是线性规划问题解集的子集。当松弛问题有界时,由于自变量取值的组合是有限的,从而整数线性规划的可行解数量也是有限的,因此自然会想到采用穷举法逐一分析而获得最优解。很明显,这种方法的计算量将随着整数变量数目的增加而呈指数增长,以致当变量数目较多时此方法不可行。于是,用于求解整数线性规划问题的普遍方法得以开发。目前,常用的方法有分支定界法、割平面法、分解方法、群论法、动态规划法、隐枚举法、匈牙利法等。分支定界法是实际应用较多的一种方法,它是基于线性规划的方法,首先用线性规划法求得整数规划的非整数解,然后不断强化约束条件来求得整数解。其他算法比它要逊色一些,但又各具特点,适用于求解不同类型的整数规划问题。

5.1.3 松 弛

考察问题 P(式(5-1)),在其中放弃某些约束条件所得到的问题 $\widetilde{P}$ 称为 P 的松弛问题。若用 R、$\widetilde{R}$ 分别表示 P 与 $\widetilde{P}$ 的可行解,用 x^* 和 z^*、$\widetilde{x^*}$ 和 $\widetilde{z^*}$ 分别表示 P 与 $\widetilde{P}$ 的一个最优解和最优值,则对于任何松弛问题 $\widetilde{P}$,有如下重要性质:

(1) $R\subset\widetilde{R}$。

(2) 若 $\widetilde{P}$ 没有可行解,则 P 也没有可行解。

(3) $z^*\leqslant\widetilde{z^*}$(对于求最小值问题 P,则有 $z^*\geqslant\widetilde{z^*}$)。

(4) 若 $\widetilde{x^*}\in R$,则 $\widetilde{x^*}$ 也是 P 的最优解。

通常的松弛方式是去掉决策变量取整数值这一约束 $x_i\in I(i\in J)$,有时也采用去掉 $\boldsymbol{x}\geqslant\boldsymbol{0}$ 或去掉 $\boldsymbol{Ax}\leqslant\boldsymbol{b}$ 的松弛方式。

5.1.4 分 解

用 $R(P)$表示问题 P 的可行集,若条件

(1) $\bigcup_{i=1}^{m}R(P_i)=R(P)$;

(2) $R(P_i)\cap R(P_j)=\varnothing(1\leqslant i\neq j\leqslant m)$

成立,则称问题 P 被分解为子问题 $P_1,P_2,\cdots,P_m$ 之和。一般是一分为二,即 $m=2$。

例如，下列问题 P

$$\begin{cases} \max z = 5x_1 + 8x_2 \\ \text{s.t.} \quad x_1 + x_2 \leqslant 6 \\ \qquad 5x_1 + 9x_2 \leqslant 45 \\ \qquad x_1, x_2 \geqslant 0, \quad x_i \in I, \quad i = 1,2 \end{cases}$$

去掉约束 $x_i \in I(i=1,2)$，得到松弛问题 $\widetilde{P}$，其最优解为 $\widetilde{x^*}=(2.25,3.75)^{\mathrm{T}}$，最优值为 $\widetilde{z^*}=41.25$。在 P 的原有约束条件之外，分别增加约束条件：$x_2 \geqslant 4$ 和 $x_2 \leqslant 3$，形成两个子问题 P_1 和 P_2，则问题 P 被分解为子问题 P_1 和 P_2。像这种把可行集 $R(P)$ 分割为较小的子集 $R(P_1)$ 和 $R(P_2)$ 的做法，称为分割。

概括地讲，求解一个整数线性规划问题 P 的基本步骤是：首先选定一种松弛方式，将问题 P 松弛成为 $\widetilde{P}$，使其较易求解。若 $\widetilde{P}$ 没有可行解，则 P 也没有可行解。若 $\widetilde{P}$ 的最优解 $\widetilde{x^*}$ 也是 P 的可行解，即 $\widetilde{x^*} \in R$，则它就是 P 的最优解，计算结束。若 $\widetilde{x^*} \bar{\in} R$，则下一步的求解至少有两条不同的途径：一是设法改进松弛问题 $\widetilde{P}$，以期求得 P 的最优解，割平面法就属于这一类，它用 LP 问题作为松弛问题，通过逐次生成割平面条件来不断地改进松弛问题，使最后求得的松弛问题的最优解也是整数解，从而也就是问题 P 的最优解；二是利用分解技术，将 P 分解为两个或几个子问题之和，这类算法又分为隐数法和分支定界法两类，它们都是用 LP 问题作为松弛问题，不同之处仅在探测（求解）子问题的先后次序不一样。隐数法是按照后出现的子问题先探测，先出现的子问题后探测，即按“先入后出”的原则来确定求解子问题的先后顺序，这种方法的计算程序一般简单，计算过程中需要保存的中间信息较少，但计算时间一般较长。分支定界法是按照上界的大小来确定探测子问题的先后次序的，上界大的子问题优先探测。这种方法选取子问题灵活，计算程序复杂，需要保存的中间信息也要多一些，但对于求极大值问题而言，由于上界大的子问题中存在整数最优解的可能性较大，因此计算时间往往要短一些。

5.2　分支定界法

分支定界法可用于求解纯整数规划和混合型整数规划，它的基本思想是：将要求解的 IP 问题 P 不断地分解为子问题的和，如果对每个子问题的可行域（子域）都能找到域内的最优解，或者明确原问题 P 的最优解肯定不在这个域内，这样原问题在这个子域上就容易解决了。分成子问题是逐步进行的，这个过程称为分支。对于每个子问题，仍然是求解它相应的松弛 LP 问题，若得到最优整数解或可以肯定原问题 P 的最优解不在这个子域内，则这个子域就查清了，不需再分支；若该子问题最优解不是整数解，又不能确定原问题 P 的最优解是否在这个子域内，则把这个子域分成两部分，而把子问题的非整数最优解排除在外。

分支定界法的具体计算步骤如下：

首先，将要求解的整数线性规划问题称为 ILP，将与其对应的线性规划问题称为原问题 LP。

第 1 步，求解原问题 LP，可能得到以下情况之一：

(1) LP 没有可行解，此时 ILP 也没有可行解，停止计算。

(2) LP 有最优解且解的各个分量均为整数，因而它就是 ILP 的最优解，停止计算。

(3) LP 有最优解，但不符合 ILP 中的整数条件要求，此时记它的目标函数值为 f_0，记 ILP 的最优目标函数值为 f，则一定有 $f \geqslant f_0$。

第 2 步，迭代。

(1) 分支：在 LP 的最优解中任选一个不符合整数条件的变量 x_j(通常情况下选取最大值的非整数分量构造添加约束条件)，设其为 v_j，构造两个约束条件 $x_j \leqslant v_j$ 和 $x_j \geqslant v_j+1$，将这两个条件分别加入问题 LP，从而将 LP 分为两个子问题 LP_1 和 LP_2。不考虑整数条件要求，分别求解 LP_1 和 LP_2。

(2) 定界：以每个子问题为一分支并标明求解的结果，与其他问题的解进行比较，找出最优目标函数值最小者作为新的下界，替换 f_0；从符合整数条件的各分支中，找出目标函数值的最小者作为新的上界 f^*，从而得知 $f_0 \leqslant f \leqslant f^*$。

(3) 比较与剪支：各分支的最优目标函数值中若有大于 f^* 者，则剪掉这一分支(说明这一支所代表的子问题已无继续分解的必要)；若小于 f^*，且不符合整数条件，则重复第 1 步，直至得到最优目标函数值 $f=f^*$ 为止，从而得到最优整数解 x_j^* $(j=1,2,\cdots,n)$。

分支定界法的计算框图如图 5-1 所示。

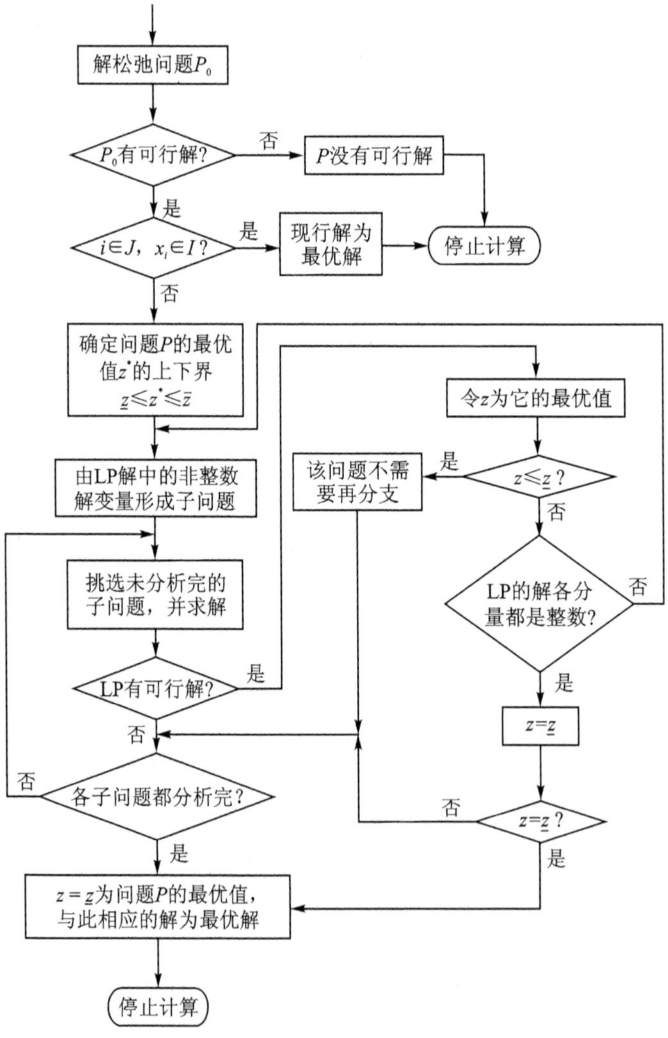

图 5-1 分支定界法的计算框图

【例 5.4】 用分支定界法求解下列整数规划：

$$\begin{cases}\min f=5x_1+3x_2+4x_3\\ \text{s.t.}\quad x_1+2x_2+3x_3\geqslant 6\\ \qquad 3x_1+x_2+x_3\geqslant 5\\ \qquad x_j\geqslant 0,\quad j=1,2,3\\ \qquad x_j \text{ 为整数},\quad j=1,2,3\end{cases}$$

解：第 1 步，求解原问题 LP，即求解不考虑整数约束的线性规划，即

$$\begin{cases}\min f=5x_1+3x_2+4x_3\\ \text{s.t.}\quad x_1+2x_2+3x_3\geqslant 6\\ \qquad 3x_1+x_2+x_3\geqslant 5\\ \qquad x_j\geqslant 0,\quad j=1,2,3\end{cases}$$

利用 MATLAB 自带的函数或自编的 mysimplex 函数可以求得其最优解。

```
>> A=[-1 -2 -3 1 0;-3 -1 -1 0 1];b=[-6;-5];c=[5 3 4 0 0];
>> [minx,minf,A2,s]=mysimplex(A,b,c)
    x1:[0.8000 2.6000 0] f: 11.8000        % 最优解
```

第 2 步，迭代。

(1) 分支。由于 x_1 和 x_2 都不是整数，因此这里选 x_2 进行分支（称其为分支变量），构造两个新的约束条件：$x_2\leqslant[2.6]=2$ 和 $x_2\geqslant[2.6]+1=3$。将其分别加入线性规划 LP 中，形成两个后继子问题 LP_1 和 LP_2，并赋予它们的下界为 11.8，即

$$\text{LP}_1:\begin{cases}\min f=5x_1+3x_2+4x_3\\ \text{s.t.}\quad x_1+2x_2+3x_3\geqslant 6\\ \qquad 3x_1+x_2+x_3\geqslant 5\\ \qquad x_2\leqslant 2\\ \qquad x_j\geqslant 0,\quad j=1,2,3\end{cases}\qquad \text{LP}_2:\begin{cases}\min f=5x_1+3x_2+4x_3\\ \text{s.t.}\quad x_1+2x_2+3x_3\geqslant 6\\ \qquad 3x_1+x_2+x_3\geqslant 5\\ \qquad x_2\geqslant 3\\ \qquad x_j\geqslant 0,\quad j=1,2,3\end{cases}$$

(2) 定界。

分别求解 LP_1 和 LP_2，得

$$\text{LP}_1:\boldsymbol{x}_1=(x_{11}\ x_{21}\ x_{31})=(0.875\quad 2.000\quad 0.375),\quad f_1=11.875$$

$$\text{LP}_2:\boldsymbol{x}_2=(x_{12}\ x_{22}\ x_{32})=(0.667\quad 3.000\quad 0.000),\quad f_2=12.333$$

没有出现整数解，需要继续分支。

(3) 再分支。

由上可得 $f_1=11.875$ 为新的下界。而 x_1 中 $x_{11}=0.875$，因此以 $x_1\leqslant[x_{11}]=[0.875]=0$ 和 $x_1\geqslant[x_{11}]=[0.875]=1$ 构造两个新的约束条件，从而将 LP_1 分成两个后继子问题 LP_{11} 和 LP_{12}，并赋予它们的下界 11.875，即

$$\text{LP}_{11}:\begin{cases}\min f=5x_1+3x_2+4x_3\\ \text{s.t.}\quad x_1+2x_2+3x_3\geqslant 6\\ \qquad 3x_1+x_2+x_3\geqslant 5\\ \qquad x_2\leqslant 2\\ \qquad x_1\leqslant 0\\ \qquad x_j\geqslant 0,\quad j=1,2,3\end{cases}\qquad \text{LP}_{12}:\begin{cases}\min f=5x_1+3x_2+4x_3\\ \text{s.t.}\quad x_1+2x_2+3x_3\geqslant 6\\ \qquad 3x_1+x_2+x_3\geqslant 5\\ \qquad x_2\leqslant 2\\ \qquad x_1\geqslant 1\\ \qquad x_j\geqslant 0,\quad j=1,2,3\end{cases}$$

x_2 中的 $x_{12}=0.667$,因此以 $x_1\leqslant[x_{12}]=[0.667]=0$ 和 $x_1\geqslant[x_{12}]=[0.667]=1$ 构造两个新的约束条件,从而将 LP_2 分成两个后继子问题 LP_{21} 和 LP_{22},并赋予它们的下界 11.875,即

$$\mathrm{LP}_{21}:\begin{cases}\min f=5x_1+3x_2+4x_3\\ \text{s.t.}\quad x_1+2x_2+3x_3\geqslant 6\\ \qquad 3x_1+x_2+x_3\geqslant 5\\ \qquad x_2\geqslant 3\\ \qquad x_1\leqslant 0\\ \qquad x_j\geqslant 0,\quad j=1,2,3\end{cases}\qquad \mathrm{LP}_{22}:\begin{cases}\min f=5x_1+3x_2+4x_3\\ \text{s.t.}\quad x_1+2x_2+3x_3\geqslant 6\\ \qquad 3x_1+x_2+x_3\geqslant 5\\ \qquad x_2\geqslant 3\\ \qquad x_1\geqslant 1\\ \qquad x_j\geqslant 0,\quad j=1,2,3\end{cases}$$

④ 比较与剪支:分别求解 LP_{11} 和 LP_{12},LP_{21} 和 LP_{22},得

$$\mathrm{LP}_{11}:\boldsymbol{x}_3=(x_{13}\ x_{23}\ x_{33})=(0.000\quad 2.000\quad 3.000),\quad f_3=18$$

$$\mathrm{LP}_{12}:\boldsymbol{x}_4=(x_{14}\ x_{24}\ x_{34})=(1.000\quad 1.000\quad 1.000),\quad f_4=12$$

和

$$\mathrm{LP}_{21}:\boldsymbol{x}_5=(x_{15}\ x_{25}\ x_{35})=(0.000\quad 5.000\quad 0.000),\quad f_5=15$$

$$\mathrm{LP}_{22}:\boldsymbol{x}_6=(x_{16}\ x_{26}\ x_{36})=(1.000\quad 3.000\quad 0.000),\quad f_6=12$$

比较上述结果可得,新的上界为 $f_4=12=\min\{18,12,15,14\}$,且此时的解为最优解,故最优解为 $\boldsymbol{x}^*=(1.000,1.000,1.000)^{\mathrm{T}}$,

上述求解过程可用图来表示,最优值为 $f_4=12$,求解过程如图 5-2 所示。

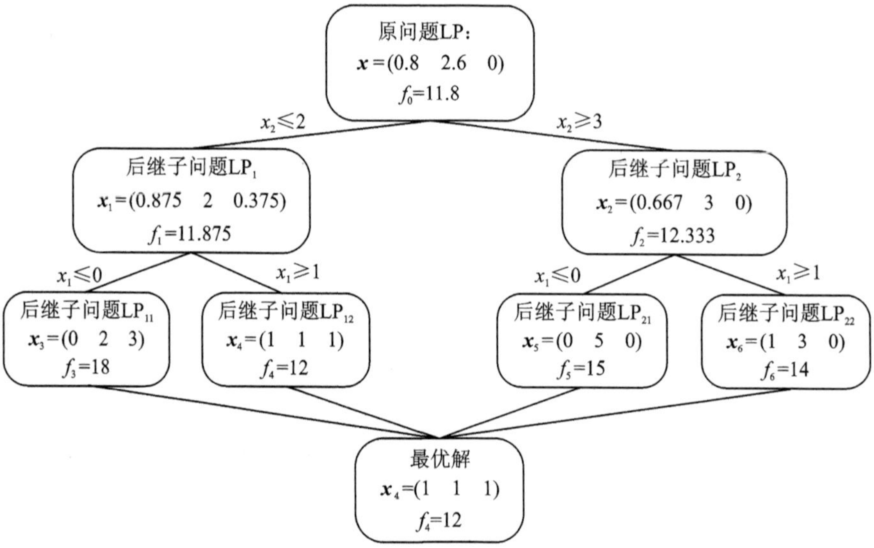

图 5-2 分支定界法求解过程图

以上求解过程可通过编程进行计算。

【例 5.5】 利用分支定界法求解下列整数规划:

$$\begin{cases}\max z=3x_1+2x_2\\ \text{s.t.}\quad 2x_1+3x_2\leqslant 14\\ \qquad 4x_1+2x_2\leqslant 18\\ \qquad x_1,x_2\geqslant 0,\quad x_i\in I,i=1,2\end{cases}$$

解:根据分支定界法的原理,编写函数 intprog 进行计算:

```
>> clear
>> f=[-3 -2];A=[2 3;4 2];b=[14;18];Aeq=[];Beq=[];lb=[0;0];ub=[inf;inf];I=[1 2];
>> [x,val]=intprog(f,A,b,I,Aeq,Beq,lb,ub);
>> x= 4  1             %最优解
>> val=-14.0000       %最优值
```

5.3 割平面法

割平面法有许多类型,但它们的基本思想是相同的,最典型的是 Gomory 割平面法。

Gomory 割平面法由其提出者而得名,于 1958 年提出,其基本原理就是在整数线性规划的松弛问题中附加线性约束,以割去松弛问题最优解附近的非整数解,得到整数解顶点。

Gomory 割平面法的算法步骤如下:

(1) 解纯 IP 问题 P 的松弛问题 $\widetilde{P}$,若 $\widetilde{P}$ 没有可行解,则 P 也没有可行解,停止计算。若 $\widetilde{P}$ 的最优解 $\widetilde{x^*}$ 为整数解,则 $\widetilde{x^*}$ 即为问题 P 的最优解,停止计算;否则,转步骤(2)。

(2) 求割平面方程。任选 $\widetilde{x^*}$ 的一个非整数分量 x_p(x_p 为基变量),并定义包含该基变量的切割约束方程

$$x_p+\sum_{j\in T}r_{ij}x_j=b_{\text{con}},\quad T\text{ 为非基变量的下标集}$$

(3) 令 $\bar{r}_{ij}=r_{ij}-[r_{ij}]$,$\bar{d}_{\text{con}}=b_{\text{con}}-[b_{\text{con}}]$,其中“[]”表示取不大于某数的最大整数。将切割约束方程变换为

$$x_p+\sum_{j\in T}[r_{ij}]x_j-[b_{\text{con}}]=\bar{d}_{\text{con}}-\sum_{j\in T}\bar{r}_{ij}x_j$$

由于 $0\leqslant\bar{r}_{ij}<1,0\leqslant\bar{b}_{\text{con}}<1$,所以有 $\bar{d}_{\text{con}}-\sum_{j\in T}\bar{r}_{ij}x_j<1$,因为自变量为整数,所以 $x_p+\sum_{j\in T}[r_{ij}]x_j-[b_{\text{con}}]$ 为整数,进一步有 $\bar{d}_{\text{con}}-\sum_{j\in T}\bar{r}_{ij}x_j\leqslant 0$。

(4) 将切割方程加入约束方程中,用对偶单纯形法求解线性规划

$$\begin{cases}\min\ z=\boldsymbol{c}^{\mathrm{T}}\boldsymbol{x}\\ \text{s.t.}\quad \boldsymbol{A}\boldsymbol{x}=\boldsymbol{b}\\ \qquad\ \bar{d}_{\text{con}}-\sum_{j\in T}\bar{r}_{ij}x_j\leqslant 0\\ \qquad\ \boldsymbol{x}\geqslant\boldsymbol{0},\quad i=1,2,\cdots,n\end{cases}$$

若其最优解为整数解,则它就是问题 P 的最优解,停止计算;否则,将这个最优解重新记为 $\widetilde{x^*}$,返回步骤(2)。

例如,求解 IP 问题 P

$$\begin{cases}\min\ z=-x_1-27x_2\\ \text{s.t.}\quad -x_1+x_2\leqslant 1\\ \qquad\ 24x_1+4x_2\leqslant 25\\ \qquad\ x_1,x_2\geqslant 0,\quad x_1,x_2\in I\end{cases}$$

去掉约束 $x_i\in I$,使之成为松弛问题 $\widetilde{P}$,并引入松弛变量将问题化成下列 LP 问题

$$\begin{cases}\min\ z=-x_1-27x_2\\ \text{s.t.}\quad -x_1+x_2+x_3=1\\ \qquad 24x_1+4x_2+x_4=25\\ \qquad x_i\geqslant 0,\quad i=1,2,3,4\end{cases}$$

用单纯形法求解此 LP 问题 P_0,可得最终的单纯形表,如表 5-1 所列。

表 5-1 单纯形表(1)

$\boldsymbol{P}_1$	$\boldsymbol{P}_2$	$\boldsymbol{P}_3$	$\boldsymbol{P}_4$	$\boldsymbol{\alpha}$
0	1	6/7	1/28	7/4
1	0	−1/7	1/28	3/4
0	0	23	1	48

从而,得到问题 P_0 的最优解 $\boldsymbol{x}^{(0)}=\left(\frac{3}{4},\frac{7}{4}\right)^{\mathrm{T}}$,它不是整数解,所以不是问题 P 的最优解,需确定割平面条件。从表 5-1 中任选一个与非整数值变量对应的约束条件(称诱导方程),如

$$x_1+\left(-\frac{1}{7}\right)x_3+\frac{1}{28}x_4=\frac{3}{4} \tag{5-2}$$

将式(5-2)中的所有系数分解为整数与非负小数(分数)两部分之和,即

$$(1+0)x_1+\left(-1+\frac{6}{7}\right)x_3+\left(0+\frac{1}{28}\right)x_4=0+\frac{3}{4}$$

整理(把整系数和非整系数左右分开)后可得

$$x_1-x_3+0\cdot x_4-0=\frac{3}{4}-0\cdot x_1-\left(\frac{6}{7}\right)x_3-\left(\frac{1}{28}\right)x_4$$

上式中的左边为整数,右边也应为整数,且不会超过 3/4。因此,可得

$$\frac{3}{4}-\frac{6}{7}x_3-\frac{1}{28}x_4\leqslant 0 \tag{5-3}$$

也可写成

$$-24x_3-x_4\leqslant -21 \tag{5-4}$$

式(5-3)或式(5-5)即为割平面条件,引入松弛变量,则式(5-4)可变成

$$-24x_3-x_4+x_5=-21 \tag{5-5}$$

式(5-5)即为割平面方程。

把割平面方程(5-5)加到表 5-1 中,如表 5-2 所列,用对偶单纯形法继续求解,可得如表 5-3 所列的单纯形表。

表 5-2 单纯形表(2)

$\boldsymbol{P}_1$	$\boldsymbol{P}_2$	$\boldsymbol{P}_3$	$\boldsymbol{P}_4$	$\boldsymbol{P}_5$	$\boldsymbol{\alpha}$
0	1	6/7	1/28	0	7/4
1	0	−1/7	1/28	0	3/4
1	0	−24	−1	1	−21
0	0	23	1	0	48

表 5-3 单纯形表(3)

P_1	P_2	P_3	P_4	P_5	α
0	1	0	0	1/28	1
1	0	0	1/24	−1/168	7/8
0	0	1	1/24	−1/24	7/8
0	0	0	1/24	23/24	223/8

又得到新解 $x^{(1)}=\left(\frac{7}{8},1\right)^T$，这仍然不是问题 P 的最优解。按照前面的方法，又可以确定诱导方程为

$$x_3+\frac{1}{24}x_4-\frac{1}{24}x_5=\frac{7}{8}$$

割平面条件为

$$-x_4-23x_5\leqslant-21$$

割平面方程为

$$-x_4-23x_5+x_6=-21$$

再进行 LP 的求解，可得最优解为 $x^{(2)}=(0,1)^T$，此为整数解，所以是问题 P 的最优解，最优值为−27。

图 5-3 所示为计算过程的割平面过程。根据约束条件可得

$$x_3=1+x_1-x_2$$
$$x_4=25-24x_1-4x_2$$

将它们分别代入割平面条件中并进行化简，可得约束条件 $x_2\leqslant1$。把此约束条件加到问题 $\widetilde{P}$ 中，形成问题 P_1，相当于将问题 $\widetilde{P}$ 的可行域 $R(\widetilde{P})$ 割去一部分(包含非整数解的部分)，即将 $R(\widetilde{P})$ 中的 $x_2>1$ 的部分割去。其他迭代过程的割平面过程类似。

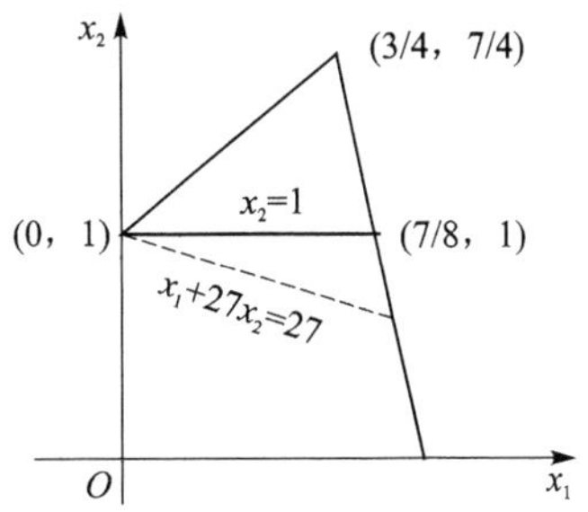

图 5-3 割平面过程

割平面法的计算过程需多次切割，收敛速度较慢，因此完全用它来求解 IP 问题的仍然不多，如果与其他方法(如分支定界法)配合使用，那么效果会好一些。

【例 5.6】 求解下列整数(IP)规划问题

$$\begin{cases}\max\ z=x_1+x_2\\ \text{s.t.}\quad 3x_1+x_2\leqslant4\\ \qquad -x_1+x_2\leqslant1\\ \qquad x_1,x_2\geqslant0,\quad x_i\in I,i=1,2\end{cases}$$

解：对于本例，用割平面法求解。根据割平面法的原理，编写函数 gomory1 进行计算。

```
>> clear
>> A = [3 1 1 0; -1 1 0 1];B = [4;1];F = [-1 -1];
>> [minx,minf] = gomory1(F,A,B,[3 4]);      % 割平面函数，最后参数为初始基向量
minx = 1.0000    1.0000  minf = -2
```

即最优解为[1 1]^T，最优值为 2。

【例 5.7】 某机械厂生产甲、乙、丙三种机床，每种机床需有不同数量的两类电器部件 A 与 B。已知机床甲、乙、丙各需用部件 A 的件数分别为 4、6、2 各需用 B 的件数为 4、3、5；在任何一个月内共有 22 个部件 A 和 25 个件部件 B 可用；生产每台甲、乙、丙三种机床的利润分别为 5 万元、6 万元和 4 万元。请问：应如何安排生产，才能使得每月获利最大？

解：设 x_i 为生产机床的台数，则根据题意可得如下的数学模型：

$$\begin{cases} \max z = 5x_{甲} + 6x_{乙} + 7x_{丙} \\ \text{s.t.} \quad 4x_{甲} + 6x_{乙} + 2x_{丙} \leqslant 22 \\ \qquad 4x_{甲} + 3x_{乙} + 5x_{丙} \leqslant 25 \\ \qquad x_i \geqslant 0 \text{ 且为整数}, \quad i = 甲、乙、丙 \end{cases}$$

应用割平面法求解。

```
>> A=[4 6 2 1 0;4 3 5 0 1];b=[22;25];c=[-5 -6 -4];
>>[minx,minf] = gomory1(c,A,b,[1 2])
minx =1      2      3      minf = -29
```

各种机床的生产量甲、乙、丙分别为 1、2、3，其总收益为 29。

5.4 隐枚举法

隐枚举法是求解 0－1 规划常用的方法。对于有 n 个变量的 0－1 规划问题，由于每个变量只取 0,1 两个值，故 n 个变量所有可能的 0－1 组合数有 2^n 个。若对这 2^n 个组合点逐点进行检查其可行性，并算出每个可行点上的目标函数值，再比较它们的大小以求得最优解和最优值，则这种方法称为完全枚举法(或称为穷举法)。

完全枚举法只适用于变量个数较少的 0－1 规划问题，当 n 较大时，用这种方法求解，计算量将变得相当大，此时，某些问题的求解几乎是不可能的。隐枚举法可以克服这个缺点，它只需比较目标函数在一小部分组合点上的取值大小就能求得最优解和最优值。

5.4.1 0－1 规划的标准形式

0－1 规划的标准形式如下：

$$\begin{cases} \min z = \boldsymbol{c}^{\mathrm{T}}\boldsymbol{x} = \sum_{i=1}^{n} c_i x_i \\ \text{s.t.} \quad \boldsymbol{Ax} \leqslant \boldsymbol{b} \\ \qquad x_i = 0 \text{ 或 } 1, \quad i = 1,2,\cdots,n \end{cases} \tag{5-6}$$

式中：$\boldsymbol{x} = (x_1, x_2, \cdots, x_n)^{\mathrm{T}} \in \mathbf{R}^n$，$\boldsymbol{c} = (c_1, c_2, \cdots, c_n)^{\mathrm{T}} \in \mathbf{R}^n$，$\boldsymbol{A} = (a_{ij})_{m\times n}$，$\boldsymbol{b} = (b_1, b_2, \cdots, b_m)^{\mathrm{T}}$，$c_i \geqslant 0, i = 0,1,2,\cdots,n$。

一般形式的 0－1 规划问题可按下列方法化成标准形式：

(1) 若问题是求目标函数的极大值，则可令 $f = -z$，把原问题转化为在相同约束条件下求 $\min f$。

(2) 若目标函数中存在某个 $c_i < 0$，则可令 $x_i = 1 - y_i$，$c_i x_i = c_i(1 - y_i) = c_i - c_i y_i$，这样 y_i 的系数 $-c_i$ 就是正数了。

(3) 如果约束条件中具有不等式约束 $\sum_{j=1}^{n} a_{ij} x_j \geqslant b_i$，则将此不等式两边同乘以 -1，改

写成

$$\sum_{j=1}^{n}(-a_{ij})x_j \leqslant -b_i$$

(4) 如果约束条件中存在等式约束 $\sum_{j=1}^{n}a_{ij}x_j=b_i$，则可用下列两个不等式约束来代替

$$\sum_{j=1}^{n}a_{ij}x_j \leqslant b_i$$

$$\sum_{j=1}^{n}(-a_{ij})x_j \leqslant -b_i$$

(5) 如果约束条件中存在 k 个等式约束($k>1$)，可以设为 $\sum_{j=1}^{n}a_{ij}x_j=b_i$，$i=1,2\cdots,k$，则可用下列 $k+1$ 个不等式约束来代替

$$\sum_{j=1}^{n}a_{ij}x_j \leqslant b_i,\quad i=1,2,\cdots,k$$

$$\sum_{i=1}^{k}\sum_{j=1}^{n}(-a_{ij})x_j \leqslant \sum_{i=1}^{k}(-b_i)$$

在求解 0－1 规划时，为了较快地求得问题的最优解，一般常重新排列顺序，使目标函数中的系数递增，即使 $c_1 \leqslant c_2 \leqslant \cdots \leqslant c_{n-1} \leqslant c_n$ 成立。

5.4.2　隐枚举法的基本步骤

隐枚举法的计算过程通常用枚举树图来表示，其基本步骤如下：

(1) 将 0－1 规划问题化为标准形式；检查所有变量均取零值的点(即零点)是否可行。若可行，则零点即为最优解，对应的目标函数值就是最优值，停止计算；否则，转步骤(2)。

(2) 令所有变量为自由变量。

(3) 任选一自由变量 x_i，令 x_i 为固定变量(一般选目标函数中的系数较小的变量为固定变量)，则问题就被分成 $x_i=0$ 和 $x_i=1$ 两支，再令所有自由变量取零值，得到每支各一个试探值，转步骤(4)。

(4) ①若该支的试探解可行，则将该试探值的目标值标于该支的旁边，并在该支下方标记“—”；② 若该支的试探解不可行，且存在一个不等式约束，将该支的所有固定变量值代入后，所得的不等式中所有负系数之和大于右端常量，或当所有系数均为正数而最小的正数大于右端常量时，则在该支上不存在问题的可行解，在该支下方标记“—”；③ 若该支的试探解不可行，且 z_0 与 c_0 之和大于已标记“—”的可行试探目标值，其中 z_0 为该试探解的目标值，c_0 为目标函数中对应该支自由变量的最小系数，则该支不存在问题的最优解，在该支下方标记“—”。

(5) 凡标记“—”的支称为已探明的支。

(6) ①若所有支均已探明，则从标记“—”中找出问题的所有可行试探解，若无可行试探解，则问题无最优解；若存在可行试探解，则比较所有可行试探解的目标值，选其最小者，从而得问题的最优解和最优值。② 若仍存在未探明的分支，任选一未探明的支，转步骤(3)。

【例 5.8】 求解下列 0－1 规划问题：

$$\begin{cases}\min z=2x_1+5x_2+3x_3+4x_4\\ \text{s.t.}\quad -4x_1+x_2+x_3+x_4\geqslant 0\\ \qquad -2x_1+4x_2+2x_3+4x_4\geqslant 4\\ \qquad x_1+x_2-x_3+x_4\geqslant 1\\ \qquad x_i=0\text{ 或 }1,\quad i=1,2,3,4\end{cases}$$

解:将该问题标准化,记为 P_0,即

$$\begin{cases}\min z=2x_1+5x_2+3x_3+4x_4\\ \text{s.t.}\quad 4x_1-x_2-x_3-x_4\leqslant 0\\ \qquad 2x_1-4x_2-2x_3-4x_4\leqslant -4\\ \qquad -x_1-x_2+x_3-x_4\leqslant -1\\ \qquad x_i=0\text{ 或 }1,\quad i=1,2,3,4\end{cases}$$

检查零点$(0,0,0,0)^{\mathrm T}$是否可行。本题不可行,任选一自由变量,如选 x_1,令其为固定变量,则问题 P_0 就分为 $x_1=1$ 和 $x_1=0$ 两支,分别记为问题 P_1 和 P_2,即

$$(P_1)\begin{cases}\min z=2x_1+5x_2+3x_3+4x_4\\ \text{s.t.}\quad 4x_1-x_2-x_3-x_4\leqslant 0\\ \qquad 2x_1-4x_2-2x_3-4x_4\leqslant -4\\ \qquad -x_1-x_2+x_3-x_4\leqslant -1\\ \qquad x_1=1,\quad x_i=0\text{ 或 }1,\quad i=2,3,4\end{cases}$$

$$(P_2)\begin{cases}\min z=2x_1+5x_2+3x_3+4x_4\\ \text{s.t.}\quad 4x_1-x_2-x_3-x_4\leqslant 0\\ \qquad 2x_1-4x_2-2x_3-4x_4\leqslant -4\\ \qquad -x_1-x_2+x_3-x_4\leqslant -1\\ \qquad x_1=0,\quad x_i=0\text{ 或 }1,\quad i=2,3,4\end{cases}$$

考察问题 P_1,即有试探解$(1,0,0,0)^{\mathrm T}$,知其不可行,将该支固定变量 $x_1=1$ 代入第 1 个约束条件可得 $-x_2-x_3-x_4\leqslant -4$,因为系数 $-1-1-1>-4$,所以该支不存在问题的可行解,不必再分,标记"—"。考察问题 P_2,即有试探解$(0,0,0,0)^{\mathrm T}$,知其不可行。那么再选一个自由变量,如 x_2,令其为固定变量,则问题 P_2 就分成了 $x_2=1$ 和 $x_2=0$ 两支,其试探解分别为$(0,1,0,0)^{\mathrm T}$和$(0,0,0,0,0)^{\mathrm T}$,判断它们是否可行。如此进行下去,就可以得到问题 P_0 的最优解,计算过程的枚举树图如图 5-4 所示,最终得到的最优解为$(0,0,0,1)^{\mathrm T}$,最优值为 4。

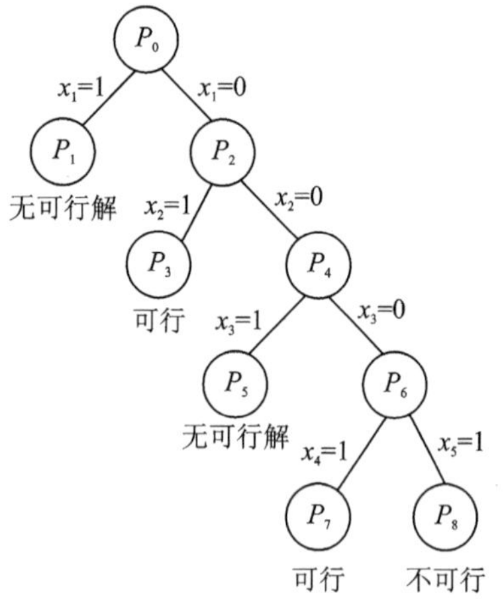

图 5-4 枚举树图

【例 5.9】 已知某公司最近开发了三种新产品,为了追求利益最大化,有如下要求:

(1) 在三种新产品中,最多只能选择两种进行生产;

(2) 两个工厂中必须选择一个专门生产新产品。

两个工厂中各种产品的单位生产成本是相同的,但是由于生产设备不同,每单位产品所需

的生产时间是不同的。表 5-4 给出了相关的数据。工厂制定的目标是通过选择产品、工厂以及确定各种产品的产量，获得总利润最大。请问需怎样安排生产？

表 5-4　三种产品的相关数据

工　厂	单位产品的生产时间/h			每周可获得的生产时间/h
	产品Ⅰ	产品Ⅱ	产品Ⅲ	
1	3	4	2	60
2	4	6	2	80
单位利润/万元	5	6	7	
启动成本/万元	50	60	70	
每周可销售量	14	10	18	

解：设 x_i 为新产品 i 的周产量（$i=1,2,3$）。

设 y_i 表示是否生产某种新产品，$y_i=1$ 表示生产，$y_i=0$ 表示不生产（$i=1,2,3$）。

c 表示选择哪家工厂，$c=0$ 表示选择工厂 1，$c=1$ 表示选择工厂 2。

根据题意可得出如下的数学模型：

$$\begin{cases}\max z=(5x_1-50)+(6x_2-60)+(7x_3-70)\\ \text{s. t.}\quad y_1+y_2+y_3\leqslant 2\\ \qquad x_1\leqslant 14y_1,x_2\leqslant 10y_2,x_3\leqslant 18y_3\\ \qquad 3x_1+4x_2+2x_3\leqslant 60+Mc\\ \qquad 4x_1+6x_2+2x_3\leqslant 80+M(1-c)\\ \qquad x_1,x_2,x_3\geqslant 0,\quad y_1,y_2,y_3=0\text{ 或 }1,\quad c=0\text{ 或 }1\end{cases}$$

式中：M 为相对极大值（本例取 100），用于改变不等式约束的右端值，从而使某个工厂必须被选择。这是一个纯整数规划与 0-1 规划混合的整数线性规划。

```
>> clear;
>> f=[-5 -6 -7 0 0 0 0]; b=[2;0;0;0;60;180];I=[1 2 3 4 5 6 7];
>> lb=[0;0;0;0;0;0;0];ub=[inf;inf;inf;1;1;1;1];
>> A=[0 0 0 1 1 1 0;1 0 0 -14 0 0 0;0 1 0 0 -10 0 0;
     0 0 1 0 0 -18 0;3 4 2 0 0 0 -100;4 6 2 0 0 0 100];
>> [x,val]=intprog(f,A,b,I,[],[],lb,ub);
%求解混合整数规划的函数，其中 I 控制变量是否为整数
>> x=11   0  18   1   0   11   %最优解
```

由工厂 2 选择新产品Ⅰ和Ⅲ，每周的生产量分别为 11 和 18。

```
>> val=-181.0000                  %最优值
```

扣除成本，最后可获得的总利润为 61 万元。

【例 5.10】　现有一个容积为 36 m^3，最大装载重量为 40 t 的集装箱。需要集装箱装入两种产品。产品甲为箱式包装，每箱体积 0.3 m^3，重量 0.7 t，每箱价值 1.5 万元；产品乙为袋装包装，每袋体积 0.5 m^3，重量 0.2 t，每袋价值 1 万元。请问：应当装入多少箱产品甲（不可拆开包装）及多少袋产品乙（可以拆开包装）才能使集装箱所载货的价值最大？

解：很明显，此题为包含非整数的混合整数线性规划，其数学模型可以根据题意得出

$$\begin{cases}\max z = 1.5x_1 + x_2 \\ \text{s.t.} \quad 0.3x_1 + 0.5x_2 \leqslant 36 \\ \qquad 0.7x_1 + 0.2x_2 \leqslant 40 \\ \qquad x_1 \geqslant 0 \text{ 且取整} \\ \qquad x_2 \geqslant 0\end{cases}$$

intprog 函数也可以计算混合整数规划问题。

```
>> f=[-1.5 -1]; A=[0.3 0.5;0.7 0.2];b=[36;40];I=1;
>> [x,val,stats]=intprog(f,A,b,I,[],[],[],[]);        %I为指定整数的变量的序号向量
>> x=44.0000              %甲装载量
     45.6000              %乙装载量
>> val=-111.6000          %装载物的价值为1 111.6万元
```

【例 5.11】 某公司准备在 A、B、C 三个地区建立货运站。考察了 7 个地点,准备从中选择 3 个,选择时规定 A 地区的 x_1、x_2、x_3 三个地点中至多选两个;B 地区的 x_4、x_5 两个地点中至少选一个;C 地区的 x_6、x_7 两个地点中至少选一个。

设备投资费用与每年可获得利润如表 5-5 所列,如果投资总额不超过 700 万元,试问应选择哪几个点能使每年利润最大?

表 5-5 设备投资费用与每年可获利润

费用与利润 \ 位置	x_1	x_2	x_3	x_4	x_5	x_6	x_7
设备投资费/万元	13	18	21	29	11	28	19
年终获利润/万元	21	25	27	37	19	33	25

解:这是一个 0-1 规划问题,也可采用隐枚举法求解。

根据题意得出的数学模型如下:

$$\begin{cases}\max z = 21x_1 + 25x_2 + 27x_3 + 37x_4 + 19x_5 + 33x_6 + 25x_7 \\ \text{s.t.} \quad 13x_1 + 18x_2 + 21x_3 + 29x_4 + 11x_5 + 28x_6 + 19x_7 \leqslant 700 \\ \qquad x_1 + x_2 + x_3 \leqslant 2 \\ \qquad x_4 + x_5 \geqslant 1 \\ \qquad x_6 + x_7 \geqslant 1 \\ \qquad x_i = 0 \text{ 或 } 1, \quad i = 1,2,\cdots,7\end{cases}$$

```
>> clear
>> f=[-21 -25 -27 -37 -19 -33 -25]; b=[700;2;-1;-1];
>> A=[13 18 21 29 11 28 19;1 11 0 0 0 0;0 0 0 -1 -1 0 0;0 0 0 0 0 -1 -1];
>> [xmin,val]=mybintprog(f,A,b);
>> xmin=0  1  1  1  1  1  1     %除x1外,其余地点都选择
>> val=-166                     %可获得的最大利润为166
```

此函数也可以指定初始点。

【例 5.12】 整数规划中 MATLAB 只提供了求解 0-1 规划的 bintprog 函数。下面利用此函数求解下列 0-1 规划问题。

$$\begin{cases}\min z = 7x_1 + 5x_2 + 6x_3 + 8x_4 + 9x_5 \\ \text{s.t.}\quad 3x_1 - x_2 + x_3 + x_4 - 2x_5 \geqslant 2 \\ \qquad -x_1 - 3x_2 + x_3 + 2x_4 - x_5 \leqslant 0 \\ \qquad -x_1 - x_2 + 3x_3 + x_4 + x_5 \geqslant 1 \\ \qquad x_i = 0 \text{ 或 } 1,\quad i = 1,2,\cdots,5\end{cases}$$

解：

```
>> clear
>> f = [7 5 6 8 9];A = [ - 3 1 - 1 - 1 2; - 1 - 3 1 2 - 1;1 1 - 3 - 1 - 1];b = [ - 2;0;1];
>> [x,val] = bintprog(f,A,b);
>> x = 1  0  0  0  0          % 最优解
>> val = 7                    % 最优值
```

5.5　匈牙利法

匈牙利法是匈牙利数学家考尼格提出的求解指派问题的一种方法。指派问题是一种特殊的 0－1 规划问题和特殊的运输问题，因此可以采用整数规划的方法或用运输问题解法来求解，但由于其独特的模型结构，可以采用匈牙利法以克服整数规划方法计算繁杂、计算时间长的缺点。

5.5.1　指派问题的标准形式

指派问题的描述如下：

欲指派 n 个人去做 n 件事。已知第 i 个人做第 j 件事的费用为 $c_{ij}(i,j=1,2,\cdots,n)$，要求拟定一个方案，使每个人做一件事，且使总费用最小。

设 $x_{ij} = \begin{cases}1, & \text{第 } i \text{ 人做第 } j \text{ 件事} \\ 0, & \text{否则}\end{cases}$，$i,j=1,2,\cdots,n$，则指派问题的数学模型为

$$\begin{cases}\min z = \sum_{i=1}^{n}\sum_{j=1}^{n} c_{ij}x_{ij} \\ \text{s.t.}\quad \sum_{j=1}^{n} x_{ij} = 1,\quad i=1,2,\cdots,n \quad \text{第 } i \text{ 人做一件事} \\ \qquad \sum_{i=1}^{n} x_{ij} = 1,\quad j=1,2,\cdots,n \quad \text{第 } j \text{ 件事由一人去做} \\ \qquad x_{ij} = 0 \text{ 或 } 1,\quad i,j=1,2,\cdots,n\end{cases} \tag{5-7}$$

记 $\boldsymbol{C}=(c_{ij})_{n\times n}$ 为指派问题的系数矩阵，$c_{ij}\geqslant 0, j=1,2,\cdots,n$。在实际问题中，根据具体意义，$\boldsymbol{C}$ 可以有不同的名称，如费用矩阵、成本矩阵、时间矩阵等。

问题的每一行可行解可用矩阵表示为

$$\boldsymbol{X} = (x_{ij})_{n\times n}$$

其中，$\boldsymbol{X}$ 每行元素之和或每列元素之和为 1，且 $x_{ij}=0$ 或 $1, i,j=1,2,\cdots,n$。

5.5.2　匈牙利法的基本步骤

匈牙利法的主要理论依据是下面的两个定理。

定理 1：设指派问题的系数矩阵 $\boldsymbol{C}=(c_{ij})_{n\times n}$，若将 $\boldsymbol{C}$ 的第 i 行各元素减去 u_i，将 $\boldsymbol{C}$ 的第 j 列元素减去 v_j，$i,j=1,2,\cdots,n$，则所得的新的系数矩阵 $\boldsymbol{C}'=(c'_{ij})_{n\times n}$ 对应的指派问题的最优解与 $\boldsymbol{C}$ 对应的指派问题的最优解一致。

定理 2：若一方阵中的一部分元素为零，另一部分元素非零，则覆盖方阵内所有零元素的最少直线数等于位于该方阵中位于不同行列的零元素的最多个数。

使用定理 1 变换系数矩阵，使其含有许多零元素，并保证变换后的系数矩阵各元素不小于零。这样若能找到 n 个位于不同行、不同列的零元素，则在问题的解矩阵 $\boldsymbol{X}$ 中，令这 n 个零对应的位置上元素为 1，其余元素为 0，便得到了指派问题的一个最优解。若不能找到 n 个位于不同行、不同列的零元素，则再利用定理 1，将系数矩阵中零元素的位置做恰当调整，不断地进行这样的操作，直至找到 n 个位于不同行、不同列的零元素为止。

匈牙利法的具体计算步骤如下：

步骤 1，变换系数矩阵 $\boldsymbol{C}$。

将 $\boldsymbol{C}$ 每一行的各元素都减去本行的最小元素，每一列的各元素都减去本列的最小元素，使变换后的系数矩阵各行各列均出现零元素，且每个元素不小于零。记变换后的系数矩阵为 $\boldsymbol{C}'=(c'_{ij})_{n\times n}$。

步骤 2，找 $\boldsymbol{C}'$ 位于不同行、不同列的零元素。

若 $\boldsymbol{C}'$ 的某行只有一个零元素，则将其圈起来，并将与其同列的其余零元素画×；若 $\boldsymbol{C}'$ 的某列只有一个零元素，则将其圈起来，并将与其同行的其余零元素画×。如此重复，直至 $\boldsymbol{C}'$ 的所有零元素都被圈起来或画×为止(当符合条件的零元素不唯一时，任选其一即可)。

令 $Q=\{t_{ij}\mid c'_{ij}=0\text{ 被圈起来}\}$，若 $|Q|=n$，则可得到问题的最优解 $x_{ij}=\begin{cases}1, & t_{ij}\in Q\\ 0\end{cases}$，停止计算；否则，进行步骤 3。

步骤 3，找出能覆盖 $\boldsymbol{C}'$ 中所有零元素的最小直线集合。

① 若某行没有圈起来的零元素，则在此行打√；

② 在打√的行中，对画×的零元素所在的列打√；

③ 在打√的列中，对圈起来的零元素所在的行打√；

④ 如此重复，直到再也不存在可打√的行、列为止；

⑤ 对未打√的行画一横线，对打√的列画一竖线，这些直线便为所求的直线集合。

令 $\boldsymbol{C}'$ 的未被直线覆盖的最小元素为 θ，将未被直线覆盖的元素所在的行的各元素都减去 θ，对画直线的列中各元素都加上这个元素。这样得到一个新矩阵，仍记为 $\boldsymbol{C}'$，返回步骤 2。为消除负元素，可将负元素所在列(或行)的各元素都加上 θ。

【例 5.13】 今有 4 位教师 A、B、C、D 和 4 门课程：微积分、线性代数、概率论和运筹学。不同教师上不同课程的课时费(单位：元)如表 5－6 所列。问应如何排定课表才能使总课时费最少？

表 5－6 数据表

课程 / 教师	微积分	线性代数	概率论	运筹学
A	2	10	9	7
B	15	4	14	8
C	13	14	16	11
D	4	15	13	9

解：很明显这是一个指派问题，$n=4$，$\boldsymbol{C}=\begin{bmatrix} 2 & 10 & 9 & 7 \\ 15 & 4 & 14 & 8 \\ 13 & 14 & 16 & 11 \\ 4 & 15 & 13 & 9 \end{bmatrix}$。

根据匈牙利法：

第 1 步，进行约化 $\boldsymbol{C}$，可得

$$\boldsymbol{C}=\begin{bmatrix} 2 & 10 & 9 & 7 \\ 15 & 4 & 14 & 8 \\ 13 & 14 & 16 & 11 \\ 4 & 15 & 13 & 9 \end{bmatrix} \xrightarrow[\text{的最小值}]{\text{每行减去本行}} \begin{bmatrix} 0 & 8 & 7 & 5 \\ 11 & 0 & 10 & 4 \\ 2 & 3 & 5 & 0 \\ 0 & 11 & 9 & 5 \end{bmatrix} \xrightarrow[\text{的最小值}]{\text{每列减去本列}} \begin{bmatrix} 0 & 8 & 2 & 5 \\ 11 & 0 & 5 & 4 \\ 2 & 3 & 0 & 0 \\ 0 & 11 & 4 & 5 \end{bmatrix} = \boldsymbol{C}'$$

第 2 步，进行打○或×，有

$$\begin{bmatrix} \textcircled{0} & 8 & 2 & 5 \\ 11 & \textcircled{0} & 5 & 4 \\ 2 & 3 & \textcircled{0} & \cancel{0} \\ \cancel{0} & 11 & 4 & 5 \end{bmatrix}$$

第 3 步，找覆盖 $\boldsymbol{C}'$ 的所有零元素的数目最少的直线，有

$$\begin{array}{c} \begin{bmatrix} \textcircled{0} & 8 & 2 & 5 \\ 11 & \textcircled{0} & 5 & 4 \\ 2 & 3 & \textcircled{0} & \cancel{0} \\ \cancel{0} & 11 & 4 & 5 \end{bmatrix} \begin{matrix} \surd \\ \\ \\ \surd \end{matrix} \\ \surd \qquad\qquad\qquad\qquad \end{array}$$

继续约化，$\theta=2$，有

$$\boldsymbol{C} \xrightarrow[\text{各元素减去最小值}]{\text{未被直线覆盖的行}} \begin{bmatrix} -2 & 6 & 0 & 3 \\ 11 & 0 & 5 & 4 \\ 2 & 3 & 0 & 0 \\ -2 & 9 & 2 & 3 \end{bmatrix} \xrightarrow[\text{元素加上最小值}]{\text{画直线的列各}} \begin{bmatrix} 0 & 6 & 0 & 3 \\ 13 & 0 & 5 & 4 \\ 4 & 3 & 0 & 0 \\ 0 & 9 & 2 & 3 \end{bmatrix}$$

再进行打○或×，有

$$\begin{bmatrix} \cancel{0} & 6 & \textcircled{0} & 3 \\ 13 & \textcircled{0} & 5 & 4 \\ 4 & 3 & \cancel{0} & \textcircled{0} \\ \textcircled{0} & 9 & 2 & 3 \end{bmatrix}$$

因圈起来的零元素有 4 个，此为最优解，其值为 $x_{13}=x_{22}=x_{34}=x_{41}=1$，其余 $x_{ij}=0$，再根据 $\boldsymbol{C}$ 矩阵得到最优值为 $9+4+11+4=28$。

故最优课表：4 位教师 A、B、C、D 分别上概率论、线性代数、运筹学和微积分，此时总课时费用最少为 28 元。

【例 5.14】 今有 4 名译员 A、B、C、D，将一份中文资料分别译为英文、日文、德文和俄文，其耗时如表 5-7 所列。问应如何安排任务才能使总耗时最少？

解：这是一个指派问题，可以利用匈牙利法求得。

根据匈牙利法的原理，编写 Hungarian 函数进行计算：

```
>> clear
>> C=[2 15 13 4;10 4 14 15;9 14 16 13;7 8 11 9];
>> [x,val,C]=Hungarian(C);                    % 匈牙利法函数
>> x=3     1                                  % 对应矩阵中的行与列
     2     2
     4     3
     1     4
>> val=28                                     % 费用
```

根据计算结果,可安排最优任务:译员 A、B、C、D 分别翻译俄文、日文、英文和德文,此时总时数最少为 28 h。

表 5-7　翻译耗时表

h

译员＼资料	英　文	日　文	德　文	俄　文
A	2	15	13	4
B	10	4	14	15
C	9	14	16	13
D	7	8	11	9

【例 5.15】 利用匈牙利法求解下列指派问题,其中 $\boldsymbol{C}$ 矩阵如下:

$$\boldsymbol{C}=\begin{bmatrix}7&5&9&8&11\\9&12&7&11&9\\8&5&4&6&9\\7&3&6&9&6\\4&6&7&5&11\end{bmatrix}$$

解:利用 Hungarian 函数进行计算。

```
>> C=[7 5 9 8 11;9 12 7 11 9;8 5 4 6 9;7 3 6 9 6;4 6 7 5 11];
>>[x,val,C]=Hungarian(C);
>> x=5     1              % 解
   1     2
   2     3
   3     4
   4     5
>> val=28                                      % 最少费用
>> C=Inf     -Inf      3      Inf      3       % 最后的格子集
      1        6    -Inf       2     Inf
      3        2     Inf    -Inf       3
      2      Inf       2       3    -Inf
   -Inf        4       4     Inf       6
```

其中,Inf 表示⊗,-Inf 表示⓪。

从计算过程可看出,此题需 2 次约化,而且可以有多种方案,计算结果只是其中的一种,读者可以利用 lattice 函数进行不同方案的计算。Hungarian 函数中是指定第一个最少⓪行的第 1 个零。

【例 5.16】 某单位安排 5 个工人去完成 5 项不同的任务。每个工人完成各项任务所需的时间或创造的收益如表 5-8 所列(时间单位:分钟;收益单位:元)。问题:(1) 应如何分配

任务，才能使总的消耗时间最少？(2) 如果表中的数据是创造效益的数据，那么又应如何分配，才能使得总效益最大？

表5-8 每个工人完成各项工作所需的时间一览表

工人 \ 任务	1	2	3	4	5
1	20	19	20	28	17
2	18	24	27	20	20
3	26	16	15	18	15
4	17	20	24	19	16
5	15	18	21	17	21

解：设 x_{ij} 为第 i 个工人完成第 j 项任务，t_{ij} 为第 i 个工人完成第 j 项任务的时间(或效益)，则可得该匹配问题的数学模型，即

$$\begin{cases} \min z=\sum_{i=1}^{5}\sum_{j=1}^{5}x_{ij}t_{ij}, \quad t_{ij}\text{ 表示时间或效益} \\ \text{s.t.}\quad \sum_{j=1}^{5}x_{ij}=1, \quad i=1,2,\cdots,5 \quad \text{第 } i \text{ 个工人只能完成一项任务} \\ \qquad \sum_{i=1}^{5}x_{ij}=1, \quad j=1,2,\cdots,5 \quad \text{第 } j \text{ 项任务只能由一个工人完成} \\ \qquad x_{ij}=0 \quad i,j=1,2,\cdots,5 \end{cases}$$

对于本例题，既可以采用匈牙利法求解也可以调用0-1规划函数 bintprog 求解。

(1)

```
>> F = [20 19 20 28 17 18 24 27 20 20 26 16 15 18 15 17 20 24 19 16 15 18 21 17 21];
>> A = [];B = [];
>> Aeq = [ones(1,5) zeros(1,20);zeros(1,5) ones(1,5) zeros(1,15);
        zeros(1,10) ones(1,5) zeros(1,10);zeros(1,15) ones(1,5) zeros(1,5);
        zeros(1,20) ones(1,5);1 zeros(1,4) 1 zeros(1,4) 1 zeros(1,4) 1 zeros(1,4) 1 zeros(1,4);
        zeros(1,1) 1 zeros(1,4) 1 zeros(1,4) 1 zeros(1,4) 1 zeros(1,4) 1 zeros(1,3);
        zeros(1,2) 1 zeros(1,4) 1 zeros(1,4) 1 zeros(1,4) 1 zeros(1,4) 1 zeros(1,2);
        zeros(1,3) 1 zeros(1,4) 1 zeros(1,4) 1 zeros(1,4) 1 zeros(1,4) 1 zeros(1,1);
        zeros(1,4) 1 zeros(1,4) 1 zeros(1,4) 1 zeros(1,4) 1 zeros(1,4) 1 zeros(1,0)];
>> Beq = ones(1,10);
>> [x,min_fval] = bintprog(F,A,B,Aeq,Beq);
 x=[0 1 0 0 0 0 0 0 1 0 0 0 1 0 0 0 0 0 0 1 1 0 0 0 0   %5个工人与工作匹配情况
 min_fval =85
```

指派第1个工人完成第2项任务、第2个工人完成第4项任务、第3个工人完成第3项任务、第4个工人完成第5项任务、第5个工人完成第1项任务时所需的时间最少为85 h。

(2) 如果求效益，则与(1)类似，只是输入－F可得到如下的情况：指派第1个工人完成第4项任务、第2个工人完成第2项任务、第3个工人完成第1项任务、第4个工人完成第3项任务、第5个工人完成第5项任务时可获利最大，效益为123元。

【例5.17】 为了提升企业的竞争能力，某公司决定实行多元化生产。根据市场调研，决定由5名管理人员负责5种产品的开发项目。为了保证这些管理人员都能获得他们最感兴趣

的项目,建立了一个投标系统。已知 5 位管理人员各自的投标点都是 1 000 点,他们可以向每个项目投标,并把较多的投标点投向了自己最感兴趣的项目,具体情况如表 5-9 所列。

表 5-9 管理人员投标项目的情况一览表

人员 \ 项目	A	B	C	D	E
管理人员 1	100	400	200	200	100
管理人员 2	0	200	800	0	0
管理人员 3	100	100	100	100	600
管理人员 4	267	153	99	451	30
管理人员 5	100	33	33	34	800

为保证各管理人员的总满意度最高,公司在做出决策前,需要对如下一些可能的情况进行评估分析。

情况 1:根据所给出的投标情况,需要为每位管理人员匹配一个最感兴趣的项目,那么,应当如何匹配?

情况 2:如果管理人员 5 临时有了更为感兴趣的项目,从而退出投标,公司只好放弃其中的一个项目,那么应当放弃哪个?

情况 3:尽管管理人员因为临时被更感兴趣的项目吸引而退出投标,但是公司仍不希望放弃任何一个项目。公司决定让管理人员 2 或 4 同时负责两个项目。在只有 4 位管理人员的情况下,又应如何匹配?

情况 4:由于诸方面的原因,有 3 位管理人员不能负责几个特定项目,具体如表 5-10 所列。需要重新调整这几位管理人员的投标点,使其总投标点仍维持在 1 000,具体的调整方法是将不能负责的投标点全部放在他自己最感兴趣的项目上。在这种情况下,又应如何匹配?

表 5-10 3 位管理人员不能领导项目的相关数据

人员 \ 项目	A	B	C	D	E
管理人员 1	100	700	200	不能负责	不能负责
管理人员 4	871	不能负责	99	不能负责	30
管理人员 5	不能负责	33	33	34	900

情况 5:在情况 4 的前提下,公司认为项目 D 和 E 太复杂了,各让一位管理人员负责是不合适的。因此,这两个项目都要匹配两位管理人员。为此,现在需要再雇用两位管理人员。由于身体原因,这两位新管理人员不能负责项目 C。这两位管理人员的投标情况如表 5-11 所列。在该情况下,应如何匹配?

表 5-11 新雇用的两位管理人员的相关数据

人员 \ 项目	A	B	C	D	E
管理人员 6	250	250	不能负责	250	250
管理人员 7	111	1	不能负责	333	555

情况 6:如果受到资金限制,公司只能挑选 3 位管理人员来负责其中的 3 个项目。那么又应如何匹配?

解:这是一个典型及变形的指派问题。对于每个问题都可以根据实际情况建立数学模型从而通过求解 0　1 规划而得到相应的答案。因第 1 个问题是典型的指派问题,其他问题都是它的变形,所以只列出第 1 个问题的数学模型,其他问题的数学模型就不再列出而只给出求解结果。

(1) 这是一对一匹配问题,其数学模型为

$$\begin{cases} \max z = \sum_{i=1}^{5} \sum_{j=A}^{E} x_{ij} y_{ij} \\ \text{s.t.} \quad \sum_{j=A}^{E} x_{ij} = 1, \quad i = 1,2,\cdots,5, \quad \text{第 } i \text{ 个管理人员只能负责 1 个项目} \\ \quad\quad \sum_{i=1}^{5} x_{ij} = 1, \quad j = A,B,\cdots,E, \quad \text{第 } j \text{ 个项目只能由 1 位管理人员负责} \\ \quad\quad x_{ij} \geqslant 0, \quad i = 1,2,\cdots,5, \quad j = A,B,\cdots,E \end{cases}$$

```
clear
>> F = -[100 400 200200 100 0 200 800 0 0 100 100 100 100 600 267 153 99 451 30 100 33 33 34 800];
>> A = []; B = [];
>> Aeq = [ones(1,5) zeros(1,20); zeros(1,5) ones(1,5) zeros(1,15);
        zeros(1,10) ones(1,5) zeros(1,10);
        zeros(1,15) ones(1,5) zeros(1,5); zeros(1,20) ones(1,5);
        zeros(1,0) 1 zeros(1,4) 1 zeros(1,4) 1 zeros(1,4) 1 zeros(1,4) 1 zeros(1,4);
        zeros(1,1) 1 zeros(1,4) 1 zeros(1,4) 1 zeros(1,4) 1 zeros(1,4) 1 zeros(1,3);
        zeros(1,2) 1 zeros(1,4) 1 zeros(1,4) 1 zeros(1,4) 1 zeros(1,4) 1 zeros(1,2);
        zeros(1,3) 1 zeros(1,4) 1 zeros(1,4) 1 zeros(1,4) 1 zeros(1,4) 1 zeros(1,1);
        zeros(1,4) 1 zeros(1,4) 1 zeros(1,4) 1 zeros(1,4) 1 zeros(1,4) 1 zeros(1,0)];
>> Beq = ones(1,10);
>>[x,min_fval] = bintprog(F,A,B,Aeq,Beq);
```

根据计算出的 x 值就可以得出专家与项目的匹配情况:

专家 1 负责 B(x(1:5)的值);专家 2 负责 C(x(6:10)的值);专家 3 负责 A(x(11:15)的值);专家 4 负责 D(x(16:20)的值);专家 5 负责 E(x(21:25)的值)。

(2)

```
clear
>> F = -[100 400 200200 100 0 200 800 0 0 100 100 100 100 600 267 153 99 451 30 zeros(1,5)];
>> A = [zeros(1,0) 1 zeros(1,4) 1 zeros(1,4) 1 zeros(1,4) 1 zeros(1,4) 1 zeros(1,4);
      zeros(1,1) 1 zeros(1,4) 1 zeros(1,4) 1 zeros(1,4) 1 zeros(1,4) 1 zeros(1,3);
      zeros(1,2) 1 zeros(1,4) 1 zeros(1,4) 1 zeros(1,4) 1 zeros(1,4) 1 zeros(1,2);
      zeros(1,3) 1 zeros(1,4) 1 zeros(1,4) 1 zeros(1,4) 1 zeros(1,4) 1 zeros(1,1);
      zeros(1,4) 1 zeros(1,4) 1 zeros(1,4) 1 zeros(1,4) 1 zeros(1,4) 1 zeros(1,0)];
>> B = ones(1,5);
>> Aeq = [ones(1,5) zeros(1,20); zeros(1,5) ones(1,5) zeros(1,15);
>> zeros(1,10) ones(1,5) zeros(1,10); zeros(1,15) ones(1,5) zeros(1,5); zeros(1,20) ones(1,5)];
>> Beq = [ones(1,4) 0];
>>[x,min_fval] = bintprog(F,A,B,Aeq,Beq);
```

计算结果:

专家 1 负责 B;专家 2 负责 C;专家 3 负责 E;专家 4 负责 D;专家 5 退出,即公司放弃 A 项目。

(3)

```
clear
≫ F = -[100 400 200200 100 0 200 800 0 0 100 100 100 100 600 267 153 99 451 30 zeros(1,5)];
≫ A = [zeros(1,5) ones(1,5) zeros(1,15); zeros(1,15) ones(1,5) zeros(1,5)]; B = 2 * ones(1,2);
≫ Aeq = [ones(1,5) zeros(1,20); zeros(1,10) ones(1,5) zeros(1,10); zeros(1,20) ones(1,5);
         zeros(1,0) 1 zeros(1,4) 1 zeros(1,4) 1 zeros(1,4) 1 zeros(1,4) 1 zeros(1,4);
         zeros(1,1) 1 zeros(1,4) 1 zeros(1,4) 1 zeros(1,4) 1 zeros(1,4) 1 zeros(1,3);
         zeros(1,2) 1 zeros(1,4) 1 zeros(1,4) 1 zeros(1,4) 1 zeros(1,4) 1 zeros(1,2);
         zeros(1,3) 1 zeros(1,4) 1 zeros(1,4) 1 zeros(1,4) 1 zeros(1,4) 1 zeros(1,1);
         zeros(1,4) 1 zeros(1,4) 1 zeros(1,4) 1 zeros(1,4) 1 zeros(1,4) 1 zeros(1,0)];
≫ Beq = [ones(1,2) 0 ones(1,5)];
≫ [x,min_fval] = bintprog(F,A,B,Aeq,Beq);
```

计算结果：

专家 1 负责 B；专家 2 负责 C；专家 3 负责 E；专家 4 负责 A 和 D；专家 5 不负责任何项目。

类似的方法可以计算其余三种情况，限于篇幅只列出计算结果：

(4) 专家 1 负责 B；专家 2 负责 C；专家 3 负责 D；专家 4 负责 A；专家 5 负责 E 项目。

(5) 专家 1 负责 B；专家 2 负责 C；专家 3 和 5 共同负责 E；专家 4 负责 A；专家 6 和 7 共同负责 D。

(6) 专家 1 不负责任何项目；专家 2 负责 C；专家 3 不负责 E 任何项目；专家 4 负责 D；专家 5 负责 E 项目。

习题 5

5.1 用分支界定法解下列整数规划问题：

(1) $\begin{cases} \min z = 2x_1 + x_2 - 3x_3 \\ \text{s.t.} \quad x_1 + x_2 + 2x_3 \leqslant 5 \\ \qquad 2x_1 + 2x_2 - x_3 \leqslant 1 \\ \qquad x_1, x_2, x_3 \geqslant 0 \text{ 且为整数} \end{cases}$

(2) $\begin{cases} \min z = 4x_1 + 7x_2 + 3x_3 \\ \text{s.t.} \quad x_1 + 3x_2 + x_3 \geqslant 5 \\ \qquad 3x_1 + x_2 + 2x_3 \geqslant 8 \\ \qquad x_1, x_2, x_3 \geqslant 0 \text{ 且为整数} \end{cases}$

5.2 用 Gomory 割平面法求解下列整数规划问题：

(1) $\begin{cases} \min z = x_1 - 2x_2 \\ \text{s.t.} \quad x_1 + x_2 \leqslant 10 \\ \qquad -x_1 + x_2 \leqslant 5 \\ \qquad x_1, x_2 \geqslant 0 \text{ 且为整数} \end{cases}$

(2) $\begin{cases} \min z = 5x_1 + 3x_2 \\ \text{s.t.} \quad 2x_1 + x_2 \geqslant 10 \\ \qquad x_1 + 3x_2 \geqslant 9 \\ \qquad x_1, x_2 \geqslant 0 \text{ 且为整数} \end{cases}$

5.3 用隐枚举法求解下列 0－1 规划问题：

(1) $\begin{cases} \max z = 3x_1 - 2x_2 + 5x_3 \\ \text{s.t.} \quad x_1 + 2x_2 - x_3 \leqslant 2 \\ \qquad x_1 + 4x_2 + x_3 \leqslant 4 \\ \qquad x_1 + x_2 \leqslant 3 \\ \qquad 4x_2 + x_3 \leqslant 6 \\ \qquad x_j = 0 \text{ 或 } 1, \quad j = 1,2,3 \end{cases}$

(2) $\begin{cases} \min z = 2x_1 + 3x_2 + 4x_3 \\ \text{s.t.} \quad -3x_1 + 5x_2 - 2x_3 \geqslant -4 \\ \qquad 3x_1 + x_2 + 4x_3 \geqslant 3 \\ \qquad x_1 + x_2 \geqslant 1 \\ \qquad x_j = 0 \text{ 或 } 1, \quad j = 1,2,3 \end{cases}$

(3) $\begin{cases} \min\ z = x_1 + 2x_2 + 3x_3 + 4x_4 + 5x_5 \\ \text{s.t.}\quad 2x_1 + 3x_2 + 5x_3 + 4x_4 + 7x_5 \geqslant 8 \\ \qquad x_1 + x_2 + 4x_3 + 2x_4 + 2x_5 \geqslant 5 \\ \qquad x_j = 0 \text{ 或 } 1,\quad j - 1,2,3,4,5 \end{cases}$

5.4 某公司拟将总额为 B 的资金用于投资 n 个可能的项目，第 j 个项目所需的投资金额为 a_j，预期获利为 c_j。问：应如何选择投资项目才能既满足资金总额的限制，又能获利最大？

5.5 某地现有资金总额 750 万元，拟建若干个港口，有 A_1，A_2，A_3，A_4，A_5 五个待选方案，其所需投资额分别为 100 万元、150 万元、125 万元、200 万元、250 万元，建成后的年利润额据估计分别为 20 万元、25 万元、20 万元、40 万元、45 万元。问：(1) 应如何确定建设哪些港口，才能在满足资金总额限制的前提下，使年利润最大？(2) 如要建设港口 A_3，则必须先建设港口 A_2，应如何建设？(3) 如要求至少建设港口 A_2、A_3 之一，又如何建设？(4) 如要求必须建设港口 A_2、A_3 之一，建设方案如何？

5.6 设有 n 件工作要完成，恰好有 n 个人可以分别去完成其中的每一件。若第 i 个人完成第 j 件工作所需的时间为 c_{ij}，问应如何分派才能使花费的总时间最少？试建立数学模型。假设 $n=5$，c_{ij} 如表 5-12 所列，解这个指派问题。

表 5-12 习题 5.6 相关数据

人员 \ 任务	A	B	C	D	E
甲	16	14	18	17	20
乙	14	13	16	15	17
丙	18	16	17	19	20
丁	19	17	15	16	19
戊	17	15	19	18	21

思考题

1. 设有 m 台同一类型的机床，有 n 种零件各一个要在这些机床上进行加工，一个第 j 种零件需加工 a_j 个机时，问应如何分配加工任务才能使各机床的负荷尽可能均衡？试建立数学模型。

2. 设有同一类型的钢板若干张，要用它们切割成 m 种零件的毛料 A_1，A_2，…，A_m。根据既省料又容易操作的原则，人们在一块钢板上，已经设计出 n 种不同的下料方案，设在第 j 种下料方案中，可下得第 i 种零件 A_i 的个数为 a_{ij}，第 i 种零件的需要量为 $b_i (i=1,2,\cdots,m)$，问应如何下料才能既满足需要，又能使所用的钢板总数最小？试建立数学模型。

第 6 章

动态规划

动态规划(Dynamic Programming,DP)是运筹学的一个分支,是求解决策过程最优化的过程。20 世纪 50 年代初,美国数学家贝尔曼(R. Bellman)等人在研究多阶段决策过程的优化问题时,提出了著名的最优化原理,从而创立了动态规划。动态规划的应用极其广泛,包括工程技术、经济、工业生产、军事以及自动化控制等领域,并在背包问题、生产经营问题、资金管理问题、资源分配问题、最短路径问题和复杂系统可靠性问题等中取得了显著的效果。

6.1 理论基础

对于图 6-1 所示的决策过程,它被分成若干个互相联系的阶段,在每一个阶段都需要做出决策。一个阶段的决策确定以后,常常影响到下一个阶段的决策,从而就完全确定了一个过程的活动路线,这样的决策过程称为多阶段决策问题。

图 6-1 多阶段决策过程

各个阶段的决策构成一个决策序列,称为一个策略。每一个阶段都有若干个决策可选拔,因而就有许多策略以供选择,对应于一个策略可以确定活动的效果,这个效果可以用数量来确定。策略不同,效果也不同,多阶段决策问题就是要在可以选择的那些策略中,选取一个最优策略,以在预定的标准下达到最好的效果。

在生产工程实践中,多阶段决策的例子有很多。如图 6-2 所示的网络,求 A 到 G 的最短路线就是动态规划中一个较为直观的典型例子。它要求在各个阶段做一个恰当的决策,使这些决策组成的一个决策序列所决定的一条路线的总路程(距离)最短。

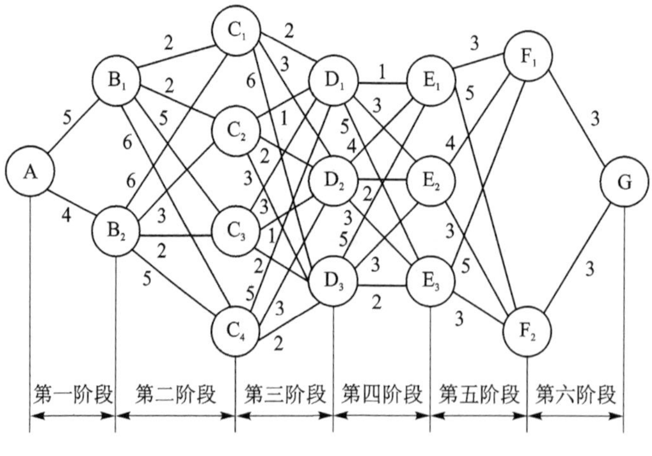

图 6-2 多阶段决策问题

在第一阶段，A 为起点，终点为 B_1 和 B_2，因而可以有两条路线 B_1 和 B_2 可供选择。如果选择 B_2，则第一阶段的决策结果就是 B_2，记为 $u_1(A)=B_2$，它既是每一阶段路线的终点，又是第二阶段路线的起点。

在第二阶段中，由 B_2 出发，对应它有一个可选择的终点集合$\{C_1, C_2, C_3, C_4\}$，若选择由 B_2 到 C_3 为第二阶段的决策，即 $u_2(B)=C_3$，则它既是第二阶段的终点又是第三阶段的起点。

其余各阶段以此类推，可以得知：各个阶段的决策不同，线路就不同。显然，当某个阶段的起点给定时，它直接影响着后续各阶段的行进路线及路线长度，而后面各阶段路线的发展则不受这点以前各阶段路线的影响。

要求解这个问题，最容易想到的是穷举法，即把从 A 到 G 所有可能的每一条路线的距离全部计算出来，然后从中找出最短者。显然这样的计算是相当麻烦的，特别是当阶段数和每个阶段的可选择数很多时，计算量巨大以至有可能不能完成，因此需要寻找更好的算法，即动态规划方法。

基本概念和符号

1. 阶　段

在处理问题时，常把所给问题恰当地划分成若干个相互联系的小问题。如果原问题是一个过程，则小问题就是过程的几个阶段，如图 6-2 所示的问题就分成 6 个阶段。阶段往往按时间与空间的自然特征划分，过程不同，阶段数就可能不同，描述阶段的变量称为阶段变量。在多数情况下，阶段变量是离散的，用 k 表示，取自然数 1,2,…。

2. 状　态

状态表示系统在某一阶段开始时段所处的自然状况或客观条件，它不以人的主观意志为转移，也称为不可控因素。图 6-2 中，状态就是某阶段的出发位置，它既是该阶段的起点，又是前一阶段路线的终点。通常一个阶段有若干个状态，如图 6-2 中第 2 个阶段有 2 个状态。一般第 k 阶段的状态就是第 k 阶段所有起点的集合。

描述过程状态的变量称为状态变量。它可以用一个数、一组数或一个向量来表示，第 k 阶段的状态变量记为 s_k，状态变量取值的集合称为状态集合。某个阶段所有可能状态的全部可用状态集合来描述，如图 6-2 中第 3 阶段的状态变量为 $s_3=\{C_1, C_2, C_3, C_4\}$。

状态变量的取法根据具体问题而定，可以有不同的取法，但都必须满足一个重要的性质：由某阶段状态出发的后续过程（称为后部子过程，简称子过程）不受前面演变过程的影响，所有各阶段确定了，整个过程也就确定了。也就是说，过程的历史只能通过当前的状态去影响它未来的发展，当前的状态是以往历史的总结，也即由第 k 阶段的状态 s_k 出发的子过程，可以看作是一个以状态 s_k 为初始态的独立过程$\{s_k, s_{k+1}, \cdots, s_{n+1}\}$。这一性质称为无后效性，它是动态规划中状态与通常描述系统的状态之间的本质区别。在具体确定状态时，必须使状态包含问题给出的足够的信息，使它满足无后效性。

3. 决策和策略

对于给定的最优化过程，决策就是某段状态给定以后，从该状态演变到下一阶段某状态的选择。描述决策的变量称为决策变量。在许多问题中，决策可以自然而然地表示为一个数或一组数。不同的决策对应着不同的数值，因状态满足无后效性，故在每个阶段选择决策时只需考虑当前的状态而无须考虑过程的历史。

第 k 阶段的决策与此阶段的状态有关，它是状态变量的函数，通常用 $u_k(s_k)$表示第 k 阶

段处于 s_k 状态时的决策变量,而这个决策又决定了第 $k+1$ 阶段的状态。在实际问题中,决策变量的取值往往被限制在某一范围之内,此范围称为允许决策集合。通常用 $D_k(s_k)$ 表示第 k 阶段从状态 s_k 出发的允许决策集合,显然 $u_k(s_k)\in D_k(s_k)$。如图 6－2 中的第二阶段,若从状态 B_2 出发,就可做出 4 种不同的决策,其允许决策集合 $D_2(B_2)=\{C_1,C_2,C_3,C_4\}$,若选取的点为 C_2,则 C_2 是状态 B_2 在决策 $u_2(B_2)$ 作用下的一个新的状态,记为 $u_2(B_2)=C_2$。

策略是一个按顺序排列的决策组成的集合。由过程的第一阶段开始到终点为止的过程,称为问题的全过程。由每段的决策 $u_k(s_k)(k=1,2,\cdots,n)$ 按顺序排列组成的决策函数序列 $\{u_k(s_k),\cdots,u_n(s_n)\}$ 称为 k 子过程策略,简称子策略,记为 $p_{k,n}(s_k)$,即

$$p_{k,n}(s_k)=\{u_k(s_k),\cdots,u_n(s_n)\}$$

当 $k=1$ 时,此决策函数序列称为全过程的一个策略,简称策略,记为 $p_{1,n}(s_1)$,即

$$P_{1,n}(s_k)=\{u_1(s_1),u_2(s_2),\cdots,u_n(s_n)\}$$

在实际问题中,可选择的策略有一定的范围限制,这个范围就是允许策略集合,记做 P。从允许策略集合中找出的达到最优的策略,称为最优策略。对某一子过程中以类似方法定义最优子策略。根据无后效性,在确定 k 子过程的最优子策略时,第 k 段前的决策对此无影响,初始状态及前 $k-1$ 段上的各决策仅影响第 k 段的状态 s_k。

4. 状态转移方程

某一阶段的状态变量及决策变量一经确定,下一阶段的状态也就随之确定。设第 k 阶段的状态变量为 s_k,决策变量为 $u_k(s_k)$,则第 $k+1$ 阶段的状态 s_{k+1} 随 s_k 和 $u_k(s_k)$ 值的变化而变化,这种确定的对应关系记为

$$s_{k+1}=T_k(s_k,u_k),\quad k=1,2,\cdots,n$$

它描述了从 k 阶段到 $k+1$ 阶段的状态转移规律,称为状态转移方程,$T_k(s_k,u_k)$ 称为状态转移函数。

5. 指标函数和最优指标函数

在多阶段决策过程最优问题中,指标函数是用来衡量所实现过程的优劣的一种数量指标,也称为目标函数。它是一个定义在全过程和所有后部子过程上的确定数量函数,常用 $V_{k,n}$ 表示子过程的指标函数,即

$$V_{k,n}=V_{k,n}(s_k,u_k,s_{k+1},\cdots,s_{n+1})$$

在不同的问题中,指标的含义也不同,可能是距离、利润、成本、产品的产量或资源消耗等。

指标函数的最优值称为相应的最优指标函数,记为 f_k,即

$$f_k(s_k)=\underset{u_k(s_k)\in D_k(s_k)}{\text{opt}} V_{k,n}(s_k,u_k,s_{k+1},\cdots,s_{n+1}),\quad k=1,2,\cdots,n$$

式中:opt 是指最优化,可根据题意取 min 或 max。

图 6－3 所示为动态规划的步骤。

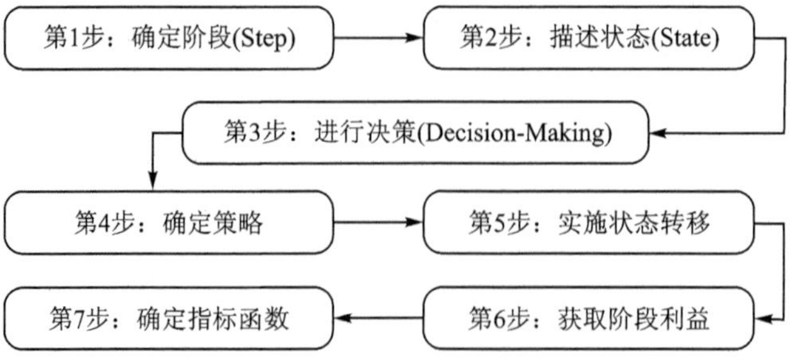

图 6－3　动态规划的步骤

6.2 最优化原理和基本方程

动态规划的最优化原理是由美国的贝尔曼首先提出的，它的具体表述为："作为整个过程的最优策略具有这样的性质：无论过去的状态和决策如何，对前面的决策所形成的状态而言，余下的诸决策必须构成最优策略"。利用这个原理，可以把多阶段决策问题的求解过程看成是一个连续的递推过程，由后向前逐步推算。在求解时，各段以前的状态和决策，对其后面的子问题来说，只不过相当于其初始条件而已，并不影响后面过程的最优策略。因此，可以把一个问题按阶段分解成许多相互联系的子问题。其中每一个子问题均是一个比原问题简单得多的优化问题，且每一个子问题的求解仅利用它的下一阶段子问题的优化结果，这样依次求解，最后可求得原问题的最优解。

【例 6.1】 求解图 6-2 所示的动态规划问题，即求出由 A 到 G 的最短路线。

解：根据图 6-2 可知，边界条件为 $f_7(s_7)=f_7(\mathrm{G})=0$，下面通过"反向追踪"可得各决策点的决策变量 $u_k(s_k)(k=6,5,4,3,2,1)$。

① 当 $k=6$ 时，起点状态集为 $s_6=\{\mathrm{F_1},\mathrm{F_2}\}$，由于各点到 G 点均只有一条路线，所以允许决策集合为 $D_6(s_6)=\{\mathrm{G}\}$，有

$$f_6(\mathrm{F_1})=d_6(\mathrm{F_1},s_7)+f_7(s_7)=d_6(\mathrm{F_1},\mathrm{G})+f_7(\mathrm{G})=3,\quad u_6(\mathrm{F_1})=\mathrm{G}$$

$$f_6(\mathrm{F_2})=d_6(\mathrm{F_2},s_7)+f_7(s_7)=d_6(\mathrm{F_2},\mathrm{G})+f_7(\mathrm{G})=3,\quad u_6(\mathrm{F_1})=\mathrm{G}$$

② 当 $k=5$ 时，起点状态集为 $s_6=\{\mathrm{E_1},\mathrm{E_2},\mathrm{E_3}\}$，以其中的任何一点出发都有两个选择，即到 $\mathrm{F_1}$ 或到 $\mathrm{F_2}$，允许决策集合为 $D_5(s_5)=\{\mathrm{F_1},\mathrm{F_2}\}$，有

$$f_5(\mathrm{E_1})=\min\begin{Bmatrix}d_5(\mathrm{E_1},\mathrm{F_1})+f_6(\mathrm{F_1})\\d_5(\mathrm{E_1},\mathrm{F_2})+f_6(\mathrm{F_2})\end{Bmatrix}=\min\begin{Bmatrix}3+3\\5+3\end{Bmatrix}=6,\quad u_5(\mathrm{E_1})=\mathrm{F_1}$$

即从 $\mathrm{E_1}$ 到 G 的最短距离为 6，其路线为 $\mathrm{E_1}\to\mathrm{F_1}\to\mathrm{G}$。

同理，可得

$$f_5(\mathrm{E_2})=\min\begin{Bmatrix}d_5(\mathrm{E_2},\mathrm{F_1})+f_6(\mathrm{F_1})\\d_5(\mathrm{E_2},\mathrm{F_2})+f_6(\mathrm{F_2})\end{Bmatrix}=\min\begin{Bmatrix}4+3\\3+3\end{Bmatrix}=6,\quad u_5(\mathrm{E_2})=\mathrm{F_2}$$

$$f_5(\mathrm{E_3})=\min\begin{Bmatrix}d_5(\mathrm{E_3},\mathrm{F_1})+f_6(\mathrm{F_1})\\d_5(\mathrm{E_3},\mathrm{F_2})+f_6(\mathrm{F_2})\end{Bmatrix}=\min\begin{Bmatrix}5+3\\3+3\end{Bmatrix}=6,\quad u_5(\mathrm{E_3})=\mathrm{F_2}$$

③ 当 $k=4$ 时，类似的，允许决策集合为 $D_4(s_4)=\{\mathrm{E_1},\mathrm{E_2},\mathrm{E_3}\}$，有

$$f_4(\mathrm{D_1})=\min\begin{Bmatrix}d_4(\mathrm{D_1},\mathrm{E_1})+f_5(\mathrm{E_1})\\d_4(\mathrm{D_1},\mathrm{E_2})+f_5(\mathrm{E_2})\\d_4(\mathrm{D_1},\mathrm{E_3})+f_5(\mathrm{E_3})\end{Bmatrix}=\min\begin{Bmatrix}1+6\\3+6\\5+6\end{Bmatrix}=7,\quad u_4(\mathrm{D_1})=\mathrm{E_1}$$

$$f_4(\mathrm{D_2})=\min\begin{Bmatrix}d_4(\mathrm{D_2},\mathrm{E_1})+f_5(\mathrm{E_1})\\d_4(\mathrm{D_2},\mathrm{E_2})+f_5(\mathrm{E_2})\\d_4(\mathrm{D_2},\mathrm{E_3})+f_5(\mathrm{E_3})\end{Bmatrix}=\min\begin{Bmatrix}4+6\\2+6\\3+6\end{Bmatrix}=8,\quad u_4(\mathrm{D_2})=\mathrm{E_2}$$

$$f_4(\mathrm{D_3})=\min\begin{Bmatrix}d_4(\mathrm{D_3},\mathrm{E_1})+f_5(\mathrm{E_1})\\d_4(\mathrm{D_3},\mathrm{E_2})+f_5(\mathrm{E_2})\\d_4(\mathrm{D_3},\mathrm{E_3})+f_5(\mathrm{E_3})\end{Bmatrix}=\min\begin{Bmatrix}5+6\\3+6\\2+6\end{Bmatrix}=8,\quad u_4(\mathrm{D_3})=\mathrm{E_3}$$

④ 当 $k=3$ 时，有

$$f_3(C_1)=\min\begin{Bmatrix}d_3(C_1,D_1)+f_4(D_1)\\d_3(C_1,D_2)+f_4(D_2)\\d_3(C_1,D_3)+f_4(D_3)\end{Bmatrix}=\min\begin{Bmatrix}2+7\\3+8\\6+8\end{Bmatrix}=9,\quad u_3(C_1)=D_1$$

$$f_3(C_2)=\min\begin{Bmatrix}d_3(C_2,D_1)+f_4(D_1)\\d_3(C_2,D_2)+f_4(D_2)\\d_3(C_2,D_3)+f_4(D_3)\end{Bmatrix}=\min\begin{Bmatrix}1+7\\2+8\\3+8\end{Bmatrix}=8,\quad u_3(C_2)=D_1$$

$$f_3(C_3)=\min\begin{Bmatrix}d_3(C_3,D_1)+f_4(D_1)\\d_3(C_3,D_2)+f_4(D_2)\\d_3(C_3,D_3)+f_4(D_3)\end{Bmatrix}=\min\begin{Bmatrix}3+7\\1+8\\2+8\end{Bmatrix}=9,\quad u_3(C_3)=D_2$$

$$f_3(C_4)=\min\begin{Bmatrix}d_3(C_4,D_1)+f_4(D_1)\\d_3(C_4,D_2)+f_4(D_2)\\d_3(C_4,D_3)+f_4(D_3)\end{Bmatrix}=\min\begin{Bmatrix}5+7\\3+8\\2+8\end{Bmatrix}=10,\quad u_3(C_4)=D_3$$

⑤ 当 $k=2$ 时,有

$$f_2(B_1)=\min\begin{Bmatrix}d_2(B_1,C_1)+f_3(C_1)\\d_2(B_1,C_2)+f_3(C_2)\\d_2(B_1,C_3)+f_3(C_3)\\d_2(B_1,C_4)+f_3(C_4)\end{Bmatrix}=\min\begin{Bmatrix}2+9\\2+8\\5+9\\6+10\end{Bmatrix}=10,\quad u_2(B_1)=C_2$$

$$f_2(B_2)=\min\begin{Bmatrix}d_2(B_2,C_1)+f_3(C_1)\\d_2(B_2,C_2)+f_3(C_2)\\d_2(B_2,C_3)+f_3(C_3)\\d_2(B_2,C_4)+f_3(C_4)\end{Bmatrix}=\min\begin{Bmatrix}6+9\\3+8\\2+9\\5+10\end{Bmatrix}=11,\quad u_2(B_2)=C_2\text{ 或 }C_3$$

⑥ 当 $k=1$ 时,有

$$f_1(A)=\min\begin{Bmatrix}d_1(A,B_1)+f_2(B_1)\\d_2(A,B_2)+f_2(B_2)\end{Bmatrix}=\min\begin{Bmatrix}5+10\\4+11\end{Bmatrix}=15,\quad u_1(A)=B_1\text{ 或 }B_2$$

于是,得到从起点 A 到终点 G 的最短距离为 15。

为了找出最短路线,再按计算的顺序反推之,可得到最优决策函数序列$\{u_k\}$,即由 $u_1(A)=B_1$,$u_2(B_1)=C_2$,$u_3(C_2)=D_1$,$u_4(D_1)=E_1$,$u_5(E_1)=F_1$,$u_6(F_1)=G$ 组成一个最优策略,因而找出相应的最短路线为 $p_{1,6}(s_1)=A\to B_1\to C_2\to D_1\to E_1\to F_1\to G$;或由 $u_1(A)=B_2$,$u_2(B_2)=C_2$,$u_3(C_2)=D_1$,$u_4(D_1)=E_1$,$u_5(E_1)=F_1$,$u_6(F_1)=G$ 组成一个最优策略,相应的最短路线为 $p_{1,6}(s_1)=A\to B_2\to C_2\to D_1\to E_1\to F_1\to G$;或由 $u_1(A)=B_2$,$u_2(B_2)=C_3$,$u_3(C_3)=D_2$,$u_4(D_2)=E_2$,$u_5(E_2)=F_2$,$u_6(F_2)=G$ 组成一个最优策略,相应的最短路线为 $p_{1,6}(s_1)=A\to B_2\to C_3\to D_2\to E_2\to F_2\to G$ 等路线。

从计算中可看出,在求解的各个阶段都利用了 k 阶段与 $k+1$ 阶段之间的递推关系

$$\begin{cases}f_k(s_k)=\min\limits_{u_k\in D_k(s_k)}\{d_k(s_k,u_k(s_k))+f_{k+1}(u_k(s_k))\},\quad k=1,2,\cdots,n\\f_{n+1}(s_{n+1})=c\end{cases}$$

式中:c 为常数,其值可以由终端条件来确定,即为边界条件。在较多的实际问题中,这个常数为 0。

对于具有 n 阶段的动态规划问题,在求子过程的最优指标函数时,k 子过程与 $k+1$ 子过程有如下的递推关系

$$\begin{cases} f_k(s_k) = \underset{u_k \in D_k(s_k)}{\text{opt}} \{v_k(s_k, u_k(s_k)) \otimes f_{k+1}(u_k(s_k))\}, \quad k=1,2,\cdots,n \\ f_{n+1}(s_{n+1}) = 0 \text{ 或 } 1 \end{cases} \tag{6-1}$$

式(6-1)即为动态规划的基本方程,其中,当$\otimes$为加法时取 $f_{n+1}(s_{n+1})=0$,当$\otimes$为乘法时取 $f_{n+1}(s_{n+1})=1$ 。

常见指标函数的形式有:

(1) 过程和它的任一子过程的指标函数是各阶段指标函数和的形式,即

$$V_{k,n} = \sum_{j=k}^{n} v_j(s_j, u_j)$$

式中:$v_j(s_j,u_j)$表示第 j 段的指标函数,此时有

$$V_{k,n} = v_k(s_k, u_k) + V_{k+1,n}(s_{k+1}, u_{k+1}, \cdots, s_{n+1})$$

$$f_k(s_k) = \underset{u_k \in D_k(s_k)}{\text{opt}} \{v_k(s_k, u_k) + f_{k+1}(s_k)\}$$

(2) 过程和它的任一子过程的指标函数是各阶段指标函数乘积的形式,即

$$V_{k,n} = \prod_{j=k}^{n} v_j(s_j, u_j)$$

此时有

$$V_{k,n} = v_k(s_k, u_k) \times V_{k+1,n}$$

$$f_k(s_k) = \underset{u_k \in D_k(s_k)}{\text{opt}} \{v_k(s_k, u_k) \times f_{k+1}(s_{k+1})\}$$

(3) 过程和它的任一子过程的指标函数是各阶段指标函数的最小值形式,即

$$V_{k,n} = \min_{k \leqslant j \leqslant n} v_j(s_j, u_j)$$

此时有

$$V_{k,n} = \min\{v_k(s_k, u_k), V_{k+1,n}\}$$

$$f_k(s_k) = \underset{u_k \in D_k(s_k)}{\text{opt}} \{\min[v_k(s_k, u_k), f_{k+1}(s_{k+1})]\}$$

6.3 动态规划的建模方法及步骤

动态规划是将较难解决的大问题分解为通常较容易解决的子问题的一种独特的思想方法,是考察问题的一种有效途径,而不是一种特殊的算法。因而,它不像线性规划那样有一个标准的数学表达式和明确定义的一组规则,而必须根据具体问题进行具体分析。

要把一个实际问题用动态规划方程求解,首先要构造动态规划的数学模型。而在建立动态规划模型时,除了要将问题恰当地分成若干个阶段外,还必须按下列基本要求进行,这也是构成动态规划数学模型的基本条件。

(1) 正确选择状态变量 s_k,使它既能描述过程的状态,又能满足无后效性。

动态规划中的状态与一般的状态概念是不同的,它必须具有如下三个特征:

① 要能够用来描述受控过程的演变特征。

② 要满足无后效性。

③ 可知性,即规定的各段变量的取值可直接或间接知道。

(2) 确定决策变量 $u_k(s_k)$及每段的允许决策集合 $D_k(s_k)=\{u_k(s_k)\}$。

(3) 写出状态转移方程。根据各段的划分和各段间演变的规律,写出状态转移方程

$$s_{k+1} = T_k(s_k, u_k)$$

(4) 根据题意,列出指标函数关系,并要满足递推性(泛函方程)。

【例 6.2】 某种机器可以在高、低两种不同的负荷下生产。在高负荷下生产时,产品的年产量 S_1 和投入生产的机器数量 u_1 的关系为 $S_1=8u_1$,这时机器的年完好率为 0.7,即如果年初完好机器的数量为 u_1,到年终时完好的机器就为 $0.7u_1$。在低负荷下生产时,产品的年产量 S_2 和投入生产的机器数量 u_2 的关系为 $S_2=5u_2$,相应的机器年完好率为 0.9。

(1) 假设开始生产时完好的机器数量为 100 台,要求制订一个五年计划,在每年开始时,决定如何重新分配完好的机器在两种不同的负荷下生产,使在五年内生产的产品的总产量达到最高。

(2) 如规定在第 5 年结束时,完好的机器数量为 50 台,此时应怎样安排才能使产量最高?

解:(1) 很明显,此题属于多阶段决策,可以用动态规划求解。设阶段序数 k 表示年度,状态变量 s_k 为第 k 年度初拥有的完好机器数量,同时也是第 $k-1$ 年度末时的完好机器数量,决策变量 u_k 为第 k 年度中分配高负荷下生产的机器数量,于是 s_k-u_k 为该年度中分配在低负荷下生产的机器数量。

状态转移方程为

$$s_{k+1}=0.7u_k+0.9(s_k-u_k),\quad k=1,2,3,4,5$$

第 k 段的允许决策集合为 $p_{k,n}(s_k)=\{u_k;0\leqslant u_k\leqslant s_k\}$。

设 v_k 为第 k 年度的产量,则

$$v_k=8u_k+5(s_k-u_k)$$

于是指标函数为

$$V_{1,5}=\sum_{k=1}^{5}v_k(s_k,u_k)$$

令 $f_k(s_k)$表示由 s_k 出发采用最优分配方案到第 5 年度结束这段时期内产品的产量,根据最优化原理,有递推关系式

$$\begin{cases}f_k(s_k)=\max\limits_{u_k\in D_k(s_k)}\{8u_k+5(s_k-u_k)+f_{k+1}(s_{k+1})\},\quad k=1,2,\cdots,5\\ f_6(s_6)=0\end{cases}$$

逆序计算过程如下:

当 $k=5$ 时,有

$$\begin{aligned}f_5(s_5)&=\max_{0\leqslant u_5\leqslant s_5}\{8u_5+5(s_5-u_5)+f_6(s_6)\}\\&=\max_{0\leqslant u_5\leqslant s_5}\{8u_5+5(s_5-u_5)\}=\max_{0\leqslant u_5\leqslant s_5}\{3u_5+5s_5\}\end{aligned}$$

因 f_5 是 u_5 线性单调函数,故可得最优解 $u_5^*=s_5$,相应的,有 $f_5(s_5)=8s_5$。

当 $k=4$ 时,有

$$\begin{aligned}&u_4^*=s_4\\&f_4(s_4)=\max_{0\leqslant u_4\leqslant s_4}\{8u_4+5(s_4-u_4)+8s_5\}\\&\quad=\max_{0\leqslant u_4\leqslant s_4}\{8u_4+5(s_4-u_4)+8[0.7u_4+0.9(s_4-u_4)]\}=13.6s_4\end{aligned}$$

类似的,有

$$u_3^*=s_3,\quad f_3(s_3)=17.5\,s_3$$

$$u_2^*=0,\quad f_2(s_2)=20.8\,s_2$$

$$u_1^*=0,\quad f_1(s_1)=23.7\,s_1$$

因 $s_1=100$,所以 $f_1(s_1)=2\,370$(单位)。

计算结果表明,最优策略为,即前两年应把年初全部完好的机器投入低负荷生产,后三年应把年初全部完好的机器投入高负荷生产,这样所得产量最高,为 2 370 个单位。每个年初的完好机器数为

$$s_1 = 100$$
$$s_2 = 0.7u_1^* + 0.9(s_1 - u_1^*) = 0.9s_1 = 90$$
$$s_3 = 0.7u_2^* + 0.9(s_2 - u_2^*) = 0.9s_2 = 81$$
$$s_4 = 0.7u_3^* + 0.9(s_3 - u_3^*) = 0.7s_3 \approx 57$$
$$s_5 = 0.7u_4^* + 0.9(s_4 - u_4^*) = 0.7s_4 \approx 40$$
$$s_6 = 0.7u_5^* + 0.9(s_5 - u_5^*) = 0.7s_5 \approx 28$$

(2) 在(1)中始端状态是固定的,而终端状态是自由的,因此得出的策略称为始端固定终端自由的最优策略。但此时终端是固定的,即有一定的附加条件。

由 $s_{k+1} = 0.7u_k + 0.9(s_k - u_k)$,有

$$s_6 = 0.7u_5 + 0.9(s_5 - u_5) = 50$$

即

$$u_5 = 4.5s_5 - 250$$

$$f_5(s_5) = \max_{u_5}\{8u_5 + 5(s_5 - u_5)\}$$
$$= 8(4.5s_5 - 250) + 5(s_5 - 4.5s_5 + 250) = 18.5s_5 - 750$$

当 $k=4$ 时,有

$$f_4(s_4) = \max_{0\leqslant u_4\leqslant s_4}\{8u_4 + 5(s_4 - u_4) + f_5(s_5)\}$$
$$= \max_{0\leqslant u_4\leqslant s_4}\{21.65s_4 - 0.74u_4 - 750\}$$

显然,最优解 $u_4^* = 0$,相应的 $f_4(s_4) = 21.65s_4 - 750 \approx 21.7s_4 - 750$。

类似的,有

$$u_3^* = 0,\quad f_3(s_3) = 24.5\, s_3 - 750$$
$$u_2^* = 0,\quad f_2(s_2) = 27.1\, s_2 - 750$$
$$u_1^* = 0,\quad f_1(s_1) = 29.4\, s_1 - 750$$

因 $s_1 = 100$,所以 $f_1(100) = 2\ 190$,这表明限定 5 年后的完好机器为 50 台的情况下,总产量低些,其最优策略也有所变化,即第 1 年至第 4 年全部完好的机器都应投入低负荷下生产,而在第 5 年,只能将部分完好机器投入高负荷下生产,此时

$$s_1 = 100$$
$$s_2 = 0.9s_1 = 90$$
$$s_3 = 0.9s_2 = 81$$
$$s_4 = 0.9s_3 \approx 73$$
$$s_5 = 0.9s_4 \approx 67$$

于是 $u_5^* = 4.5s_5 - 250 \approx 45$,即在第 5 年度,只能有 45 台机器投入高负荷下生产。

6.4 函数空间迭代法和策略空间迭代法

一般求解动态规划时,阶段数是固定的,是一个定期的多阶段决策过程。但在实际中,还会碰到不固定步数的动态规划问题。

给定一个如图 6-4 所示的网络,共有 1,2,…,N 个结点。任意两结点 i 和 j 之间的距离为 C_{ij},$0 \leqslant C_{ij} < \infty$,其中 $C_{ij}=0$ 表示 i 和 j 为同一个结点,$C_{ij}=\infty$ 表示 i 和 j 两结点间无通路。由一个结点直接到另一个结点算作一步或一段,如果 N 是固定的,要求在不限定步数的条件下,找出由各点到点 N 的最短路线。

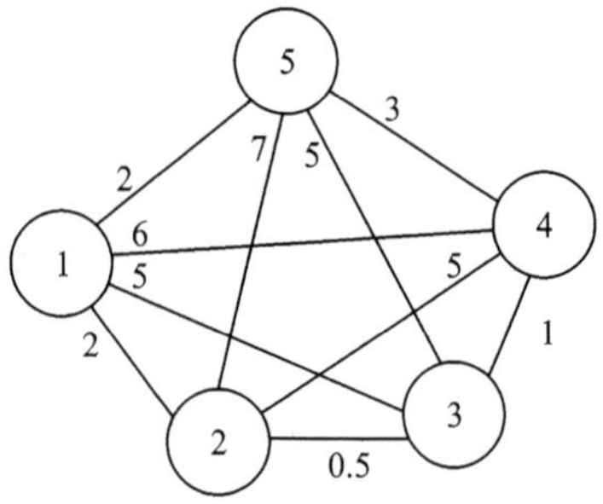

图 6-4　网络图

很明显,在此阶段数是不固定的,只能是由问题的条件和最优值函数确定的一个待求未知数。如图 6-2 中由 1 到 5 可以经过 1 步(点)、2 步、3 步、4 步到达,其中必有一条途径是最短的,其余的类似。

若给定初始状态 i 和策略 $u(t)(t=1,2,\cdots,N-1)$,则由状态 i 到终状态 N 的路线就完全确定,所以任何子过程都可以用 $\{i,\ u(t)\}$ 表示,其中 i 为子过程的初始状态,$u(t)$ 为子过程的相应策略。用 $V(i,\ u(t))$ 表示由状态 i 开始,用策略 $u(t)$ 到达终状态 N 的路长,$f(i)$ 表示由状态 i 开始到状态 N 的最短路长,则由最优化原理可知

$$f(i)=V(i,u^*(t))=\min_{u(t)} V(i,u(t))$$

式中:$u^*(t)$ 表示最优策略。

设策略 $u(t)$ 使状态 i 一步转移到状态 j,即 $u(t)=j$,则

$$V(i,u(t))=C_{ij}+V(j,u(t))$$

对 $u(t)$ 求最优,有

$$\begin{cases} f(i)=\min\limits_{1\leqslant j\leqslant N}\{C_{ij}+V(j,u(t))\}=\min\limits_{1\leqslant j\leqslant N}\{C_{ij}+f(j)\}, & i=1,\cdots,N-1 \\ f(N)=0 \text{ 即 } C_{NN}=0, & \text{边界条件} \end{cases} \tag{6-2}$$

式(6-2)即是上述问题的动态规划基本方程,它是关系最优值函数 $f(i)$ 的函数方程,而不是递推关系。

与一般的动态规划问题相比较,可以看出此类问题的状态、决策及其相应的允许集合、状态变换函数、阶段指标函数等都与 k 无关。满足上述条件的决策过程通常称为平衡过程,所得到的策略是平稳策略。

通过函数空间迭代法和策略空间迭代法求解方程(6-2)便可求得任一点 i 到终点 N 的最短路长。

6.4.1 函数空间迭代法

函数空间迭代法的基本思想是:以段数(步数)作为变量,先求在各个不同段数下的最优策略,然后从这些最优解中再选最优者,同时也确定了最优段数。其步骤如下:

(1) 选定一初始函数 $f_1(i)$,即

$$\begin{cases} f_1(i)=C_{iN}, & i=1,2,\cdots,N-1 \\ f_1(N)=0 \end{cases}$$

(2) 用下列迭代关系式求出 $f_k(i)$,即

$$\begin{cases} f_k(i)=\min\limits_{1\leqslant j\leqslant N}\{C_{ij}+f_{k-1}(j)\}, & i=1,\cdots,N-1 \\ f_k(N)=0, & k>1 \end{cases}$$

式中:$f_k(i)$ 表示由 i 点出发朝固定点走 k 步后的最短路线(不一定到达 N 点)。

(3) 当

$$f_{k+1}(i)=f_k(i),\quad i=1,2,\cdots,N$$

对一切 i 都成立时,迭代结束。

6.4.2 策略空间迭代法

策略空间迭代法的基本思想是:先给出初始策略$\{u_0(1),\cdots,u_0(N-1)\}$,然后按某种方式求新策略$\{u_1(1),\cdots,u_1(N-1)\}$,$\{u_2(1),\cdots,u_2(N-1)\}$,…,直到求出最优策略。若对某一个 k,有 $u_k(i)=u_{k-1}(i)$对一切 $i(i=1,2,\cdots,N-1)$都成立,则称策略收敛,此时$\{u_k(1),\cdots,u_k(N-1)\}$就是最优策略,然后根据最优策略再求指标函数的最优值。其步骤如下:

(1) 选一个无回路的初始策略$\{u_0(1),\cdots,u_0(N-1)\}$,置 $k=0$。

(2) 由策略$\{u_k(1),\cdots,u_k(N-1)\}$求指标函数 $f_k(i)$,即由

$$\begin{cases}f_k(i)=C_{i,u_k(i)}+f_k(u_k(i)), & i=1,\cdots,N-1\\ f_k(N)=0\end{cases}$$

解出 $f_k(i)$,其中 $C_{i,u_k(i)}$为已知,$i=1,2,\cdots,N-1$。

(3) 由指标函数 $f_k(i)(i=1,2,\cdots,N-1)$求下一次迭代的新策略$\{u_{k+1}(1),\cdots,u_{k+1}(N-1)\}$,即 $u_{k+1}(i)$是下式的解

$$\min_{u(i)}\{C_{i,u(i)}+f_k(u(i))\},\quad i=1,\cdots,N-1$$

(4) 若 $u_{k+1}(i)=u_k(i)$对一切 $i(i=1,2,\cdots,N-1)$都成立,则迭代结束,最优策略 $u^*(i)=u_{k+1}(i)\ (i=1,2,\cdots,N-1)$,其相应的$\{f_{k+1}(i)\}$为最优值,并且$\{f_{k+1}(i)\}$一致收敛于方程式(6-2)的解,否则置 $k=k+1$,转步骤(2)。

策略空间迭代法的迭代次数要比函数空间迭代法的少,即收敛要快,特别是当对实际问题已有较多经验时,可以选取一个离最优策略较近的初始策略,这时收敛速度更快,所以一般策略空间迭代法比函数空间迭代法要好一些。

【例 6.3】 对图 6-4 所示的动态规划用函数空间迭代法求解。

解:先选定一初始函数

$$\begin{cases}f_1(i)=C_{i5}, & i=1,\cdots,4\\ f_1(5)=0\end{cases}$$

根据图中的数据有 $f_1(1)=C_{15}=2$;$f_1(2)=C_{25}=7$;$f_1(3)=C_{35}=5$;$f_1(4)=C_{45}=3$。

然后再反复利用关系

$$\begin{cases}f_k(i)=\min\limits_{1\leqslant j\leqslant 5}\{C_{ij}+f_{k-1}(j)\}\\ f_k(5)=0\end{cases}$$

求出$\{f_k(i)\}$。

当 $k=2$ 时,由 $f_2(i)=\min\limits_{1\leqslant j\leqslant 5}\{C_{ij}+f_1(j)\}$,可得

$$f_2(1)=\min\{0+2,6+7,5+5,2+3,2+0\}=2$$

$$f_2(2)=\min\{6+2,0+7,0.5+5,5+3,7+0\}=5.5$$

$$f_2(3)=\min\{5+2,0.5+7,0+5,1+3,5+0\}=4$$

$$f_2(4)=\min\{2+2,5+7,1+5,0+3,3+0\}=3$$

即求出由点 1,2,3,4 分别走 2 步到达 5 时的各自最短路线为 2,5.5,4,3。

当 $k=3$ 时,由 $f_3(i)=\min\limits_{1\leqslant j\leqslant 5}\{C_{ij}+f_2(j)\}$,可得

$$f_3(1)=\min\{0+2,6+5.5,5+4,2+3,2+0\}=2$$

$$f_3(2)=\min\{6+2,0+5.5,0.5+4,5+3,7+0\}=4.5$$

$$f_3(3)=\min\{5+2,0.5+5.5,0+4,1+3,5+0\}=4$$

$$f_3(4)=\min\{2+2,5+5.5,1+4,0+3,3+0\}=3$$

当 $k=4$ 时，由 $f_4(i)=\min\limits_{1\leqslant j\leqslant 5}\{C_{ij}+f_3(j)\}$，可得

$$f_4(1)=\min\{0+2,6+4.5,5+4,2+3,2+0\}=2$$

$$f_4(2)=\min\{6+2,0+4.5,0.5+4,5+3,7+0\}=4.5$$

$$f_4(3)=\min\{5+2,0.5+4.5,0+4,1+3,5+0\}=4$$

$$f_4(4)=\min\{2+2,5+4.5,1+4,0+3,3+0\}=3$$

计算结果表明，由点 1,2,3,4 分别走 4 步到达 5 的各自最短距离仍然是 2,4.5,4,3，与走 3 步时的最短距离分别相同，说明迭代过程收敛，符合终止条件。

然后再在 $f_4(i)$ 的计算过程中，根据最短距离的位置找出对应的最优策略 $\{u^*(i),i=1,\cdots,4\}$，即找出由点 i 出发到点 5 时最优到达的下一个点（不能取 $C_{ii}=0$ 的位置作为 $u^*(i)$），可以得到

$$u^*(1)=5,\quad u^*(2)=3,\quad u^*(3)=4,\quad u^*(4)=5$$

于是由各点到达点 5 的最短路线和距离为

①→⑤	相应的最短距离为 2；
②→③→④→⑤	相应的最短距离为 4.5；
③→④→⑤	相应的最短距离为 4；
④→⑤	相应的最短距离为 3。

策略空间迭代法求解过程如下：

先选取一个初始策略 $\{u_0(i)\}$，例如，取

$$u_0(1)=5,\quad u_0(2)=4,\quad u_0(3)=5,\quad u_0(4)=3$$

然后反复利用由策略求指标函数，即由 $u_k(i)\to f_k(i)$ 和由指标函数求策略，由 $f_k(i)\to u_{k+1}(i)$，一直到得出 $u_{k+1}(i)=u_k(i)$ 对一切 i 都成立为止。

(1) 由 $u_0(i)\to f_0(i)$。

将 $u_0(i)$ 分别代入下式

$$\begin{cases}f_0(i)=C_{i,u_0(i)}+f_0[u_0(i)]\\f_0(5)=0\end{cases}$$

计算出 $f_0(i)$，所以有

$$f_0(1)=C_{1,u_0(1)}+f_0[u_0(1)]=C_{15}^*+f_0(5)=C_{15}=2$$

$$f_0(3)=C_{35}+f_0(5)=5$$

$$f_0(4)=C_{43}+f_0(3)=1+5=6$$

$$f_0(2)=C_{24}+f_0(4)=5+6=11$$

由 $f_0(i)\to u_1(i)$。

将 $f_0(i)$ 代入 $\min\limits_{u(i)}\{C_{i,u(i)}+f_0[u(i)]\}$ 中，并求出它的解 $u_1(i)$，则

$$\min_{u(i)}\{C_{i,u(i)}+f_0[u(i)]\}=\min_{1\leqslant j\leqslant 5}\{C_{ij}+f_0(j)\}$$

当 $i=1$ 时，有

$$\min_{1\leq j\leq 5}\{C_{1j}+f_0(j)\}=\min\{C_{11}+f_0(1),C_{12}+f_0(2),C_{13}+f_0(3),C_{14}+f_0(4),C_{15}+f_0(5)\}$$

$$=\min\{0+2,6+11,5+5,2+6,2+0\}$$

于是 $u_1(1)=5$。

当 $i=2$ 时，由

$$\min_{1\leq j\leq 5}\{C_{2j}+f_0(j)\}=\min\{6+2,0+11,0.5+5,5+6,7+0\}$$

可得 $u_1(2)=3$。

当 $i=3$ 时，由

$$\min_{1\leq j\leq 5}\{C_{3j}+f_0(j)\}=\min\{5+2,0.5+11,0+5,1+6,5+0\}$$

可得 $u_1(3)=5$。

当 $i=4$ 时，由

$$\min_{1\leq j\leq 5}\{C_{4j}+f_0(j)\}=\min\{2+2,5+11,1+5,0+6,3+0\}$$

可得 $u_1(4)=5$。

所以第1次迭代策略为 $\{u_1(i)\}=\{5,3,5,5\}$。

(2) 由 $u_1(i)\to f_1(i)$。

根据 $\begin{cases}f_1(i)=C_{i,u_1(i)}+f_1[u_1(i)]\\ f_1(5)=0\end{cases}$，计算出 $f_1(i)$。

$$f_1(1)=C_{15}=2$$

$$f_1(3)=C_{35}=5$$

$$f_1(4)=C_{45}=3$$

$$f_1(2)=C_{23}+f_1(3)=0.5+5=5.5$$

由 $f_1(i)\to u_2(i)$。

当 $i=1$ 时，有

$$\min_{1\leq j\leq 5}\{C_{1j}+f_1(j)\}=\min\{0+2,6+5.5,5+5,2+3,2+0\}$$

可得 $u_2(1)=5$。

当 $i=2$ 时，由

$$\min_{1\leq j\leq 5}\{C_{2j}+f_1(j)\}=\min\{6+2,0+5.5,0.5+5,5+3,7+0\}$$

可得 $u_2(2)=3$。

当 $i=3$ 时，由

$$\min_{1\leq j\leq 5}\{C_{3j}+f_1(j)\}=\min\{5+2,0.5+5.5,0+5,1+3,5+0\}$$

可得 $u_2(3)=4$。

当 $i=4$ 时，由

$$\min_{1\leq j\leq 5}\{C_{4j}+f_1(j)\}=\min\{2+2,5+5.5,1+5,0+3,3+0\}$$

可得 $u_2(4)=5$。

所以第2次迭代策略为 $\{u_2(i)\}=\{5,3,4,5\}$。

类似的，进行第3次迭代，可得迭代策略为 $\{u_3(i)\}=\{5,3,4,5\}$。

由于 $u_2(i)=u_3(i)$ 对一切 i 都成立，所以迭代结束，其最优策略为 $\{u^*(1),u^*(2),u^*(3),u^*(4)\}=\{5,3,4,5\}$。其结果与函数迭代法的一样。

6.5 动态规划与静态规划的关系

动态规划与静态规划(线性和非线性规划等)研究的对象本质上都是在若干约束条件下的函数极值问题。两种规划在很多情况下原则上是可以相互转换的。

动态规划可以看作求决策 $u_1,u_2,\cdots,u_n$ 使指标函数 $V_{1n}(x_1, u_1,u_2,\cdots,u_n)$ 达到最优(最大或最小)的极值问题,状态转移方程、端点条件以及允许状态集、允许决策集等是约束条件,原则上可以用非线性规划方法求解。

一些静态规划只要适当引入阶段变量、状态、决策等就可以用动态规划方法求解。

例如,用动态规划求解下列非线性规划

$$\begin{cases}\max\sum\limits_{k=1}^{n}g_k(u_k)\\ \text{s.t.}\quad \sum\limits_{k=1}^{n}u_k=a,\quad u_k\geqslant 0\end{cases}$$

式中:$g_k(u_k)$为任意的已知函数。

首先按变量 u_k 的序号划分阶段,看作 n 段决策过程。设状态为 $x_1,x_2,\cdots,x_{n+1}$,取问题中的变量 $u_1,u_2,\cdots,u_k$ 为决策,状态转移方程为

$$x_1=a,\quad x_{k+1}=x_k-u_k,\quad k=1,2,\cdots,n$$

取 $g_k(u_k)$为阶段指标,最优值函数的基本方程为(注意 $x_{n+1}=0$)

$$\begin{cases}f_k(x_k)=\max\limits_{0\leqslant u_k\leqslant x_k}\left[g_k(x_k)+f_{k+1}(x_{k+1})\right]\\ 0\leqslant x_k\leqslant a,\quad k=n,n-1,\cdots,1\\ f_{n+1}(0)=0\end{cases}$$

按照逆序解法求出对应于 x_k 每个取值的最优决策 $u_k^*(x_k)$,计算至 $f_1(a)$后即可得用状态转移方程得到的最优序列$\{x_k^*\}$和最优决策序列$\{u_k^*(x_k^*)\}$。

与静态规划相比,动态规划的优点如下:

① 能够得到全局最优解。由于约束条件确定的约束集合往往很复杂,即使指标函数较简单,用非线性规划方法也很难求出全局最优解。而动态规划方法把全过程化为一系列结构相似的子问题,每个子问题的变量个数大大减少,约束集合也简单得多,易于得到全局最优解。特别是对于约束集合、状态转移和指标函数不能用分析形式给出的优化问题,可以对每个子过程用枚举法求解,而约束条件越多,决策的搜索范围越小,求解也就越容易。对于这类问题,动态规划通常是求全局最优解的唯一方法。

② 可以得到一族最优解。与非线性规划只能得到全过程的一个最优解不同,动态规划得到的是全过程及所有后部子过程的各个状态的一族最优解。有些实际问题需要这样的解族,即使不需要,它们在分析最优策略和最优值对于状态的稳定性时也是很有用的。当最优策略由于某些原因不能实现时,这样的解族可以用来寻找次优策略。

③ 能够利用经验提高求解效率。如果实际问题本身就是动态的,由于动态规划方法反映了过程逐段演变的前后联系和动态特征,那么在计算中可以利用实际知识和经验提高求解效率。如在策略迭代法中,实际经验能够帮助选择较好的初始策略,提高收敛速度。

动态规划的主要缺点如下:

① 没有统一的标准模型,也没有构造模型的通用方法,甚至还没有判断一个问题能否构

造动态规划模型的准则。这样就只能对每类问题进行具体分析，构造具体的模型。对于较复杂的问题在选择状态、决策、确定状态转移规律等方面需要丰富的想象力和灵活的技巧性，这就带来了应用上的局限性。

② 用数值方法求解时存在维数灾。若一维状态变量有 m 个取值，那么对于 n 维问题，状态 x_k 就有 m^n 个值，对于每个状态值都要计算、存储函数 $f_k(x_k)$，对于 n 稍大的实际问题的计算往往是不现实的。目前还没有克服维数灾的有效的一般方法。

实际上，动态规划只是求解某类问题的一种方法，是考察问题的一种视角和途径，而并不是一种特殊的算法。因而它不像线性规划那样有一个标准(通用)的数学表达式和明确定义的一组规则，它需要根据具体问题进行具体分析，从而采取适当的方法进行求解，而且求解动态规划并不是一定要用逆序算法，也可以用其他的方法。另外，对于同一问题的求解，使用不同的求解方法可以找到更多的方案，也就是说，在使用不同的求解方法时可能会得到不同的方案，而这些方案均能达成同一个目标。

6.6 动态规划的应用

在实际生产、管理等过程中，能够用动态规划求解的问题很多，这里主要列举几类非常经典而常见的问题，以阐述其建模分析与模拟求解的方法。

6.6.1 背包问题

背包问题可以抽象为这样一类问题：设有 n 种物品，每种物品有其重量及价值。同时，有一个背包，最大可装重为 c，需要从这 n 种物品中选取若干件(同一物种可以选多件)，使背包的总装载重量不超过 c，并使总装载物品的价值最大。背包问题等同于车、船、人造卫星等工具的最优装载问题，有着广泛的应用意义。

背包问题分为一维背包问题和多维背包问题，当约束不仅有货物的重量，还有体积等限制时，就构成了多维背包问题。

【例 6.4】 某货运公司使用一种最大承载能力为 12 吨的卡车来装载四种货物，每种货物的重量及价值如表 6-1 所列，请问：(1) 应如何装载才能使总价值最大？(2) 如果货物 1 和货物 2 至少装一件，那么又应如何装载才能保证总价值最大？

表 6-1　四种货物的重量及价值

货物编号	1	2	3	4
单位重量/吨	3	4	2	5
单位价值/百元	4	5	3	6

解：这是一维背包问题，其数学模型分别为

$$\text{问题 1:}\begin{cases}\max\ z=4x_1+5x_2+3x_3+6x_4 \\ \text{s.t.}\quad 3x_1+4x_2+2x_3+5x_4\leqslant 12; \\ \qquad x_i\geqslant 0\ \text{且为整数}\end{cases}$$

问题 2：$\begin{cases} \max\ z=4x_1+5x_2+3x_3+6x_4 \\ \text{s. t.} \quad 3x_1+4x_2+2x_3+5x_4 \leqslant 12 \\ \qquad x_i \geqslant 0 \text{ 且为整数} \\ \qquad x_1, x_2 \geqslant 1 \end{cases}$。

对问题 1,计算过程如下：

```
>> clear
>> c = [4,5,3,6];T = 12;
>> x = nan * ones(T + 1,4);        % 本题为 4 阶段动态规划问题,各阶段可能取值 0~T
>> x(:,1) = (0:T);                 % 第 1 阶段最大承载量为 0~T
>> x(:,2) = (0:T)';                % 第 2 阶段最大承载量为 0~T
>> x(:,3) = (0:T)';                % 第 3 阶段最大承载量为 0~T
>> x(:,4) = (0:T)';
>> [y,fval] = dyprog(x,c,@decisfun3,@subfun3,@trafun3);
```

由 y 的最后 4 行,可以得到

```
>> y = 1    12    0     0
       2    12    0     0
       3    12    6   - 18
       4     0    0     0
```

当卡车装载 3 号货物 6 件时,卡车所装载的货物价值最大,为 1 800 元。

对问题(2),计算过程如下：

```
>> clear
>> T = 12;x = nan * ones(T + 1,4);
>> x(1:T - 6,1) = (7:T);           % 第 1 阶段最大承载量为 7~T
>> x(1:T - 3,2) = (4:T)';          % 第 2 阶段最大承载量为 4~T
>> x(:,3) = (0:T)';                % 第 3 阶段最大承载量为 0~T
>> x(:,4) = (0:T)';
>> c = [4,5,3,6];
>> [y,fval] = dyprog(x,c,@decisfun4,@subfun3,@trafun3);
```

同样根据 y 值的最后 4 行可得到以下结果：

```
>> y = 1    12    2    - 8
       2     6    1    - 5
       3     2    1    - 3
       4     0    0      0
```

卡车装载 1 号货物 2 件,2 号和 3 号货物各 1 件,能取得最大价值,为 1 600 元。

此题的整数规划解法在此就不再介绍,可参照第 5 章的相关内容。

【例 6.5】 有一个人带一个背包上山,其可携带物品重量的限度为 10 千克,背包体积限制为 22 立方米。假设有 3 种物品可供选择装入背包。已知第 i 种物品每件重量为 w_i 千克,体积为 v_i 立方米,携带该物品 u 件产生的效益值为 $c \times u$。问此人该如何选择携带物品,才能使产生的效益值最大？其中 $w=[3\ 4\ 5]$,$v=[8\ 6\ 4]$,$c=[4\ 5\ 6]$。

解:这是一个二维的动态规划问题,用二维动态规划函数 dyprog2 进行计算。

```
>> a1 = 0:10;b1 = 0:22;s1 = nan * ones(11,1);s1(1) = 10;s2 = nan * ones(23,1);s2(1) = 22;
>> x1 = [s1 a1' a1'];x2 = [s2 b1' b1'];
>> [y,fval] = dyprog2(x1,x2,@decisfun6,@subfun6,@trafun6);
>> y = 1    10    22    2    1    - 8
       2     4     6    1    1    - 5
       3     0     0    0    1      0
```

最优装入方案为 $u_1=2, u_2=1, u_3=0$，即各种物品分别装入 2 件、1 件、0 件，此时产生的效益最大，效益值为 13。

此例的整数规划的数学模型如下，其求解过程参见第 5 章的相关内容。

$$\begin{cases} \max\ z=4x_1+5x_2+6x_3 \\ \text{s.t.}\quad 3x_1+4x_2+5x_3 \leqslant 10 \\ \qquad 8x_1+6x_2+4x_3 \leqslant 22 \\ \qquad 0 \leqslant x_i \leqslant 3 \text{ 且为整数}, \quad i=1,2,3 \end{cases}$$

6.6.2 生产经营问题

在生产经营过程中，有许多决策优化问题，如生产计划制订、生产和存储、采购与销售等问题。这些问题既可以用线性(非线性)规划方法求解，也可以用动态规划方法求解。

【例 6.6】 设现有两种原料，数量各为 3 单位，现要将这两种原料分配用于生产 3 种产品。如果第一种原料以数量 u_j 单位、第二种原料以数量 v_j 单位用于生产第 j 种产品，则所得的收入如表 6-2 所列，问应如何分配这两种原料用于 3 种产品的生产，使总收入最大？

表 6-2 收入情况表

产品	产品Ⅰ				产品Ⅱ				产品Ⅲ			
u \ v	0	1	2	3	0	1	2	3	0	1	2	3
0	0	1	3	6	0	2	4	6	0	3	5	8
1	4	5	6	7	1	4	6	7	2	5	7	9
2	5	6	7	8	4	6	8	9	4	7	9	11
3	6	7	8	9	6	8	10	11	6	9	11	13

解：

```
>> clear;
>> a1 = 0:3;b1 = 0:3;s1 = nan * ones(4,1);s1(1) = 3;s2 = nan * ones(4,1);s2(1) = 3;
>> x1 = [s1 a1' a1'];x2 = [s2 b1' b1'];
>> [y,fval] = dyprog2(x1,x2,@decisfun5,@subfun5,@trafun5);
>> y = 1     3     3     1     0    -4
       2     2     3     2     0    -4
       3     0     3     0     3    -8
```

分配给第一种产品的第一种原料为 1，第二种为 0；

分配给第二种产品的第一种原料为 2，第二种为 0；

分配给第三种产品的第一种原料为 0，第二种为 3。

此时可以得到最大的收入为 16。

【例 6.7】 某工厂与商户签订合同，约定在 4 个月内出售一定数量的某种产品，产量限制为 10 的倍数，工厂每月最多生产 100 件，产品可以存储，存储费用为每台 200 元，每个月的需求量及每件产品的生产成本见表 6-3。现在分别在：(1) 1 月初没有存货可用；(2) 1 月初有 20 件存货可用两种情况下确定每月的生产量，要求既能满足每月的合同需求量，又能使生产成本和存储费用达到最小。

表 6-3　每个月的需求量及每件产品的生产成本

月　份	每件生产成本/百元	需要量/件
1	70	60
2	72	70
3	80	120
4	76	60

解:这是一个 4 阶段的动态规划问题,其阶段指标的函数为 $v_k(x_k, u_k) = c_k u_k + 2x_k$。

状态转移方程为 $x_{k+1} = x_k + u_k - q_k$。

基本方程为

$$\begin{cases} f_4(x_4, u_4) = v_4(x_4, u_4) \\ f_k(x_k, u_k) = \min\{v_k(x_k, u_k) + f_{k+1}(x_{k+1}) \mid u_k \in D_k(x_k)\}, \quad k = 3,2,1 \end{cases}$$

为了全面考虑 1 月初存货的影响,可以将 1 月初存货分别为 0、10、20、30、40、50、60 的所有可能情况都进行计算。

```
>> clear
>> x = nan * ones(14,4); c = [70 72 80 76];
>> x(1:7,1) = 10 * (0:6)'; x(1:11,2) = 10 * (0:10)'; x(1:12,3) = 10 * (2:13)';x(1:7,4) = 10 * (0:6)';
>> [y,fval] = dyprog(x,c,@decisfun7,@subfun7,@trafun7);
```

从 y 值可以看出当 1 月初没有存货时,最优决策为每月分别生产 100、100、50、60 件,总成本为 22 980 元;当有 20 件存货时,最优决策为每月分别生产 100、100、30、60 件,总成本为 21 500 元。

此题也为整数规划。设 u_k 为第 k 个月的生产量,s_k 为第 k 阶段开始的产品存储数,a 为 1 月初的存货。由于产量限制为 10 倍数,故令 $u_k = 10m$,m 为整数且 $0 \leqslant m \leqslant 10$,则有以下的数学模型:

$$\begin{cases} \min z = (70u_1 + 72u_2 + 80u_3 + 76u_4) + 2(s_1 + s_2 + s_3 + s_4 + s_5) \\ \text{s.t.} \quad s_1 = a, \quad s_2 = s_1 + u_1 - 60, \quad s_3 = s_2 + u_2 - 70, \quad s_4 = s_3 + u_3 - 120 \\ \qquad s_5 = s_4 + u_4 - 60, \quad u_k = 10m_k, \quad k = 1,2,3,4 \\ \qquad 0 \leqslant m_k \leqslant 10 \text{ 且为整数}, \quad s_k, u_k \geqslant 0, \quad k = 1,2,3,4, \quad s5 = 0 \end{cases}$$

```
>> clear
>> Aeq = [1 zeros(1,8) -10 0 0 0;0 1 zeros(1, 7) 0 -10 0 0; 0 0 1 zeros(1,6) 0 0 -10 0;
        00 0 1 zeros(1,5) 0 0 0 -10;zeros(1,4) 1 zeros(1,8);1 0 0 0 1 -1 zeros(1,7);
        0 1 00 0 1 -1 zeros(1,6);0 0 1 0 0 0 1 -1 zeros(1,5);0 0 0 1 0 0 0 1 -1 zeros(1,4);
        00 0 0 0 0 0 0 1 0 0 0 0];
>> LB = [0 00 0 0 0 0 0 0 0 0 0 0]';
>> UB = [100 100100 100 100 100 100 100 0 10 10 10 10]';
>> f = [70 72 80 76 2 * ones(1,5) 00 0 0];Beq = [0;0;0;0;20;60;70;120;60;0];
>> [x,val] = intprog(f,[],[],[10 11 12 13],Aeq,Beq,LB,UB);
```

两种方法可以得到相同的结果。

【例 6.8】 现有 4 种不同的车床 1、2、3 和 4,同时加工 500 件相同的零件。各车床加工一个零件的时间分别为 0.5、0.1、0.2、和 0.05 小时不等。问应如何给 4 个车床分配加工零件数目,使完工时间最短?

解:设状态变量 x_k 表示分配给第 k 号车床到第 4 号车床的零件数,决策变量 u_k 表示分配

给第 k 号车床的零件数，$u_k=0,1,\cdots,x_k$，则状态转移方程为 $x_{k+1}=x_k-u_k$，阶段指标函数 $v_k(u_k)$ 表示 u_k 个零件分配到第 k 号车床加工所需的时间，$v_k(u_k)=u_k t_k$，t_k 是 k 号车床的加工时间。$f_k(x_k)$ 表示 x_k 个零件分配给第 k 至第 4 号车床加工所需的最短时间，则基本方程为

$$\begin{cases} f_5(x_5)=0, \quad G(a,b)=\max(a,b), \quad \text{用时最长的车床所需时间为总加工时间} \\ f_k(x_k)=\min\{G(v_k(u_k),f_{k+1}(x_{k+1}))\mid u_k\}, \quad k=4,3,2,1 \end{cases}$$

```
>> clear
>> n = 500;x1 = [n;nan * ones(n,1)];x2 = 0:n;x3 = [0;nan * ones(n,1)];
>> x = [x1 x2'x2' x2' x3]; t = [0.5;0.1;0.2;0.05];
>> [y,fval] = dyprog(x,t,@decisfun8,@subfun8,@trafun8,@objfun8);
>> y = 1.0000   500.0000    27.0000   13.5000
      2.0000   473.0000   135.0000   13.5000
      3.0000   338.0000    67.0000   13.4000
      4.0000   271.0000   271.0000   13.5500
      5.0000          0          0         0
>> fval = 13.5500
```

给 1、2、3 和 4 号车床加工的零件分别为 27、135、67 和 271 件，500 件零件同时加工用时为 13.55 小时。

【例 6.9】 某商店在未来的 4 个月内，准备利用它的一个仓库来专门经销某种商品，仓库最多能存储这种商品 800 件。假设该商品每月只能卖出仓库现有的货物。当商品在某月订货时，下月初才能到货。预测该商品在未来 4 个月的买卖价格及库存费用如表 6－4 所列。假设商店在 1 月开始经销时，仓库存有该商品 300 件。请问：该商店应如何制订 1 月至 4 月的订购与销售计划，才能使预期获利最大？

表 6－4 未来 4 个月商品的买卖价格及库存费用

月　份	购买价格/元	销售单价/元	单位商品库存/元
1	10	12	1.5
2	9	8	1.5
3	11	13	1.5
4	15	17	1.5

解：采用整数规划求解。设每月的销售量与订购量分别为 x_i 与 $y_i(i=1,2,3,4)$；每月初仓库中的存货量为 s_i，则根据题意可建立如下的数学模型：

$$\begin{cases} \min z=(12x_1-10y_1)+(8x_2-9y_2)+(13x_3-11y_3)+(17x_4-15y_4)- \\ \qquad \dfrac{1.5}{2}(2s_1-x_1)+\dfrac{1.5}{2}(2s_2-x_2)+\dfrac{1.5}{2}(2s_3-x_3)+\dfrac{1.5}{2}(2s_4-x_4) \\ \text{s. t.} \quad s_1=300, \quad s_2=s_1-x_1+y_1, \quad s_3=s_2-x_2+y_2, \quad s_4=s_3-x_3+y_3 \\ \qquad s_i\leqslant 800, \quad x_i\leqslant s_i, \quad x_i\geqslant 0, \quad y_i\geqslant 0, \quad s_i\geqslant 0, \quad i=1,2,3,4 \end{cases}$$

```
>> clc;clear
>> F = -[12.75 8.75 13.75 17.75 -10 -9 -11 -15 -1.5 * ones(1,4)];
>> A = [1 zeros(1,7) -1 zeros(1,3);0 1 zeros(1,7) -1 zeros(1,2);...
   zeros(1,2) 1 zeros(1,7) -1 0;zeros(1,3) 1 zeros(1,7) -1];
>> B = zeros(1,4);
>> Aeq = [zeros(1,8) 1 zeros(1,3);1 zeros(1,3) -1 zeros(1,3) -1 1 zeros(1,2);...
   0 1 zeros(1,3) -1 zeros(1,3) -1 1 0;0 0 1 zeros(1,3) -1 zeros(1,3) -1 1];
```

```
>> Beq = [300 zeros(1,3)];
>> LB = [zeros(1,8) 300 zeros(1,3)]';UB = [300 800 * ones(1,7) 300 800 * ones(1,3)]';
>> [x,val,stats] = intprog(F,A,B,[1 2 3 4 5 6 7 8 9 10 11 12],Aeq,Beq,LB,UB);
>> x = [300.0      0.0    800.0    800.0     % 各月的销售量
          0.0    800.0    800.0      0.0     % 各月的订货量
        300.0      0.0    800.0    800.0     % 各月初的存货量
>> val = -1.0175e+04                         % 总利润的最大值为 1.0175e+04
```

6.6.3 资源(设备)分配问题

资源(设备)分配问题，是将数量一定的若干种资源(如原材料、资金、机器设备、劳动力等)合理地分配给若干使用者，以使总收益最大。根据资源充足与否，可将资源(设备)分配问题分为 3 种类型：均衡分配、设备充足的分配和设备不充足的分配。根据资源分配方式，可将资源(设备)分配问题分为两类：资源的多元分配、资源的多段分配。

【例 6.10】 国家拟拨款 60 万元用于 4 个工厂的扩建工程，各工厂扩建后创造的利润与投资额有关，具体数据如表 6-5 所列。请问应如何投资，才能使总利润最大？

表 6-5 各工厂获得投资后可得到的利润

工厂 \ 投资额	0	10	20	30	40	50	60
甲厂	0	20	50	65	80	85	85
乙厂	0	20	40	50	55	60	65
丙厂	0	25	60	85	100	110	115
丁厂	0	25	40	50	60	65	70

解：此问题按工厂数目可分为 4 个阶段，甲、乙、丙、丁四个工厂分别编号为 1、2、3、4。

设状态变量 s_k 表示分配给第 $k \sim n$ 个工厂的投资额，决策变量 u_k 表示分配给第 k 个工厂的投资额，则可得状态转移方程：$s_{k+1}=s_k-u_k$。

设阶段指标函数 $v_k(u_k)$ 表示 u_k 投资额分配到第 k 个工厂所获得的利润值，$f_k(s_k)$ 表示 s_k 投资额分配给第 $k \sim n$ 个工厂所获得的最大利润值，则可得基本方程为

$$\begin{cases} f_k(s_k)=\underset{u_k \in D_k(s_k)}{\text{opt}}\left[v_k(s_k,u_{k+1}(s_{k+1}))+f_{k+1}(u_{k+1}(s_{k+1}))\right] \\ f_5(s_5)=0 \end{cases}$$

利用动态规划逆序算法进行计算。

```
>> clear
>> c = [0,0,0,0;20,20,25,25;50,40,60,40;65,50,85,50;80,55,100,60;85,60,110,65;85,65,115,70];
>> x = [ 0   0   0   0;10  10  10  10; 20  20  20  20; 30  30  30  30
        40  40  40  40; 50  50  50  50;60  60  60  60];
>> [y,fval] = dyprog(x, -c,@decisfun2,@subfun2,@trafun2);     % 求最大值
```

根据 y 最后 4 行的数据，可以得到投资方案为 $x_1=20, x_2=0, x_3=30, x_4=10$，最大利润为 160。

此题还可以采用 0-1 规划方法求解。

设 x_{ij} 表示第 i 个工厂 $(i=1,2,3,4)$ 是否分配到 j 投资额($x_{ij}=1$ 表示分配到投资额，$x_{ij}=0$ 表示未分配到投资额)。y_i 表示每个工厂分配到投资额的状态(每个工厂只能有一种

分配投资额的情况)，则有

$$y_i - \sum_{j=0}^{6} x_{ij} = 1, \quad i = 1,2,3,4$$

s_i 表示每个工厂分配到投资额的数目，则有

$$s_i = 0 \cdot x_{i0} + 10 \cdot x_{i1} + 20 \cdot x_{i2} + 30 \cdot x_{i3} + 40 \cdot x_{i4} + 50 \cdot x_{i5} + 60 \cdot x_{i6}, \quad i = 1,2,3,4$$

sum 表示各工厂分配到的投资额总资金，则有

$$\text{sum} = \sum_{i=1}^{4} s_i = a, \quad a = 0,10,20,30,40,50,60$$

于是有如下的数学模型：

$$\begin{cases} \max z = (0 \cdot x_{10} + 20 \cdot x_{11} + 50 \cdot x_{12} + 65 \cdot x_{13} + 80 \cdot x_{14} + 85 \cdot x_{15} + 85 \cdot x_{16}) + \\ \qquad (0 \cdot x_{20} + 20 \cdot x_{21} + 40 \cdot x_{22} + 50 \cdot x_{23} + 55 \cdot x_{24} + 60 \cdot x_{25} + 65 \cdot x_{26}) + \\ \qquad (0 \cdot x_{30} + 25 \cdot x_{31} + 60 \cdot x_{32} + 85 \cdot x_{33} + 100 \cdot x_{34} + 110 \cdot x_{35} + 115 \cdot x_{36}) + \\ \qquad (0 \cdot x_{40} + 25 \cdot x_{41} + 40 \cdot x_{42} + 50 \cdot x_{43} + 60 \cdot x_{44} + 65 \cdot x_{45} + 70 \cdot x_{46}) \\ \text{s.t.} \quad y_i = \sum_{j=0}^{6} x_{ij} = 1, \quad i = 1,2,3,4 \\ \qquad s_i = 0 \cdot x_{i0} + 10 \cdot x_{i1} + 20 \cdot x_{i2} + 30 \cdot x_{i3} + 40 \cdot x_{i4} + 50 \cdot x_{i5} + 60 \cdot x_{i6}, \quad i = 1,2,3,4 \\ \qquad \text{sum} = \sum_{i=1}^{4} s_i = a, \quad a = 0,10,20,30,40,50,60 \\ \qquad x_{ij} = 0 \text{ 或 } 1 \end{cases}$$

```
>> clear
>> f = -[0 20 50 65 80 8585 0 20 40 50 55 60 65 0 25 60 85 100 110 115...
      0 25 40 50 60 65 70 00 0 0];
>> Aeq = [ones(1,7) zeros(1,25);zeros(1,7) ones(1,7) zeros(1,18);
      zeros(1,14) ones(1,7) zeros(1,11);zeros(1,21) ones(1,7) zeros(1,4)
      0   10   20   30   40   50   60   zeros(1,21) -1   0   0   0
      zeros(1,7)    0   10   20   30   40   50   60   zeros(1,14) 0   -1   0   0
      zeros(1,14)   0   10   20   30   40   50   60   zeros(1,7)   0   0   -1   0
      zeros(1,21)   0   10   20   30   40   50   60   0   0   0   -1;zeros(1,28) 1 1 1 1];
>> Beq = [1 1 1 1 0 0 0 0 60];LB = zeros(32,1);UB = [ones(1,28) 60 60 60 60]';
>> [x,val,stats] = intprog(f,[],[],1:32,Aeq,Beq,LB,UB);
```

两种方法可以得到相同的结果。

【例 6.11】 某工业部门根据国家计划的安排，拟将某种高效率的 5 台设备分配给甲、乙、丙三个工厂，各个工厂若获利这种设备后，可以为国家提供的赢利如表 6-6 所列(单位：万元)。请问：应如何分配这些设备可使国家得到的赢利最大？

表 6-6　各工厂获得高效设备后可为国家提供的赢利

设备数 \ 工厂	甲	乙	丙
0	0	0	0
1	3	5	4
2	7	10	6
3	9	11	11
4	12	11	12
5	13	11	12

解:此问题可分为 3 个阶段,3 个工厂分别编号为 1,2,3。设状态变量 s_k 表示分配给第 $k\sim n$ 个工厂的设备台数,决策变量 u_k 表示分配给第 k 个工厂的设备台数,则可以得到如下的状态转移方程:

$$s_{k+1}=s_k-u_k$$

设阶段指标函数 $v_k(u_k)$表示 u_k 台设备分配到第 k 个工厂所获得的赢利值,$f_k(s_k)$表示 s_k 台设备分配给第 $k\sim n$ 个工厂所获得的最大赢利值,则可得基本方程为

$$\begin{cases} f_k(s_k)=\underset{u_k\in D_k(s_k)}{\text{opt}}\{v_k(s_k,u_{k+1}(s_{k+1}))+f_{k+1}(u_{k+1}(s_{k+1}))\}, \quad k=3,2,1 \\ f_4(s_4)=0 \end{cases}$$

```
>> clc,clear
>> x = nan * ones(6,3);x(:,1) = [0 1 2 3 4 5]';x(:,2) = [0 1 2 3 4 5]';x(:,3) = [0 1 2 3 4 5]';
>> c=[0,0,0;3,5,4;7,10,6;9,11,11;12,11,12;13,11,12];
>> [p,f] = dyprog(x,-c,@decisfun10,@subfun10,@transfun10);
```

根据 p 矩阵的最后 3 行,可知,当 5 台设备分别配给工厂甲 2 台、工厂乙 2 台、工厂丙 1 台时,可获得总的最大赢利,为 21 万元(f 矩阵的最后一行值)。

【例 6.12】 求解非线性规划问题 $\begin{cases} \max z=\dfrac{4}{9}x_1^2-\dfrac{1}{4}x_2^2+2x_3^2 \\ \text{s.t.} \quad x_1+x_2+x_3=9 \\ \quad\quad x_1,x_2,x_3\geqslant 0 \end{cases}$。

解:本题可归结为一个资源分配问题,其中,$g_1(x_1)=\dfrac{4}{9}x_1^2$,$g_2(x_2)=\dfrac{1}{4}x_2^2$,$g_3(x_3)=2x_3^2$,则根据基本方程:

$$\begin{cases} f_k(x)=\max\limits_{x_k=0,1,\cdots,x}\{g_k(x_k)+f_{k+1}(x-x_k)\}, \quad k=1,2,\cdots,n-1 \\ f_n(x)=\max\limits_{x_k=0,1,\cdots,x}\{g_n(x_n)\} \end{cases}$$

可得

$$f_1(9)=\max_{0\leqslant x_1\leqslant 9}\{g_1(x_1)+f_2(9-x_1)\}=\max_{0\leqslant x_1\leqslant 9}\left\{\frac{4}{9}x_1^2+f_2(9-x_1)\right\}$$

$$f_2(9-x_1)=\max_{0\leqslant x_2\leqslant 9-x_3}\{g_2(x_2)+f_3(9-x_1-x_2)\}=\max_{0\leqslant x_2\leqslant 9-x_3}\left\{-\frac{1}{4}x_2^2+f_2(9-x_1-x_2)\right\}$$

$$\begin{aligned} f_3(9-x_1-x_2)&=\max_{0\leqslant x_3\leqslant 9-x_1-x_2}\{g_3(x_3)\}=\max_{0\leqslant x_3\leqslant 9-x_1-x_2}\{2x_3^2\} \\ &=2(9-x_1-x_2)^2, \quad x_3=9-x_1-x_2 \end{aligned}$$

于是

$$\begin{aligned} f_2(9-x_1)&=\max_{0\leqslant x_2\leqslant 9-x_3}\left\{-\frac{1}{4}x_2^2+2(9-x_1-x_2)^2\right\} \\ &=\max_{0\leqslant x_2\leqslant 9-x_3}\left\{\frac{7}{4}x_2^2-4(9-x_1)x_2+2(9-x_1)\right\} \\ &=2(9-x_1)^2, \quad x_2=0 \end{aligned}$$

$$f_1(9)=\max_{0\leqslant x_1\leqslant 9}\left\{\frac{4}{9}x_1^2+2(9-x_1)^2\right\}=\max_{0\leqslant x_1\leqslant 9}\left\{\frac{22}{9}x_1^2-36x_1+162\right\}=162, \quad x_1=0$$

此时 $x_3=9-x_1-x_2=0$。

故原非线性规划问题的最优解为$(0,0,9)^T$,最优值为 162。

6.6.4 最短路径问题

最短路径问题是生产运作决策中应用最广泛的问题之一。许多优化问题都可以使用该模型,如设备更新、管路铺设、线路安排和厂区布局等。

【例 6.13】 石油输送管道铺设最优方案的选择问题。考虑图 6-5 所示的管道线路示意图,设 A 为出发地,E 为目的地,B、C、D 分别为三个必须建立油泵加压站的地区,其中的 B_1、B_2、B_3;C_1、C_2、C_3;D_1、D_2 分别为可供选择的各站站位。图 6-5 中的线段表示管道可铺设的位置,线段旁的数字表示铺设这些管道所需的费用。问应如何铺设管道才能使总费用最小?

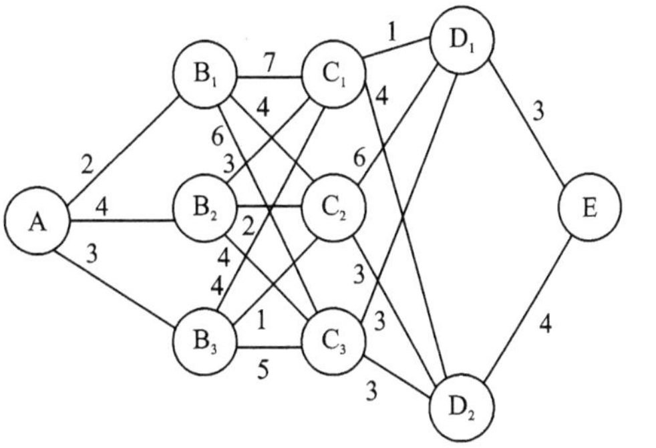

图 6-5 管道线路示意图

解:这是典型的动态规划问题,既可以用动态规划的逆序算法,也可以直接利用穷举法求解。

(1) 首先利用穷举法求解。

```
>> clear
>> x = {[1];[2 3 4];[5 6 7];[8 9];[10]};                        % 各点的序号
>> d = {[2 4 3];[7 4 6;3 2 4;4 1 5];[1 4;6 3;3 3];[3;4]};    % 对应的路径长
>> str = {'A';'B1,B2,B3';'C1,C2,C3';'D1,D2';'E'};
>> [y,rd2] = road(x,d,str);                                    % 穷举法求路径的函数 road
>> y = 11                                                       % 最短路径值
>> rd2 = 'A→B2→C1→D1→E'                                        % 用字母表示的最短路径
         'A→B3→C1→D1→E'
         'A→B3→C2→D2→E'
```

(2) 利用动态规划求解。

利用动态规划逆序算法求解,首先要编写阶段指标函数 subfun、状态转移函数 trafun、决策变量 decisfun 等函数。

```
>> clear
>> x = [ 1    2    5    8    10
        NaN   3    6    9    NaN
        NaN   4    7   NaN   NaN];
>> str = {'A';'B1,B2,B3';'C1,C2,C3';'D1,D2';'E'};
>> d = [2 4 3 7 4 6 3 2 4 4 1 5 1 4 6 3 3 3 3 4]';
>> [y,fval,rd2] = dyprog(x,d,@decisfun1,@subfun1,@trafun1,[],str);
>> rd2 = 'A→B3→C2→D2→E'         % 最短路径
```

(3) 利用 0-1 规划求解。

因为路径中的每个节点都存在是否被选的情况,所以此题是一个 0-1 规划问题。

设 x_{ij} 为路线(节点 i→节点 j),0 表示未被选中,1 表示选中。对于每一个节点,净流量等于零(即流入量与流出量相等),则根据题意可以写出如下的数学模型:

$$
\begin{cases}
\min z = 2x_{AB_1} + 4x_{AB_2} + 3x_{AB_3} + 7x_{B_1C_1} + 4x_{B_1C_2} + 6x_{B_1C_3} + 3x_{B_2C_1} + \\
\qquad 2x_{B_2C_2} + 4x_{B_2C_3} + 4x_{B_3C_1} + x_{B_3C_2} + 5x_{B_3C_3} + x_{C_1D_1} + 4x_{C_1D_2} + \\
\qquad 6x_{C_2D_1} + 3x_{C_2D_2} + 3x_{C_3D_1} + 3x_{C_3D_3} + 3x_{D_1E} + 4x_{D_2E} \\
\text{s. t.} \quad x_{AB_1} + x_{AB_2} + x_{AB_3} = 1 \\
\qquad x_{AB_1} - x_{B_1C_1} - x_{B_1C_2} - x_{B_1C_3} = 0 \\
\qquad x_{AB_2} - x_{B_2C_1} - x_{B_2C_2} - x_{B_2C_3} = 0 \\
\qquad x_{AB_3} - x_{B_3C_1} - x_{B_3C_2} - x_{B_3C_3} = 0 \\
\qquad x_{B_1C_1} + x_{B_2C_1} + x_{B_3C_1} - x_{C_1D_1} - x_{C_1D_2} = 0 \\
\qquad x_{B_1C_2} + x_{B_2C_2} + x_{B_3C_2} - x_{C_2D_1} - x_{C_2D_2} = 0 \\
\qquad x_{B_1C_3} + x_{B_2C_3} + x_{B_3C_3} - x_{C_3D_1} - x_{C_3D_2} = 0 \\
\qquad x_{C_1D_1} + x_{C_2D_1} + x_{C_3D_1} - x_{D_1E} = 0 \\
\qquad x_{C_2D_2} + x_{C_2D_2} + x_{C_3D_2} - x_{D_2E} = 0 \\
\qquad x_{D_1E} + x_{D_2E} = 1
\end{cases}
$$

因为变量数较多，所以不宜采用隐枚举法的 mybintprog 函数，用 MATLAB 中的 bintprog 函数或第 5 章中的 intprog 函数进行计算都可以得到相同的结果。

```
>> clear
>> b=[1;0;0;0;0;0;0;0;0;1];f=[2 4 3 7 4 6 3 2 4 4 1 5 1 4 6 3 3 3 3 4];
>> A=[1 1 1 0 0 0 0 0 0 0 0 0 0 0 0 0 0 0 0 0;1 0 0 -1 -1 -1 0 0 0 0 0 0 0 0 0 0 0 0 0 0
     0 1 0 0 0 0 -1 -1 -1 0 0 0 0 0 0 0 0 0 0 0;0 0 1 0 0 0 0 0 0 -1 -1 -1 0 0 0 0 0 0 0 0
     0 0 0 1 0 0 1 0 0 1 0 0 -1 -1 0 0 0 0 0 0;0 0 0 0 1 0 0 1 0 0 1 0 0 0 -1 -1 0 0 0 0
     0 0 0 0 0 1 0 0 1 0 0 1 0 0 0 0 -1 -1 0 0;0 0 0 0 0 0 0 0 0 0 0 0 1 0 1 0 1 0 0 0 -1 0
     0 0 0 0 0 0 0 0 0 0 0 0 0 1 0 1 0 1 0 0 0 -1;0 0 0 0 0 0 0 0 0 0 0 0 0 0 0 0 0 0 1 1];
>> [x,fval]=bintprog(f,[],[],A,b);
>> x'=0  1  0  0  0  0  1  0  0  0  0  0  1  0  0  0  0  0  1  0
```

路径为 $A \to B_2 \to C_1 \to D_1 \to E$。

6.6.5 复杂系统可靠性问题

随着科学技术的发展，现代化的机器、技术装备等越来越复杂。这些机器和设备等的可靠性受到了人们的广泛重视，将这种可靠性称为系统可靠性。若可靠性达不到较高的指标要求，则系统越复杂系统故障的可能性越大，造成的损失也越大。现代化管理除了大大提高工作效率和质量外，还应包括提高系统可靠性。如果处理不当，系统可靠性没有得到足够保证，那么它也会带来严重的后果和影响。

【例 6.14】 某电子设备由 5 种元件 1、2、3、4、5 组成，这 5 种元件的可靠性分别为 0.9、0.8、0.5、0.7、0.6。为保证电子设备系统的可靠性，同种元件可并联多个。现允许设备使用的元件的总数为 15 个，问如何设计使设备的可靠性最高。

解： 设状态变量 x_k 为配置第 k 个元件时可用元件的总数，决策变量 u_k 为第 k 个元件并联的数目，c_k 为第 k 个元件的可靠性，阶段指标函数为 $v_k(x_k,u_k)=1-(1-c_k)^{u_k}$，状态转移方程为 $x_{k+1}=x_k-u_k$，基本方程为

$$
\begin{cases}
f_4(x_4,u_4)=v_4(x_4,u_4), \quad G_k(a,b)=a\cdot b \\
f_k(x_k,u_k)=\min\{G_k(v_k(x_k,u_k),f_{k+1}(x_{k+1})) \mid u_k\in D_k(x_k)\}, \quad k=4,3,2,1
\end{cases}
$$

```
>> clear
>> n = 15; x1 = [n;nan * ones(n - 1,1)];x2 = 1:n;x2 = x2';x = [x1 x2 x2 x2 x2];c = [0.9 0.8 0.5 0.7 0.6];
>> [y,fval] = dyprog(x,c,@decisfun9,@subfun9,@trafun9,@objfun9);
>> y = 1.0000   15.0000    2.0000    - 0.9900
       2.0000   13.0000    2.0000    - 0.9600
       3.0000   11.0000    4.0000    - 0.9375
       4.0000    7.0000    3.0000    - 0.9730
       5.0000    4.0000    4.0000    - 0.9744
>> fval = - 0.8447
```

1、2、3、4、5 号元件分别并联 2、2、4、3、4 个，系统总可靠性最大为 0.844 7。

此题也是一个非线性规划问题，其数学模型为

$$
\begin{cases}
\max z = \prod_{i=1}^{5} R_i \\
\text{s.t.} \quad \sum_{i=1}^{5} x_i = 15 \\
\qquad R_1 = 1-(1-0.9)^{x_1}, \quad R_2 = 1-(1-0.8)^{x_2}, \quad R_3 = 1-(1-0.5)^{x_3}, \\
\qquad R_4 = 1-(1-0.7)^{x_4}, \quad R_5 = 1-(x1-0.6)^{x_5} \\
\qquad x_i \geqslant 0 \text{ 且为整数}
\end{cases}
$$

下面调用 MATLAB 中的 fmincon 函数进行计算。

```
>> x1 = [3 * ones(1,5) 0.5 * ones(1,5)]';                                    % 设定初始值
>> Aeq = [ones(1,5) zeros(1,5)];Beq = 15;
>> LB = [ones(1,5) 0.5 * ones(1,5)];UB = [10 * ones(1,5) ones(1,5)];
>> options = optimset('Algorithm','sqp');                                    % 设定算法
>> [x,fval] = fmincon(@optifun10,x1,[],[],Aeq,Beq,LB,UB,@optifun11,options);
>> fori = 1:5;x(i) = round(x(i)); end                                        % 对并联的元件数取整
>> x(6) = 1 - 0.1^x(1);x(7) = 1 - 0.2^x(2);x(8) = 1 - 0.5^x(3);x(9) = 1 - 0.3^x(4);x(10) = 1 - 0.4^x(5);
>> f = x(6) * x(7) * x(8) * x(9) * x(10);                                    % 重新计算可靠性
>> x = 2.0000;2.0000;4.0000;3.0000;4.0000                                    % 可并联的元件数
      0.9900;0.9600;0.9375;0.9730;0.9744                                     % 对应的元件的可靠性
>> f = 0.8447                                                                % 系统可靠性
```

6.6.6 货郎担问题

有 n 个城市 $v_1, v_2, \cdots, v_n$，每两个城市之间都有道路相通，城市 i 和 j 之间的距离为 d_{ij}（其中 $d_{ii}=0$），有一商人拟从城市 v_i 出发，经过其余各城市 $v_1, v_2, \cdots, v_j\ (j \neq i)$ 都恰好一次，再回到出发城市 v_i，试为这个商人求出一条总路程最短的旅行路线。这就是货郎担问题（Traveling Salesman Problem，TSP）。

【例 6.15】 有 n 个城市 $v_1, v_2, \cdots, v_n$，每两个城市之间都有道路相通，城市 i 和 j 之间的距离为 d_{ij}（其中 $d_{ii}=0$），有一商人拟从城市 v_1 出发，经过其余各城市 $v_2, \cdots, v_n$ 都恰好一次，再回到出发城市 v_1，试为这个商人求出一条总路程最短的旅行路线。

解：求解 TSP 问题可以用多种方法，注意到 TSP 问题是一个多阶段决策问题，所以也可以利用动态规划来求解。

据此，可编写 dyprogTSP 函数进行计算。

```
>> clear
>> d=[0 8 5 6;6 0 8 5;7 9 0 5;9 7 8 0];
>> [road,f] = dyprogTSP(d);          % 此函数还可以从指定的城市开始旅行
>> road = 1  3  4  2  1              % 最短路径
>> f = 23                            % 最短路径长度
```

习题 6

6.1 计算如图 6-6 所示的从 A 点到 E 点的最短路线和最短距离。

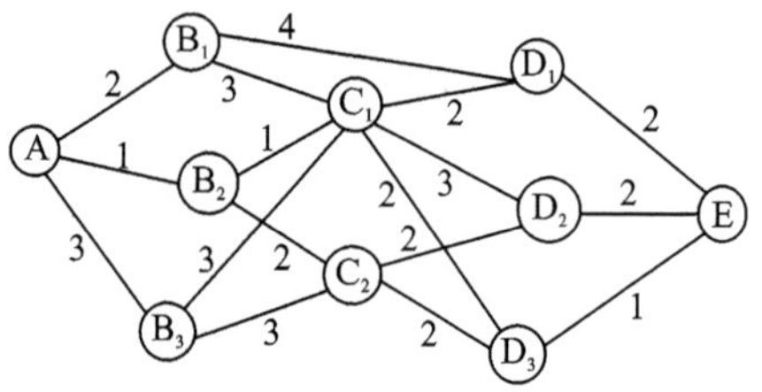

题 6-6 路径图

6.2 分别用逆推法及顺推法求解下列各问题:

(1) $\begin{cases}\max\ z=2x_1^2+3x_2+5x_3\\ \text{s.t.}\quad 2x_1+4x_2+x_3=8\\ \qquad x_j\geqslant 0,\quad j=1,2,3\end{cases}$　　(2) $\begin{cases}\max\ z=x_1^2+8x_2+3x_3^2\\ \text{s.t.}\quad x_1+x_2+2x_3\leqslant 6\\ \qquad x_j\geqslant 0,\quad j=1,2,3\end{cases}$

(3) $\begin{cases}\min\ z=x_1+x_2^2+2x_3\\ \text{s.t.}\quad x_1+x_2+x_3\geqslant 10\\ \qquad x_j\geqslant 0,\quad j=1,2,3\end{cases}$　　(4) $\begin{cases}\min\ z=x_1x_2x_3\\ \text{s.t.}\quad x_1+x_2+2x_3\leqslant 6\\ \qquad x_j\geqslant 0,\quad j=1,2,3\end{cases}$

6.3 某厂生产一种季节性产品,全年为一个生产周期,分为 6 个生产阶段,各阶段的需求量如表 6-7 所列。

表 6-7 习题 6.3 的相关数据

生产阶段	1	2	3	4	5	6
需求量/t	5	5	10	30	50	8

根据需要,生产可分为日班和夜班进行。每一生产阶段日班的生产能力为 15 t,单位成本为 100 元,夜班的生产能力为 15 t,单位成本为 120 元,因生产能力的限制,可在需求淡季多生产一些产品存储起来以备需求旺季之需,但每一生产阶段单位产品需支付存储费 16 元,年初的存储量为 0。试为该厂制定最优的生产和存储方案。

6.4 某公司计划全年生产某种产品,4 个季度的订货量分别为 600 kg、700 kg、500 kg 和 1 200 kg。产品的生产成本与产量的平方成正比,比例系数为 0.005。公司有仓库可存放产品,存储费为每季度 1 元/kg,公司要求每年初、年末的库存量为 0。试为该公司制定最佳的生产和存储方案。

6.5 某厂拟设计生产一种电子设备,由 D_1、D_2、D_3 三种元件组成,要求所用元件的成本不超过 105 元,三种元件的价格和可靠性如表 6-8 所列。

表 6－8　元件参数

元　件	价格/元	可靠性
D_1	30	0.9
D_2	25	0.8
D_3	20	0.5

问应如何设计，才能使设备的可靠性最高？

思考题

1. 某工厂为了扩大市场，拟向银行贷款来开展更多的业务。现有两种不同的贷款方式：第一种是 10 年长期贷款，年利率为 0.5%，只能在 2011 年初贷 1 次，以后每年还息(10 次)，第 10 年后还本；第二种是 1 年短期贷款，年利率为 10.5%，可以在 2011—2020 年初贷款，可贷 10 次，下一年还本付息。目前工厂只有 120 万元，每年的现金储备最少 50 万元。已知工厂未来 10 年的每年年初净现金流(预测)如表 6－9 所列。若期望在 2021 年年初的现金余额最多。请问应如何贷款(贷款组合)，才能使得工厂在 10 年内正常运转？

表 6－9　相关数据(1)

年份/年	2011	2012	2013	2014	2015	2016	2017	2018	2019	2020
净现金流/万元	－800	－200	－400	300	600	300	－400	700	－200	1 000

2. 某工厂有 120 台机床，能够加工 3 种零件，要安排接下来半年的任务，根据以往的经验，得知这些机床用来加工第一种零件，一个月后的损坏率为 30%；加工第二种零件，一个月后的损坏率为 10%；加工第三种零件，一个月后的损坏率为 15%。同时还得知，每台机床加工第一种零件每个月的收益为 10 万元，加工第二种零件每个月的收益为 7 万元，加工第三种零件每个月的收益为 8 万元。现在要安排 6 个月的任务。请问应怎样分配机床，才能使总收益最大？

3. 某科研项目由 3 个小组用不同手段去研究，它们失败的概率分别为 0.4、0.6 和 0.8。为了减少 3 个小组都失败的可能性，现决定给 3 个小组中增派两名高级工程师，到各小组后，各小组科研项目失败概率如表 6－10 所列。请问应如何分派高级工程师才能使 3 个小组都失败的概率(即科研项目最终失败的概率)最小？

表 6－10　相关数据(2)

高级工程师	小　组		
	1	2	3
0	0.40	0.60	0.80
1	0.20	0.40	0.50
2	0.15	0.20	0.30

4. 某厂新购某种新机床 125 台，据估计，这种设备 5 年将被其他新设备所代替。此机床如在高负荷状态下工作，年损坏率为 1/2，年利润为 10 万元，如在低负荷状态下工作，年损坏率为 1/5，年利润为 6 万元。问应如何安排这些机床的生产负荷，才能使 5 年内获得最大的利润？

第 7 章

多目标规划

线性规划、整数规划和非线性规划都只有一个目标函数，但在实际问题中往往要考虑多个目标。如设计一个橡胶配方时，往往要同时考察强力、硬度、变形、伸长等多个指标。由于需要同时考虑多个目标，这类多目标问题要比单目标问题复杂得多。另外，在这一系列目标之间，不仅有主次之分，而且有时会互相矛盾，这就给解决多目标问题传统方法带来了一定的困难。目标规划(Goal Programming，GP)正是为了解决多目标问题而提出的一种方法。

多目标规划和目标规划的应用范围很广，包括生产计划、投资计划、市场战略、人事管理、环境保护、土地利用等。

7.1 多目标规划的概念

在线性规划中，考虑多个(两个以上)目标函数的最优化问题，就是多目标规划。

【例 7.1】 假设商店有 A_1、A_2 和 A_3 三种水果，单价分别为 4 元/kg、2.80 元/kg 和 2.40 元/kg。今要筹办一次晚会，要求用于买水果的费用不能超过 500 元，水果的总量不少于 30 kg，A_1、A_2 两种水果的总和不少于 5 kg，问应如何确定最好的买水果方案。

解：设 x_1、x_2、x_3 分别为购买 A_1、A_2、A_3 三种水果的质量数(kg)，y_1 为用于购买水果所花费的总费用，y_2 为所买水果的总质量，则该问题的目标函数为

$$\begin{cases} y_1 = 4x_1 + 2.8x_2 + 2.4x_3 \rightarrow \min \\ y_2 = x_1 + x_2 + x_3 \rightarrow \max \end{cases}$$

而约束条件为

$$\begin{cases} 4x_1 + 2.8x_2 + 2.4x_3 \leqslant 500 \\ x_1 + x_2 + x_3 \geqslant 30 \\ x_1 + x_2 \geqslant 5 \\ x_1, x_2, x_3 \geqslant 0 \end{cases}$$

显而易见，这是一个包含两个目标的 LP 问题，称为多目标 LP 问题。

由此可得多目标规划的一般形式，即多目标极小化模型(VMP)

$$\begin{cases} \min(f_1(\boldsymbol{x}), f_2(\boldsymbol{x}), \cdots, f_p(\boldsymbol{x})) \\ \text{s. t.} \quad g_i(\boldsymbol{x}) \leqslant 0, \quad i = 1, 2, \cdots, k \\ \qquad\; h_j(\boldsymbol{x}) = 0, \quad j = 1, 2, \cdots, l \end{cases} \tag{7-1}$$

式中：$\boldsymbol{x} = (x_1, x_2, \cdots, x_n)^{\mathrm{T}}$；$p \geqslant 2$。

令 $R = \{\boldsymbol{x} \mid g_i(\boldsymbol{x}) \leqslant 0, i = 1, 2, \cdots, k\}$ 为问题(7-1)的可行集或约束集，$\boldsymbol{x} \in R$ 称为问题(7-1)的可行解或容许解。

在许多实际问题中，各个目标的量纲一般是不相同的，所以有必要把每个目标事先规范化。例如，对 j 个带量纲的目标 $F_j(\boldsymbol{x})$，可令

$$f_j(\boldsymbol{x}) = F_j(\boldsymbol{x}) / F_j$$

式中：$F_j=\min\limits_{x\in R}F_j(\boldsymbol{x})$。

这样，$f_j(\boldsymbol{x})$就是规范化的目标。

多目标规划具有以下特点：

(1) 诸目标可能不一致，如下述多目标规划

$$\begin{cases}\max(x_1,x_2)\\ \text{s. t.}\quad x_1^2+x_2^2\leqslant 1\\ \qquad\quad x_1,x_2\geqslant 0\end{cases}\tag{7-2}$$

式(7－2)对应两个单目标规划

$$\begin{cases}\max\ x_1\\ \text{s. t.}\quad x_1^2+x_2^2\leqslant 1\\ \qquad\quad x_1,x_2\geqslant 0\end{cases}\quad 和 \quad\begin{cases}\max\ x_2\\ \text{s. t.}\quad x_1^2+x_2^2\leqslant 1\\ \qquad\quad x_1,x_2\geqslant 0\end{cases}$$

前者的最优解为 $\boldsymbol{x}=(1,0)^{\mathrm{T}}$，后者的最优解为 $\boldsymbol{x}=(0,1)^{\mathrm{T}}$。

(2) 绝对最优解(使诸目标函数同时达到最优解的可行解)往往不存在，只有在特殊情形下才可能存在。如多目标规划(7－2)显然不存在绝对最优解，但多目标规划

$$\begin{cases}\min(x_1,x_2)\\ \text{s. t.}\quad x_1^2+x_2^2\leqslant 1\\ \qquad\quad x_1,x_2\geqslant 0\end{cases}\tag{7-3}$$

却有绝对最优解 $\boldsymbol{x}=(0,0)^{\mathrm{T}}$。

(3) 往往无法比较两个可行解的优劣。因可行解对应的目标函数是一个向量，而两个向量是无法比较大小的，故无法比较两个可行解的优劣。如对多目标规划(7－3)的两个可行解 $\boldsymbol{x}^1=(1,0)^{\mathrm{T}},\boldsymbol{x}^2=(0,1)^{\mathrm{T}}$，因 $\begin{pmatrix}f_1(\boldsymbol{x}^1)\\ f_2(\boldsymbol{x}^1)\end{pmatrix}=\begin{pmatrix}f_1(1,0)\\ f_2(1,0)\end{pmatrix}=\begin{pmatrix}1\\ 0\end{pmatrix}$，$\begin{pmatrix}f_1(\boldsymbol{x}^2)\\ f_2(\boldsymbol{x}^2)\end{pmatrix}=\begin{pmatrix}f_1(0,1)\\ f_2(0,1)\end{pmatrix}=\begin{pmatrix}0\\ 1\end{pmatrix}$，故无法比较 $\boldsymbol{x}^1$ 与 $\boldsymbol{x}^2$ 的优劣。

基于以上特点，需要定义适用于多目标规划的“最优解”概念。

7.2　有效解、弱有效解和绝对有效解

先引进向量空间中向量之间的比较关系，即向量的“序”。

定义 1： 设 $\boldsymbol{\alpha}=(a_1,a_2,\cdots,a_n)^{\mathrm{T}},\boldsymbol{\beta}=(b_1,b_2,\cdots,b_n)^{\mathrm{T}}$ 是 n 维空间 $\mathbf{R}^n$ 中的两个向量。

(1) 若 $a_i=b_i,i=1,2,\cdots,n$，则称向量 $\boldsymbol{\alpha}$ 等于向量 $\boldsymbol{\beta}$，记作 $\boldsymbol{\alpha}=\boldsymbol{\beta}$。

(2) 若 $a_i\leqslant b_i,i=1,2,\cdots,n$，则称向量 $\boldsymbol{\alpha}$ 小于或等于向量 $\boldsymbol{\beta}$，记作 $\boldsymbol{\alpha}\leqslant\boldsymbol{\beta}$。

(3) 若 $a_i\leqslant b_i,i=1,2,\cdots,n$，且至少有一个是严格不等式，则称向量 $\boldsymbol{\alpha}$ 小于向量 $\boldsymbol{\beta}$，记作 $\boldsymbol{\alpha}\leqq\boldsymbol{\beta}$。

(4) 若 $a_i<b_i,i=1,2,\cdots,n$，则称向量 $\boldsymbol{\alpha}$ 严格小于向量 $\boldsymbol{\beta}$，记作 $\boldsymbol{\alpha}<\boldsymbol{\beta}$。

由上述定义确定的向量之间的序，称为向量的自然序。

利用自然序的概念就可以给出一般的多目标极小化模型(VMP)解的一些概念。

定义 2： 设 R 是模型(VMP)的约束集，$F(\boldsymbol{x})$是(VMP)的向量目标函数，若对 $\tilde{\boldsymbol{x}}\in R$，不存在 $\boldsymbol{x}\in R$，使得

$$F(\boldsymbol{x})\leqq F(\tilde{\boldsymbol{x}})$$

则称 $\tilde{x}$ 是多目标极小化模型(VMP)的有效解。

这个定义表明,有效解是这样的一种解:在向量不等式"≦"下,在所考虑的模型的约束集中已找不到比它更好的解。

有效解也称帕累托(Pareto)最优解,它是多目标最优化中一个最基本的概念。模型(VMP)的全部有效解所组成的集合称做模型(VMP)关于向量目标函数 $F(\boldsymbol{x})$ 和约束集 R 的有效解集,记作 $E(F,R)$,或简记为 E。

定义 3:设 R 是模型(VMP)的约束集,$F(\boldsymbol{x})$ 是(VMP)的向量目标函数,若对 $\tilde{\boldsymbol{x}}\in R$,不存在 $\boldsymbol{x}\in R$,使得

$$F(\boldsymbol{x}) < F(\tilde{\boldsymbol{x}})$$

则称 $\tilde{x}$ 是多目标极小化模型(VMP)的弱有效解。

这个定义表明,在向量不等式"<"下,在问题(VMP)的约束集中已找不到比它更好的解。模型(VMP)的全部弱有效解所组成的集合称做模型(VMP)的弱有效解集,记作 $E_W(F,R)$,或简记为 E_W。

定义 4:设 R 是模型(VMP)的约束集,$F(\boldsymbol{x})$ 是(VMP)的向量目标函数,若对 $\boldsymbol{x}^*\in R$,并且对一切 $\boldsymbol{x}\in R$,使得

$$F(\boldsymbol{x}^*) \leqslant F(\boldsymbol{x})$$

则称 $\boldsymbol{x}^*$ 是多目标极小化模型(VMP)的绝对有效解。

这个定义表明,模型(VMP)的绝对最优解 $\boldsymbol{x}^*$ 就是对于 $F(\boldsymbol{x})$ 的每个分目标函数都同时是最优的解。由模型(VMP)的全部绝对有效解所组成的集合称为模型(VMP)的绝对有效解集,记作 $E^*(F,R)$,或简记为 E^*。

在一般情况下,一个给定的多目标极小化模型的绝对最优解是不存在的(但也有存在的情况)。

向量目标函数经过一个单调变换之后,对应的多目标极小化模型的有效解(或弱有效解)和原模型的有效解(或弱有效解)之间存在如下的关系。

定理 1:设 R 是模型(VMP)的约束集,$F(\boldsymbol{x})$ 是(VMP)的向量目标函数,若 $\Phi(\boldsymbol{x})=[\varphi_1(\boldsymbol{x}),\cdots,\varphi_m(\boldsymbol{x})]^{\mathrm{T}}$,其中 $\varphi_i(\boldsymbol{x})=\varphi_i(f_i(\boldsymbol{x}))$,且每一个 φ_i 关于对应的 f_i 都是严格单增函数,$i=1,2,\cdots,m$,则

(1) $E(\Phi,R)\subset E(F,R)$;

(2) $E_W(\Phi,R)\subset E_W(F,R)$。

定理 2:模型(VMP)的有效解一定是弱有效解。

定理 3:对模型(VMP),若绝对有效解集 $E^*(\Phi,R)\neq\varnothing$,则有效解集与绝对最优解集相同,即 $E(F,R)=E^*(F,R)$。

定理 4:设约束集是凸集,每个 $f_i(\boldsymbol{x})$ 是 R 上的严格凸函数,$i=1,2,\cdots,m$,则模型(VMP)的有效解集和弱有效解集相同,即 $E(F,R)=E_W(F,R)$。

多目标优化问题的求解与单目标优化问题的求解有根本区别。对于单目标优化问题,任何两个解都可以用目标函数值比较方案的优劣,但对于多目标优化问题,任何两个解不一定都可以评判出其优劣。一般而言,单目标优化问题得到的解是最优解,而多目标优化问题中,使几项分目标函数同时达到最优的解称为绝对最优解。如果能够获得绝对最优解,对多目标优化问题是十分理想的,但这个理想状态难以实现。在多目标优化问题中,如果一个解使每个分目标函数值都比另一个解劣,则称这个解为劣解。显然多目标优化问题中所得到的解只是非

解(或称有效解),而非劣解对多目标优化问题不止一个。

在实际的多目标函数优化问题中,经常会出现一个分目标的极小化引起另一个或某几个分目标的变化,有时各分目标的优化还互相矛盾,甚至完全对立。例如,对一般的机械的优化设计问题,高精度、高强度、高可靠性及长寿命的技术要求与制造成本的经济是相互矛盾和对立的。欲在多个相互矛盾的目标中得到比较接近、比较好的最优方案,各分目标就要相互退让,进行综合协调。多目标优化问题的实质就是研究如何多个优化目标函数进行协调的方法和求解的思路。

7.3 处理多目标规划问题的一些方法

7.3.1 评价函数法

对于一个给定的多目标极小化模型(VMP),一般具有多个有效解。因此,对于模型(VMP),通常不满足于求出它任意的一个有效解或弱有效解,而是设法求出这样一个解,它既是问题的有效解或弱有效解,同时又是某种意义下决策者所满意的解,这正是求解多目标最优化与单目标最优化的一个重要的不同点。

评价函数法是把模型(VMP)中的分目标函数转化为一个与之相关的单目标(数值)极小化问题,然后通过求解这个单目标函数的极小化问题,来达到求解原模型(VMP)的目的。一般来说,采用不同形式的评价函数,可求得(VMP)在不同意义下的解,从而也对应了一种不同的求解方法。

对于一个多目标极小化模型

$$V-\min_{x\in R}(\boldsymbol{x})$$

其中,$F(\boldsymbol{x})=[f_1(\boldsymbol{x}),\cdots,f_m(\boldsymbol{x})]^{\mathrm{T}}$,$R$ 为约束集。构造一个单目标极小化问题

$$\min_{x\in R}\phi[f_1(\boldsymbol{x}),\cdots,f_m(\boldsymbol{x})]=\min_{x\in R}\phi[F(\boldsymbol{x})]$$

易见,只要所作函数 $\phi(\cdot)$满足一定的条件,就可以通过求解 P_ϕ,得到模型(VMP)的有效解或弱有效解。函数 $\phi(\cdot)$称为评价函数。

1. 线性加权和法

取评价函数为

$$\phi[F(\boldsymbol{x})]=\sum_{i=1}^{m}\lambda_i f_i(\boldsymbol{x})$$

其中,$\lambda_i\geqslant 0$,$i=1,2,\cdots,m$,且 $\sum_{i=1}^{m}\lambda_i=1$。于是把模型(VMP)的最优化问题转换为下列数值函数的极小化问题,即求解

$$\min_{x\in R}\phi[F(\boldsymbol{x})]=\min_{x\in R}\sum_{i=1}^{m}\lambda_i f_i(\boldsymbol{x})$$

其最优解 $\tilde{x}$ 便是在按各分目标的重要程度的意义下,使各分目标值尽可能小的解,也即为原模型(VMP)的有效解或弱有效解。当 $\lambda_i>0(i=1,2,\cdots,m)$时,$\tilde{x}$ 为(VMP)的有效解;当 $\lambda_i\geqslant 0(i=1,2,\cdots,m)$时,$\tilde{x}$ 为(VMP)的弱有效解。

通常 $\lambda_i\geqslant 0(i=1,2,\cdots,m)$称为对应项的权系数。由一组权系数组成的向量 $\boldsymbol{\Lambda}=(\lambda_1,\cdots,\lambda_m)^{\mathrm{T}}$ 称为权向量。

由于评价函数为线性加权和形式,因此该方法就称为线性加权和法,其关键在于如何合理地确定权系数 λ_i。

【例7.2】 把横截面为圆形的树干加工成矩形横截面的木梁。为使木梁满足一定规格、应力和强度条件,要求木梁的高度不超过2.5 m,横截面的惯性矩不小于给定值1,并且横截面的高度要介于其宽度和宽度的4倍之间。问应如何确定木梁的尺寸,可使木梁的质量最小,并且成本最低?

解:设所设计的木梁横截面的高为 x_1,宽为 x_2,则根据题意,可以得出如下的数学模型

$$V-\min_{X\in R}\{x_1x_2,x_1^2+x_2^2\} \tag{7-4}$$

式中:

$$R=\left\{(x_1,x_2)^{\mathrm{T}}\left|\begin{array}{l}2.5-x_1\geqslant 0,x_1-x_2\geqslant 0,x_1\geqslant 0\\ x_1^2x_2-1\geqslant 0,4x_2-x_1\geqslant 0,x_2\geqslant 0\end{array}\right.\right\}$$

现利用线性加权法求解,因考虑到成本目标比质量目标更重要,给定与质量目标相应的权系数为0.3,与成本目标相应的权系数为0.7,于是目标函数就转化为

$$V-\min_{X\in R}\{0.3x_1x_2+0.7x_1^2+0.7x_2^2\}$$

这是一个单目标非线性规划问题,可以用非线性约束的最优化方法求解。

```
syms x1 x2
x_syms = [sym(x1) sym(x2)];
fun = 0.3 * x1 * x2 + 0.7 * x1^2 + 0.7 * x2^2;
gfun = [2.5 - x1;x1 - x2;x1;x2;x1^2 * x2 - 1;4 * x2 - x1];hfun = [];x0 = [1 1];
[xmin,minf] = newsqp1(fun,hfun,gfun,x0,x_syms);
```

2. 平方和加权法

先求出各个单目标规划问题的一个尽可能好的下界 $f_1^0,f_2^0,\cdots,f_p^0$,即

$$\min_{x\in R} f_i(\boldsymbol{x})\geqslant f_i^0,\quad i=1,2,\cdots,m$$

然后构造评价函数

$$\phi[F(\boldsymbol{x})]=\sum_{i=1}^{m}\lambda_i[f_i(\boldsymbol{x})-f_i^0]^2 \tag{7-5}$$

式中:$\lambda_i>0,i=1,2,\cdots,m$,且 $\sum_{i=1}^{m}\lambda_i=1$。

再求出问题(7-5)的最优解 $\tilde{\boldsymbol{x}}$ 作为模型(VMP)的最优解。

3. 极小-极大法

极小-极大法的出发点是基于这样一种决策偏好:希望在最不利的情况下找出一个最有利的决策方案。根据这个设想,可以取评价函数为

$$\phi[F(\boldsymbol{x})]=\max_{1\leqslant i\leqslant m}\{f_i(\boldsymbol{x})\}$$

于是,多目标极小化模型(VMP)可以转换为求解下列极小化问题

$$\min_{x\in R}\phi[F(x)]=\min_{x\in R}\max_{1\leqslant i\leqslant m}\{f_i(\boldsymbol{x})\}$$

其最优解 $\tilde{\boldsymbol{x}}$ 为模型(VMP)的弱有效解。

为了在评价函数中反映各个分目标的重要性,评价函数取下列带权系数的更为广泛,即

$$\phi[F(\boldsymbol{x})]=\max_{1\leqslant i\leqslant m}\{\lambda_i f_i(\boldsymbol{x})\}$$

此时转换为以下的数值极小化问题

$$\min_{x\in R}\phi[F(\boldsymbol{x})]=\min_{x\in R}\max_{1\leqslant i\leqslant m}\{\lambda_i f_i(\boldsymbol{x})\} \tag{7-6}$$

式中：$\lambda_i>0, i=1,2,\cdots,m$，且 $\sum_{i=1}^{m}\lambda_i=1$。

在求解问题(7-6)时，要作极大值选择，然后再作极小化运算，这在实际求解时是不方便的，可以引进一个数值变量

$$W=\max_{1\leqslant i\leqslant m}\{\lambda_i f_i(\boldsymbol{x})\}$$

这样求解原问题(VMP)就转化为通常的数值极小化问题

$$\begin{cases}\min W \\ \text{s.t.}\quad \boldsymbol{x}\in R \\ \qquad \lambda_i f_i(\boldsymbol{x})\leqslant W, \quad i=1,2,\cdots,m\end{cases} \tag{7-7}$$

当 $\lambda_i>0, i=1,2,\cdots,m$，且 $\sum_{i=1}^{m}\lambda_i=1$ 时，问题(7-7)的最优解为 $(\tilde{\boldsymbol{x}}^{\mathrm{T}},\widetilde{\boldsymbol{W}})^{\mathrm{T}}$，则 $\tilde{\boldsymbol{x}}$ 即为(VMP)的弱有效解。

4. 乘除法

在模型(VMP)中，设对任意 $\boldsymbol{x}\in R$，各目标函数值均满足 $f_i(\boldsymbol{x})>0, i=1,\cdots,m$。

现将目标函数分为两类，不妨设其分别为：

① $f_1(\boldsymbol{x}),\ f_2(\boldsymbol{x}),\cdots,\ f_t(\boldsymbol{x})\rightarrow\min$；

② $f_{t+1}(\boldsymbol{x}),\ f_{t+2}(\boldsymbol{x}),\cdots,\ f_m(\boldsymbol{x})\rightarrow\max$，

则可以构造评价函数

$$\phi[F(\boldsymbol{x})]=\frac{\prod_{j=1}^{t}f_j(\boldsymbol{x})}{\prod_{j=t+1}^{m}f_j(\boldsymbol{x})} \tag{7-8}$$

然后求解问题(7-8)，即可得到模型(VMP)的最优解。

5. 理想点法

对于多目标极小化模型(VMP)，为了使各个目标函数均尽可能地极小化，也可以先分别求出各分目标函数的极小值，然后让各目标尽量接近各自的极小值来获得它的解，也即分别求解

$$f_i(\boldsymbol{x}^{(i)})=\min_{x\in R}f_i(\boldsymbol{x}),\quad i=1,2,\cdots,m$$

如果各个 $\boldsymbol{x}^{(i)}(i=1,2,\cdots,m)$ 都相同，则 $\boldsymbol{x}^*=\boldsymbol{x}^{(i)}(i=1,2,\cdots,m)$ 即为模型(VMP)的绝对最优解。但在一般情况下各个 $\boldsymbol{x}^{(i)}(i=1,2,\cdots,m)$ 不完全相同，因此各个最小值 $f_i^*\triangleq f_i(\boldsymbol{x}^{(i)})$ 分别是对应的分目标函数 $f_i(\boldsymbol{x})$ 最理想的值，因此，点 $\boldsymbol{F}^*\in\boldsymbol{R}^m$，即

$$\boldsymbol{F}^*\triangleq(f_1^*,f_2^*,\cdots,f_m^*)$$

称作模型(VMP)的理想点。

理想点法就是取目标 $\boldsymbol{F}$ 与理想点 $\boldsymbol{F}^*$ 之间的“距离”，即

$$\phi[F(\boldsymbol{x})]=\|F(\boldsymbol{x})-F^*\|$$

作为评价函数的方法，即把求解模型(VMP)转换为求解数值极小化问题

$$\min_{x\in R}\|F(\boldsymbol{x})-F^*\| \tag{7-9}$$

式中：$\|F(\boldsymbol{x})-F^*\|$ 表示向量 $F(\boldsymbol{x})-\boldsymbol{F}^*$ 的模。

在理想点法中，只要选取适当的模 $\|\cdot\|$，使得 $\|F(\boldsymbol{x})-F^*\|$ 关于 $\boldsymbol{F}(\boldsymbol{x})$ 是严格的增函数或增函数，则问题(7-9)的最优解必为模型(VMP)的有效解或弱有效解。

通常采用以下形式定义的模函数：

(1) 距离模评价函数:

$$\phi[F(\boldsymbol{x})]=\|F(\boldsymbol{x})-F^*\|=\sqrt{\sum_{i=1}^{m}[f_i(\boldsymbol{x})-f_i^*]^2} \tag{7-10}$$

(2) 带权 p -模评价函数:

$$\phi[F(\boldsymbol{x})]=\|F(\boldsymbol{x})-F^*\|=\left\{\sum_{i=1}^{m}\lambda_i[f_i(\boldsymbol{x})-f_i^*]^p\right\}^{\frac{1}{p}},\quad 1\leqslant p\leqslant+\infty \tag{7-11}$$

(3) 带权极大模评价函数:

$$\phi[F(\boldsymbol{x})]=\|F(\boldsymbol{x})-F^*\|=\max_{1\leqslant i\leqslant m}\{\lambda_i\mid f_i(\boldsymbol{x})-f_i^*\mid\} \tag{7-12}$$

若分别采用式(7-10)、式(7-11)和式(7-12)作为评价函数,则各方法相应地称为最短距离法、p -模理想点法和极大模理想点法。

对于最短距离法,问题(7-9)的最优解即为模型(VMP)的有效解。

对于 p -模理想点法,当权系数 $\lambda_i>0, i=1,2,\cdots,m$,且 $\sum_{i=1}^{m}\lambda_i=1$ 时,问题(7-9)的最优解即为模型的弱有效解。

对于极大模理想点法,当 $\lambda_i>0, i=1,2,\cdots,m$,且 $\sum_{i=1}^{m}\lambda_i=1$ 时,问题(7-9)的最优解即为模型(VMP)的弱有效解。

下面给出理想点法的计算步骤。

(1) 求理想点:求出各分目标的极小点和极小值

$$f_i^*=f_i(\boldsymbol{x}^{(i)})=\min_{\boldsymbol{x}\in R} f_i(\boldsymbol{x}),\quad i=1,2,\cdots,m$$

(2) 检验理想点:若 $\boldsymbol{x}^{(1)}=\cdots=\boldsymbol{x}^{(m)}$,则输出绝对最优解 $\boldsymbol{x}^*=\boldsymbol{x}^{(i)}(i=1,2,\cdots,m)$;否则,转步骤(3)。

(3) 求解数值极小化问题

$$\min_{\boldsymbol{x}\in R}\|F(\boldsymbol{x})-F^*\|$$

求得最优解 $\tilde{\boldsymbol{x}}$,输出 $\tilde{\boldsymbol{x}}$。

对于带权极大模理想点法,用问题(7-12)的形式求解仍不方便,还需要引进数值变量

$$W=\max_{1\leqslant i\leqslant m}\{\lambda_i\mid f_i(\boldsymbol{x})-f_i^*\mid\}$$

于是把问题转化为如下等价的问题:

$$\begin{cases}\min W\\ \text{s.t.}\quad \boldsymbol{x}\in R\\ \qquad\quad \lambda_i\mid f_i(\boldsymbol{x})-f_i^*\mid\leqslant W,\quad i=1,2,\cdots,m\\ \qquad\quad W\geqslant \boldsymbol{0}\end{cases}$$

设该问题的最优解为 $(\tilde{\boldsymbol{x}}^{\mathrm{T}},\widetilde{W})^{\mathrm{T}}$,则 $\tilde{\boldsymbol{x}}$ 即为 $\min\limits_{\boldsymbol{x}\in R}\max\limits_{1\leqslant i\leqslant m}\{\lambda_i|f_i(\boldsymbol{x})-f_i^*|\}$ 的最优解。

【例 7.3】 某工厂生产 3 种产品。每种产品的生产能力及盈利能力如下:第 1 种产品为 3 t/h 和 5 万元/t;第 2 种产品为 2 t/h 和 7 万元/t,第 3 种产品为 4 t/h 和 3 万元/t。根据市场预测,下月各产品的最大销售量分别是 240 t、250 t 和 420 t。工厂下月的开工工时能力为 208 h,下月市场需要尽可能多的第 1 种产品。问应如何安排下月的生产计划,在避免开工不足的条件下使得:(1) 工人加班时间尽量少;(2) 工厂获利最大;(3) 满足市场对第 1 种产品的尽可能多的需求?

解:设该厂下月生产第 i 种产品的时间为 x_i 小时,根据所给条件,得出以下数学模型:

$$V-\min_{X\in R}\{f_1(\boldsymbol{x}),f_2(\boldsymbol{x}),f_3(\boldsymbol{x})\}=(x_1+x_2+x_3-208,\ -15x_1-14x_2-12x_3,\ -3x_3)^{\mathrm{T}}$$

式中:

$$R=\left\{(x_1,x_2,x_3)^{\mathrm{T}}\left|\begin{array}{l}240-3x_1\geqslant 0\\ 420-4x_3\geqslant 0\\ 250-2x_2\geqslant 0,\quad x_1+x_2+x_3-208\geqslant 0\\ x_j\geqslant 0,\quad j=1,2,3\end{array}\right.\right.$$

现采用极大模理想点法求解。

首先可求得 3 个分目标的极小值:

```
>> syms x1 x2 x3
>> fun = x1 + x2 + x3 - 208;
>> gfun = [240 - 3 * x1;250 - 2 * x2;420 - 4 * x3;x1 + x2 + x3 - 208;x1;x2;x3];
>> hfun = [];x0 = [1 1 1]; x_syms = [x1,x2,x3];
>> [xmin,minf] = newsqp1(fun,hfun,gfun,x0,x_syms);
>> minf = -4.1288e-010                    %第 1 个分目标的极小值
>> fun = -15 * x1 - 14 * x2 - 12 * x3;
>> [xmin,minf] = newsqp1(fun,hfun,gfun,x0,x_syms);
>> minf = -4.2100e+003                    %第 2 个分目标的极小值
>> fun = -3 * x1;
>> [xmin,minf] = newsqp1(fun,hfun,gfun,x0,x_syms);
>> minf = -240.0000                       %第 3 个分目标的极小值
```

因而理想点为 $F^*=(0,-4\ 210,-240)^{\mathrm{T}}$。

设决策者给出表示各个分目标重要程度的权系数分别为 0.1、0.8、0.1。

因各分目标的极小点并不完全相同,故考虑求解下列辅助规划问题:

$$\begin{cases}\min W\\ \text{s.t.}\quad X\in R\\ \qquad 0.1(x_1+x_2+x_3-208-0)\leqslant W\\ \qquad 0.8(-15x_1-14x_2-12x_3+4\ 210)\leqslant W\\ \qquad 0.1(-3x_1+240)\leqslant W\\ \qquad W\geqslant 0\end{cases}$$

利用线性规划或约束优化函数可以求得它的最优解为$(80,125,103,10.2)^{\mathrm{T}}$。

```
>> A = [0.1 0.10.1 -1; -15 * 0.8 -14 * 0.8 -12 * 0.8 -1; -0.3 0 0 -1;3 0 0 0;0 2 0 0;0 0 4 0; -1 -1 -1 0];
>> B = [20.8; -4210 * 0.8; -24;240;250;420; -208];f = [0 0 0 1];LB = [0;0;0;0];
>> [x,val] = linprog(f,A,B,[],[],LB,[]);
>> x' = 80.0000   125.0000   103.9485   10.0948
```

于是,原问题的弱有效解为$(80,125,103)^{\mathrm{T}}$。所以,该工厂下月应安排生产计划如下:

生产第 1 种、第 2 种、第 3 种产品的时间分别为 80 h、125 h、103 h;工人加班时间为 80 h+125 h+103 h−208 h=100 h;总利润 15×80+14×125+12×103=4 186(万元);第 1 种产品的产量为 3 t/h×80 h=240 t。

6. 功效系数法

将每个分目标函数 $f_i(\boldsymbol{x})(i=1,2,\cdots,m)$都用一个功效系数 η_i 来表示该项指标的好坏。功效系数 η_i 是一个定义于 $0\leqslant\eta_i\leqslant 1$ 之间的整数,当 $\eta_i=1$ 时,表示第 i 个分目标的效果达到最好;当 $\eta_i=0$ 时,表示第 i 个分目标的效果最坏,将这些系数的几何平均值称为总的功效系数,即

$\eta=\sqrt[m]{\eta_1\eta_2\cdots\eta_m}$。$\eta$ 的大小可以表示该方案的好坏，显然，最优方案应是 $\eta=\sqrt[m]{\eta_1\eta_2\cdots\eta_m}\to\max$。

当 $\eta=1$ 时，表示取得最理想方案；当 $\eta=0$ 时，表示这个方案不能接受，此时必须有某项分目标函数的功效系数 $\eta_i=0$。

各分目标函数的功效系数可通过不同形式的曲线表示，如图 7-1 所示，其中图(a)表示与 $f_i(\boldsymbol{x})$成正比的功效系数 η_i 的函数，图(b)表示与 $f_i(\boldsymbol{x})$成反比的功效系数 η_i 的函数，图(c)表示 $f_i(\boldsymbol{x})$值过大和过小都不合适的功效系数函数。在具体使用这些功效系数时，应作出相应的规定。例如规定 $\eta_i=0.3$ 为可接受方案的功效系数下限；$0.3<\eta_i\leqslant 0.4$ 为较差情况，$0.4<\eta_i\leqslant 0.7$ 为效果较差但可以接受的情况，$0.7\leqslant\eta_i\leqslant 1$ 为效果最好的情况。

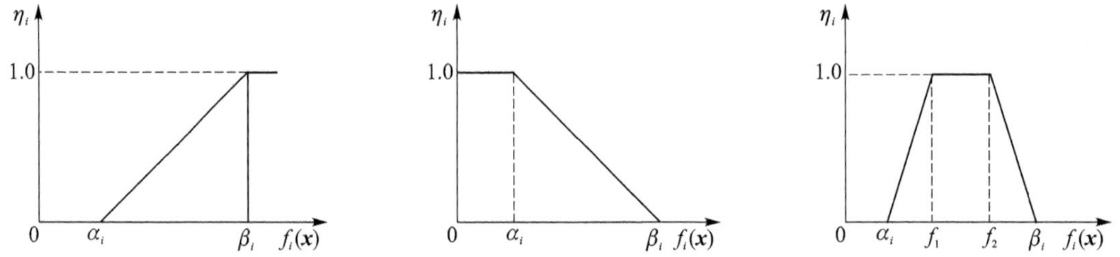

(a) 与$f_i(x)$成正比的功效系数η_i的函数　(b) 与$f_i(x)$成反比的功效系数η_i的函数　(c) $f_i(x)$值过大和过小都不合适的功效系数函数

图 7-1　分目标函数的功效系数

用总功功效系数 η 作为统一目标函数，这样比较直观且易调整，同时由于各分目标最终都化为 0～1 之间的数值，各个分目标函数的量纲不会互相影响，而且一旦有其中一项分目标函数不理想($\eta_i=0$)，其总功效系数必为零，表示该方案不能接受。另外这种方法易于处理，有的目标函数既不是越大越好，也不是越小越好的情况。因而虽然计算较烦琐，但仍不失为一种有效的多目标优化方法。

7.3.2　约束法

在多目标极小化模型(VMP)中，从 m 个目标函数 $f_1(\boldsymbol{x}),\cdots,f_m(\boldsymbol{x})$中，若能确定出一个主要目标，例如 $f_1(\boldsymbol{x})$，而对其他的目标函数 $f_2(\boldsymbol{x}),\cdots,f_m(\boldsymbol{x})$只要求满足一定的条件即可，例如要求

$$a_i\leqslant f_i(\boldsymbol{x})\leqslant b_i,\quad i=2,3,\cdots,m$$

这样，就可以把其他目标当做约束来处理，则模型(VMP)可化为求解如下的非线性规划问题

$$\begin{cases}\min f_1(\boldsymbol{x}) \\ \text{s.t.}\quad g_i(\boldsymbol{x})\leqslant 0,\quad i=1,2,\cdots,m \\ \qquad\ a_j\leqslant f_j(\boldsymbol{x})\leqslant b_j,\quad j=2,\cdots,m\end{cases}$$

7.3.3　逐步法

逐步法是一种迭代方法，在求解过程中的每一步，把计算结果告诉决策者，决策者对计算结果作出评价，若认为满意，则迭代终止；否则根据决策者的意见再重复计算，如此循环进行，直到求得满意的解为止。这种方法主要是针对如下的多目标 LP 问题设计的。

$$\begin{cases}\min F(\boldsymbol{x})=(f_1(\boldsymbol{x}),f_2(\boldsymbol{x}),\cdots,f_p(\boldsymbol{x}))^{\mathrm{T}} \\ \text{s.t.}\quad \boldsymbol{Ax}\leqslant\boldsymbol{b} \\ \qquad\ \boldsymbol{x}\geqslant\boldsymbol{0}\end{cases}\tag{7-13}$$

式中：$f_i(\boldsymbol{x})=\sum_{j=1}^{n}c_{ij}x_j, i=1,2,\cdots,p$；$\boldsymbol{A}=(a_{ij})_{m\times n}$；$\boldsymbol{b}=(b_1,b_2,\cdots,b_m)^{\mathrm{T}}$。

令 $R=\{\boldsymbol{x}\mid \boldsymbol{Ax}\leqslant \boldsymbol{b},\boldsymbol{x}\geqslant \boldsymbol{0}\}$，逐步法的计算步骤如下：

(1) 分别求解如下 p 个单目标线性规划问题

$$\begin{cases}\min f_i(\boldsymbol{x})=\sum_{j=1}^{n}c_{ij}x_j, & i=1,2,\cdots,p\\ \text{s.t.}\quad \boldsymbol{x}\in R\end{cases}$$

记所得的最优解为 $\boldsymbol{x}^{(i)}(i=1,2,\cdots,p)$，相应的最优值为 $f_i^*(i=1,2,\cdots,p)$。

令

$$f_i^M \triangleq \max_j\{f_i(\boldsymbol{x}^{(j)})\}$$

(2) 令

$$\alpha_i=\begin{cases}(f_i^M-f_i^*)\Big/f_i^*\left(\sum_{j=1}^{n}c_{ij}^2\right)^{1/2}, & 若\ f_i^*>0\\ (f_i^*-f_i^M)\Big/f_i^*\left(\sum_{j=1}^{n}c_{ij}^2\right)^{1/2}, & 若\ f_i^*<0\end{cases}\tag{7-14}$$

$$\lambda_i=\frac{\alpha_i}{\sum_{j=1}^{p}\alpha_j},\quad i=1,2,\cdots,p\tag{7-15}$$

由式(7-14)和式(7-15)，易见 $0\leqslant\lambda_i\leqslant 1(i=1,2,\cdots,p)$，$\sum_{i=1}^{p}\lambda_i=1$。

(3) 求出问题

$$\begin{cases}\min t\\ \text{s.t.}\quad [f_i(\boldsymbol{x})-f_i^*]\lambda_i\leqslant t, & i=1,2,\cdots,p\\ \qquad\ \ \boldsymbol{x}\in R,\quad t\geqslant 0\end{cases}\tag{7-16}$$

的最优解 $\boldsymbol{x}^{(1)}$ 及 $f_1(\boldsymbol{x}^{(1)}),f_2(\boldsymbol{x}^{(1)}),\cdots,f_p(\boldsymbol{x}^{(1)})$。

(4) 将前述的计算结果 $f_1(\boldsymbol{x}^{(1)}),f_2(\boldsymbol{x}^{(1)}),\cdots,f_p(\boldsymbol{x}^{(1)})$ 告诉决策者，若决策者认为满意，则取 $\boldsymbol{x}^{(1)}$ 为问题(7-13)最优解，$\boldsymbol{F}(\boldsymbol{x}^{(1)})=(f_1(\boldsymbol{x}^{(1)}),f_2(\boldsymbol{x}^{(1)}),\cdots,f_p(\boldsymbol{x}^{(1)}))^{\mathrm{T}}$ 为最优值，计算结束；否则由决策者把某个目标(例如第 j 个目标)的值提高 Δf_j(称为宽容值)，则式(7-16)中的约束集 R 应修正为 $R^{(1)}$，即令 $R=R^{(1)}$，其中

$$R^{(1)}=\{\boldsymbol{x}\mid \boldsymbol{x}\in R, f_j(\boldsymbol{x})\leqslant f_j(\boldsymbol{x}^{(1)})+\Delta f_j, f_i(\boldsymbol{x})\leqslant f_i(\boldsymbol{x}^{(1)}), i=1,2,\cdots,p, i\neq j\}$$

且 $\lambda_j=0$。再求问题(7-16)，得到最优解 $\boldsymbol{x}^{(2)}$ 及 $f_1(\boldsymbol{x}^{(2)}),f_2(\boldsymbol{x}^{(2)}),\cdots,f_p(\boldsymbol{x}^{(2)})$，这样继续迭代下去，直到求出一组决策者满意的解为止。

7.3.4　分层求解法

在多目标最优化模型中，有一类不同于模型(VMP)形式的模型。这类模型的特点是：在约束条件下，各个分目标函数不是等同地被优化，而是按不同的优先层次先后地进行最优化。这种多目标最优化模型通常称作分层多目标最优化模型。对于每个优先层，可以有多个分目标等同地被优化。

考虑如下的分层多目标极小化模型

$$L\text{-}\min_{\boldsymbol{x}\in R}[P_1\boldsymbol{F}_1(\boldsymbol{x}),P_2\boldsymbol{F}_2(\boldsymbol{x}),\cdots,P_L\boldsymbol{F}_L(\boldsymbol{x})]$$

其中,R 表示约束集,L 表示有 L 个优先层次,其优先顺序如下:

$$\text{(用 } P_1 \text{ 表示) 第 1 优先层次} —— \boldsymbol{F}_1(\boldsymbol{x}) = [f_1^1(\boldsymbol{x}), \cdots, f_{l_1}^1(\boldsymbol{x})]^{\mathrm{T}}$$

$$\text{(用 } P_2 \text{ 表示) 第 2 优先层次} —— \boldsymbol{F}_2(\boldsymbol{x}) = [f_1^2(\boldsymbol{x}), \cdots, f_{l_2}^2(\boldsymbol{x})]^{\mathrm{T}}$$

$$\vdots$$

$$\text{(用 } P_L \text{ 表示) 第 } L \text{ 优先层次} —— \boldsymbol{F}_L(\boldsymbol{x}) = [f_1^L(\boldsymbol{x}), \cdots, f_{l_L}^L(\boldsymbol{x})]^{\mathrm{T}}$$

且 $l_1 + l_2 + \cdots + l_L = m(m \geqslant 2)$。

1. 完全分层法

考虑如下的完全分层多目标极小化模型,即每一个优先层只有一个目标的分层多目标极小化模型($m \geqslant 2$)

$$L\text{-}\min_{\boldsymbol{x} \in R} [P_1 f_1(\boldsymbol{x}), P_2 f_2(\boldsymbol{x}), \cdots, P_m f_m(\boldsymbol{x})] \tag{7-17}$$

同一般多目标极小化模型不同的是,式(7-17)中各个分目标在问题中并不处于同等地位,而是具有不同的优先层次。由于此模型每一个优先层次中只考虑一个目标,所以求解时只要按模型所规定的优先层次依次对每一层求出最优解,最后一层的最优解即为所求解。该算法称作完全分层法。

完全分层法算法的具体步骤如下:

(1) 确定初始约束集(可行域)R,将 R 作为模型(7-17)的第 1 优先层次问题的可行域 R^1:$R^1 = R$,令 $k=1$。

(2) 极小化分层问题。在第 k 优先层次的可行域上求解第 k 优先层次目标函数 $f_k(\boldsymbol{x})$ 的数值极小化问题

$$\min_{\boldsymbol{x} \in R^k} f_k(\boldsymbol{x})$$

设得最优解 $\boldsymbol{x}^{(k)}$ 和最优值 $f_k(\boldsymbol{x}^{(k)})$。

(3) 检验求解的优先层次数。若 $k=m$,则输出 $\tilde{\boldsymbol{x}} = \boldsymbol{x}^{(m)}$;若 $k<m$,则转步骤(4)。

(4) 建立下一层次的可行域。取第 $k+1$ 优先层次的可行域为

$$R^{(k+1)} = \{\boldsymbol{x} \in R^k \mid f_k(\boldsymbol{x}) \leqslant f_k(\boldsymbol{x}^{(k)})\}$$

令 $k=k+1$,转步骤(2)。

在进行完全分层法运算时,若在某一中间优先层次得到了唯一解,则下一层的求解实际上已不必再进行,这种情况是经常出现的。为了在求解中避免出现这种情况,可以对算法作修正,即在对每一优先层求解之后给其最优值以适当的宽容,从而使下一层次的可行域得到适当的放宽。此时的算法称为宽容完全分层法,其算法步骤如下:

(1) 确定初始约束集(可行域)R,取 $R^1 = R$,令 $k=1$。

(2) 极小化分层问题。在第 k 优先层次的可行域上求解第 k 优先层次目标函数 $f_k(\boldsymbol{x})$ 的数值极小化问题

$$\min_{\boldsymbol{x} \in R^k} f_k(\boldsymbol{x})$$

设得最优解 $\boldsymbol{x}^{(k)}$、最优值 $f_k(\boldsymbol{x}^{(k)})$。

(3) 检验求解的优先层次数。若 $k=m$,则输出 $\tilde{\boldsymbol{x}} = \boldsymbol{x}^{(m)}$;若 $k<m$,则转步骤(4)。

(4) 建立下一层次的可行域。给出第 k 优先层次的宽容量 $\delta_k > 0$,取第 $k+1$ 优先层次的可行域为

$$R^{(k+1)} = \{\boldsymbol{x} \in R^k \mid f_k(\boldsymbol{x}) \leqslant f_k(\boldsymbol{x}^{(k)}) + \delta_k\}$$

令 $k=k+1$,转步骤(2)。

宽容完全分层法是求解多目标完全分层模型的实用方法，其各层次的宽容量需决策者酌情提供。

2. 分层评价法

对于一般的分层多目标极小化模型

$$L\text{-}\min_{x\in R}[P_1\boldsymbol{F}_1(\boldsymbol{x}),P_2\boldsymbol{F}_2(\boldsymbol{x}),\cdots,P_L\boldsymbol{F}_L(\boldsymbol{x})] \tag{7-18}$$

它的特点是每一优先层次的目标函数一般是一个向量函数。因此，若按模型(7-18)要求的先后层次依次进行求解，则一般来说，每一层次已不是求解一个数值极小化问题，而是需要求解一个多目标极小化问题。据此，可以先在式(7-18)的约束集 R 上对第 1 优先层次的向量目标函数 $\boldsymbol{F}_1(\boldsymbol{x})$ 进行多目标极小化，设得到有效解集 $E^1(F_1,R)$ 或弱有效解集 $E_W^1(F_1,R)$，再在 $E^1(F_1,R)$ 或 $E_W^1(F_1,R)$ 上对第 2 优先层次的目标函数 $\boldsymbol{F}_2(\boldsymbol{x})$ 进行求解，……最后，在第 $L-1$ 优先层次的有效解集 $E^{L-1}(F_{L-1},R)$ 或 $E_W^{L-1}(F_{L-1},R)$ 弱有效解集上对第 L 优先层次的目标函数 $\boldsymbol{F}_L(\boldsymbol{x})$ 进行多目标极小化，设得到有效解集或弱有效解集 $\tilde{\boldsymbol{x}}$，则 $\tilde{\boldsymbol{x}}$ 即为模型(7-18)在某种意义下的解。

如果在前述的逐层求解中，每一层次的多目标极小化都采用某评价函数法，则有下面求解模型(7-18)的分层评价法步骤：

(1) 确定初始约束集(可行域)R，取 $R^1=R$，令 $k=1$。

(2) 选用评价函数。确定求解第 k 优先层次的评价函数，设选用第 k 优先层次的评价函数为 $\phi_k[\boldsymbol{F}_k(\boldsymbol{x})]$。

(3) 利用选定的评价函数 $\phi_k[\boldsymbol{F}_k(\boldsymbol{x})]$，把第 k 优先层次的问题归为求解数值极小化问题

$$\min_{x\in R^k}\phi_k[\boldsymbol{F}_k(\boldsymbol{x})]$$

设得最优解 $\boldsymbol{x}^{(k)}$、最优值 $\phi_k[\boldsymbol{F}_k(\boldsymbol{x}^{(k)})]$。

(4) 检验迭代优先层次数。若 $k=L$，则输出 $\tilde{\boldsymbol{x}}=\boldsymbol{x}^{(L)}$；若 $k<L$，则转步骤(5)。

(5) 建立下一层次的可行域。取第 $k+1$ 优先层次的可行域为

$$R^{(k+1)}=\{\boldsymbol{x}\in R^k \mid \phi_k[\boldsymbol{F}_k(\boldsymbol{x})]\leqslant\phi_k[\boldsymbol{F}_k(\boldsymbol{x}^{(k)})]\}$$

令 $k=k+1$，转步骤(2)。

如果模型(7-18)的某一优先层次只有一个数值目标函数，则用上述的分层评价法进行求解时，该层次已不是一个多目标极小化问题，因此对于该层次就不需要选用评价函数而直接对该层次的目标函数进行数值极小化即可，而且分层评价法也可以像宽容完全分层法那样考虑加上宽容的技巧。

【例 7.4】 某水稻区一农户承包 10 亩农田从事农业种植。已知有三类复种方式可供耕种选择，并且其相应的经济效益如表 7-1 所列。设该农户全年至多可出工 3 410 h，至少需要油料 156 kg。今该农户希望优先考虑年总利润最大和粮食总产量最高，然后考虑投入的氮素最少。问如何确定满足的种植方案？

表 7-1　数据表

方　案	复种方式	粮食产量/(kg·亩$^{-1}$)	油料产量/(kg·亩$^{-1}$)	利润/(元·亩$^{-1}$)	投入氮素/(kg·亩$^{-1}$)	用工量/(h·亩$^{-1}$)
1	大麦—早稻—晚稻	1 056	—	120.27	50	320
2	大麦—早稻—玉米	1 008	—	111.46	48	350
3	油料—玉米—蔬菜	336	130	208.27	40	390

解:这是一个分层多目标优化问题。设 x_1 为方案 1 的种植亩数,x_2 为方案 2 的种植亩数,x_3 为方案 3 的种植亩数,则根据题意可得到多目标优化数学模型,即

$$L-\min_{x\in R}[P_1F_1(x),P_2f_3(x)]$$

式中:

$$R=\left\{(x_1,x_2,x_3)^{\mathrm{T}}\ \middle|\ \begin{array}{l}320x_1+350x_2+390x_3\leqslant 3\,410\\130x_3\geqslant 156\\x_1+x_2+x_3=10,\quad x_j\geqslant 0,\quad j=1,2,3\end{array}\right.$$

其中,

$$f_1(x_1,x_2,x_3)=120.27x_1+111.46x_2+208.27x_3$$
$$f_2(x_1,x_2,x_3)=1\,056x_1+1\,008x_2+336x_3$$
$$f_3(x_1,x_2,x_3)=50x_1+48x_2+40x_3$$
$$F_1(x)=[-f_1(x),-f_2(x)]$$

该问题有两个层次,第 1 优先层次有两个目标。现用线性加权法进行求解。

因为目标 1 与目标 2 具有不同的量纲,所以应先进行归一化处理,即用目标函数的系数和除以 100 再除以各系数,得

$$\hat{f}_1(x)=-\frac{82}{3}x_1-\frac{76}{3}x_2-\frac{142}{3}x_3$$

$$\hat{f}_2(x)=-44x_1-42x_2-14x_3$$

设两个分目标的权系数分别为 0.6 和 0.4,则可得第 1 层的评价函数为

$$\phi[\hat{F}_1(x)]=-34x_1-32x_2-34x_3$$

利用线性规划或约束优化可得到以下结果:

```
>> A = [320 350 390;0 0 -130];b = [3410; -156];Aeq = [1 1 1];beq = 10;
>> options = optimset('Algorithm','sqp');   % 用 sqp 算法
>> [x,fval] = fmincon(@(x) -34 * x(1) - 32 * x(2) - 34 * x(3),[1 1 1],A,b,Aeq,beq,[0;0;0],[],[],options);
>> x = 7.1275    0.0000    2.8725
>> fval = -340.0000
```

根据第 1 优先层计算结果,第 2 优先层次的约束条件增加一个,即

$$-34x_1-32x_2-34x_3\leqslant -340$$

从而可计算

```
>> A = [320 350 390;0 0 -130; -34 -32 -34];
>> b = [3410; -156; -340];
>> [x,fval] = fmincon(@(x) 50 * x(1) + 48 * x(2) + 40 * x(3),[1 1 1],A,b,Aeq,beq,[0;0;0],[],[],options);
>> x = 7.0000  0  3.0000          % 最优解
```

因此,当该农户认为利润目标和粮食产量目标在问题中的重要程度以 6 和 4 之比为宜时,该农户的满意种植方案为:方案 1 种植 7 亩,方案 2 不种植,方案 3 种植 3 亩,这样安排可得到的总利润为 1 466.7 元,粮食总产量为 8 400 kg,氮素投入量为 470 kg,总用工量为 3 410 h,油料需要量为 390 kg。

7.3.5 主要目标法

主要目标法是指根据总体技术条件,在最优解的各分目标函数 $f_1(x),f_2(x),\cdots,f_m(x)$ 中选定其中一个作为主要目标函数,而将其余$(m-1)$个分目标函数分别给一限制值后,使其

转化为新的约束条件。

例如，一个具有两个分目标函数的多目标优化问题：

$$\begin{cases}\min\limits_{x\in R^2}(f_1(\boldsymbol{x}),f_2(\boldsymbol{x}))^{\mathrm{T}}\\ \text{s.t.}\quad g_u(x)\leqslant 0,\quad u=1,2,\cdots,n\end{cases}$$

假定经分析后取 $f_1(\boldsymbol{x})$作为主要目标函数，$f_2(\boldsymbol{x})$则为次要目标函数，把次要目标函数加上一个约束 $f_2^{(0)}$，即 $f_2(x)\leqslant f_2^{(0)}$。$f_2^{(0)}$ 为一事先给定的限制值，显然它不能小于 $f_2(\boldsymbol{x})$的最小值。这样就将原多目标优化问题转化为求以下的单目标优化问题：

$$\begin{cases}\min\limits_{x\in R^2} f_1(\boldsymbol{x})\\ \text{s.t.}\quad g_u(\boldsymbol{x})\leqslant 0,\quad u=1,2,\cdots,n\\ \qquad g_{m+1}(\boldsymbol{x})=f_2(\boldsymbol{x})-f_2^{(0)}\leqslant 0\end{cases}$$

上式的几何意义如图 7－2 所示。D 为 $g_u(\boldsymbol{x})\leqslant 0\ (u=1,2,3,4)$构成的多目标优化问题的可行域。$\boldsymbol{x}^{*(1)}$、$\boldsymbol{x}^{*(2)}$分别为$\min\limits_{x\in R^2} f_1(\boldsymbol{x})$、$\min\limits_{x\in R^2} f_2(\boldsymbol{x})$的约束最优点。将 $f_2(\boldsymbol{x})$转化为 $g_5(\boldsymbol{x})=f_2(\boldsymbol{x})-f_2^{(0)}\leqslant 0$ 的新的约束条件，这样原多目标优化问题可视为 $f_1(\boldsymbol{x})$在由 $g_u(\boldsymbol{x})\leqslant 0\ (u=1,2,3,4,5)$构成的新的可行域(图 7－2 中的阴影线)中的单目标优化问题，显然 $\boldsymbol{x}^*$ 即为原多目标优化问题的最优解。

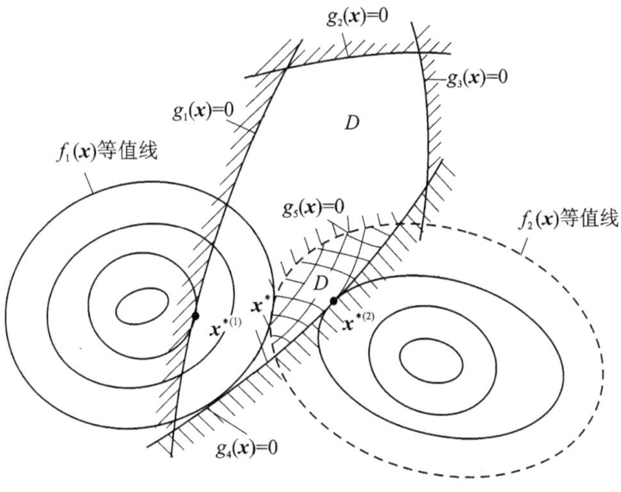

图 7－2　主要目标法的几何解释

对于一般情况，可把多目标优化问题转化为如下单目标优化问题，以第 k 个目标函数作为主要目标，即

$$\begin{cases}\min\limits_{x\in R^2} f_k(\boldsymbol{x})\\ \text{s.t.}\quad g_u(\boldsymbol{x})\leqslant 0,\quad u=1,2,\cdots,n\\ \qquad g_{m+p}(\boldsymbol{x})=f_p(\boldsymbol{x})-f_p^{(0)}\leqslant 0,\quad p=1,2,\cdots,k-1,k,k+1,\cdots,m\end{cases}$$

式中：$f_k(\boldsymbol{x})$主要目标函数。

7.3.6　协调曲线法

在一个多目标优化问题中，可能会出现当一个分目标函数的优化导致另一些分目标函数的劣化现象，即出现所谓各目标函数之间相互矛盾的情况。为了使某个较差的分目标也达到合理值,需要以增加其他几个分目标函数值为代价,也就是说各分目标函数值之间需要进行协调,互相作出一些让步,以便得出一个较为合理的方案。

这种矛盾关系可用图7-3和图7-4所示的协调曲线来解释。图7-3给出了无约束二维双目标优化设计问题的设计空间和双目标函数 $f_1(\boldsymbol{x})$、$f_2(\boldsymbol{x})$的等值线,图上的任意一点代表一个具体的双目标函数的设计方案。其中 A、B 分别代表 $f_1(\boldsymbol{x})$与 $f_2(\boldsymbol{x})$,的极小点,C 点为某一设计方案,该处 $f_1(\boldsymbol{x})=4$,$f_2(\boldsymbol{x})=9$。当取 $f_2(\boldsymbol{x})=9$ 时,极小化 $f_1(\boldsymbol{x})$,可得 D 点($f_1(\boldsymbol{x})=1.5$)为最佳设计方案。同样当取 $f_1(\boldsymbol{x})=4$ 时,极小化 $f_2(\boldsymbol{x})$,可得 E 点为最佳设计方案。显然,D、E 两点的设计方案都优于 C 点,实际上在阴影区内的任一点的设计方案均优于 C 点。

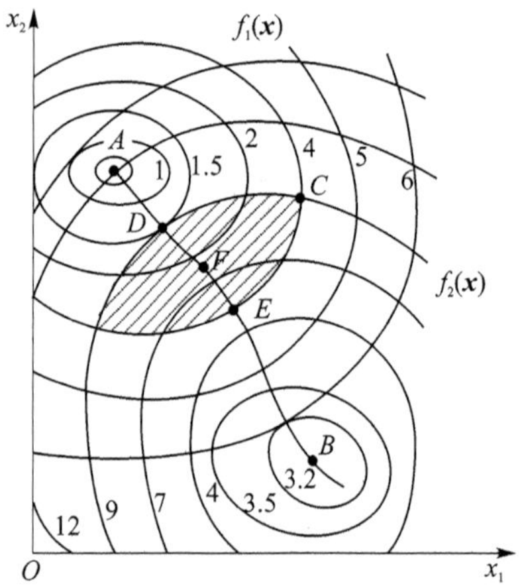

图7-3 两个目标最优化间的协调关系

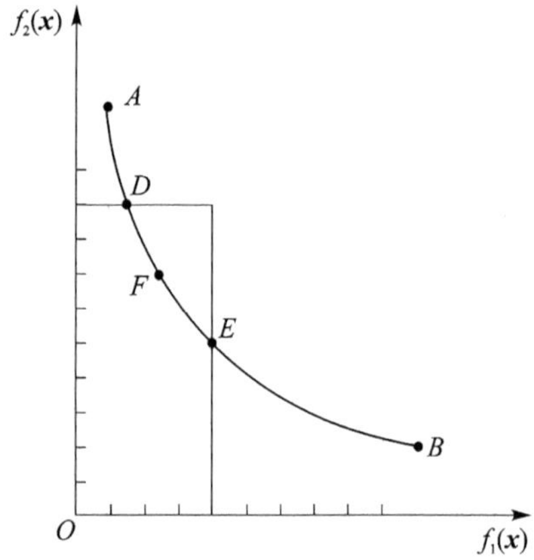

图7-4 两个目标的协调曲线

线段 DE 的延长线 AB 即为协调曲线,设计方案点在该线段上移动,将出现一个函数值减少必然导致另一个函数值增大、两目标函数相互矛盾的现象。AB 线段形象地表达了两目标函数极小化过程的协调关系,其上任一点都可实现在一个目标函数值给定时,获得另一个目标函数的相对极小化值,该值即可作为设计结果 $\boldsymbol{x}_1$、$\boldsymbol{x}_2$ 的参考。

图7-4所示为在 $f_1(\boldsymbol{x})$-$f_2(\boldsymbol{x})$坐标系内用图7-3中 AB 线段上各点所对应函数值作出的关系曲线,这是协调曲线的另一种表现形式,在这里可以更清楚地看出两目标函数极小化过程中相互矛盾的关系。

可将协调曲线作为能够使相互矛盾的目标函数取得相对优化解的主要依据。要从协调曲线选出最优方案,还需要根据两个目标函数恰当的匹配要求、实验数据、其他目标的好坏及设计者的经验综合确定。

7.3.7 图解法

对于双变量多目标规划问题,可以采用类似于求解双变量线性规划问题的图解法来解。

【例7.5】 求下列多目标规划问题的有效解

$$\begin{cases} \max(f_1(x), f_2(x)) \\ \text{s.t.} \quad 0 \leqslant x \leqslant 2 \end{cases}$$

式中:$f_1(x)=2x-x^2$;$f_2(x)=\begin{cases} x, & 0\leqslant x\leqslant 1 \\ 3-2x, & 0<x\leqslant 2 \end{cases}$。

解:根据题意,可以画出如图 7-5 所示的多目标规划示意图的左侧图。从图 7-5 中可看出,两个目标的最优解均为 $x=1$,故该问题的有效解(也是绝对最优解)为 $x=1$。

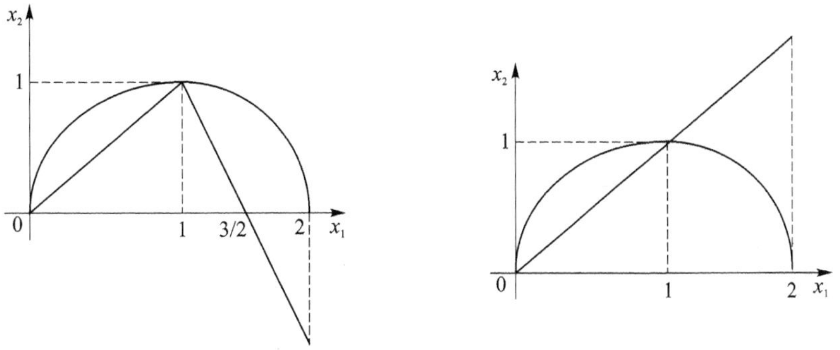

图 7-5　多目标规划示意图

如果将上述的两个目标函数改为 $f_1(x)=2x-x^2$,$f_2(x)=x$,则可得图 7-5 中的右侧图,第 1 个目标的最优解为 $x=1$,而第 2 个目标的最优解为 $x=2$,不能同时达到,故原多目标规划问题无绝对最优解,但有效解为 $x\in[1,2]$。

7.4　权系数的确定方法

在评价函数法中,需要确定权系数,这些权系数刻画了各分目标的相对重要程度。

7.4.1　α 方法

此方法主要是根据 m 个分目标的极小点信息,借助于引进的辅助参数 α,通过求解由 $m+1$ 个线性方程构成的线性方程组来确定出各分目标的权系数。

设多目标极小化模型(VMP),首先在其约束集 R 上求各分目标的极小化问题,即

$$f_i(\boldsymbol{x}^{(i)})=\min_{x\in R} f_i(\boldsymbol{x}),\quad i=1,2,\cdots,m$$

利用 $\boldsymbol{x}^{(i)}$ 计算出 m^2 个函数值

$$f_{ki}=f_k(\boldsymbol{x}^{(i)}),\quad k,i=1,2,\cdots,m \tag{7-19}$$

再引进参数 α 并作如下关于 $\lambda_i(i=1,2,\cdots,m)$ 和 α 的 $m+1$ 个线性方程

$$\begin{cases}\sum_{i=1}^{m} f_{ij}\lambda_i=\alpha,\quad j=1,2,\cdots,m\\ \sum_{i=1}^{m}\lambda_i=1\end{cases} \tag{7-20}$$

设方程组(7-19)前面 m 个方程的系数矩阵

$$(\boldsymbol{f}_{ij})_{m\times m}=\begin{bmatrix} f_{11} & f_{12} & \cdots & f_{1m}\\ f_{21} & f_{22} & \cdots & f_{2m}\\ \vdots & \vdots & & \vdots\\ f_{m1} & f_{m2} & \cdots & f_{mm}\end{bmatrix}$$

可逆,则可以求得方程组(7-19)的唯一解,即

$$\begin{cases}(\lambda_1,\cdots,\lambda_m)=\dfrac{1}{\boldsymbol{e}^{\mathrm{T}}(\boldsymbol{f}_{ij})^{-1}\boldsymbol{e}}\boldsymbol{e}^{\mathrm{T}}(\boldsymbol{f}_{ij})^{-1}\\ \alpha=\dfrac{1}{\boldsymbol{e}^{\mathrm{T}}(\boldsymbol{f}_{ij})^{-1}\boldsymbol{e}}\end{cases} \tag{7-21}$$

式中:$\boldsymbol{e}$ 为 m 维向量,且每个分量均为 1;$(\boldsymbol{f}_{ij})^{-1}$ 为矩阵$(\boldsymbol{f}_{ij})_{m\times n}$ 的逆矩阵。

在求解(7-20)时,只需要求出各分目标 $f_i(\boldsymbol{x})$ 的极小点 $\boldsymbol{x}^{(i)}$ $(i=1,2,\cdots,m)$后,由式(7-19)和式(7-21)便可以计算出一组权系数 $\lambda_i(i=1,2,\cdots,m)$。

此方法的缺点是:当 $m>2$ 时,并不能保证求出的权系数 $\lambda_i(i=1,2,\cdots,m)$都是非负的。

7.4.2 老手法

这种方法是事先设计一定的调查问卷,邀请一批专家分别填写,请他们就权系数的选取发表意见。设 λ_{ij} 表示第 i 个专家对第 j 个分目标 $f_j(\boldsymbol{x})$ 给出的权系数($i=1,\cdots,k$;$j=1,\cdots,m$),由此可计算出权系数的平均值

$$\bar{\lambda}_j=\frac{1}{k}\sum_{i=1}^{k}\lambda_{ij},\quad j=1,2,\cdots,m$$

并对每一位专家 $i(1\leqslant i\leqslant k)$给出的权系数,算出与均值 $\bar{\lambda}_j$ 的偏差,即

$$\Delta_{ij}=|\lambda_{ij}-\bar{\lambda}_j|,\quad j=1,2,\cdots,m;i=1,\cdots,k$$

确定权系数的第二轮是进行集中讨论。首先让那些有较大偏差的专家发表意见,通过充分讨论以达到对各分目标重要程度的正确认识,再对权系数作适当调整。上述过程可重复进行。

7.4.3 最小平方法

在许多情况下,一开始就给出各个分目标的权系数比较困难,但可以把分目标成对地加以比较,然后再确定权。

设第 i 个分目标相对于第 j 个分目标的相对重要程度为 a_{ij},它的大小表示两者之间的相对重要程度。例如,$a_{ij}=1$ 表示目标 $f_i(\boldsymbol{x})$相对于目标 $f_j(\boldsymbol{x})$同样重要,$a_{ij}>1$ 表示目标 $f_i(\boldsymbol{x})$相对于目标 $f_j(\boldsymbol{x})$重要,$a_{ij}<1$ 表示目标 $f_i(\boldsymbol{x})$相对于目标 $f_j(\boldsymbol{x})$不重要。于是 m 个分目标两两比较,它们的相对重要程度可用一个矩阵表示,即

$$\boldsymbol{A}=\begin{bmatrix}a_{11} & a_{12} & \cdots & a_{1m}\\ a_{12} & a_{22} & \cdots & a_{2m}\\ \vdots & \vdots & & \vdots\\ a_{m1} & a_{m2} & \cdots & a_{mm}\end{bmatrix}$$

一般,$a_{ij}\lambda_j-\lambda_i\neq 0(i\neq j)$,所以可以选择一组权系数 $\lambda_i(i=1,2,\cdots,m)$,使误差平方和最小,即

$$\min\sum_{i=1}^{n}\sum_{j=1}^{n}(a_{ij}\lambda_j-\lambda_i)^2$$

且 $\sum\limits_{i=1}^{m}\lambda_i=1,\lambda_i>0(i=1,2,\cdots,m)$。

然后利用拉格朗日乘数法可求得权系数 $\lambda_i(i=1,2,\cdots,m)$。

7.5　目标规划法

目标规划的概念在 20 世纪 60 年代提出后，其理论和方法不断发展和丰富，它的内容包括线性目标规划、整数目标规划、非线性目标规划和随机目标规划等。目标规划方法不仅在解决实际问题中有着广泛的应用，而且还特别适用于解决不同度量单位和相互冲突的多个目标最优化问题。目标规划模型与多目标最优化模型及分层多目标最优化模型不同的是，这类模型并不是考虑对各个分目标进行极小化或极大化，而是希望在约束条件的限制下，每一个分目标都尽可能地接近于事先给定的各自对应的目标值。

7.5.1　目标规划模型

一般地，设给定 $m(m\geqslant 2)$ 个目标函数和决策者希望它们要达到的各自对应的目标值，即

目标函数：$f_1(\boldsymbol{x}),f_2(\boldsymbol{x}),\cdots,f_m(\boldsymbol{x})$；

目标值：$f_1^0,f_2^0,\cdots,f_m^0$。

为了使各个分目标都尽可能地达到或接近于它们对应的目标值，考虑

$$f_i(\boldsymbol{x})\to f_i^0,\quad i=1,\cdots,m$$

设 R 为问题的可行域，记 $\boldsymbol{F}(\boldsymbol{x})=(f_1(\boldsymbol{x}),f_2(\boldsymbol{x}),\cdots,f_m(\boldsymbol{x}))^{\mathrm{T}}$，$\boldsymbol{F}^0=(f_1^0,f_2^0,\cdots,f_m^0)$，其中 $\boldsymbol{F}^0$ 称为问题的向量目标值，则上述在约束条件 $\boldsymbol{x}\in R$ 下考虑各分目标 $f_i(\boldsymbol{x})$ 逼近其对应目标值 f_i^0 的问题可记作

$$V\text{-}\mathrm{appr}\ \boldsymbol{F}\to\boldsymbol{F}^0\quad(\mathrm{AGP})$$

模型(AGP)(Approximete Goal Programming，逼近目标规划)称作以 $\boldsymbol{F}^0$ 为目标值的逼近目标规划模型，式中记号 V - appr 表示向量逼近。

由于逼近于可用它们之间的模尽可能的小来描述，则问题(AGP)可归纳为数值极小化问题

$$\min_{x\in R}\|\boldsymbol{F}(x)-\boldsymbol{F}^0\|\tag{7-22}$$

显然，当赋予模 $\|\cdot\|$ 以不同的意义时，式(7-22)就表示在相应意义下的 $\boldsymbol{F}(\boldsymbol{x})$ 逼近于 $\boldsymbol{F}^0$，这时也就对应了一种在该意义下的求解(AGP)的方法。

定义各目标函数 $f_i(\boldsymbol{x})$ 关于其对应目标值 f_i^0 的几个偏差概念。

1. 绝对偏差

$$\delta_i=|f_i(\boldsymbol{x})-f_i^0|,\quad i=1,\cdots,m$$

2. 正偏差

$$\delta_i^+=\begin{cases}f_i(\boldsymbol{x})-f_i^0, & f_i(\boldsymbol{x})\geqslant f_i^0\\ 0, & f_i(\boldsymbol{x})<f_i^0\end{cases},\quad i=1,\cdots,m$$

3. 负偏差

$$\delta_i^-=\begin{cases}0, & f_i(\boldsymbol{x})\geqslant f_i^0\\ f_i^0-f_i(\boldsymbol{x}), & f_i(\boldsymbol{x})<f_i^0\end{cases},\quad i=1,\cdots,m$$

显然，各偏差之间存在如下关系：

$$\delta_i^++\delta_i^-=\delta_i=|f_i(\boldsymbol{x})-f_i^0|$$

$$\delta_i^+-\delta_i^-=f_i(\boldsymbol{x})-f_i^0$$

而且 $\delta_i^+\geqslant 0,\delta_i^-\geqslant 0,\delta_i^+\cdot\delta_i^-=0(i=1,2,\cdots,m)$。

根据模的不同定义,可得到不同的目标规划模型。

如果模取

$$\|\boldsymbol{F}(\boldsymbol{x})-\boldsymbol{F}^0\|=\sum_{i=1}^{m}|f_i(\boldsymbol{x})-f_i^0| \tag{7-23}$$

则式(7－22)就变成

$$\min_{\boldsymbol{x}\in R}\sum_{i=1}^{m}|f_i(\boldsymbol{x})-f_i^0| \tag{7-24}$$

根据偏差的定义以及偏差间的关系式,可得在式(7－23)的模意义下各 $f_i(\boldsymbol{x})$ 逼近 f_i^0 的模型为

$$\begin{cases}\min\sum_{i=1}^{m}(\delta_i^+ +\delta_i^+)\\ \text{s. t.}\quad \boldsymbol{x}\in R\\ \qquad f_i(\boldsymbol{x})-\delta_i^+ +\delta_i^- =f_i^0\\ \qquad \delta_i^+\cdot\delta_i^+ =0\\ \qquad \delta_i^+\geqslant 0,\quad \delta_i^-\geqslant 0,\quad i=1,\cdots,m\end{cases}$$

为了在应用中能使用简单和便于求解的模型,可以考虑在上述模型中弃去 $\delta_i^+\cdot\delta_i^-=0$ $(i=1,2,\cdots,m)$ 的约束条件的模型

$$\begin{cases}\min\sum_{i=1}^{m}(\delta_i^+ +\delta_i^+)\\ \text{s. t.}\quad \boldsymbol{x}\in R\\ \qquad f_i(\boldsymbol{x})-\delta_i^+ +\delta_i^- =f_i^0\\ \qquad \delta_i^+\geqslant 0,\quad \delta_i^-\geqslant 0,\quad i=1,\cdots,m\end{cases} \tag{7-25}$$

如果式(7－25)是普通线性规划问题,则可采用线性规划的单纯形法或其他方法求解;如果是非线性规划问题,则可采用恰当的求解有约束的非线性规划的方法来对它们进行求解。

设它的最优解是 $(\tilde{x}_1,\cdots,\tilde{x}_n;\tilde{\delta}_1^+,\cdots,\tilde{\delta}_m^+;\tilde{\delta}_i^-,\cdots,\tilde{\delta}_m^-)^{\mathrm{T}}$,其中的 $\tilde{\boldsymbol{x}}=(\tilde{x}_1,\cdots,\tilde{x}_n)^{\mathrm{T}}$ 是模型(7－24)的最优解,此时的模型称作以 $\boldsymbol{F}^0=(f_1^0,f_2^0,\cdots,f_m^0)$ 为目标值的简单目标规划模型。

如果考虑取

$$\|\boldsymbol{F}(\boldsymbol{x})-\boldsymbol{F}^0\|=\sum_{i=1}^{m}\delta_i^+$$

则有

$$\begin{cases}\min\sum_{i=1}^{m}\delta_i^+\\ \text{s. t.}\quad \boldsymbol{x}\in R\\ \qquad f_i(\boldsymbol{x})-\delta_i^+ +\delta_i^- =f_i^0\\ \qquad \delta_i^+\geqslant 0,\quad \delta_i^-\geqslant 0,\quad i=1,\cdots,m\end{cases} \tag{7-26}$$

如果考虑取

$$\|\boldsymbol{F}(\boldsymbol{x})-\boldsymbol{F}^0\|=\sum_{i=1}^{m}\delta_i^-$$

则有

$$\begin{cases}\min\sum_{i=1}^{m}\delta_i^- \\ \text{s.t.}\quad \boldsymbol{x}\in R \\ \qquad f_i(\boldsymbol{x})-\delta_i^+ +\delta_i^- = f_i^0 \\ \qquad \delta_i^+\geqslant 0,\quad \delta_i^-\geqslant 0,\quad i=1,\cdots,m\end{cases} \tag{7-27}$$

如果考虑取

$$\|\boldsymbol{F}(\boldsymbol{x})-\boldsymbol{F}^0\|=\sum_{i=1}^{m}(\lambda_i^+\delta_i^+ +\lambda_i^-\delta_i^-)$$

式中：$\lambda_i^+\geqslant 0$ 和 $\lambda_i^-\geqslant 0(i=1,\cdots,m)$分别称关于正偏差和负偏差的权系数，它表示偏差在极小化过程中的重要程度，则有

$$\begin{cases}\min\sum_{i=1}^{m}(\lambda_i^+\delta_i^+ +\lambda_i^-\delta_i^-) \\ \text{s.t.}\quad \boldsymbol{x}\in R \\ \qquad f_i(\boldsymbol{x})-\delta_i^+ +\delta_i^- = f_i^0 \\ \qquad \delta_i^+\geqslant 0,\quad \delta_i^-\geqslant 0,\quad i=1,\cdots,m\end{cases} \tag{7-28}$$

如果考虑取

$$\|\boldsymbol{F}(\boldsymbol{x})-\boldsymbol{F}^0\|=\left[P_1\sum_{i=1}^{l_1}(\lambda_{1i}^+\delta_{1i}^+ +\lambda_{1i}^-\delta_{1i}^-),\cdots,P_L\sum_{i=1}^{i_L}(\lambda_{Li}^+\delta_{Li}^+ +\lambda_{Li}^-\delta_{Li}^-)\right]$$

式中：δ_{si}^+ 和 $\delta_{si}^-(i=1,2,\cdots,l_s)$分别为第 s 优先层次的目标函数 $f_i^s(\boldsymbol{x})$关于对应目标值 f_i^{0s} 的正偏差和负偏差，则有

$$\begin{cases}L\text{ - }\min\left[P_1\sum_{i=1}^{l_1}(\lambda_{1i}^+\delta_{1i}^+ +\lambda_{1i}^-\delta_{1i}^-),\cdots,P_L\sum_{i=1}^{l_L}(\lambda_{Li}^+\delta_{Li}^+ +\lambda_{Li}^-\delta_{Li}^-)\right] \\ \text{s.t.}\quad \boldsymbol{x}\in R \\ \qquad f_i^s(\boldsymbol{x})-\delta_{si}^+ +\delta_{si}^- = f_i^{0s} \\ \qquad \delta_{si}^+\geqslant 0,\quad \delta_{si}^-\geqslant 0,\quad s=1,\cdots,L,\quad i=1,\cdots,l_s\end{cases} \tag{7-29}$$

类似的，模型(7 - 29)称作分层目标规划模型，其中仅含偏差的分层目标 $\sum_{i=1}^{l_s}(\lambda_{si}^+\delta_{si}^+ + \lambda_{si}^-\delta_{si}^-)(s=1,\cdots,L)$ 称作偏差目标，各层带有目标函数及其对应目标值的约束 $f_i^s(\boldsymbol{x})-\delta_{si}^+ + \delta_{si}^- = f_i^{0s}(i=1,\cdots,l_s)$称为目标约束，$\lambda_{si}^+$ 和 $\lambda_{si}^-(s=1,\cdots,L)$分别是第 s 优先层的正偏差和负偏差的权系数。值得注意的是，每一正偏差 δ_{si}^+ 和每一负偏差 δ_{si}^+ 至多只能在某一优先层中出现一次。

若式(7 - 29)中各目标是 $\boldsymbol{x}$ 的线性函数，即 $f_i^s(\boldsymbol{x})=(\boldsymbol{C}_i^s)^{\mathrm{T}}\boldsymbol{x},s=1,\cdots,L;i=1,\cdots,l_s$ 且 $R=\{\boldsymbol{x}\in R^n\mid \boldsymbol{A}\boldsymbol{x}\leqslant\boldsymbol{b},\boldsymbol{x}\geqslant\boldsymbol{0}\}$是线性可行域，则有下列的线性目标规划模型

$$\begin{cases}L\text{ - }\min\left[P_1\sum_{i=1}^{l_1}(\lambda_{1i}^+\delta_{1i}^+ +\lambda_{1i}^-\delta_{1i}^-),\cdots,P_L\sum_{i=1}^{l_L}(\lambda_{Li}^+\delta_{Li}^+ +\lambda_{Li}^-\delta_{Li}^-)\right] \\ \text{s.t.}\quad (\boldsymbol{C}_i^s)^{\mathrm{T}}\boldsymbol{x}-\delta_{si}^+ +\delta_{si}^- = f_i^{0s},\quad s=1,\cdots,L;i=1,\cdots,l_s \\ \qquad \boldsymbol{A}\boldsymbol{x}\leqslant\boldsymbol{b} \\ \qquad \boldsymbol{x}\geqslant\boldsymbol{0},\quad \delta_{si}^+\geqslant 0,\quad \delta_{si}^-\geqslant 0,\quad s=1,\cdots,L;i=1,\cdots,l_s\end{cases} \tag{7-30}$$

式中：$\boldsymbol{C}_i^s$ 为 n 维列向量；$\boldsymbol{b}$ 是 l 维列向量；$\boldsymbol{A}$ 是 $l\times n$ 矩阵。

模型(7－30)具有广泛的应用范围和很好的实用价值,具有使用灵活和便于求解的优点。

7.5.2 目标点法

类似于 7.3.1 评价函数法中的理想点法,将求解模型(7－22)的方法称作目标点法。

显然,当模型(7－22)中的模有不同的意义时,就相应地有一种不同的目标点法。通常关于目标点法的几种常用模和对应的距离如下:

(1) 平方加权距离:

$$\|\boldsymbol{F}(\boldsymbol{x})-\boldsymbol{F}^0\|=\sum_{i=1}^{m}\lambda_i[f_i(\boldsymbol{x})-f_i^0]^2$$

(2) 带权 p-模距离:

$$\|\boldsymbol{F}(\boldsymbol{x})-\boldsymbol{F}^0\|=\left\{\sum_{i=1}^{m}\lambda_i[f_i(\boldsymbol{x})-f_i^0]^p\right\}^{\frac{1}{p}},\quad 1\leqslant p<+\infty$$

(3) 带权极大模距离:

$$\|\boldsymbol{F}(\boldsymbol{x})-\boldsymbol{F}^0\|=\max_{1\leqslant i<m}\{\lambda_i\mid f_i(\boldsymbol{x})-f_i^0\mid\}$$

其中,以上各式中的 $\lambda_i(i=1,\cdots,m)$是表示目标函数 $f_i(\boldsymbol{x})$接近于其对应目标值 f_i^0 重要程度的权系数。

据此,可以给出平方和距离的目标点法求解步骤:

(1) 给定权系数。确定目标函数 $f_i(\boldsymbol{x})$接近于其对应目标值 f_i^0 重要程度的权系数 λ_i,且要求 $\sum\limits_{i=1}^{m}\lambda_i=1$。

(2) 求解数值极小化问题

$$\|\boldsymbol{F}(\boldsymbol{x})-\boldsymbol{F}^0\|=\sum_{i=1}^{m}\lambda_i[f_i(\boldsymbol{x})-f_i^0]^2$$

得到并输出最优解 $\tilde{\boldsymbol{x}}$。

7.5.3 目标规划单纯形法

对于线性目标规划模型(LGP)

$$\begin{cases}L-\min\left[P_1\sum\limits_{i=1}^{l_1}(\lambda_{1i}^{+}\delta_{1i}^{+}+\lambda_{1i}^{-}\delta_{1i}^{-}),\cdots,P_L\sum\limits_{i=1}^{l_L}(\lambda_{Li}^{+}\delta_{Li}^{+}+\lambda_{Li}^{-}\delta_{Li}^{-})\right]\\ \text{s.t.}\quad (\boldsymbol{C}_i^s)^{\mathrm{T}}\boldsymbol{x}-\delta_{si}^{+}+\delta_{si}^{-}=f_i^{0s},\quad s=1,\cdots,L;i=1,\cdots,l_s\\ \qquad\ \boldsymbol{Ax}\leqslant\boldsymbol{b}\\ \qquad\ \boldsymbol{x}\geqslant\boldsymbol{0},\quad \delta_{si}^{+}\geqslant0,\quad \delta_{si}^{-}\geqslant0,\quad s=1,\cdots,L;i=1,\cdots,l_s\end{cases}$$

式中:$\boldsymbol{C}_i^s$ 为 n 维列向量;$\boldsymbol{b}$ 是 l 维列向量;$\boldsymbol{A}$ 是 $l\times n$ 阶矩阵。

由于(LGP)是一个具有 L 个优先层次的完全分层模型,故可以采用完全分层法依模型规定的优先层次逐层进行求解,即首先对模型的第 1 优先层求解线性规划问题

$$\begin{cases}\min z_1=\sum\limits_{i=1}^{l_1}(\lambda_{1i}^{+}\delta_{1i}^{+}+\lambda_{1i}^{-}\delta_{1i}^{-})\\ \text{s.t.}\quad (\boldsymbol{C}_i^1)\boldsymbol{x}-\delta_{1i}^{+}+\delta_{1i}^{-}=f_i^{0s},\quad i=1,\cdots,l_1\\ \qquad\ \boldsymbol{Ax}\leqslant\boldsymbol{b}\\ \qquad\ \boldsymbol{x}\geqslant\boldsymbol{0},\quad \delta_{1i}^{+}\geqslant0,\quad \delta_{1i}^{-}\geqslant0,\quad i=1,\cdots,l_1\end{cases}\tag{7-31}$$

设得到最优解$\left[(\widetilde{\boldsymbol{x}^{(1)}})^{\mathrm{T}},(\widetilde{\boldsymbol{\Delta}}_1^+)^{\mathrm{T}},(\widetilde{\boldsymbol{\Delta}}_1^-)^{\mathrm{T}}\right]^{\mathrm{T}}$，其中 $\boldsymbol{\Delta}$ 为相应维数的向量，对应的偏差目标值 $\tilde{z}_1$ 在进行第 2 优先层次求解时，为了保持第 1 层次已得到的结果，需要加上关于第 1 优先层次的约束

$$\sum_{i=1}^{l_1}(\lambda_{1i}^+\delta_{1i}^+ + \lambda_{1i}^-\delta_{1i}^-) = \tilde{z}_1$$

即此时求解的模型为

$$\begin{cases}\min z_2 = \sum_{i=1}^{l_2}(\lambda_{2i}^+\delta_{2i}^+ + \lambda_{2i}^-\delta_{2i}^-) \\ \text{s. t.}\quad (\boldsymbol{C}_i^1)\boldsymbol{x} - \delta_{si}^+ + \delta_{si}^- = f_i^{0s}, \quad s=1,2; i=1,\cdots,l_s \\ \qquad \boldsymbol{A}\boldsymbol{x} \leqslant \boldsymbol{b} \\ \qquad \sum_{i=1}^{l_1}(\lambda_{1i}^+\delta_{1i}^+ + \lambda_{1i}^-\delta_{1i}^-) = \tilde{z}_1 \\ \qquad \boldsymbol{x} \geqslant \boldsymbol{0}, \quad \delta_{si}^+ \geqslant 0, \quad \delta_{si}^- \geqslant 0, \quad s=1,2; i=1,\cdots,l_s\end{cases}$$

设又得到最优解$\left[(\widetilde{\boldsymbol{x}^{(2)}})^{\mathrm{T}},(\widetilde{\boldsymbol{\Delta}}_2^+)^{\mathrm{T}},(\widetilde{\boldsymbol{\Delta}}_2^-)^{\mathrm{T}}\right]^{\mathrm{T}}$ 和对应的偏差目标值 $\tilde{z}_2$，则进行第 3 优先层次的求解，同时还需要加上关于第 2 优先层次的约束，以此类推，求解每一优先层次的线性规划问题。

归纳以上过程，注意到每一层次都为一个普通的线性规划问题，故若对每一优先层次均采用单纯形法求解，则有如下的逐次单纯形法。

逐次单纯形法的计算步骤如下：

(1) 求解第 1 优先层次问题。用单纯形法求解模型(7－31)，设得到最优解$\left[(\widetilde{\boldsymbol{x}^{(1)}})^{\mathrm{T}},(\widetilde{\boldsymbol{\Delta}}_1^+)^{\mathrm{T}},(\widetilde{\boldsymbol{\Delta}}_1^-)^{\mathrm{T}}\right]^{\mathrm{T}}$ 和对应的偏差目标值 $\tilde{z}_1$，令 $k=2$。

(2) 求解第 k 优先层次问题。用单纯形法求解

$$\begin{cases}\min z_k = \sum_{i=1}^{l_2}(\lambda_{ki}^+\delta_{ki}^+ + \lambda_{ki}^-\delta_{ki}^-) \\ \text{s. t.}\quad (\boldsymbol{C}_i^s)\boldsymbol{x} - \delta_{si}^+ + \delta_{si}^- = f_i^{0s}, \quad s=1,\cdots,k; i=1,\cdots,l_s \\ \qquad \boldsymbol{A}\boldsymbol{x} \leqslant \boldsymbol{b} \\ \qquad \sum_{i=1}^{l_t}(\lambda_{ti}^+\delta_{ti}^+ + \lambda_{ti}^-\delta_{ti}^-) = \tilde{z}_t, \quad t=1,\cdots,k-1 \\ \qquad \boldsymbol{x} \geqslant \boldsymbol{0}, \quad \delta_{si}^+ \geqslant 0, \quad \delta_{si}^- \geqslant 0, \quad s=1,\cdots,k; i=1,\cdots,l_s\end{cases}$$

设得到最优解 $[(\widetilde{\boldsymbol{x}^{(k)}})^{\mathrm{T}},(\widetilde{\boldsymbol{\Delta}}_k^+)^{\mathrm{T}},(\widetilde{\boldsymbol{\Delta}}_k^-)^{\mathrm{T}}]^{\mathrm{T}}$ 和对应的偏差目标值 $\tilde{z}_k$。

(3) 检验层次数，若 $k=L$，则输出 $\tilde{x}=\widetilde{x^{(L)}}$，以及正、负偏差向量$\widetilde{\boldsymbol{\Delta}}^+=\widetilde{\boldsymbol{\Delta}}_L^+$，$\widetilde{\boldsymbol{\Delta}}^-=\widetilde{\boldsymbol{\Delta}}_L^-$；若 $k<L$，则令 $k=k+1$，转步骤(2)。

很显然，上述方法实际上只是在每一优先层次都使用了单纯形法去求解线性规划问题。但由于线性目标规划模型(LGP)有自己的特点，通常将单纯形法加以适当的推广，使之直接求解出模型(LGP)的解。

首先将模型(LGP)中的一些变量作以下统一规定

$$\boldsymbol{C}_i = (a_{i1},\cdots,a_{in})^{\mathrm{T}}, \quad i=1,\cdots,m$$

$$\begin{bmatrix}(\boldsymbol{C}_1^1)^{\mathrm{T}}\\ \vdots \\ (\boldsymbol{C}_{l_L}^L)^{\mathrm{T}}\end{bmatrix}=\begin{bmatrix}a_{11} & \cdots & a_{1n}\\ \vdots & & \vdots \\ a_{m1} & \cdots & a_{mn}\end{bmatrix}$$

$$\boldsymbol{A}=\begin{bmatrix}a_{m+1,1} & \cdots & a_{m+1,n}\\ \vdots & & \vdots \\ a_{m+l,1} & \cdots & a_{m+l,n}\end{bmatrix}$$

$$(f_1^{01},\cdots,f_{l_1}^{01},f_1^{0L},\cdots,f_{l_L}^{0L})^{\mathrm{T}}=(b_1,b_2,\cdots,b_m)^{\mathrm{T}}$$

$$\boldsymbol{b}=(b_{m+1},b_{m+2},\cdots,b_{m+l})^{\mathrm{T}}$$

$$(\delta_{11}^+,\cdots,\delta_{1l_1}^+,\delta_{L1}^+,\cdots,\delta_{Ll_L}^+)^{\mathrm{T}}=(\delta_1^+,\delta_2^+,\cdots,\delta_m^+)^{\mathrm{T}}$$

$$(\delta_{11}^-,\cdots,\delta_{1l_1}^-,\delta_{L1}^-,\cdots,\delta_{Ll_L}^-)^{\mathrm{T}}=(\delta_1^-,\delta_2^-,\cdots,\delta_m^-)^{\mathrm{T}}$$

且 $l_1+\cdots+l_L=m$。

再将模型(LGP)改写成

$$\begin{cases}L\text{-}\min\left[P_1\sum_{i=1}^{l_1}(\lambda_{1i}^+\delta_{1i}^+ +\lambda_{1i}^-\delta_{1i}^-),\cdots,P_L\sum_{i=1}^{l_L}(\lambda_{Li}^+\delta_{Li}^+ +\lambda_{Li}^-\delta_{Li}^-)\right]\\ \text{s.t.}\quad \sum_{j=1}^{n}a_{ij}x_j-\delta_i^+ +\delta_i^- =b_i,\quad i=1,\cdots,m\\ \qquad \sum_{j=1}^{n}a_{ij}x_j\leqslant b_{m+i},\quad i=1,\cdots,l\\ \qquad x_j\geqslant 0,\quad j=1,\cdots,n,\quad \delta_i^+\geqslant 0,\quad \delta_i^-\geqslant 0,\quad i=1,\cdots,m\end{cases}\tag{7-32}$$

在模型(7-32)中,令 $x_{n+i}=\delta_i^+$,$x_{n+m+i}=\delta_i^-$,$i=1,\cdots,m$,且引进松弛变量 $x_{n+2m+i}(i=1,\cdots,l)$,则得到式(7-32)的标准形式,并且在此基础上得到表 7-1 所列的初始单纯形表。式(7-32)的标准形式如下:

$$\begin{cases}L\text{-}\min\left[P_1\sum_{i=1}^{l_1}(\lambda_{1i}^+\delta_{1i}^+ +\lambda_{1i}^-\delta_{1i}^-),\cdots,P_L\sum_{i=1}^{l_L}(\lambda_{Li}^+\delta_{Li}^+ +\lambda_{Li}^-\delta_{Li}^-)\right]\\ \text{s.t.}\quad \sum_{j=1}^{n}a_{ij}x_j-x_{n+i}+x_{n+m+i}=b_i,\quad i=1,\cdots,m\\ \qquad \sum_{j=1}^{n}a_{ij}x_j+x_{n+2m+i}=b_{m+i},\quad i=1,\cdots,l\\ \qquad x_j\geqslant 0,\quad j=1,\cdots,n+2m+l\end{cases}\tag{7-33}$$

在表 7-2 中,$\sigma_{kj}(k=1,\cdots,L;j=1,\cdots,n+2m+l)$表示关于第 k 优先层次的目标和变量 x_j 的检验数,其计算公式为

$$\sigma_{kj}=\sum_{i=1}^{m+l}a_{ij}\lambda_{kj}^-,\quad k=1,\cdots,L;j=1,\cdots,n$$

$$\sigma_{k,n+j}=-(\lambda_{kj}^+ +\lambda_{kj}^-),\quad k=1,\cdots,L;j=1,\cdots,n$$

$$\sigma_{k,n+m+j}=0,\quad k=1,\cdots,L;j=1,\cdots,m+l$$

表 7-2 所列的单纯形表有 m 行检验数,而且对于检验数合格的判断,也必须按照优先层次一层一层地进行,即先考虑 P_1 行,然后再考虑 P_2 行,P_3 行,……,直到最后一行 P_L 行。在考虑 $P_k(k=1,\cdots,L)$行时,若该行中所有的检验数均为非正,即 $\sigma_{kj}\leqslant 0(j=1,\cdots,n+2m+l)$,

则表明第 k 优先层次的全部检验数合格，可以进入下一优先层 P_{k+1} 行检验数的判断；若 P_k 行中有大于 0 的检验数，则需要检查该大于 0 的检验数所在列的上方检验数中有无负数。若有负数，则此正检验数所对应的变量不能进入基变量，这时仍认为正检验数是合格的；若无负数，则此检验数是不合格的。最大的不合格检验数所对应的变量作为进基变量。在确定了进基变量后，问题有无最优解的判断，以及出基变量的确定，就与普通线性规划单纯形法完全一样。如果每一优先层次的检验都判断合格，则对应的最优解就是原问题的解。另外，每迭代一次，必须重新计算各个层次的检验数，并且逐层判断。

以上求解方法称作目标规划单纯形法，其具体的计算步骤如下：

(1) 建立初始单纯形表。把(LGP)模型转化为如式(7-33)的标准形式，建立如表 7-2 所列的初始单纯形表，令 $k=1$。

(2) 检查第 k 优先层次的检验数。设这时的单纯表如表 7-3 所列，检验 P_k 行的检验数 $\sigma_{kj}(j=1,\cdots,n+2m+l)$。若对所有的 $j\,(1\leqslant j\leqslant n+2m+l)$ 有 $\sigma_{kj}\leqslant 0$，或某个 $\sigma_{kj_0}>0$，但存在 $k'<k$，使得 $\sigma_{k'j_0}>0$，则转步骤(5)；否则，转步骤(3)。

表 7-2 初始单纯形表

$\boldsymbol{X}_B$	$\boldsymbol{b}$	x_1	$\cdots$	x_n	$x_{n+1}=\delta_1^+$	$\cdots$	$x_{n+m}=\delta_m^+$	$x_{n+m+1}=\delta_m^-$	$\cdots$	$x_{n+2m}=\delta_m^-$	x_{n+2m+1}	$\cdots$	x_{n+2m+1}
x_{n+m+1}	b_1	a_{11}	$\cdots$	a_{1n}	-1	$\cdots$	0	1	$\cdots$	0	0	$\cdots$	0
$\vdots$	$\vdots$	$\vdots$		$\vdots$	$\vdots$		$\vdots$	$\vdots$		$\vdots$	$\vdots$		$\vdots$
x_{n+2m}	b_m	a_{m1}	$\cdots$	a_{mn}	0	$\cdots$	-1	0	$\cdots$	1	0	$\cdots$	0
x_{n+2m+1}	b_{m+1}	$a_{m+1,1}$	$\cdots$	$a_{m+1,n}$	0	$\cdots$	0	0	$\cdots$	0	1	$\cdots$	0
$\vdots$	$\vdots$	$\vdots$		$\vdots$	$\vdots$		$\vdots$	$\vdots$		$\vdots$	$\vdots$		$\vdots$
x_{n+2m+l}	b_{m+l}	$a_{m+l,1}$	$\cdots$	$a_{m+l,n}$	0	$\cdots$	0	0	$\cdots$	0	0	$\cdots$	1
		σ_1	$\cdots$	σ_n	σ_{n+1}	$\cdots$	σ_{n+m}	σ_{n+m+1}	$\cdots$	σ_{n+2m}	σ_{n+2m+1}	$\cdots$	σ_{n+2m+l}
P_1		σ_{11}	$\cdots$	σ_{1n}	$\sigma_{1,n+1}$	$\cdots$	$\sigma_{1,n+m}$	0	$\cdots$	0	0	$\cdots$	0
P_2		σ_{21}	$\cdots$	σ_{2n}	$\sigma_{2,n+1}$	$\cdots$	$\sigma_{2,n+m}$	0	$\cdots$	0	0	$\cdots$	0
$\vdots$		$\vdots$		$\vdots$	$\vdots$		$\vdots$	$\vdots$		$\vdots$	$\vdots$		$\vdots$
P_L		σ_{L1}	$\cdots$	σ_{Ln}	$\sigma_{L,n+1}$	$\cdots$	$\sigma_{L,n+m}$	0	$\cdots$	0	0	$\cdots$	0

表 7-3 单纯形表

$\boldsymbol{X}_B$	$\boldsymbol{b}$	x_1	$\cdots$	x_n	x_{n+1}	$\cdots$	x_{n+m}	x_{n+m+1}	$\cdots$	x_{n+2m}	x_{n+2m+1}	$\cdots$	x_{n+2m+1}
x_{B_1}	b_1'	a_{11}'	$\cdots$	a_{1n}'	$a_{1,n+1}'$	$\cdots$	$a_{1,n+m}'$	$a_{1,n+m+1}'$	$\cdots$	$a_{1,n+2m}'$	$a_{1,n+2m+1}'$	$\cdots$	$a_{1,n+2m+l}'$
$\vdots$	$\vdots$	$\vdots$		$\vdots$	$\vdots$		$\vdots$	$\vdots$		$\vdots$	$\vdots$		$\vdots$
x_{B_i}	b_i'	a_{i1}'	$\cdots$	a_{in}'	$a_{i,n+1}'$	$\cdots$	$a_{i,n+m}'$	$a_{i,n+m+1}'$	$\cdots$	$a_{i,n+2m}'$	$a_{i,n+2m+1}'$	$\cdots$	$a_{i,n+2m+l}'$
$\vdots$	$\vdots$	$\vdots$		$\vdots$	$\vdots$		$\vdots$	$\vdots$		$\vdots$	$\vdots$		$\vdots$
$x_{B_{m+l}}$	b_{m+l}'	$a_{m+l,1}'$	$\cdots$	$a_{m+l,n}'$	$a_{m+l,n+1}'$	$\cdots$	$a_{m+l,n+m}'$	$a_{m+l,n+m+1}'$	$\cdots$	$a_{m+l,n+2m}'$	$a_{m+l,n+2m+1}'$	$\cdots$	$a_{m+l,n+2m+l}'$
		σ_1	$\cdots$	σ_n	σ_{n+1}	$\cdots$	σ_{n+m}	σ_{n+m+1}	$\cdots$	σ_{n+2m}	σ_{n+2m+1}	$\cdots$	σ_{n+2m+l}
P_1		σ_{11}	$\cdots$	σ_{1n}	$\sigma_{1,n+1}$	$\cdots$	$\sigma_{1,n+m}$	$\sigma_{1,n+m+1}$	$\cdots$	$\sigma_{1,n+2m}$	$\sigma_{1,n+2m+1}$	$\cdots$	$\sigma_{1,n+2m+l}$
$\vdots$	$\vdots$	$\vdots$		$\vdots$	$\vdots$		$\vdots$	$\vdots$		$\vdots$	$\vdots$		$\vdots$
P_k		σ_{k1}	$\cdots$	σ_{kn}	$\sigma_{k,n+1}$	$\cdots$	$\sigma_{k,n+m}$	$\sigma_{k,n+m+1}$	$\cdots$	$\sigma_{k,n+2m}$	$\sigma_{k,n+2m+1}$	$\cdots$	$\sigma_{k,n+2m+l}$
$\vdots$	$\vdots$	$\vdots$		$\vdots$	$\vdots$		$\vdots$	$\vdots$		$\vdots$	$\vdots$		$\vdots$
P_L		σ_{L1}	$\cdots$	σ_{Ln}	$\sigma_{L,n+1}$	$\cdots$	$\sigma_{L,n+m}$	$\sigma_{L,n+m+1}$	$\cdots$	$\sigma_{L,n+2m}$	$\sigma_{L,n+2m+1}$	$\cdots$	$\sigma_{L,n+2m+l}$

(3) 确定主元。选 $q(1\leqslant q\leqslant n+2m+l)$,使

$$\sigma_{kq}=\max_{1\leqslant j\leqslant n+2m+l}\{\sigma_{kj}\mid\sigma_{kj}>0,\sigma_{k'j}>0,k'=1,\cdots,k-1\}$$

若对每一个 $i(1\leqslant i\leqslant m+l)$ 有 $a'_{iq}\leqslant 0$,则问题无最优解,停止计算;否则,取 $p(1\leqslant p\leqslant m+l)$,使

$$\frac{b'_p}{a'_{pq}}=\min_{1\leqslant i\leqslant m+l}\left\{\frac{b'_i}{a'_{iq}}\,\middle|\,a'_{iq}>0\right\}$$

则对应的 x_q 为进基变量,x_{B_p} 为出基变量,主元为$[a'_{pq}]$。

(4) 以主元$[a'_{pq}]$为中心,进行旋转计算 令

$$a'_{pj}=\frac{a'_{pj}}{a'_{pq}},\quad j=1,\cdots,n+2m+l$$

$$a'_{ij}=a'_{ij}-\frac{a'_{pj}}{a'_{pq}}a'_{iq},\quad i=1,\cdots,m+l;i\neq p;j=1,\cdots,n+2m+l$$

$$b'_p=\frac{b'_p}{a'_{pq}}$$

$$b'_i=b'_i-\frac{b'_p}{a'_{pq}}a'_{iq},\quad i=1,\cdots,m+l;i\neq p$$

$$\sigma_{kj}=\sigma_{kj}-\frac{a'_{pj}}{a'_{pq}}\sigma_{kq},\quad k=1,\cdots,L;j=1,\cdots,n+2m+l$$

$$x_{B_p}=x_q$$

得到新的单纯形表,转步骤(2)。

(5) 检验层次数。若 $k=L$,则转步骤(6);若 $k<L$,则令 $k=k+1$,转步骤(2)。

(6) 输出有关解,停止计算。

7.5.4 解目标规划的图解法

图解法适用于只有两个决策变量的目标规划问题,它的优点是:① 方法简便、直观;② 能明显而形象地显示线性规划和线性目标规划的不同。

【例 7.6】 用图解法求解如下的目标规划:

$$\begin{cases}\min z=(P_1d_1^-,P_2d_2^+,P_3d_3^-)^{\mathrm T}\\ \text{s.t.}\quad 5x_1+10x_2\leqslant 60\\ \qquad x_1-2x_2+d_1^--d_1^+=0\\ \qquad 4x_1+4x_2+d_2^--d_2^+=36\\ \qquad 6x_1+8x_2+d_3^--d_3^+=48\\ \qquad x_1,x_2,d_i^-,d_i^+\geqslant 0,\quad i=1,2,3\end{cases}$$

解:(1) 画出满足题中绝对约束及决策变量非负约束(自然约束)的解空间 R_0,即图 7-6 中的△OAB。

(2) 去掉偏差变量 d_1^-、d_1^+,画出直线 L_1:$x_1-2x_2=0$,即直线 OC,其中 C 为 L_1 与 AB 的交点,再标出第一个目标中偏差变量 d_1^- 变化时直线 L_1 的平移方面,如图 7-6 所示。

(3) 按优先级别的高低,首先应考虑第一个目标,此时要求 $\min d_1^-$,所以满足第一个目标要求的解空间(由 R_0 缩小)为 R_1,即△OAC。

(4) 去掉偏差变量 d_2^-、d_2^+,画出直线 L_2:$x_1+x_2=9$ 及 d_2^+ 变化时直线 L_2 的平移方向。

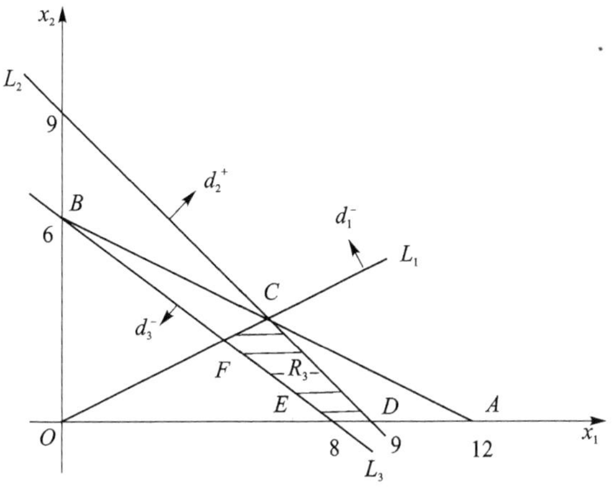

图 7-6　图解法

考虑第二个目标，此时要求 min d_2^+，所以满足第二个目标要求的解空间为 R_2，即△ODC（由 R_1 进一步缩小为 R_2）。

(5) 去掉偏差变量 d_3^-、d_3^+，画出直线 L_3：$6x_1+8x_2=48$ 及 d_3^- 变化时直线 L_3 的平移方向，最后考虑第 3 个目标，此时要求 min d_3^-，所以满足第三个目标要求的解空间为 R_3，即四边形 EDCF，它就是所求的目标规划问题的解集合。

容易求出四边形 4 点的坐标为 $E(8,0)$、$D(9,0)$、$C(6,3)$、$F(4.8,2.4)$，所以问题的解可表示为

$$\begin{aligned} \boldsymbol{x}^* &= \lambda_1(8,0)^{\mathrm{T}}+\lambda_2(9,0)^{\mathrm{T}}+\lambda_3(6,3)^{\mathrm{T}}+\lambda_4(4.8,2.4)^{\mathrm{T}} \\ &= (8\lambda_1+9\lambda_2+6\lambda_3+4.8\lambda_4, 3\lambda_3+2.4\lambda_4)^{\mathrm{T}} \end{aligned}$$

其中，$\lambda_i \geqslant 0, i=1,2,3,4, \sum_{i=1}^{4}\lambda_i=1$。

本题求得的解能满足所有目标的要求，即求得的解 $\boldsymbol{x}^*$，使得 $\boldsymbol{z}^*=(0,0,0)^{\mathrm{T}}$。

【例 7.7】　有 3 个产地向 4 个销地供应物资，产地 $A_i(i=1,2,3)$ 的供应量为 a_i，销地 $B_i(i=1,2,3,4)$ 的需求量为 b_i，运往各销地之间的单位物资运费为 c_{ij}，具体数据见表 7-4。

表 7-4　相关数据表

销地 / 产地	B_1	B_2	B3	B_4	供应量 a_i/吨
A_1	5	2	6	7	300
A_2	3	5	4	6	200
A_3	4	5	2	3	400
需求量 b_j/t	200	100	450	250	

现划分各优化层次，即

P_1：B_4 是重点保证单位，应尽可能满足其全部需求量；

P_2：A_3 向 B_1 提供的物资不少于 100 t；

P_3：每个销地得到的物资数量不少于其需求量的 80%；

P_4：实际的总运费不超过不考虑 $P_1 \sim P_6$ 各目标时的最小总运费的 110%；

P_5：因路况问题，尽量不安排调运产地 A_2 的物资到销地 B_4；

P_6:对销地 B_1 和 B_3 的供应率要尽可能相同;

P_7:力求最小的总运费。

解:设 x_{ij} 为供给地 A_i 运往销地 B_j 的物资数量,d_k^+、d_k^-($k=1,2,\cdots,10$)为偏差变量,则目标函数为

$$P_1:\min z_1=d_1^-,\quad P_2:\min z_2=d_2^-,\quad P_3:\min z_3=d_3^-+d_4^-+d_5^-+d_6^-$$

$$P_4:\min z_4=d_7^+,\quad P_5:\min z_5=d_8^+,\quad P_6:\min z_6=d_9^++d_9^-,\quad P_7:\min z_7=d_{10}^+$$

约束条件如下:

(1) 硬约束:

对于产地,所有的物资都要被运走,则应满足

$$\begin{cases}\text{产地 } A_1 \text{ 的约束} \sum_{j=1}^{4} x_{1j}=300 \\ \text{产地 } A_2 \text{ 的约束} \sum_{j=1}^{4} x_{2j}=200 \\ \text{产地 } A_3 \text{ 的约束} \sum_{j=1}^{4} x_{3j}=400\end{cases}$$

对于销地,能收到的物资量不超过其需求量,则应满足

$$\begin{cases}\text{销地 } B_1 \text{ 的约束} \sum_{i=1}^{3} x_{i1}\leqslant 200 \\ \text{销地 } B_2 \text{ 的约束} \sum_{i=1}^{3} x_{i2}\leqslant 100 \\ \text{销地 } B_3 \text{ 的约束} \sum_{i=1}^{3} x_{i3}\leqslant 450 \\ \text{销地 } B_4 \text{ 的约束} \sum_{i=1}^{3} x_{i4}\leqslant 250\end{cases}$$

(2) 软约束:

$$P_1:x_{14}+x_{24}+x_{34}-d_1^++d_1^-=250$$

$$P_2:x_{31}-d_2^++d_2^-=100$$

$$P_3:\begin{cases}\sum_{i=1}^{3} x_{i1}-d_3^++d_3^-=200\times 80\%=160 \\ \sum_{i=1}^{3} x_{i2}-d_4^++d_4^-=100\times 80\%=80 \\ \sum_{i=1}^{3} x_{i3}-d_5^++d_5^-=450\times 80\%=360 \\ \sum_{i=1}^{3} x_{i4}-d_6^++d_6^-=250\times 80\%=200\end{cases}$$

$$P_4:\sum_{i=1}^{3}\sum_{j=1}^{4} c_{ij}x_{ij}-d_7^++d_7^-=2\ 950\times 110\%=3\ 245$$

$$P_5:x_{24}-d_8^++d_8^-=0$$

$$P_6: \frac{\sum_{i=1}^{4} x_{i1}}{200} - \frac{\sum_{i=1}^{3} x_{i3}}{450} - d_9^+ + d_9^- = 0$$

$$P_7: \sum_{i=1}^{3} \sum_{j=1}^{4} c_{ij} x_{ij} - d_{10}^+ + d_{10}^- = 2\ 950$$

(3) 非负约束：

$$x_{ij} \geqslant 0,\quad d_k^+, d_k^- \geqslant 0,\quad i=1,2,3; j=1,2,3,4; k=1,2,\cdots,10$$

这是一个有着 7 个优先层的多目标规划，要分成 7 步才能完成，比较费时。实际上如果用数量级差别非常大的正整数来表示优化层次进行层次划分，则可以将多目标转化成单目标。这种方法就是加权目标规划。

在这里，设定 $P_1=9\ 999\ 999$，$P_2=999\ 999$，$P_3=99\ 999$，$P_4=9\ 999$，$P_5=999$，$P_6=99$，$P_7=1$，这样目标函数就变成

$$\min z = 9\ 999\ 999 d_1^- + 999\ 999 d_2^- + 99\ 999(d_3^- + d_4^- + d_5^- + d_6^-) + 9\ 999 d_7^+ + 999 d_8^+ + 99(d_9^- + d_9^+) + d_{10}^+$$

约束条件不变，再利用线性规划求解。

```
>> f = [zeros(1,13) 9999999 0 999999 0 99999 0 99999 0 99999 0 99999 9999 0 999 0 99 99 1 0];
>> Aeq = [ones(1,4) zeros(1,28); zeros(1,4) ones(1,4) zeros(1,24); zeros(1,8) ones(1,4) zeros(1,20);
zeros(1,3) 1 zeros(1,3) 1 zeros(1,3) 1 -1 1 zeros(1,18);zeros(1,8) 1 zeros(1,5) -1 1 zeros(1,16); 1...
zeros(1,3) 1 zeros(1,3) 1 zeros(1,7) -1 1 zeros(1,14);zeros(1,1) 1 zeros(1,3) 1 zeros(1,3) 1...
zeros(1,8) -1 1 zeros(1,12);zeros(1,2) 1 zeros(1,3) 1 zeros(1,3) 1 zeros(1,9) -1 1 zeros(1,10);...
zeros(1,3) 1 zeros(1,3) 1 zeros(1,3) 1 zeros(1,10) -1 1 zeros(1,8);...
5 2 6 7 3 5 4 6 4 5 2 3 zeros(1,12) -1 1 zeros(1,6);zeros(1,7) 1 zeros(1,18) -1 1 zeros(1,4);...
1/200 0 -1/450 0 1/200 0 -1/450 0 1/200 0 -1/450 zeros(1,17) -1 1 zeros(1,2);...
5 2 6 7 3 5 4 6 4 5 2 3 zeros(1,18) -1 1];
>> Beq = [300 200 400 250 100 160 80 360 200 3245 0 0 2950];
>> A = [zeros(1,0) 1 zeros(1,3) 1 zeros(1,3) 1 zeros(1,23); zeros(1,1) 1 zeros(1,3) 1 zeros(1,3) 1...
      zeros(1,22);zeros(1,2) 1 zeros(1,3) 1 zeros(1,3) 1 zeros(1,21);
      zeros(1,3) 1 zeros(1,3) 1 zeros(1,3) 1 zeros(1,20)];
>> B = [200 100 450 250]; LB = zeros(32,1); UB = [];
>> [x,fval] = linprog(f,A,B,Aeq,Beq,LB,UB);
```

根据计算结果，可得出以下结论。

(1) 各优先层达成的情况。

```
1    2    3    4    5    6    7        %优先层
1    1    1    0    1    0    0        %1 表示达到,0 表示未达成
```

(2) 各优先层的具体情况及其达成情况。

① 优先层 1：B_4 是重点保证单位，应尽可能满足其全部需求量(250)：250.000 000；

② 优先层 2：A_3 向 B_1 提供的物资不少于 100 吨：100.000 000；

③ 优先层 3：每个销地(需求地)得到的物资数量不少于其需求量的 80%，销地 $B_1 \sim B_4$ 的满足量分别为 190.000 000、100.000 000、360.000 000、250.000 000；

④ 优先层 4：实际的总运费不超过不考虑 1～6 各目标时的最小总运费的 110%，总运费为 3 360.000 000；

⑤ 优先层 5：因路况问题，尽量不要安排调运产地 A_2 的物资到销地 B_4：0.000 000；

⑥ 优先层 6：对销地 B_1 和 B_3 的供应率要尽可能相同，销地 B_1 的供应率为 0.950 000，销地 B_3 的供应率为 0.800 000；

⑦ 优先层7:力求最小的总运费3 360.000 000。

【例7.8】 某企业生产A、B两种产品,有关数据见表7-5。

表7-5 两种产品的相关数据(1)

内容 \ 产品	A	B	拥有量
设备/件	4	1	300
原材料/kg	3	2	400
利润/(元·件$^{-1}$)	5	3	

试求获得最大的生产方案,并尽可能达到如下优先目标。

P_1:产品A正好50件,产品B最多100件,"产品A等于50件"是"产品B不多于100件"重要性的3倍;

P_2:设备使用控制在250台之内,原材料的供应量必须小于450 kg,且二者的重要性相同;

P_3:尽可能达到并超过利润指标的目标值(550元)。

解:本题有2个优先层,P_1层包含两个不同权系数的目标;P_2层包含两个相同权系数的目标。

设x_1、x_2分别表示A、B产品的产量,d_i^+、d_i^- $(i=1,2,\cdots,5)$分别表示A、B产品的产量、设备台数、原材料公斤数、最大利润的正、负偏差,则可得出多目标的数学模型为

$$\min z = 999\ 999\{3(d_1^+ + d_1^-) + d_2^-\} + 999(d_3^+ + d_4^+) + d_5^-$$

$$\text{s.t.}\begin{cases}3x_1 + 2x_1 \leqslant 500,\quad 4x_1 + x_2 \leqslant 300,\quad x_1 - d_1^- + d_1^+ = 50,\quad x_2 - d_2^- + d_2^+ = 100\\ 4x_1 + x_2 - d_3^- + d_3^+ = 250,\quad 3x_1 + 2x_2 - d_4^- + d_4^+ = 450,\quad 5x_1 + 3x_2 - d_5^- + d_5^+ = 550\\ x_1, x_2 \geqslant 0,\quad d_i^-、d_i^+ \geqslant 0(i=1,2,3,4,5)\ \text{且为整数}\end{cases}$$

利用线性规划求解。

```
>> f = [zeros(1,2) 999999 * 3 999999 * 3 0 999999 999 0 999 0 0 1];
>> Aeq = [1 0 -1 1 zeros(1,8); 0 1 0 0 -1 1 zeros(1,6); 4 1 zeros(1,4) -1 1 zeros(1,4);...
3 2 zeros(1,6) -1 1 zeros(1,2); 5 3 zeros(1,8) -1 1];Beq = [50 100 250 450 550];
>> A = [3 2 zeros(1,10);4 1 zeros(1,10)]; B = [500 300]; LB = zeros(12,1);UB = [];
>> [x,fval] = linprog(f,A,B,Aeq,Beq,LB,UB);
```

根据计算结果,可得到以下结论:

(1) A、B两种产品各需要生产的数量分别为(件)

50.000 0　　100.000 0

(2) 偏差变量为

序号	正偏差	负偏差
1.000 0	0.000 0	0.000 0
2.000 0	0.000 0	0.000 0
3.000 0	50.000 0	0.000 0
4.000 0	0.000 0	100.000 0
5.000 0	0.000 0	0.000 0

(3) 最优值:49 950.000 001。

(4) 设备控制、原材料供应量及利润的达成值分别为

300.000 0　　350.000 0　　550.000 0

(5) 各目标的达成情况为

1　　2　　3

1　　0　　1

【例 7.9】 某厂计划利用 A、B 两种原料生产甲、乙两种产品，有关数据见表 7－6。问应如何安排生产计划，才能使（按照优先层从高到低的顺序）：(1) 原料的消耗量不超过供应量；(2) 利润不少于 800 元；(3) 产品的产量不少于 7 吨？

表 7－6　两种产品的相关数据(2)

单位消耗 产品 / 原料	甲	乙	原料的供应量/吨
A	4	5	80
B	4	2	48
利润/(元·吨$^{-1}$)	800	100	

解：设甲、乙两种产品的生产量为 x_1, x_2，则根据题意可建立该问题的多目标规划数学模型：

$$\min z = P_1(d_1^+ + d_2^-) + P_2 d_3^- + P_3 d_4^+$$

$$\text{s.t.}\begin{cases} 4x_1 + 5x_1 + d_1^- - d_1^+ = 80 \\ 4x_1 + 2x_1 + d_2^- - d_2^+ = 48 \\ 80x_1 + 100x_2 + d_3^- - d_3^+ = 800 \\ x_1 + x_2 + d_4^+ - d_4^- = 7 \\ x_1, x_2 \geqslant 0, \quad d_i^-, d_i^+ \geqslant 0, \quad i = 1,2,3,4 \end{cases}$$

利用多目标规划单纯形法求解。

```
>> A=[4 5 -1 1 0 0 0 0 0 0;4 2 0 0 -1 1 0 0 0 0;80 100 0 0 0 0 -1 1 0 0;1 1 0 0 0 0 0 0 -1 1];
>> b=[80;48;800;7];
>> f=[0 0 1 0 1 0 0 0 0 0;0 0 0 0 0 0 0 1 0 0;0 0 0 0 0 0 0 0 0 1];
>> minx=multgoal(f,A,b);
>> minx=0  8  0  40  0  32  0  0  1  0     %最优解
```

只生产乙产品 8 吨。

【例 7.10】 某企业准备投产 3 种新产品，现如今的重点是确定 3 种新产品的生产计划，并尽可能达成如下目标。

目标 1：总利润不低于 125 万元，已知产品 1、2 和 3 的单位利润分别为 12 元、9 元和15 元；目标 2：现有的 40 名工人不变，已知生产每 1 万件产品 1、2 和 3 分别需要工人的数量为 5 名、3 名和 4 名；目标 3：总投资资金不超过 55 万元，已知生产一件产品 1、2 和 3 分别需要投入成本 5 元、7 元和 8 元。

因为根据经验判断，要同时实现三个目标是不太可能的。因此，通过对这三个目标的相对重要性的评估，可以发现三个目标的重要性程度差别较小，罚数权重如表 7－7 所列。

表 7-7　罚数权重

目　标	因　素	罚数权重
1	总利润	5(低于目标的每 1 万元)
2	工人	4(低于目标的每 1 个人) 2(超过目标的每 1 个人)
3	投资资金	3(超过目标的每 1 万元)

请问:该企业应如何制订生产计划?

解: 本题为典型的加权目标规划问题。经统一量纲后,各产品对各目标的单位贡献(即决策变量在目标约束中的系数)如表 7-8 所列。

表 7-8　各产品对各目标的单位贡献

因　素	产品的单位贡献(每万件)			目　标
	产品 1	产品 2	产品 3	
目标 1:总利润(万元)	12	9	15	≥125
目标 2:工人(名)	5	3	4	=40
目标 3:投资资金(万元)	5	7	8	≤55

根据题意可建立如下数学模型:

$$\begin{cases} \min z = 5d_1^- + 4d_1^+ + 2d_2^- + 3d_2^+ \\ \text{s.t.}\quad 12x_1 + 9x_2 + 15x_3 - d_1^+ + d_1^- = 125 \\ \qquad 5x_1 + 3x_2 + 4x_3 - d_2^+ + d_2^- = 40 \\ \qquad 5x_1 + 7x_2 + 8x_3 - d_3^+ + d_3^- = 55 \\ \qquad x_i \geqslant 0,\quad d_i^-, d_i^+ \geqslant 0 (i=1,2,3),\text{其中 } d_2^-, d_2^+ \text{ 为整数} \end{cases}$$

这是一个线性规划问题,可以用 linprog 函数进行求解。

```
>> F = [zeros(1,4) 5 4 2 3 0];
>> Aeq = [12 9 15 -1 1 zeros(1,4);5 3 4 0 0 -1 1 0 0;5 7 8 zeros(1,4) -1 1];Beq = [125 40 55];
>> A = [];B = [];LB = zeros(9,1);UB = [];
>> [x,val] = linprog(F,A,B,Aeq,Beq,LB,UB);
>> M1 = zeros(3,3);M1(:,1) = 1:3;fori = 1:3;M1(i,2) = X(2 * (i + 1));M1(i,3) = X(2 * i + 3);end
>> LR = sum([X(1) X(2) X(3)]. * [12 9 15]);       % 实际获利利润
>> GR = sum([X(1) X(2) X(3)]. * [5 3 4]);         % 需要工人数
>> ZJ = sum([X(1) X(2) X(3)]. * [5 7 8]);         % 投入资金数
>> M1 = [125 40 55];M2 = [LR GR ZJ];M3 = zeros(2,3);M3(1,:) = 1:3;
>> M3 =1     2     3                              % 各目标达成的情况
       0     0     0
```

从计算结果可知,生产产品 1、2 和 3 的数量分别为 37 037 件、0 件和 53 704 件。在此方案下,可达成目标 1 和目标 2,目标 3 未能达成。此时获得利润 125 万元,需要工人 40 人,需要资金 61.48 万元。

由计算结果可知,以上的结果只是其中的一种满意解。其结果与各分目标的权重系数的大小有关,其值越大,说明优先权越高,可以优先达成目标。

【例 7.11】 某工厂因生产需要欲购一种原材料,市场上的这种原料有两个等级,甲级单价 2 元/kg,乙级单价 1 元/kg,要求所花总费用不超过 200 元,购得原料总量不少于 100 kg,其中甲级原料不少于 50 kg,问如何确定最好的采购方案。

解:设 x_1、x_2 分别为采购甲级和乙级原材料的数量,要求所采购的总费用尽量少,采购的总质量尽量多,采购甲级原材料尽量多。根据题意有

$$\min z_1 = 2x_1 + x_2$$
$$\max z_2 = x_1 + x_2$$
$$\max z_3 = x_1$$
$$\text{s.t.}\begin{cases}2x_1 + x_2 \leqslant 200\\ x_1 + x_2 \geqslant 100\\ x_1 \geqslant 50\\ x_1, x_2 \geqslant 0\end{cases}$$

利用 MATLAB 中的多目标求解函数 fgoalattain 进行计算。

首先编写目标函数。

```
function y = optifun12(x)
  f(1) = 2 * x(1) + x(2);
  f(2) = - x(1) - x(2);
  f(3) = - x(1);
```

给定目标,权重按目标比例确定,给出初值及约束条件的系数。

```
>> goal = [200 -100 -50];weight = [2040 -100 50];x0 = [60 60];
>> A = [2 1; -1 -1; -1 0];b = [200 -100 -50];lb = zeros(2,1);
>> [x,fval] = fgoalattain(@optifun12,x0,goal,weight,A,b,[],[],lb,[]);
>> x = 50     50                    % 最优解
>> fval = 150   -100    -50         % 最优值
```

最好的采购方案是采购甲和乙各 50 kg,此时采购总费用 150 元,总质量为 100 kg,甲级原材料总质量为 50 kg。

习题 7

7.1 利用图解法求下列多目标规划的有效解:

(1) $\begin{cases}V\text{-}\max F(\boldsymbol{x}) = [f_1(x), f_2(x)]^{\mathrm{T}}\\ \text{s.t.}\quad 0 \leqslant x \leqslant 2\end{cases}$

其中,$f_1(x) = 2x - x^2$,$f_2(x) = \begin{cases}x, & 0 \leqslant x \leqslant 1\\ 3-2x, & 0 < x \leqslant 2\end{cases}$。

(2) $\begin{cases}V\text{-}\max F(\boldsymbol{x}) = [f_1(\boldsymbol{x}), f_2(\boldsymbol{x})]^{\mathrm{T}}\\ \text{s.t.}\quad 0 \leqslant x \leqslant 2\end{cases}$

其中,$f_1(\boldsymbol{x}) = 2x - x^2$,$f_2(\boldsymbol{x}) = x$。

7.2 设多目标规划问题:

$$\begin{cases}V\text{-}\min F(x) = [f_1(x), f_2(x)]^{\mathrm{T}}\\ \text{s.t.}\quad x \geqslant 0,\quad x \in \mathbf{R}\end{cases}$$

其中,$f_1(x) = (x-1)^2 + 1$,$f_2(x) = \begin{cases}-x+4, & x \leqslant 3\\ 1, & 3 < x \leqslant 4\\ x-3, & x > 4\end{cases}$。

求 R_1^*,R_2^*,R_{wp}^*,R_{pa}^*,R^*,其分别为单目标规划问题的最优解、弱有效解、有效解、绝对有效解。

7.3 用线性加权法求解问题:

$$\begin{cases} V\text{-}\min F(\boldsymbol{X}) = [f_1(\boldsymbol{X}), f_2(\boldsymbol{X})]^{\mathrm{T}} \\ \text{s.t.} \quad 3x_1 + 8x_2 \leqslant 12 \\ \qquad x_1 + x_2 \leqslant 2 \\ \qquad 0 \leqslant x_1 \leqslant 1.5, \quad x_2 \geqslant 0 \end{cases}$$

其中,$f(\boldsymbol{X}) = -x_1 - 8x_2$,$f_2(\boldsymbol{X}) = -6x_1 - x_2$,$\lambda_1 = \lambda_2 = \frac{1}{2}$。

7.4 用极小-极大法求解问题:

$$\begin{cases} V\text{-}\min F(x) = [f_1(x), f_2(x)]^{\mathrm{T}} \\ \text{s.t.} \quad x_1 - x_2 \leqslant 4 \\ \qquad x_1 + x_2 \leqslant 8 \\ \qquad x_1, x_2 \geqslant 0 \end{cases}$$

其中,$f_1(x) = x_1$,$f_2(x) = x_2$,$\lambda_1 = \frac{1}{3}$,$\lambda_2 = \frac{2}{3}$。

7.5 利用理想点法求多目标规划问题:

$$\begin{cases} V\text{-}\min F(\boldsymbol{X}) = [f_1(\boldsymbol{X}), f_2(\boldsymbol{X})]^{\mathrm{T}} \\ \text{s.t.} \quad 2x_1 + x_2 \leqslant 18 \\ \qquad 2x_1 + x_2 \leqslant 10 \\ \qquad x_1, x_2 \geqslant 0 \end{cases}$$

其中,$f_1(\boldsymbol{X}) = 3x_1 - 2x_2$,$f_2(\boldsymbol{X}) = -4x_1 - 3x_2$。

7.6 利用目标规划法求解以下多目标规划:

$$\begin{cases} V\text{-}\max F(\boldsymbol{X}) = [f_1(\boldsymbol{X}), f_2(\boldsymbol{X})]^{\mathrm{T}} \\ \text{s.t.} \quad 2x_1 + 3x_2 \leqslant 18 \\ \qquad 2x_1 + x_2 \leqslant 10 \\ \qquad x_1, x_2 \geqslant 0 \end{cases}$$

其中,$f_1(\boldsymbol{X}) = -3x_1 + 2x_2$,$f_2(\boldsymbol{X}) = 4x_1 + 3x_1$。

7.7 用图解法求解:

$$\begin{cases} \min\{P_1 d_1^-, P_2 d_2^+, P_3 d_3^-, P_4 d_4^-\} \\ \text{s.t.} \quad x_1 + 2x_2 + d_1^- - d_1^+ = 6 \\ \qquad x_1 + 2x_2 + d_2^- - d_2^+ = 9 \\ \qquad x_1 - 2x_2 + d_3^- - d_3^+ = 4 \\ \qquad x_2 + d_4^- - d_4^+ = 2 \\ \qquad x_1, x_2, d_k^-, d_k^+ \geqslant 0, \quad k = 1,2,3,4 \end{cases}$$

7.8 利用多阶段单纯形法求解目标规划:

$$\begin{cases}\min\{P_1d_1^- + P_2d_2^+ + P_3d_3^-\} \\ \text{s.t.} \quad x_1 - 2x_2 + d_1^- - d_1^+ = 0 \\ \qquad 4x_1 + 4x_2 + d_2^- - d_2^+ = 36 \\ \qquad 6x_1 + 8x_2 + d_3^- - d_3^+ = 48 \\ \qquad x_1, x_2, x_3, d_k^-, d_k^+ \geqslant 0, \quad k = 1,2,3\end{cases}$$

7.9 某工厂生产两种产品，受到原材料和设备工时的限制，单件利润等有关数据已知，具体数据如表7-9所列。

表7-9 产品的相关数据

产　品	Ⅰ	Ⅱ	限　量
原材料/(kg·件$^{-1}$)	5	10	60
设备工时/(h·件$^{-1}$)	4	4	40
利润/(元·件$^{-1}$)	6	8	

试设计一个生产方案，能兼顾以下的要求：

(1) 由于产品Ⅱ销售疲软，故希望产品Ⅱ的产量不超过产品Ⅰ的一半；

(2) 原材料严重短缺，生产过程应避免过量消耗；

(3) 最好能节约4 h设备工时；

(4) 计划利润不少于48元。

7.10 某化工厂生产两种产品A与B，它们都会造成环境污染，其公害损失可折算成成本费用。其公害损失费用、生产设备费用和产品的最大生产能力如表7-10所列。

表7-10 相关数据表

产　品	公害损失/(万元·吨$^{-1}$)	生产设备费/(万元·吨$^{-1}$)	最大生产能力/(吨·月$^{-1}$)
A	4	2	5
B	1	5	6

已知每月市场的需求量不少于7。问工厂应如何安排每月的生产计划，在满足市场需要的前提下，使公害损失和设备投资均达到最小：(1) 建立上述问题的数学模型；(2) 用线性加权求和法求解此问题，已知公害损失目标的权系数为0.6，生产设备费目标的权系数为0.4。

7.11 某厂生产A、B两种型号的产品，每种产品的利润分别为100元和80元，平均生产时间分别为3 h和2 h，该厂每周生产时间为120 h，但可加班48 h，在加班时间内生产每种产品的利润分别为90元和70元，市场每周需要A、B两种产品各30件以上，问应如何安排每周的生产计划，在尽量满足市场需要的前提下，使利润最大，而加班时间最少。试建立数学模型。

7.12 某工厂生产A、B两种产品，两种产品均需经过两道相同工序，其中工序1的每日最大加工能力为8 h，工序2的每日加工能力为7 h。每种产品的加工时间单耗、利润如表7-11所列。

表 7-11 相关数据表

产 品	单耗/(小时·台$^{-1}$)		利润/(元·台$^{-1}$)
	工序 1	工序 2	
A	2	1	50
B	1	3	60

该工厂的经营目标是(按优级级排列):

(1) 每日总利润不低于目标值 $f_1^0=200$ 元;

(2) 希望充分利用加工能力,即工序 1 的加工能力目标值为 $f_2^0=8$ h,工序 2 的加工能力目标值为 $f_3^0=7$ h,并且尽可能达到或超过其目标值;

(3) 每日至少生产 A 产品的目标值 $f_4^0=3$ 台;试建立此问题的线性目标规划模型。

思考题

1. 考虑多目标优化问题:

$$\begin{cases}\min f(\boldsymbol{x}) \\ \text{s.t.} \quad \boldsymbol{x}\in\Omega\end{cases}$$

其中,$\boldsymbol{f}:\mathbf{R}^n\to\mathbf{R}^l$。

(1) 某单目标问题为

$$\begin{cases}\min \boldsymbol{c}^{\mathrm{T}}\boldsymbol{f}(\boldsymbol{x}) \\ \text{s.t.} \quad \boldsymbol{x}\in\Omega\end{cases}$$

其中,$\boldsymbol{c}\in\mathbf{R}^n$,$\boldsymbol{c}>\mathbf{0}$(即利用加权求和法将多目标问题转换为上述单目标问题)。证明如果 $\boldsymbol{x}^*$ 是单目标问题的全局极小点,那么 $\boldsymbol{x}^*$ 就是多目标问题的帕累托极小点。并证明这一结论的逆命题并不一定成立,即如果 $\boldsymbol{x}^*$ 是多目标问题的帕累托极小点,那么不一定存在 $\boldsymbol{c}>0$ 使得 $\boldsymbol{x}^*$ 是单目标问题的全局极小点。

(2) 假定对于所有 $\boldsymbol{x}\in\Omega$,有 $\boldsymbol{f}(\boldsymbol{x})\geqslant\mathbf{0}$。求解单目标优化问题:

$$\begin{cases}\min [f_1(\boldsymbol{x})]^p+\cdots+[f_l(\boldsymbol{x})]^p \\ \text{s.t.} \quad \boldsymbol{x}\in\Omega\end{cases}$$

其中,$p\in\mathbf{R}$,$p>0$(即用 p 范数法将多目标问题转换为单目标问题)。证明,如果 $\boldsymbol{x}^*$ 是单目标问题的全局极小点,那么 $\boldsymbol{x}^*$ 就是多目标问题的帕累托极小点。并证明这一结论的逆命题并不一定成立,即如果 $\boldsymbol{x}^*$ 是多目标问题的帕累托极小点,那么不一定存在 $p>0$ 使得 $\boldsymbol{x}^*$ 是单目标问题的全局极小点。

(3) 求解单目标优化问题:

$$\begin{cases}\min \max\{f_1(\boldsymbol{x}),\cdots,f_l(\boldsymbol{x})\} \\ \text{s.t.} \quad \boldsymbol{x}\in\Omega\end{cases}$$

即利用极小-极大法将多目标问题转换为上述单目标问题。试证明,如果 $\boldsymbol{x}^*$ 是多目标问题的帕累托极小点,那么 $\boldsymbol{x}^*$ 不一定是单目标问题的全局极小点。并证明,如果 $\boldsymbol{x}^*$ 是单目标问题的全局极小点,那么 $\boldsymbol{x}^*$ 不一定就是多目标问题的帕累托极小点。

2. 设商店有 A_1、A_2、A_3 三种糖果,单价分别为 40 元/kg、28 元/kg 和 24 元/kg,今要购买这三种糖果,要求用于买糖不超过 200 元,糖的重量不少于 6 kg,A_1、A_2 两种糖的总和不少于

3 kg,问应如何确定最好的买糖方案?

3. 某工厂生产两种产品:录音机和电视机,在甲、乙两车间的单件工时及其他相关资料如表 7-12 所列。

表 7-12　相关数据

车间＼产品	录音机	电视机	每月可用工时	车间管理费
甲	2 小时	1 小时	120 小时	80 元/小时
乙	1 小时	3 小时	150 小时	20 元/小时
单位利润	100 元/台	75 元/台		
检验销售费	50 元/台	30 元/台		

估计下一年度内平均每月可销售录音机 50 台、电视机 80 台,工厂制定的月度目标为 P_1:检验和销售费每月不超过 4 600 元;P_2:每月售出录音机不少于 50 台;P_3:甲、乙车间的生产工时得到充分利用(重要性权系数按两个车间每小时费用的比例确定);P_4:甲车间加班不超过 20 小时。

试确定该厂为达到以上目标的月度计划生产数。

第 8 章

进化算法

从本章开始，将介绍智能启发式优化算法，它是根据问题的部分已知信息来启发式探索该问题的解，在此过程中将发现的有关信息记录下来，不断积累和分析，并根据越来越丰富的已知信息来指导下一步的动作并修正以前的步骤，从而获得在整体上较好的解。

常见的智能启发式优化算法有物理启发式、生物启发式，在这里主要介绍最常用的进化算法、粒子群优化算法、模拟退火优化算法、蚁群优化算法和禁忌搜索优化算法。

与传统经典优化算法相比较，它们具有如下的特点：

(1) 不必满足目标函数和约束函数的可解析性，对目标函数而言，有时甚至不要求其具有明显表达式，而只需要在所计算的点提供相应的函数值；

(2) 对于约束变量可以取离散值，比如整数值，或取某些特殊值；

(3) 通常情况下，可以求出全局最优点。

进化算法(Evolutionary Algorithm，EA)是通过模拟自然界中生物基因遗传与种群进化的过程和机制，而产生的一种群体导向随机搜索技术和方法。它的基本思想来源于达尔文的生物进化学说，即生物进化的主要原因是基因的遗传与突变，以及“优胜劣汰、适者生存”的竞争机制。进化算法能在搜索过程中自动获取搜索空间的知识，并积累搜索空间的有效知识，缩小搜索空间范围，自适应地控制搜索过程，动态有效地降低问题的复杂度，从而求得原问题的最优解。另外，由于进化算法具有高度并行性、自组织、自适应、自学习等特征，且效率高、易于操作、简单通用，有效地克服了传统方法解决复杂问题的困难和障碍，因此被广泛应用于不同的领域。

进化算法基于其发展历史，有四个重要分支：遗传算法(Genetic Algorithm，GA)、进化规划(Evolution Programming，EP)、进化策略(Evolution Strategy，ES)和差分进化(Differential Evolution，DE)。

8.1 进化算法概述

一直以来，人类从大自然中不断得到启迪，通过发现自然界中的一些规律，或模仿其他生物的行为模式，从而获得灵感来解决各种问题，进化计算即为其中的一种。

进化计算模仿生物的进化和遗传过程，通过迭代过程得到问题的解。每一次迭代都可以被看作一代生物个体的繁殖，因此被称为“代”。进化算法的求算过程，一般是从问题的一群解出发，改进到另一群较好的解，然后重复这一过程，直至达到全局的最优解，每一群解被称为一个“解群”，每一个解被称为一个“个体”。每个个体用一组有序排列的字符串来表示，即用编码方式表示。进化计算的运算基础是字符串或字符段，相当于生物学的染色体，字符串或字符段由一系列字符组成，每个字符都有自己的含义，相当于基因。

进化计算中，首先利用交叉算子、重组算子、变异算子由父代繁殖出子代，然后对子代进行性能评价，选择算子挑选出下一代的父代。交叉算子、重组算子、变异算子和选择算子等统称为进化算子。在初始化参数后，进化计算能够在进化算子的作用下进行自适应调整，并采用优胜劣汰的竞争机制来指导对问题空间的搜索，最终达到最优解。进化计算的算法流程如图 8－1 所示。

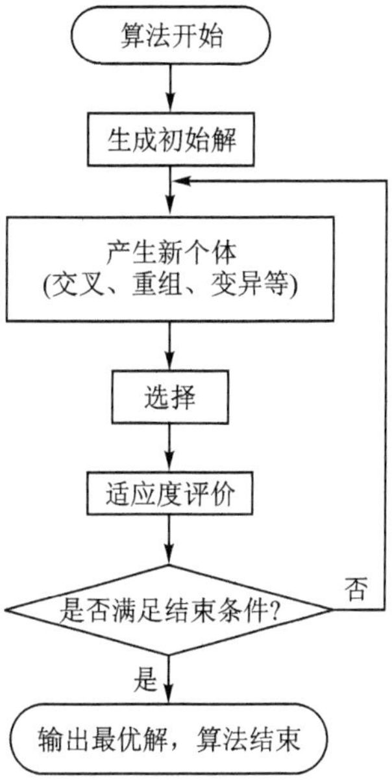

图 8－1　进化计算的流程图

进化计算具有如下的优点：

(1) 渐近式寻优。进化算法与传统的方法有很大的不同，它不要求研究的问题的目标函数是连续、可导的；进化计算从随机产生的初始可行解出发，一代代地反复迭代，使新一代的结果优越于上一代，逐渐得出最优的结果，这是一个逐渐寻优的过程，但却可以很快得出所要求的最优解。

(2) 体现"适者生存，劣者淘汰"的自然选择规律。进化计算在搜索中借助进化算子操作，无须添加任何额外的作用，就能使群体的品质不断得到提高，具有自动适应环境的能力。

(3) 有指导的随机搜索。进化计算既不是一种盲目式的搜寻，也不是穷举式的全面搜索，而是一种有指导的随机搜索，指导进化计算执行搜索的依据是适应度函数，一般也就是目标函数。

(4) 并行式搜索。进化计算的每一代运算都针对一组个体同时进行，而不是只对单个个体。因此，进化计算是一种多点并进的并行算法，这大大提高了进化计算的搜索速度。

(5) 直接表达问题的解，结构简单。进化计算根据所解决问题的特性，用字符串表达问题及选择适应度，一旦完成这两项工作，其余的操作都可按固定方式进行。

(6) 黑箱式结构。进化计算只研究输入与输出的关系，并不深究造成这种关系的原因，具有黑箱式结构。个体的字符串表达如同输入，适应度计算如同输出，因此，从某种意义上讲，进化计算是一种只考虑输入与输出关系的黑箱问题，便于处理因果关系不明确的问题。

(7) 全局最优解。由于采用多点并行搜索，而且每次迭代借助交换和突变产生新个体，不断扩大探寻搜索范围，所以进化计算很容易搜索出全局最优解而不是局部最优解。

(8) 通用性强。传统的优化算法需要将所解决的问题用数学式表示，而且要求该函数的一阶导数或二阶导数存在。采用进化计算，只用某种字符表达问题，然后根据适应度区分个体的优劣，其余的交叉、变异、重组、选择等操作都是统一的，由算法自动完成。

8.2　遗传算法

遗传算法(Genetic Algorithm，GA)的基本思想是基于达尔文(Darwin)的进化论和孟德尔(Mendel)的遗传学说。关于生物的进化，达尔文的进化论认为：生物是通过进化演化而来的，在进化过程中，每一步由随机产生的前辈到自身的产生都足够简单。但生物从初始点到最终产物的整个过程并不简单，而是通过一步一步的演变构成了并非是一个纯机遇的复杂过程。整个演变过程由每一步的幸存者控制，每一物种在发展中越来越适应环境。物种每个个体的基本特征由后代所继承，但后代又会产生一些异于父代的新特征。在环境变化时，只有那些能适应环境的个体方能保留下来。孟德尔遗传学说最重要的是基因遗传原理。它认为遗传以密码方式存在于细胞中，并以基因形式包含在染色体内，每个基因都有特殊的位置并控制某种特殊性质。所以,每个基因产生的个体对环境都具有某种适应性。基因突变和基因杂交可产生更适应于环境的后代。经过优胜劣汰,适应性高的基因结构得以保存下来。

20 世纪 70 年代初,美国 Michigen 大学的 Holland 教授受到达尔文进化论的启发创立了遗传算法,算法按照类似生物界自然选择(selection)、变异(mutation)和杂交(crossover)等自然进化方式,用数码串来类比生物中的染色个体,通过选择、交叉、变异等遗传算子来仿真生物的基本进化过程,利用适应度函数来表示染色体所蕴涵问题解的质量的优劣,通过种群的不断"更新换代",从而提高种群的平均适应度,通过适应度函数引导种群的进化方向,并在此基础上使得最优个体所代表的问题解逼近问题的全局最优解。

遗传算法是对自然界的有效类比,并从自然界现象中抽象出来,所以它的生物学概念与相应生物学中的概念不一定等同,而只是生物学概念的简单"代用"。

8.2.1 遗传算法的基本概念

1. 名词解释

① 个体(individual):GA 所处理的基本对象、结构。

② 群体(population):个体的集合称为种群体,该集合内个体的数量称为群体的大小。例如,如果个体的长度是 100,适应度函数变量的个数为 3,我们就可以将这个种群表示为一个 100×3 的矩阵。相同的个体在种群中可以出现不止一次。每一次迭代,遗传算法都对当前种群执行一系列的计算,产生一个新的种群。每一个后继的种群称为新的一代。

③ 串(bit string):个体的表现形式,对应于生物界的染色体。在算法中其形式可以是二进制的,也可以是实值型的。

④ 基因(gene):串中的元素。例如有一个串 $S_{二进制}=1011$,其中的 1,0,1,1 这 4 个元素分别称为基因,其值称为等位基因(alletes),表示个体的特征。个体的适应度函数值就是它的得分或评价。

⑤ 基因位置(gene position):一个基因在串中的位置称为基因位置,有时也简称为基因位。基因位置由串的左边向右边计算,例如,在串 $S_{二进制}=1101$ 中,0 的基因位置是 3。基因位置对应于遗传学中的地点(locus)。

⑥ 基因特征值(gene feature):在用串表示整数时,基因的特征值与二进制数的权一致。例如,在串 $S=1011$ 中,基因位置 3 的 1,它的基因特征值为 2;基因位置 1 的 1,它的基因特征值为 8。

⑦ 串结构空间(bit string space):在串中,基因任意组合所构成的串的集合称为串结构空间,基因操作是在串结构空间中进行的。串结构空间对应于遗传学中的基因型(genotype)的集合。

⑧ 参数空间(parameter space):这是串空间在物理系统中的映射,它对应遗传学中的表现型(phenotype)的集合。

⑨ 适应度及适应度函数(fitness):表示某一个体对于生存环境的适应程度,其值越大即对生存环境适应程度较高的物种将会获得更多的繁殖机会;反之,其繁殖机会相对较少,甚至逐渐灭绝。适应度函数则是优化目标函数。

⑩ 多样性或差异(diversity):一个种群中各个个体间的平均距离。若平均距离大,则种群具有高的多样性;否则,其多样性低。多样性是遗传算法必不可少的本质属性,它能使遗传算法搜索一个比较大的解的空间区域。

⑪ 父辈和子辈:为了生成下一代,遗传算法在当前种群中选择某些个体(称为父辈),并且

使用它们来生成下一代中的个体(称为子辈)。典型情况下,算法更可能选择那些具有较佳适应度函数值的父辈。

⑫ 遗传算子:遗传算法中的算法规则,主要有选择算子、交叉算子和变异算子。

2. 遗传算法的基本原理

遗传算法把问题的解表示成“染色体”,也即是以二进制或浮点数编码表示的串。然后给出一群“染色体”即初始种群(假设解集),把这些假设解置于问题的“环境”中,并按适者生存和优胜劣汰的原则,从中选择出较适应环境的“染色体”进行复制、交叉、变异等过程,产生更适应环境的新一代“染色体”群。这样,一代代地进化,最后收敛到最适应环境的一个“染色体”上,经过解码,就得到问题的近似最优解。

基本遗传算法的数学模型可表示为

$$GA = F(C, E, P_0, M, \varphi, \Gamma, \Psi, T)$$

式中:C 为个体的编码方法;E 为个体适应度评价函数;P_0 为初始种群;M 为种群大小;φ 为选择算子;Γ 为交叉算子;Ψ 为变异算子;T 为遗传运算终止条件。

遗传算法的具体步骤如下:

① 对问题进行编码。

② 定义适应度函数后,生成初始化群体。

③ 对于得到的群体选择复制、交叉、变异操作,生成下一代种群。

④ 判断算法是否满足停止准则。若不满足,则重复执行步骤③。

⑤ 算法结束,获得最优解。

整个操作过程如图 8-2 所示。

3. 遗传算法的优点

遗传算法从数学角度讲是一种概率性搜索算法,从工程角度讲是一种自适应的迭代寻优过程。与其他方法相比,它具有以下优点:

① 编码性:GA 处理的对象不是参数本身,而是对参数集进行了编码的个体,遗传信息存储在其中。通过在编码集上的操作,使得 GA 不受函数条件的约束,具有广泛的应用领域,适于处理各类非线性问题,并能有效地解决传统方法不能解决的某些复杂问题。

② 多解性和全局优化性:GA 是多点、多途径搜索寻优,且各路径之间有信息交换,因此能以很大的概率找到全局最优解或近似全局最优解,并且每次都能得到多个近似解。

③ 自适应性:GA 具有潜在的学习能力,利用适应度函数,能把搜索空间集中于解空间中期望值最高的部分,自动挖掘出较好的目标区域,适用于具有自组织、自适应和自学习的系统。

④ 不确定性:GA 在选择、杂交和变异操作时,采用概率规则而不是确定性规则来指导搜索过程向适应度函数值逐步改善的搜索区域发展,克服了随机优化方法的盲目性,只需较少的计算量就能找到问题的近似全局最优解。

⑤ 隐含并行性:对于 n 个群体的 GA 来说,每迭代一次实际上隐含能处理 $O(n^3)$ 个群体,这使 GA 能利用较少的群体来搜索可行域中的较大的区域,从而只需花较少的代价就能找到问题的全局近似解。

⑥ 智能性:遗传算法在确定了编码方案、适应值函数及遗传算子之后,利用进化过程中获得的信息自行组织搜索。这种自组织和自适应的特征赋予了它根据环境的变化自动发现环境的特征和规律的能力,消除了传统算法设计过程中的一个最大障碍,即需要事先描述问题的全部特点,并说明针对问题的不同,算法应采取的措施。于是,利用遗传算法可以解决那些结构尚无人能理解的复杂问题。

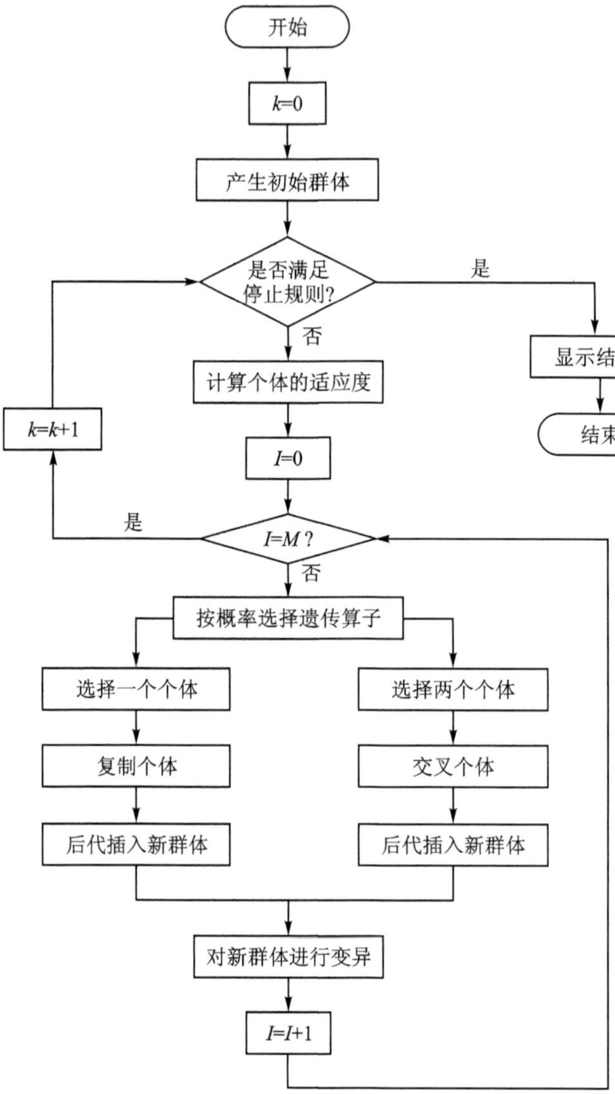

图 8-2　GA 流程图

8.2.2　遗传算法的编码与适应度函数

基本遗传算法只使用选择算子、交叉算子和变异算子三种基本遗传算子对编码进行操作，操作简单、容易理解，是其他遗传算法的雏形和基础。

1. 染色体的编码

所谓编码，就是将问题的解空间转换成遗传算法所能处理的搜索空间。编码是应用遗传算法时要解决的首要问题，也是关键问题。它决定了个体的染色体中基因的排列次序，也决定了遗传空间到解空间的变换解码方法。编码的方法也影响到遗传算子的计算方法，好的编码方法能够大大提高遗传算法的效率。遗传算法的工作对象是字符串，因此对字符串的编码有两点要求：一是字符串要反映所研究问题的性质；二是字符串的表达要便于计算机处理。

常用的编码方法有以下几种：

1）二进制编码

二进制编码是遗传算法编码中最常用的方法。它是用固定长度的二进制符号{0,1}串来表示群体中的个体，个体中的每一位二进制字符称为基因。例如，长度为 10 的二进制编码可以表示 0～1 023 之间的 1 024 个不同的数。如果一个待优化变量的区间$[a,b]=[0,100]$，则变量的取值范围可以被离散成$(2^l)p$ 个点，其中，l 为编码长度，p 为变量数目。从离散点 0 到离散点 100，依次对应于 0000000000～0001100100。

二进制编码中符号串的长度与问题的求解精度有关。如变量的变化范围为$[a,b]$，编码长度为 l，则编码精度为$\frac{b-a}{2^l-1}$。

二进制与自变量之间的转换公式为

$$a=a_{\min}+\frac{b}{2^m-1}(a_{\max}-a_{\min})$$

式中：a 是$[a_{\min},a_{\max}]$之间的自变量；b 是 m 位二进制数。

二进制编码、解码操作简单易行，杂交和变异等遗传操作便于实现，符合最小字符集编码原则，具有一定的全局搜索能力和并行处理能力。

2）符号编码

符号编码是指个体染色体编码串中的基因值取自一个无数值意义而只有代码含义的符号集。这个符号集可以是一个字母表，如{A,B,C,D,…}；也可以是一个数字序列，如{1,2,3,4,…}；还可以是一个代码表，如$\{A_1,A_2,A_3,A_4,\cdots\}$，等等。

符号编码符合有意义的积木块原则，便于在遗传算法中利用所求问题的专业知识。

3）浮点数编码

浮点数编码是指个体的每个基因用某一范围内的一个浮点数来表示。因为这种编码方法使用的是变量的真实值，所以也称为真值编码方法。

浮点数编码方法适合在遗传算法中表示范围较大的数，适用于精度要求较高的遗传算法，以便于在较大空间进行遗传搜索。

浮点数编码更接近于实际，并且可以根据实际问题来设计更有意义和与实际问题相关的交叉和变异算子。

4）格雷编码

格雷编码是这样的一种编码，其连续的两个整数所对应的编码值之间只有一个码位是不同的，其余的则完全相同。例如，31 和 32 的格雷码为 010000 和 110000。格雷码与二进制编码之间有一定的对应关系。

设一个二进制编码为 $B=b_mb_{m-1}\cdots b_2b_1$，则对应的格雷码为 $G=g_mg_{m-1}\cdots g_2g_1$。由二进制向格雷码转换的公式为

$$g_i=b_{i+1}\oplus b_i,\quad i=m-1,m-2,\cdots,1$$

由格雷码向二进制转换的公式为

$$b_i=b_{i+1}\oplus g_i,\quad i=m-1,m-2,\cdots,1$$

其中，$\oplus$表示异与算子，即运算时两数相同时取 0，不同时取 1。如

$$0\oplus 0=1\oplus 1=0,\quad 0\oplus 1=1\oplus 0=1$$

使用格雷码对个体进行编码，编码串之间的一位差异，对应的参数值也只是微小的差异，这样与普通的二进制编码相比，格雷编码方法就相当于增强了遗传算法的局部搜索能力，便于

对连续函数进行局部空间搜索。

2. 适应度函数

在用遗传算法寻优之前,首先要根据实际问题确定适应度函数,即要明确目标。各个个体适应度值的大小决定了它们是继续繁衍还是消亡,以及能够繁衍的规模。它相当于自然界中各生物对环境的适应能力的大小,充分体现了自然界适者生存的自然选择规律。

与数学中的优化问题不同的是,适应度函数求取的是极大值,而不是极小值,并且适应度函数具有非负性。

对于整个遗传算法性能影响最大的是编码和适应度函数的设计。好的适应度函数能够指导算法从非最优的个体进化到最优个体,并且能够用来解决一些遗传算法中的问题,如过早收敛与过慢结束。

过早收敛是指算法在没有得到全局最优解之前,就已稳定在某个局部解(局部最优值)。其原因是:因为某些个体的适应度值大大高于个体适应度的均值,在得到全局最优解之前,它们就有可能被大量复制而占群体的大多数,从而使算法过早收敛到局部最优解,失去了找到全局最优解的机会。解决的方法是压缩适应度的范围,防止过于适应的个体过早地在整个群体中占据统治地位。

过慢结束是指在迭代许多代后,整个种群已经大部分收敛,但是还没有得到稳定的全局最优解。其原因是因为整个种群的平均适应度值较高,而且最优个体的适应度值与全体适应度均值间的差异不大,使得种群进化的动力不足。解决的方法是扩大适应度函数值的范围,拉大最优个体适应度值与群体适应度均值的距离。

在进行简单问题的优化时,通常可以直接利用目标函数作为适应度函数;而在进行复杂问题的优化时,往往需要构造合适的适应度函数。通常适应度函数是费用、盈利、方差等目标的表达式。在实际问题中,有时希望适应度越大越好,有时要求适应度越小越好。但在遗传算法中,一般是按最大值处理,而且不允许适应度小于零。

为了使遗传算法能正常进行,同时保持种群内染色体的多样性,改善染色体适应度值的分散程度,使之既要有差距,又不要差距过大,以利于染色体之间的竞争,保证遗传算法的良好性能,需要对所选择的适应度函数进行某些数学变换。常见的几种数学变换方法如下:

(1) 线性变换。把优化目标函数变换为适应度函数的线性函数,即

$$f(Z)=aZ+b$$

式中:$f(Z)$为适应度函数;$Z=Z(\boldsymbol{x})$为优化目标函数;a,b 为系数,可根据具体问题的特点和期望的适应度分散程度,在算法开始时确定或在每一代生成过程中重新计算。

(2) 幂变换。把优化目标函数变换为适应度函数的幂函数,即

$$f(Z)=Z^a$$

式中:a 为常数,据经验确定。

(3) 指数变换。把优化目标函数变换为适应度函数的指数函数,即

$$f(Z)=\exp(-\beta Z)$$

式中:β 为常数。

对于有约束条件的极值,其适应度可用罚函数方法处理。

例如,原来的极值问题为

$$\begin{cases}\max g(\boldsymbol{x}) \\ \text{s.t.}\quad h_i(\boldsymbol{x})\leqslant 0,\quad i=1,2,\cdots,n\end{cases}$$

可转化为

$$\max g(\boldsymbol{x})-\gamma\sum_{i=1}^{n}\Phi[h_i(\boldsymbol{x})]$$

式中：γ 为惩罚系数；Φ 为惩罚函数，通常可采用平方形式，即

$$\Phi[h_i(\boldsymbol{x})]=h_i^2(\boldsymbol{x})$$

8.2.3　遗传算子

遗传算子就是遗传算法中进化的规则。基本遗传算法的遗传算子主要有选择算子、交叉算子和变异算子。

1. 选择算子

选择算子就是用来确定如何从父代群体中按照某种方法，选择哪些个体作为子代的遗传算子。选择算子建立在对个体的适应度进行评价的基础上，其目的是为了避免基因的缺失，提高全局收敛性和计算效率。选择算子是 GA 的关键，体现了自然界中适者生存的思想。

选择算子的常用操作方法有以下几种：

1）赌轮选择方法

此方法的基本思想是个体被选择的概率与其适应度值大小成正比。为此，首先要构造与适应度函数成正比的概率函数 $p_s(i)$，即

$$p_s(i)=\frac{f(i)}{\sum_{i=1}^{n}f(i)}$$

式中：$f(i)$为第 i 个个体的适应度函数值；n 为种群规模。

然后将每个个体按其概率函数 $p_s(i)$组成面积为 1 的一个赌轮。每转动一次赌轮，指针落入串 i 所占区域的概率即被选择复制的概率为 $p_s(i)$。当 $p_s(i)$较大时，串 i 被选中的概率大，但适应度值小的个体也有机会被选中，这样有利于保持群体的多样性。

2）排序选择法

排序选择法是指在计算每个个体的适应度值之后，根据适应度大小顺序对群体中的个体进行排序，然后按照事先设计好的概率表按序分配给个体，作为各自的选择概率。所有个体按适应度大小排序，选择概率和适应度无直接关系而仅与序号有关。

3）最优保存策略

此方法的基本思想是希望适应度最好的个体尽可能保留到下一代群体中。其步骤如下：

① 找出当前群体中适应度最高的个体和适应度最低的个体；

② 若当前群体中最佳个体的适应度比总的迄今为止的最好个体的适应度还要高，则以当前群体中的最佳个体作为新的迄今为止的最好个体；

③ 用迄今为止的最好的个体替换当前群体中最差的个体。

该策略的实施可保证迄今为止得到的最优个体不会被交叉、变异等遗传算子破坏。

2. 交叉算子

交叉算子体现了自然界信息交换的思想，其作用是将原有群体的优良基因遗传给下一代，并生成包含更复杂结构的新个体。参与交叉的个体一般为两个。

交叉算子有一点交叉、二点交叉、多点交叉和一致交叉等。

1）一点交叉

首先在染色体中随机选择一个点作为交叉点；然后第一个父辈交叉点前的串和第二个父

辈交叉点后的串组合形成一个新的染色体,第二个父辈交叉点前的串和第一个父辈交叉点后的串形成另外一个新染色体。

在交叉过程的开始,先产生随机数与交叉概率 p_c 比较,若随机数比 p_c 小,则进行交叉运算;否则不进行,直接返回父代。

例如,下面两个串在第五位上进行交叉,生成的新染色体将替代它们的父辈而进入中间群体。

1010 ⊗ xyxyyx
xyxy ⊗ xxxyxy ⟶ 1010xxxyxy
                    xyxyxyxyyx

2) 二点交叉

在父代中选择好两个染色体后,选择两个点作为交叉点。然后将这两个染色体中两个交叉点之间的字符串互换就可以得到两个子代的染色体。

例如,下面两个串选择第五位和第七位为交叉点,然后,交换两个交叉点间的串就形成两个新的染色体。

1010 ⊗ xy ⊗ xyyx
xyxy ⊗ xx ⊗ xyxy ⟶ 1010xxxyxy
                       xyxyxyxyyx

3) 多点交叉

多点交叉与二点交叉相似。

4) 一致交叉

在一致交叉中,子代染色体的每一位都是从父代相应位置随机复制而来的,而其位置则由一个随机生成的交叉掩码决定。如果掩码的某一位是 1,则表示子代的这一位是从第一个父代中的相应位置复制的;否则从第二个父代中的相应位置复制。

例如,下面父代按相应的掩码进行一致交叉。

父代 1　1010xyxyyx
父代 2　xyxyxxxyxy ⟶ 1yx0xyxyxy
掩码　1001011100

3. 变异算子

变异算子是遗传算法中保持物种多样性的一个重要途径,它模拟了生物进化过程中的偶然基因突变现象。其操作过程是:先以一定概率从群体中随机选择若干个体;然后,对于选中的个体,随机选取某一位进行反运算,即由 1 变为 0,0 变为 1。

而对于实数编码的基因串,基因变异的方法可以采用与二进制串表示时相同的方法,也可以采用不同的方法。例如,“数值交叉法”采用了两个个体的线性组合来产生子代个体,即个体 p 和个体 q 的基因交换结果为

$$p' = kp + (1-k)q$$
$$q' = kq + (1-k)p$$

式中:k 为 0~1 的控制参数,可以采用随机数,也可以采用与进化过程有关的参数。

同自然界一样,每一位发生变异的概率都是很小的,一般在 0.001~0.1 之间。如果过大,则会破坏许多优良个体,也可能无法得到最优解。

GA 的搜索能力主要是由选择和交叉赋予的。变异因子则保证了算法能搜索到问题解空间的每一点,从而使算法具有全局最优,进一步增强了 GA 的能力。

对产生的新一代群体进行重新评价选择、交叉和变异。如此循环往复,使群体中最优个体的适应度和平均适应度不断提高,直到最优个体的适应度达到某一限值或最优个体的适应度和群体的平均适应度不再提高,则迭代过程收敛,算法结束。

8.2.4 控制参数的选择

GA 中需要选择的参数主要有串长 l、群体大小 n、交叉概率 p_c 以及变异概率 p_m 等。这些参数对 GA 的性能影响较大，要从中确定最优参数是一个极其复杂的优化问题，现阶段为止要从理论上严格解决这个问题是十分困难的，它依赖于 GA 本身理论研究的进展。

1. 串长 l

串长的选择取决于特定问题解的精度，如设精度为 p，变量的变化区间为$[a,b]$，则串长 l 为

$$l = \log_2\left(\frac{b-a}{p}+1\right)$$

精度越高，串长越长，需要的计算时间也越长。为了提高运行效率，可采用变长度串的编码方式。

2. 群体大小 n

群体大小的选择与所求问题的非线性程度相关，非线性越大，n 越大。如果 n 越大，则可以含有较多的模式，为遗传算法提供足够的模式采样容量，以改善遗传算法的搜索质量，防止成熟前收敛，但同时也增加了计算量。一般建议取 $n=20\sim200$。

3. 交叉概率 p_c

交叉概率控制着交叉算子的使用频率。在每一代新群体中，需要对 $p_c\times n$ 个个体的染色体结构进行交叉操作。交叉概率越高，群体中新结构的引入就越快，同时，已是优良基因的丢失速率也相应提高了；而交叉概率太低则可能导致搜索阻滞。一般取 $p_c=0.6\sim1.0$。

4. 变异概率 p_m

变异概率是群体保持多样性的保障。变异概率太小，可能使某些基因位过早地丢失信息而无法恢复，而太高则遗传算法将变成随机搜索。一般取 $p_m=0.005\sim0.05$。

在简单遗传算法或标准遗传算法中，这些参数是不变的。但事实上这些参数的选择取决于问题的类型，并且需要随着遗传进程而自适应变化。只有这种有自组织性能的 GA 才能具有更高的鲁棒性、全局最优性和效率。例如，对于实数编码的个体 $p=(p_1,\cdots,p_k,\cdots,p_n)$可以采用如下的变异方式：

$$p'_k=\begin{cases}p_k+\Delta(t,\mathrm{UB}-p_k), & r\leqslant 0.5\\ p_k-\Delta(t,p_k-\mathrm{LB}), & r>0.5\end{cases}$$

式中：UB、LB 分别为 p_k 的上、下边界值；r 为随机数；t 为进化代数；$\Delta(t,y)$的定义为

$$\Delta(t,y)=y\left[1-r^{(1-t/T)^b}\right]$$

式中：T 为最大进化代数；b 为控制非一致性参数（一般取 0.8 左右）。这样 $\Delta(t,y)$为 $0\sim y$ 之间的数，随着 t 的增加逐步趋向于 0。

8.2.5 简单遗传算法的改进

针对简单遗传算法存在的问题，研究者们提出了各种改进算法，这些改进算法基本上体现在遗传算法实现的方方面面。

1. 对选择规则的改进

简单遗传算法的种群进化方式是针对个体的劣中选优，主要的进化手段是杂交、后代替换双亲，优良基因结构被破坏的可能性较大，以致延缓种群性能的进化；简单遗传算法以适应度作为选种的选择激励，若种群的适应度变化不大或过大，都会引起选择激励不足或波动，导致

进化过程过早收敛或发生振荡;各代种群中的最优个体未得到保护,劣质后代可能取代优良的双亲。为此,可以对选择规则进行如下改进。

1) 最差个体替换法

将种群中各个体按适应度大小排序,并以其序号代替各个体的等级,用各个体的等级作为选择激励,选取一对双亲,经交叉、变异等过程繁殖两个后代,随机抛弃一个后代或抛弃适应度低的一个后代,用另一个后代来替换种群中等级最差的一个个体。

2) 杰出个体保护法

对于种群中适应度最高的个体,可直接进入下一代种群中,从而防止最杰出个体由于选择、交叉与变异的偶然性而被破坏掉。

3) 扫描窗最小适应度屏障法

对于本代种群中的所有个体进行扫描,凡是适应度小于某约定适应度阈值的个体,将不允许参加选种,就好似加了一个扫描窗。

4) 代沟控制法

它是以一定概率来控制由一代种群进化到下一代种群时,被其后代代替的个体的比例,而其余部分的个体将直接进入下一代种群中。

2. 对构造初始种群(初始种群产生)方法的改进

在构造初始种群时,个体不全是随机产生,而是根据关于待解问题的部分先验知识,给出部分有着较好基因结构的个体,其余个体随机产生,从而有利于加速搜索过程。

3. 对交叉算子的改进

经典的 GA 算法强调交叉的作用,且认为在交叉机制中强度最弱的单断点交叉是最好的。但研究表明,强度较大的多断点、均匀交叉有可能优于单断点交叉。为此,人们对交叉算子提出了一些改进策略。

1) 多断点交叉

断点太多易破坏优良个体,所以断点数应小于或等于 3。

2) 同源交叉

遗传算法的关键在于提高交叉效率,同源交叉不只限于评价个体,而且还深入到各基因码优劣的评价和决策中。若把基因码链称为“全码链”,则其中对应于各自变量分量的码段称为相应“自变量的源码链”。基本的交叉方案是针对全码链进行的,称为“全码交叉”,实际上它主要起到了各个体间自变量分量互换也即自变量分量重组的作用,就各自变量分量本身而言,交叉效率不高。

根据遗传变异机理,交叉主要是在同源染色体间进行的,因此,如把交叉操作改为对每一源基因码链同时进行,交叉效率可望有所提高。这种交叉称为“同源交叉”。

4. 对变异算子的改进

1) 优种基因码导引变异

这是一种向优种个体看齐的变异方案。对于每代种群,在各个体按适应度排序后,第 MT(MT>1)到 N 的个体的各同源基因码链作如下变异:

① 从高位到低位与最优个体作逐位比较,设比到第 n 位出现二者不同。

② 这一同源基因码链的前 $n-1$ 位不动,而其余部分随机化。

2) 自适应变异

它是在选定了双亲进行交叉时,先以 Hamming 距离测定其双亲基因码的差异;然后,根据该差异决定其后代的变异概率。双亲的差异越小,则给定的变异概率越大。当种群的各个体过分趋于一致时，它可使变异的可能性增大，从而提高种群的多样性，增强算法维持搜索的能力，而在种群的多样性已经很强时，则减小变异概率，以免破坏优良个体。

5. 对基因操作的改进

1）双倍体和显性

简单遗传算法实际上是“单倍体遗传”。自然界中一些简单的植物采用这种遗传，大多数动物和高级植物则采用双倍体遗传（每个基因型由一对或几对染色体组成）。双倍体遗传提供了一种记忆以前十分有用的基因块的功能，使得当环境再次变为以前发生过的情况时，物种会很快适应。当一对染色体对应的基因块不同时，显性基因遗传给后代。

这种双倍体遗传和显性遗传延长了曾经适应度很高，但目前很差的基因块的寿命，并且在变异概率低的情况下，也能保持一定水平的多样性。这在非稳定性函数，尤其是周期函数中非常有用。

2）倒位操作

在自然遗传学中，有一种称为倒位的现象。在染色体中有两个倒位点，在这两点之间的基因倒换位置。这种倒位现象，使那些在父代中离得很远的位在后代中靠在一起，这相当于重新定义基因块，使其更加紧凑，更不易被交换所分裂。如果基因块代表的是一个平均适应高的区域，那么结构紧凑的块会自动取代结构较为松散的块，因为结构较紧凑的复制到后代的错误少，损失也小。因此，利用倒位作用的遗传算法能发现并助长有用基因的紧密形式。

6. 基于种群的宏观操作——小生境及其物种生成

在自然界中具有相同特征的一群个体被认为是一个物种。环境也被分成不同的小环境，形成小生境。基于这种生物原理，在遗传算法中引入了共享和交换限制，即交换操作不再是随机选择，而是在具有相同特征的种群中选择，而且产生的后代将取代具有相同特征的种群中的个体。

【例 8.1】 求解下列函数的极小值：

(1) $f(\boldsymbol{X})=20+[x_1^2-10\cos(2\pi x_1)]+[x_2^2-10\cos(2\pi x_2)]$，$|x_i|\leqslant 5.12, i=1,2$。

(2) $\begin{cases} \min f(x,y)=100(y-x^2)^2+(1-x)^2 \\ \text{s.t.}\quad g_1(x,y)=-x-y^2\leqslant 0 \\ \qquad g_2(x,y)=-x^2-y\leqslant 0 \\ \qquad -0.5\leqslant x\leqslant 0.5, y\leqslant 1 \end{cases}$。

解：(1) 此函数的图像如图 8-3 所示，其极值为 $f(0,0)=0$。

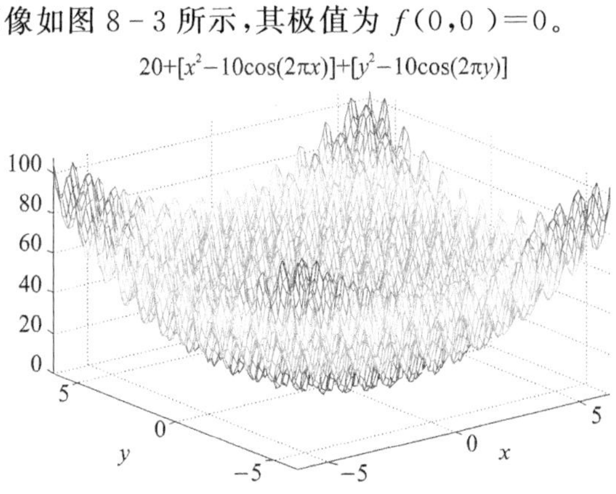

图 8-3　函数的图像

```
zfun = inline('20 + [x^2 - 10 * cos(2 * pi * x)] + [y^2 - 10 * cos(2 * pi * y)]'); ezmesh(zfun,100)
```

现利用遗传算法求解。

根据遗传算法的原理,编写函数 myga。此函数利用实数编码,通过设定不同的参数(主要是变异概率、交叉概率、迭代次数、适应度函数形式等),可以发现这些参数对寻优结果的影响较大。

```
>> cbest = myga(@optifun14,numvar,popsize,iterm_max,pm,px,LB,UB)
>> cbest  = x: [ - 3.0784e - 004  - 3.0198e - 004]
        fitness: 3.6892e - 005
        index: 4991
```

(2) 对于约束优化问题,可以参照上篇"经典优化方法"第 3 章中的方法将其转化为无约束优化问题(本例中为罚函数法),再调用遗传算法进行求解。

```
>> cbest = myga(@optifun16,2,70,9000,0.2,0.95,[ - 0.5; - 1],[0.5;1])
>> cbest  = x: [0.4999 0.2497]
        fitness: 0.2501
        index: 4777
```

此函数的求解效果并不理想,多次寻优才成功一次,需要改进。

【例 8.2】 求下列函数的极大值:

$$f(\boldsymbol{X})=\frac{\sin x}{x}\cdot\frac{\sin y}{y},\quad -10\leqslant x,y\leqslant 10$$

解:现利用二进制编码的遗传算法进行求解,编写函数 myga1。

```
>> [max_x,maxfval] = myga1(@optifun15,LB,UB,popsize,iterm_max,px,pm,1e - 8)
>> min_x  = 1.0e - 003  * (0.6680     0.0882)        % 极值点
  minfval  = 1                                        % 极大值
```

【例 8.3】 GA 算法的本质是对确定的初始解("串")进行选择、交叉与变异过程,以求得最优解,这个过程相当于有限枚举。根据这个思想,可以借助现代计算机的优势,遍历计算每个解(即每个基因串),最终比较解的结果便可得到其中的最优解,这个方法即为穷举法。对于较为简单的函数,这个方法不失为一种较好的方法。试利用遍历穷举法求解下列函数的最小值:

$$f(x)=-x^2+2x+0.5,\quad -10\leqslant x,y\leqslant 10$$

解:根据遍历穷举法的原理,编写函数 gaexhause 进行计算。此函数首先需要根据计算精度确定染色体(解)串的长度,再根据排列组合理论列出所有解(基因串),最终通过计算每个串的目标函数值便可以得到最终的结果。

很明显,此方法可能会得到精确解,也可能只得到近似解,关键就看有没有基因串恰好等于最优值。

```
>> [MinValue,MinFounction] = gaexhause(@optifun20, - 10,10,0.001)
>> MinValue  =  - 10                        % 最优点
  MinFounction  =  - 119.5000               % 函数极小值
```

【例 8.4】 体重约 70 kg 的某人在短时间内喝下 2 瓶啤酒后,隔一段时间测量他血液中的酒精含量(mg/100 mL),得到表 8-1 所列的数据。

根据酒精在人体血液分解的动力学规律可知,血液中酒精浓度与时间的关系可表示为

$$c(t)=k(\mathrm{e}^{-qt}-\mathrm{e}^{-rt})$$

试根据表 8-1 中的数据求出参数 k、q、r。

表 8-1 酒精在人体血液中分解的动力学数据

时间/h	0.25	0.5	0.75	1.0	1.5	2.0	2.5	3.0	3.5	4.0	4.5	5.0
酒精含量/(10^{-2}mg·mL^{-1})	30	68	75	82	82	77	68	68	58	51	50	41
时间/h	6.0	7.0	8.0	9.0	10.0	11.0	12.0	13.0	14.0	15.0	16.0	
酒精含量/(10^{-2}mg·mL^{-1})	38	35	28	25	18	15	12	10	7	7	4	

解:这是一个最小二乘问题,现利用 MATLAB 自带的遗传算法相关函数求解。

首先编写目标函数并以文件名 optifun18 保存。

```
function y = optifun18(x)
c = [30 68 75 82 82 77 68 68 58 51 50 41 38 35 28 25 18 15 12 10 7 7 4];
t = [0.25 0.5 0.75 1.0 1.5 2.0 2.5 3.0 3.5 4.0 4.5 5.0 6.0 7.0 8.0 9.0 10.0 11.0 12.0 13.0 14.0 15.016.0];
[r,s] = size(c);y = 0;
for i = 1:s
    y = y + (c(i) - x(1) * (exp( - x(2) * t(i)) - exp( - x(3) * t(i))))^2;          %残差的平方和
end
```

然后在 MATLAB 工作窗口输入下列命令:

```
>> Lb = [ - 1000, - 10, - 10];              %定义下界
>> Lu = [1000,10,10];                       %定义上界
>> x_min = ga(@optifun18,3,[],[],[],[],Lb,Lu)
```

得到结果:

```
x_min = 72.9706     0.0943     3.9407
```

由于遗传算法是一种随机性的搜索方法,所以每次运算可能会得到不同的结果。为了得到最终的结果,可用其他方法进行验证。在此,用直接搜索工具箱中的 fminsearch 函数求出最佳值,如下:

```
>> fminsearch(@optifun18,x_min)             %利用遗传算法得到的值作为搜索初值
   ans = 114.4325     0.1855     2.0079     %最终结果
```

图 8-4 所示为原始数据及用优化结果绘制的曲线。

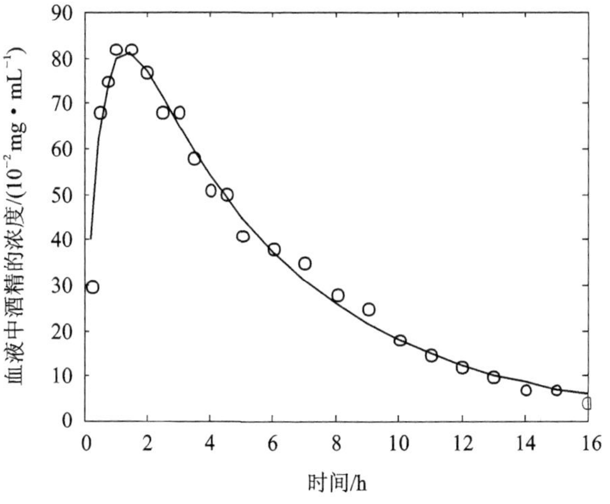

图 8-4 酒精在人体血液中分解的动力学曲线

从这个例子可看出,用遗传算法求解非线性最小二乘问题时,对最终的结果要用其他方法进行验证。

【例 8.5】 某钢铁公司炼钢转炉的炉龄按 30 炉/天炼钢规模,大约一个月就需对炉进行一次检修。为了减少消耗,厂方希望建立炉龄的预测模型,以便适当调节参数,以延长炉龄。通过实际测定,得到表 8-2 所列的数据,其中 x_1 为喷补料量,x_2 为吹炉时间,x_3 为炼钢时间,x_4 为钢水中含锰量,x_5 为渣中含铁量,x_6 为作业率,目标变量 y 为炉龄(炼钢炉次/炉)。请利用遗传算法确定 y 与哪些因素存在着明显的关系。

表 8-2 转炉炉龄数据

序 号	x_1	x_2	x_3	x_4	x_5	x_6	y
1	0.292 2	18.5	41.4	58.0	18.0	83.3	1 030
2	0.267 2	18.4	41.0	51.0	18.0	91.7	1 006
3	0.268 5	17.7	38.6	52.0	17.3	78.9	1 000
4	0.183 5	18.9	41.8	18.0	12.8	47.2	702
5	0.234 8	18.0	39.4	51.0	17.4	57.4	1 087
6	0.138 6	18.9	40.5	39.0	12.8	22.5	900
7	0.208 3	18.3	39.8	64.0	17.1	52.6	708
8	0.418 0	18.8	41.0	64.0	16.4	26.7	1 223
9	0.103 0	18.4	39.2	20.0	12.3	35.0	803
10	0.489 3	19.3	41.4	49.0	19.1	31.3	715
11	0.205 8	19.0	40.0	40.0	18.8	41.2	784
12	0.092 5	17.9	38.7	50.0	14.3	66.7	535
13	0.185 4	19.0	40.8	44.0	21.0	28.6	949
14	0.196 3	18.1	37.2	46.0	15.3	63.0	1 012
15	0.100 8	18.2	37.0	46.0	16.8	33.9	716
16	0.270 2	18.9	39.5	48.0	20.2	31.3	858
17	0.146 5	19.1	38.6	45.0	17.8	28.1	826
18	0.135 3	19.0	38.6	42.0	16.7	39.7	1 015
19	0.224 4	18.8	37.7	40.0	17.4	49.0	861
20	0.215 5	20.2	40.2	52.0	16.8	41.7	1 098
21	0.031 6	20.9	41.2	48.0	17.4	52.6	580
22	0.049 1	20.3	40.6	56.0	19.7	35.0	573
23	0.148 7	19.4	39.5	42.0	18.3	33.3	832
24	0.244 5	18.2	36.6	41.0	15.2	37.9	1 076
25	0.222 2	18.4	37.0	40.0	13.7	42.9	1 376
26	0.129 8	18.4	37.2	45.0	17.2	44.3	914
27	0.230 0	18.4	37.1	47.0	22.9	21.6	861
28	0.243 6	17.7	37.2	45.0	16.2	37.9	1 105

续表 8-2

序　号	x_1	x_2	x_3	x_4	x_5	x_6	y
29	0.280 4	18.3	37.5	46.0	17.3	20.3	1 013
30	0.197 0	17.3	35.9	46.0	13.8	57.4	1 249
31	0.184 0	16.2	35.3	43.0	16.6	44.8	1 039
32	0.167 9	17.1	34.6	43.0	20.3	37.3	1 502
33	0.152 4	17.6	36.0	51.0	14.2	36.7	1 128

解:这是特征或变量的选择问题,采用变量扩维-筛选方法求解。变量扩维即除了原有的变量外,还引入原变量的一些非线性因子。本例中最终确定的变量除原变量外,再加上以下的 14 个变量,共 27 个因子,见表 8-3。

表 8-3　变量组成

变量序号	因子组成	变量序号	因子组成	变量序号	因子组成
x_7	x_1^2	x_{14}	x_2x_3	x_{21}	x_3x_6
x_8	x_1x_2	x_{15}	x_2x_4	x_{22}	x_4^2
x_9	x_1x_3	x_{16}	x_2x_5	x_{23}	x_4x_5
x_{10}	x_1x_4	x_{17}	x_2x_6	x_{24}	x_4x_6
x_{11}	x_1x_5	x_{18}	x_3^2	x_{25}	x_5^2
x_{12}	x_1x_6	x_{19}	x_3x_4	x_{26}	x_5x_6
x_{13}	x_2^2	x_{20}	x_3x_5	x_{27}	x_6^2

根据以上数据就可以通过遗传算法筛选最终的变量数,即哪些变量对炉龄的影响最大。采用二进制编码,其中 0、1 分别表示变量未被选中和被选中。

适应度函数用 PRESS 值。此值的含义如下:将 m 样本中 $m-1$ 个样本用作训练样本,剩下的一个样本作检验样本。利用 $m-1$ 样本建模,用检验样本代入模型,可求得一个估计值 y_1。然后换另外一个样本作为检验样本,用其余样本建模,检验样本进行检验,得到第二个估计值 y_2。如此循环 m 次,每次都留下一个样本作估计,最后可求得 m 个估计值,并可求出 m 个预报残差 $y_i - y_{i-1}$,再将这 m 个残差平方求和,即为 PRESS。此值越小,表示模型的预报能力越强。具体的计算公式如下:

$$\text{PRESS} = \sum_{i=1}^{m}(y_i - y_{i-1})^2$$

为了减小计算量,在实际中可以通过普通残差来求 PRESS,即

$$\text{PRESS} = \sum_{i=1}^{m}\left(\frac{e_i}{1-h_{ii}}\right)^2$$

式中:e_i 为普通残差;h_{ii} 为第 i 个样本点到样本点中心的广义化距离,$h_{ii} = x_i^{\mathrm{T}}(\boldsymbol{X}^{\mathrm{T}}\boldsymbol{X})^{-1}x_i$,其中,$\boldsymbol{X}$ 为数据矩阵,x_i 为 $\boldsymbol{X}$ 中的某一行矢量。

对于 GA 算法,既可以用行命令(GA 命令),也可以用 OPTIMTOOL(优化工具箱)中的 GA 算法进行求解,后者易调整算法中的各种参数,以期得到较好的结果。

通过运算可得到变量选择的情况,其中的一次结果如下:

```
x:[0 0 1 1 0 0 1 0 0 1 1 1 1 1 1 0 0 0 0 0 0 1 0 0 0 0 0]
```

即序号为3、4、7、10、11、12、13、14、15和22的变量被选中,其PRESS值为10.129 3。

对求出的变量的原始数据(即不进行归一化,这样在实际中应用更方便)进行多元线性回归,可得到以下的关系式:

$$y=50\ 144-2\ 391x_3-131x_4-8\ 757x_1^2+140x_1x_4-124x_1x_5+11x_1x_6-139x_2^2+127x_2x_3+8x_2x_4-0.456\ 8x_4^2$$

在实际工作中,可以通过逐步回归(stepwise)或其他方法进行上述结果的验证。

【例8.6】 作业车间调度问题(Job-shop Scheduling Problem,JSP)是指根据产品制造的合理需求分配加工车间顺序,从而达到合理利用产品制造资源、提高企业经济效益的目的。JSP是一类满足任务配置和顺序约束要求的组合优化问题,相关研究表明,这属于NP完全问题。

JSP从数学上可以描述为有n个待加工零件(工件)要在m台机器上加工,要求通过合理安排工件的加工顺序以使总加工时间最小——最小的最大完工时间,其具体数学模型如下:

(1) 工件集合$\boldsymbol{P}=\{p_1,p_2,\cdots,p_n\}$,$p_i$表示第$i$个工件($i=1,2,\cdots,n$)。

(2) 机器集合$\boldsymbol{M}=\{m_1,m_2,\cdots,m_m\}$,$m_j$表示第$j$台机器($j=1,2,\cdots,m$)。

(3) 工序集$\mathbf{OP}=\{\mathrm{op}_1,\mathrm{op}_2,\cdots,\mathrm{op}_n\}^{\mathrm{T}}$,$\mathrm{op}_i=\{\mathrm{op}_{i1},\mathrm{op}_{i2},\cdots,\mathrm{op}_{im}\}$表示工件$\mathrm{op}_i$的工序序列,$\mathrm{op}_{ik}$表示第$i$个工件的第$k$道工序的机器号。

(4) 每个工件使用每台机器加工的时间矩阵$\boldsymbol{T}=\{t_{ij}\}$,$t_{ij}$表示第$i$个工件在第$j$台机器上的加工时间,若$t_{ij}=0$,则意味着工件$p_i$不需要在机器$j$上加工,也就是说,工件$p_i$的这道工序实际上是不存在的,则在工序序列$\mathrm{op}_i$中与之对应的机器号可以为任何一个机器代号。

(5) 每个工件使用每台机器加工的费用矩阵$\boldsymbol{C}=\{c_{ij}\}$,$c_{ij}$表示第$i$个工件$p_i$在第$j$台机器上的加工费用,若$c_{ij}=0$,则意味着工件$p_i$不需要在机器$j$上加工。

另外,JSP还需要满足以下约束条件:

① 每个工件使用每台机器不多于1次;

② 每个工件使用每台机器的顺序可以不同,即$\mathrm{op}\neq\mathrm{op}_d\ (i\neq d)$;

③ 每个工件的工序必须依次进行,后工序不能先于前工序;

④ 任何工件没有抢先加工的优先权,应服从生产顺序;

⑤ 工件加工过程中没有新工件加入,也不临时取消工件的加工。

已知一个3机器5工件的JSP问题的加工工序及加工时间矩阵,求最优加工顺序及在该加工顺序下最小的最大完工时间。

$$\mathbf{OP}=\begin{bmatrix}3&2&1\\1&3&2\\2&3&1\\1&2&1\\3&1&2\end{bmatrix},\quad \boldsymbol{T}=\begin{bmatrix}27&8&10\\6&10&5\\14&10&3\\25&20&16\\5&12&28\end{bmatrix}$$

解:从算法本质上讲,遗传算法并不复杂,自编程序或利用MATLAB中的遗传算法工具箱(较高版本的MATLAB则包含在优化算法工具箱中)都可以。在应用遗传算法时,首先要确定一个编码方案。编码时要根据问题的实际设计,总的原则是有利于求解。编码设定好后,才可以根据编码的意义,编写适应度函数以及相应的选择、交叉与变异算子,最终完成整个遗传算法过程。

此例中编码如下:每条染色体表示全部工件的加工顺序及加工各工件的机器。当需要加

工的工件总数为 n，工件 n_i 的加工工序为 m_j 时，每条染色体的长度为 $2\sum_{i=1}^{k}n_im_j$，其中前面的 $\sum_{i=1}^{k}n_im_j$ 个整数表示所有工件在机器上的加工顺序，后面的 $\sum_{i=1}^{k}n_im_j$ 个整数则是与之对应的加工机器的代号。例有这样一个 4 工件 3 机器的 JSP 的染色体个体：

$$[2\ 4\ 2\ 3\ 1\ 3\ 4\ 1\ 2\ 3\ 1\ 4 \mid 1\ 2\ 3\ 3\ 3\ 1\ 3\ 2\ 2\ 2\ 1\ 1]$$

该染色体的前 12 位表示工件的加工顺序，数字表示工件号，该数字出现的次数则表示为该工件的加工顺序，所以该染色体表示的加工顺序为：工件 2(第 1 道工序)→工件 4(第 1 道工序)→工件 2(第 2 道工序)→工件 3(第 1 道工序)→……；后 12 位则表示与第 1～12 位依次对应的各工序的机器代号，即工件 2 的第 1 道工序由机器 1 加工，工件 4 的第 1 道工序由机器 2 加工，其余依次类推。

编码方案确定后，其余的算子及程序就可以确定。对一般的遗传算法算子稍作修改，便可以用来计算本例题。

```
>> NIND = 40;                                                    % 种群所包含的个体数目
>> MAXGEN = 50;                                                  % 最大遗传代数
>> GGAP = 0.9;                                                   % 代沟
>> P_Cross = 0.8;                                                % 交叉概率
>> P_Mutation = 0.6;                                             % 变异概率
>> Jm = {3,2,1;1,3,2;2,3,1;1,2,1;3,1,2;};                        % 加工工序矩阵
>> T = {27,8,10;6,10,5;14,10,3;25,20,16;5,12,28;};               % 时间矩阵
>> MakeSpan = GAJSP(NIND,MAXGEN,GGAP,P_Cross,P_Mutation,Jm,T);
```

计算中其中一次的加工方案如图 8-5 所示，在该方案下最长流程时间为 86 个时间，即工件 2 在机器 2 上的最后 1 道工序加工结束的时刻。图 8-5 中各矩形条上的数字表示工序，例如 401 表示为工件 4 的第 1 道工序，502 表示工件 5 的第 2 道工序。

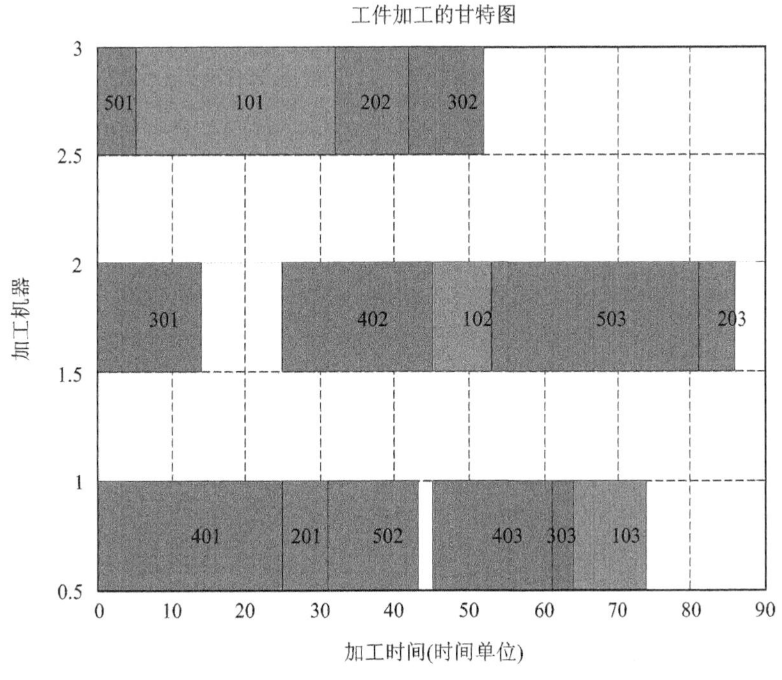

图 8-5　加工方案(1)

本例题是基本的 JSP 问题,其他 JSP 问题都是此问题的变种,主要的变化是加工工序矩阵和时间矩阵。如果能对具体的问题写出加工工序矩阵和时间矩阵,则利用本例题的程序就可以作相应的求解。例如已知 6 个待加工工件将在 10 台机器上加工,每个工件都要经过 6 道工序,每个工序可选择的加工机器及加工时间如表 8-4 所列。

表 8-4 工件的加工工序、加工机器及加工时间

工序 \ 工件		工件 1	工件 2	工件 3	工件 4	工件 5	工件 6
工序 1	加工机器	3,10	2	3,9	4	5	2
	加工时间	3,5	6	1,4	7	6	2
工序 2	加工机器	1	3	4,7	1,9	2,7	4,7
	加工时间	10	8	5,7	4,3	10,12	4,7
工序 3	加工机器	2	5,8	6,8	3,7	3,10	6,9
	加工时间	9	1,4	5,6	4,6	7,9	6,9
工序 4	加工机器	4,7	6,7	1	2,8	6,9	1
	加工时间	5,4	5,6	5	3,5	8,8	1
工序 5	加工机器	6,8	1	2,10	5	1	5,8
	加工时间	3,3	3	9,11	1	5	5,8
工序 6	加工机器	5	4,10	5	6	4,8	3
	加工时间	10	3,3	1	3	4,7	3

将表 8-4 中的数据转换成相应的加工工序矩阵和时间矩阵,再代入程序计算可得到图 8-6 所示的方案(计算结果中的一次),在此方案下最长流程时间为 42 个时间单位,即工件 3 在机器 5 上与工件 5 在机器 4 上同时完成加工的那个时刻。

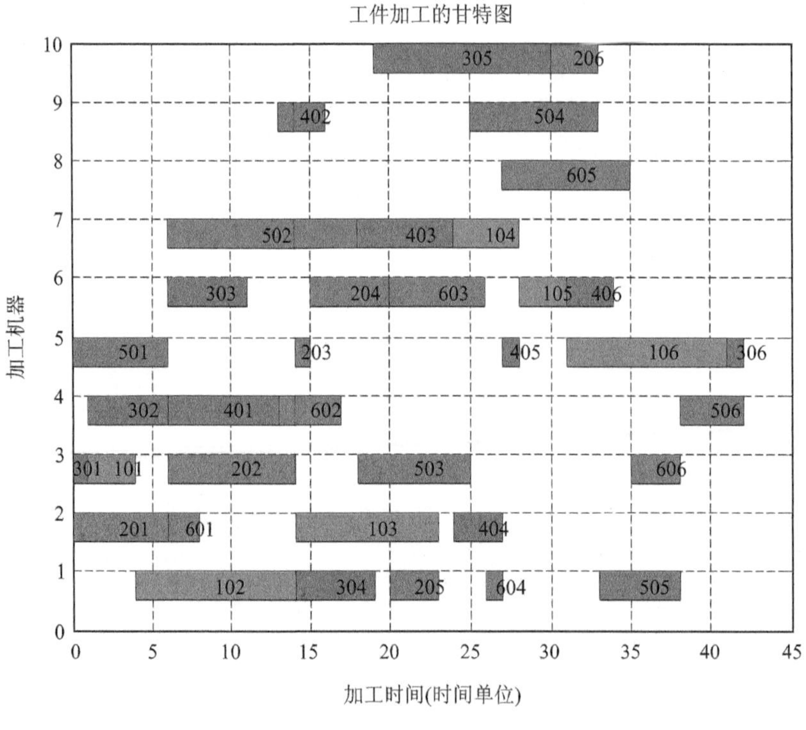

图 8-6 加工方案(2)

8.3 进化规划算法

进化规划(Evolutionary Programming,EP)是 20 世纪 60 年代由美国的 L. J. Fogel 等为了求解预测问题而提出的一种有限机进化模型。L. J. Fogel 等借用进化的思想对一群有限态自动机进行进化以获得较好的有限态自动机,并将此方法应用到数据诊断、模式识别和分类以及控制系统的设计等问题中,取得了较好的结果。20 世纪 90 年代,D. B. Fogel 借助进化策略方法对进化规划进行了发展,并用于数值优化及神经网络训练等问题中且获得成功,这样进化规划就演变成为一种优化搜索算法,并在很多实际领域中得到应用。后来,Back 和 Schwefel 提出了带有自适应的进化规划算法,实验表明,该算法要优于不带有自适应的进化规划算法。随后,出现了多种形式的进化规划算法,如快速进化规划算法、推广进化规划算法等。这些改进的算法在求解高维组合优化和复杂的非线性优化问题具有较好的效果。

作为进化计算的一个重要分支,进化规划算法具有进化计算的一般流程。在进化规划中,用高斯变异方法代替平均变异方法,以实现种群内个体的变异,保持种群中丰富的多样性。在选择操作上,进化规划算法采用父代与子代一同竞争的方式,采用锦标赛选择算子,最终选择适应度较高的个体,其基本流程如图 8－7 所示。与其他进化算法相比,进化规划有其特点,它使用交叉、重组之类体现个体之间相互作用的算子,而变异算子是最重要的算子。

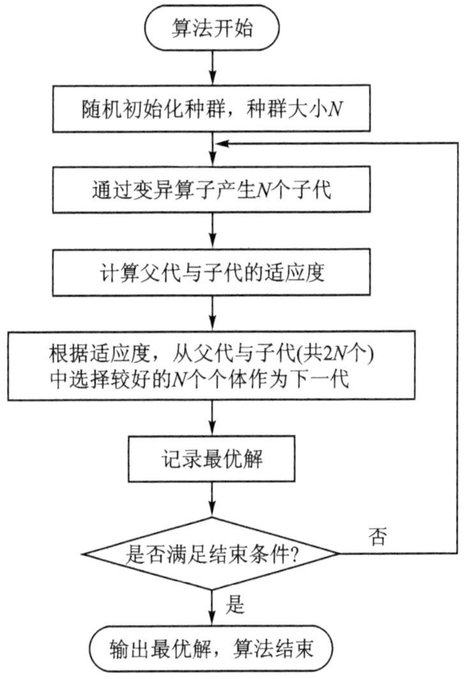

图 8－7　进化规划算法的流程图

进化规划可应用于组合优化问题和复杂的非线性优化问题,它只要求所求问题是可计算的,使用范围比较广。

从图 8－7 中可以看出,进化规划的工作流程主要包括以下几个步骤:

(1) 确定问题的表达方式。

(2) 随机产生初始种群,并计算其适应度。

(3) 用如下操作产生新群体:① 变异,对父代个体添加随机量,产生子代个体;② 计算新个体适应度;③ 选择、挑选优良个体组成新的种群;④ 重复执行①～③,直到满足终止条件;⑤ 选择最佳个体作为进化规划的最优解。

8.3.1 进化规划算法算子

进化规划算法中的算子有变异算子、选择算子。

1. 变异算子

遗传算法和进化策略对生物进化过程的模拟着眼于单个个体在其生存环境中的进化,强调的是“个体的进化过程”。与遗传算法和进化策略的出发点不同,进化规划是从整体的角度出发来模拟生物的进化过程的,它着眼于整个群体的进化,强调的是"物种的进化过程"。所以,在进化规划中不使用交叉运算之类的个体重组算子,因为这些算子的生物基础是强调个体的进化机制。这样,在进化规划中,个体的变异操作是唯一的一种最优个体搜索方法,这是进化规划的独特之处。

在标准的进化规划中,变异操作使用的是高斯变异算子。后来又发展了柯西变异算子、Lévy 变异算子以及单点变异算子。变异算子是区别不同变异算法的主要特征。

高斯变异算子在变异过程中,通过计算每个个体适应度函数值的线性变换的平方根来获得该个体变异的标准差 σ_i,并将每个分量加上一个服从正态分布的随机数。

设 X 为染色体个体解的目标变量,有 L 个分量(即基因位),在 $t+1$ 时有

$$\boldsymbol{X}(t+1)=\boldsymbol{X}(t)+N(0,\sigma)$$

$$\sigma(t+1)=\sqrt{\beta F(\boldsymbol{X}(t))+\gamma}$$

$$x_i(t+1)=x_i(t)+N(0,\sigma(t+1))$$

式中:σ 为高斯变异的标准差;x_i 为 $\boldsymbol{X}$ 的第 i 个分量;$F(\boldsymbol{X}(t))$为当前个体的适应度值(在这里,越是接近目标解的个体适应度值越小);$N(0,\sigma)$是概率密度为 $p(\sigma)=\dfrac{1}{\sqrt{2\pi}}\exp\left(-\dfrac{\sigma^2}{2}\right)$的高斯随机变量;系数 β_i 和 γ_i 是待定参数,一般将它们的值分别设为 1 和 0。

根据以上计算方法,就可以得到变量 $\boldsymbol{X}$ 的变异结果。

2. 选择算子

在进化规划算法中,选择操作是按照一种随机竞争的方式,根据适应度函数值从父代和子代的 $2N$ 个个体中选择 N 个较好的个体组成下一代种群。选择的方法有依概率选择、锦标赛选择和精英选择三种。锦标赛选择方法是比较常用的方法,其基本原理如下:

① 将 N 个父代个体组成的种群和经过一次变异运算后得到的 N 个子代个体合并,组成一个共含有 $2N$ 个个体的集合 I。

② 对每个个体 $x_i\in I$,从 I 中随机选择 q 个个体,并将 q 个个体的适应度函数值与 x_i 的适应度函数值相比较,计算出这 $q(q\geqslant 1)$个个体中适应度函数值比 x_i 的适应度差的个体的数目 w_i,并把 w_i 作为 x_i 的得分,$w_i\in(0,1,\cdots,q)$。

③ 在所有的 $2N$ 个体都经过这个比较后,按每个个体的得分 w_i 进行排序,选择 N 个具有最高得分的个体作为下一代种群。

通过这个过程,每代种群中相对较好的个体都被赋予了较大的得分,从而能保留到下一代的群体中。

为了使锦标赛选择算子发挥作用,需要适当地设定 q 值。当 q 值较大时,算子偏向确定性选择,当 $q=2N$ 时,算子确定从 $2N$ 个个体中选择 N 个适应度较高的个体,容易造成早熟等弊端;相反,当 q 的取值较小时,算子偏向于随机性选择,使得适应度的控制能力下降,导致大量低适应度值的个体被选出,造成种群退化。因此,为了既能保持种群的先进性,又能避免确定性选择带来的早熟等弊病,需要根据具体问题,合理地选择 q 值。

8.3.2 进化规划算法的改进算法

1. 自适应的标准进化规划算法(CEP 算法)

CEP 算法的步骤如下:

(1) 随机产生由 μ 个个体组成的种群,并设 $k=1$。每个个体用一个实数对$(\boldsymbol{x}_i,\eta_i)$,$\forall i\in$

$\{1,2,\cdots,\mu\}$表示。其中，$\boldsymbol{x}_i$ 是目标变量，η_i 是正态分布的标准差。

(2) 计算种群中每个个体关于目标函数的适应度函数值。在求解函数最小问题中，适应度函数值即为目标函数值 $f(\boldsymbol{x}_i)$ 。

(3) 对于每个个体$(\boldsymbol{x}_i,\eta_i)$，通过下面的方法产生唯一的后代$(\boldsymbol{x}'_i,\eta'_i)$。

$$\begin{cases}\boldsymbol{x}'_i(j)=\boldsymbol{x}_i(j)+\eta_i(j)N_j(0,1)\\ \eta'_i(j)=\eta_i(j)\exp(\tau' N(0,1)+\tau N_j(0,1))\end{cases}$$

式中：$\boldsymbol{x}_i(j)$、$\boldsymbol{x}'_i(j)$、$\eta_i(j)$、$\eta'_i(j)$分别表示向量 $\boldsymbol{x}_i$、$\boldsymbol{x}'_i$、η_i、η'_i 的第 j 个分量；$N(0,1)$是一个均值为 0，标准差为 1 的标准正态分布随机数；$N_j(0,1)$ 是指为每一个 j 都产生一个新的标准正态分布的随机数。τ 和 τ' 通常设为$\left(\sqrt{2\sqrt{n}}\right)^{-1}$ 和$\left(\sqrt{2n}\right)^{-1}$。

(4) 计算每个后代$(\boldsymbol{x}'_i,\eta'_i)$的适应度函数值 $f(\boldsymbol{x}'_i)$。

(5) 在所有的父代个体$(\boldsymbol{x}_i,\eta_i)$和子代个体$(\boldsymbol{x}'_i,\eta_i)$中进行成对比较。方法是：对每个个体，从所有的父代和子代的 2μ 个个体中随机选择 q 个与其进行比较。在每次比较中，如果该个体的适应度函数值不大于与其进行比较的个体的适应度函数值，则赋给该个体一个"win"。

(6) 从$(\boldsymbol{x}_i,\eta_i)$和$(\boldsymbol{x}'_i,\eta'_i)$中选择 μ 个具有"win"的个数最多的个体，组成产生下一代个体的种群。

(7) 判断是否满足终止条件。如果满足，则算法结束；否则 $k=k+1$，回到步骤(3)。

CEP 算法在求解高维单模函数和低维函数问题时效果较好，但是在求解有较多局部最小值的高维多模函数时，由于其搜索步长的局限性，算法容易被困在局部最优值附近，得到全局最优解的效果比较差。

2. 快速进化规划算法(FEP 算法)

FEP 算法是由姚新等提出的，与标准规划算法相比，它主要是使用柯西分布变异算子。

柯西分布是概率论与数理统计中的著名分布之一，具有很多特殊的性质。当随机变量为 x 时，柯西分布的概率密度函数为

$$f(x)=\frac{1}{\pi}\cdot\frac{\lambda}{\lambda^2+(x-a)^2},\quad -\infty<x<+\infty$$

式中：$\lambda(\lambda>0)$，a 为常数。柯西分布与正态分布的概率密度函数图形相似，比正态分布平坦一些，两翼较为宽大。

FEP 算法与自适应的标准进化规划算法相比，除了产生下一代个体的方法不同外，其余步骤完全相同。对于每个个体$(\boldsymbol{x}_i,\eta_i)$，FEP 算法通过下面的方法产生唯一的后代$(\boldsymbol{x}'_i,\eta'_i)$，即

$$\begin{cases}\boldsymbol{x}'_i(j)=\boldsymbol{x}_i(j)+\eta_i(j)\delta_j\\ \eta'_i(j)=\eta_i(j)\exp(\tau' N(0,1)+\tau N_j(0,1))\end{cases}$$

式中：δ_j 是一个符合柯西分布的随机变量，对每一个分量 j 都产生一个新的值。

采用柯西分布这种变异方式，产生的子代个体距离父代个体较远的概率要高于采用正态分布的变异方式，对于局部极小点很多的数值优化问题，采用柯西变异算子的优化效果要好于正态分布变异算子。但是，在进化过程中，FEP 算法可能会产生非法解，尤其是在进化的初始阶段。这些非法解的存在，在一定程度上影响了算法的求解效率。

3. 单点变异算法(SPMEP 算法)

SPMEP 算法是在 CEP 算法的基础上对个体的变异方法进行了改进，其他的步骤与 CEP 算法相同。

SPMEP 算法产生后代个体的具体方法为

$$\begin{cases} \boldsymbol{x}_i'(j_i) = \boldsymbol{x}_i(j_i) + \eta_i N_i(0,1) \\ \eta_i'(j) = \eta_i(j)\exp(-\alpha) \end{cases}$$

其中,j_i 是从集合$\{1,2,\cdots,n\}$中随机选择的一个数,除了这一个分量的值进行改变之外,$\boldsymbol{x}_i'$其他分量的值与 $\boldsymbol{x}_i$ 的对应分量的值相同。$N_i(0,1)$是一个均值为 0,标准差为 1 的正态分布随机数,参数 $\alpha=1.01$。η_i 的初始值为$\frac{1}{2}(b_i-a_i)$。如果 $\eta_i<10^{-4}$,则令$\frac{1}{2}(b_i-a_i)$。

SPMEP 算法求解高维多模函数问题具有明显的优越性,该算法也具有良好的稳定性。与 CEP 和 FEP 算法不同,SPMEP 算法在每次迭代中,仅对每个父代个体中的一个分量执行变异操作,大大减少了计算时间。

4. MSEP 算法

MSEP 算法是一种混合策略进化规划算法。该算法将进化博弈论的思想运用到个体的进化过程中。个体通过变异和选择进行进化博弈,并通过调整进化策略来获得更好的结果。

在 MSEP 算法中,设 I 是由 μ 个个体组成的一个种群,由 CEP、FEP、LEP 和 SPMEP 四种变异方式组成一个变异算子集合,对每个个体定义一个混合策略向量 ρ,该向量的每一个分量与变异算子集合中的变异方式一一对应。在进化过程中,每个个体根据混合策略向量的值选取变异算子,并对混合策略向量进行更新。

在 MSEP 算法使用的四种变异算子中,CEP、FEP 和 SPMEP 算法的变异算子见前面介绍,此处仅对 LEP 算法进行简要的说明。

除个体的变异方法外,LEP 算法的其他步骤与 CEP 算法完全相同。LEP 算法中个体的变异方法为

$$\begin{cases} \boldsymbol{x}_i'(j) = \boldsymbol{x}_i(j) + \sigma_i(j)L_j(\beta) \\ \sigma_i'(j) = \sigma_i(j)\exp(\tau' N(0,1) + \tau N_j(0,1)) \end{cases}, \quad j=1,2,\cdots,n$$

式中:$L_j(\beta)$是一个符合 Lévy 分布的随机数,对每一个 j 都产生一个新的数,其中,参数 $\beta=0.8$。

下面为 MSEP 算法的具体方法和步骤:

(1) 初始化。随机产生一个由 μ 个个体组成的种群,每个个体都用一个向量体$(\boldsymbol{x}_i,\sigma_i)$表示,其中 $i\in\{1,2,\cdots,\mu\}$,$\boldsymbol{x}_i$ 为目标变量,σ_i 为标准差,则

$$\begin{cases} \boldsymbol{x}_i = (\boldsymbol{x}_i(1),\boldsymbol{x}_i(2),\cdots,\boldsymbol{x}_i(n)) \\ \sigma_i = (\sigma_i(1),\sigma_i(2),\cdots,\sigma_i(n)) \end{cases}, \quad i=1,2,\cdots,\mu$$

对每个混合策略向量 $\rho_i=(\rho_i(1),\rho_i(2),\rho_i(3),\rho_i(4))$,其中 1,2,3,4 分别对应 CEP、FEP、LEP 和 SPMEP 四种变异方式。

(2) 变异。每个个体 i 根据混合策略向量$\rho_i(\rho_i(1),\rho_i(2),\rho_i(3),\rho_i(4))$的值从四种变异方法中选择一种变异方法 h,然后使用选择的变异方法产生一个后代个体。将父代种群记作 $I(t)$,产生的子代个体组成的种群记作 $I'(t)$。

(3) 计算适应度函数值。计算所有的父代个体和子代个体的适应度函数值,f_1,f_2,$\cdots$,$f_{2\mu}$。

(4) 选择。对父代和子代的每个个体,从所有的 2μ 个个体中随机选择 q 个个体与其进行比较;在每次比较中,如果该个体的适应度函数值不大于与其进行比较的个体的适应度函数值,则赋给该个体一个"win"。从父代和子代的 2μ 个个体中选择 μ 个具有"win"的个数最多的个体组成产生下一代种群,记作 $I(t+1)$。

(5) 策略调整。对于种群 $I(t+1)$中的每个个体 i,按照下面的方法更新它的混合策略

向量。

① 如果个体 i 来自后代种群 $I'(t)$，并且使用的变异算子为 h，则加强 h 并按照下面的方法调整它的混合策略概率分布

$$\begin{cases}\rho_{ih}^{(t+1)}=\rho_{ih}^{(t)}+(1-\rho_{ih}^{(t)})\gamma \\ \rho_{il}^{(t+1)}=\rho_{il}^{(t)}-\rho_{lh}^{(t)}\gamma, \quad \forall l \neq h\end{cases}$$

其中，$\gamma \in (0,1)$，是一个小正数，作为调整混合策略的概率分布的控制参数，可以取 1/3。

② 如果个体 i 来自父代种群 $I(t)$，并且使用的变异算子为 h，则减弱策略 h 并使用下面的方法调整它的混合策略概率分布

$$\begin{cases}\rho_{ih}^{(t+1)}=\rho_{ih}^{(t)}+\rho_{ih}^{(t)}\gamma \\ \rho_{il}^{(t+1)}=\rho_{il}^{(t)}+\rho_{lh}^{(t)}\gamma/3, \quad \forall l \neq h\end{cases}$$

(6) 重复步骤(2)～(5)直到满足终止条件。

在 MSEP 算法中，四种变异方法在处理不同类型函数时贡献的大小有所不同。

在以上各算法中，CEP 算法对于高维单模函数和低维函数的性能比较好，在高维多模函数的优化问题上收敛速度较慢，获得的最优解精确度较低；FEP 算法具有较快的收敛速度，对于高维多模函数有较好的效果，但是在单模函数的优化问题上效果要差一些；SPMEP 算法在解决高维多模函数问题时比 CEP 算法和 FEP 算法好，但在解决具有较少局部最小值的低维函数时比 CEP 算法差。单一变异算子普遍存在这样的问题：在解决某些问题时是有效的，但在解决另一些问题时却不能得到令人满意的结果。解决这个问题的一种方法是使用某种混合策略将各种变异算子结合起来。MSEP 算法将进化博弈论引入到个体的进化过程中，通过策略集合将四种变异方法结合起来，形成混合策略进化规划算法。该算法在求解各种类型函数的性能上都有了很大的提高。

8.3.3　进化规划算法的特点

进化规划能适应于不同的环境、不同的问题，并且在大多数情况下都能得到比较有效的解。与遗传算法和进化策略相比，进化规划主要具有下面几个特点：

(1) 进化规划以 n 维实数空间上的优化问题为主要处理对象，对生物进化过程的模拟主要着眼于物种的进化过程，所以它不使用交叉算子等个体重组方面的操作算子。

(2) 进化规划中的选择运算着重于群体中各个个体之间的竞争选择，但当竞争数目 q 较大时，这种选择也就类似于进化策略中的确定选择过程。

(3) 进化规划直接以问题的可行解作为个体的表现形式，无需再对个体进行编码处理，也无需再考虑随机扰动因素对个体的影响，更便于进化规划在实际中的应用。

与常规搜索算法相比较，进化规划具有以下一些优点：

(1) 多解性。在每次迭代过程中都保留一群候选解，从而有较大的机会摆脱局部极值点，可求得多个全局最优解。

(2) 并行性。具有并行处理特性，易于并行实现。一方面，算法本身非常适合大规模并行计算，各种群分别独立进化，不需要相互之间进行信息交换；另一方面，进化规划算法可以同时搜索解空间的多个区域并相互交流信息，使得算法能以较小的代价获得较大的收益。

(3) 智能性。确定进化方案之后，算法将利用进化过程中得到的信息自行组织搜索；基于自然选择策略，优胜劣汰；具备根据环境的变化自动发现环境的特征和规律的能力，不需要事先描述问题的全部特征，可用来解决未知结构的复杂问题。也就是说，算法具有自组织、自适

应、自学习等智能特性。

除此之外，进化规划的优点还包括过程性、不确定性、非定向性、内在学习性、整体优化、稳健性等多个方面。

【例 8.7】 用进化规划算法求解下列函数的最优值：

$$f_i(\boldsymbol{x})=\sum_{i=1}^{n}[x_i^2-10\cos(2\pi x_i)+10],\quad |x_i|\leqslant 5.12$$

此函数是多峰函数，在 $x_i=0$ 时达到全局极小点 $f(0,0,\cdots 0)=0$，在 $S=\{x_i\in(-5.12,5.12),i=1,2,\cdots,n\}$范围内大约存在 $10n$ 个局部极小点。

解：根据进化规划算法的原理，编写 gaEP 函数进行优化计算。程序中采用标准进化规划、自适应标准进化规划和单点变异进化规划三种算法，分别用 type 等于 1、2 或 3 控制。

```
>> [minx,minf] = gaEP(@optifun21,100,500, - 5.12 * ones(10,1),5.12 * ones(10,1),3)     % 单点变异
minx = 1.0e - 003 * ( - 0.2025  0  0  - 0.0394  0  0  0  0  0  0)
minf = 8.4460e - 006
```

根据计算结果，可看出第三种方法寻优效果较佳，可以寻找到最优点，另外两种方法效果欠佳，并不能寻到最优点。

【例 8.8】 用进化规划算法求解下列 0 - 1 背包问题：

$$\begin{cases}\max\ z=\sum_{i=1}^{n}c_ix_i\\ \text{s. t.}\quad \sum_{i=1}^{n}a_ix_i\leqslant b\end{cases}$$

其中，$n=10$，a、b、c 三者的数值见表 8 - 5。

表 8 - 5 a、b、c 三者的数值

c_i	160	87	18	71	176	101	35	145	117	54
a_i	198	30	167	130	35	20	105	196	94	126
b	546									

解：对例 8.7 中的程序进行修改，便可以用于求解 0 - 1 背包问题。

(1) 编码：采用二进制编码。

(2) 变异方法：随机选取 i，如果 $b-\sum_{i=1}^{n}a_ix_i\geqslant a_i$ 且 $x_i=0$，则 $x_i=1$；如果对所有的 i，$b-\sum_{i=1}^{n}a_ix_i< a_i$，则随机选取 j，令 $x_j=0$。

据此，便可以编写函数 gaEP1 进行计算。多运行几次，便可以得到以下的结果。

```
>> [maxx,maxf] = gaEP1(@optifun22,200,500)
maxx = 1   1   0   1   1   1   0   0   1   0
maxf = 712
```

8.4 进化策略算法

20 世纪 60 年代，德国柏林大学的 I. Rechenberg 和 H. P. Schwefel 等在进行风洞试验时，

由于设计中描述物体形状的参数难以用传统的方法进行优化，因而利用生物变异的思想来随机改变参数值，获得了较好的结果。随后，他们对这种方法进行了深入的研究和发展，形成了一种新的进化计算方法——进化策略(Evolution Strategy，ES)。

在进化策略算法中，采用重组算子、高斯变异算子实现个体更新。1981年，Schwefel在早期研究的基础上，使用多个亲本和子代，分别构成$(\mu+\lambda)$-ES和(μ,λ)-ES两种进化策略算法。在$(\mu+\lambda)$-ES中，由μ个父代通过重组和变异，生成λ个子代，并且父代与子代个体均参加生存竞争，选出最好的μ个作为下一代种群。在(μ,λ)-ES中，由μ个父代生成子代后，只有$\lambda(\lambda>\mu)$个子代参加生存竞争，选择最好的μ个作为下一代种群，代替原来的μ个父代个体。

进化策略是专门为求解参数优化问题而设计的，而且在进化策略算法中引入了自适应机制。进化策略是一种自适应能力很好的优化算法，因此更多地应用于实数搜索空间。进化策略在确定了编码方案、适应度函数及遗传算法以后，算法将根据"适者生存，不适者淘汰"的策略，利用进化中获得的信息自行组织搜索，从而不断地向最佳方向逼近，具有隐含并行性和群体全局搜索性这两个显著特征，而且鲁棒性较强，对于一些复杂的非线性系统求解具有独特的优越性能。

8.4.1　进化策略算法的基本流程

进化策略算法的流程图如图8-8所示。

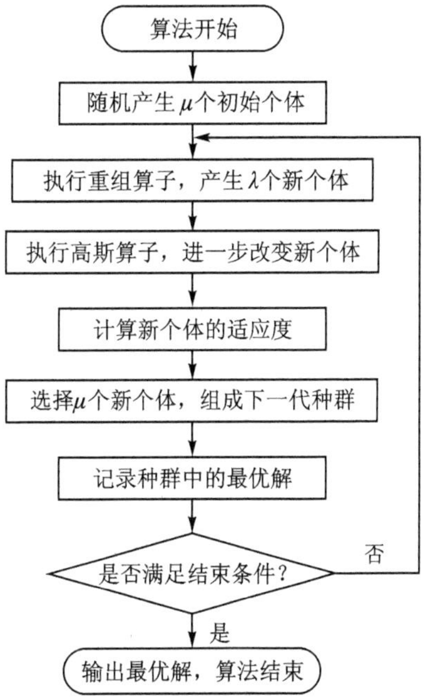
算法开始
随机产生μ个初始个体
执行重组算子，产生λ个新个体
执行高斯算子，进一步改变新个体
计算新个体的适应度
选择μ个新个体，组成下一代种群
记录种群中的最优解
是否满足结束条件?
否
是
输出最优解，算法结束

图8-8　进化策略算法的流程图

8.4.2　进化策略算法的构成要素

1. 染色体的构造

在进化策略算法中，常采用传统的十进制实数型来表达问题，并且为了配合算法中高斯变异算子的使用，染色体一般用以下二元表达方式：

$$(\boldsymbol{X},\sigma)=((x_1,x_2,\cdots,x_L),(\sigma_1,\sigma_2,\cdots,\sigma_L))$$

式中：$\boldsymbol{X}$为染色体个体的目标变量；σ为高斯变异的标准差。其中，每个$\boldsymbol{X}$有L个分量，即染色体的L个基因位；每个σ有对应的L个分量，即染色体每个基因位的方差。

2. 进化策略算法的算子

(1) 重组算子

重组是将参与重组的父代染色体上的基因进行交换，形成下一代染色体的过程。目前，常见的有离散重组、中间重组、混杂重组等重组算子。

① 离散重组是通过随机选择两个父代个体来进行重组产生新的子代个体，子代上的基因随机从其中一个父代个体上复制。

两个父代：

$$(\boldsymbol{X}^i,\sigma^i)=((x_1^i,x_2^i,\cdots,x_L^i),(\sigma_1^i,\sigma_2^i,\cdots,\sigma_L^i))$$

$$(\boldsymbol{X}^j,\sigma^j)=((x_1^j,x_2^j,\cdots,x_L^j),(\sigma_1^j,\sigma_2^j,\cdots,\sigma_L^j))$$

然后将其分量进行随机交换,构成子代新个体的各个分量,从而得到以下的新个体:

$$(\boldsymbol{X},\sigma)=((x_1^{i \text{ or } j},x_2^{i \text{ or } j},\cdots,x_L^{i \text{ or } j}),(\sigma_1^{i \text{ or } j},\sigma_2^{i \text{ or } j},\cdots,\sigma_L^{i \text{ or } j}))$$

很明显,新个体只含有某一个父代个体的因子。

② 中间重组是通过对随机的两个父代对应的基因进行求平均值,从而得到子代对应基因的方法,进行重组产生子代个体。

两个父代:

$$(\boldsymbol{X}^i,\sigma^i)=((x_1^i,x_2^i,\cdots,x_L^i),(\sigma_1^i,\sigma_2^i,\cdots,\sigma_L^i))$$

$$(\boldsymbol{X}^j,\sigma^j)=((x_1^j,x_2^j,\cdots,x_L^j),(\sigma_1^j,\sigma_2^j,\cdots,\sigma_L^j))$$

新个体:

$$(\boldsymbol{X},\sigma)=(((x_1^i+x_1^j)/2,(x_2^i+x_2^j)/2,\cdots,(x_L^i+x_L^j)/2),\\((\sigma_1^i+\sigma_1^j)/2,(\sigma_2^i+\sigma_2^j)/2,\cdots,(\sigma_L^i+\sigma_L^j)/2))$$

这时,新个体的各个分量兼容两个父代个体信息。

③ 混杂重组的特点是在父代个体的选择上。混杂重组时先随机选择一个固定的父代个体,然后针对子代个体每个分量再从父代群体中随机选择第二个父代个体,也即第二个父代个体是经常变化的。至于父代个体的组合方式既可以采用离散方式,也可以采用中值方式,甚至可以把中值重组中的 1/2 改为[0,1]上的任一权值。

(2) 变异算子

变异算子的作用是在搜索空间中随机搜索,从而找到可能存在于搜索空间中的优良解。但若变异概率过大,则使搜索个体在搜索空间内大范围跃迁,使得算法的启发性和定向性作用不明显,随机性增强,算法接近于完全的随机搜索;而若变异概率过小,则搜索个体仅在很小的邻域范围内变动,发现新基因的可能性下降,优化效率很难提高。

进化策略的变异是在旧个体的基础上增加一个正态分布的随机数,从而产生新个体。

设 $\boldsymbol{X}$ 为染色体个体解的目标变量,有 L 个分量(即基因位),σ 为高斯变异的标准差,在 $t+1$ 时有

$$\boldsymbol{X}(t+1)=\boldsymbol{X}(t)+N(0,\sigma)$$

即

$$\sigma_i(t+1)=\sigma_i(t)\cdot\exp[N(0,\tau')+N_i(0,\tau)]$$

$$\boldsymbol{x}_i(t+1)=x_i(t)+N(0,\sigma_i(t+1))$$

其中,$(\boldsymbol{x}_i(t),\sigma_i(t))$为父代个体第 i 个分量,$(\boldsymbol{x}_i(t+1),\sigma_i(t+1))$为子代个体的第 i 个分量,$N(0,1)$是服从标准正态分布的随机数,$N_i(0,1)$是针对第 i 个分量产生一次符合标准正态分布的随机数,τ'、τ 分别是全局系数和局部系数,通常设为$\left(\sqrt{2\sqrt{L}}\right)^{-1}$和$\left(\sqrt{2L}\right)^{-1}$,常取 1。

(3) 选择算子

选择算子为进化规定了方向,只有具有高适应度的个体才有机会进行进化繁殖。在进化策略中,选择过程是确定的。

在不同的进化策略中,选择机制也有所不同。

在$(\mu+\lambda)$-ES 策略中,在原有 μ 个父代个体及新产生的 λ 个新子代个体中,再择优选择 μ 个个体作为下一代群体,即精英机制。在这个机制中,上一代的父代和子代都可以加入到下一代父代的选择中,$\mu>\lambda$ 和 $\mu=\lambda$ 都是可能的,对子代数量没有限制,这样就最大程度地保留了那些具有最佳适应度的个体,但是它可能会增加计算量,降低收敛速度。

在(μ,λ)-ES 策略中,因为选择机制是依赖于出生过剩的基础上的,因此要求 $\mu>\lambda$。在

新产生的 λ 个新子代个体中择优选择 μ 个个体作为下一代父代群体。无论父代的适应度和子代相比是好是坏，在下一次迭代时都被遗弃。在这个机制中，只有最新产生的子代才能加入选择机制中，从 λ 中选择最好的 μ 个个体，作为下一代的父代，而适应度较低的 $\lambda-\mu$ 个个体被放弃。

8.5 进化规划与进化策略的关系

进化规划与进化策略虽然是独立发展起来的，但是最初都是被用来解决离散问题的；两种算法都是基于种群的概念，种群中的每个个体都代表所求问题的一个潜在结论；它们都把变异算子作为进化过程的主要算子，对这些个体进行变异、选择等操作，使种群中的个体向着全局最优解所在的区域不断进化。进化策略的一些成果也被引进到进化规划中，促进了进化规划的发展。

进化规划与进化策略的不同点主要包括变异过程和选择策略。从变异过程来看，进化规划只使用变异算子；而进化策略则引入了重组算子，但是重组算子只是起到辅助作用，就如变异算子在遗传算法中的作用一样。对于适应度函数的获取，进化规划中的适应度函数值可通过对目标函数进行一定的变换后得到，也可以直接使用目标函数；而在进化策略中，则直接把目标函数值作为适应度函数值。

从选择策略上看，进化规划的选择是一种概率性的选择，而进化策略的选择则是完全确定的选择。

【例 8.9】 用进化策略算法求解下列函数的最优值：

$$\max f(x,y)=200-(x^2+y-11)^2-(y^2+x-7)^2$$

解：此函数为线性不可分的二维多峰函数，其典型特点是峰值点等高、非等距。性能不佳的算法很难精确搜索到其全部 4 个峰值。

根据进化策略算法的原理，编写函数 gaES 进行求解。

```
>> for i = 1:20            % 计算多次
    [val_x(i,:),val_f(i)] = gaES(@optifun23,300,500,400,-5.12 * ones(2,1),5.12 * ones(2,1));
end
```

可以搜索到其全部 4 个峰值，其中峰值(3.0000　2.0000)最易找到。

```
>> val_x = 3.0000       2.0000                % 最优点
          -3.7793      -3.2832
          -2.8051       3.1313
           3.5844      -1.8481
   val_x = 200                                % 极大值
```

【例 8.10】 利用进化策略算法求解下列非线性方程组：

$$\begin{cases}\sin(x+y)-6e^x y=0\\5x^2-4y-100=0\end{cases}$$

解：利用优化算法求解方程组，关键在于适应度函数的设计。

设方程组中方程的个数为 m，$y_j=\phi_j$，$j=1,2,\cdots m$，则每个方程的解是使 $y_j=0$ 的值，取函数 $e=\sum_{i=1}^{m}\varphi_i^2$ 为方程组的解，适应度函数为 $f=\dfrac{1}{1+\sqrt{e}}$。

据此，再利用进化策略算法求解，可得到全部的两个解。

```
>> [val_x,val_f] = gaES(@optifun24,300,500,400, - 10 * ones(2,1),10 * ones(2,1))
val_x = - 4.2711      - 2.1973       % 两个根
        - 4.5929        1.3681
```

8.6 差分进化计算

差分进化计算(Differential Evolution,DE)是Storn R和Price K于1995年提出的一种随机的并行搜索算法。差分进化计算保留了基于种群的全局搜索策略,采用实数编码、基于差分的简单变异操作和一对一的竞争生存策略,降低了进化操作的复杂性。差分进化计算特有的进化操作使其具有较强的全局收敛能力和鲁棒性,非常适合求解一些复杂环境中的优化问题。

8.6.1 差分进化计算的基本流程

差分进化计算的基本流程如图8-9所示。

从图8-9中可见,差分计算的原理和算法流程与遗传算法十分相似,只不过差分计算的变异操作采用差分变异操作,即将种群中任意两个个体的差分向量加权后,根据一定的规则加到第三个个体上,再通过交叉系数控制下的交叉操作产生新个体,这种变异操作更有效地利用了群体分布特性,提高了算法的搜索能力,避免了遗传算法中变异方式的不足。选择操作则采用贪婪选择操作,即如果新生成个体的适应度值比父代个体的适应度值大,则用新生成个体替代原种群中对应的父代个体,否则原个体保存到下一代。以此方法进行迭代寻找。

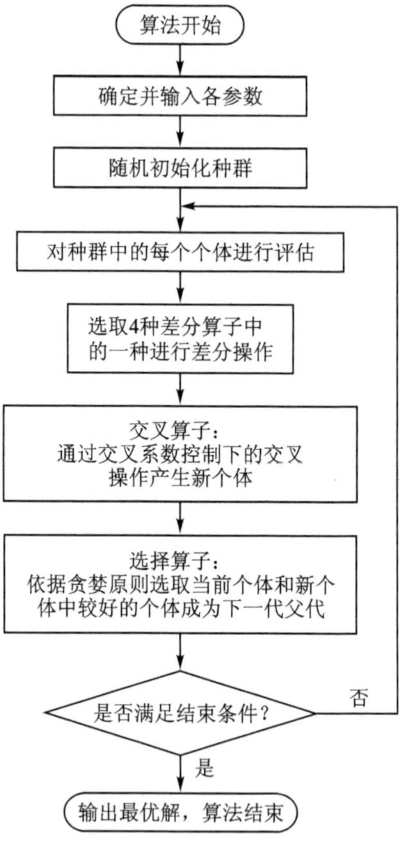

图8-9 差分进化计算的流程图

8.6.2 差分进化计算的构成要素

1. 差分变异算子

常见的差分方法有以下4种:

1) 随机向量差分法(DE/rand/1)

种群中除去当前个体外,随机选择的两个互不相同的个体进行向量差分,并将结果乘以放大因子,加到当前个体上。

对于当代第 i 个个体 $\boldsymbol{X}^i(t)$,$i=1,2,\cdots,N$,经过差分变异新产生的子代 $\boldsymbol{X}^i(t+1)$ 可以表示为

$$\boldsymbol{X}^i(t+1)=\boldsymbol{X}^i(t)+F\cdot[\boldsymbol{X}^j(t)-\boldsymbol{X}^k(t)]$$

式中:$\boldsymbol{X}^j(t)$、$\boldsymbol{X}^k(t)$ 表示种群中除去当前个体外,随机选取的两个互不相同的个体;放大因子 F 为差分向量的加权值,取值一般在[0,2]上。如果太大,则群体的差异度不易下降,使群体收敛速度变慢;如果太小,则群体的差异度过早下降,使群体早熟收敛。

2) 最优解加随机向量差分法(DE/best/1)

种群中除去当前个体外,随机选取的两个互不相同的个体进行向量差分,并将结果乘以放

大因子加到当前种群的最优个体上。这种方法有利于加速最优解的搜索，但同时可能会使算法陷入局部最优解。

对于当代第 i 个个体 $\boldsymbol{X}^i(t)$，$i=1,2,\cdots,N$，经过差分变异新产生的子代 $\boldsymbol{X}^i(t+1)$ 可以表示为

$$\boldsymbol{X}^i(t+1)=\boldsymbol{X}^{\text{best}}(t)+F\cdot[\boldsymbol{X}^j(t)-\boldsymbol{X}^k(t)]$$

式中：$\boldsymbol{X}^{\text{best}}(t)$ 为当前种群中的最优个体；$\boldsymbol{X}^j(t)$、$\boldsymbol{X}^k(t)$ 分别表示种群中除去当前个体外，随机选取的两个互不相同的个体；F 为放大因子。

3) 最优解加多个随机向量差分法(DE/best/2)

该方法与 DE/best/1 方法基本相同，种群中除当前个体外，随机选取的 4 个互不相同的个体，将其中两个个体进行向量相加，其和分别减去另外两个个体，并将向量差分结果乘以放大因子，加到当前种群的最优个体上。这种方法有利于加速最优解的搜索，但同时可能会使算法陷入局部最优解。

对于当代第 i 个个体 $\boldsymbol{X}^i(t)$，$i=1,2,\cdots,N$，经过差分变异新产生的子代 $\boldsymbol{X}^i(t+1)$ 可以表示为

$$\boldsymbol{X}^i(t+1)=\boldsymbol{X}^{\text{best}}(t)+F\cdot[\boldsymbol{X}^j(t)+\boldsymbol{X}^k(t)-\boldsymbol{X}^m(t)-\boldsymbol{X}^n(t)]$$

式中：$\boldsymbol{X}^{\text{best}}(t)$ 为当前种群中的最优个体；$\boldsymbol{X}^j(t)$、$\boldsymbol{X}^k(t)$、$\boldsymbol{X}^m(t)$ 和 $X^n(t)$ 分别表示种群中除当前个体外，随机选取的 4 个互不相同的个体；F 为放大因子。

4) 最优解与随机向量差分法(DE/rand-to-best/1)

该方法将当前种群的最优个体置于差分向量中，种群中除当前个体外，取最优解与随机选取的一个个体进行向量差分，并乘以贪婪因子，同时任意选取互不相同的两个个体，并将二者的向量差分结果乘以放大因子，加到当前种群个体上。这种方法既利用了当前种群最优个体的信息，加速了搜索的速度，同时又降低了优化陷入局部最优解的危险。

对于当代第 i 个个体 $\boldsymbol{X}^i(t)$，$i=1,2,\cdots,N$，经过差分变异新产生的子代 $\boldsymbol{X}^i(t+1)$ 可以表示为

$$\boldsymbol{X}^i(t+1)=\boldsymbol{X}^i(t)+\lambda\cdot[\boldsymbol{X}^{\text{best}}(t)-X^j(t)]+F\cdot[\boldsymbol{X}^m(t)-\boldsymbol{X}^n(t)]$$

式中：λ 为控制算法的“贪婪程度”，一般可取 $\lambda+F$；F 为放大因子；$\boldsymbol{X}^{\text{best}}(t)$ 为当前种群中的最优个体；$\boldsymbol{X}^j(t)$、$\boldsymbol{X}^m(t)$ 和 $\boldsymbol{X}^n(t)$ 分别表示种群中除当前个体外，随机选取的 3 个互不相同的个体。

2. 交叉算子

为了保持种群的多样性，父代个体 $\boldsymbol{X}^i(t)$ 与经过差分变异操作后产生的新个体 $\boldsymbol{X}^i(t+1)$ 进行下式的交叉操作：

$$x_j^i(t+1)=\begin{cases}x_j^i(t+1), & \text{rand}_j^i\geqslant P_c \quad 或 \quad j=J_{\text{rand}}\\ x_j^i(t), & \text{rand}_j^i\leqslant P_c \quad 或 \quad j\neq J_{\text{rand}}\end{cases}$$

式中：$x_j^i(t)$ 表示当前第 i 个个体第 j 位基因位的取值，其中 $i=1,\cdots,N$(种群规模)，$j=1,\cdots,L$(基因长度)；rand_j^i 表示第 i 个个体的第 j 位基因上产生一个符合均匀分布的随机数，目的是为了与交叉概率 P_c 进行比较，其中 $P_c\in(0,1)$。如果 $\text{rand}_j^i\geqslant P_c$，则保留 $x_j^i(t+1)$ 的基因值；否则，用 $x_j^i(t)$ 代替 $x_j^i(t+1)$ 的相应基因值。引入基因位 J_{rand}，并强制使该位的基因取自变异后的新个体，这样使新个体 $\boldsymbol{X}^i(t+1)$ 至少有一位基因由变异后产生的新个体提供，使 $\boldsymbol{X}^i(t)$、$\boldsymbol{X}^i(t+1)$ 不会完全相同，从而更有效地提高种群多样性，保证个体的进化。

3. 贪婪选择算子

经过变异、交叉操作后得到的子代个体 $\boldsymbol{X}^i(t+1)$ 将与原向量 $\boldsymbol{X}^i(t)$ 进行适应度的比较，只

有当子代个体 $\boldsymbol{X}^i(t+1)$ 的适应度值优于原向量 $\boldsymbol{X}^i(t)$ 时,才会被选取成为下一代的父代,否则将直接进入下一代。这一比较过程称为“贪婪”选择。

8.6.3 差分进化计算的特点

差分进化计算与遗传算法等其他进化算法不同的主要是变异算子和交叉算子。在差分进化计算中,每个基因位的改变值都取决于其他个体之间的差值,充分利用群体中其他个体的信息,达到扩充种群多样性的同时,避免单纯在个体内部进行变异操作所带来的随机性和盲目性。而在交叉算子中,差分进化计算的主体是父代个体和由它所经过差分变异操作后得到的新个体。由于新个体是经过差分变异而来的,本身保存有种群中其他个体的信息,因此,差分进化的交叉算子同样具有个体之间进行信息交换的机制。

差分进化计算的群体在寻优过程中,具有协同搜索的特点,搜索能力强。最优解加随机向量差分法和最优解与随机向量差分法充分利用当前最优解来优化每个个体,尤其是最优解加随机向量差分法,意图在当前最优解附近搜索,避免盲目操作。最优解与随机向量差分法利用个体局部信息和群体全局信息指导算法进一步搜索。这两种方法的群体具有记忆个体最优解的能力,在进化过程中可充分利用种群繁衍进程中产生的有用信息。

差分进化计算虽然有可能实现全局最优解搜索,但也有可能出现早熟的弊端。种群在开始时有较分散的随机配置,但是随着进化的进行,各代之间种群分布密度偏高,信息的交换逐渐减少,使得全局寻优能力逐渐下降。种群中各个个体的进化采用贪婪选择操作,依靠适应度值的高低作简单的好坏判断,缺乏深层的理论分析。

【例 8.11】 利用差分进化算法求解下列函数的极小值:

$$f(x,y)=\left(4-2.1x^2+\frac{x^4}{3}\right)x^2+xy+(4y^2-4)y^2$$

解:差分进化算法虽然具有算法简单、受控参数少、收敛速度快等优点,但与其他随机优化算法类似,仍存在搜索停滞和早熟收敛等缺陷,因此很多学者通过改进变异策略、优化交叉策略及引进其他算法的进化方式,对基本进化算法进行改进。

根据这些改进,编写差分进化算法函数 gaDE 进行计算,程序中有 7 种变异方式,可以选择或随机选择其中的一种进行计算,得到的结果有可能会有所差异。

```
>> [val_x,val_f] = gaDE(@optifun25,150,1000,[-3;-2],[3;2])
>> val_x = -0.089845254999300     0.712631691797248          %最优点
   val_f = -1.031628448368335                                 %极小值
```

【例 8.12】 利用差分进化计算方法求解下列定积分:

$$\int_0^1 x\sin(100x)\sin x\,\mathrm{d}x$$

解:该积分函数为振荡函数,如图 8-10 所示。

利用优化方法计算定积分,是将积分区间分割成多个区间,当区间分割比较合理时,可用各中点的函数值代替整个区间的函数值,然后求下列各区间值的和便可得到定积分值。

$$\int_{x_k}^{x_{k+1}} f(x)\mathrm{d}x \approx (x_{k+1}-x_k)f\left(\frac{x_k+x_{k+1}}{2}\right)$$

优化算法的作用就是求积分区间的最优分割。对例 8.11 中的程序作一些修改,便可以利用差分进化算法计算此积分。

```
>> val_f = gaDE1(@optifun26,40,800,zeros(200,1),ones(200,1),3)
   val_f = -0.0073
```

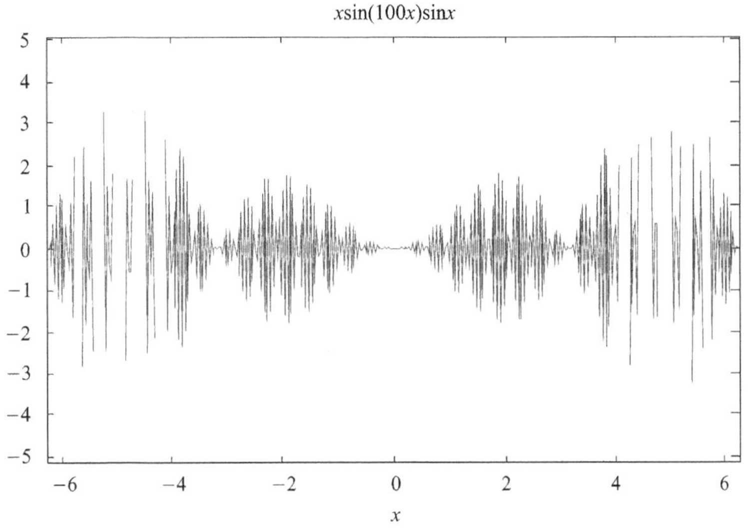

图 8-10 函数的图像

8.7 Memetic 算法

Memetic 算法(Memetic Algorithm,MA)是近几年发展起来的一种新的全局优化算法,它借用人类文化进化的思想,通过个体信息的选择、信息的加工和改造等作用机制,实现人类信息的传播。该算法是一种基于人类文化进化策略的群体智能优化算法,从本质上来说,就是遗传算法与局部搜索策略的结合,它充分吸收了遗传算法和局部搜索策略的优点,因此又被称为"混合遗传算法"或"遗传搜索算法",其搜索效率在某些应用领域比传统的遗传算法快几个数量级,显示出较高的寻优效率。

Memetic 算法的产生与遗传算法的产生有一定的相似性,前者是由词 Meme 演化而来的,后者是由词 Gene 演化而来的。Meme 是英国学者 Richard Dawkins 在其 *The Selfish Gene* 中首先提出的,它用来表示人们交流时传播的信息单元,可直译为"文化遗传因子"或"文化基因"。Meme 在传播中往往会因个人的思想和理解而改变,因此父代传递给子代时信息可以改变,表现在算法上就有了局部搜索的过程。

Memetic 算法提出的是一种框架,采用不同的搜索策略便可以构成不同的算法。如全局搜索可以采用遗传算法、进化规划、进化策略等,局部搜索策略可以采用模拟退火、爬山算法、禁忌搜索等。对于不同的问题,可以灵活地构建适合该问题的 Memetic 算法。

8.7.1 基本概念

考虑到 Memetic 算法是一种群体智能优化算法,与遗传算法有一定的相似性,为了便于理解算法的基本操作,首先定义几个基本概念。

1. 染色体

染色体是一种由数字或其他字符组成的串,能够代表所求解优化问题的解,也可以称为个体,一定数量的个体组合在一起便构成了一个群体。

2. 编 码

编码是一种能把问题的可行解从其解空间转化到算法所能处理的搜索空间的转换方法。

由于该算法与遗传算法的相似性,所以编码方式上基本可以采用与遗传算法相同的策略。

3. 解　码

解码是一种能把问题的可行解从算法所能处理的搜索空间重新转换到问题解空间的方法,它是编码的逆操作。

4. 适应度函数

适应度函数由优化目标决定,用于评价个体的优化性能,指导种群的搜索过程。算法迭代停止时适应度函数最优的解变量即为优化搜索的最优解。

5. 交　叉

交叉是指按一定的概率随机选择两条染色体,并按某种方式进行互换其部分基因,从而形成两个新的个体的过程。

6. 变　异

变异是指以某一概率随机改变染色体串上的某些基因位,从而形成新的个体的过程。

7. 局部搜索

局部搜索是指采用一定的操作策略,对染色体某些基因位进行部分改变,以优化种群的分布结构,及早剔除不良个体。局部搜索是算法对遗传算法改进的主要方面,简单来说,就是在每个个体的周围进行一次邻域搜索,如果搜索到比当前位置更好的解,就用好的解来代替;否则,就保留当前解,即选出局部区域中最优的个体来替代种群中原有的个体。

8.7.2　Memetic 算法的基本流程

Memetic 算法通常按下列步骤进行:

(1) 确定问题的编码方案,设置相关的参数。

(2) 初始化群体。

(3) 执行遗传算法的交叉算子,生成下一代群体。

(4) 执行局部搜索算子,对种群中的每一个个体进行局部搜索,更新所有个体。

(5) 执行遗传算法的变异算子,产生新的个体。

(6) 再次执行局部搜索算子,对种群中的每一个个体进行局部搜索,更新所有个体。

(7) 根据适应度函数计算种群中所有个体的适应度。

(8) 执行选择算子,进行群体更新。

(9) 判断算法是否满足终止条件,若满足,则算法结束,输出最优解;否则,继续执行步骤(3)。

Memetic 算法的基本流程图如图 8-11 所示。

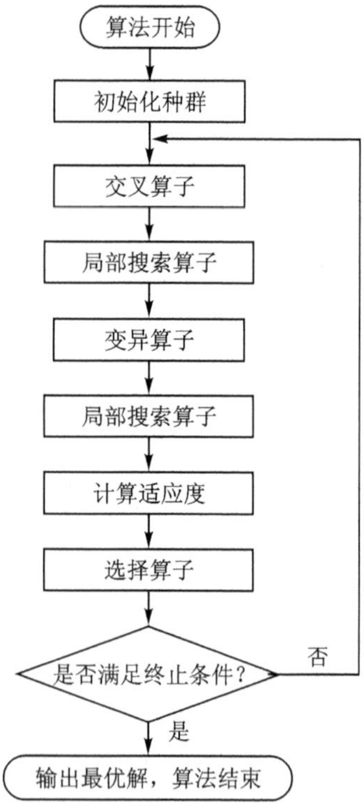

图 8-11　Memetic 算法的基本流程图

从算法的流程图可以看出,Memetic 算法采用与遗传算法相似的框架,但它不局限于简单遗传算法,而是充分吸收了遗传算法和局部搜索算法的优点,不仅具有很强的全局寻优能力,而且在每次交叉和变异后均进行局部搜索,通过优化种群分布,及早剔除不良种群,进而减少迭代次数,加快算法的求解速度,保证了算法解的质量。因此,在 Memetic 算法中,局部搜索策略非常关键,它直接影响到算法的效率。

8.7.3 Memetic 算法的要点

1. 局部搜索策略

Memetic 算法与遗传算法基本一致,主要的区别是局部搜索。Memetic 算法的局部搜索策略的效率和可靠性直接决定算法的求解速度和求解质量。对于不同的优化问题,局部搜索策略的选取尤为重要。在实际的求解问题中要适当地选择合适的局部搜索策略,才更有利于求解到最优解。

选择局部搜索策略的关键主要在于以下几个方面:

1) 局部搜索策略的确定

常用的局部搜索策略有爬山法、禁忌搜索算法、模拟退火算法等,要根据不同的问题来选择不同的搜索方法。

2) 搜索邻域的确定

对于每一个个体,搜索的邻域越大,能够找到最优解的可能性就越大,但会增加计算的复杂度;但搜索邻域太小,又不容易找到全局最优解。

3) 局部搜索在算法中位置的确定

在遗传算法与局部搜索策略结合的过程中,局部搜索策略插入的位置也是一个很重要的问题。根据问题的不同,在适合的位置加入局部搜索才能发挥其最大的作用。

2. 控制参数选择

在 Memetic 算法中,关键参数主要有群体规模、交叉概率、变异概率、最大进化次数等。这些参数都是在算法开始时就已经设定,对于算法的性能有很大的影响。

1) 群体规模

群体规模的大小要根据具体的求解优化问题来决定,不同的问题适用于不同的群体规模。群体规模过大,虽然可以增大搜索空间,使所求的解更逼近于最优解,但是这也同样增加了求解的计算量;群体规模过小,虽然可以较快地收敛到最优,但是又不容易求解最优解。

2) 交叉概率

交叉概率主要用来控制交叉操作的频率。交叉概率过大,群体中个体的更新速度过快,这样很容易使一些高适应度的个体结构遭到破坏;交叉概率过小,即交叉操作很少进行,则会使搜索很难进行。

3) 变异概率

变异概率在进化阶段起着非常重要的作用。若变异概率太小,则很难产生新的基因结构;若变异概率太大,则会使算法变成单纯的随机搜索。

4) 最大进化次数

最大进化次数的选取是根据某一具体问题的实验得出的。若进化次数过少,则使算法还没有取得最优解就已经结束;若进化次数过多,则可能算法早已收敛到最优解,之后进行的迭代对于最优解的改进几乎没有什么帮助,只是增加了算法的计算时间。

8.7.4 Memetic 算法的优点

Memetic 算法作为一种新型的群智能优化算法,与传统优化算法相比,具有以下几个优点:

(1) 不需要目标函数的导数,可以扩大算法的应用领域,尤其适合很难求导的复杂优化问题。

(2) 采用群体搜索的策略,扩大了解的搜索空间,提高了算法的求解质量。

(3) 算法采用局部搜索策略,改善了种群结构,提高了算法局部搜索能力。

(4) 算法提供了一种解决优化问题的方法,对于不同领域的优化问题,可以通过改变交叉、变异和局部搜索策略来求解,大大拓宽了算法的应用领域。

【例 8.13】 利用 Memetic 算法求下列函数的最大值:

$$f(x,y)=x\sin(4\pi x)-y\sin(4\pi+\pi+1),\quad x,y\in[-1,2]$$

解:根据 Memetic 算法的原理,编写 memetic 函数进行计算。程序中采用二进制编码,局部搜索算法为爬山法。

```
>> cbest = memetic(@optifun27,80,3,0.8,0.02,1000,[-1;-1],[2;2])
cbes  = fitness: -3.3099          %极大值为 3.3099
        var: [1.6284 2]           %最优点
```

【例 8.14】 利用 Memetic 算法求解以下 50 个城市的 TSP 问题,50 个城市的坐标数值如表 8-6 所列。

表 8-6　50 个城市的坐标数值

坐标值	31	32	40	37	27	37	38	31	30	21	25	16	17	42	17	25	5
	32	39	30	69	68	52	46	62	48	47	55	57	63	41	33	32	64
	8	12	7	5	10	45	42	32	27	56	52	49	58	57	39	46	59
	52	42	38	25	17	35	57	22	23	37	41	49	48	58	10	10	15
	51	48	52	58	61	62	20	5	13	21	30	36	62	63	52	43	
	21	28	33	27	33	63	26	6	13	10	15	16	42	69	64	67	

解:根据 Memetic 算法及求解 TSP 问题的原理,编写 memeticTSP 函数求解本例题。程序中交叉概率与变异概率采用自适应的方法;交叉算子采用顺序交叉,并且交叉产生的下一代与最优个体再进行交叉,局部搜索算法中邻域采用贪婪倒位算子、递归插孤算了及一个体三基因位变异算子求解。使用时可以自行选择最优算法。

```
>> city=[31 32;32 39;40 30;37 69;27 68;37 52;38 46;31 62;30 48;21 47;25 55;16 57;
         17 63;42 41;17 33;25 32;5 64;8 52;12 42;7 38;5 25;10 17;45 35;42 57;32 22;
         27 23;56 37;52 41;49 49;58 48;57 58;39 10;46 10;59 15;51 21;48 28;52 33;
         58 27;61 33;62 63;20 26;5 6;13 13;21 10;30 15;36 16;62 42;63 69;52 64;43 67];
>> cbest = memeticTSP(city,50,7,1000)          %最优路径如图 8-12 所示
>> cbest = 457.8048                             %最优值
```

计算结果并不是最优值(最优值为 427.855),说明此函数在求解城市数较多的 TSP 问题时性能并不是十分优良,需要改进。而且从计算结果可以看出,局部搜索算法采用算法 2(贪婪倒位算子)与算法 3(递归插孤算子)求邻域时效果并不理想,说明求邻域时个体的变异程序不宜太大。

【例 8.15】 MATLAB 中有专门的函数 ga(遗传算法工具箱,在较高版本中,合并到 Global Optimization Toolbox 工具箱或优化工具箱 Optimization Toolbox 中)。下面利用函数 ga 计算下列函数的极小值:

$$\begin{cases} f(x,y)=[4\cos(2x)+y]\exp(2y) \\ \text{s.t.}\quad x+y\leqslant 6 \\ \qquad\quad 0\leqslant x,\quad y\leqslant 6 \end{cases}$$

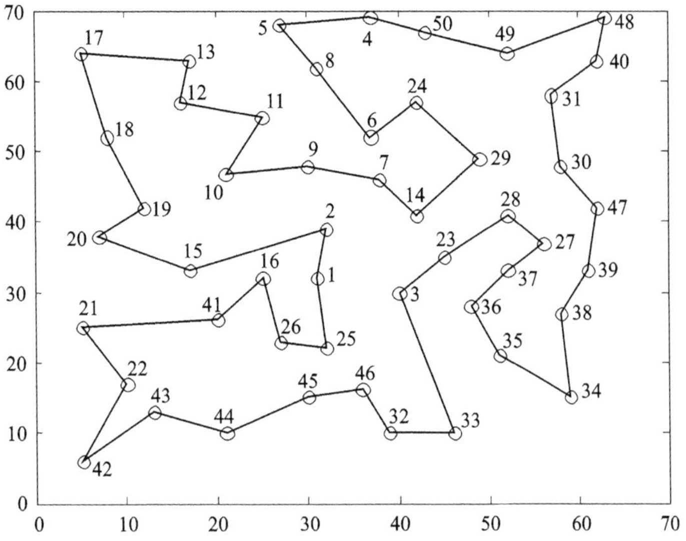

图 8 - 12　TSP 问题的较优路径图

解:根据 ga 函数的使用方法,计算如下:

```
>> fitness = inline('(4 * cos(x(1) * 2) + x(2)). * exp(2 * x(2))');
>> A = [1 2];b = 6;
>> Lb = [0 0];ub = [6 6];
>> options = gaoptimset('tolfun',1e - 6);
>> [x,fval,exitflag] = ga(@(x)fitness(x),2,A,b,[],[],Lb,ub,[],options)
Optimization terminated: average change in the fitness value less than options.TolFun.
x = 1.4911     2.2550                 % 极值点
fval =  - 154.0372                    % 极值
exitflag = 1
```

exitflag 表示各种计算退出条件,当值等于 1 时,表示适应度函数值的平均变化在 StallGenLimit 属性值小于 TolFun 属性值并且约束小于 TolCon 范围外。

习题 8

8.1　编写 MATLAB(或其他语言)函数,进行任意二进制数与十进制数的相互转换。

8.2　用遗传算法求解下列函数的优化问题:

(1) $\max f(x)=x+10\sin(5x)+7\cos(4x), x\in[0,9]$;

(2) $\min f(x)=4x_1^2-2.1x_1^4+x_1^6/3+x_1x_2-4x_2^2+4x_2^4$;

(3) $\min f(x)=\sum_{i=1}^{29}[100(x_{i+1}-x_i^2)^2+(1-x_i)^2], x_i\in[-30,30]$。

8.3　用遗传算法求解下列非线性规划:

$$\begin{cases}\min z=x_1^2+2x_2^2-4x_1-8x_2+15\\ \text{s. t.}\quad 9-x_1^2-x_2^2\geqslant 0\\ \qquad\quad x_1,x_2\geqslant 0\end{cases}$$

8.4　已知 50 种物品的重量(单位:重量单位)和价值(单位:价值单位),具体数据如表 8 - 7 所列。现有一个可装载 1 000 个重量单位的背包(容器)。若每件物品限装一件,请用遗传算法求出如何选择装载物品方能使所装载物品的总价值最大?

表 8-7　各背包的重量及价值

物品代号	1	2	3	4	5	6	7	8	9	10	11	12	13
重量	80	82	85	70	72	70	66	50	55	25	50	55	40
价值	220	208	198	192	180	180	165	162	160	158	155	130	125
物品代号	14	15	16	17	18	19	20	21	22	23	24	25	26
重量	48	50	32	22	60	30	32	40	38	35	32	25	28
价值	122	120	118	115	110	105	101	100	100	98	96	5	90
物品代号	27	28	29	30	31	32	33	34	35	36	37	38	39
重量	30	22	50	30	45	30	60	50	20	65	20	25	30
价值	88	82	80	77	75	73	72	70	69	66	65	63	60
物品代号	40	41	42	43	44	45	46	47	48	49	50		
重量	10	20	25	15	10	10	10	4	4	2	1		
价值	58	56	50	30	20	15	10	8	5	1	1		

8.5 为了了解某类人群的身体健康程度,对 15 个人的三类人群进行某四项指标的测定,结果如表 8-8 所列。认为他们可分为健康、亚健康和不健康三类,但不知道具体哪一人对应的类别,试用遗传算法将他们进行自动归类。

表 8-8　原始数据

单位:mg/kg

序　号	x_1	x_2	x_3	x_4
1	11.853	0.480	14.360	25.210
2	45.596	0.526	13.850	24.040
3	3.525	0.086	24.400	49.300
4	3.681	0.327	13.570	25.120
5	48.287	0.386	14.500	25.900
序　号	x_1	x_2	x_3	x_4
1	4.741	0.140	6.900	15.700
2	4.223	0.340	3.800	7.100
3	6.442	0.190	4.700	9.100
4	16.234	0.390	3.400	5.400
5	10.585	0.420	2.400	4.700
序　号	x_1	x_2	x_3	x_4
1	48.621	0.082	2.057	3.847
2	288.149	0.148	1.763	2.968
3	316.604	0.317	1.453	2.432
4	307.310	0.173	1.627	2.729
5	82.170	0.105	1.217	2.188

8.6 用进化策略算法求解以下函数的极小值：

$$\min f(\boldsymbol{x})$$

其中，$\boldsymbol{x}=(x_1,x_2)^{\mathrm{T}}$，$f(\boldsymbol{x})=\max(f_1(\boldsymbol{x}),f_2(\boldsymbol{x}))$。

$$f_1(\boldsymbol{x})=\left[x_1-\sqrt{x_1^2+x_2^2}\cos\left(\sqrt{x_1^2+x_2^2}\right)\right]^2+0.005(x_1^2+x_2^2)$$

$$f_2(\boldsymbol{x})=\left[x_1-\sqrt{x^21+x_2^2}\sin\left(\sqrt{x_1^2+x^2}\right)\right]^2+0.005(x_1^2+x_2^2)$$

8.7 用进化规划算法求解下列函数的极小值：

$$\begin{cases}\min f(\boldsymbol{x})=(x_1-2)^2+(x_2-1)^2\\ \text{s.t.}\quad x_1-2x_2+1=0\\ \qquad 1-\dfrac{x_1^4}{4}-x_2\geqslant 0\\ \qquad 0\leqslant x,\quad y\leqslant 10\end{cases}$$

8.8 用差分进化算法求解下列函数的极小值：

$$\begin{cases}\min f(\boldsymbol{x})=-\sum\limits_{i=1}^{n}x_i\sin\left(\sqrt{|x_i|}\right)\\ \text{s.t.}\quad -500\leqslant x_i\leqslant 500,\quad i=1,2,\cdots,n\end{cases}$$

8.9 用 Memetic 算法求解下列函数的极小值：

$$\begin{cases}\min f(\boldsymbol{x})=n+\sum\limits_{i=1}^{30}\left[x_i^2-\cos(2\pi x_i)\right]\\ \text{s.t.}\quad -5.12\leqslant x_i\leqslant 5.12,\quad i=1,2,\cdots,n\end{cases}$$

8.10 人类对二维、三维图像有很强的识别能力，如果有可能将高维空间数据分布的结构特征用二维（或三维）图像显示，利用人类对二维（或三维）图像的识别能力考察高维空间数据分布结构的特征，就可能构成一种极方便的模式识别方法。

设有高维空间数据点 $\boldsymbol{X}_i(x_{i1},x_{i2},\cdots,x_{im})$，其二维显示的对应点是 $\boldsymbol{Y}_i(y_{i1},y_{i2})$，则 y_{i1}，y_{i2} 应是 $x_{i1},x_{i2},\cdots,x_{im}$ 的某种函数。如果 y 值是各 x 的某一线性组合，则二维图像是高维图像的投影；如果 y 值和 x 值是非线性函数，则二维图像是高维图像的非线性映照（Non-Linear Mapping，NLM）。

根据 NLM 方法，映射时的误差函数为

$$E=f(d_{ij}^*-d_{ij})=\frac{1}{\sum\limits_{i<j}^{n}d_{ij}^*}\sum_{i<j}^{n}\frac{[d_{ij}^*-d_{ij}]^2}{d_{ij}^*}$$

其中，d_{ij}^*、d_{ij} 分别为高维数据和二维数据的欧氏距离。据此可利用进化算法对该函数进行最小化处理，找到合适的二维数据结构，完成高维数据到二维数据的非线性映射。现利用 NLM 方法分析表 8-9 中的数据。

表 8-9　15 个标准中国茶叶样品的化学成分

样　品	浓度（质量百分比/%）					
	纤维素	半纤维素	木质素	茶多酚	咖啡因	氨基酸
1	9.50	4.90	3.53	29.03	4.44	3.82
2	10.06	5.11	3.57	27.84	4.29	3.70

续表 8-9

样品	浓度(质量百分比/%)					
	纤维素	半纤维素	木质素	茶多酚	咖啡因	氨基酸
3	10.79	5.46	4.62	26.53	3.91	3.46
4	10.31	4.92	5.02	25.16	3.72	3.29
5	11.50	6.08	5.48	23.28	3.50	3.10
6	12.10	5.64	5.61	22.23	3.38	3.02
7	13.30	5.68	6.32	21.10	3.14	2.87
8	9.07	5.33	4.42	27.23	4.20	3.18
9	10.75	5.80	5.29	25.99	4.00	3.00
10	10.78	5.72	5.79	24.77	3.86	2.91
11	12.00	6.68	7.20	24.05	3.49	2.81
12	12.17	5.86	7.71	23.02	3.42	2.60
13	10.32	10.66	5.07	21.55	4.23	4.43
14	10.99	10.11	5.60	20.64	4.14	4.35
15	12.32	10.12	6.53	20.06	4.02	4.12

第 9 章

模拟退火算法

模拟退火算法(Simulated Annealing,SA)是一种适合解决大规模组合优化问题,特别是NP完全类问题的通用有效近似算法。它与其他近似算法相比,具有描述简单、使用灵活、运用广泛、运行效率高和较少受初始条件限制等优点,而且特别适合于并行计算,其算法特点可概括为高效、鲁棒、通用、灵活。与局部搜索算法相比,模拟退火算法可望在较短时间内求得更优近似解。

SA 算法是基于 Monte Carlo 迭代求解策略的一种随机寻优算法,其出发点是基于物理中固体物质的退火过程与一般组合优化问题之间的相似性。在某一初温下,随着温度参数的不断下降,结合概率突跳特性在解空间中随机寻找目标函数的全局最优解,即在局部最优解能概率性地跳出并最终趋于全局最优。模拟退火算法是一种通用的优化算法,目前已在工程中得到了广泛的应用,如生产调度、控制工程、机器学习、神经网络、图像处理等领域。

9.1 模拟退火算法概述

模拟退火算法源于对固体退火过程的模拟,采用 Metropolis 准则,并用一组称为冷却进度表的参数控制算法的进程,使算法在多项式时间里可以给出一个近似最优解。

9.1.1 固体退火过程和 Metropolis 准则

简单而言,固体退火过程由以下三部分组成:

(1) 加温过程。其目的是增强粒子的热运动,使其偏离平衡位置。当温度足够高时,固体将熔解为液体,从而消除系统原先可能存在的非均匀态,使随后进行的冷却过程以某一平衡态为起点。熔解过程与系统的熵增过程相联系,系统能量也随温度的升高而增大。

(2) 等温过程。根据热力学原理可知,对于与周围环境交换热量而温度不变的系统,系统状态的自发变化总是朝着自由能减少的方向进行,当自由能达到最小时,系统达到平衡。

(3) 冷却过程。其目的是使粒子的热运动减弱并逐渐趋于有序,系统能量逐渐下降,从而得到低能的晶体结构。

固体在恒定温度下达到热平衡的过程可以用 Monte Carlo 方法加以模拟,但因为需要大量采样才能得到比较精确的结果,所以计算量很大。鉴于系统倾向于能量较低的状态,而热运动又妨碍它准确落到最低态的图像,采样时着重取那些有重要贡献的状态则可较快地达到较好的结果,因此,Metropolis 等在 1953 年提出了重要性采样法,即以概率接受新状态。具体而言,首先给定粒子相对位置表征的初始状态 i 作为固体的当前状态,该状态的能量是 E_i,然后用摄动装置使随机选取的某个粒子的位移随机地产生一个微小变化,得到一个新状态 j,新状态的能量是 E_j。如果 $E_j<E_i$,那么该状态就作为"重要"状态;如果 $E_j>E_i$,那么要考虑热运动的影响,该状态是否为"重要状态",要依据固体处于该状态的概率来判断。因为固体处于 i 和 j 的概率的比值等于相应玻尔兹曼常数的比值,即

$$r=\exp\left(\frac{E_i-E_j}{kT}\right)$$

式中:T 为热力学温度;k 为玻尔兹曼常数。

因此,$r\in[0,1]$越大,新状态 j 是重要状态的概率就越大。若新状态 j 是重要状态,则以 j 取代 i 成为当前状态;否则仍以 i 为当前状态。再重复以上新状态的产生过程。在大量迁移(固体状态的变称)后,系统趋于能量较低的平衡状态,固体状态的概率分布趋于下式的吉布斯正则分布:

$$P_i=\frac{1}{Z}\exp\left(\frac{-E_i}{kT}\right)$$

式中:P_i 为处于某微观状态或其附近的概率分布;Z 为常数。

综上可知,高温下可接受状态与当前状态能差较大的新状态为重要状态,而在低温下只能接受与当前状态能差较小的新状态为重要状态,在温度趋于零时,不接受任何 $E_j>E_i$ 的新状态。

以上接受新状态的准则称为 Metropolis 准则,相应的算法称为 Metropolis 算法。这种算法的计算量显然减少了。

9.1.2 模拟退火算法的基本过程

1983 年 Kirkpatrick 等意识到组合优化与固体退火的相似性,并受到 Metropolis 准则的启迪,提出了模拟退火算法。归纳而言,SA 算法是基于 Monte Carlo 迭代求解策略的一种随机寻优算法,其出发点是基于固体退火过程与组合优化之间的相似性,SA 由某一较高初温开始,利用具有概率突跳特性 Metropolis 抽样策略在解空间进行随机搜索,伴随温度的不断下降重复抽样过程,最终得到问题的全局最优解。

标准模拟退火算法的一般步骤可描述如下:

(1) 给定初温 $t=t_0$,随机产生初始状态,$s=s_0$,令 $k=0$。

(2) 重复。

(2.1) 重复。

(2.1.1) 产生新状态 $s_j=\text{Genete}(s)$。

可以用不同的策略产生新解,一般采用的方法是在当前解的基础上产生新解,即

$$s_j=s_i+\Delta s,\quad \Delta s=y(UB-LB)$$

式中:y 为零两侧对称分布的随机数,随机数的分布由概率密度决定;UB 和 LB 为各参数区间的上、下界。

(2.1.2) 如果 $\min\{1,\exp[-(C(s_j)-C(s))/t_k]\}\geqslant \text{random}[0,1]$,$s=s_j$。

(2.1.3) 重复执行,直到满足抽样稳定准则。

(2.2) 退温 $t_{k+1}=\text{update}(t_k)$并令 $k=k+1$。

(3) 直到算法满足终止准则。

(4) 输出算法搜索结果。

标准模拟退火算法的流程图如图 9-1 所示。从算法结构可知,新状态产生函数、新状态接受函数、退温函数、抽样稳定准则和退火结束准则以及初始温度是直接影响算法优化结果的主要环节。模拟退火算法具有质量高、初值鲁棒性强、通用易实现的优点。但是,为寻到最优解,算法通常要求较高的初温、较慢的降温速率、较低的终止温度以及各温度下足够多次的抽样,因而模拟退火算法往往优化过程较长,这也是 SA 算法最大的缺点。因此,在保证一定优

化质量的前提下提高算法的搜索效率，是对 SA 进行改进的主要内容。

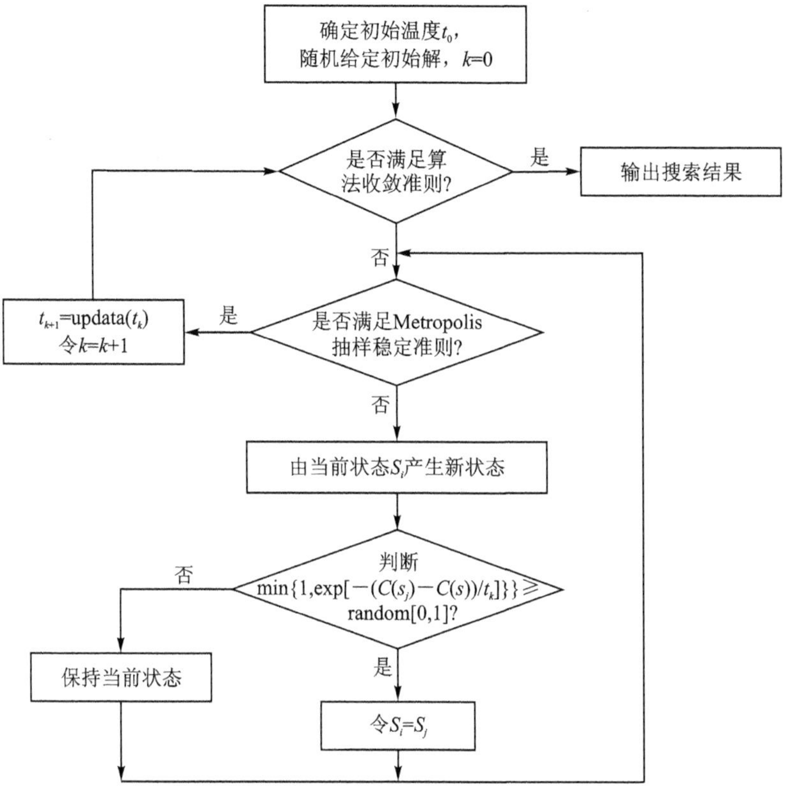

图 9-1　标准模拟退火算法的流程图

9.2　模拟退火算法的控制参数

如何合理地选取一组控制算法进程的参数，用以逼近模拟退火算法的渐近收敛状态，使算法在有限时间内返回一个近似最优解，是算法的关键。这样一组控制参数一般被称为冷却进度表，它包括以下参数：① 控制参数 t 的初始值(初温)；② 控制参数 t 的衰减函数 $t_k=f(k)$；③ 控制参数 t 的终值(停止准则)；④ 马尔可夫链的长度 L_k(对 t 为 $t_k(k=0,1,2,\cdots)$时进行的所有迭代过程称为一个马尔可夫链)。

冷却进度表的构造是基于算法的准平衡概念。设 L_k 是第 k 个马尔可夫链，t_k 是相应的第 k 个控制参数值，若第 k 个马尔可夫链的 L_k 次变换后，解的概率分布充分逼近 $t=t_k$ 时的平衡分布，则称模拟退火算法达到准平衡。基于准平衡概念将得出两个结论：一是只要 t_k 值充分大，算法在控制参数的这些取值上就会立即达到准平衡；二是控制参数 t_k 的衰减量越大，需要马尔可夫链的长度越长，算法才能恢复准平衡，通常选取 t_k 的小衰减量以避免过长的马尔可夫链，也可以选用大的 L_k 值以对 t_k 进行大的衰减。

任何有效的冷却进度表都必须处理好两个问题：一是算法的收敛性，这个问题可以通过 t_k、L_k 以及停止准则的合理选择加以解决；二是算法的效率问题，基于算法准平衡概念，采用较高量化标准构造的冷却进度表将控制算法进行较多次的变换，因此搜索的解空间范围也就越大，对应较高质量的最终解，也就必然与较长的 CPU 时间相对应，反之亦然。因此，算法效率问题的妥善解决只有一种方法:折中,即在合理的 CPU 时间里尽量提高最终解的质量。这种选择涉及冷却表所有参数的合理选择。

基于上述折中原理,冷却进度表可以根据经验法则或理论分析选取。经验法则从合理的 CPU 出发,探索提高最终解质量的途径,简单直观但有赖于使用者丰富的实践经验;而理论分析则是从最终解的质量入手,寻求减少 CPU 时间的方法,精确透彻却难以避免推理的烦琐。在用折中原理解决算法的效率问题时,算法的收敛性问题也就迎刃而解。

根据模拟退火算法的使用经验,以下是冷却表参数的一般性选择原则和一些经验性结论。

(1) 控制参数 t_0 的选取:充分大的 t_0 会使算法的进程一开始就达到准平衡。无论是从理论分析还是经验法则都可以推出这个结论。

从理论的角度分析,如果其初始接受概率为

$$\chi_0=\frac{\text{接受变换数}}{\text{提出变换数}}\approx 1$$

则由 Metropolis 准则 $\exp\left(-\dfrac{\Delta f}{t_0}\right)\approx 1$,可推知 t_0 值很大。经验法则要求算法进程在合理的时间里搜索尽可能大的解空间范围,只有 t_0 的值足够大才能满足这个要求。

确定初温 t_0 的常用方法如下:

① 均匀抽样一组状态,以各状态目标值的方差为初温。

② 随机产生一组状态,确定两两状态间的最大目标值差 $|\Delta_{\max}|$,然后依据差值,利用一定的函数确定实值,例如 $t_0=-\Delta_{\max}/\ln p_r$,其中 p_r 为初始接受概率。

③ 利用经验公式给出。

(2) 控制参数 t_f 的选取:控制参数的终值通常由停止规则确定。合理的停止规则既要保证算法收敛于某一近似解,又要使最终解具有一定的质量。常用的是 Kirkpatrick 等提出的停止规则:在若干个相继的马尔可夫链中解无任何变化(含优化或恶化)就终止算法。

(3) 马尔可夫链的长度 L_k 的选取:L_k 的选取与控制参数 t_k 的衰减量密切相关,过长的马尔可夫链无助于最终解的质量,而只会导致计算时间无谓地增加。因此,在控制参数 t 的衰减函数已确定的情况下,L_k 应选取在控制参数的每一取值上都能恢复准平衡。

(4) 控制参数衰减函数的确定:控制参数衰减函数的选取原则是以小为宜,这样可以避免过长的马尔可夫链;过长的马尔可夫链可能使算法进程的迭代次数增加,接受更多的变换,搜索更大范围的解空间,返回更高质量的最终解,但同时也需更多的计算时间。

最简单的控制衰减函数为

$$t_{k+1}=\alpha t_k,\quad k=0,1,2,\cdots$$

式中:α 是接近于 1 的常数,常取 0.5~0.99。

(5) 内循环终止准则或称 Metropolis 抽样稳定准则,用于决定在各温度下产生候选解的数目。常用的抽样稳定准则包括:

① 检验目标函数的均值是否稳定;

② 连续若干步的目标值变化较小;

③ 按一定的步数抽样。

(6) 外循环终止准则即算法终止准则,用于决定算法何时结束。设置温度终值是一种简单的方法,通常的做法包括:

① 设置终止温度的阈值;

② 设置外循环迭代次数;

③ 算法搜索到的最优值连续若干步保持不变；

④ 检验系统熵是否稳定。

冷却进度表对模拟退火算法效率的影响是所有参数整体作用的结果，而随着各参数取值的不同，各因素与交互作用的影响也随之不同，时而重要，时而不重要，具有动态性。除此之外，算法效率还与其他因素有关，因此合理的冷却进度表只能有限地改进算法性能。

9.3 模拟退火算法的改进

在确保一定要求的优化质量基础上，提高模拟退火算法的搜索效率(时间性能)，是对模拟退火算法进行改进的主要内容，可行的方案如下：

(1) 设计合适的状态产生函数，使其根据搜索进程的需要表现出状态的全空间分散性或局部区域性。

(2) 设计高效的退火历程。

(3) 避免状态的迂回搜索。

(4) 采用并行搜索结构。

(5) 为避免陷入局部极小，改进对温度的控制方式。

(6) 选择合适的初始状态。

(7) 设计合适的算法终止准则。

此外，对模拟退火算法的改进也可通过增加某些环节来实现，主要的改进方式如下：

(1) 增加升温或重升温过程。在算法进行的适当时机，将温度适当提高，从而可激活各状态的接受概率，以调整搜索进程中的当前状态，避免算法在局部极小解处停滞不前。

(2) 增加记忆功能。为避免搜索过程中由于执行概率接受环节而遗失当前遇到的最优解，可通过增加存储环节，将“best so far”的状态记忆下来。

(3) 增加补充搜索过程。在退火过程结束后，以搜索到的最优解为初始状态，再次执行模拟退火过程或局部趋化性搜索。

(4) 对每一当前状态，采用多次搜索策略，以概率接受区域内的最优状态，而非标准的模拟退火的单次比较方式。

(5) 结合其他搜索机制的算法，如遗传算法、混沌算法等。

(6) 上述各方法的综合应用。

以下是一种对退火过程和抽样过程进行修改的两阶段改进策略，其做法是在算法搜索过程中保留中间最优解，并即时更新；设置双阈值使得在尽量保持最优解的前提下减小计算量，即在各温度下当前状态连续 n_1 步保持不变则认为 Metropolis 抽样稳定，若连续 n_2 次退温过程中所得的最优解均不变则认为算法收敛。具体步骤如下：

1. 改进的退火过程

① 给定初温 t_0，随机产生初始状态 s，令初始最优解 $s^*=s$，当前状态为 $s(0)=s, i=p=0$。

② 令 $t=t_i$，以 t、s^* 和 $s(i)$ 调用改进的抽样过程，返回其所得最优解 $s^{*\prime}$ 和当前状态 $s'(k)$，令当前状态 $s(i)=s'(k)$。

③ 判断 $C(s^*)<C(s^{*\prime})$？若是，则令 $p=p+1$；否则，令 $s^*=s^{*\prime}, p=0$。

④ 退温 $t_{i+1}=\text{updata}(t_i)$，令 $i=i+1$。

⑤ 判断 $p>n_2$？若是，则转第⑥步；否则，返回第②步。

⑥ 以最优解 s^* 作为最终解输出,停止算法。

2. 改进的抽样过程

① 令 $k=0$ 时的初始当前状态为 $s'(0)=s(i)$,初始最优解为 $s^{*\prime}=s^*$,$q=0$。

② 由状态 s 通过状态产生函数产生新状态 s',计算增量 $\Delta C'=C(s')-C(s)$。

③ 若 $\Delta C'<0$,则接受 s' 作为当前解,并判断 $C(s^{*\prime})>C(s')$? 若是,则令 $s^{*\prime}=s'$,$q=0$;否则,令 $q=q+1$。若 $\Delta C'>0$,则以概率 $\exp(-\Delta C'/t)$ 接受 s' 作为下一当前状态。若 s' 被接受,则令 $s'(k+1)=s'$,$q=q+1$;否则,令 $s'(k+1)=s'(k)$。

④ 令 $k=k+1$,判断 $q>n_1$? 若是,则转第⑤步;否则,返回第②步。

⑤ 将当前最优解 $s^{*\prime}$ 和当前状态 $s'(k)$ 返回到改进的退火过程。

9.4 算法的应用举例及 MATLAB 实现

【例 9.1】 已知敌方 100 个目标的经度、纬度如表 9-1 所列。

表 9-1 经度和纬度数据表

经 度	纬 度	经 度	纬 度	经 度	纬 度	经 度	纬 度
53.712 1	15.304 6	51.175 8	0.032 2	46.325 3	28.275 3	30.331 3	6.934 8
56.543 2	21.418 8	10.819 8	16.252 9	22.789 1	23.104 5	10.158 4	12.481 9
20.105 0	15.456 2	1.945 1	0.205 7	26.495 1	22.122 1	31.484 7	8.964 0
26.241 8	18.176 0	44.035 6	13.540 1	28.983 6	25.987 9	38.472 2	20.173 1
28.269 4	29.001 1	32.191 0	5.869 9	36.486 3	29.728 4	0.971 8	28.147 7
8.958 6	24.663 5	16.561 8	23.614 3	10.559 7	15.117 8	50.211 1	10.294 4
8.151 9	9.532 5	22.107 5	18.556 9	0.121 5	18.872 6	48.207 7	16.888 9
31.949 9	17.630 9	0.773 2	0.465 6	47.413 4	23.778 3	41.867 1	3.566 7
43.547 4	3.906 1	53.352 4	26.725 6	30.816 5	13.459 5	27.713 3	5.070 6
23.922 2	7.630 6	51.961 2	22.851 1	12.793 8	15.730 7	4.956 8	8.366 9
21.505 1	24.090 9	15.254 8	27.211 1	6.207 0	5.144 2	49.243 0	16.704 4
17.116 8	20.035 4	34.168 8	22.757 1	9.440 2	3.920 0	11.581 2	14.567 7
52.118 1	0.408 8	9.555 9	11.421 9	24.450 9	6.563 4	26.721 3	28.566 7
37.584 8	16.847 4	35.661 9	9.933 3	24.465 4	3.164 4	0.777 5	6.957 6
14.470 3	13.636 8	19.866 0	15.122 4	3.161 6	4.242 8	18.524 5	14.359 8
58.684 9	27.148 5	39.516 8	16.937 1	56.508 9	13.709 0	52.521 1	15.795 7
38.430 0	8.464 8	51.818 1	23.015 9	8.998 3	23.644 0	50.115 6	23.781 6
13.790 9	1.951 0	34.057 4	23.396 0	23.062 4	8.431 9	19.985 7	5.790 2
40.880 1	14.297 8	58.828 9	14.522 9	18.663 5	6.743 6	52.842 3	27.288 0
39.949 4	29.511 4	47.509 9	24.066 4	10.112 1	27.266 2	28.781 2	27.665 9
8.083 1	27.670 5	9.155 6	14.130 4	53.798 9	0.219 9	33.649 0	0.398 0
1.349 6	16.835 9	49.981 6	6.082 8	19.363 5	17.662 2	36.954 5	23.026 5
15.732 0	19.569 7	11.511 8	17.388 4	44.039 8	16.263 5	39.713 9	28.420 3
6.990 9	23.180 4	38.339 2	19.995 0	24.654 3	19.605 7	36.998 0	24.399 2
4.159 1	3.185 3	40.140 0	20.303 0	23.987 6	9.403 0	41.108 4	27.714 9

我方有一个基地，经度和纬度为(70,40)。假设我方飞机的速度为 1 000 km/h。我方派一架飞机从基地出发，侦察完敌方所有目标，再返回原来的基地。在敌方每一目标点的侦察时间不计，求该架飞机所花费的时间(假设我方飞机巡航时间可以充分长)。

解：这是一个固定起点和终点的 TSP 问题，并且问题中给定的是地理坐标(经度和纬度)，求解时必须求两点间的实际距离。

设 A、B 两点的地理坐标分别为(x_1,y_1)和(x_2,y_2)，过 A、B 两点的大圆的劣弧长即为两点的实际距离。以地心为坐标原点 O，以赤道平面为 XOY 平面，以 0°经线圈所在的平面为 XOZ 平面建立三维直角坐标系，则 A、B 两点的直角坐标分别为

$$A(R\cdot\cos x_1\cos y_1, R\cdot\sin x_1\cos y_1, R\cdot\sin y_1)$$

$$B(R\cdot\cos x_2\cos y_2, R\cdot\sin x_2\cos y_2, R\cdot\sin y_2)$$

其中，$R=6\ 370$ 为地球半径。

A、B 两点间的实际距离为

$$d=R\cdot\arccos\left(\frac{OA\cdot OB}{|OA|\cdot|OB|}\right)$$

化简后得

$$d=R\cdot\arccos[\cos(x_1-x_2)\cos y_1\cos y_2+\sin y_1\sin y_2)]$$

再调用 MainAnealTSP 函数进行计算。

```
>> [best_fval,best_route] = MainAnealTSP(d,1);
```

此函数如果输入城市坐标或距离矩阵以及其一城市序号，则为计算固定起点的 TSP 问题；如果只输入城市坐标或距离，则为计算一般的 TSP 问题。

函数中新路径的产生有以下 4 种方式，计算时可以任意选择其中一种方式。

(1) 两城市的交换；

(2) 一段路径插入另一城市后；

(3) 两城市间的路线倒置；

(4) 一段路径的两端路径倒置。

其中一次计算结果的路径如图 9-2 所示，时间约为 42 h。

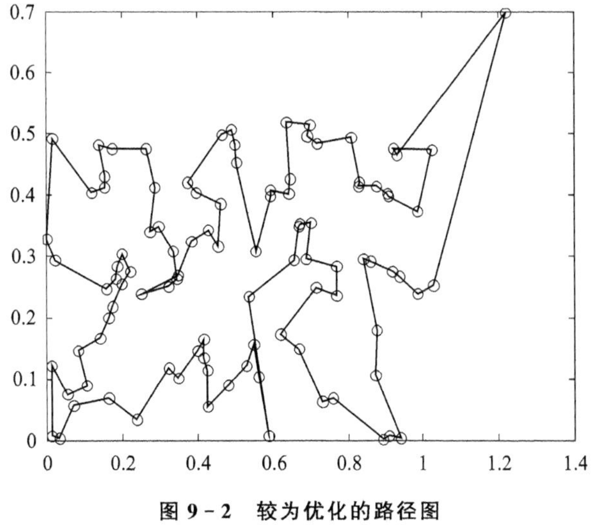

图 9-2　较为优化的路径图

【例 9.2】 利用模拟退火算法求解下列函数的极值:

$$\min f(x_1,x_2)=\sum_{i=1}^{5} i\cos[(i+1)x_1+i]\sum_{i=1}^{5} i\cos[(i+1)x_2+i],\quad x_1,x_2\in[-10,10]$$

解:此函数有 720 个局部极值,其中 18 个为全局极值点。

自编函数 MainAneal 进行计算。

```
>> LB = [-10; -10];UB = [10;10];
>> [best_fval,best_x] = MainAneal(@optifun28,LB,UB)
```

其中一次的计算结果如下:

```
best_fval =  -186.7309              %极小值
best_x = -1.4250     -7.0836        %极值点
```

多运行几次,还可以得到其他的极值点。

程序中在每个退火温度下,计算 5 次扰动,选择其中的最优值作为最终的扰动值,并且迭代计算 10 次。这些参数都可以自行修改以进一步提高计算效率。

【例 9.3】 已知下列观察数据(见表 9-2),请用模拟退火算法对其进行数据拟合。

表 9-2 观察数据

x	9	14	21	28	42	57	63	70	79
y	8.93	10.80	18.59	22.33	39.35	56.11	61.73	64.62	67.08

解:对数据作图(见图 9-3),可以发现数据模型为 S 形曲线。

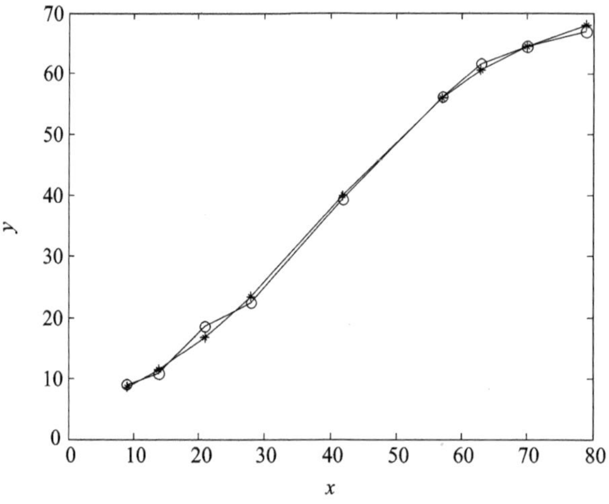

图 9-3 数据曲线图

适用于 S 形曲线的数学模型有以下几种:

(1) Gompertz 模型

$$f(x)=T\exp[-\exp(U-Vx)]$$

(2) Logistic 模型

$$f(x)=\frac{T}{1+\exp(U-Vx)}$$

(3) Richards 模型

$$f(x)=\frac{T}{(1+\exp(U-Vx)^{\frac{1}{w}}}$$

(4) Weibull 模型

$$f(x)=T-U\exp(-Vx^{w})$$

调用函数 MainAneal 利用最小二乘方法拟合这些模型,便可得到这些模型的参数。从计算结果可看出 Logistic 模型的拟合误差较小(图 9-3 中星号为拟合结果),其计算结果如下:

```
>> LB = [0;0;0];UB = [80;4;1];
>> [best_fval,best_x] = MainAneal(@optifun29,LB,UB)
>> best_fval  = 8.0760
   best_x =  72.4870      2.6264      0.0675
```

【例 9.4】 在煤矿生产过程中,基于地质条件的复杂性和经济因素方面的考虑,优先进行突水预测研究显得非常重要。

煤层突水与多种因素有关,经研究分析,可得到表 9-3 所列的特征与突水有关,请对表中的数据进行聚类分析。

表 9-3　工作面突水与正常状态数据统计表

序号	含水层厚度/m	隔水层厚度/m	断层落差/m	煤层倾角/(°)	距断层距离/m	泥性岩比例/%	采高/m	水压/MPa	采深/m	采速/$(\mathrm{m\cdot d^{-1}})$	是否突水
1	6.17	46.91	1.00	11.00	24.00	53.78	1.50	2.30	291.28	2.00	0
2	6.20	43.11	1.10	8.00	130.00	50.36	1.50	1.91	243.00	2.00	0
3	6.20	38.90	3.00	13.50	27.00	49.49	1.50	1.45	369.50	2.00	0
4	6.20	38.90	1.20	13.50	7.00	49.49	1.50	1.50	369.50	2.00	0
5	6.20	38.90	1.20	14.00	30.00	49.49	1.50	1.78	369.50	2.00	0
6	520.00	65.00	79.00	11.00	63.00	53.26	7.50	0.74	175.50	0.50	1
7	520.00	50.00	15.00	14.00	15.00	64.36	8.00	1.37	218.80	0.50	1
8	520.00	46.00	2.50	15.00	9.00	64.36	8.00	1.45	230.00	0.50	1
9	520.00	45.00	68.00	14.00	75.00	64.36	8.00	1.01	187.50	0.50	1
10	7.98	28.00	0.60	18.00	10.00	64.36	8.00	2.01	344.00	0.50	1
11	520.00	43.00	1.50	11.00	2.00	64.36	8.00	1.91	295.40	2.00	1
12	520.00	50.00	4.00	13.00	10.00	63.97	8.00	2.55	412.40	2.00	1
13	520.00	50.00	100.00	16.00	153.00	64.36	2.00	2.35	369.10	1.00	1
14	520.00	42.00	32.00	12.00	19.00	66.55	7.50	0.69	152.00	0.50	1

解:求解聚类(或分类)问题可以采用两种方法:第一种方法是先随机求出各类中心,接着计算每个样本与各类中心的距离段,再确定每个样本的类别情况;然后根据聚类优化函数对各类中心进行迭代优化,最终确定每个样本的类别归属。第二种方法是先随机对每个样本进行类别归属,再计算出聚类优化函数,然后进行迭代计算,最终实现每个样本的归属优化。

本例中为了能直接调用 MainAneal 函数,采用第一种方法,其中优化函数为类内距离与类间距离的比值,此值越小分类效果越好,即分类时各类间的距离要大,但类内各样品间的距离要小。

$$\min J(w,c)=\frac{\sum_{i=1}^{N_j}\sum_{p=1}^{n}w_{ij}\|x_{ip}-c_{jp}\|^2}{\sum_{j=1}^{M-1}\sum_{p=1}^{n}\|c_{j+1,p}-c_{jp}\|^2}$$

其中，$c_{jp}=\dfrac{\sum_{i=1}^{N_j}w_{ij}x_{ip}}{\sum_{i=1}^{N_j}w_{ij}}$，$j=1,2,\cdots,M;p=1,2,\cdots,n$。

$$w_{ij}=\begin{cases}1, & \text{样品 } i \text{ 类属于 } j \text{ 类}\\ 0, & \text{其他}\end{cases}$$

其中，x_{ip} 为第 i 个样本的第 p 个属性，c_{jp} 为第 j 个类中心的第 p 个属性。

```
>> load data;
>> data = guiyi_range(data,[0 1]);                         % 将数据归一到[0 1]区间
>> LB = [0 0;0 0;0 0;0 0;0 0;0 0;0 0;0 0;0 0;0 0];UB = [1 1;1 1;1 1;1 1;1 1;1 1;1 1;1 1;1 1;1 1];
>> [best_fval,best_x] = MainAneal(@(x)optifun33(x,data),LB,UB)
>> best_fval = 0.1056
>> best_x = 0.1161 0.0933 0.8422 0.1432 0.4666 0.0133 0.1919 0.8581 0.8148 0.9559
            0.9880 0.6199 0.4172 0.6761 0.1190 0.8783 0.9690 0.3548 0.5863 0.1733
>> y = myclass(data,best_x)                                % 根据聚类中心,对样本进行归类
>> y =1  1  1  1  1  2  2  2  2  2  2  2  2  2  2         % 样本分类,与原归属相同
```

【例 9.5】 MATLAB 中有利用模拟退火算法的极小化函数 simulannealbnd，请利用此函数求下列函数的极小值：

$$f(\boldsymbol{x})=(a-bx_1^2+x_1^4/3)x_1^2+x_1x_2+(-c+cx_2^2)x_2^2$$

其中，a、b、c 为常数。

解：

```
>> a = 4; b = 2.1; c = 4; X0 = [0.5 0.5];
>> [x,fval] = simulannealbnd(@(x)optifun30(x,a,b,c),X0)
```

计算后得到以下结果：

```
x = 0.0893   - 0.7134              % 极值点
fval = - 1.0316                    % 极值
```

如果要改变优化条件，则可以用以下形式通过改变 options 实现。

```
options = saoptimset('ReannealInterval',300,'PlotFcns',@saplotbestf)
```

习题 9

9.1 用模拟退火算法求解下列函数的极小值。

(1) $f(\boldsymbol{x})=\left(x_2-\frac{5.1}{4\pi^2}x_1^2+\frac{5}{\pi}x_1-6\right)^2+10\left(1-\frac{1}{8\pi}\right)\cos x_1+10$，$-5\leqslant x_1\leqslant 10$，$0\leqslant x_2\leqslant 15$；

(2) $f(\boldsymbol{x})=\sum_{i=1}^{30}(|x_i+0.5|)^2$，$-100\leqslant x_i\leqslant 100$；

(3) $f(\boldsymbol{x})=\frac{1}{4\ 000}\sum_{i=1}^{30}x_i^2-\prod_{i=1}^{30}\cos\left(\frac{x_i}{\sqrt{i}}\right)+1, -600\leqslant x_i\leqslant 600$。

9.2 试用模拟退火算法求解不重复历经我国 31 个省会城市，并且路径最短的线路，即邮递员难题(TSP 问题)。其中城市坐标为

cityposition=[1 304 2 312;3 639 1 315;4 177 2 244;3 712 1 399;3 488 1 535;3 326 1 556;3 238 1 229;4 196 1 044;4 312 790;4 386 570;3 007 1 970;2 562 1 756;2 788 1 491;2 381 1 676;1 332 695;3 715 1 678;3 918 2 179;4 061 2 370;3 780 2 212;3 676 2 578;4 029 2 838;4 263 2 931;3 429 1 908;3 507 2 376;3 394 2 643;3 439 3 201;2 935 3 240;3 140 3 550;2 545 2 357;2 778 2 826;2 370 2 975]。

9.3 利用模拟退火算法对表 9-4 中的某年我国 20 个地区的三次产业产值数据进行聚类分析。

表 9-4 某年我国 20 个地区的三次产业产值

亿元

地 区	x_1	x_2	x_3	地 区	x_1	x_2	x_3
北京	86.56	786.85	1 137.91	浙江	631.31	2 709.08	1 647.11
天津	74.03	660.03	602.35	安徽	739.70	1 253.53	812.22
河北	790.60	2 084.33	1 381.08	福建	610.04	1 444.73	1 275.41
山西	207.26	856.13	537.72	江西	450.44	740.33	661.21
内蒙古	341.62	479.53	371.14	山东	1 215.81	3457.03	2 489.36
辽宁	531.46	1 855.22	1 495.05	湖北	748.82	1 752.91	1 203.08
吉林	429.50	597.29	530.99	湖南	828.31	1 294.17	1 088.92
黑龙江	463.05	1 506.76	863.03	广东	1 004.92	3 991.97	2 922.23
上海	78.50	1 847.20	1 762.50	广西	574.25	678.19	650.60
江苏	1 016.27	3 640.10	2 543.58	海南	164.00	90.63	184.29

9.4 解决 0-1 背包问题。假设有 5 个物品，每个物品的重量分别为 2、5、4、2、3，价值为 6、3、5、4、6。现有购物车容量为 10，求在不超过购物车容量的前提下，把哪些物品放入购物车，才能获得最大价值。

第 10 章

粒子群算法

粒子群算法(Particle Swarm Optimiztion,PSO)是一种有效的全局寻优算法,最初由美国学者 Kennedy 和 Eberhart 于 1951 年提出。它是基于群体智能理论的优化算法,通过群体中粒子间的合作与竞争产生的群体智能指导优化搜索。与传统的进化算法相比,粒子群算法保留了基于种群的全局搜索策略,但是采用的速度-位移模型,操作简单,避免了复杂的遗传操作,它特有的记忆可以动态跟踪当前的搜索情况而相应调整搜索策略。由于每代种群中的解具有“自我”学习提高和向“他人”学习的双重优点,从而能在较少的迭代次数内找到最优解。目前该方法已广泛应用于函数优化、数据挖掘、神经网络训练等领域。

10.1 粒子群算法的基本原理

粒子群算法具有进化计算和群体智能的特点。与其他进化算法类似,粒子群算法也是通过个体间的协作和竞争,实现复杂空间中最优解的搜索。

在粒子群算法中,可以把每个优化问题的潜在解看作是 n 维搜索空间上的一个点,称为“粒子”或“微粒”,并假定它是没有体积和质量的。所有粒子都有一个被目标函数所决定的适应度值和一个决定它们位置和飞行方向的速度,然后粒子们就以该速率追随当前的最优粒子在解空间中进行搜索,其中,粒子的飞行速度根据个体的飞行经验和群体的飞行经验进行动态的调整。

算法开始时,首先生成初始解,即在可行解空间中随机初始化 m 粒子组成的种群 $Z=\{Z_1,Z_2,\cdots,Z_m\}$,其中每个粒子所处的位置 $Z_i=\{z_{i1},z_{i2},\cdots,z_{in}\}$都表示问题的一个解,并且根据目标函数计算每个粒子的适应度值。然后每个粒子都将在解空间中迭代搜索,通过不断调整自己的位置来搜索新解。在每一次迭代中,粒子将跟踪两个“极值”来更新自己,一个是粒子本身搜索到的最好解 p_{id},另一个是整个种群目前搜索到的最优解 p_{gd},这个极值即全局极值。此外每个粒子都有一个速度 $V_i=\{v_{i1},v_{i2},\cdots,v_{in}\}$,当两个最优解都找到后,每个粒子根据下式来更新自己的速度

$$v_{id}(t+1)=wv_{id}(t)+\eta_1\text{rand}()(p_{id}-z_{id}(t))+\eta_2\text{rand}()(p_{gd}-z_{id}(t))$$
$$z_{id}(t+1)=z_{id}(t)+v_{id}(t+1)$$

式中:$v_{id}(t+1)$表示第 i 个粒子在 $t+1$ 次迭代中第 d 维上的速度;w 为惯性权重,它具有维护全局和局部搜索能力平衡的作用,可以使粒子保持运动惯性,使其有扩展空间搜索的趋势,有能力搜索到新的区域;η_1、η_2 为学习因子,分别称为认知学习因子和社会学习因子,η_1 主要是为了调节粒子向自身的最好位置飞行的步长,η_2 是为了调节粒子向全局最好位置飞行的步长;rand()为 0~1 之间的随机数。

在基本粒子群算法中,如果不对粒子的速度有所限制,则算法会出现“群爆炸”现象,即粒子将不收敛。此时,可设置速度上限和选择合适的学习因子 η_1 和 η_2。限制最大速度即定义一个最大速度,如果 $v_{id}(t+1)>v_{\max}$,则令 $v_{id}(t+1)=v_{\max}$;如果 $v_{id}(t+1)<-v_{\max}$,则令

$v_{id}(t+1)=-v_{max}$。大多数情况下，v_{max} 由经验进行设定，若太大，则不能起到限制速度的作用；若太小，则容易使粒子移动缓慢而找不到最优点。

如果令 $\eta=\eta_1+\eta_2$，则研究发现，当 $\eta>4.0$ 时，粒子将不收敛，建议采用 $\eta_1=\eta_2=2$。

从粒子的更新公式(进化方程)可看出，粒子的移动方向由三部分决定，自己原有的速度 v_{id}；自己最佳经历的距离 $p_{id}-z_{id}(t)$，即"认知"部分，表示粒子本身的思考；群体最佳经历的距离 $p_{gd}-z_{gd}(t)$，即"社会"部分，表示粒子间的信息共享，并分别由权重系数 w、η_1 和 η_2 决定其相对重要性。如果进化方程只有"认知"部分，即只考虑粒子自身的飞行经验，那么不同的粒子间就缺少了信息和交流，得到最优解的概率就非常小；如果进化方程中只有"社会"部分，那么粒子就失去了自身的认知能力，虽然收敛速度比较快，但是对于复杂问题，却容易陷入局部最优点。

当达到算法的结束条件，即找到足够好的最优解或达到最大迭代次数时，算法结束。

粒子群算法的基本流程如图 10-1 所示。算法中参数选择对算法的性能和效率有较大的影响。在粒子群算法中有 3 个重要参数，惯性权重 w、速度调节参数 η_1 和 η_2。惯性权重 w 使粒子保持运动惯性，速度调节参数 η_1 和 η_2 表示粒子向 p_{id} 和 p_{gd} 位置飞行的加速项权重。如果 $w=0$，则粒子速率没有记忆性，粒子群将收缩到当前的全局最优位置，失去搜索更优解的能力。如果 $\eta_1=0$，则粒子失去"认知"能力，只具有"社会"性，粒子群收敛速度会更快，但是容易陷入局部极值。如果 $\eta_2=0$，则粒子只具有"认知"能力，而不具有"社会"性，等价于多个粒子独立搜索，因此很难得到最优解。

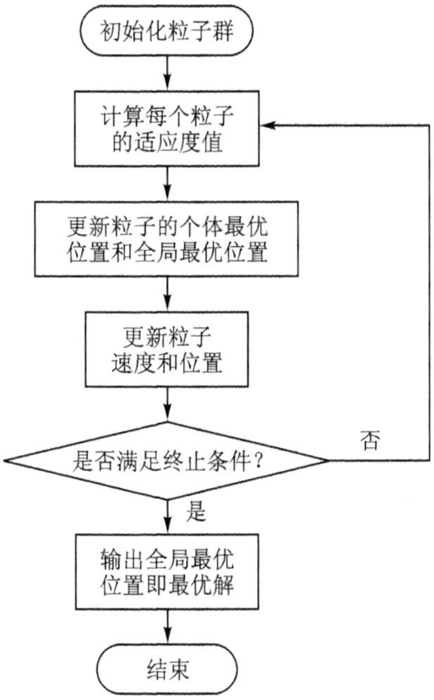

图 10-1 粒子群算法的流程

实践证明没有绝对最优的参数，针对不同的问题选取合适的参数才能获得更好的收敛速度和鲁棒性，一般情况下 w 取 0～1 之间的随机数，η_1 和 η_2 分别选取 2。

10.2 全局模式与局部模式

Kennedy 等在对鸟群觅食的观察中发现，每只鸟并不总是能看到鸟群中其他所有鸟的位置和运动方向，而往往只是看到相邻的鸟的位置和运动方向。由此而提出了两种粒子群算法模式即全局模式(Global Version PSO)和局部模式(Local Version PSO)。

全局模式是指每个粒子的运动轨迹受粒子群中所有粒子状态的影响，粒子追寻两个极值即自身极值和种群全局极值。前述算法的粒子更新公式就是全局模式。而在局部模式中，粒子的轨迹只受自身的认知和邻近的粒子状态的影响，而不是被所有粒子的状态所影响，粒子除了追随自身极值 p_{id} 外，不追随全局极值 p_{gd}，而是追随邻近粒子当中的局部极值 p_{nd}。在该模式中，每个粒子需记录自己及其邻居的最优解，而不需要追寻粒子当中的局部极值，此时，速度更新过程可用下式表示

$$v_{id}(t+1)=wv_{id}(t)+\eta_1\text{rand}()(p_{id}-z_{id}(t))+\eta_2\text{rand}()(p_{nd}-z_{id}(t))$$
$$z_{id}(t+1)=z_{id}(t)+v_{id}(t+1)$$

全局模式具有较快的收敛速度,但是鲁棒性较差。相反,局部模式具有较高的鲁棒性而收敛速度相对较慢。因而在运用粒子群算法解决不同的优化问题时,应针对具体情况采用相应模式。

10.3 改进的粒子群算法

10.3.1 带活化因子的粒子群算法

从粒子群算法的迭代式可以看出,当粒子 i 到达种群当前最优位置时,有 $z_{id}(t)=p_{id}(t)=p_{ng}(t)$,此时,迭代式就变为

$$v_{id}(t+1)=wv_{id}(t)$$

粒子将一直沿着 $v_{id}(t)$的方向直线前进,由于 $w<1$,则前进速度将随着迭代次数的增加而不断减小,直至为 0,此时粒子将停止前进,沿着直线向前搜索有限距离,很难找到更好的解。

粒子群的当前全局最优点有可能是局部最优点,也有可能是最终全局最优点,粒子群在当前全局最优点的指引下逐渐趋向最终全局最优点。为了保证粒子在到达当前全局最优位置后能继续搜索最终全局最优点,必须修正 $p_{id}(t)$和 $p_{ng}(t)$项的大小,使个体认知部分($p_{id}(t)-z_{id}(t)$)或社会信息共享部分($p_{ng}(t)-z_{id}(t)$)在粒子到达当前全局最优点时不为 0。

由于粒子个体最优位置 p_{id} 和种群全局最优位置 p_{ng} 指引着所有粒子的前进方向,若修正 p_{ng} 项,使粒子到达当前全局最优点时($p_{ng}(t)-z_{id}(t)\neq 0$),则修正后的 p_{ng} 项在粒子飞行过程中将引导粒子逐渐偏离最终全局最优点,从而导致算法无法达到全局最优解;而粒子个体最优位置 p_{id} 仅仅是各粒子向全局最优点飞行的指导方向,并不妨碍粒子趋向全局最优,故可以考虑修正此项。经多方面的综合考虑,为了补偿搜索后期 w 值对算法全局搜索性能的消极作用,以及加强全局最优点粒子的续航能力,在 p_{id} 项前增加一系数 a,称为活力因子,其作用是在粒子到达局部最优位置后能够摆脱局部最优继续搜索更优点,以增强粒子的全局寻优能力。解空间的维数,a 因子的作用越显著,算法的全局寻找能力就越强。一般来说,当解空间的维数 $D\leqslant 2$ 时,a 取 1.0;当解空间的维数 $D>2$ 时,a 取 2.0,可大大提高算法的全局寻优能力。通常标准的粒子群算法 η_1 和 η_2 分别取 2.0,为了补偿活力因子 a 对个体认知部分的作用,η_1 和 η_2 分别取 1.0 和 2.0。改进后的算法可表示为

$$v_{id}(t+1)=wv_{id}(t)+\eta_1\text{rand}()(ap_{id}-z_{id}(t))+\eta_2\text{rand}()(p_{nd}-z_{id}(t))$$
$$z_{id}(t+1)=z_{id}(t)+v_{id}(t+1)$$
$$w=w_{\max}-\frac{\text{Iter}(w_{\max}-w_{\min})}{\text{MIter}}$$
$$a=\begin{cases}1.2, & D\leqslant 2\\ 2.0, & D>2\end{cases}$$

式中:$w_{\max}$ 和 $w_{\min}$ 分别为最大加权系数和最小加权系数;Iter 为当前迭代次数;MIter 为算法预定的迭代总次数。

10.3.2　动态自适应惯性粒子群算法

由于粒子群算法存在着容易陷入局部最优的缺点，因而必须对其进行改进。改进的策略有两点：第一，在每次粒子群算法的求解过程中，达到收敛的迭代次数是不一样的，有的优化几次就达到了收敛，而有的在整个计算过程中均达不到收敛，这样大大降低了其收敛速度。为了提高收敛速度，引入了动态的次数因子(Temp)，这主要是考虑到，在每个周期内，达到收敛的代数是不一样的，那么在所有计算周期内达到收敛的代数之和也是不一样的，因此它是动态的。其原理为在每一次计算周期中，当其迭代次数之和累计大于事先规定的某个数值时，就重新进行初始化，这样做就会使原先达不到收敛条件的粒子重新以一定的速度搜索，算法可以在较大的搜索空间内持续搜索，使粒子可以保持大范围的寻优，粒子群就不易陷入局部最优。第二，改进惯性权重值的设置方法。其基本思想是随着粒子群算法过程的进行，逐渐达到其最优解，每相邻两次最优解比值的大小，能够说明算法运行速度的快慢。迭代次数为 T 时，所有粒子的适应度值之和的平均值同当前粒子群的最优适应度值的比值，表现了整个粒子群的运动状态是分散的还是比较集中的，以此为依据来动态调整它们的运动状态，使其达到全局最优解，而不陷入局部最优值。

下面对第二种方法的数学模型做一简单介绍。

影响粒子群算法的因素有两个：

(1) 第一个因素是进化速度因子。在进化过程中，全局最优值取决于个体最优值的变化，同时也反映了粒子群所有粒子的运动效果。在优化过程中，当前迭代的全局最优值总是要优于或至少等于上一次迭代的全局最优值。

定义进化速度因子(Pspeed)：

$$\text{Pspeed}=\frac{1}{\exp(\min((\text{PBEST}-\text{prepbest}),(\text{prepbest}-\text{PBEST})))+1.0}$$

式中：PBEST 表示当前代数粒子群的最优适应度值；prepbest 表示前一次粒子群的全局最优适应度值。

很明显，0≤Pspeed≤1，它考虑了算法的运行历史，也反映了粒子群的进化速度，即越小，进化速度就越快。当经过了一定的迭代次数后，值将会保持在 1，则可判定算法停滞或者找到了最优解。

(2) 第二个因素是粒子群的聚集度因子。在算法中，全局最优值总是优于所有个体的当前适应度值。

定义聚集度因子(Ptogether)：

$$\text{Ptogether}=\frac{1}{\exp(\min((\text{PBEST}\cdot\text{popsize}-\text{paccount}),(\text{paccount}-\text{PBEST}\cdot\text{popsize})))+1.0}$$

式中：popsize 表示粒子群的粒子数；paccount 表示当前代数所有粒子的适应度值之和。

同样，0≤Ptogether≤1，该参数考虑了算法的运行历史，也反映了粒子群当前的聚集程度，同时在一定程度上也反映出粒子的多样性，即 Ptogether 越大，粒子群聚集程度就越大，粒子多样性就越小。当经过了一定的迭代次数后，Ptogether 值将会保持在 1，粒子群中的所有粒子均具有同一性，如果此时算法陷入局部最优，则结果不容易跳出局部最优。

根据计算的仿真结果分析，粒子群优化算法中的惯性权重 w 的大小应该随着粒子群的进化速度和粒子的逐渐聚集程度而改变，即 w 可表示为进化速度因子和聚集度因子的函数。如果粒子群进化速度较快，算法可以在较大的搜索空间内持续搜索，粒子就可以保持大范围的寻优。当粒子群进化速度减慢时,可以减少 w 的值,使粒子群在小空间内搜索,以便更快地找到最优解。若粒子较分散,粒子群就不容易陷入局部最优解。随着粒子群的聚集程度的提高,算法容易陷入局部最优,此时应增大粒子群的搜索空间,提高粒子群的全局寻优能力。

综上分析,w 可表示为

$$w = 1.0 - \text{Pspeed} \times w_h + \text{Ptogether} \times w_s$$

式中:w_h 为一常数,取值一般为 0.4～0.6;w_s 也为一常数,取值一般为 0.05～0.20。针对不同的问题,可以有所改变。

根据算法模型,可得出以下的算法流程:

(1) 初始化粒子群的位置、速度,计算粒子群的适应度值。

(2) 初始化粒子群的个体最优和全局最优。

(3) 如果达到了粒子的收敛条件,执行步骤(7);否则,执行步骤(4)、(5)。

(4) 用迭代速度的位置公式对粒子群进行更新,并计算粒子的适应度值,更新粒子的全局最优值和个体最优值。

(5) 判断条件是否大于事先给定的一个值,如果大于给定的值,就重新进行初始化,执行步骤(1);否则,执行步骤(4)、(5)。

(6) 将迭代次数加入,并执行步骤(3)。

(7) 输出全局最优值,算法结束。

10.3.3 自适应随机惯性权重粒子群算法

设粒子群的粒子数为 N,f_i 为第 i 个粒子的适应度值,f_{avg} 为粒子群目前的平均适应度值,σ^2 为粒子群的群体适应度方差,其定义如下:

$$\sigma^2 = \sum_{i=1}^{N} \left(\frac{f_i - f_{\text{avg}}}{f} \right)^2$$

式中:f 的取值为

$$f = \begin{cases} \max\{|f_i - f_{\text{avg}}|\}, & \max\{|f_i - f_{\text{avg}}|\} > 1 \\ 1, & \text{其他} \end{cases}$$

群体适应度方差反映的是粒子群中所有粒子的"收敛"程度,其值越小,粒子群越趋于收敛;反之,粒子群处于随机搜索阶段。

如果粒子群算法陷入早熟收敛或达到全局收敛,则粒子群中的粒子将聚集在搜索空间的一个或几个特定位置,群体适应度方差趋于零。对于粒子群中的任意粒子,其最终收敛位置将是整个粒子群找到的全局极值点。如果粒子群找到的全局极点只有一个,那么所有粒子都会"聚集"到该位置;如果全局极值点不止一个,那么粒子将随机聚集在这几个全局极值点位置。全局极值点是所有粒子在算法运行过程中找到的最佳粒子位置,该位置并不一定就是搜索空间中的全局最优点。若该位置为全局最优点,则算法达到全局收敛;否则算法陷入早熟收敛。

从以上分析可知,粒子群算法收敛状态与群体适应度方差之间存在一定关系,但是,仅凭群体适应度方差等于零并不能区别早熟收敛与全局收敛,还须进一步判断算法此时得到的最优解是否为理论全局最优解或期望最优解。如果此时已经得到全局最优,则可以认为达到全局收敛;反之则表明算法陷入局部最优。

因此,如果要克服早熟收敛问题,就必须提供一种机制,可以使算法在发生早熟收敛时,容易跳出局部最优,进入解空间的其他区域继续进行搜索,直到最后找到全局最优解。这种机制可以通过自适应动态改变惯性权重值来实现,即自适应随机惯性权重粒子群算法。

自适应随机惯性权重的计算公式为

$$w=\begin{cases}0.5+\text{rand}()/2.0, & \sigma^2 \geqslant \sigma_c \\ 0.4+\text{rand}()/2.0, & \sigma^2 < \sigma_c\end{cases}$$

式中：σ_c 为一常数，一般可取 0.2 左右。

按这个方法计算随机惯性权重，有两个优点：第一，使粒子的历史速度对当前速度的影响是随机的；第二，惯性权重的数学期望值将群体适应度方差自适应地调整。这将使全局搜索和局部搜索的能力较好地相互协调，并且这种随机的惯性权重值可以增加粒子的多样性。

算法流程如下：

(1) 初始化粒子群的位置、速度。

(2) 计算粒子群的适应度值。

(3) 对于每个粒子，将其适应度值与所经历的最好位置 P_{id} 的适应度值进行比较，若较好，则将其作为当前最好位置。

(4) 对于每个粒子，将其适应度值与全局所经历的最好位置 P_{ig} 的适应度值进行比较，若较好，则将其作为当前全局最好位置。

(5) 计算方差 σ^2，判断条件 σ^2 和 σ_c 的大小。

(6) 计算自适应随机惯性权重值。

(7) 根据两个迭代公式对粒子的速度和位置进行更新。

(8) 如未达到结束条件，则返回步骤(2)；否则，执行步骤(9)。

(9) 输出全局最优值，算法结束。

10.4 粒子群算法的特点

粒子群算法有以下一些特点：

(1) 粒子群算法和其他进化算法都基于"种群"概念，用于表示一组解空间中的个体集合。其采用随机初始化种群方法，使用适应度值来评价个体，并且据此进行一定的随机搜索，因此不能保证一定能找到最优解。

(2) 具有一定的选择性。在粒子群算法中通过不同代种群间的竞争实现种群的进化过程。若子代具有更好的适应度值，则子代将替换父代，因而具有一定的选择机制。

(3) 算法具有并行性，即搜索过程是从一个解集合开始的，而不是从单个个体开始的，不容易陷入局部极小值，并且这种并行性易于在并行计算机上实现，提高了算法的性能和效率。

(4) 收敛速度更快。粒子群算法在进化过程中同时记忆位置和速度信息，并且其信息通信机制与其他进化算法不同。在遗传算法中染色体互相通过交叉、变异等操作进行通信，蚁群算法中每只蚂蚁以蚁群全体构成的信息轨迹作为通信机制，因此整个种群比较均匀地向最优区域移动，而在全局模式的粒子群算法中，只有全局最优粒子提供信息给其他的粒子，整个搜索更新过程是跟随当前最优解的过程，因此所有的粒子很可能更快地收敛于最优解。

10.5 算法的应用举例及 MATLAB 实现

【例 10.1】 试用粒子群算法求解下列函数的极小值：

$$\min f(\boldsymbol{X})=\sum_{i=1}^{11}\left[a_i-\frac{x_1(b_i^2+b_ix_2)}{b_i^2+b_ix_3+x_4}\right]^2, \quad |x_i|\leqslant 5$$

其中，

$$(a_i)=(0.1957,0.1947,0.1735,0.16,0.0844,0.0627,0.0456\ \ 0.0342,0.0323,0.0235,0.0246)$$

$$(1/b_i)=(0.25,0.5,1,2,4,6,8,10,12,14,16)$$

解：根据粒子群算法的原理，编写函数 mypso 进行求解，其中输入参数粒子数为 30，最大迭代数为 2 000，LB=[−5;−5;−5;−5]；UB=[5;5;5;5]。

```
>> [bestx,bestf] = mypso(@optifun35,1)
>> bestx = 0.1928     0.1909     0.1231     0.1358              % 极值点
   bestf = 3.0749e-004                                          % 极小值
```

【例 10.2】 粒子群算法也可以求解离散数学问题，如邮递员问题。试用粒子群算法求解下列 20 个城市的 TSP 问题，城市坐标见表 10-1。

表 10-1　城市坐标值

坐标值	15.20	10.00	360.00	50.00	46.00	50.30	90.54	100.00	154.00	79.00
	3.00	25.00	20.00	6.00	92.00	70.60	658.70	360.00	82.00	659.00
	360.40	39.40	99.50	65.00	302.40	58.68	98.36	100.20	87.00	65.90
	258.10	56.80	887.00	68.40	54.00	78.00	65.60	200.30	6.00	2.30

解：粒子群算法求解 TSP 问题的关键在于有关路径的加减及乘法运算，可以采用两种方法解决这个问题：一是与其他方法如遗传算法等联合；二是定义新的运算规则。此例采用第二种方法。

1) 位置或路径

位置或路径可以定义为一个具有所有节点的哈密顿圈，设有 N 个节点，它们之间的弧均存在，粒子的位置可表示为序列 $x=(n_1,n_2,\cdots,n_n,n_1)$，与常规的定义一致。

2) 速　度

速度定义为粒子位置的变换序列，表示一组置换序列的有序列表，可以表示为 $v=\{(i_k,j_k),i_k,j_k\in\{1,2\cdots,N\},k\in\{1,2\cdots,m\}$。式中 (i_k,j_k) 表示路径中的第 i_k 与第 j_k 的位置互相交换，m 表示该速度所含交换的数目，交换序中先执行第一个交换子，再执行第二个，以此类推。

3) 位置与速度的加法操作

该操作表示将一组置换序列依次作用于某个粒子位置，结果为一个新的位置。

4) 位置与位置的减法操作

粒子位置与另一粒子位置相减后为一组转换序列，即速度，也即是比较两个位置不同后所得出的序列。

5) 速度与速度的加法操作

此操作为两个置换序列的合并，结果为一个新的置换序列，即一个新的速度。

6) 实数与粒子速度的乘法操作

实数 c 为(0,1)的随机数，设速度 v 为一个由 k 个交换子组成的置换序列，乘法操作的实质即对这个置换序列进行截取，新速度的置换序列的长度则为 $c\times k$ 后下取整。

根据以上定义，则可以得到粒子群算法求解 TSP 问题的公式：

$$V_i^{k+1}=\omega\otimes V_i^k\oplus c_1\times\text{rand}\otimes(P_i^k-X_i^k)\oplus c_2\times\text{rand}\otimes(P_i^k-X_i^k)$$

$$X_i^{k+1}=X_i^k\oplus V_i^{k+1}$$

据此便可以编写函数进行求解，另外在函数中加入了自学习功能，即进化结束后对路径中的每一个城市进行两两交换，试探是否更加优化，如有则替换路径，否则保持不变。

从实际运算结果分析，此函数在解决较大维数(城市)的 TSP 问题时需要改进。

```
>> city=[15.20 3.0000;10.00 25.00;360.00 20.00;50.00 6.00;46.00 92.00;50.30 70.60;
        90.54 658.70;100.00 360.00;154.00 82.00;79.00 659.00;360.40 258.10;
        39.40 56.80;99.50 887.00;65.00 68.40;302.40 54.00;58.68 78.00;
        98.36 65.60;100.20 200.30;87.00 6.00;65.90 12.30];
>> [bestx,bestf] = mypsoTSP(city)                %最大迭代数 3000
>> bestx = 4 20 19 17 9 15 3 11 13 10 7 8 18 5 16 14 6 12 2 1
bestf  = 2.2785e+003
```

图 10-2 所示为计算结果路径图。

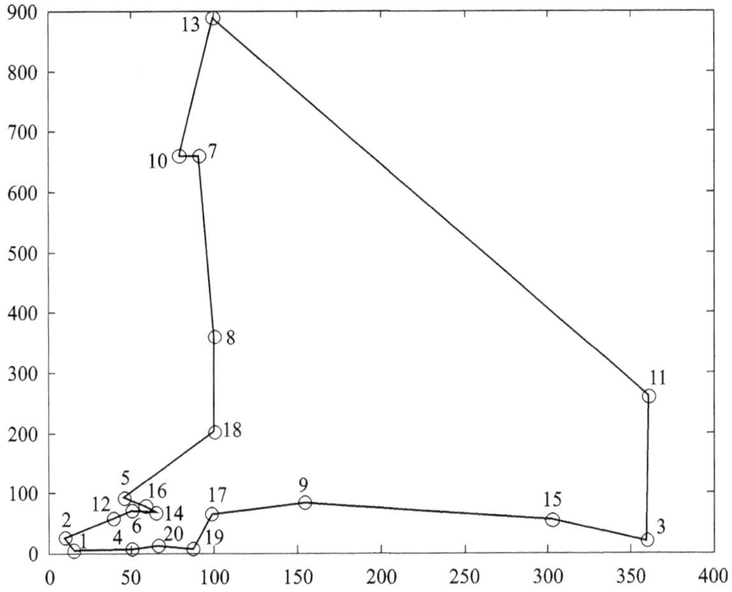

图 10-2 计算结果路径图

【例 10.3】 例 10.2 中的离散化方法只适用于求解 TSP 问题，对于其他的离散域问题则可以采用二进制粒子群算法 DPSO。

二进制粒子群算法中将每个粒子的位置向量 $\boldsymbol{X}_i=(x_{i1},x_{i2},\cdots,x_{iD})$ 中的元素 $x_{id}(1\leqslant d\leqslant D)$ 取 0 或 1，而速度 $\boldsymbol{V}_i=(v_{i1},v_{i2},\cdots,v_{iD})$ 中的元素 $v_{id}(1\leqslant d\leqslant D)$ 仍然取连续值，它表示为粒子的位置发生变化的概率。当 v_{id} 值较大时，x_{id} 以较大的概率取 0；否则 x_{id} 以较大的概率取 1。具体计算公式如下：

$$P_{\text{best}}=\alpha p_{\text{best}}+\beta(1-p_{\text{best}})$$

$$G_{\text{best}}=\alpha g_{\text{best}}+\beta(1-g_{\text{best}})$$

$$\boldsymbol{V}_i^{k+1}=c_1V_i^k+c_2P_{\text{best}}+c_3G_{\text{best}}$$

$$\boldsymbol{X}_i^{k+1}=\begin{cases}1, & \boldsymbol{V}_i^{k+1}<\text{rand}\ \text{或者}\ \dfrac{1}{1+\exp(-V_i^{k+1})}<\text{rand}\\ 0, & \text{其他}\end{cases}$$

式中：p_{best} 为个体极值；g_{best} 为全局极值。α、β、c_1、c_2、c_3 均为[0,1]区间的常数，且 $\alpha+\beta=1$，$c_1+c_2+c_3=1$。

为模拟某发动机曲轴轴承磨损故障,设置曲轴轴承配合间隙为 0.08 mm、0.20 mm 和 0.40 mm,分别对应于曲轴轴承配合正常、中度磨损和严重磨损三种状态。表 10-2 所列为实验数据。试用 DPSO 算法选择表中的特征向量。

表 10-2 实验数据

序号	轴承配合间隙/mm	故障特征							
		c_1	c_2	c_3	c_4	c_5	c_6	c_7	c_8
1	0.08	0.550 6	0.484 5	0.441 2	0.411 4	0.389 2	0.372 2	0.360 9	0.357 2
2	0.08	0.379 6	0.333 4	0.306 1	0.292 0	0.287 5	0.290 5	0.299 8	0.315 0
3	0.08	0.119 4	0.115 9	0.114 6	0.115 0	0.116 7	0.119 3	0.122 6	0.126 3
4	0.08	0.114 0	0.112 0	0.111 1	0.109 7	0.107 1	0.103 5	0.099 1	0.094 9
5	0.08	0.189 3	0.195 1	0.205 0	0.218 2	0.232 7	0.244 6	0.250 0	0.247 8
6	0.20	1.646 7	1.492 7	1.372 5	1.295 2	1.264 8	1.284 3	1.358 7	1.495 6
7	0.20	0.638 1	0.568 3	0.514 5	0.472 7	0.440 4	0.416 8	0.402 2	0.396 7
8	0.20	1.160 3	1.076 5	0.971 4	0.852 3	0.723 1	0.601 5	0.502 9	0.430 9
9	0.20	0.909 9	0.865 3	0.821 4	0.782 2	0.749 8	0.721 0	0.691 3	0.659 0
10	0.20	2.599 2	1.795 3	1.334 4	1.074 9	0.929 8	0.856 6	0.836 0	0.860 7
11	0.40	10.327 8	5.358 2	4.436 2	3.690 4	3.126 3	2.711 1	2.412 5	2.205 6
12	0.40	3.043 7	2.910 8	2.780 1	2.611 4	2.412 6	2.233 5	2.105 1	2.033 8
13	0.40	2.669 1	2.397 4	2.228 3	2.105 7	1.971 1	1.811 0	1.661 8	1.554 3
14	0.40	10.273 0	10.102 5	5.999 4	10.032 1	10.241 6	10.663 2	7.341 2	8.336 7
15	0.40	4.499 9	5.041 9	5.688 5	10.265 5	10.533 4	10.390 7	5.974 0	5.395 0

解:根据算法原理,可编写程序进行计算。程序中适应度函数为类间距离、类内距离、分类正确率及特征数比率四个参数的组合,分类正确率采用 k-折交叉验证法求得。不同的适应度函数影响最终的计算结果,即可以得到不同的特征选择结果。以下是其中的一次计算结果:

```
>> load data;target = [1 1 1 1 1 2 2 2 2 2 3 3 3 3 3];
>> [bestx,bestf] = mypso(@(x)optifun37(x,data,target),2)          %用 type 控制算法类型
>> bestx = 0  0  1  1  0  0  1  1                                 %特征选择为 c3、c4、c6、c7
>> bestf = -14.9059
```

【例 10.4】 虽然粒子群算法具有算法直观,易于理解,收敛快且简单易行,寻优策略简单等优点,但粒子群算法在运行过程中,如果某粒子发现一个当前最优位置,则其他粒子将迅速向其靠拢。如果该最优位置是局部最优点,那粒子群就无法继续在解空间中进行搜索,此时算法就陷入局部最优,出现所谓的早熟收敛现象。

粒子群的离散程序可以用方差来描述:

$$\sigma^2=\sum_{i=1}^{N}\left(\frac{f_i-f_{\text{avg}}}{f}\right)^2$$

式中:σ^2 为粒子群的群体适应度方差;N 为粒子数;f_i 为第 i 个粒子的适应度;f_{avg} 为当前粒子群的平均适应度;f 为归一化因子,用于限制方差的大小,其取值如下:

$$f=\begin{cases}\max\{|f_i-f_{\text{avg}}|\}, & \max\{|f_i-f_{\text{avg}}|\}\geqslant 1\\ 1, & \text{其他}\end{cases}$$

方差 σ^2 越小，粒子群就越趋于收敛；反之，粒子群处于分散状态，粒子距最优位置就越远。

当粒子群算法处于早熟时，可以有多种方法解决这个问题，其中一种方法是混沌搜索，即采用混沌粒子群优化算法。

试用混沌粒子群优化算法求解下列函数：

$$\max f(x,y)=\left(\frac{3}{0.05+x^2+y^2}\right)^2+(x^2+y^2)^2,\quad |x_i|\leqslant 5.12$$

解：混沌粒子群算法可以有多种形式，下面是常见的几种方法：

(1) 对初始化种群进行混沌优化，并选出性能较好的种群规模的粒子作为初始种群。

(2) 对个体最优或全局最优位置进行混沌优化。当搜索出个体最优或全局最优后，采用混沌迭代的方式对其进行优化，保留性能最好的个体随机取代当前群体中的个体。

(3) 对粒子的新位置进行混沌扰动，保留性能较好的作为最终的粒子新位置。

(4) 按一定的概率混沌迭代生成 $N\times P$ 个混沌向量（N 为种群规模，P 为概率），随机取代同样数量的种群粒子。

根据以上算法的原理，编写程序进行求解。

```
>> [bestx,bestf] = COApso(@optifun38,1)              % 第一种方法，即扰动粒子位置
>> bestx = 1.0e-005 * ( - 0.8714   - 0.2297)          % (0,0)为全局极值点
   bestf = -3.6000e+003                               % 极大值为 3 600
```

其余三种方法与其类似，不再列出计算过程，其中参数输入时迭代次数为 1 000 以上，下界为[−5.12;−5.12]，上界为[5.12;5.12]。

从计算结果可以看出，此函数的性能比常规的粒子群算法函数有所提高。为了简单，程序没有考虑方差。

【例 10.5】 在 MATLAB 的较高版本（如 2014a）中，有粒子群算法函数 pso。请用 pso 函数求解下列函数的最优值：

$$\min f(x,y)=100(x^2-y)^2+(1-x)^2,\quad |x_i|\leqslant 2.048$$

解：在 2014a 版本的 MATLAB 上，运行下列函数便可得到所求结果：

```
>> [x,fval] = pso(@optifun39,2,-2.048,2.048)
>> x = 1.0006    1.0012                  % 极小点为(1,1)
   fval = 3.5222e-07                     % 极小值为 0
```

习题 10

10.1 求解下列函数的极小值：

(1) $\min f(x)=\dfrac{[\sin\sqrt{x_1^2+x_2^2}]^2-0.5}{[1+0.001(x_1^2+x_2^2)]^2}-0.5,-100\leqslant x_i\leqslant 100;$

(2) $\begin{cases}\min f(x)=x_1^2+(x_2-1)^2\\ \text{s.t.}\quad x_2-x_1^2=0\\ \qquad -1\leqslant x_1,x_2\leqslant 1\end{cases}$ 。

10.2 某水文站有 13 组水位流量原始观察数据（数据存在极端值），如表 10-3 所列，试用水位流量关系式：$Q=aH^b$ 进行拟合。其中，Q 为流量，H 为水位，a，b 为常数。

表 10-3 原始观察数据

H/m	15.5	14.9	14.1	14.55	12.6	12.47	12.67	8.3	11.4	10.3	10.7	9.48	7.77
$Q/(m^3 \cdot s^{-1})$	596	561	542	574	435	433	448	204	372	309	331	258	182

10.3 某镇是一个重要的工业化城镇园区,园区内工厂企业、学校、科研单位较多,且大多涉及化学品或化学有害物;并且紧挨高速公路,运输化学品(化学危险品)、油料和天然气等的车辆较多。该镇人口较多且较为集中,是某城市重要的二级水源地;毗邻重要的历史文物旅游胜地,周围有大片的农作物作业区。一旦突发化学物环境污染事件,其带来的严重后果可想而知。因此,计划在此建立化突应急服务点,应对可能发生的突发事故,保障人民生命财产安全,保护生态环境良好。图 10-3 所示为该镇的布局坐标图,图中"● "代表化学品环境污染应急救援点。根据地图比例尺,将实际距离缩小,得到各应急点的坐标(坐标数字单位为 mm),其比例尺为 1:10 000,如表 10-4 所列。

表 10-4 各应急点的坐标值

单 位	某工程学院	研究四院	庆华中学	豁口(高速路口)	第十九中学	洪福制药厂	阳光公司	化工学院
坐 标	(190,150)	(90,27)	(90,0)	(10,240)	(90,110)	(90,139)	(117.5,50)	(190,280)

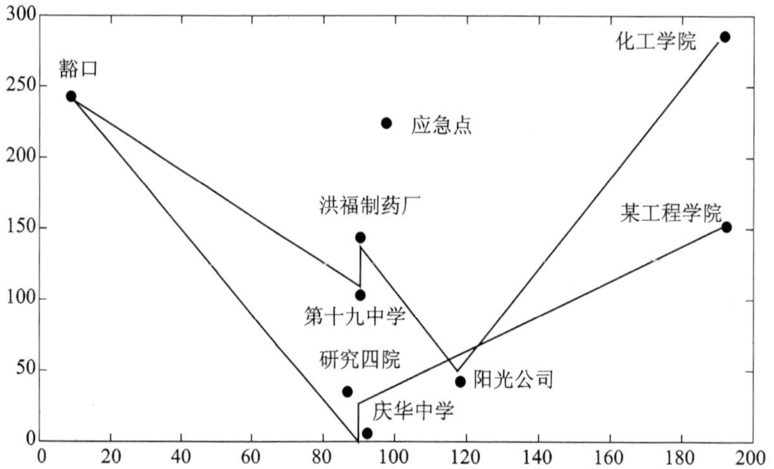

图 10-3 镇的布局坐标图

10.4 对某地区井田的煤层地质条件进行分析,得到如表 10-5 所列的数据,试利用粒子群算法对其进行分类。

表 10-5 各煤层块段的特性指标值

煤层块段序号	平均煤厚/m	煤层倾角/(°)	离差系数/%	煤层合层/%	含研系数/%
1	0.80	17	0.22	0.67	0.09
2	9.42	18	0.06	1.00	0.14
3	5.91	11	0.36	1.00	0.21
4	1.12	17	0.52	0.67	0.12

续表 10－5

煤层块段序号	平均煤厚/m	煤层倾角/(°)	离差系数/%	煤层合层/%	含矸系数/%
5	2.96	17	0.57	1.00	0.02
6	2.42	11	0.54	1.00	0.01
7	0.99	13	0.23	0.63	0.06
8	1.00	13	0.49	0.60	0.02
9	1.26	13	0.55	1.69	0.15
10	1.05	16	0.30	0.71	0.11
11	1.06	12	0.43	0.67	0.02
12	1.45	15	0.25	0.92	0.08
13	1.21	12	0.24	0.97	0.04
14	2.28	15	0.16	1.00	0.01
15	2.25	12	0.18	1.00	0.05
16	2.58	15	0.19	1.00	0.08
17	3.02	13	0.16	1.00	0.05
18	3.55	15	0.31	1.00	0.27
19	3.79	13	0.31	0.98	0.11
20	1.05	13	0.29	0.80	0.02

10.5　利用遗传-粒子群算法对 10 个城市的 TSP 进行求解。

城市的坐标如下：

[0.4　0.443 9;0.243 9　0.146 3;0.170 7　0.229 3;0.229 3　0.761 0;0.517 1　0.941 4;0.873 2　0.653 6;0.687 8　0.521 9;0.848 8　0.360 9;0.668 3　0.253 6;0.619 5　0.323 4]。

思考题

设 A 和 B 是铅直平面上不在同一直线上的两点，在所有连接 A 和 B 的平面曲线中，求出一条曲线，使仅受重力作用且初速为零的质点，从 A 到 B 沿这条曲线运动时所需的时间最短。此问题即为最速降线问题，请建立此问题的数学模型，并设置合理的参数，用粒子群算法进行优化。

第 11 章

蚁群算法

蚁群算法(Ant Colony Optimization，ACO)是近年来提出的一种基于种群寻优的启发式搜索算法。该算法受到自然界中真实蚁群通过个体间的信息传递、搜索从蚁穴到食物间的最短距离的集体寻优特征的启发，来解决一些离散系统中优化困难的问题。目前，该算法已被应用于求解旅行商问题、指派问题以及调度问题等，取得了较好的效果。

11.1 蚂蚁系统模型

蚁群算法是受到对真实的蚁群行为的研究的启发而提出的。像蚂蚁、蜜蜂、飞蛾等群居昆虫，虽然单个昆虫的行为极为简单，但由单个的个体所组成的群体却表现出极其复杂的行为。这些昆虫之所以有这样的行为，是因为它们个体之间能通过一种称之为外激素的物质进行信息传递。蚂蚁在运动过程中，能够在它所经过的路径上留下该种物质，而且蚂蚁在运动过程中能够感知这种物质，并以此指导自己的运动方向。所以大量蚂蚁组成的蚁群的集体行为便表现出一种信息正反馈现象：某路径上走过的蚂蚁越多，则后来者选择该路径的概率就越大，蚂蚁的个体之间就是通过这种信息的交流达到搜索食物的目的的。

蚁群算法就是根据真实蚁群的这种群体行为而提出的一种随机搜索算法，与其他随机算法相似，通过对初始解(候选解)组成的群体来寻求最优解。各候选解通过个体释放的信息不断地调整自身结构，并且与其他候选解进行交流，以产生更好的解。

作为一种随机优化方法，蚁群算法不需要任何先验知识，最初只是随机地选择搜索路径，随着对解空间的了解，搜索更加具有规律性，并逐渐得到全局最优解。

11.1.1 基本概念

1. 信息素

蚂蚁能在其走过的路径上分泌一种化学物质即信息素，并形成信息素轨迹。信息素是蚂蚁之间通信的媒介。蚂蚁在运动过程中能感知这种物质的存在及其强度，并依此指导自己的运动路线，使之朝着信息素强度大的方向运动。信息素轨迹可以使蚂蚁找到它们返回食物源(或蚁穴)的路径。当同伴蚂蚁进行路径选择时，会根据路径上不同的信息素进行选择。

2. 群体活动的正反馈机制

个体蚂蚁在寻找食物源的时候只提供了非常小的一部分贡献，但是整个蚁群却表现出具有找出最短路径的能力。其群体行为表现出一种信息的正反馈现象，即某一路径上走过的蚂蚁越多，信息素就越强，对后来的蚂蚁就越有吸引力；而其他路径由于通过的蚂蚁较少，路径上的信息素就会随时间而逐渐蒸发，以致最后没有蚂蚁通过。蚂蚁的这种搜索路径的过程就称为自催化过程或正反馈机制。寻优过程与这个过程极其相似。

3. 路径选择的概率策略

蚁群算法中蚂蚁从节点移动到下一个节点，是通过概率选择策略实现的。该策略只利用当前的信息去预测未来的情况，而不能利用未来的信息。

11.1.2　蚂蚁系统的基本模型

1. 蚁群算法的常用符号

$q_i(t)$——t 时刻位于节点 i 的蚂蚁个数；

m——蚁群中的全部蚂蚁个数，$m=\sum_{i=1}^{n} q_i(t)$；

τ_{ij}——边(i,j)上的信息素强度；

η_{ij}——边(i,j)上的能见度；

d_{ij}——节点 i,j 间的距离；

P_{ij}^k——蚂蚁 k 由节点 i 向节点 j 转移的概率。

2. 每只蚂蚁具有的特征

(1) 蚂蚁根据节点间的距离和连接边上信息素的强度作为变量概率函数，选择下一个将要访问的节点。

(2) 规定蚂蚁在完成一次循环以前，不允许转到已访问过的节点。

(3) 蚂蚁在完成一次循环时，在每一条访问的边上释放信息素。

3. 蚁群算法流程

蚁群算法的流程如图 11-1 所示。

(1) 初始化蚁群：初始化蚁群参数，设置蚂蚁数量，将蚂蚁置于 n 个节点上，初始化路径信息素。

(2) 蚂蚁移动：蚂蚁根据前面蚂蚁留下的信息素强度和自己的判断选择路径，完成一次循环。

(3) 释放信息素：对蚂蚁所经过的路径按一定的比例释放信息素。

(4) 评价蚁群：根据目标函数对每只蚂蚁的适应度进行评价。

(5) 若满足终止条件，则为最优解，输出最优解；否则，算法继续。

(6) 信息素的挥发：信息素会随着时间的延续而不断挥发。

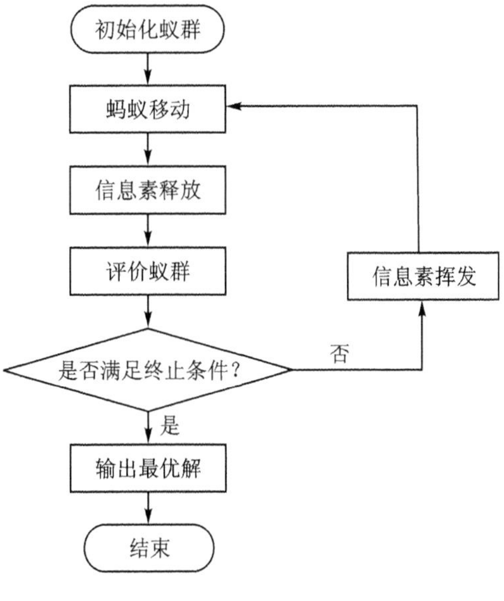

图 11-1　基本蚁群算法的流程图

初始时刻，各条路径上的信息素相等，即 $\tau_{ij}(0)=C$（常数）。蚂蚁 $k(k=1,2,\cdots,m)$在运动过程中根据各条路径上的信息素决定移动方向，在 t 时刻，蚂蚁 k 在节点 i 选择节点 j 的转移概率 P_{ij}^k 为

$$P_{ij}^k(t)=\begin{cases}\dfrac{\tau_{ij}^{\alpha}(t)\eta_{ij}^{\beta}(t)}{\sum\limits_{s\in \text{allowed}_k}\tau_{is}^{\alpha}(t)\eta_{is}^{\beta}(t)}, & j\in \text{allowed}_k \\ 0, & \text{其他}\end{cases} \tag{11-1}$$

其中，$\text{allowed}_k=[1,2,\cdots,n-1]$表示蚂蚁 k 下一步允许选择的节点。η_{ij} 为能见度因数，用某种启发式算法得到。一般取 $\eta_{ij}=1/d_{ij}$。α 和 β 为两个参数，反映了蚂蚁在活动过程中信息素

轨迹和能见度在蚂蚁选择路径中的相对重要性。与真实蚁群不同,人工蚁群系统具有记忆功能。为了满足蚂蚁必须经过所有 n 个不同的节点这个约束条件,为每只蚂蚁都设计了一个数据结构,称为禁忌表,它记录了在 t 时刻蚂蚁已经走过的节点,不允许该蚂蚁在本次循环中再经过这些节点。当本次循环结束后,禁忌表被用来计算该蚂蚁当前所建立的解决方案(即蚂蚁所经过的路径长度)。之后,禁忌表被清空,该蚂蚁又可以自由地进行选择。

经过 n 个时刻,蚂蚁完成了一次循环,各路径上信息素根据下式进行调整,即

$$\tau_{ij}(t+1)=\rho\tau_{ij}(t)+\Delta\tau_{ij}(t,t+1) \tag{11-2}$$

$$\Delta\tau_{ij}(t,t+1)=\sum_{k=1}^{m}\Delta\tau_{ij}^{k}(t,t+1) \tag{11-3}$$

其中,$\Delta\tau_{ij}^{k}(t,t+1)$表示第 k 只蚂蚁在时刻$(t,t+1)$留在路径(i,j)上的信息素量,其值视蚂蚁的优劣程度而定。路径越短,信息素释放的就越多,$\Delta\tau_{ij}(t,t+1)$表示本次循环中路径(i,j)的信息素量的增量,$(1-\rho)$为信息素轨迹的衰减系数,通常设置 $\rho<1$ 来避免路径上信息素的无限累积。

算法不同,$\Delta\tau_{ij}$、$\Delta\tau_{ij}^{k}$ 和 P_{ij}^{k} 的表达形式可以不同,要根据具体问题而定。M. Dorigo 曾给出三种不同模型,分别称为蚁密系统、蚁量系统和蚁周系统。

11.1.3 蚁密系统、蚁量系统和蚁周系统

蚁密系统和蚁量系统的差别仅在于 $\Delta\tau_{ij}^{k}$ 的表达式不同。在蚁密系统模型中,一只蚂蚁在经过路径(i,j)上释放的信息素量为每单位长度 Q;在蚁量模型中,一只蚂蚁在经过路径(i,j)上释放的信息素量为每单位长度 Q/d_{ij}。从而在蚁密系统模型中

$$\Delta\tau_{ij}^{k}=\begin{cases}Q, & \text{第 } k \text{ 只蚂蚁在本次循环中经过路径}(i,j)\\ 0, & \text{其他}\end{cases}$$

在蚁量系统模型中

$$\Delta\tau_{ij}^{k}=\begin{cases}\dfrac{Q}{d_{ij}}, & \text{第 } k \text{ 只蚂蚁在本次循环中经过路径}(i,j)\\ 0, & \text{其他}\end{cases}$$

从上面可以看出,在蚁密模型中,一只蚂蚁从 i 向着 j 移动的过程中路径(i,j)上信息素轨迹强度的增加与 d_{ij} 无关;而在蚁量系统模型中,它与 d_{ij} 成反比。就是说,在蚁量模型中短路径对蚂蚁将更有吸引力,因此进一步增加了系统模型中的能见度因数 η_{ij} 的值。

蚁周系统与上述两种模型的差别在于 $\Delta\tau_{ij}^{k}$ 的表达式不同,在蚁周模型中,$\Delta\tau_{ij}^{k}$ 表示更新蚂蚁 k 所走过的路径,$(t,t+n)$表示蚂蚁经过 n 步完成一次循环,具体更新值由下式给出

$$\Delta\tau_{ij}^{k}(t,t+n)=\begin{cases}\dfrac{Q}{L_k}, & \text{蚂蚁 } k \text{ 在本次循环中经过路径}(i,j)\\ 0, & \text{其他}\end{cases}$$

式中:L_k 为第 k 只蚂蚁在本次循环中所走的路径长度。

在蚁密系统和蚁量系统中,蚂蚁在建立方案的同时释放信息素,利用的是局部信息,而蚁周系统是在蚂蚁已经建立了完整的轨迹后再释放信息素,利用的是整体信息。信息素轨迹根据如下公式进行更新

$$\tau_{ij}(t+n)=\rho_1\tau_{ij}(t)+\Delta\tau_{ij}(t,t+n) \tag{11-4}$$

$$\Delta\tau_{ij}(t,t+n)=\sum_{k=1}^{m}\Delta\tau_{ij}^{k}(t,t+n) \tag{11-5}$$

上式中的 ρ_1 与 ρ 不同，因为在蚁周系统中不再是每一步都对轨迹进行更新，而是在一只蚂蚁建立了一个完整的路径（n 步）后再更新轨迹量。

11.1.4 蚁群算法的特点

蚁群算法具有以下的优点：

(1) 它本质上是一种模拟进化算法，结合了分布式计算、正反馈机制和贪婪式搜索算法，在搜索的过程中不容易陷入局部最优，即在所定义的适应函数是不连续、非规划或有噪声的情况下，也能以较大的概率发现最优解，同时贪婪式搜索有利于快速找出可行解，缩短了搜索时间。

(2) 蚁群算法采用自然进化机制来表现复杂的现象，通过信息素合作而不是个体之间的通信机制，使算法具有较好的可扩充性，能够快速可靠地解决困难的问题。

(3) 蚁群算法具有很高的并行性，非常适合于巨量并行机。

但它也存在如下的缺点：

(1) 通常该算法需要较长的搜索时间。由于蚁群中个体的运动是随机的，当群体规模较大时，要找出一条较好的路径就需要较长的搜索时间。

(2) 蚁群算法在搜索过程中容易出现停滞现象，表现为搜索到一定阶段后，所有解趋向一致，无法对解空间进一步搜索，不利于发现更好的解。

因此，在实际工作中，要针对不同优化问题的特点，设计不同的蚁群算法，选择合适的目标函数、信息更新和群体协调机制，尽量克服算法缺陷。

11.2 蚁群算法的参数分析

在各种形式的蚁群算法中，蚂蚁数量 m、信息启发式因子 α、期望值启发式因子 β 和信息素挥发因子 ρ 都是影响算法性能的重要参数。

1. 蚂蚁数量 m

蚂蚁数量 m 是蚁群算法的重要参数之一。蚂蚁数量多，可以提高蚁群算法的全局搜索能力以及算法的稳定性，但数量过多会减弱信息正反馈的作用，使搜索的随机性增强；反之，蚂蚁数量少，特别是当要处理的问题规模比较大时，会使搜索的随机性减弱，虽然收敛速度加快，但会使算法的全局寻优性能降低，稳定性差，容易出现停滞现象。

2. 信息启发式因子 α

信息启发式因子 α 的大小反映了信息素因素作用的强度。其值越大，蚂蚁选择以前走过路径的可能性就越大，搜索的随机性减弱，当 α 值过大时会使蚁群的搜索过早陷于局部最优；当 α 值较小时，搜索的随机性增强，算法收敛速度减慢。

3. 期望值启发式因子 β

期望值启发式因子 β 的大小反映了先验性、确定性因素作用的强度。其值越大，蚂蚁在某个局部点上选择局部最短路径的可能性就越大，算法的随机性减弱，易于陷入局部最优；而 β 过小，将导致蚂蚁群体陷入纯粹的随机搜索，很难找到最优解。

4. 信息素挥发因子 ρ

信息素挥发因子 ρ 的大小直接关系到蚁群算法的全局搜索能力及其收敛速度。当值较大时，由于信息正反馈的作用占主导地位，以前搜索过的路径被再次选择的可能性过大，搜索的随机性减弱；反之，当值很小时，信息正反馈的作用相对较弱，搜索的随机性增强，因此蚁群算法收敛速度很慢。

11.3 蚁群算法的改进

蚂蚁系统在解决一些小规模的 TSP 问题时的表现尚可令人满意,但随着问题规模的扩大,蚂蚁系统很难在可接受的循环次数内找出最优解。针对蚂蚁系统的这些不足,研究者进行了大量的改进工作,使得蚁群优化算法在很多重要的问题上跻身于最好的算法行列。

11.3.1 带精英策略的蚂蚁系统

带精英策略的蚂蚁系统是最早改进的蚂蚁系统。与遗传算法类似,为了使目前为止所找出的最优解在下一循环中对蚂蚁更有吸引力,在每次循环之后给予最优解以额外的信息素量,这样的解被称为全局最优解,找出这个解的蚂蚁被称为精英蚂蚁。信息素根据下式进行更新,即

$$\tau_{ij}(t+1)=\rho\tau_{ij}(t)+\Delta\tau_{ij}+\Delta\tau_{ij}^{*}$$

其中,

$$\Delta\tau_{ij}=\sum_{k=1}^{m}\Delta\tau_{ij}^{k}$$

$$\Delta\tau_{ij}^{k}=\begin{cases}\dfrac{Q}{L_k}, & \text{蚂蚁 } k \text{ 在本次循环中经过路径}(i,j)\\ 0, & \text{其他}\end{cases}$$

$$\Delta\tau^{*}=\begin{cases}\sigma\times\dfrac{Q}{L^{*}}, & \text{边}(i,j)\text{是所找出的最优解的一部分}\\ 0, & \text{其他}\end{cases}$$

式中:$\Delta\tau_{ij}^{*}$ 表示精英蚂蚁引起的路径(i,j)上的信息素量的增加;σ 是精英蚂蚁的个数;L^{*} 为所找出的最优解的路径长度。

使用精英策略可以使蚂蚁系统找出更优的解,并且在运行过程的更早阶段就能找出这些解。但是如果所使用的精英蚂蚁过多,搜索会很快地集中在极优值周围,从而导致搜索早熟收敛。因此,需要恰当地选择精英蚂蚁的数量。

11.3.2 基于优化排序的蚂蚁系统

和蚂蚁系统一样,带精英策略的蚂蚁系统有一个缺点:若在进化过程中,解的总质量提高了,则解元素之间的差异就减小了,导致选择概率的差异也随之减小,使得搜索过程不会集中到目前为止所找出的最优解附近,从而阻止了对更优解的进一步搜索。当路径非常接近时,特别是当很多蚂蚁沿着局部极优的路径行进时,则对短路径的增强作用就被削弱了。

在遗传算法中,为了解决这种维持选择压力的问题,一个可行的选择机制就是排序,首先根据适应度对种群进行分类,然后被选择的概率取决于个体的排序。适应度越高表明该个体越优,个体在群体中的排名越靠前,则被选择的概率就越高。

将遗传算法中排序的概念扩展应用到蚂蚁系统中,称之为基于优化排序的蚂蚁系统。具体实施的过程如下:当每只蚂蚁都生成一个路径后,蚂蚁按路径排序($L_1\leqslant L_2\leqslant\cdots\leqslant L_m$),蚂蚁对信息素轨迹量更新的贡献根据该蚂蚁的排名的位次进行加权,信息素轨迹更新按下式进行,即

$$\tau_{ij}(t+1)=\rho\tau_{ij}(t)+\Delta\tau_{ij}+\Delta\tau_{ij}^{*}$$

式中：$\Delta\tau_{ij}=\sum_{\mu=1}^{\sigma-1}\Delta\tau_{ij}^{\mu}$，表示 $\sigma-1$ 只蚂蚁在节点(i,j)之间根据排名对信息素轨迹量的更新。

$$\Delta\tau_{ij}^{\mu}=\begin{cases}(\sigma-\mu)\dfrac{Q}{L_{\mu}}, & \text{第 }\mu\text{ 只最好的蚂蚁经过路径}(i,j)\\ 0, & \text{其他}\end{cases}$$

$$\Delta\tau_{ij}^{*}=\begin{cases}\sigma\times\dfrac{Q}{L^{*}}, & \text{边}(i,j)\text{是所找出的最优解的一部分}\\ 0, & \text{其他}\end{cases}$$

式中：μ 为最好的蚂蚁排列顺序号；$\Delta\tau_{ij}^{\mu}$ 表示由第 μ 只最好蚂蚁引起的路径(i,j)上的信息素量的增加；L_{μ} 是第 μ 只最优蚂蚁的路径长度；$\Delta\tau_{ij}^{*}$ 表示由精英蚂蚁引起的路径(i,j)上的信息素量的增加；σ 为精英蚂蚁的数量；L^{*} 是所找出的最优解的路径长度。

事实上这是一个带精英和排序混合策略的优化算法。

11.3.3 蚁群系统

蚁群系统在蚂蚁系统的基础上主要做了三个方面的改进：

(1) 状态转移规则为更好、更合理地利用新路径和关于问题的先验知识提供了方法。

(2) 全局更新规则只应用于最优的蚂蚁路径上，从而增大了最优路径和最差路径在信息素上的差异，使得蚂蚁更倾向于选择最优路径中的边，使其搜索行为能够很快地集中到最优路径附近，提高了算法的搜索效率。

(3) 在建立问题解决方案的过程中，应用局部信息素更新规则。

蚁群系统的工作过程可表述如下：根据一些初始化规则（如随机），m 只蚂蚁在初始阶段被随机地置于各节点（城市）上，每只蚂蚁通过重复应用状态转移规则建立一个路径（可行解）。在建立路径的过程中，蚂蚁也通过应用局部更新规则来修改已访问路径上的信息素。一旦所有蚂蚁都完成了它们的路径，应用全局更新规则再次对路径上的信息轨迹量进行修改。与蚂蚁系统一样，在建立路径时，蚂蚁受启发信息和激发信息的指导，信息素强度高的边对蚂蚁更有吸引力，图 11-2 所示为蚁群系统的流程图。

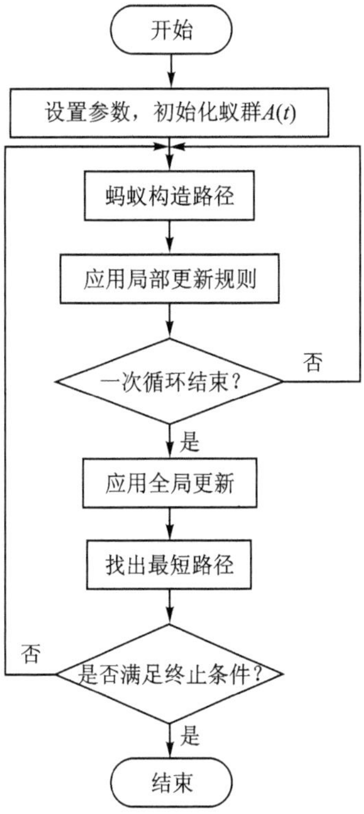

图 11-2 蚁群系统的流程图

1. 蚁群系统状态转移规则

蚁群系统的状态转移规则如下：一只位于节点 r 的蚂蚁通过应用如下的方程式给出的规则选择下一个将要移动到的节点（城市）s

$$s=\begin{cases}\arg\max\limits_{u\in \text{allowed}}\{[\tau(r,u)]^{\alpha}[\eta(r,u)^{\beta}]\}, & q\leqslant q_0\ \text{按先验知识选择路径}\\ S, & \text{其他按式(11-1)进行概率式搜索}\end{cases}\tag{11-6}$$

式中:q 是在[0,1]区间均匀分布的随机数;q_0 是一个参数($0 \leqslant q_0 \leqslant 1$);$S$ 为根据式(11-1)给出的概率分布所选出的一个随机变量。

由式(11-1)和式(11-6)产生的状态转移规则称为伪随机比例规则,它倾向于选择短的且有着大量信息素的边作为移动方向。q_0 的大小决定了利用先验知识与探索新路径之间的相对重要性。

2. 蚁群系统全局更新规则

在蚁群系统中,只有全局最优的蚂蚁才被允许释放信息素,其目的是为了使搜索更具有指导性。蚂蚁的搜索主要集中在当前循环所找出的最好路径的邻域内。全局更新在所有蚂蚁都完成了它们的路径之后执行,应用下式对所建立的路径进行更新

$$\tau(r,s) = (1-\alpha)\tau(r,s) + \alpha \cdot \Delta\tau(r,s) \tag{11-7}$$

$$\Delta\tau(r,s) = \begin{cases} (L_{gb})^{-1}, & (r,s) \in \text{全局最优路径} \\ 0, & \text{其他} \end{cases}$$

式中:α 为信息素挥发参数;L_{gb} 为到目前为止找出的全局最优路径。

式(11-7)规定只有那些属于全局最优路径上的边上的信息素才会得到增强。全局更新规则的另一个类型为迭代最优,此时用 L_{ib}(当前迭代中的最优路径长度)代替 L_{gb},并且只有属于当前迭代中的最优路径才会得到激素增强。

3. 蚁群系统局部更新规则

在建立一个解决方案的过程中,蚂蚁利用下式的局部更新规则对它们所经过的边进行激素更新

$$\tau(r,s) = (1-\rho)\tau(r,s) + \rho \cdot \Delta\tau(r,s) \tag{11-8}$$

式中:ρ 为一个参数,$0 \leqslant \rho \leqslant 1$。

由实验发现,设置 $\tau_0 = (nL_{nn})^{-1}$ 可以产生好的结果,其中 n 是节点(城市)的数量,L_{nn} 是由最近的邻域启发产生的一个路径长度。

应用局部更新规则可以有效地避免蚂蚁收敛到同一路径(最优解)。

4. 候选集合策略

由于蚁群优化算法是一种结构上的启发算法,所以在每一步,即蚂蚁在选择一个城市(节点)之前都要考虑所有可能的城市集合,其时间复杂性为 $O(n^2)$(n 为城市的规模)。为了提高蚁群算法的搜索效率,特别是对于较大规模的实际问题,一种方法是将选择城市的数量限制在一个合适的子集或候选表内,这种方法称为候选集合策略。一个城市的候选表包括 cl 个(cl 是一个参数)按递增的距离排序的城市,表被按顺序检测,并且根据蚂蚁禁忌表避免访问已经经过的城市。

候选集合既可以是用先验知识产生的静态候选集合,也可以是动态候选集合。前者在应用蚁群算法以前得到,且在运行过程中不被更新或改变;而后者需要在搜索过程中不断被修改,它更适合于解决不同类型的问题。

11.3.4 最大-最小蚂蚁系统

通过对蚁群算法的研究表明,将蚂蚁的搜索行为集中到最优解的附近可以提高解的质量和收敛速度,但这种搜索方法会收敛早熟。最大-最小蚂蚁系统(Max-Min Ant System, MMAS)将这种搜索方法和能够有效避免早熟的机制结合在一起,获得了最优性能的蚁群算法。

1. 信息素轨迹更新

在 MMAS 中只有一只蚂蚁用于在每次循环后更新信息轨迹。因此，经修改的轨迹更新规则如下：

$$\tau_{ij}(t+1)=\rho\tau_{ij}(t)+\Delta\tau_{ij}^{\mathrm{best}}$$

式中：$\Delta\tau_{ij}^{\mathrm{best}}=1/f(s^{\mathrm{best}})$，$f(s^{\mathrm{best}})$表示迭代最优解($s^{\mathrm{ib}}$)或全局最优解($s^{\mathrm{gb}}$)的值。

只对一个解 s^{gb} 或 s^{ib} 进行轨迹更新是 MMAS 开发搜索过程最重要的手段。通过这个选择，频繁地在最优解中出现的解元素将得到大量的信息素增强。当仅使用 s^{gb} 时，搜索可能会过快地集中到这个解的周围，从而限制了对更优解的进一步搜索，有陷入差质量解的危险。而选择进行信息素更新可以减少这样的危险，这是因为迭代最优解在每个循环都会有较大的不同，更多数量的解元素都有机会获得信息素增强。当然，也可以使用混合策略，如默认使用 s^{ib} 进行信息素更新，而只在固定循环次数时使用 s^{gb}。

2. 信息素轨迹的限制

不管是选择迭代最优还是全局最优蚂蚁进行信息素更新，都可能导致搜索的停滞。避免这一停滞状态发生的一种方法是改变用来选择下一个解元素的概率，它直接依赖于信息素轨迹和启发信息。启发信息是依问题而定的，在整个算法运行过程中是不变的，但通过限制信息素轨迹的影响，可以很容易地避免在算法运行过程中各信息素轨迹之间的差异过大。为了达到这一目的，MMAS 对信息素轨迹的最小值和最大值分别施加了 $\tau_{\min}$ 和 $\tau_{\max}$ 限制，从而使得对所有信息素轨迹 $\tau_{ij}(t)$，有 $\tau_{\min}\leqslant\tau_{ij}(t)\leqslant\tau_{\max}$。在每一次循环后，必须确保轨迹量遵从这一限制，若有 $\tau_{ij}(t)>\tau_{\max}$，则设置 $\tau_{ij}(t)=\tau_{\max}$；若 $\tau_{ij}(t)<\tau_{\min}$，则设置 $\tau_{ij}(t)=\tau_{\min}$。

当然，选择合适的信息素轨迹界限也是很重要的。一般将最大轨迹量设置为渐进的最大值估计，即$\dfrac{1}{1-\rho}\cdot\dfrac{1}{f(s^{\mathrm{gb}})}$，每次找出一个新的最优解，$\tau_{\max}$ 都被更新，导致了一个动态变化的 $\tau_{\max}(t)$值；而对于 $\tau_{\min}$，则为$\dfrac{\tau_{\max}(1-\sqrt[n]{P_{\mathrm{best}}})}{(\mathrm{avg}-1)\sqrt[n]{P_{\mathrm{best}}}}$，式中 P_{best} 为构造最优解的概率，$\mathrm{avg}=n/2$。

3. 信息素轨迹的初始化

在 MMAS 中信息素轨迹的初始化是在第一次循环后所有信息素轨迹与 $\tau_{\max}(1)$相一致。实验表明，将初始值设为 $\tau(1)=\tau_{\max}$ 可以改善 MMAS 的性能。

4. 信息素轨迹的平滑化

当 MMAS 已经收敛或非常接近收敛时，信息素轨迹的平滑可以增加信息素轨迹量，以提高搜索新解的能力。

信息素轨迹平滑的公式为

$$\tau_{ij}^{*}(t)=\tau_{ij}(t)+\delta(\tau_{\max}(t)-\tau_{ij}(t))$$

式中：$0<\delta<1$，$\tau_{ij}(t)$和 $\tau_{ij}^{*}(t)$分别为平滑化之前和之后的信息素轨迹量。

平滑机制有助于对搜索空间进行更有效的搜索，同时，这个机制可以使 MMAS 对信息素轨迹下限的敏感程度更小。

11.3.5　最优-最差蚂蚁系统

通过对蚁群与蚁群算法的研究表明，不论是真实蚁群还是人工蚁群系统，通常情况下，信息量最强的路径与所需要的最优路径比较接近。然而，由于人工蚁群系统中，路径上的初始信息量是相同的，因此，在第一次循环中蚁群在所经过的路径上的信息不一定能反映出最优路径的方向(也即信息量最强的路径不是所需要的最优路),特别是蚁群中个体数目少或所计算的路径组合较多时,就更不能保证蚁群创建的第一条路径能引导蚁群走向全局最优路径。在第一次循环后,蚁群留下的信息会因正反馈作用使这条路径不是最优,而且可能使离最优解相差很远的路径上的信息得到不应有的增加,阻碍以后的蚂蚁发现更好的全局最优解。

不仅是第一次循环所建立的路径可能对蚁群产生误导,任何一次循环,只要这次循环所利用的信息较平均地分布在各个方向上,这次循环所释放的信息素可能会对以后蚁群的决策产生误导。因此,蚁群所找出的解需要通过一定的方法来增强,使蚁群所释放的信息素尽可能地不对以后的蚁群产生误导。

鉴于蚂蚁系统搜索效率低和质量差的特点,提出了最优-最差蚂蚁系统(Best - Worst Ant System,BWAS)。该改进算法在蚁群算法的基础上进一步增强了搜索过程的指导性,使蚂蚁的搜索更集中于到当前循环为止所找出的最好路径的邻域内,其基本思想是对最优解进行更大限度的增强,而对最差解进行削弱,使属于最优路径的边与属于最差路径的边之间的信息素差异进一步增大,从而使蚂蚁的搜索行为更集中于最优解的附近。

BWAS 的工作过程如下:

(1) 初始化;

(2) 根据式(11 - 1)和式(11 - 4)为每只蚂蚁选择路径;

(3) 每生成一只蚂蚁就按式(11 - 8)执行一次局部更新规则;

(4) 循环执行步骤(2)、(3)直至每只蚂蚁都生成一条路径;

(5) 评选出最优和最差蚂蚁;

(6) 对最优蚂蚁按式(11 - 7)执行全局更新规则;

(7) 对最差蚂蚁按下式执行全局更新规则

$$\tau(r,s)=(1-\rho)\tau(r,s)-\varepsilon\,\frac{L_{\text{worst}}}{L_{\text{best}}} \tag{11-9}$$

式中:ε 为该算法引入的一个参数;L_{worst}、L_{best} 分别表示当前循环中最差、最优蚂蚁的路径长度;$\tau(r,s)$表示节点 r(城市)和节点 s(城市)之间的信息素轨迹量。

循环执行步骤(2)～(7)直至执行次数达到指定数目或连续若干代内没有更好的解出现为止。

同样,也可以将式(11 - 9)应用到最大-最小蚂蚁系统中,可以有效地抑制由于最优与最差路径信息量之间差异的加剧而引起的停滞现象。

11.3.6 自适应蚁群算法

基本蚁群算法在构造解的过程中,利用随机选择策略。这种选择策略使得进化速度较慢,正反馈原理旨在强化性能较好的解,但容易出现停滞现象,这是造成蚁群算法不足之处的根本原因。因而从选择策略方面进行修改,采用确定性选择和随机选择相结合的选择策略,并且在搜索过程中动态地调整确定性选择的概率。当进化到一定代数后,进化方向已经基本确定,这时对路径上的信息量作动态调整,缩小最好和最差路径上的信息量的差异,并且适当加大随机选择的概率,有利于对解空间的更完全搜索,从而可以有效地克服基本蚁群算法的两个不足。这就是自适应蚁群算法。此算法按照下式确定蚂蚁由城市 i 转移到下一个城市 j,即

$$j=\begin{cases}\arg\max x_{u\in\text{allowed}}\{\tau_{iu}^{\alpha}(t)\eta_{iu}^{\beta}(t)\}, & r\leqslant p_0\\ p_{ij}^{k}(t), & \text{其他}\end{cases}$$

式中:$p_0\in(0,1)$;r 是(0,1)中均匀分布的随机数。当进化方向确定后,为加大随机选择的概

率，确定性选择的概率必须自适应地调整，$p(t)$ 调整规则如下：

$$p(t)=\begin{cases}0.95p(t-1), & 0.95p(t-1)\geqslant p_{\min}\\ p_{\min}\end{cases}$$

11.4　算法的应用举例及 MATLAB 实现

【例 11.1】　请用蚁群算法求解 75 个城市的 TSP 问题。表 11－1 所列为各城市的坐标值。

表 11－1　城市坐标值

坐标值	48	52	55	50	41	51	55	38	33	45	40	50	55	54	26	15	21
	21	26	50	50	46	42	45	33	34	35	37	30	34	38	13	5	48
	29	33	15	16	12	50	22	21	20	26	40	36	62	67	62	65	62
	39	44	14	19	17	40	53	36	30	29	20	26	48	41	35	27	24
	55	35	30	45	21	36	6	11	26	30	22	27	30	35	54	50	44
	20	51	50	42	45	6	25	28	59	60	22	24	20	16	10	15	13
	35	40	40	31	47	50	57	55	2	7	9	15	10	17	55	62	70
	60	60	66	76	66	70	72	65	38	43	56	56	70	64	57	57	64
	64	59	50	60	66	66	43										
	4	5	4	15	14	8	26										

解：根据蚁群算法的原理，编写函数 antTSP 进行求解。

```
>> [Shortest_Route,Shortest_Length] = antTSP(city,1000,50,1,2,0.1,100)
Shortest_Route = 35 72 73 74 69 70 49 71 51 50 1 2 12 13 14 23 6 7 3 4 66 53 52 44 43 24 17 39 25 26 27 9 18
19 37 36 5 38 10 11 8 29 75 28 48 40 15 47 46 45 21 22 20 16 41 42 60 61 62 63 65 64 55 54 56 57 58 59 68 67
30 31 32 33 34
Shortest_Length  = 558.8244
```

求解结果与最优值(549.180)有一定的差异，这是算法中的参数不是最优值所引起的。较佳的路径图如图 11－3 所示。

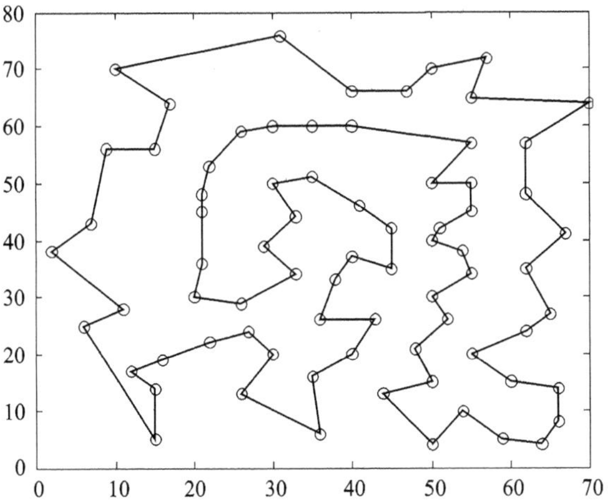

图 11－3　较佳的路径图

【例 11.2】 蚁群算法也可以用于函数的优化。试用蚁群算法优化下列函数：

(1) $\max f(x)=|(1-x)x^2\sin(200\pi x)|, x\in[0,1]$。

(2) $\min f(x,y)=\dfrac{x}{1+|y|}, x,y\in[-10,10]$。

解:(1) 此函数有许多局部极值,其图像如图 11-4 所示。

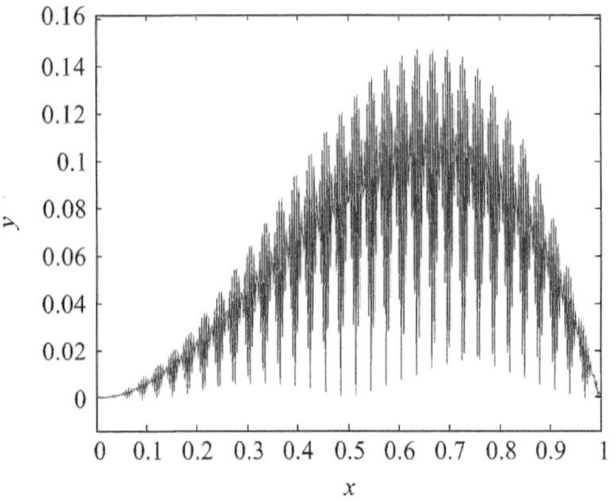

图 11-4 所求函数的图像

利用蜂群算法求解函数的优化问题可以采用多种方法。对于第 1 个函数可以采用以下的方法：

对于一个在[0,1]上的函数最小化问题,可以将小数点后的数字作为城市,这样每个蚂蚁经过的路径就是自变量小数点后的数值。

设问题要求自变量精确到小数点后 d 位,则自变量 x 可以用 d 个十进制数来近似表示,就可以构造 $d\times10+2$ 个"城市",其中第一层和末层分别为起始城市和终止城市,而中间层城市,每层城市分别有 10 个城市,分别代表数字 0～9,而每层从左到右代表小数点后的十分位、百分位、……,并且让每只蚂蚁只能从左往右移动,这样,从起始城市到终止城市的一次游走,就可以找到小数点后的各位数字。让 m 只蚂蚁经过一定次数的循环寻找,就可以找到符合要求的结果,其中城市选择概率的计算公式为

$$p(a,b)=\frac{\tau_{ab}^{k}}{\sum_{x=0}^{9}\tau_{ax}^{k}}$$

式中:a 为当前城市;b 为下次选择城市;τ_{ab}^{k} 为这两个城市的信息素;τ_{ax}^{k} 为当前城市与下一层所有 10 个城市间的信息素外。除了起始城市与下一层之间只有 10 个信息素外,每层间的信息素为 10×10 的矩阵,并且蚂蚁在游走的过程中,要不断地在经过的路径上减弱所留下的信息素,其计算公式为

$$\tau_{k,k-1}^{k}\leftarrow(1-\rho)\tau_{k,k-1}^{k}+\rho\tau_0$$

式中:k 代表层数;ρ 为(0,1)间的常数,代表信息素减弱的速度;τ_0 为初始信息素。这个过程称为信息素的局部更新。当所有 m 只蚂蚁按上述过程完成一次循环,就对信息素进行全局更新。首先对每只蚂蚁经过的过程解码,得到自变量的值,然后计算函数值,并得到其中的最小值,再按下列公式更新信息素:

$$\tau_{ij}^{k}\leftarrow(1-\rho)\tau_{ij}^{k}+\alpha\times f_{\min}^{-1}$$

式中:α 为(0,1)的常数,$f_{\min}^{-1}$ 为最小函数值的倒数。

至此就完成了一个循环。反复进行上面的步骤直到达到指定的循环次数或得到的解在一定循环次数后没有改进。

因为对于任何一个连续函数优化问题，都可以通过一定的变换而成为一个在[0,1]上的函数最小化问题，所以上述的设计不失一般性，并且也可以用于多元函数的优化问题。

对于多元连续函数的优化问题，设自变量由 n_x 个分量组成，并要求自变量的每一个分量都精确到小数点后 d 位，则可构造一 $n_x \times d + n_x + 1$ 层城市，且第 $1, d+2, 2d+3, \cdots, n_x \times d + n_x + 1$ 层由 1 个标号为 0 的城市组成，其余层都由标号为 0～9 的 10 个城市组成。第 $(k-1)\times(d+1)+2$ 到 $k\times(d+1)$ 层（$k=1,2,\cdots,n_x$）表示自变量的第 k 个分量。其余层都是辅助层。解码时，就对各分量对应的层分别解码。

采用这种方法，每个自变量分量的最后一位与下一个分量的第一位之间都由辅助层隔开，因此前面一个分量的末位就不会影响后面一个分量的首位。

根据这个原理，编写函数 antmin 进行求解。

```
>> [x_best,y_best] = antmin(@optifun31,1)          % 最后一个参数控制算法类型
>> x_best = 0.667501
   y_best = - 0.1481474                            % 极大值为 0.148 147 4
```

运行时需要输入算法中的各参数，既可以采用默认值，也可以重新输入。

(2) 对于一般的多元连续函数，用蚁群算法优化，常规的方法是用多组蚁群，每组蚁群负责寻找一个自变量的最佳值，其步骤如下：

① 初始化：根据每个自变量的范围，组成函数解的空间，并将蚁群随机设置在解空间中，设函数值为信息素。

② 蚁群转移规则：每只蚂蚁每次移动都是根据信息素大小来判断的，转移概率 p 为最大信息素（即最大函数值）与下一转移点的信息素（函数值）之差与最大信息素的比值。

③ 当 p 大于某个随机数时，进行全局搜索，即扩大函数值的范围，否则进行局部搜索。

④ 判断全局或局部搜索的结果是否超过自变量的边界，如超过则将其置于边界。

⑤ 判断蚂蚁是否移动，即全局或局部搜索的结果是否比原来的值大，如果是则蚂蚁移动。

⑥ 更新信息素：$\tau_i^k \leftarrow (1-\rho)\tau_i^k + f_i$，其中 f 为函数值。

⑦ 至此，完成一个循环，直到达到一定的循环次数。

据此，可以编写程序进行求解。

```
>> [x_best,y_best] = antmin(@optifun32,2)          % 求解时上、下界以列向量形式输入
>> x_best = - 9.999984   0.000006                  % antmin 函数为求最大
   y_best = - 9.999922
```

对求解过程进行作图，如图 11－5 所示，从图中可看出，计算过程收敛，说明算法有效。

【例 11.3】 为了解耕地的污染状况与水平，从 3 块由不同水质灌溉的农田里共取 16 个样品，每个样品均作土壤中铜、镉、氟、锌、汞和硫化物等 7 个变量的浓度分析，原始数据见表 11－2。试用蚁群算法对 16 个样品进行分类。

表 11－2　原始数据

mg/kg

序　号	x_1	x_2	x_3	x_4
1	11.853	0.480	14.360	25.210
2	3.681	0.327	13.570	25.120

续表 11-2

序　号	x_1	x_2	x_3	x_4
3	48.287	0.386	14.500	25.900
4	4.741	0.140	6.900	15.700
5	4.223	0.340	3.800	7.100
6	6.442	0.190	4.700	9.100
7	16.234	0.390	3.400	5.400
8	10.585	0.420	2.400	4.700
9	48.621	0.082	2.057	3.847
10	288.149	0.148	1.763	2.968
11	316.604	0.317	1.453	2.432
12	307.310	0.173	1.627	2.729
13	82.170	0.105	1.217	2.188
14	3.777	0.870	15.400	28.200
15	62.856	0.340	5.200	9.000
16	3.299	0.180	3.000	5.200

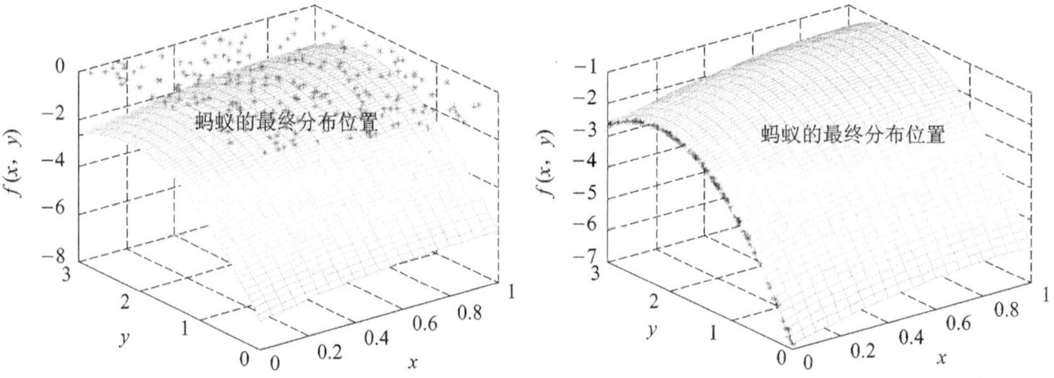

图 11-5　计算初始及终点时的函数图像

解:首先通过 MATLAB 中的聚类函数,求出样品间的聚类情况。当用最小距离法时,样品间的聚类树见图 11-6。可见根据不同的标准,有多种划分方法。

为了简单起见,本例用蚁群算法聚类时分为 3 类。

与例 11.2 的思路类似,设计 18 层城市,其中除了前后两座城市各为一个城市外,其余各层均为 3 个城市,代表类别数。每只蚂蚁从左到右所找到的路径即代表各样品所对应的类别,而每次移动的路径,则受层间信息素和各样品与类之间的信息素的共同作用。每次移动后对路径间的信息素进行局部更新。

当所有 m 只蚂蚁按上述过程完成一次循环时,就对样品与各类别间的信息素进行全局更新。首先对每只蚂蚁经过的路径解码,得到各样品所对应的类别,由此计算优化函数,并得到最小值。根据函数最小值对应的路径更新样品与类别间的信息素。以上过程所涉及的计算公式与例 11.2 的类似,在此就不再列出。

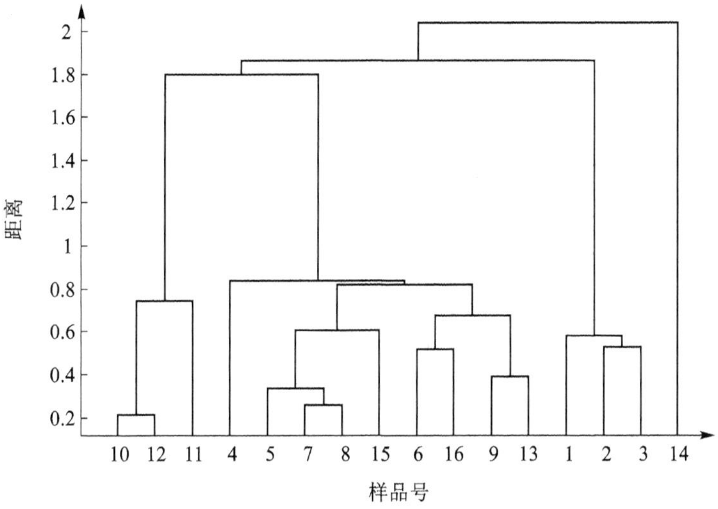

图 11-6　样品聚类树

优化函数为类内距离与类间距离的比值(最小)，即分类时各类间的距离要大，但类内各样品间的距离要小。

$$\min J(w,c)=\frac{\sum_{i=1}^{N_j}\sum_{p=1}^{n} w_{ij}\left\| x_{ip}-c_{jp}\right\|^2}{\sum_{j=1}^{M-1}\sum_{p=1}^{n}\left\| c_{j+1,p}-c_{jp}\right\|^2}$$

式中：

$$c_{jp}=\frac{\sum_{i=1}^{N_j} w_{ij}x_{ip}}{\sum_{i=1}^{N_j} w_{ij}},\quad j=1,2,\cdots,M;p=1,2,\cdots,n$$

$$w_{ij}=\begin{cases}1, & \text{样品 } i \text{ 类属于 } j \text{ 类}\\ 0, & \text{其他}\end{cases}$$

式中：x_{ip} 为第 i 个样本的第 p 个属性，c_{jp} 为第 j 个类中心的第 p 个属性。

根据蚁群算法的基本原理，可以编制相应的程序计算，得到如下的结果：

```
>> load data;
>> [pattern_best,d_best] = antcluster(data,1);        % 已知类别数的聚类
>> pattern_best = 1  1  1  1  1  1  1  1  1  2  2  2  1  3  1  1
>> d_best  = 0.0310                                    % 各参数采用默认值
```

如果事先不知道聚类的数目，则可以根据样本间的距离矩阵，确定一个阈值距离。当多个类之间的距离小于此值时，根据概率选择其中两个类的归并，而概率大小与路径的信息素有关，规定当两类之间的距离小于阈值时，信息素为 1，否则为 0。

```
>> [pattern_best,d_best] = antcluster(data,2);           % 类别数未知
>> pattern_best = 1  1  1  2  2  2  2  2  2  3  3  3  4  5  6  6
   d_best  = 0.0070                                      % 各参数采用默认值
```

习题 11

11.1 求下列函数的极大值：

$$f(x)=10+\frac{\sin\left(\frac{1}{x}\right)}{(x-0.16)^2+0.1},\quad x\in[-0.5,0.5]$$

11.2 求下列函数的极大值与极小值：

$$f(x,y)=100(x^2-y)^2+(1-x)^2,\quad x,y\in[-2.048,2.048]$$

11.3 试用蚁群算法求解不重复历经 30 个城市，并且路径最短的线路，即邮递员难题(TSP 问题)。其中城市坐标为

cityposition=[41 94;37 84;54 67;25 62;7 64;2 99;68 58;71 44;54 62;83 69;64 60;18 54;22 60;83 46;91 38;25 38;24 42;58 69;71 71;74 78;87 76;18 40;13 40;82 7;62 32;58 35;45 21;41 26;44 35;4 50]。

思考题

1. 从地图上随机选取你所在城市某区域的区域交通网络，在综合考虑该区域道路状况(如路宽)、交通环境(如交通拥塞、道路功能)、车辆状况(如车辆类型、载重)和交通参与者素质(如驾驶技术、视力)等因素的基础上，利用蚁群算法规划某两点间长度及耗时最短的行车路线。

第 12 章

混合优化算法

随着科技的发展和工程问题范围的拓宽，问题的规模越来越大、复杂程度越来越高，传统算法的优化结果往往不够理想；同时算法理论研究的落后也导致了单一算法性能改进程度的局限性，而基于自然机理来提出新的优化思想又是一件很困难的事。指导性搜索方法具有较强的通用性，无需利用问题的特殊信息，但这也造成了对已知问题信息的浪费。尽管启发式算法对问题的依赖性较强，但对特殊问题却能利用问题信息较快地构造解，其时间性能较为理想。所以如何合理结合两者的优点来构造新算法，对于实时性和优化性同样重要的工程领域，具有很强的吸引力。基于这种现状，算法混合(组合)的思想已发展成为提高算法优化性能的一个重要且有效的途径，其出发点就是使各种单一算法相互取长补短，产生更好的优化效率。

本章将主要介绍混合优化的基本策略。

12.1 混合优化策略

为了设计好适合问题的高效混合算法，不仅需要处理好算法流程的各个要素，而且需要处理好统一结构中与分解策略相关的一些关键问题。

12.1.1 算法流程要素

1. 搜索机制的选择

搜索机制是构造算法框架和实现优化的关键，是决定算法搜索行为的根本点。基于局部优化的贪婪机制可用于构造局部优化算法，如梯度下降法、爬山法等；基于概率分布的优化机制可用于设计概率意义下的全局搜索算法，如 GA、SA 等；基于系统动态演化的优化机制可用于设计具有遍历性和自学习能力的优化算法，如混沌搜索、神经网络等。

2. 搜索方式的选择

搜索方式决定着优化的结构，即每代有多少解参与优化。并行搜索方式以多点同时或交叉优化，来取得较好的优化性能，但计算和存储量较大，如 GA、EP 和神经网络等；串行搜索方式可视为并行方式的一个特例，优化进程中始终只有一个当前状态，处理较为简单，但优化效率一般较差，如 SA、TS 等。

3. 邻域函数的设计

邻域函数决定了邻域结构和邻域解的产生方式。算法对问题解的不同描述方式，使解空间的优化曲面和解的分布有所差异，会直接影响邻域函数的设计，进而影响算法的搜寻行为。同时，即使在编码机制确定的情况下，邻域结构也可采用不同的形式，以考虑新状态产生的可行性、合法性和对搜索效率的影响，如基于路径编码的 TSP 优化中可利用互换、逆序和插入等多种邻域结构。在确定邻域结构后，当前状态邻域中候选解的产生方式既可以是确定性的，也可以是随机性的，甚至是混沌性的。

4. 状态更新方式的设计

更新方式是指以何种策略在新旧状态中确定新的当前状态，是决定算法整体优化特性的关键参数之一。基于确定性的状态更新方式的搜索，一般难以穿越大的能量障碍，容易陷入局部极值；而随机性的状态更新，尤其是概率性劣向转移，往往能够取得较好的全局优化性能。

5. 控制参数的修改准则和方式的设计

控制参数是决定算法的搜索进程和行为的又一关键因素。合适的控制参数应有助于增强算法在邻域结构中的优化能力和效率，同时也必须以一定的准则和方式进行修改以适应算法性能的动态变化。一般而言，在当前控制参数难以使算法取得较大提高时，就应考虑修改参数；同时，参数的修改幅度必须使算法性能的动态变化具有一定的平滑性，以实现算法行为在不同参数下的良好过渡。算法收敛理论为参数设计提供了指导，而实际设计时也可根据优化过程的动态性能按规则自适应调整。

6. 算法终止准则的设计

终止准则是判断算法是否收敛的标准，决定了算法的最终优化性能。算法收敛理论为终止判断提供了明确的设计方案，但是基于理论分析所得的收敛准则往往是很苛刻的，甚至难以应用。实际设计时，应兼顾算法的优化质量和搜索效率等多方面性能，或根据问题需要着重强调算法的某方面性能，采用与算法性能指标相关的近似收敛准则，如给定最大迭代步数、最优解的最大凝滞步数和最小偏差阈值等。

12.1.2 混合优化策略的关键问题

1. 问题分解与综合的处理

空间的分解策略有利于利用空间资源克服问题求解的复杂性，是提高优化效率的有效次优化求解手段。分解的层次数与问题的规模和所采纳的算法有关。由于不同算法在适用域上存在差异，所以在实际求解时要求子问题的规模适合于所采纳的子算法进行高效优化，同时还应考虑各子问题的分布能保证逆向综合时取得较好的优化度。例如，对平面大规模 TSP 问题，若以 SA 为子算法，研究表明，将子问题的规模设置在 50 点之内，并采用平面邻近分割或聚类的分解方法是比较有效的。

2. 子算法和邻域函数的选择

子算法和邻域函数的选择与问题的分解具有关联性，为提高整体优化能力，在对问题合理分解后，在进程层次上要求采用的各种子算法和邻域函数在机制和结构上具有互补性，使算法整体同时具有高效的全空间搜索能力和局部趋化能力。例如并行搜索和串行搜索机制相结合，全局遍历性与局部贪婪搜索相结合，大范围迁移和小范围摄动的邻域结构相结合等。

3. 进程层次上算法转换接口的处理

算法的接口问题，即在子算法确定后如何将它们在优化结构上融合，是提高优化效率和能力的主要环节。为此，首先要对各算法的机制和特点有所了解，对算法的优化行为和搜索效率进行深入的定性分析，并对问题的特性有一定的先验知识。当一种算法或邻域函数无助于明显改善整个算法的优化性能时，如优化质量长时间得不到显著提高，则可考虑切换到另一种搜索策略。例如，神经网络的 BP 训练进入平坦或多峰区时，可切换到 SA 搜索。但是，用严格的定量指标来准确衡量算法的动态优化能力和趋势具有一定的难度。并且完全定量且一成不变的接口处理，将难以适应优化过程的动态演变。合理的处理手段应是基于规则自适应动态变化的。为了研究混合算法的整体性能，如收敛性等，在理论上将涉及切换系统的研究内容，实际应用时也需要做广泛和深入的研究。

4. 优化过程中的数据处理

优化信息和控制参数在各算法间需要进行合理的切换，以适应优化进程的切换。特别是要处理好不同搜索方式的算法间当前状态的转换和各子问题的优化信息交换与同步处理。原则上，这些问题属于技术层面上的问题，应视所用算法、编程技术和计算机类型做出具体的设计。

总之，通过对上述关键问题的合理和多样化处理，可以构造出各种复合化结构的高效混合优化策略。

12.2 优化算法的性能评价指标

为了比较全面地衡量算法性能的优劣程度，可以通过以下三个基本指标评价算法的性能。

1. 优化性能指标

通常"相对误差 E_m"被用作优化性能指标。定义算法的离线最优性能指标如下：

$$E_{m,off-line}=\frac{c_b-c^*}{c^*}\times 100\%$$

式中：c_b 为算法多次运行所得的最佳优化值；c^* 为问题的最优值。当最优值为未知时，可用已知最佳优化值来代替。该指标用于衡量算法对问题的最佳优化度，其值越小意味着算法的优化性能越好。

定义算法的在线最优性能指标如下：

$$E_{m,on-line}=\frac{c_b(k)-c^*}{c^*}\times 100\%$$

式中：$c_b(k)$为算法运行第 k 次时的最佳优化值。该指标用于衡量算法的动态最佳优化度，其值越小意味着算法的优化性能越好。

2. 时间性能指标

定义算法的时间性能指标如下：

$$E_s=\frac{I_a T_0}{I_{max}}\times 100\%$$

式中：I_a 为算法多次运行所得的满足终止条件时的迭代步数平均值；I_{max} 为给定的最大迭代步数阈值；T_0 为算法一步迭代的平均计算时间。搜索率用于衡量算法对问题解的搜索快慢程度即效率，在 I_{max} 固定情况下，E_s 值越小说明算法收敛速度越快。

3. 鲁棒性指标

通常，"波动率 E_f"被用作鲁棒性指标。定义离线初值鲁棒性指标如下：

$$E_{f1,off-line}=\frac{c_a-c^*}{c^*}\times 100\% \quad 或 \quad E_{f2,off-line}=\mathrm{STDEV}(c_i^*)$$

式中：c_a 为算法多次运行所得的平均值；c_i^* 为算法第 i 次运行得到的最优值；STDEV( )为均方差。波动率 E_{f1} 用于衡量算法在随机初值下对最优解的逼近程度，E_{f2} 用于衡量算法性能对随机初值各操作的依赖程度，两者值越小说明算法的鲁棒性(或可靠性)越高。

定义在线波动性指标如下：

$$E_{f1,on-line}=\frac{c_a(k)-c^*}{c^*}\times 100\% \quad 或 \quad E_{f2,on-line}=\mathrm{STDEV}(c_i^*(k))$$

式中：$c_a(k)$为算法运行第 k 代所得的平均值；$c_i^*(k)$为算法第 i 次运行在第 k 代得到的最优值。在线指标用于衡量算法对随机初值和操作的动态依赖程度。

基于上述三个性能指标，优化算法的综合性能指标 E 取它们的加权组合，即

$$E=\alpha_m E_m+\alpha_s E_s+\alpha_f E_f$$

式中：α_m、α_s 和 α_f 分别为优化性能指标、时间性能指标和鲁棒性指标的加权系数，且满足 $\alpha_m+\alpha_s+\alpha_f=1$。

综合性能指标值越小表明算法的综合性能越好，以此作为实际应用时选择算法的一个标准。因为工程中对算法性能的要求往往因问题而异，例如离线优化追求较高的优化性能指标，在线优化追求较高的时间性能指标和鲁棒性指标，因此在不同场合，除评价算法的各个单一指标外，可通过适当调整各加权系数来反映问题对算法的要求，并计算算法的综合性能，为算法的选取和性能比较提供合理的依据。

12.3 混合算法的统一结构

由于各种算法的搜索机制、特点和适用域存在一定的差异，"No Free Lunch"定理说明了没有一种方法对任何问题都是最有效的，实际应用时为选取适合问题的具有全面优良性能的算法，往往依赖于足够的经验和大量的实验结论。造成这种现象的根本原因是优化算法的研究缺乏系统化。特别是，目前不同算法各自孤立的研究现状，不利于开发新型混合机制的优化算法，也不利于算法应用领域地拓宽。因此建立统一的算法结构和研究体系，就成为一件很有必要的事情。

基于并行和分布式计算机技术的发展，为了使优化算法适合于求解大规模复杂优化问题，可以对优化过程做以下两方面的分解处理。

(1) 基于优化空间的分层：把原优化问题逐层分解成若干个子问题，利用有效算法首先对各子问题进行并行化求解，然后逆向逐层综合成原问题的解。

(2) 基于优化进程的分层：把优化过程在进程层次上分成若干个阶段，各阶段分别采用不同的搜索算法或邻域函数进行优化。

针对上述思想，目前混合算法的结构类型主要可归结为串行、镶嵌、并行及混合结构。

串行结构是一种最简单的结构，如图 12-1 所示。串行结构的混合算法就是吸收不同算法的优点，用一种算法的搜索结果作为另一种算法的起点依次来对问题进行优化，其目的主要是在保证一定优化质量的前提下提高优化效率。设计串行结构的混合算法需要解决的问题主要是确定算法的转换时机。

混合算法的镶嵌结构如图 12-2 所示，它表示为一种算法作为另一种算法的一个优化操作或用作操作搜索性能的评价器。前者混合的思想主要是鉴于各种算法优化机制的差异，尤其是互补性，进而克服单一算法早熟和陷入局部极值。设计镶嵌结构的混合算法需要解决的问题主要是子算法与嵌入点的选择。

图 12-1 混合算法的串行结构

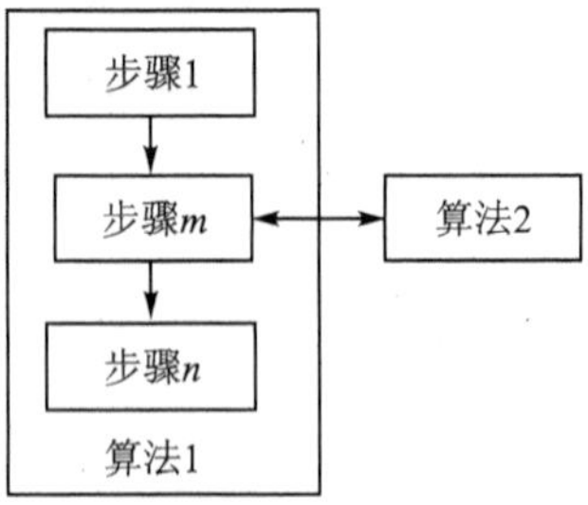

图 12-2 混合算法的镶嵌结构

混合算法的并行结构如图 12－3 所示，它包括同步式并行，异步式并行和网络结构。前两种方式有一个算法作为主过程（算法 A），其他算法作为子过程，子过程间一般不发生通信。同步方式中主过程与子算法是一种主仆关系，各子算法的搜索过程相对独立，而且可以采纳不同的搜索机制，但与主过程的通信必须保持同步。异步方式中各子算法通过共享存储器彼此无关地进行优化，与主过程的通信不受其他子算法的限制，其可靠性有所提高。网络方式中各算法分别在独立的存储器上执行独立的搜索，算法间的通信是通过网络相互传递的，由于网络式结构是一种并行实现方式，所以一般不将其纳入混合算法框架。问题分解与综合以及进程间的通信问题是设计并行结构混合算法需解决的主要问题。

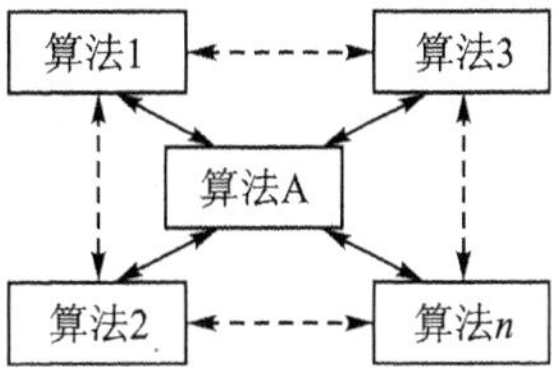

图 12－3　混合算法的并行结构

基于以上分析，可以得到如图 12－4 所示的混合算法的统一优化结构。这种优化的统一性主要体现在以下几个方面。

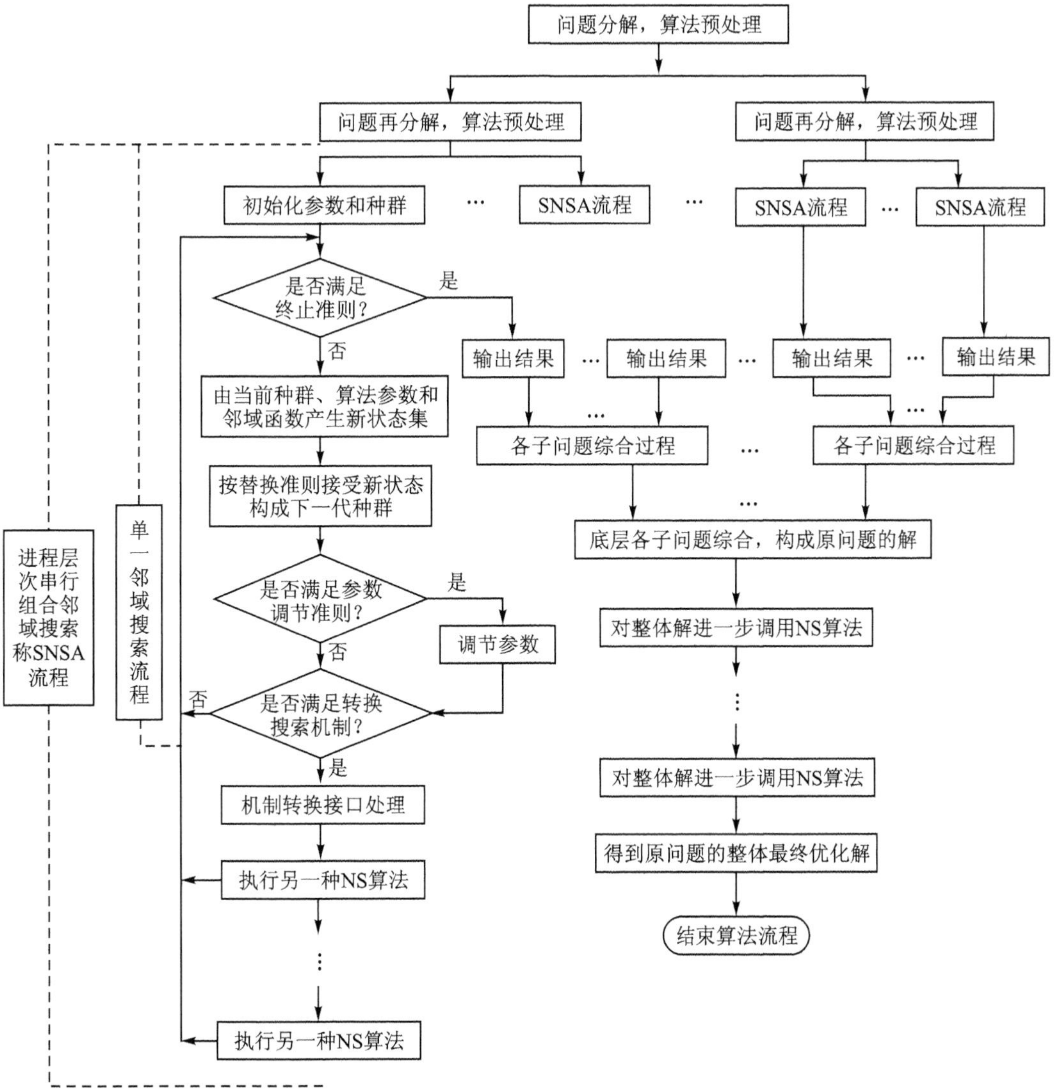

图 12－4　混合算法的统一结构

1. 单一邻域搜索流程

在统一结构中,将各种单一搜索方式进行统一模块化描述,包含构成混合算法流程的所有关键步骤。

2. 进程层次串行组合邻域搜索,即 SNSA 流程

SNSA 流程,体现了优化过程在进程层次上的分解,是在进程层次上对各种混合算法的统一描述。通过适当的接口处理,利用多种子算法,可构造出多种混合算法。

3. 问题分解和预处理以及子问题的综合过程

它们体现了优化过程在空间层次上的分解,是基于"divide and conquer"思想的算法的统一描述。通过问题的分解,可降低求解复杂性,有利于提高优化效率。

4. 整体解的进一步 NS 优化

此过程是对"原问题经分解求解"到"综合地处理"的混合算法手段所造成的全局优化质量一定程度降低的一个补充,同时也用于在统一结构中融进基于问题信息的构造性启发式搜索算法。

例如,对大规模 TSP 的求解,鉴于问题整体求解的复杂性,在设计算法时可以先考虑空间的分解,利用聚类的方法将问题分解为若干子问题,然后先用启发式方法快速得到子问题的近似解,而后以其为初始状态利用 GA、SA、TS 等方法和规则性搜索在一定的混合方式下进行指导性优化,待各优化子问题求解完毕用邻近原则确定问题的整体解,再采用局部改进算法对其做进一步加工以得到原问题的解。

12.4 混合优化策略的应用

根据混合优化算法的统一结构,介绍几种混合优化策略的应用。

12.4.1 遗传算法-模拟退火算法的混合优化策略

构造遗传算法(GA)和模拟退火算法(SA)的混合优化策略的出发点主要有以下几方面。

1. 优化机制的融合

理论上,GA 和 SA 两种算法均属于概率分布机制的优化算法。不同的是,SA 通过赋予搜索过程一种时变且最终趋于零的概率突跳性,从而有效避免陷入局部极小并最终趋于全局最优;GA 则通过概率意义下的基于"优胜劣汰"思想的群体遗传操作来实现优化。对选择优化机制上如此差异的两种算法进行混合,有利于丰富优化过程中的搜索行为,增强全局和局部意义下的搜索能力和效率。

2. 优化结构的互补

SA 算法采用串行优化结构,而 GA 采用群体并行搜索。两者相结合,能够使 SA 成为并行 GA 算法,提高其优化性能;同时 SA 作为一种自适应改变概率的变异操作,增强和补充了 GA 的进化能力。

3. 优化操作的结合

SA 算法的状态产生和接受操作每一时刻仅保留一个解,缺乏冗余和历史搜索信息;而 GA 的复制操作能够在下一代中保留种群中的优良个体,交叉操作能够使后一代在一定程度上继承父代的优良模式,变异操作能够加强种群中个体的多样性。这些不同作用的优化操作相结合,丰富了优化过程的邻域搜索结构,增强了全空间的搜索能力。

4. 优化行为的互补

由于复制操作对当前种群外的解空间无探索能力，种群中各个体分布"畸形"时交叉操作的进化能力有限，小概率变异操作很难增加种群的多样性。所以，若算法收敛准则设计不好，则 GA 经常会出现进化缓慢或"早熟"收敛的现象。另一方面，SA 的优化行为对退温历程具有很强的依赖性，而理论上的全局收敛对退温历程的限制条件很苛刻，因此 SA 优化时间性能较差。两种算法结合，SA 的两准则可控制算法的收敛性以避免出现"早熟"收敛现象，并行化的抽样过程可提高算法的优化时间性能。

5. 削弱算法选择的苛刻性

SA 和 GA 对算法参数具有很强的依赖性，参数选择不合适将严重影响优化性能。SA 的收敛条件导致算法参数选择较为苛刻，甚至不实用；而 GA 的参数又没有明确的选择指导，设计算法时均要通过大量的试验和经验来确定。GA 和 SA 相混合，使算法各方面的搜索能力均有提高，因此对算法参数的选择不必过分严格。研究表明，混合算法在采用单一算法参数时，优化性能和鲁棒性均有大幅度提高，在对较大规模的复杂问题中表现得尤为明显。

基于以上出发点，可以构造 GASA 混合算法策略，其结构流程如图 12－5 所示。

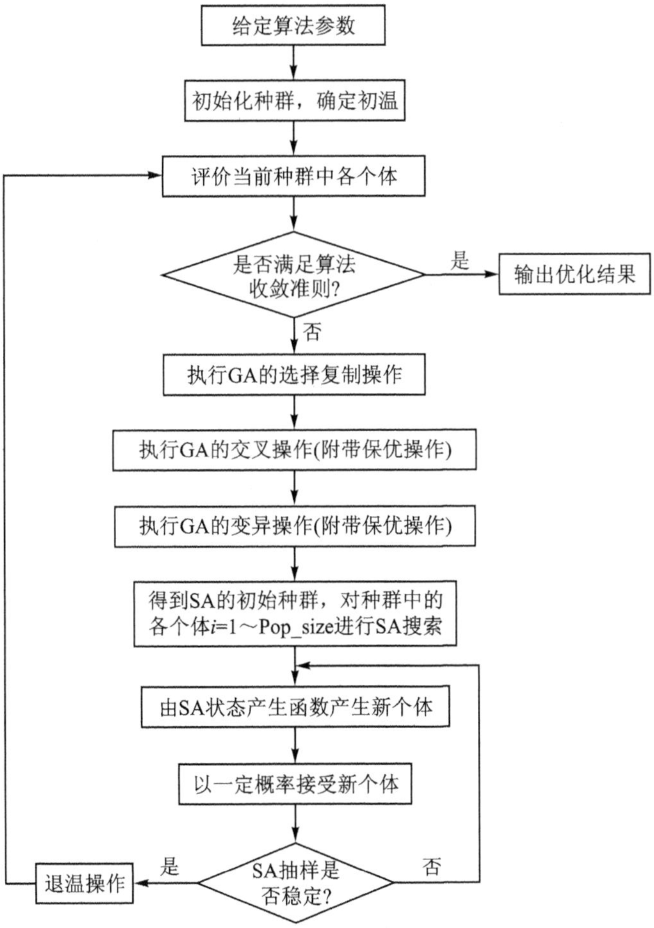

图 12－5　GASA 混合策略流程图

此混合算法的特点可归纳如下：

(1) GASA 混合策略是标准 GA、SA 以及并行 SA 算法的一个统一结构。若在 GASA 混合策略中移去有关 SA 的操作，则混合策略转化为 GA 算法；若移去 GA 的进化操作，则算法转化为并行 SA 算法；进一步，若置种群数为 1，则转化为标准 SA 算法。

(2) GASA 混合策略是一个两层并行搜索结构。在进程层次上，混合算法在各温度下串行地依次进行 GA 和 SA 搜索，是一种两层串行结构。其中，SA 的初始解来自 GA 的进化结果，SA 经 Metropolis 抽样过程得到的解又成为 GA 进一步进化的初始种群。空间层次上，GA 提供了并行搜索结构，使 SA 转化成为并行 SA 算法，因此混合算法始终进行群体并行优化。

(3) GASA 混合策略利用了不同的邻域搜索结构。混合算法结合了 GA 和 SA 搜索，优化过程中包含了 GA 的复制、交叉、变异和 SA 的状态产生函数等不同的邻域搜索结构。复制操作有利于优化过程中产生优良模态的冗余信息，交叉操作有利于后代继承父代的优良模式，高温下的 SA 操作有利于优化过程中状态的全局大范围迁移，变异和低温下的 SA 操作有利于优化过程中状态的局部小范围趋化性移动，从而增强了算法在解空间中的探索能力和效率。

(4) GASA 混合策略的搜索行为是可控的。混合策略的搜索行为，可通过退温历程(即初温、退温函数、抽样次数)加以控制。控制初温，可控制算法的初始搜索行为；控制温度的高低，可控制算法突跳能力的强弱，高温下的强突跳性有利于避免陷入局部极值，低温下的趋化性寻优有利于提高局部搜索能力；控制温度的下降速率，可控制突跳能力的下降幅度，影响搜索过程的平滑性；控制抽样次数，可控制各温度下的搜索能力，影响搜索过程对应的齐次马氏链的平稳概率分布。这种可控性增强了克服 GA 易"早熟"收敛的能力。算法实施时，退温历程还可以引入可变抽样次数、"重升温"等高级技术。

(5) GASA 混合策略利用了双重准则。理论上，抽样稳定和算法终止准则均由收敛条件决定。但是，这些条件往往不实用。在设计算法时，抽样稳定准则可用于判定各温度下算法的搜索行为和性能，也是混合算法中由 SA 切换到 GA 的条件；算法终止准则可用于判定算法优化性能的变化趋势和最终优化性能。两者结合可同时控制算法的优化性能和效率。

由此可见，在优化机制、结构和行为上，GASA 混合优化策略均结合了 GA 和 SA 的特点，使两种算法的搜索能力得到相互补充，弥补了各自的弱点，是一种优化能力、效率和可靠性较高的优化方法。

12.4.2 基于模拟退火-单纯形算法的混合策略

工程中的许多优化问题存在大规模、高维、非线性、非凸等复杂特性，而且存在大量局部极小。求解这类问题时，许多传统的确定性优化算法易陷入局部极值，而且对初值非常敏感，甚至需要导数信息，如牛顿法、单纯形法等。尽管一些具有全局优化特性的随机算法在较大程度上克服了这些困难，然而基于单一结构和机制的算法一般难以实现高效优化，因此如何有效求解高维复杂函数的全局最优解仍旧是一个开放问题，开发具有通用性的高效算法也一直是该领域的重要研究课题。在此结合模拟退火和单纯形搜索法(SM)，提出一类通用、简单易实现的并行化混合优化策略，用于优化高维复杂函数。

SMSA 混合优化策略，其算法流程如图 12－6 所示，其出发点可归纳如下：

1. 机制的融合

SM 是确定性的下降方法，SA 是基于随机分布的算法。SM 利用 n 维空间中的 $n+1$ 维多面体的反射、内缩、缩边等性质进化优化，可以迅速得到局部最优解。SA 通过赋予搜索过程一种时变且最终趋于零的概率突跳性，从而可有效避免陷入局部极小并最终趋于全局最优解。在选择机制上存在如此差异的两种算法进行混合，有利于丰富优化过程中的搜索行为，增强全

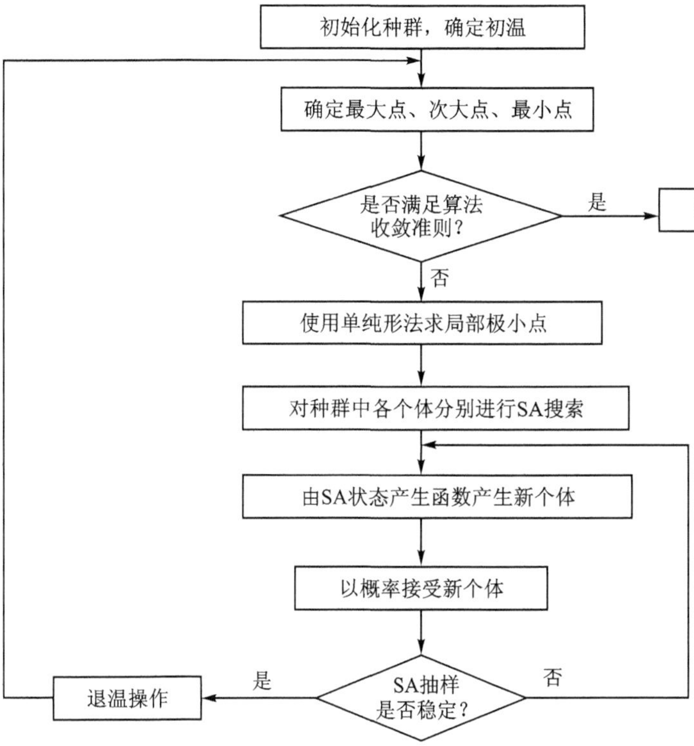

图 12－6　SMSA 混合策略流程图

局和局部意义下的搜索能力和效率。

2. 结构互补

SM 始终由 $n+1$ 个点进行搜索，SA 则是串行单链的，两者混合可使 SA 成为并行算法。

3. 行为互补

基于可变多面体结构的确定性 SM 收敛速度快，但易于陷入局部极值点。基于概率分布机制的 SA 具有突跳性，不易陷入局部极值点，但收敛速度慢。两种算法结合，可以互相弥补不足，大大提高算法的效率。具体算法流程是利用 SM 搜索到局部极值点，然后利用 SM 的突跳性搜索得到 SM 新的初始解，使它能跳出局部极值点，伴随退温操作通过循环而趋近于全局最优解。

4. 削弱参数选择的苛刻性

SA 对参数具有很强的依赖性，参数选择不合适将严重影响优化性能。SA 的收敛条件导致参数选择较为苛刻，甚至不实用，设计时均要通过大量的试验和经验来确定。SM 和 SA 相混合，使算法各方面的搜索能力均有提高，因而对参数的选择不必过分严格。研究表明，本混合算法在采用单一算法相同参数时优化性能和鲁棒性均有大幅度提高，尤其对较大规模的复杂问题。

为了使基于 SMSA 混合策略的函数优化取得高效的优化性能，对其操作和参数做如下设计。

(1) 由于经典单纯形搜索法是一种无约束的优化方法，无边界约束处理，而优化问题通常对变量的变化区间有要求，因而需要添加约束处理环节，通常采用撞壁法，即当反射、扩张等操作使变量越出可行域时，就取自变量为边界值。但此方法易陷入局部极值点，所以做如下处理：通常的反射操作为 $\boldsymbol{X}^{(n+2)}=\overline{\boldsymbol{X}}+\gamma(\overline{\boldsymbol{X}}-\overline{\boldsymbol{X}}^{(H)})$，$\gamma=1$；若 $\boldsymbol{x}_i^{(n+2)}$ 越出可行域，则令 $\gamma=0.9\gamma$，并重新计算 $\boldsymbol{X}^{(n+2)}$，直到 $\boldsymbol{X}^{(n+2)}$ 在可行域内。算法中 $\boldsymbol{X}^{(n+3)}$ 的处理方法也如此。混合算法中单纯形搜索法的终止准则采用固定步数法，这种处理方法既可以满足单纯形搜索法的搜索条件，又能将基于可变多面体的搜索优点尽可能发挥出来。

(2) SA 状态产生函数与接受函数：SA 状态产生函数采用附加扰动方式 $\boldsymbol{x}'=\boldsymbol{x}+\eta\xi$，其中 ξ 为满足柯西分布的随机扰动，这样既可较大概率产生小幅度扰动以实现局部搜索，又可适当产生大幅度扰动以实现大步长迁移来走出局部极值点。状态接受函数采用 $\min\{1,\exp(-\Delta/t)\}>\text{random}[0,1]$ 作为接受新状态的条件，其中，Δ 为新旧状态的目标值差，t 为温度。同时，及时更新"Best So far"的最优状态以免遗传最优解。

(3) 初温：算法中设置"最佳个体在初温下接受最差个体的概率"为 $p_r\in(0,1)$，当初始种群(即为单纯形法随机产生的 $n+1$ 个状态)产生后，可利用上述接受函数确定初温，即 $t_0=-\dfrac{f_w-f_b}{\ln(p_r)}$，其中 f_b 和 f_w 分别为种群中最佳和最差个体的目标值。由于考虑了初始种群的相对性能的分散度，初温与种群性能存在一定的关系，且通过调整 P_r 可容易得到调整。因而此策略具有一定的普遍性和指导性，一定程度上避免了初温低导致突跳不充分和初温高导致过多迂回搜索的缺点。

(4) 退温函数：采用指数退温函数，即 $t_k=\alpha t_{k-1}$，α 为退温速率。

(5) 抽样稳定和算法终止准则：SA 的 Metropolis 抽样过程采用定步长抽样法，即在各温度下均以一定步数 L_1 进行抽样，达到阈值就进行退温操作。算法终止准则兼顾优化性能和效率，避免过多无谓的搜索和优化度的严重下降，采用阈值判断法，即若最优解在连续步数 L_2 的退温期间均不变则近似认为收敛。

12.4.3 基于混合策略的 TSP 优化

采用 GASA 混合策略对 TSP 问题进行优化，其优化流程图如图 12-7 所示。

1. 编码选择

采用城市在路径中的位置来构造用于优化的编码，这样可以在优化过程中加入启发式信息，有利于优化操作的设计。

2. 适配值函数和选择操作的设计

适配值函数用于对各状态的目标值进行适当变换，以体现各状态性能的差异。取 $f_x=\exp(-d_x)$ 为适配值函数，其中 d_x 为状态 x 的回路长度。为使赋予适配值高的个体有较高的生存概率，采用比例选择策略，即产生随机数 ξ，若

$$\frac{\sum_{j=1}^{i-1} f_j}{\sum_{j=1}^{\text{Pop\_size}} f_j}<\xi\leqslant\frac{\sum_{j=1}^{i} f_j}{\sum_{j=1}^{\text{Pop\_size}} f_j}$$

则选择状态 i 进行复制。

3. 交叉操作的设计

交叉操作的目的是组合出继承父代有效模式的新个体，进行解空间中的有效搜索。但是，Non-ABEL 群置换操作产生后代方式简单，过分打乱了父串，不利于保留有效模式；次序交叉和循环交叉对父串的修改幅度也较大。PMX 算子在一定程度上满足了 Holland 图式定理的基本性质，子串能够继承父串的有效模式。因此可以利用 PMX 算子作为交叉算子。

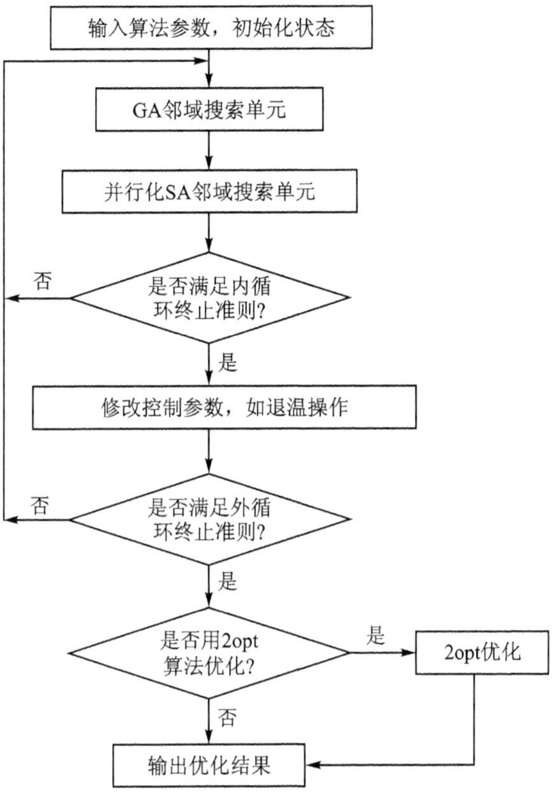

图 12-7　TSP 的 GASA 混合优化流程图

4. 变异操作和 SA 状态产生函数的设计

对于基于路径编码的变异和 SA 状态产生函数的操作，可将其设计为：① 互换操作(SWAP)；② 逆序操作(INV)；③ 插入操作(INS)。由于表示 TSP 解的串很长，SWAP 算子更有利于算法的大范围搜索，INV 算子则更有利于算法的小范围迁移。因此可以选择 INV 操作作为变异操作，在染色体中引入小幅度变化，增大一定的种群多样性。同时，为配合 INV 的变异操作，体现算法中邻域函数的"混合"，利用 SWAP 操作作为 SA 状态产生函数。

5. SA 状态接受函数的设计

设计 $\min\{1,\exp(-\Delta/t)\}>\mathrm{random}[0,1]$作为接受新状态的条件，其中 Δ 为新旧状态的目标值差，t 为温度。

6. 退温函数的设计

采用指数退温函数，即 $t_k=\alpha t_{k-1}$，α 为退温速率。

7. 温度修改准则和算法终止准则的设计

为适应算法性能的动态变化，较好地兼顾算法的优化性能和时间性能，采用阈值法设计"温度修改"和"算法终止"两准则。若优化过程中得到的最佳优化值连续 20 代进化保持不变，则进行退温；若最佳优化值连续 20 次退温仍保持不变，则终止搜索过程，以此优化值作为算法的优化结果。

12.4.4　基于混合策略的神经网络权值学习

鉴于 GA、SA 和 TS 的全局优化特性和通用性，即优化过程无需导数信息，可以将其作为子算法。进而,基于实数编码构造 BPSA、GASA 和 GATS 混合学习策略,以提高前向网络学习的速度、精度和初值鲁棒性,特别是提高避免陷入局部极值的能力。

1. BPSA 混合学习策略

对于 BP 算法,学习缓慢的原因是优化曲面上存在局部极小和平坦区。SA 在搜索过程中基于概率突跳性能能够避免局部极小,可最终趋于全局最优。因此,在 BPSA 混合学习策略中,采用以 BP 为主框架,并在学习过程中引入 SA 策略。这样做,既利用了 BP 网络的基于梯度下降的有指导学习来提高局部搜索性能,也利用了 SA 的概率突跳性来实现最终的全局收敛性,从而可提高学习的速度和精度。

BPSA 混合学习策略的算法步骤如下:

(1) 随机产生初始权值 $w(0)$,确定初温 t_1,令 $k=1$。

(2) "细调",即利用 BP 计算 $w(k)$,$w(k)=w(k-1)-\alpha\dfrac{\partial E}{\partial w}$。

(3) "粗调",即利用 SA 进行搜索。

(3.1) 利用 SA 状态产生函数产生新权值 $w'(k)$,$w'(k)=w(k)+\eta$,其中 $\eta\in(-1,1)$ 为随机扰动。

(3.2) 计算 $w'(k)$ 的目标函数值与 $w(k)$ 的目标函数值之差 ΔC。

(3.3) 计算接受概率 $P_r=\min\{1,\exp(-\Delta C/t_k)\}$。

(3.4) 若 $P_r>\text{random}[0,1]$,则取 $w(k)=w'(k)$;否则,$w(k)$ 保持不变。

(4) 利用退温函数 $t_k=\alpha t_{k-1}$,进行退温,其中 $\alpha\in(0,1)$ 为退温速率。

(5) 若 $w(k)$ 对应的目标值满足要求精度 ε,则终止算法并输出结果;否则,令 $k=k+1$,转步骤(2)。

2. GASA 混合学习策略

BPSA 混合策略利用 SA 来实现全局优化,但优化过程是串行的,需要大量复杂烦琐的梯度计算。因此,在此进行改进,利用 GA 提供并行搜索主框架,再结合遗传算法进化和 SA 概率突跳搜索,以多点并行化无导数搜索来实现全局优化,以此来解决传统算法中导数依赖性的弱点。

算法步骤如下:

(1) 随机产生初始种群 P_0,确定初温 t_0,令 $k=0$。

(2) 对 P_k 中各个体进行 SA 搜索。

(2.1) 利用 SA 状态产生函数产生新个体(同 BPSA)。

(2.2) 计算新、旧个体的目标函数值之差 ΔC。

(2.3) 计算接受概率 $P_r=\min\{1,\exp(-\Delta C/t_k)\}$。

(2.4) 若 $P_r>\text{random}[0,1]$,则用新个体取代旧个体;否则,旧个体不变。

(3) 以交叉概率对候选种群中目标值最小的两个个体进行交叉,产生两个新个体,采用 2/4 优先原则确定后代。

(4) 以变异概率对候选种群中各个体进行变异,采用保优原则确定后代。至此产生下一代种群 P_{k+1}。

(5) 利用退温函数进行退温(同 BPSA)。

(6) 若目标函数值满足精度要求,则终止算法并输出结果;否则,令 $k=k+1$,转步骤(2)。

3. GATS 混合学习策略

在此利用 GA 提供并行搜索主框架,结合遗传群体进化和 TS 较强的避免迂回搜索的邻域搜索能力，实现快速全局优化方法。

算法步骤如下：

(1) 确定算法参数，初始化种群，并确定最优状态。

(2) 判断目标值是否满足精度要求 ε？若满足，则终止算法并输出结果；否则，继续以下步骤。

(3) 基于当前种群进行遗传选择操作。

(4) 进行交叉操作，保留优良个体并及时更新最优状态。

(5) 对各个体进行禁忌搜索。

(5.1) 设置一个性能极差的临时状态。

(5.2) 判断 TS 邻域搜索次数是否满足？若满足，则以当前临时状态替换当前个体；否则，继续以下步骤。

(5.3) 由当前个体在其邻域中产生新状态，计算其评价值。

(5.4) 判断新状态是否满足藐视准则？若成立，则更新当前最优状态，并转步骤(5.6)；否则，继续以下步骤。

(5.5) 判断新状态是否满足禁忌准则？若禁忌表中已存在该状态，则转步骤(5.2)；否则，转入步骤(5.6)。

(5.6) 对禁忌表进行 FIFO 处理，移去最先进入表中的状态并将新状态加入禁忌表，然后判断新状态是否优于临时状态？若是，则以新状态替换临时状态；否则，保持临时状态不变。

(6)以新的种群返回步骤(2)。

4. 编码和优化操作设计

为了实现上述算法的高效优化性能，需要对算法操作和编码进行设计。

(1) 编码：对多变量优化问题二进制编码会导致很大的计算量和存储量，且串长度影响算法精度。因此，在给定网络结构下，以一组权值来表征问题，其中权值采用双精度实数编码。

(2) 交叉操作：为了配合上述实数编码策略，采用算术交叉算子以快速产生后代个体。

(3) 邻域搜索(变异、SA 状态产生函数和 TS 禁忌搜索)：变异、SA 状态产生函数和 TS 禁忌搜索，其目的均是基于邻域搜索增加种群的多样性，实现状态转移(包括局部趋化和劣向移动)。在上述实数编码的基础上，邻域搜索采用附加扰动的方式。

(4) 禁忌准则：禁忌准则是使 TS 避免迂回搜索现象的关键环节。在有限状态空间的组合优化中，对禁忌准则的判断归结为对新状态与禁忌表中各状态严格相同性的判断。显然，这种做法难以应用到高维无限实数空间的搜索中。为此，采用如下二重准则，作为状态禁忌的近似判断准则。

① 对新状态的目标值与禁忌表各状态的目标值进行判断：若相对偏差均大于禁忌阈值，则对禁忌表做 FIFO 处理，把新状态加入到禁忌表中；否则，进行步骤(2)的判断。

② 对新状态的各状态分量与禁忌表中所有状态的各状态分量进行判断：若禁忌表中所有状态至少存在某个分量与新状态相应分量的相对偏差大于禁忌阈值，则对禁忌表做 FIFO 处理，把新状态加入禁忌表；否则，认为新状态在禁忌表中已出现，禁止作为当前状态。

(5) 藐视准则：上述禁忌准则的近似性会造成若干优良状态(指优于至今所搜索到的最优状态)被禁忌。为避免上述现象的发生，在算法中先于禁忌准则的判断进行如下的藐视准则的判断：若新状态的目标值优于搜索过程至今所得的最优状态的目标值，则跳过禁忌判断，直接对禁忌表做 FIFO 处理，把新状态加入禁忌表；否则进行禁忌准则判断。

12.5 混合优化算法的发展趋势

针对某些特定问题,学者们提出了很多个性化的群智能混合优化算法,例如结合文化算法和遗传算法、遗传算法和模拟退火算法、人工鱼群算法和蚁群算法、粒子群算法和人工鱼群算法、蚁群算法与模拟退火算法和变邻域搜索算法、粒子群算法和人工免疫算法、粒子群优化算法与遗传算法和协方矩阵自适应演化策略、粒子群优化算法和蚁群算法、变邻域搜索算法与蚁群算法等形成的混合算法。

混合优化算法及应用虽取得了很多研究成果,但仍存在尚未解决的问题。

(1) 混合机制或混合策略有待进一步深入研究。现有群智能混合优化算法一般是针对各种群智能或智能优化算法存在的固有缺点,将两种或多种群智能或智能优化算法按照某种机制或策略混合,构成群智能混合优化算法。因此,根据所采用的群智能优化算法的不同和求解问题的特点,深入研究群智能混合优化算法的混合机制或混合策略,构建高性能的群智能混合优化算法以期提高群智能混合优化算法的全局和局部收敛能力。

(2) 群智能混合优化算法的内部机理仍需研究。大部分群智能混合优化算法都是研究者针对特定求解问题,从个人角度出发,提出的个性化群智能混合优化算法。这些混合算法大部分是启发式的简单组合,混合融合多种群智能或智能优化算法,通过将提出的群智能混合优化算法与已有算法相比较来说明其性能更好,但对群智能混合优化算法之间的内部机理及其内在联系研究较少,以至难以理解和应用所提出的群智能混合优化算法,从而限制了它的进一步发展。因此研究群智能混合优化算法内部机理与内在联系,揭示隐藏在算法性能中起关键作用的算法机理及其相互关系,是群智能混合优化算法理论研究的基础。

(3) 用于解决实际工程复杂问题的应用研究仍需加强。群智能混合优化算法的应用研究大多数停留在实验仿真阶段,用于解决实际工程问题的群智能混合优化算法的案例不多。所以为满足实际工程问题的复杂应用需求,研究实用型群智能混合优化算法是急需解决的关键问题。

综上所述,针对单一群智能优化算法在求解复杂问题所表现的易陷入局部最优、泛化能力弱和精度不高等缺陷,同时考虑综合利用不同智能优化算法的差异性与互补性,采取分而治之的策略,达到扬长避短,从而实现混合算法的信息增值与优势互补,进而增强混合算法的整体性能。

12.6 算法的应用举例及 MATLAB 实现

【例 12.1】 请用群居蜘蛛算法/差分混合算法求解下列函数的极小值:

$$y = -\cos(x_1)\cos(x_2)e^{-[(x_1-\pi)^2+(x_2-\pi)^2]}$$

解: 群居蜘蛛算法(Social Spider Optimization,SSO)是模拟群居蜘蛛生物学行为的一种全新智能启发式计算技术。SSO 算法将蜘蛛种群依附的蜘蛛网等效为算法搜索空间,蜘蛛个体空间位置代表优化问题的一个解,通过雌雄蜘蛛不断协同进化,最终实现问题寻优目的。基本 SSO 算法原理描述如下:

(1) 种群初始化。在 n 维搜索空间内,随机生成规模为 N 的蜘蛛种群 S,它分别由一定数量的雌性子群和雄性子群所组成。

(2) 雌性蜘蛛更新方式。雌性蜘蛛主要通过振动来吸引或排斥其他个体，其个体 F_i 更新方式为(以最小值优化问题为例)

$$F_i^{k+1}=\begin{cases}F_i^k+\alpha\cdot \text{vibc}_i(S_c-F_i^k)+\beta\cdot \text{vibb}_i(S_b-F_i^k)+\delta(\text{rand}-0.5), & \text{rand}<\text{PF}\\ F_i^k-\alpha\cdot \text{vibc}_i(S_c-F_i^k)-\beta\cdot \text{vibb}_i(S_b-F_i^k)+\delta(\text{rand}-0.5), & \text{其他}\end{cases}$$

式中：其中 α、β 和 δ 是[0,1]之间的随机数；S_c 是权重高于自身且距离自己最近的雌性个体；vibc_i 表示蜘蛛 i 对蜘蛛 c 的振动的感知能力，S_b 表示全部雌性中拥有最高权重的个体，vibb_i 表示蜘蛛对拥有最高权重蜘蛛振动的感知能力，其中相应的权重为

$$\omega_i=\begin{cases}1-\dfrac{J(S_i)-\text{worst}_i}{\text{best}_i-\text{worst}_i}, & \text{求极大}\\ \dfrac{J(S_i)-\text{worst}_i}{\text{best}_i-\text{worst}_i}, & \text{求极小}\end{cases}$$

式中：$J(S_i)$为蜘蛛的目标函数值；best、worst 分别为适应度最高、最低的蜘蛛个体。

蜘蛛之间振动感知能力计算如下：

$$\text{vibi}_j=\omega_i \mathrm{e}^{-d_{i,j}^2}$$

式中：$d_{i,j}$ 表示的是个体 i 与个体 j 之间的欧式距离。

(3) 雄性个体更新方式。在生物学上，雄性蜘蛛具有自动聚焦识别功能，雄性蜘蛛种群可以分为两类：一类是较为优秀的支配雄性子种群，另一类是较差的非支配雄性子种群。其中支配蜘蛛具有吸引与其靠近的雌性蜘蛛的能力，而非支配雄性蜘蛛则具有向支配蜘蛛中心靠近的趋势。

在雄性子群中，个体按权重值降序排列，取中间权重 $\omega_{N_{f+m}}$ 为参考值，定义不同权重个体的更新方式为

$$M_i^{k+1}=\begin{cases}M_i^k+\alpha\cdot \text{vibf}_i(S_f-M_i^k)+\delta(\text{rand}-0.1), & \omega_{N_f+i}\geqslant\omega_{N_f+m}\\ M_i^k+\alpha\cdot\left(\dfrac{\sum\limits_{h=1}^{N_m}M_i^k\omega_{N_f+h}}{\sum\limits_{h=1}^{N_m}\omega_{N_f+h}}-M_i^k\right), & \text{其他}\end{cases}$$

式中：S_f 表示离统治雄性蜘蛛 i 最近的雌性蜘蛛；$\dfrac{\sum\limits_{h=1}^{N_m}M_i^k\omega_{N_f+h}}{\sum\limits_{h=1}^{N_m}\omega_{N_f+h}}$ 表示雄性蜘蛛的中心位置；ω_{N_f+m} 为中间蜘蛛的权重。

(4) 婚配。蜘蛛群中雌性蜘蛛会和在交配范围内的统治的雄性蜘蛛发生交配繁殖行为，此时可能会有不止一只雌性蜘蛛在雄性蜘蛛的交配范围内，因此用轮盘赌机制来产生新蜘蛛个体的位置，概率为父代蜘蛛的权重占总权重的比例。交配半径为

$$r=\frac{\sum\limits_{j=1}^{N}(P_j^{\text{high}}-P_j^{\text{low}})}{2N}$$

式中：P_j^{high}、P_j^{low} 分别为变量的上、下界。

在基本群集蜘蛛算法中，虽然有模拟雄性蜘蛛和雌性蜘蛛种群的单独行为和异性蜘蛛的

婚配行为,然而并没有将蜘蛛的变异作为算法的一部分考虑进去。这很可能会导致群集蜘蛛算法在搜索最优解的过程中丢失了很大一部分的潜在解,算法的收敛速度以及种群多样性方面表现得并不是十分优秀。

可以利用差分进化的特点来克服这个缺陷。差分进化通过各种位置来诱导空间解发生变异,在很大程度上提高了已经陷入局部最优的点跳出局部最优的可能性,从而增强种群的多样化达到快速收敛的结果。

基于上述考虑,可以将差分进化算法应用在群集蜘蛛算法中,形成基于差分进化算法变异策略的群集蜘蛛优化算法,即在蜘蛛婚配变异后,再进行差分进化变异,以进一步提高算法的个体多样性和收敛速度。

根据以上原理,编写函数 SSO 进行求解。

```
>> [best_x,fval] = SSO(@optifun90,30,1000,0.2,[-100;-100],[100;100])
>> best_x = 3.1416     3.1416
   fval = -1
```

事实上,差分进化是优化算法中经常使用的方法。

【例 12.2】 试用遗传-蚁群算法求解城市坐标(见表 12-1)的 TSP 问题。

表 12-1 各城市坐标

城 市	1	2	3	4	5	6	7
X	16.47	16.47	20.09	22.39	25.23	22.00	20.47
Y	96.10	94.44	92.54	93.37	97.24	96.05	97.02
城 市	8	9	10	11	12	13	14
X	17.20	16.30	14.05	16.53	21.52	19.41	20.09
Y	96.29	97.38	98.12	97.38	95.59	97.13	94.55

解:基本粒子群算法是通过追随个体极值和群体极值完成最优搜索的,虽然能够快速收敛,但随着迭代次数的不断增加,在种群收敛的同时,各粒子也越来越相似,多样性被破坏,从而可能陷入局部最优;而遗传算法中的变异操作是对群体中的部分个体随机变异,与历史状态和当前状态无关。在进化初期,变异操作有助于局部搜索和增加种群的多样性,在进化后期,群体已基本趋于稳定,变异操作反而会破坏这种稳定,变异概率过大会使遗传模式遭到破坏,变异概率过小则使搜索过程缓慢甚至停止不前。

如果将这两种方法结合,通过与个体极值和群体极值的交叉,实现遗传算法中的交叉变异操作,以粒子自身变异的方式来搜索最优解,就可以实现遗传-粒子群混合算法。

根据这个原理,编写函数 GAPSO_TSP 进行求解。

```
>> load city;
>> [MinDistance,Path] = GAPSO_TSP(city,100,300)
>> MinDistance = 30.8013          %与最优值完全一致
   Path = 13  7  12  6  5  4  3  14  2  1  10  9  11  8
```

【例 12.3】 利用模拟退火-粒子群算法求解下列函数的最小值:

$$\min f(x) = \left[0.01 + \sum_{i=1}^{5} \frac{1}{i + (x_i - 1)^2}\right]^{-1}, \quad -10 \leqslant x_i \leqslant 10$$

解:此算法以粒子群算法为主体,其主要步骤如下:

(1) 初始化各粒子,并评价各粒子的适应度,求出局部最优和全局最优个体。

(2) 确定初始温度。

(3) 按下式 Metropolis 准则计算各粒子的概率值：

$$\mathrm{TF}(p_i)=\frac{\mathrm{e}^{-[f(p_i)-f(p_g)]/t}}{\sum_{i=1}^{N}\mathrm{e}^{-[f(p_i)-f(p_g)]/t}}$$

(4) 采用轮盘赌策略从所有粒子中确定全局最优的某个替代值，然后更新各粒子的速度和位置，更新速度和位置的计算公式如下：

$$v_{ij}(t+1)=\frac{2\{v_{ij}(t)+c_1r_1[p_{ij}-x_{ij}(t)]+c_2r_2[p'_{g,j}-x_{ij}(t)]\}}{\left|2-(c_1+c_2)-\sqrt{(c_1+c_2)^2-4(c_1+c_2)}\right|}$$

$$x_{ij}(t+1)=x_{ij}(t+1)+v_{ij}(t+1)$$

(5) 计算新粒子的适应度值，更新局部最优值和全局最优值。

(6) 进行退温操作。

(7) 判断是否满足停止条件，若满足则搜索结束，输出结果；否则，转入第(4)步。

根据以上原理，编写函数 SAPSO 函数进行求解。

```
>> [bestx,fval] = SAPSO(@optifun91,40,2.05,2.05,0.5,1000,-10.*ones(5,1),10.*ones(5,1))
>> bestx = 1.0000    1.0000    1.0000    1.0000    1.0000
   fval = 0.4360
```

【例 12.4】 请利用遗传-模拟退火算法进行聚类，并与模糊聚类的结果进行比较。聚类数据由二维平面随机的点组成。

解：模拟退火算法具有较强的局部搜索能力，但由于对参数的依赖比较强，从而使总体搜索能力较差；而遗传算法虽然有较强的的总体搜索能力，但易产生"早熟"收敛的问题，而且进化后期搜索效率较低。因此可以将这两者结合起来，形成遗传-模拟退火混合算法。

```
>> X = rand(400,2);
>> CN = input('请输入聚类数');                                   %输入大于 2 的整数
>> q = 0.8;T0 = 100;Tend = 90;                                   %模拟退火算法参数
>> sizepop = 10;MAXGEN = 100;pc = 0.7;pm = 0.01;                 %遗传算法参数
%遗传-模拟退火算法,可得到图 12-8～12-10
>> [JbValue,U_Matrix,A_Matrix,Center] = GASAA(X,CN,T0,Tend,q,sizepop,MAXGEN,pc,pm);
>> [JbValue1,A_Matrix1,Center1] = FCMCluster(X,CN);              %模糊聚类
>> Jb = [JbValue  JbValue1];A = [A_Matrix  A_Matrix1];CC = [Center Center1];
>> fprintf('遗传模拟退火算法(GA-SAA)与模糊 C-矩阵(FCM)求得的结果对比如下:\n')
>> fprintf('1. 目标函数的值为:\n')
>> disp('GA-SAA 算法     FCM 算法')
>> disp(Jb)
>> fprintf('2. 聚类矩阵为:\n')
>> disp('       GA-SAA 算法              FCM 算法')
>> disp(A)
>> fprintf('3. 各聚类的中心位置为:\n')
>> disp('       GA-SAA 算法              FCM 算法')
>> disp(CC)
>> 利用遗传模拟退火算法(GA-SAA)与模糊 C-矩阵(FCM)求得的结果对比如下:
1. 目标函数的值为:
   GA-SAA 算法    FCM 算法
       6.6605     6.6738
2. 聚类矩阵为:
       GA-SAA 算法           FCM 算法
    [116x2 double]    [116x2 double]
```

若您对此书内容有任何疑问，可以登录MATLAB中文论坛与作者和同行交流。

```
    [151x2 double]    [148x2 double]
    [133x2 double]    [136x2 double]
3. 各聚类的中心位置为:
        GA-SAA 算法              FCM 算法
    0.7217      0.2330      0.6849      0.2156
    0.6124      0.7753      0.2500      0.5116
    0.2512      0.4567      0.6582      0.7573
```

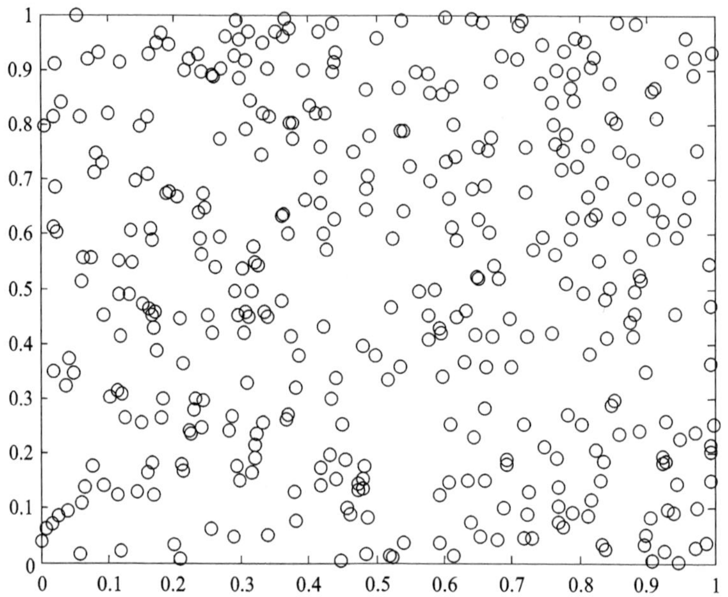

图 12-8　原始聚类数据

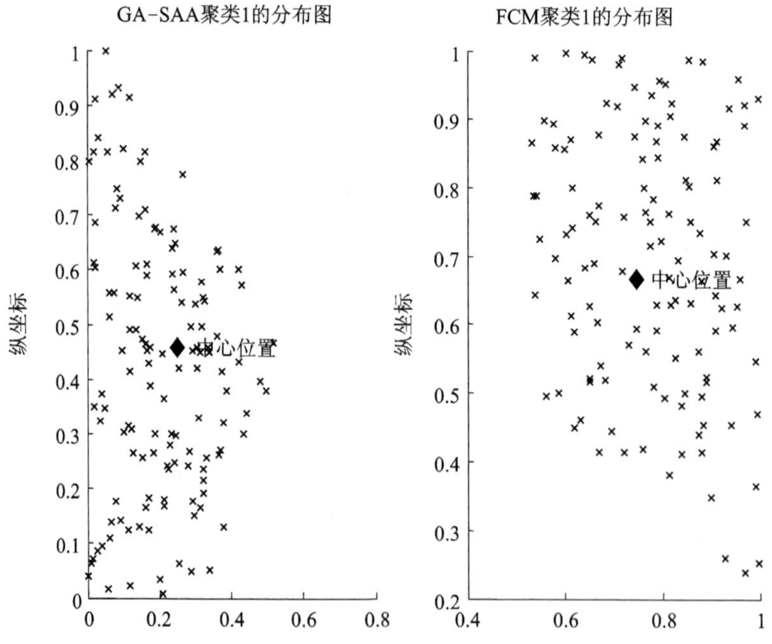

(a) GA-SAA聚类1的分布图　　(b) FCM聚类1的分布图

图 12-9　第一类数据聚类结果

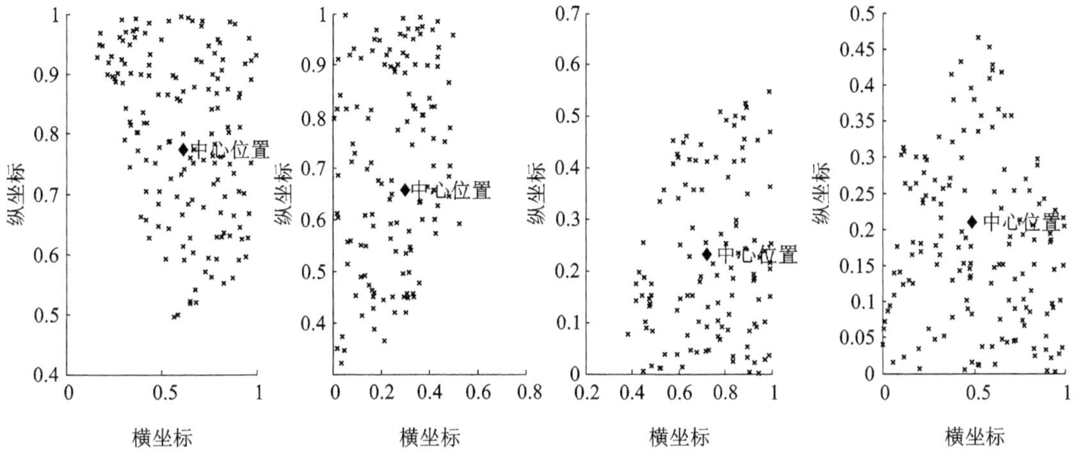

(a) GA-SAA聚类2的分布图　(b) FCM聚类2的分布图　(c) GA-SAA聚类3的分布图　(d) FCM聚类3的分布图

图 12-10　第二、三类数据聚类结果

【例 12.5】 请利用遗传-蚁群算法求解例 12.2 的 TSP 问题。

解: 遗传算法具有快速全局搜索能力,但是对于系统中的反馈信息则没有利用,往往导致大量无谓的冗余信息迭代,求精确解效率低。蚁群算法通过信息素的累积和更新而收敛于最优路径,具有分布、并行、全局收敛能力,但是在搜索初期,由于信息匮乏,导致信息素累积时间较长,求解速度慢。因此,可以将这两种方法融合在一起,形成遗传-蚁群算法。该算法首先通过 GA 算法求得较优解,进而将其转化为信息素,然后再利用蚁群算法求得一组解,再对这些解进行交叉和变异操作,反复进行蚁群-交叉、变异迭代过程,便可以较快地求出最优解。

在这个融合过程中,存在着一个最优的融合点,即求最初较优解的遗传算法的迭代次数有一个最佳值,通常可由遗传算法的收敛效率评价函数来确定,它由目标函数和适应度函数决定。

设第 n 代种群最优的适应度函数为 $F(n)$,统计迭代过程子代群体的进化率 $R=\dfrac{F(n+1)-F(n)}{M}$,式中 M 为一个常数。设定子代群体的最小进化度率 $R_{\min}$,并统计连续出现 $R \leqslant R_{\min}$ 最小进化率的次数,如果此值小于设定的值,则说明遗传算法已经变得低效冗余,此时可终止遗传算法而进入蚁群算法。

根据以上原理,编写函数 GAACOA_TSP 进行求解,程序中做了一些改动如下:

(1) 进化率是所有个体进化率的平均值。

(2) 蚁群算法迭代一次后,对最优值和次优值进行杂交,然后对每只蚂蚁进行变异操作,如果结果有所改进,则保留变异结果。

```
>> load city;
>> [Shortest_Route,Shortest_Length] = GAACOA_TSP(city,30,0.8,0.2,[5 5],1,5,0.9,100)
>> Shortest_Route = 6  12  7  13  8  1  11  9  10  2  14  3  4  5
Shortest_Length = 31.0511
```

函数输入参数中的[5　5]分别为遗传算法、蚁群算法的迭代次数,在此之前的参数为遗传算法的相关参数;之后则为蚁群算法的相关参数。

函数的收敛速度较快,但与极优值有一点差异。

【例 12.6】 请利用模拟退火-单纯形算法求解下列函数的极小值：

$$f(x)=\sum_{i=1}^{N}|x_i|+\prod_{i=1}^{N}|x_i|,\quad |x_i|\leqslant 10$$

解:单纯形算法(SM)简单、计算量小、优化快速,且不要求函数可导,因而适用范围较广。但它对初始解依赖性较强,容易陷入局部极小值,而且优化效果随函数维数的增加而明显下降;而基于概率分布机制的 SA 具有突跳性,不易陷入局部极值,但收敛速度慢,这两种算法结合,可以相互补充不足,大大提高算法的效率。

此混合算法的流程是利用 SM 搜索到局部极小点,然后利用 SA 的突跳性搜索得到 SM 新初始解,使它能跳出局部极值,伴随退温操作通过循环而趋近于全局最优解。

根据以上原理,编写函数 SMSA 进行求解,函数中做了一些修改,对单纯形的每个项目的函数值统一增加或减去与退火温度成正比的对数随机数,以能进一步跳出局部极优点。

```
>> [bestx,fval] = SMSA(@optifun92,[], - 10. * ones(30,1),10. * ones(30,1))
>> bestx = 1.0e - 27 * (0.0733  0.0003  - 0.0079  0.0319  0.2085  0.0828  - 0.1033  - 0.1176  0.2264
- 0.0651  0.0039  0.0048  0.0365  - 0.0908  - 0.1617  - 0.0774  0.0448  - 0.1072  - 0.0215  - 0.2693
- 0.0794  0.0101  0.0748  - 0.0397  - 0.0703  0.0338  0.0253  0.1743  0.1798  - 0.0254)
  fval = 2.4477e - 27
```

与单独单纯形法或模拟退火算法求解高维函数的寻优效果相比,混合算法要高得多。

【例 12.7】 请利用混沌-人工鱼群算法求解下列函数的极大值：

$$\max f(x,y)=-x\sin\sqrt{|x|}-y\sin\sqrt{|y|},\quad |x,y|\leqslant 10$$

解:人工鱼群算法具有很多优点,但由于固定步长和随机行为的存在,当人工鱼接近最优点时,收敛速度会下降并且难以得到精确的最优解,尤其对于一些很复杂的优化问题,当人工鱼陷入局部极值时不易跳出。

混沌运动貌似随机,却隐含着精致的内在结构,具有遍历性、随机性等特性,能在一定范围内按其自身规律不重复地遍历所有状态,因此它可以作为一种局部搜索方法来提高其他优化方法的全局搜索能力。

混沌搜索用到优化方法中,主要有三种方法:一是初始化阶段,用混沌序列代替一般的随机序列;二是对其他算法得到的最优值再进行混沌搜索,以跳出局部极优以及进一步提高搜索效率;三是对个体其他算法的每个行为都进行混沌优化搜索。

根据以上原理,编写函数 CAFSA 进行求解。函数中采用第一、二种方法,并且人工鱼执行觅食行为、追尾行为和聚群行为后,如果位置变好了,则进行位置的更新;否则人工鱼执行随机行为或反馈行为(即向全局最优游动)。

```
>> [best_x,fval] = CAFSA(@optifun93,30,200,100,50,10,0.2,[ - 500; - 500],[500;500])
>> best_x =  - 420.9126  - 420.9758    % 理论值为 - 420.9687  - 420.9687
  fval = 837.9654                     % 理论值为 837.9658
```

混沌搜索是优化算法中经常使用的一种方法。

【例 12.8】 请利用混合蛙跳细菌觅食的和声搜索算法求解下列函数的极值：

$$\max f(x)=\frac{1}{N}\sum_{i=1}^{N}(x_i^4-16x_i^2+5x_i),\quad |x_i|\leqslant 3$$

解:取函数的维数为 10 时其最大值为 $-78.332\,3$。

混合优化算法中还有一种算法融合思想,即借鉴某种优化算法的思想用于其他优化算法中。此例就采用这种方法。

和声算法(HS)存在早熟、收敛停滞等问题,这主要是由自身搜索机制引起的。首先,HS算法是单个体进化算法,每次利用和声记忆库产生一个新和声,该和声首先通过学习和声记忆库随机产生,再通过音调微调机制及音调微调带宽进行调节。这种产生方式具有一定的单一性,搜索能力也较差,并且要求的进化次数较多,一旦产生的和声在最优和声附近,极易陷入局部最优,引起早熟收敛。其次,HS算法虽提供了引入新和声的机制,即通过随机选择音调的方式产生新和声,但建立在和声记忆库取值概率上。由于以上3个参数大多为固定经验取值,从而导致HS算法求解精度不高。

FLBF-HSA以原始HS算法为主体流程,受SFLA全局搜索及BFOA群聚特性启发,引入了SFLA局部搜索策略中的全局最优个体差异扰动方法,用于改进学习和声记忆库策略,以提高算法搜索能力;BFOA群聚特性中的吸引和排斥信号可使和声个体间保持安全距离,将其引入HS算法,可避免和声音调向最优和声单一地搜索而引起早熟收敛和陷入局部极值的问题,提高解的多样性;全局共享因子 α 是一个由较小初值迅速增大到一个稳态值非线性动态变化的因子,利用它可以抑制和声音调学习、微调的随机性。

混合算法的具体算法步骤如下:

(1) 初始化和声记忆库,并找出最优个体与最差个体。

(2) 对最差个体和声进行更新,并求其函数值:

$$x_i^{\text{new}} = x_i^{\text{w,old}} + \alpha_G r(x_i^{\text{best}} - x_i^{\text{w,old}})$$

式中:r 为随机数;α_G 为全局共享因子,其计算公式如下:

$$\alpha_G = (1-\delta_G)\cdot\alpha_{\text{final}},\quad \delta_G = 1-\left(\frac{\alpha_{\text{init}}}{\alpha_{\text{final}}}\right)^{\frac{1}{\text{iter}}}$$

(3) 如果其函数值小于最差值,则最差个体用 x_i^{new};否则按下式更新,并求函数值:

$$x_i^{\text{new}} = x_i^{\text{w,old}} - \alpha_G r(x_i^{\text{best}} - x_i^{\text{w,old}})$$

(4) 如果函数值还是没有变优,则用随机化个体代替最差个体。

(5) 迭代第(2)~(4)步。

(6) 重新对和声记忆库进行排序,找出最优和最差个体,迭代第(1)~(5)步,直到找到最优点。

```
≫[best_x,fval] = HS1(@optifun94,1000,[300 3000],[0.1 1.2],-3.*ones(10,1),3.*ones(10,1))
≫best_x = -2.9004 -2.9039 -2.9018 -2.9052 -2.9050 -2.9054 -2.9043 -2.9040 -2.9045 -2.9027
  fval = -78.3322
```

【例 12.9】 请用猴群算法-高斯变异算法求解下列函数的极值:

$$f(x) = \sum_{i=1}^{D}\left(\sum_{j=1}^{i} x_j\right)^2,\quad |x_i| \leqslant 100$$

解:函数的维数取30。

猴群算法(Monkey Algorithm,MA)是模拟猴群活动的一种智能算法,它由以下几个过程组成:

(1) 初始化,在解空间随机化初始种群,并计算每个个体的适应度值。

(2) 爬过程,爬过程是一个通过迭代逐步改善优化问题的目标函数值的过程。每次爬仅计算当前位置的两个临近位置的目标函数值,通过比较,逐步移动的过程。

爬过程的步骤如下:

① 对每一维产生随机数值 a 或 $-a$,a 为爬过程的步长,然后按下式计算每一维的伪梯度:

$$f'_{ij}(x_i)=\frac{f(x_i+\Delta x_i)-f(x_i-\Delta x_i)}{2\Delta x_i^j}$$

式中:Δx_i 即为步长 a。

② 下式计算新位置 Y 的每一维,并计算新位置的适应度值。

$$Y^j=x_i^j-a\cdot\mathrm{sign}(f'_{ij}(x_i))$$

③ 如果新位置在可行域,则用新位置代替旧位置;否则不变。

④ 重复进行,直到达到爬山次数。

(3) 望-跳过程,猴群经多次爬后,每只猴子达到当前位置的最高山峰,即达到局部最优值。此时,猴子通过望动作,在视野范围内寻找一个优于当前位置的点,然后逃离当前位置。

其过程如下:

① 在视野内随机取 n 维数值组成新位置 Y,如果 Y 在可行域且 Y 的适应度值小于原位置,则用新位置代替旧位置,直到找到新位置为止。

$$Y^j=\mathrm{rand}\cdot(x_i^j-b,x_i^j+b)$$

式中:b 为视野。

② 以找到的 Y 为起点,再次执行爬过程。

(4) 翻过程,翻过程的主要目的是迫使猴群从当前的搜索区域转移到一个新的区域,从而避免陷入局部最优。选取所有猴子的位置的中心作为支点,每只猴子沿着指向支点的方向或者相反的方向翻到一个新的区域,其过程如下:

① 在区间$[c,d]$,以所有猴子的位置(整个猴群的重心点)为支点进行空翻,即计算新位置 Y:

$$Y^j=x_i^j+\alpha(P^j-x_i^j)$$

式中:P^j 为质心点的 j 维值。

② 若 Y 在可行域,则用 Y 代替旧位置;否则重复该过程,直到找到新位置为止。

以上四个过程便构成猴群算法的一次迭代过程,重复这四个过程便可以找到最优值。

由于 MA 中的参数过多且固定,使得算法后期的收敛速度减缓;并且算法的性能跟参数设置有很大的关系,如果参数设置不准确,就会丧失猴群多样性,易发生算法过早收敛,陷入局部最优的情况,从而无法获得全局最优解。

为了克服这个缺点,可采用多种方法。此例中采用跳出局部极值经常使用的方法,即当最优点连续多代不改善,则对其进行诸如高斯变异等变异处理,这样能够使算法较早跳出局部最优值,实现全局收敛。

根据以上算法原理,编写函数 MA 进行求解。此函数运行时间较长。

```
>> [bestx,fval] = MA(@optifun95,30,300,200,0.001,10,-100.*ones(30,1),100.*ones(30,1))
bestx = 1.0e-05 *(0.0309  0.0187  -0.0596  -0.0012  -0.0076  -0.0353  0.0731  -0.0247
-0.0074  0.0815  -0.1271  0.0516  0.0668  -0.1395  0.0939  0.0006  0.0611  -0.0339  -0.1115
0.1193  -0.1278  0.1601  -0.1301  -0.0079  0.0735  0.0096  0.0016  -0.0546  0.0966  -0.1270)
fval = 6.9787e-12
```

程序中做了以下修改:

(1) 个体中较差的一半作爬过程,另一半则作望-跳过程。

(2) 在翻的过程中,以猴王(最优值)作支点,且求出新位置后,根据与猴王的欧氏距离决定是接受,还是用随机值替代。

(3) 求出猴王后,再对其进行直接模式搜索(Hooke 方法)。

(4) 完成算法的一次迭代后,再判断对猴王是否进行高斯变异。

【例 12.10】 求解下列方程组:

$$\begin{cases} x^2 - y + 1 = 0 \\ x - \cos\left(\dfrac{\pi y}{2}\right) = 0 \end{cases}$$

解:可以将求解方程组的方法转化成求解最优化的问题,即方程组:

$$\begin{cases} f_1(\boldsymbol{x}) = 0 \\ f_2(\boldsymbol{x}) = 0 \\ \quad\vdots \\ f_n(\boldsymbol{x}) = 0 \end{cases}$$

可以转化成下述最优化问题:

$$F(\boldsymbol{x}) = \sum_{i=1}^{n} f^2(\boldsymbol{x})$$

求此函数的极小值便是方程组的根。

非线性方程组转化成最优化问题可以采用多种方法进行求解。本例采用最速下降法-修正牛顿法进行求解,即开始时用最速下降法进行求解,再用修正牛顿法求解,如果没有得到比最速下降法更优的值,则算法结束,否则再用修正牛顿法得到的值作为初值,再进行最速下降法求解,重复进行此过程,便可以得到最终的解。

```
>> fun = {'(x^2 - y + 1)^2 + (x - cos(pi * y/2))^2'};
>> fun1 = {'(x^2 - y + 1)';'(x - cos(pi * y/2))'};
>> esp = 1e - 6; >> x0 = [5 4];x_syms = {'x','y'};
>> [bestx,fval] = gradnewton(fun,fun1,5,[5 4],x_syms,esp)
>> bestx =  -1.0000    2.0000
   fval  = 1.9584e - 17
```

根据此例给定的初值如果单独用修正牛顿法求解,则得不到结果,但此函数可以得到正确的结果,说明此函数可以在给定初值不太好的情况下也能保证收敛性,同时又加快收敛速度,特别是当初值距最大解比较远时,效果显著。

习题 12

12.1 利用遗传算法优化的 BP 神经网络拟合非线性函数 $f(\boldsymbol{x}) = x_1^2 + x_2^2$,取进化代数为 50,种群数为 10,交叉概率为 0.4,变异概率为 0.2。

12.2 利用差分-粒子群算法求解以下非线性方程组:

$$\begin{cases} 23.303\,7x_2 + (1 - x_1x_2)x_3(\exp(x_5(0.485 - 0.005\,209\,5x_7 - 0.028\,513\,2x_8) - 1)) - 28.513\,2 = 0 \\ -28.513\,2x_1 + (1 - x_1x_2)x_4(\exp(x_6(0.116 - 0.005\,209\,5x_7 + 0.023\,303\,7x_9)) - 1) + 23.303\,7 = 0 \\ 101.779x_2 + (1 - x_1x_2)x_3(\exp(x_5(0.752 - 0.010\,067\,7x_7 - 0.111\,846\,7x_8)) - 1) - 111.846\,7 = 0 \\ -111.846\,7x_1 + (1 - x_1x_2)x_4(\exp(x_6(-0.502 - 0.010\,067\,7x_7 + 0.101\,779x_9)) - 1) + 101.779 = 0 \\ 111.461x_2 + (1 - x_1x_2)x_3(\exp(x_5(0.869 - 0.022\,927\,4x_7 - 0.134\,388\,4x_8 - 1)) - 134.388\,4 = 0 \\ -134.388\,4x_1 + (1 - x_1x_2)x_4(\exp(x_6(0.166 - 0.022\,927\,4x_7 + 0.111\,461x_9)) - 1) + 111.461 = 0 \\ 191.267x_2 + (1 - x_1x_2)x_3(\exp(x_5(0.982 - 0.020\,215\,3x_7 - 0.211\,482\,3x_8)) - 1) - 211.482\,3 = 0 \\ -211.482\,3x_1 + (1 - x_1x_2)x_4(\exp(x_6(-0.473 - 0.020\,215\,3x_7 + 0.191\,267x_9)) - 1) + 191.267 = 0 \\ x_1x_3 - x_2x_4 = 0 \end{cases}$$

12.3 利用合适的混合算法求解下列二元函数的极小值：

$$\min f(x,y)=\left(y-\frac{51x^2}{40\pi^2}+\frac{5x}{\pi}-6\right)^2+10\left(1-\frac{1}{8\pi}\right)\cos x+10,$$

$$-5\leqslant x\leqslant 10,\quad 0\leqslant y\leqslant 15$$

12.4 利用遗传-粒子群算法或其他合适的混合算法求解下列非线性规划：

$$\begin{cases}\min f(x)=e^{x_1x_2x_3x_4x_5}\\ \text{s.t.}\quad h_1(x)=x_1^2+x_2^2+x_3^2+x_4^2+x_5^2-10=0\\ \qquad h_2(x)=x_2x_3-5x_4x_5=0\\ \qquad h_3(x)=x_1^3+x_2^3+1=0\\ \qquad -2.3\leqslant x_1,x_2\leqslant 2.3,-3.2\leqslant x_3,x_4,x_5\leqslant 3.2\end{cases}$$

12.5 设计将蚁群算法、粒子群算法融合的混合智能算法，并求解 30 个城市的 TSP 问题。其中城市坐标为[41 94;37 48;54 67;25 62;7 64;2 99;68 58;71 44;54 62;83 69;64 60;18 54;22 60;83 46;91 38;25 38;24 42;58 69;71 71;74 78;87 76;18 40;13 40;82 7;62 32;58 35;45 21;41 26;44 35;4 50]。

12.6 设计将蚁群算法、遗传算法和粒子种群优化融合的混合智能算法，并解决下列的多约束优化问题。(提示：采用蚁群算法进行寻径生成初始群体，利用遗传算法对路径进行优化，利用 PSO 算法来优化蚁群算法中的信息素)。

$$\begin{cases}\min f(x)=\dfrac{\sin^3(2\pi x_1)\sin(2\pi x_2)}{x_1^3(x_1+x_2)}\\ \text{s.t.}\quad x_1^2-x_2+1\\ \qquad 1-x_1+(x_2-4)^2\\ \qquad 0\leqslant x_1,x_2\leqslant 10\end{cases}$$

12.7 从网上下载 Iris 数据，它是一种四维三类共有 150 个分类对象的数据库。利用粒子群算法——K-均值算法对 Iris 数据进行聚类分析。

12.8 利用牛顿法-蚁群算法求解下列非线性方程组：

$$\begin{cases}(x_1-5x_2)^2+40\sin^2(10x_3)=0\\ (x_2-3x_3)^2+40\sin^2(10x_1)=0\\ (3x_1+x_3)^2+40\sin^2(10x_2)=0\\ -1\leqslant x_1,x_2,x_3\leqslant 1\end{cases}$$

参考文献

[1] 杨淑莹,张桦. 群体智能与仿生计算——Matlab 技术实现[M]. 北京:电子工业出版社,2012.

[2] 杨淑莹,张桦. 模式识别与智能计算——Matlab 技术实现[M]. 3 版. 北京:电子工业出版社,2015.

[3] 江铭炎,袁东风. 人工鱼群算法及其应用[M]. 北京:科学出版社,2012.

[4] 马昌凤,柯艺芬,谢亚君. 最优化计算方法及其 MATLAB 程序实现[M]. 北京:国防工业出版社,2015.

[5] 王凌. 智能优化算法及其应用[M]. 北京:清华大学出版社,2001.

[6] 施彦. 群体智能预测与优化[M]. 北京:国防工业出版社,2012.

[7] 王海英,黄强,李传涛,等. 图论算法及其 MATLAB 实现[M]. 北京:北京航空航天大学出版社,2010.

[8] 黄华江. 实用化工计算机模拟——MATLAB 在化学工程中的应用[M]. 北京:化学工业出版社,2004.

[9] 傅英定,成孝予,唐应辉. 最优化理论与方法[M]. 北京:国防工业出版社,2008.

[10] 唐焕文,秦学志. 实用最优化方法[M]. 沈阳:大连理工大学出版社,2010.

[11] 施光燕,董加礼. 最优化方法[M]. 北京:高等教育出版社,2005.

[12] 张建林. MATLAB & Excel 定量预测与决策——运作案例精编[M]. 北京:电子工业出版社,2012.

[13] 运筹学教程编写组. 运筹学教程[M]. 北京:国防工业出版社,2012.

[14] 苏金明,阮沈勇. MATLAB 6.1 实用指南(下册)[M]. 北京:电子工业出版社,2002.